科学出版社“十四五”普通高等教育本科规划教材
普通高等学校电气类一流本科专业建设系列教材

电子技术基础（上册）

数字电子技术

主　编　熊　兰　唐治德
副主编　杨子康　余　亮　赖　伟
参　编　周　静　申利平

科学出版社
北　京

内 容 简 介

本书是重庆大学电子技术课程组针对电气与电子信息类专业开展“先数电、后模拟”教学模式的改革尝试，汇集了课程组全体教师的智慧，也是重庆大学国家级电工电子基础实验教学示范中心的建设成果之一。

本书为上册，系统地介绍了常用数字器件、数字电子技术的基本知识和基本理论，以及数字电路与系统的分析和设计方法，并给出典型的工程应用案例。主要内容包括：数字电路基础，逻辑代数，Verilog HDL 硬件描述语言，半导体电子元件，逻辑门电路，组合逻辑电路，锁存器、触发器与定时器，时序逻辑电路，半导体存储器，可编程逻辑器件及其应用。

本书体系科学，内容充实，论述透彻，可作为高等学校电气与电子信息类相关专业的数字电子技术课程的教材，也可供相关领域的工程技术人员参考。

图书在版编目（CIP）数据

电子技术基础. 上册，数字电子技术 / 熊兰，唐治德主编. -- 北京 : 科学出版社，2024. 11. --（科学出版社“十四五”普通高等教育本科规划教材）（普通高等学校电气类一流本科专业建设系列教材）.
ISBN 978-7-03-080309-2

Ⅰ. TN

中国国家版本馆 CIP 数据核字第 20241ZG536 号

责任编辑：余　江 / 责任校对：王　瑞
责任印制：师艳茹 / 封面设计：马晓敏

科学出版社 出版
北京东黄城根北街 16 号
邮政编码：100717
http://www.sciencep.com

北京富资园科技发展有限公司印刷
科学出版社发行　各地新华书店经销

*

2024 年 11 月第 一 版　开本：787×1092　1/16
2024 年 11 月第一次印刷　印张：22 3/4
字数：551 000

定价：79.00 元

（如有印装质量问题，我社负责调换）

前　言

电子技术基础是电气工程及其自动化、计算机科学与技术、电子信息工程、生物医学工程等专业的重要的专业基础课程。电子技术一般分为模拟电子技术和数字电子技术两个部分，课程教学通常按照“先讲授模拟电子技术，后讲授数字电子技术”的顺序开展。由于科技的发展，电子技术相关的课程体系有了更深更广的拓展，如单片机及其应用、嵌入式系统、DSP 应用等。作为先修专业基础课，电子技术课程的教学无疑是影响后续课程开展的关键因素。为此，配合相关专业本科人才培养计划的调整，重庆大学电子技术课程组经过反复论证和前期教学实践，提出“先讲授数字电子技术，后讲授模拟电子技术”的课程教学改革，并编撰了本套教材。本书是上册，主要讲述数字电子技术的相关内容。

本书以教育部《高等学校工科基础课程教学基本要求》为纲要进行编写，系统完整、理论严谨、文字精练、可读性强。首先，根据数字电子技术的知识逻辑构建了章节体系，由浅入深，循序渐进，符合认知规律。其次，在选材方面注重基础性和先进性相结合、理论知识与工程应用相结合，适应新工科人才培养的要求。最后，在内容组织方面采用类比和归纳方法，较好地处理教学内容深度和广度的关系，以及教学内容的特殊性和工程问题的一般性的关系。本书特别适合 48～56 学时理论教学+16～24 学时实验教学的课程教学。

党的二十大报告提出，“深化教育领域综合改革，加强教材建设和管理”，本书编写团队以建设高质量教材为目标，坚持改革创新，凝聚了各方面的资源和力量。本书的主要特色如下：

(1) 增强电子设计自动化的知识和技能。系统介绍 Multisim 软件和 Vivado 软件的安装使用，Verilog HDL 和 Multisim 程序仿真与设计方法及技巧，每章均包含丰富的程序仿真案例和习题。

(2) 本书是新形态教材，补充了 30 余个知识拓展的内容。例如，数字电路的发展史，诺贝尔物理学奖——蓝色 LED，简易键盘译码电路，集成电路中的元器件，硬件描述语言发展史等。这既是对文字教材的补充，也是对相关知识的广度和难度的提升。读者可通过扫描二维码来学习编者精心制作的 PPT 和视频，深入了解数字电子技术的国内外发展现状和未来趋势，国内头部企业的技术先进性以及优秀科技人物的事迹。

(3) 每章均绘制知识结构图，便于读者了解知识点与主线，思路更清晰。

(4) 每章均提供丰富的小组合作项目，例如，查阅 BJT/MOSFET 的某种型号产品的技术资料，对技术参数和典型应用电路进行解读与分析；采用自顶向下的流程，设计 N 位二进制“并行置数递增/递减计数器”的 HDL 模型，并且在 EGO1 FPGA 实验板上加以实现。这些项目便于教师指导学生以小组形式开展基于项目的学习，加强学生的工程综合实践技能以及对电子技术相关知识的融会贯通。

本书是以唐治德教授主编的《数字电子技术基础》和《模拟电子技术基础》两部教材为基础，并结合课程组老师多年的教学经验进行编写的。其中，余亮编写第 1、2 章，杨子康编写第 3、10 章以及全书的 Multisim 软件和 Verilog HDL 程序仿真，熊兰编写第 4、5 章，赖伟编写第 6 章，周静编写第 7、8 章，申利平编写第 9 章。熊兰负责全书的统稿工作。

由于电子技术的飞速发展，以及编者的水平有限，书中难免存在不足之处，恳请同行专家和广大读者批评指正。

编　者

2024 年 2 月

目　　录

第 1 章　数字电路基础 ························1

1.1　数字电路与系统························1

1.1.1　模拟信号和数字信号·········1

1.1.2　模拟电路和数字电路·········3

1.1.3　数字电路的特点···············3

1.1.4　数字电路的分析与设计 ······4

1.1.5　数字技术的发展与应用 ······6

1.2　数制及其相互转换··················7

1.2.1　数制·······························7

1.2.2　数制间的转换 ··················8

1.3　码制···································13

1.3.1　BCD 码 ·························13

1.3.2　格雷码··························14

1.4　二进制算术运算····················15

1.5　二值逻辑运算······················16

1.5.1　三种基本逻辑运算 ···········16

1.5.2　复合逻辑运算 ················18

本章知识小结 ·····························20

小组合作 ··································22

习题 ·······································22

第 2 章　逻辑代数 ·····························24

2.1　逻辑函数与变量····················24

2.2　逻辑代数的基本定律及恒等式························25

2.2.1　逻辑代数定律 ················25

2.2.2　常用恒等式····················26

2.3　逻辑运算的基本规则··············26

2.3.1　代入规则 ·····················26

2.3.2　反演规则 ·····················27

2.3.3　对偶规则 ·····················27

2.4　逻辑函数的代数法化简··········27

2.4.1　最简的标准····················28

2.4.2　代数法化简····················28

2.5　逻辑函数的卡诺图化简 ·······29

2.5.1　逻辑函数标准表达式 ·······29

2.5.2　卡诺图·························33

2.5.3　卡诺图化简····················35

2.6　具有无关项的逻辑函数化简 ···························37

2.6.1　无关项概念····················37

2.6.2　应用无关项化简函数 ·······38

2.7　逻辑函数的降维卡诺图化简 ···························38

本章知识小结 ·····························40

小组合作 ··································41

习题 ·······································42

第 3 章　Verilog HDL 硬件描述语言 ···45

3.1　硬件描述语言概述 ···············45

3.1.1　Verilog HDL 与 VHDL 的区别·························45

3.1.2　Verilog HDL 与 C 语言的区别·························46

3.2　Verilog HDL 基础知识和数据类型 ·······················46

3.2.1　Verilog HDL 基础知识······46

3.2.2　Verilog HDL 数据类型······49

3.3　Verilog HDL 的基本运算符···51

3.3.1　算术运算符····················51

3.3.2　逻辑运算符····················52

3.3.3　按位运算符····················52

3.3.4　缩位运算符····················53

3.3.5　移位运算符····················53

3.3.6　关系运算符····················54

3.3.7　相等运算符····················54

3.3.8　条件运算符····················55

3.3.9　位拼接/复制运算符 ·········55

3.3.10 运算符的优先级 ··········55
3.4 Verilog HDL 模块结构 ·········56
3.4.1 Verilog HDL 模块基本结构 ··········56
3.4.2 Verilog HDL 端口描述 ······56
3.4.3 Verilog HDL 模块实例化 ···57
3.5 Verilog HDL 的主要描述语句 ··········58
3.5.1 赋值语句 ··········58
3.5.2 块语句 ··········59
3.5.3 过程结构语句 ··········59
3.5.4 条件语句 ··········59
3.5.5 分支语句 ··········60
3.5.6 循环语句 ··········61
3.6 Verilog HDL 的主要建模方式 ··········62
3.6.1 门级建模 ··········62
3.6.2 数据流建模 ··········63
3.6.3 行为建模 ··········64
3.6.4 混合建模 ··········65
3.6.5 状态机建模 ··········65
3.7 Verilog HDL 逻辑功能仿真 ···69
3.8 Verilog HDL 设计举例 ·········71
3.8.1 门电路逻辑功能实现与仿真 ··········71
3.8.2 组合逻辑功能实现与仿真 ··73
3.8.3 时序逻辑功能实现与仿真 ··74
本章知识小结 ··········77
小组合作 ··········79
习题 ··········80
第 4 章　半导体电子元件 ··········82
4.1 半导体材料与 PN 结 ··········82
4.1.1 本征半导体 ··········82
4.1.2 杂质半导体 ··········83
4.1.3 PN 结 ··········84
4.2 半导体二极管 ··········88
4.2.1 二极管的结构 ··········88
4.2.2 二极管的伏安特性 ··········89
4.2.3 二极管的主要参数 ··········91
4.2.4 二极管的开关特性 ··········91
4.2.5 发光二极管 ··········95
4.3 双极型晶体管 ··········96
4.3.1 晶体管的结构 ··········96
4.3.2 晶体管的电流控制放大原理 ··········98
4.3.3 晶体管的伏安特性 ········100
4.3.4 晶体管的主要参数 ········103
4.3.5 晶体管的开关特性 ········105
4.4 绝缘栅型场效应管 ··········109
4.4.1 N 沟道增强型 MOSFET ··109
4.4.2 N 沟道耗尽型 MOSFET ···115
4.4.3 P 沟道 MOSFET ··········116
4.4.4 MOSFET 的主要参数 ······117
4.4.5 MOSFET 的工作区判断依据 ··········118
4.4.6 MOSFET 的开关特性 ······119
程序仿真 ··········120
本章知识小结 ··········126
小组合作 ··········128
习题 ··········128
第 5 章　逻辑门电路 ··········134
5.1 TTL 门电路 ··········134
5.1.1 非门 ··········134
5.1.2 TTL 与非门/或非门/与或非门 ··········142
5.1.3 TTL 集电极开路门和三态门 ··········143
5.1.4 TTL 门实现逻辑函数 ·····146
5.2 CMOS 门电路 ··········147
5.2.1 非门 ··········147
5.2.2 与非门/或非门 ··········150
5.2.3 传输门/三态门/异或门 ····151
5.2.4 CMOS 门实现逻辑函数 ··153
5.2.5 其他知识 ··········154
程序仿真 ··········154
本章知识小结 ··········157
小组合作 ··········159
习题 ··········159

第 6 章　组合逻辑电路 …… 167
6.1　组合逻辑电路的结构和特点 …… 167
6.2　组合逻辑电路的分析与设计方法 …… 169
6.2.1　组合逻辑电路的分析方法 …… 169
6.2.2　组合逻辑电路的理想波形图 …… 171
6.2.3　组合逻辑电路的设计方法 …… 172
6.3　常用的组合逻辑电路 …… 174
6.3.1　编码器及程序设计 …… 174
6.3.2　译码器及程序设计 …… 180
6.3.3　数据分配器与数据选择器 …… 186
6.3.4　数值比较器 …… 190
6.3.5　加法器及程序设计 …… 194
6.4　组合逻辑电路的竞争冒险 …… 198
6.4.1　竞争冒险的定义 …… 198
6.4.2　竞争冒险的判断 …… 198
6.4.3　竞争冒险的消除 …… 199
程序仿真 …… 200
本章知识小结 …… 204
小组合作 …… 205
习题 …… 206
第 7 章　锁存器、触发器与定时器 …… 211
7.1　RS 锁存器 …… 211
7.1.1　基本 RS 锁存器 …… 211
7.1.2　同步 RS 锁存器 …… 215
7.2　触发器 …… 218
7.2.1　维持阻塞型 D 触发器 …… 218
7.2.2　传输延时型 JK 触发器 …… 221
7.2.3　触发器的 Verilog HDL 模型 …… 223
7.3　触发器的功能及相互转换 …… 223
7.3.1　触发器的逻辑功能分类 …… 223
7.3.2　传输延时型 JK 触发器转换为 T 和 T′触发器 …… 224
7.3.3　维持阻塞型 D 触发器转换为 T 和 T′触发器 …… 225
7.3.4　触发器的逻辑功能转换方法 …… 226
7.3.5　触发器的动态特性 …… 226
7.4　555 定时器 …… 227
7.4.1　555 定时器的功能 …… 228
7.4.2　555 定时器组成施密特触发器 …… 229
7.4.3　555 定时器组成单稳态触发器 …… 230
7.4.4　555 定时器组成多谐振荡器 …… 231
程序仿真 …… 233
本章知识小结 …… 237
小组合作 …… 239
习题 …… 239
第 8 章　时序逻辑电路 …… 246
8.1　时序逻辑电路的基本概念 …… 246
8.1.1　时序逻辑电路的特点及分类 …… 246
8.1.2　时序逻辑电路的功能表示方法 …… 247
8.2　时序逻辑电路的分析方法 …… 248
8.2.1　同步时序逻辑电路分析 …… 248
8.2.2　异步时序逻辑电路分析 …… 250
8.3　时序逻辑电路的设计方法 …… 252
8.3.1　同步时序逻辑电路设计实例 …… 254
8.3.2　异步时序逻辑电路设计实例 …… 260
8.4　计数器 …… 262
8.4.1　二进制计数器 …… 263
8.4.2　二–十进制计数器 …… 271
8.4.3　*N* 进制计数器 …… 274
8.5　寄存器 …… 277
8.5.1　并行输入寄存器 …… 277
8.5.2　移位寄存器 …… 278
8.6　其他常见时序逻辑电路 …… 284

8.6.1 顺序脉冲发生器 …… 284
8.6.2 序列信号发生器 …… 285
程序仿真 …… 286
本章知识小结 …… 291
小组合作 …… 293
习题 …… 294
第 9 章 半导体存储器 …… 302
9.1 半导体存储器基础 …… 302
9.1.1 半导体存储器的结构框图 …… 302
9.1.2 半导体存储器的分类 …… 303
9.2 随机存取存储器 …… 304
9.2.1 静态随机存取存储器 …… 304
9.2.2 动态随机存取存储器 …… 309
9.3 只读存储器 …… 313
9.3.1 掩模只读存储器 …… 313
9.3.2 可编程只读存储器 …… 315
9.4 闪存 …… 318
9.4.1 闪存的存储单元 …… 318
9.4.2 闪存的特点和应用 …… 319
9.5 存储器容量的扩展 …… 320
9.5.1 存储器的位扩展 …… 320
9.5.2 存储器的字扩展 …… 320
9.5.3 存储器的字位扩展 …… 321
程序仿真 …… 323
本章知识小结 …… 323
小组合作 …… 324
习题 …… 325
第 10 章 可编程逻辑器件及其应用 …… 328
10.1 与或阵列型 PLD …… 328
10.1.1 与或阵列型 PLD 的原理 …… 328
10.1.2 通用阵列逻辑器件 …… 330
10.1.3 复杂可编程逻辑器件 …… 333
10.2 查找表型 PLD …… 337
10.2.1 查找表型 PLD 的原理 …… 337
10.2.2 分段互连 FPGA …… 337
10.2.3 快速互连 FPGA …… 338
10.3 CPLD 和 FPGA 的特点和开发流程 …… 341
10.3.1 CPLD 和 FPGA 的特点 …… 341
10.3.2 CPLD 和 FPGA 的一般开发流程 …… 342
10.3.3 CPLD 和 FPGA 的主要应用领域 …… 343
10.3.4 应用举例 …… 343
本章知识小结 …… 348
小组合作 …… 350
习题 …… 351
参考文献 …… 354

第 1 章　数字电路基础

本章旨在帮助读者深入了解数字电路的特性，并掌握相关知识。本章首先介绍数字信号与模拟信号的区别，以及它们在功能和用途上的不同。接下来，将详细探讨不同数制之间的转换原理和方法，包括 BCD(binary coded decimal)码和格雷码(Gray code)的应用。同时，将深入研究二进制运算、逻辑运算符号和真值表，以及基本的复合逻辑运算。本章将为读者在数字电路的理解和应用方面奠定坚实基础。

1.1　数字电路与系统

1.1.1　模拟信号和数字信号

信号是随时间变化的某种物理量，是信息的表现形式与传送载体。当物理量是时间的连续函数时，称为模拟信号。例如，图 1.1.1(a)是某城市在夏季时一天的气温曲线。气温在 22～38℃连续、平滑地随时间变化，可以取无限多个数值，属于模拟信号。当物理量是时间的不连续函数时，称为数字信号。例如，图 1.1.1(b)是一天内每 2h 测量一次的气温点图，它不是时间的连续函数，属于数字信号。在现实世界中，通过连续测量某物理量得到模拟信号，通过间断测量某物理量得到数字信号。在满足采样定理时，通过插值方法可以从数字信号不失真地恢复出原始模拟信号，所以，数字信号与原始模拟信号具有相同的信息。

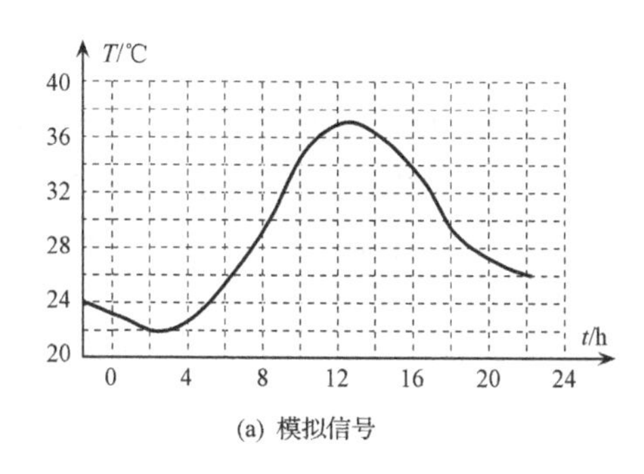

(a) 模拟信号

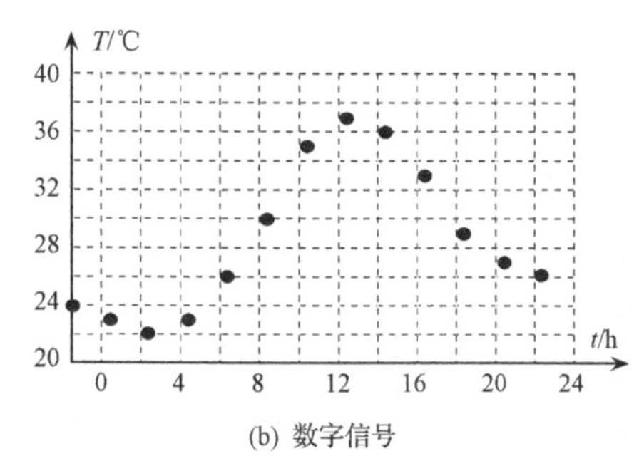

(b) 数字信号

图 1.1.1　模拟信号与数字信号

在电子系统中，电信号通常是随时间变化的电压或电流。当电压或电流是时间的连续函数时，称为模拟电信号，简称模拟信号，例如，正弦波电压、正弦波电流、三角波电压等。当电压或电流不是时间的连续函数时，称为数字电信号，简称数字信号。狭义的数字信号通常是指二进制数字信号，如图 1.1.2(a)所示，电压仅有两种数值，分别称为高电平(V_H)和低电平(V_L)。电平是在某一值域内取值的电位或电压，如图 1.1.2(b)所示，高电平的值域为[V_{Hmin}, V_{Hmax}]，低电平的值域为[V_{Lmin}, V_{Lmax}]，高、低电平的差值通常达伏级。

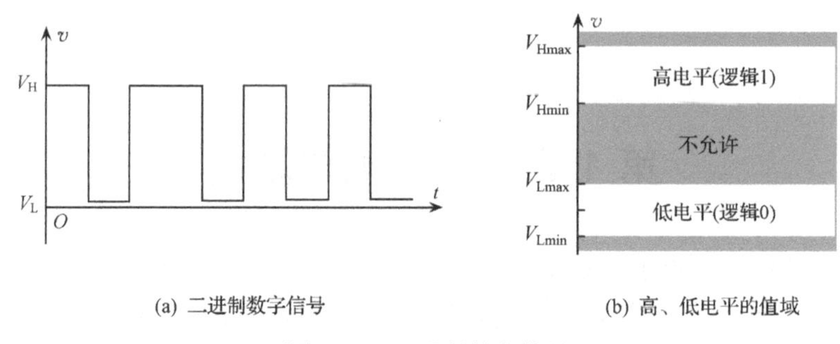

(a) 二进制数字信号　　(b) 高、低电平的值域

图 1.1.2　二进制数字信号

实际电路中总是存在噪声和干扰，它们常以叠加方式影响模拟信号或数字信号，如图 1.1.3 所示。对于数字信号，只要噪声和干扰不使信号超出高、低电平的值域，则信号的高电平(V_H)、低电平(V_L)不变，仍为数字信号，即可不失真地恢复原始数字信号；模拟信号则不然，混入模拟信号的噪声和干扰很难消除。所以，数字信号抗噪声和抗干扰能力强。

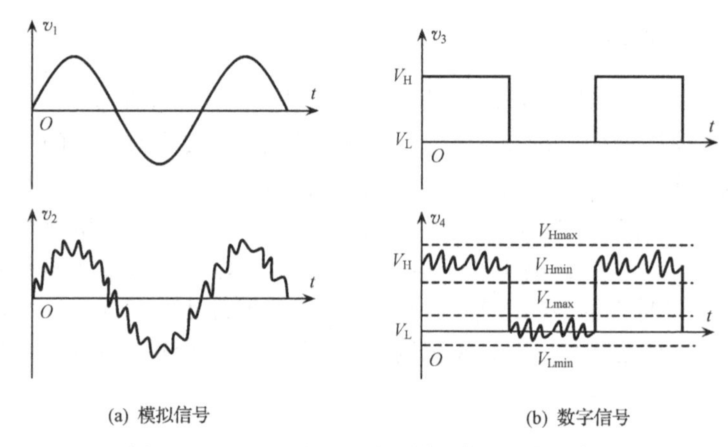

(a) 模拟信号　　(b) 数字信号

图 1.1.3　混入噪声和干扰的模拟信号与数字信号

自然界的信息可抽象为数值信息、符号信息和逻辑信息，各种信息均可用二进制数字信号表示。例如，图 1.1.4 是一个 7 位二进制数 1011011 的串行二进制信号和字符 A 的串行二进制信号，字符 A 采用美国信息交换标准码(American Standard Code for Information Interchange，ASCII)01000001 表示。串行信号是分时表示不同的二进制位，图中周期时钟信号 CLK 确定时间顺序(数字系统的时间轴)，其周期 T 为一个单位时间。二进制信号在单位时间内的高电平表示 1，低电平表示 0，二进制数的高位在前、低位在后(也可以低位在前、高位在后)。

通常每个数字系统都有一个统一的周期时钟信号，它确定数字系统的时间顺序(时间轴)，其他的二进制信号均以周期时钟信号作为参考确定它们的取值。在熟悉了这种约定后，时钟信号和坐标轴常常省略。

图 1.1.5 是用 3 个并行二进制信号表示二进制数 101，即 1 个二进制位用 1 个二进制信号表示，它们的组合形成二进制信息。比较串行和并行二进制信号可知：串行信号简单(1 个二进制信号)，并行信号复杂(多个二进制信号的组合)；串行信号时间长，并行信号时间短。

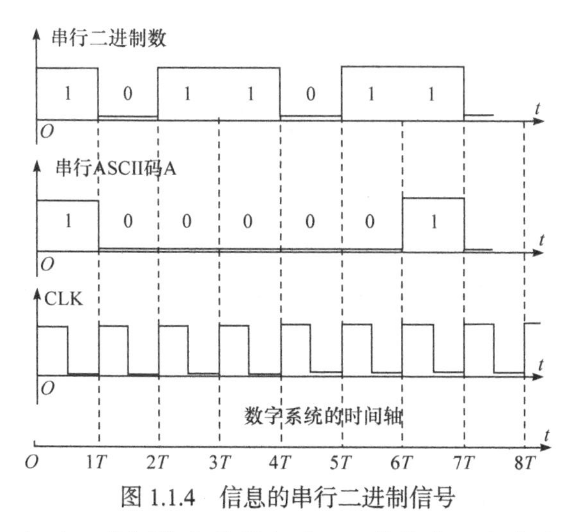

图 1.1.4　信息的串行二进制信号

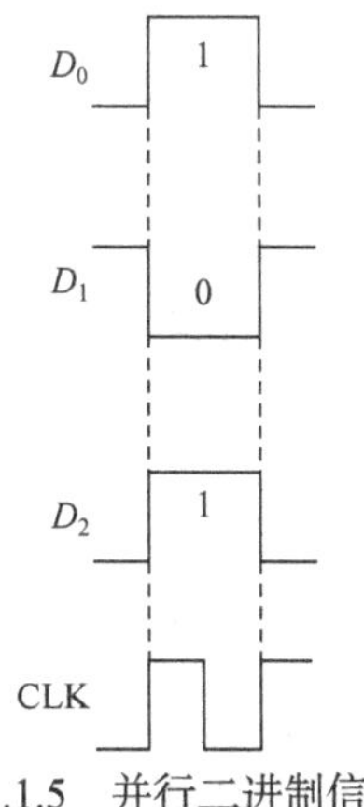

图 1.1.5　并行二进制信号

由于二进制数字信号仅有 2 种状态，即高电平和低电平，与二值逻辑运算的逻辑值 1、逻辑值 0 相似，所以，二进制数字信号还可以表示逻辑信息(见 1.5 节)。

1.1.2　模拟电路和数字电路

信号的产生、存储、运算和传输等操作称为信号处理。处理模拟信号的电路(系统)，称为模拟电路(系统)；处理二进制数字信号的电路(系统)，称为数字电路(系统)。

模拟电路是处理模拟信号的电路，模拟信号是关于时间的函数，是一个连续变化的量。数字电路是处理数字信号的电路，数字信号则是离散的量。

模拟电路研究的重点是信号在处理过程中的波形变化以及器件和电路对信号波形如幅值、相位、频率等的影响，主要采用电路分析的方法。

数字电路是数字信号进行算术运算(包含各种规模的数字集成电路，如门电路、译码器、FPGA 存储器等)、逻辑运算、积分存储功能的电路。数字电路由半导体工艺制成的若干数字集成器件构造而成。逻辑门是数字逻辑电路的基本单元。存储器是用来存储二进制数据的数字电路。

举个简单的例子：要想从远方传过来一段由小变大的声音，用调幅、模拟信号进行传输(相应地应采用模拟电路)，那么在传输过程中，信号的幅度就会越来越大，因为它是在用电信号的幅度特性来模拟声音的强弱特性。但是，如果采用数字信号传输，就要采用一种编码，每一级声音大小对应一种编码，在声音输入端，每一次采样，就将对应的编码传输出去。可见，无论把声音分多少级，无论采样频率有多高，对于原始的声音来说，这种方式还是存在损失。不过，这种损失可以通过加高采样频率来弥补，理论上讲，当采样频率大于原始信号频率的两倍时就可以完全还原原始信号了。

1.1.3　数字电路的特点

二进制信号仅有 2 种状态，即高电平和低电平，它们的差值达伏级，因此，数字电路中的电子器件(双极型晶体管、三极管和场效应管等)通常处于导通或截止两种状态之一，并且二进制信号的运算(算术运算和逻辑运算)比模拟信号的运算(积分、微分或函数运算)简单，导致数字信号处理电路比模拟信号处理电路简单和可靠。数字系统能够进行逻辑判断，从而具备灵活的可编程性，即通过不同的指令序列实现不同的功能。

虽然数字电路只能处理二进制信号，但由于各种自然信息均可以通过 A/D 转换表示为二进制信号，所以，对二进制信号进行算术运算、逻辑运算等操作的数字系统可以实现复杂的信息处理功能，如电子计算机。通常，信息处理系统包括硬件(即数字电路)和软件两个子系统，硬件是身体，软件是灵魂。

与模拟电路相比较，数字电路具有如下主要优点：

(1) 信息处理能力强，处理精度高，容易实现信息的存储、运算、逻辑判断和传输等操作。因此，数字电路也称为智能电路。

(2) 稳定可靠，抗噪声和抗干扰能力强。

(3) 数字系统具备灵活的可编程性。

(4) 信息处理的单元电路简单，且通用性强。

(5) 抗干扰和噪声。数字信号对于噪声和干扰的抵抗性能较好，可以通过适当的设计和算法来降低噪声对系统性能的影响。

(6) 易于测试和调试。数字电路的行为可以通过仿真和测试来验证，问题的定位和调试相对容易。数字系统的可视化和仿真工具有助于工程师进行系统分析和调试。

数字电路的不足之处包括：

(1) 离散性。数字电路处理的是离散的信号，这在某些应用中可能不够精确。例如，当需要处理连续变化的信号时，数字电路可能无法完全捕捉其细微的变化。

(2) 量化误差。数字电路将模拟信号转换为数字信号时，会引入量化误差，导致信号精度的损失。这在一些高精度的应用中可能是一个问题。

(3) 时钟抖动。数字电路中的时钟抖动可能导致信号的抖动和不稳定，这在某些高性能应用中可能是一个限制因素。

(4) 复杂性。对于某些复杂的模拟问题，设计和实现相应的数字电路可能会变得非常复杂，甚至可能需要大量的硬件资源。

总体来说，数字电路和模拟电路在不同的应用领域有着各自的优势和局限性。在实际应用中，工程师通常会根据具体的需求和情况选择合适的电路类型，或者将数字电路和模拟电路结合起来，以充分发挥它们的优势并弥补彼此的不足。

综上所述，自然界的信息可抽象为数值信息、符号信息和逻辑信息，各种信息均可用二进制数字信号表示。本章余下部分介绍数值信息和符号信息的表示方法(1.2 节和 1.3 节)及信息处理的基本运算——算术运算(1.4 节)和逻辑运算(1.5 节)。后续章节论述信息处理的电路——数字电路的原理、分析和设计方法。

1.1.4　数字电路的分析与设计

在数字系统设计中，构建一个清晰而完整的框架是至关重要的。一个良好的框架不仅能够帮助设计者组织和理解系统的各个部分，还能够提供一幅指导性的蓝图，使得设计过程更加系统化和高效化。数字系统的构成框架通常涵盖了系统的各个重要组成部分，包括输入/输出接口、数字逻辑电路、控制逻辑、存储单元以及时钟和定时电路等。这些部分相互配合，共同实现系统的功能。通过深入理解数字系统的构成框架，能够更好地把握系统设计的全局视角，从而更加高效地完成设计任务。

数字系统的构成框架通常包括以下几个主要组成部分。

输入/输出(I/O)接口：数字系统与外部环境进行交互的接口。输入接口负责接收外部信号或数据，输出接口则将数字系统处理后的结果发送给外部设备或其他系统。

控制单元：负责协调系统中的各个部分，控制数据流和执行指令。它通常包括状态机、计数器、时序逻辑等组件，用于实现系统的控制逻辑和时序管理。

算术逻辑单元(arithmetic logic unit，ALU)：执行算术和逻辑运算的核心部件，用于对数据进行加减乘除、位运算等操作，以及执行逻辑判断和比较等功能。

存储单元：用于存储程序、数据和中间结果。它包括寄存器、缓存、随机存取存储器(random access memory，RAM)和只读存储器(read-only memory，ROM)等，根据存取速度和容量需求不同，可以选择不同类型的存储器。

时钟和定时电路：提供系统的时序和同步信号，用于同步各个部件的操作，并确保系统的稳定运行。

数据通路：连接各个功能模块的数据传输路径，包括数据总线、地址总线、控制总线等，用于实现数据的传输和交换。

状态存储器：用于记录系统的状态信息，包括当前执行指令的地址、操作数、程序计数器等，以及控制单元的状态和控制信号。

时序逻辑：时序逻辑是基于时钟信号的逻辑电路，用于实现状态机、计数器、触发器等功能，以及对数据进行同步和时序控制。

逻辑表达式是一种用于描述数字系统中逻辑函数的数学表达式，通常使用布尔代数中的逻辑运算符来表示。常见的逻辑运算符包括 AND(与)、OR(或)、NOT(非)，以及它们的组合形式。

逻辑表达式的表达方法有多种，主要包括以下几方面。

代数表达式：通过使用逻辑运算符和变量的代数表达式来表示逻辑函数。例如，使用 AND、OR、NOT 等逻辑运算符结合变量(如 A、B、C)和常数(0、1)进行组合。

例如，一个简单的逻辑表达式可以表示为 $F = A \cdot B + \overline{C}$，其中 F 是输出变量，A、B、C 是输入变量，$\overline{C}$ 表示 C 的补码(即 C 的非)。

真值表：列出所有可能的输入组合及对应的输出值。通过列举输入变量的所有可能取值，并计算对应的输出值，可以完整地描述逻辑函数的行为。

例如，对于上述的逻辑函数 $F = A \cdot B + \overline{C}$，可以列出其对应的真值表(表 1.1.1)。其中，输出列 F 中的值表示对应输入组合下的输出值。

表 1.1.1　真值表

A	B	C	F
0	0	0	1
0	0	1	1
0	1	0	0
0	1	1	0
1	0	0	0
1	0	1	1
1	1	0	1
1	1	1	0

卡诺图：一种图形化的方法，用于简化和最小化逻辑函数。通过在平面上将输入变量绘制成矩形，并在矩形中填写对应的输出值(1 或 0)，将相邻的 1 的组合起来形成最小项和最大项。

例如，对于上述的逻辑函数 $F = A \cdot B + \overline{C}$，可以通过卡诺图来进行最小化和简化，具体方法将会在后续章节介绍。

数字系统的分析和设计流程通常包括以下步骤，其中涉及电子设计自动化(electronic design automation，EDA)、硬件描述语言(Verilog hardware description language，Verilog HDL)等工具和技术。

需求分析：确定系统的功能需求和性能指标，包括输入输出规格、时序要求、功耗限制等。

系统设计：根据需求分析，设计系统的整体结构和模块划分，确定各个模块之间的接口和数据流动。

逻辑设计：将系统功能分解为逻辑功能块，设计每个功能块的逻辑电路和控制逻辑。这一阶段可以使用 EDA 工具来进行逻辑综合、时序分析等。

Verilog HDL 编码：使用 Verilog HDL 编写每个逻辑模块的描述代码。Verilog HDL 用于描述数字系统的行为和结构。

仿真和验证：使用仿真工具对 Verilog HDL 代码进行仿真和验证，确保设计的正确性和功能实现。仿真工具可以模拟数字系统的行为，验证其对不同输入的响应是否符合预期。

综合和布局：将 Verilog HDL 代码综合为物理电路，并进行布局布线和时序分析。综合工具将逻辑电路转化为实际的物理电路，布局布线工具将电路映射到芯片上的实际物理位置。

验证和调试：在实际硬件平台上进行验证和调试，检查设计在硬件上的正确性和性能。通过逻辑分析仪、示波器等工具进行信号采集和调试。

生成和生产：完成验证和调试后，生成最终的物理设计文件，并进行生产制造。这一阶段涉及芯片制造厂商和工艺制程的合作。

1.1.5　数字技术的发展与应用

数字技术的发展经历了多个重要阶段，每个阶段都对现代科技和社会产生了深远的影响。下面简要介绍数字技术的各个重要阶段及其应用领域。

(1) 原始数字技术阶段。这一阶段始于 20 世纪早期，最初的数字技术是基于机械和电子装置的，如打孔卡片和继电器。这些技术被应用于计算机的发展、电信和通信系统的自动化等领域。

(2) 集成电路(integrated circuit，IC)技术阶段。20 世纪 60 年代后期至 70 年代初期，集成电路技术的发展推动了数字技术的快速发展。集成电路的出现使得数字电路变得更小、更快速、更可靠，为计算机、通信、消费电子等领域的发展提供了强大的支持。

(3) 微处理器和个人计算机阶段。20 世纪 70 年代末期至 80 年代初期，微处理器的问世标志着个人计算机的诞生。个人计算机的普及推动了数字技术的进一步发展，催生了软件工业的兴起，并深刻影响了商业、教育、娱乐等各个领域。

(4) 数字通信和互联网阶段。20 世纪 90 年代至今，数字通信和互联网的兴起使得信息交流和共享变得更加便捷和高效。数字通信技术(如移动通信、卫星通信、光纤通信等)

广泛应用于通信网络的建设和信息传输，而互联网的普及则极大地拓展了信息获取和社交媒体等应用领域。

(5) 嵌入式系统和物联网阶段。21 世纪初至今，随着计算能力的不断提升和成本的降低，数字技术逐渐渗透到各个领域中，特别是嵌入式系统和物联网。嵌入式系统包括在各种设备和系统中嵌入的计算机系统，如智能手机、智能家居、工业控制系统等，而物联网则是通过互联网连接各种物理设备和传感器，实现设备之间的数据交换和智能控制，应用领域涵盖了智慧城市、智能交通、智能医疗等。

每个阶段的发展都在不同的应用领域产生了革命性的影响，推动了人类社会的进步和发展。随着技术的不断演进和创新，数字技术将继续在各个领域发挥重要作用，推动社会的变革和发展。

1.2　数制及其相互转换

表达和计算数量大小的方法称为数制。数是人类文明的重要成果，是各门学科的基本要素。人类为了从烦琐的数值计算中解放出来，发明了各种计算工具，计算机则是最有效的计算工具。在日常生活中，人们习惯于十进制数(decimal number)，而在计算机科学中常采用二进制数(binary number)、八进制数(octal number)和十六进制数(hexadecimal number)。

1.2.1　数制

1) 十进制

十进制有十个数码：0、1、2、3、4、5、6、7、8、9；数码按一定规律排列，低位到相邻高位的进位规则是“逢 10 进 1”。数值表达式为

$$N_{\mathrm{D}}=\sum_{i=-\infty}^{\infty}K_i\times 10^i,\quad K_i=0,1,2,3,4,5,6,7,8,9 \tag{1.2.1}$$

式中，N_{D} 表示十进制数；K_i 是第 i 位的十进制数码，基数(数制的数码个数)是 10；10^i 是第 i 位十进制数码的权。

例 1.2.1　将十进制数$(86.69)_{\mathrm{D}}$展开为数码与权之积的和式。

解　$(86.69)_{\mathrm{D}}=8\times10^1+6\times10^0+6\times10^{-1}+9\times10^{-2}$

2) 二进制

二进制有两个数码：0、1。数码按一定规律排列，低位到相邻高位的进位规则是“逢 2 进 1”。数值表达式为

$$N_{\mathrm{B}}=\sum_{i=-\infty}^{\infty}K_i\times 2^i,\quad K_i=0,1 \tag{1.2.2}$$

式中，N_{B} 表示二进制数；K_i 是第 i 位二进制数码(通常用 b_i 表示)，基数是 2；2^i 是第 i 位二进制数码的权。

例 1.2.2　将二进制数$(101.01)_{\mathrm{B}}$展开为数码与权之积的和式。

解　$(101.01)_B = 1\times2^2 + 0\times2^1 + 1\times2^0 + 0\times2^{-1} + 1\times2^{-2}$

3) 十六进制

十六进制有十六个数码：0、1、2、3、4、5、6、7、8、9、A、B、C、D、E、F，其中，A、B、C、D、E、F 分别对应十进制的 10、11、12、13、14、15；数码按一定规律排列，低位到相邻高位的进位规则是“逢 16 进 1”。数值表达式为

$$N_H = \sum_{i=-\infty}^{\infty} K_i \times 16^i, \quad K_i = 0,1,2,3,4,5,6,7,8,9,A,B,C,D,E,F \tag{1.2.3}$$

式中，N_H 表示十六进制数；K_i 是第 i 位十六进制数码；基数是 16，16^i 是第 i 位十六进制数码的权。

例 1.2.3　将十六进制数$(E9.A)_H$展开为数码与权之积的和式。

解　$(E9.A)_H = E\times16^1 + 9\times16^0 + A\times16^{-1}$

4) 八进制

八进制有八个数码：0、1、2、3、4、5、6、7；数码按一定规律排列，低位到相邻高位的进位规则是“逢 8 进 1”。数值表达式为

$$N_O = \sum_{i=-\infty}^{\infty} K_i \times 8^i, \quad K_i = 0,1,2,3,4,5,6,7 \tag{1.2.4}$$

式中，N_O 表示八进制数；K_i 是第 i 位八进制数码；基数是 8，8^i 是第 i 位八进制数码的权。

例 1.2.4　将八进制数$(527.4)_O$展开为数码与权之积的和式。

解　$(527.4)_O = 5\times8^2 + 2\times8^1 + 7\times8^0 + 4\times8^{-1}$

综上所述，二进制数仅有 2 个数码 0 和 1，用二进制信号表示很方便；而其他数制的数则很难直接用二进制信号表示。所以，数字电路或计算机硬件电路处理的数都是二进制数(在计算机中称为机器数)。在计算机科学中，为了简化二进制数的表达形式，才引入了十六进制数和八进制数。

1.2.2　数制间的转换

1) 多项式替代法

之前由式(1.2.1)～式(1.2.4)给出的一个数的多项式表示法构成了多项式替代法的基础，可以展开写成如下形式：

$$N = a_{n-1}r^{n-1} + \cdots + a_0r^0 + a_{-1}r^{-1} + \cdots + a_{-m}r^{-m} \tag{1.2.5}$$

可以通过两个步骤将基数 A 中的数字转换为基数 B 中的数字。

(1) 按照式(1.2.5)的格式，写出数字在基数 A 中的多项式序列形式。

(2) 使用基数 B 的算法计算多项式序列。

以下四个例子说明了这个过程。

例 1.2.5　将$(10100)_B$转换为十进制数。

根据每个数字的权重不同来进行转换。在$(10100)_B$中从右到左计算，发现最右边的数字 0 的权重为 2^0，下一个数字 0 的权重为 2^1，依次类推。将这些值代入式(1.2.5)中，计算以 10 为基数的多项式序列，得到

$$N = 1\times 2^4 + 0\times 2^3 + 1\times 2^2 + 0\times 2^1 + 0\times 2^0$$
$$= (16)_{10} + 0 + (4)_{10} + 0 + 0 = (20)_{10}$$

例 1.2.6　将$(274)_O$转换为十进制数。

$$N = 2\times 8^2 + 7\times 8^1 + 4\times 8^0$$
$$= (128)_{10} + (56)_{10} + (4)_{10} = (188)_{10}$$

例 1.2.7　将$(1101.011)_B$转换为八进制数。

该数字的整数部分将像前面的示例一样进行转换，对于二进制小数点右边的数字，从左到右进行计算。二进制小数点右边的第一位数字 0 的权重为 2^{-1}，第二位数字 1 的权重为 2^{-2}，第三位数字 1 的权重为 2^{-3}，代入式(1.2.5)得到

$$N = 1\times 2^3 + 1\times 2^2 + 0\times 2^1 + 1\times 2^0 + 0\times 2^{-1} + 1\times 2^{-2} + 1\times 2^{-3}$$
$$= (10)_8 + (4)_8 + 0 + (1)_8 + 0 + (.2)_8 + (.1)_8 = (15.3)_8$$

例 1.2.8　将$(\mathrm{AF3.15})_H$转换为十进制数。

$$N = \mathrm{A}\times 16^2 + \mathrm{F}\times 16^1 + 3\times 16^0 + 1\times 16^{-1} + 5\times 16^{-2}$$
$$= (10)_{10}\times(256)_{10} + (15)_{10}\times(16)_{10} + (3)_{10} + (0.0625)_{10} + 5\times(0.00390625)_{10}$$
$$= (2560)_{10} + (240)_{10} + (3)_{10} + (0.0625)_{10} + (0.01953125)_{10}$$
$$= (2803.08203125)_{10}$$

注意，在前面的例子中，当基数 $A < B$ 时，从基数 A 到基数 B 的转换会更容易些。现在将描述与之相反的转换方法。

2) 基数除法

基数除法的转换方法可用于将基数 A 中的整数转换为基数 B 中相等的整数。为了理解该方法，请观察整数 N_1 的表示形式：

$$(N_1)_A = b_{n-1}B^{n-1} + \cdots + b_0B^0 \tag{1.2.6}$$

式(1.2.6)中，b_i 表示基数 A 中的数字$(N_1)_B$，最低有效数字$(b_0)_A$ 可以通过将$(N_1)_A$ 除以$(B)_A$ 得到，如下所示：

$$(N_1)_A = b_{n-1}B^{n-1} + \cdots + b_0B^0$$
$$N_1 / B = (b_{n-1}B^{n-1} + \cdots + b_0B^0) / B$$
$$= \underbrace{b_{n-1}B^{n-2} + \cdots + b_1B^0}_{\text{商}Q_1} + \underbrace{b_0}_{\text{余数}R_0}$$

换句话说，$(b_0)_A$ 是$(N_1)_A$ 除以$(B)_A$ 产生的余数。通常，$(b_i)_A$ 是将商 Q_i 除以$(B)_A$ 产生的余数，即 R_i。通过将每个$(b_i)_A$ 转换为基数 B 来完成转换。并且，如果 $B < A$，最后一步可以忽略。基数除法的转换过程总结如下：

(1) 将$(N_1)_A$ 除以期望的基数$(B)_A$，得到商 Q_1 和余数 R_0。R_0 是结果的最低有效数字 d_0。

(2) 将商 Q_i 除以$(B)_A$，计算 $i = 1,2,\cdots,n-1$ 时的每个剩余数字 d_i，得到商 Q_{i+1}，以及余数 R_i, R_i 即 d_i。

(3) 当商 $Q_{i+1} = 0$ 时停止。

下面通过两个例子来说明基数除法。

例 1.2.9 将$(234)_{10}$转换为八进制数。

将整数$(234)_{10}$，即$(N)_A$，除以 8，即$(B)_A$，进一步将商除以$(B)_A$直到商为 0 并留下余数；将余数从最高位至最低位组合成为最终解。

$$
\begin{array}{r}
29 \\
8\overline{)234} \\
16 \\
\hline
74 \\
72 \\
\hline
2
\end{array} = b_0
\qquad
\begin{array}{r}
3 \\
8\overline{)29} \\
24 \\
\hline
5
\end{array} = b_1
\qquad
\begin{array}{r}
0 \\
8\overline{)3} \\
0 \\
\hline
3
\end{array} = b_2
$$

因此，$(234)_{10} = (352)_8$，这些计算可以用以下简写格式进行总结：

$$
\begin{array}{rrrl}
8 \,|\, 234 & 2 & \uparrow & \text{LSB} \\
8 \,|\, 29 & 5 & | & \\
8 \,|\, 3 & 3 & | & \text{MSB} \\
0 & & &
\end{array}
$$

例 1.2.10 将$(234)_{10}$转换为十六进制数。

$$
\begin{array}{r}
14 \\
16\overline{)234} \\
16 \\
\hline
74 \\
64 \\
\hline
10
\end{array} = (\text{A})_{16} = b_0
\qquad
\begin{array}{r}
0 \\
16\overline{)14} \\
0 \\
\hline
14
\end{array} = (\text{E})_{16} = b_1
$$

因此，$(234)_{10} = (\text{EA})_{16}$，简写形式如下：

$$
\begin{array}{rll}
16 \,|\, 234 & 10 = (\text{A})_{16} & \uparrow \\
16 \,|\, 14 & 14 = (\text{E})_{16} & | \\
0 & &
\end{array}
$$

3) 基数乘法

小数的转换可以通过基数乘法来完成。假设 N_F 为基数 A 中的小数，该小数可表示多项式序列形式为

$$(N_F)_A = b_{-1}B^{-1} + b_{-2}B^{-2} + \cdots + b_{-m}B^{-m} \tag{1.2.7}$$

式(1.2.7)中，b_i 表示基数 A 中的数字$(N_F)_B$，最高有效数字$(b_{-1})_A$可以通过将$(N_F)_A$乘以$(B)_A$得到，如下所示：

$$
\begin{aligned}
B \times N_F &= B \times (b_{-1}B^{-1} + \cdots + b_{-m}B^{-m}) \\
&= \underbrace{b_{-1}}_{\text{整数},\ L_{-1}} + \underbrace{b_{-2}B^{-1} + \cdots + b_{-m}B^{-(m-1)}}_{\text{小数},\ F_{-2}}
\end{aligned}
$$

因此，$(b_{-1})_A$是$(N_F)_A$乘以$(B)_A$所得乘积的整数部分。通常，$(b_{-i})_A$是 $F_{-(i+1)}$乘以$(B)_A$所得

乘积的整数部分，即 I_{-i}。基数乘法过程总结如下：

(1) 设 $F_{-1}=(N_F)_A$。

(2) 对于 $i=1,2,\cdots,m$，通过将 F_i 乘以$(B)_A$，计算$(b_{-1})_A$，得到的整数 I_{-i}，即为数字$(b_{-i})_A$以及小数 $F_{-(i+1)}$。

(3) 将每个数字$(b_{-i})_A$转换为基数 B 的数字。

下面两个例子说明了这种方法。

例 1.2.11　将$(0.1285)_{10}$转换为八进制数。

$$\begin{array}{cccc} 0.1285 & 0.0280 & 0.2240 & 0.7920 \\ \times\quad 8 & \times\quad 8 & \times\quad 8 & \times\quad 8 \\ \hline 1.0280 & 0.2240 & 1.7920 & 6.3360 \\ \uparrow & \uparrow & \uparrow & \uparrow \\ b_{-1} & b_{-2} & b_{-3} & b_{-4} \end{array}$$

$$\begin{array}{cccc} 0.3360 & 0.6880 & 0.5040 & 0.0320 \\ \times\quad 8 & \times\quad 8 & \times\quad 8 & \times\quad 8 \\ \hline 2.6880 & 5.5040 & 4.0320 & 0.2560 \\ \uparrow & \uparrow & \uparrow & \uparrow \\ b_{-5} & b_{-6} & b_{-7} & b_{-8} \end{array}$$

因此

$$(0.1285)_{10}=(0.10162540\cdots)_8$$

例 1.2.12　将$(0.828125)_{10}$转换为二进制数。

在本例中，当应用基数乘法方法时，将使用简记法。在每一行上，小数乘以 2 得到下一行；因此

$$\begin{array}{l|l} \text{MSD} & 1.656250 \leftarrow 0.828125\times 2 \\ & 1.312500 \leftarrow 0.656250\times 2 \\ & 0.625000 \leftarrow 0.312500\times 2 \\ & 1.250000 \leftarrow 0.625000\times 2 \\ & 0.500000 \leftarrow 0.250000\times 2 \\ \text{LSD}\downarrow & 1.000000 \leftarrow 0.500000\times 2 \end{array}$$

$$(0.828125)_{10}=(0.110101)_2$$

到目前为止，已举例说明了基数转换的原理，定义解决各种数制转换问题的通用解法。上述进制转换方法被描述为两种常用的进制转换算法。

算法 1.1　将数字 N 从基数 A 转换为基数 B，请使用：

(1) 基数 B 运算的多项式替代法；

(2) 基数 A 的基数除法和/或基数乘法。

算法 1.1 可用于任意两个基数之间的转换。然而，可能是在一个不熟悉的基数上进行算术运算。下面介绍的算法以较长的计算过程为代价克服了这一困难。

算法 1.2　将数字 N 从基数 A 转换为基数 B，请使用：

(1) 以 10 为基数的多项式替代法，将 N 从基数 A 转换为基数 10；

(2) 使用十进制算术的基数除法和/或基数乘法，将 N 从基数 10 转换为基数 B。

通常，算法 1.2 比算法 1.1 需要更多的步骤。但是，后者通常更容易、更快捷且更不易出错，因为所有计算都是在十进制中进行的。

案例 1　二/八/十六进制数转换为十进制数。

转换方法：将二/八/十六进制数分别按数值表达式展开，然后按十进制运算求值。

例 1.2.13　将二进制数$(101.01)_B$转换为十进制数。

解　$(101.01)_B = 1 \times 2^2 + 0 \times 2^1 + 1 \times 2^0 + 0 \times 2^{-1} + 1 \times 2^{-2} = 5.25$

例 1.2.14　将八进制数$(527.4)_O$转换为十进制数。

解　$(527.4)_O = 5 \times 8^2 + 2 \times 8^1 + 7 \times 8^0 + 4 \times 8^{-1} = 343.5$

例 1.2.15　将十六进制数$(E9.A)_H$转换为十进制数。

解　$(E9.A)_H = E \times 16^1 + 9 \times 16^0 + A \times 16^{-1} = 233.625$

案例 2　十进制数转换为二/八/十六进制数。

(1) 整数转换方法。

十进制整数反复除二/八/十六进制数的基数(分别是 2、8、16)，求余数；余数组合成二/八/十六进制数：先求得的余数排列在低位，后求得的余数排列在高位。

例 1.2.16　十进制整数 13 转换为二进制整数。

解

十进制整数		除数		商	余数		二进制数码
13	÷	2	=	6	1	=	b_0
6	÷	2	=	3	0	=	b_1
3	÷	2	=	1	1	=	b_2
1	÷	2	=	0	1	=	b_3
转换结果：$13 = b_3b_2b_1b_0 = 1101$							

(2) 小数转换方法。

十进制小数反复乘二/八/十六进制数的基数(分别是 2、8、16)，取整数；整数组合成二/八/十六进制数：先求得的整数排列在高位，后求得的整数排列在低位。

例 1.2.17　十进制小数 0.6875 转换为二进制小数。

解

十进制小数		乘数		积	取整		二进制数码
0.6875	×	2	=	1.375	1	=	b_{-3}
0.375	×	2	=	0.75	0	=	b_{-2}
0.75	×	2	=	1.5	1	=	b_{-1}
0.5	×	2	=	1.0	1	=	b_{-4}
转换结果：$0.6875 = 0.b_{-3}b_{-2}b_{-1}b_{-4} = 0.1011$							

(3) 任意十进制数转换方法。

整数、小数分别转换，然后求和。

例 1.2.18　十进制数$(13.6875)_D$转换为二进制数。

解　$(13.6875)_D = 13 + 0.6875 = 1101 + 0.1011 = 1101.1011$

案例 3　二进制数与八/十六进制数间的转换。

(1) 十六/八进制数转换为二进制数。

将每个十六进制数码转换为 4 位二进制数；将每个八进制数码转换为 3 位二进制数。

例 1.2.19　十六进制数$(7E.5C)_H$转换为二进制数。

解　$(7E.5C)_H = \underline{0111}\ \underline{1110}.\ \underline{0101}\ \underline{1100}$

例 1.2.20　八进制数$(74.53)_O$转换为二进制数。

解　$(74.53)_O = \underline{111}\ \underline{100}.\ \underline{101}\ \underline{011}$

(2) 二进制数转换为十六/八进制数。

先分组，后转换。步骤如下：

① 十六进制(八进制)整数部分由低位向高位按 4 位(3 位)分组，最后分组高位添 0；十六进制(八进制)小数部分由高位向低位按 4 (3 位)位分组，最后分组低位添 0；

② 将每个分组的 4 位(3 位)二进制数转换为十六进制(八进制)数码；

③ 按分组顺序排列十六进制(八进制)数码。

例 1.2.21　将二进制 1101101.01 数转换为十六进制数。

解　$\underline{0110}\ \underline{1101}.\underline{0100} = (6D.4)_H$

例 1.2.22　将二进制 1101101.01 数转换为八进制数。

解　$\underline{001}\ \underline{101}\ \underline{101}.\underline{010} = (155.2)_O$

1.3　码　　制

数不仅可以表示数量的大小，还可用来表示集合的元素(用符号表示)。表示一个集合元素的数称为代码，例如，某校学生的集合，用一个学号(代码)表示一个学生。建立集合元素与代码一一对应的关系称为编码或码制。

数字系统中常使用的代码是二进制代码，即表示集合元素的二进制数。建立二进制代码与集合元素一一对应的关系称为二进制编码。设某集合有 N 个元素，为建立二进制代码与集合元素一一对应的关系，二进制代码的位数 n 必须满足下式：

$$2^n \geqslant N \tag{1.3.1}$$

由于数字电路只能处理二进制信号，所以表示集合元素的符号必须通过编码转换为二进制代码。例如，表示十进制数码(0、1、2、3、4、5、6、7、8、9)的二进制代码，称为二-十进制代码，简称 BCD 码。用 4 位二进制代码表示 10 个十进制数码有 C_{16}^{10} 种编码。

1.3.1　BCD 码

表 1.3.1 列出了几种常用的 BCD 码。BCD 码分为有权码和无权码。对于有权码，每一个码位表示一个十进制数值，称为权；二进制数码(0、1)与相应的位权的积之和即为代码表示的十进制数码，如 8421 码和 2421 码。余 3 码是一种无权码，它由 8421 码加

3(0011)而形成。

表 1.3.1　常用的 BCD 码

十进制数码	编码			
	8421 码	余 3 码	2421 码	5421 码
0	0000	0011	0000	0000
1	0001	0100	0001	0001
2	0010	0101	0010	0100
3	0011	0110	0011	0101
4	0100	0111	0100	0111
5	0101	1000	1011	1000
6	0110	1001	1100	1001
7	0111	1010	1101	1100
8	1000	1011	1110	1101
9	1001	1100	1111	1111
权	8421		2421	5421

标准ASCII码对照表

美国信息交换标准码(ASCII)是用 7 位二进制码表示英文字母、阿拉伯数字、图形符号和控制符的集合。除图形以外，各种英文信息均可由 ASCII 码的组合表示。

中文字库是用 16 位二进制码表示的常用汉字的集合。

1.3.2　格雷码

表 1.3.2 是二进制数的循环码，也符合格雷码，特点是十进制数值变化一个单位的两个循环码之间只有一个二进制数码不同，即相邻两个循环码之间只有一个位码不同。

表 1.3.2　二进制数的循环码

二进制循环码	对应的十进制数值	二进制循环码	对应的十进制数值
0000	0	1100	8
0001	1	1101	9
0011	2	1111	10
0010	3	1110	11
0110	4	1010	12
0111	5	1011	13
0101	6	1001	14
0100	7	1000	15

循环码定义为，对于其中的任一码字，经过循环移位可以产生另一码字。格雷码是最常见的一种循环码，它具有两个连续数字的码字之间仅有 1 位不同的特点。也就是说，两个相邻码字之间的码距是 1。通常，两个二进制码之间的码距等于两个码相比后，二者不同的位数。

例 1.3.1　定义用于编码十进制数 0～15 的格雷码。

需要 4 位二进制数/格雷码来表示这些十进制的数。如果相应二进制数的第 i 位和第 i+1 位相同，则将对应格雷码的第 i 位赋值为 0 来构造所需的编码，否则将其赋值为 1。使用此方法时，必须始终将二进制数的最高有效位与 0 进行比较。所得到的编码如表 1.3.3 所示。

表 1.3.3　十进制数 0～15 的格雷码

十进制数	二进制数	格雷码	十进制数	二进制数	格雷码
0	0000	0000	8	1000	1100
1	0001	0001	9	1001	1101
2	0010	0011	10	1010	1111
3	0011	0010	11	1011	1110
4	0100	0110	12	1100	1010
5	0101	0111	13	1101	1011
6	0110	0101	14	1110	1001
7	0111	0100	15	1111	1000

在许多应用中都需要观察或测量圆盘的位置，这可以通过在轴上安装一个已编码的导电盘，并通过电气传感器感应盘的位置来完成。如何对导电盘进行编码，以便当传感器从导电盘的一个扇区移动到另一个扇区时，不会读取错误的位置信息。

如果导电盘扇区用格雷码来编码，则可以获得期望的结果，因为当传感器从一个扇区移动到下一个扇区时，编码中只有一个位的位置会改变。图 1.3.1 阐明了该解决方案。图中灰色部分表示导电区域，即为“1”，白色部分为不导电区域，即为“0”。

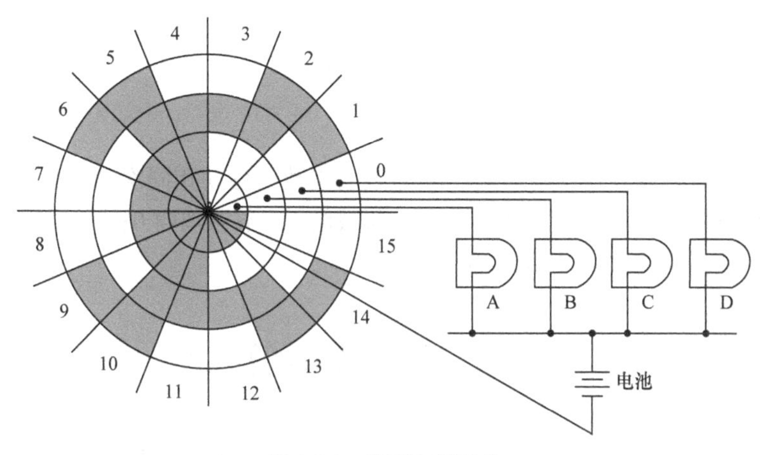

图 1.3.1　格雷码编码盘

1.4　二进制算术运算

当两个二进制数码表示两个数量大小时，它们之间可进行数值运算，即加、减、乘、除四则算术运算。二进制的算术运算和十进制的算术运算基本相同，区别是低位到相邻高位的进位关系为“逢二进一”。

1) 二进制加法

一位加法：$0+0=0$　　$1+0=1$　　$0+1=1$　　$1+1=10$

多位加法：$1010+0010=1100$

小数点对齐；按位相加，每位和等于被加数、加数和相邻低位的进位相加；逢二进一产生进位。

2) 二进制减法

一位减法：$0-0=0$　　$1-0=1$　　$0-1=-1$　　$1-1=0$

多位减法：$1110-0101=1001$

小数点对齐；按位相减，每位差等于被减数减去减数和相邻低位的借位；不够减产生借位，借位为 2。

3) 二进制乘法

一位乘法：$0\times0=0$　　$1\times0=0$　　$0\times1=0$　　$1\times1=1$

多位乘法：$0011\times0101=0011\times(0\times2^3+1\times2^2+0\times2^1+1\times2^0)=1100+0011=1111$

多位乘法归纳为移位相加：根据乘数中每个 1 的位置 i，将被乘数移动 i 位，然后相加。

4) 二进制除法

一位除法：$0\div0$ –禁止　　$1\div0$ –禁止　　$0\div1=0$　　$1\div1=1$

多位除法：$1111\div0101=0011$

```
          1 1
101 ) 1 1 1 1
      1 0 1 0
      -------
        1 0 1
        1 0 1
      -------
            0
```

多位除法归纳为移位相减：

(1) 除数的小数点移至最低有效位，被除数的小数点移动相同次数；

(2) 从最高有效位开始，被除数减除数，够减商 1，不够减商 0；

(3) 右移除数，重复(2)，直到适当运算精度。

1.5　二值逻辑运算

本节介绍实现基于逻辑信息进行推理的基本逻辑运算和复合逻辑运算。

1.5.1　三种基本逻辑运算

数字电路通过逻辑运算实现逻辑推理，即确定条件与结果的关系。基本的逻辑运算有三种：逻辑与、逻辑或和逻辑非。

1) 逻辑与

在电路图 1.5.1(a)中，以开关闭合为条件，发光二极管(指示灯)亮作为结果。如果开关 A、B 同时闭合，则指示灯 Y 流过正向电流，Y 才亮；否则 Y 熄灭。这种全部条件都满足

时结果才发生的因果关系称为逻辑与，简称与。逻辑与的运算符记为“·”，通常省略。2 变量逻辑与的表达式为

$$Y = A \cdot B = AB \tag{1.5.1}$$

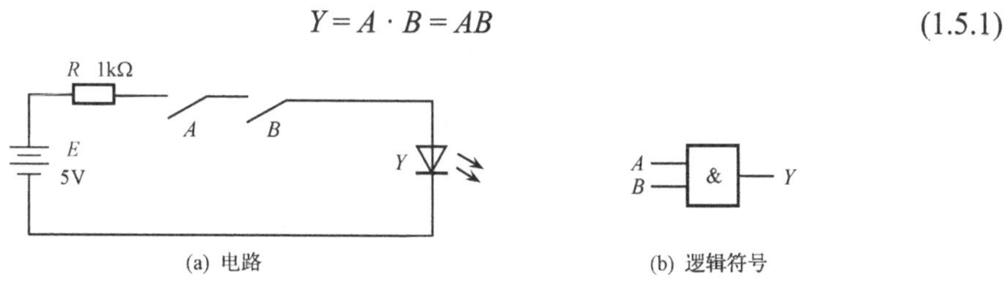

(a) 电路　　(b) 逻辑符号

图 1.5.1　逻辑与

开关 A、B 只有 2 种状态：断开和闭合，用 0 和 1 分别表示；指示灯 Y 也只有 2 种状态：熄灭和亮，同样用 0 和 1 分别表示。推广到一般情况，只有 2 种状态的任意变量称为逻辑变量，常用 0 和 1 表示 2 种不同的状态，分别称为逻辑 0(假)和逻辑 1(真)。

用逻辑值表示逻辑变量间的关系，按照十进制数由小到大的规律，列出输入变量所有组合对应输出变量的值的表格称为真值表。前述开关逻辑变量 A、B 和指示灯逻辑变量 Y 间的真值表如表 1.5.1 所示。由真值表可知：当条件全部为真时，结果为真；否则为假。注意到逻辑与运算和算术乘法相似，因此，逻辑与又称为逻辑乘。

表 1.5.1　逻辑与

(a) 图 1.5.1 的开关和指示灯状态表

A	B	Y
断开	断开	熄灭
断开	闭合	熄灭
闭合	断开	熄灭
闭合	闭合	亮

(b) 逻辑与的真值表

A	B	Y
0	0	0
0	1	0
1	0	0
1	1	1

表示进行某种逻辑运算的图形符号称为逻辑符号。逻辑符号是数字电路的基本图素，它代表实现某种逻辑运算的单元电路，称为门电路(见第 2 章)。图 1.5.1(b)是逻辑与的逻辑符号。

2) 逻辑或

在电路图 1.5.2(a)中，同样以开关闭合为条件，发光二极管(指示灯)亮作为结果。如果开关 A、B 任何一个闭合，则指示灯 Y 流过正向电流，Y 就亮；否则，Y 熄灭。这种任何一个条件满足时结果就发生的因果关系称为逻辑或，简称或。图 1.5.2(b)是逻辑或的逻辑符号。逻辑或的运算符记为“+”，2 变量逻辑或的表达式为

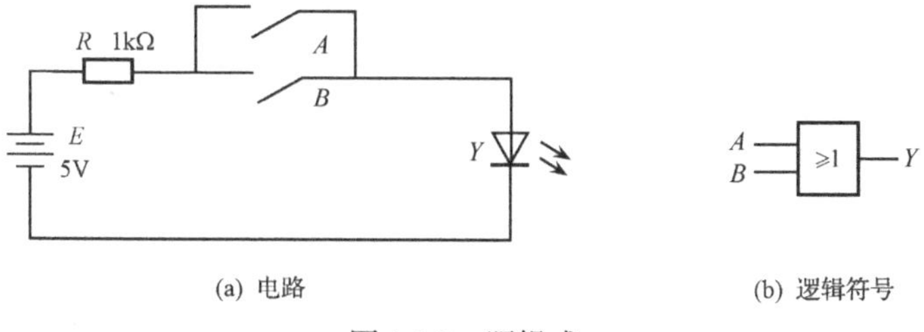

(a) 电路　　(b) 逻辑符号

图 1.5.2　逻辑或

$$Y = A + B \tag{1.5.2}$$

表 1.5.2 是逻辑或运算的真值表。由真值表可知：当任何一个条件为真时，结果为真；否则为假。并且逻辑或和算术加法相似，因此，逻辑或又称为逻辑加。但逻辑或运算中 1 + 1 = 1，不是 1 + 1 = 10。因为逻辑 1 表示逻辑状态，不是数字。

表 1.5.2　逻辑或

(a) 图 1.5.2 的开关和指示灯状态表

A	*B*	*Y*
断开	断开	熄灭
断开	闭合	亮
闭合	断开	亮
闭合	闭合	亮

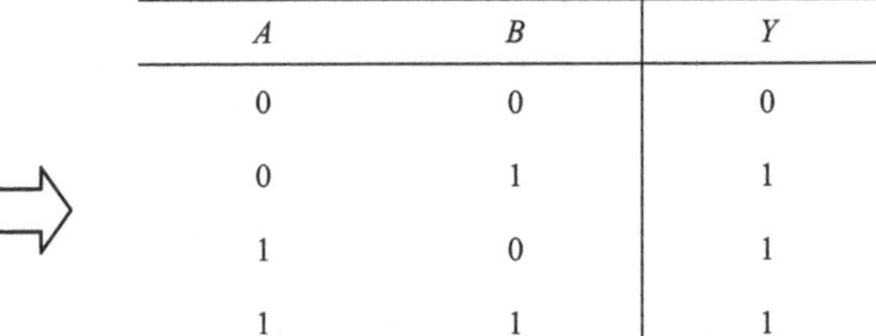

(b) 逻辑或的真值表

A	*B*	*Y*
0	0	0
0	1	1
1	0	1
1	1	1

3) 逻辑非

在电路图 1.5.3(a)中，同样以开关闭合为条件，发光二极管(指示灯)亮作为结果。如果开关 *A* 闭合，则指示灯 *Y* 被短路，*Y* 不亮；当开关 *A* 断开时，指示灯 *Y* 流过正向电流，*Y* 才亮。这种条件不满足时结果才发生的因果关系称为逻辑非，简称非。图 1.5.3(b)是逻辑非的逻辑符号，图中小圆圈表示非运算。逻辑非的运算符记为“—”，单变量逻辑非的表达式为

$$Y = \overline{A} \tag{1.5.3}$$

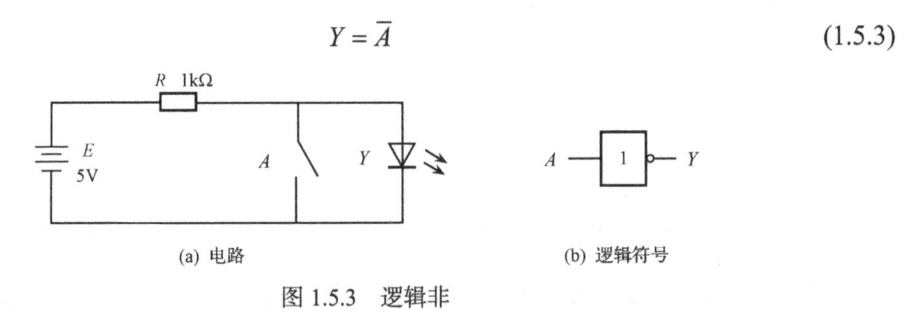

(a) 电路　　(b) 逻辑符号

图 1.5.3　逻辑非

表 1.5.3 是逻辑非运算的真值表。由真值表可知：当开关 *A* 断开时，灯亮；当开关 *A* 闭合时，灯灭。

表 1.5.3　逻辑非

(a) 图 1.5.3 的开关和指示灯状态表

A	*Y*
断开	亮
闭合	熄灭

(b) 逻辑非的真值表

A	*Y*
0	1
1	0

1.5.2　复合逻辑运算

实际的逻辑问题往往比与、或、非三种最基本逻辑关系复杂得多，但复杂的逻辑问题都可以用与、或、非的复合逻辑运算表示。常用的复合逻辑运算有与非、或非、与或非、

异或、同或等运算，它们都是由以上三种基本逻辑运算组合而成的。

1) 与非运算

二变量与非运算定义为

$$Y = \overline{AB} \tag{1.5.4}$$

变量 A、B 先进行与运算，再进行非运算，表 1.5.4 是与非运算的真值表。与非运算的逻辑符号如图 1.5.4(a)所示，图中小圆圈表示非运算。

表 1.5.4　与非运算的真值表

A	B	Y
0	0	1
0	1	1
1	0	1
1	1	0

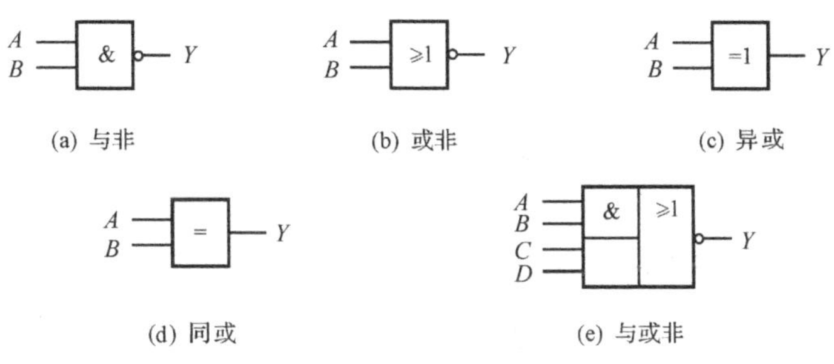

图 1.5.4　复合逻辑运算的逻辑符号

2) 或非运算

二变量或非运算定义为

$$Y = \overline{A + B} \tag{1.5.5}$$

变量 A、B 先进行或运算，再进行非运算，表 1.5.5 是或非运算的真值表。或非运算的逻辑符号如图 1.5.4(b)所示，图中小圆圈表示非运算。

表 1.5.5　或非运算的真值表

A	B	Y
0	0	1
0	1	0
1	0	0
1	1	0

3) 异或运算

异或运算定义为

$$Y = A\overline{B} + \overline{A}B = A \oplus B \tag{1.5.6}$$

表 1.5.6 是异或运算的真值表。由表可知：二变量相异时，结果为 1；否则为 0。异或运算的逻辑符号如图 1.5.4(c)所示。

4) 同或运算

同或运算定义为

$$Y = \overline{A\overline{B} + \overline{A}B} = A \odot B \tag{1.5.7}$$

表 1.5.7 是同或运算的真值表。由表可知：二变量相同时，结果为 1；否则为 0。同或运算的逻辑符号如图 1.5.4(d)所示。

表 1.5.6　异或运算的真值表

A	B	Y
0	0	0
0	1	1
1	0	1
1	1	0

表 1.5.7　同或运算的真值表

A	B	Y
0	0	1
0	1	0
1	0	0
1	1	1

5) 与或非运算

与或非运算的表达式：

$$Y = \overline{AB + CD} \tag{1.5.8}$$

首先进行与运算(AB、CD)，其次进行或运算，最后进行非运算。与或非运算的逻辑符号如图 1.5.4(e)所示。

在复杂的逻辑运算表达式中，逻辑运算符的优先顺序如下：

(1) 单个逻辑变量的非运算“—”，如$\overline{A}$、$\overline{B}$；

(2) 逻辑与“·”；

(3) 异或“⊕”、同或“⊙”；

(4) 逻辑或“+”。

(5) 表达式的非运算“—”，如与或非$\overline{AB + CD}$中。

不使用括号“( )”时，一律按上述优先顺序进行逻辑运算。当有括号时，先进行括号内的运算，再进行括号外的运算。

数字电路的发展史

本章知识小结

***1.1**　数字电路的特点

数字电路是电子系统中的关键组成部分，其特点包括抗干扰性强、稳定性高、易于集成和存储等。数字电路处理数字信号，相对于模拟电路处理连续变化的模拟信号。

模拟信号 vs 数字信号：模拟信号是连续变化的信号，而数字信号是离散的信号。模拟信号可以取无限数量的值，而数字信号仅在离散值之间变化。

模拟电路 vs 数字电路：模拟电路使用连续变化的电压或电流来传递信息，数字电路使用离散的电压或电流。数字电路的抗干扰性强，稳定性高，适用于现代计算机系统。

***1.2**　数制及其相互转换

数制是数字的表示方式，如二进制、十进制、八进制和十六进制。数制间可以进行转换，如二进制转十进制、十六进制转八进制等。

***1.3**　码制

码制将数据转换为特定编码，如 BCD 码(二进制编码十进制)、格雷码等，用于数字信号的传输和处理。

***1.4**　二进制算术运算

在数字电路中，可以进行二进制的加法、减法、乘法和除法等算术运算，基于二进制数的性质进行。

***1.5**　二值逻辑运算

二值逻辑运算涉及基本逻辑门的使用，可以组合形成更复杂的逻辑功能。

基本逻辑门：与门(AND)、或门(OR)、非门(NOT)。

复合逻辑运算：异或门(XOR)、与非门(NAND)等。

数字电路是现代电子系统的核心，处理离散的数字信号。模拟信号与数字信号的区别在于连续性与离散性。模拟电路与数字电路分别使用模拟信号和数字信号传递信息。不同数制的转换和码制的使用在数字电路中扮演重要角色，二进制算术运算和二值逻辑运算则是数字电路处理数据的基础。这些知识点构成了数字电路的基础概念，涵盖了模拟信号与

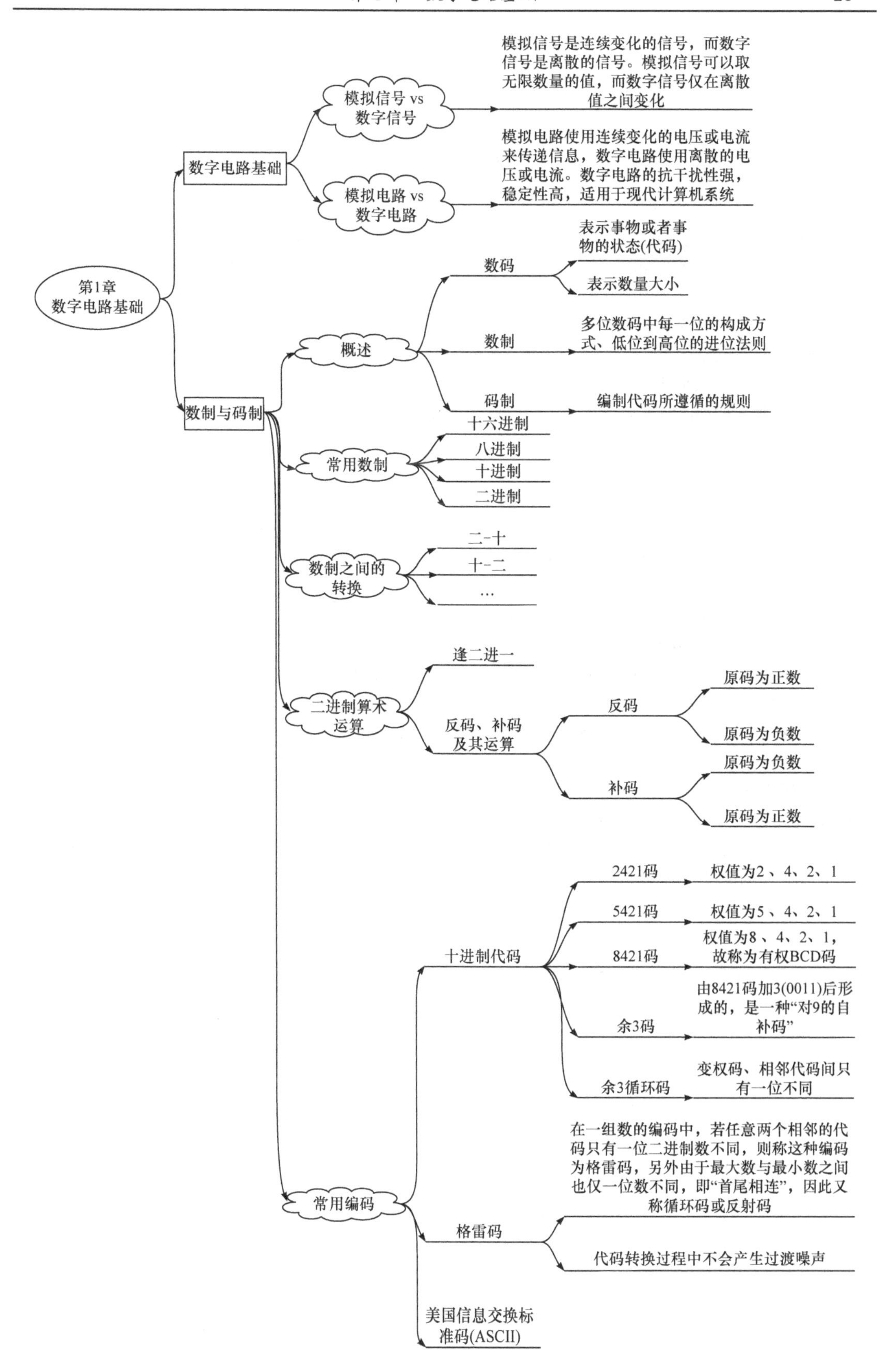
第1章
数字电路基础
数字电路基础
模拟信号 vs
数字信号
模拟信号是连续变化的信号，而数字信号是离散的信号。模拟信号可以取无限数量的值，而数字信号仅在离散值之间变化
模拟电路 vs
数字电路
模拟电路使用连续变化的电压或电流来传递信息，数字电路使用离散的电压或电流。数字电路的抗干扰性强，稳定性高，适用于现代计算机系统
数制与码制
概述
数码
表示事物或者事物的状态(代码)
表示数量大小
数制
多位数码中每一位的构成方式、低位到高位的进位法则
码制
编制代码所遵循的规则
常用数制
十六进制
八进制
十进制
二进制
数制之间的
转换
二-十
十-二
…
二进制算术
运算
逢二进一
反码、补码
及其运算
反码
原码为正数
原码为负数
补码
原码为负数
原码为正数
常用编码
十进制代码
2421码
权值为2、4、2、1
5421码
权值为5、4、2、1
8421码
权值为8、4、2、1，故称为有权BCD码
余3码
由8421码加3(0011)后形成的，是一种“对9的自补码”
余3循环码
变权码、相邻代码间只有一位不同
格雷码
在一组数的编码中，若任意两个相邻的代码只有一位二进制数不同，则称这种编码为格雷码，另外由于最大数与最小数之间也仅一位数不同，即“首尾相连”，因此又称循环码或反射码
代码转换过程中不会产生过渡噪声
美国信息交换标准码(ASCII)

数字信号的差异、不同数制的表示与转换、码制的使用、二进制算术运算以及基本与复合的二值逻辑运算。在数字电路的学习和应用中，理解这些知识点将帮助我们构建和分析数字电路系统。

小 组 合 作

G1.1　探索不同数制的历史、特点和应用。

要求选择一种非十进制的数制(如二进制、八进制、十六进制、罗马数字等)，研究其历史背景、特点，以及在不同领域的实际应用。学生可以分析该数制的优势和限制，并考虑它与十进制之间的相互转换方法。最后，分享研究结果以及对该数制在现代社会中的重要性的见解。

G1.2　深入探讨复杂逻辑电路的设计与应用。

要求选择一个复杂的逻辑电路(如加法器、多路选择器、寄存器、计数器等)，详细研究其设计原理、功能和在计算机硬件中的应用。学生需要解释该电路的工作原理，讨论其性能特点，以及可能的改进方法。此外，通过实例说明如何使用基本逻辑门来实现该电路，并讨论其在现代技术和工程中的实际用途。

习　　题

1.1　将下列不同进制的数转换为十进制数：

$(67)_O$　$(67)_H$　$(52)_O$　$(5D)_H$　$(A9)_H$　$(1110101.011)_B$　$(237.06)_O$　$(C6A.F7)_H$

1.2　将下列不同进制的数转换为二进制数(要求精确到小数点后第 5 位)：

$(67)_H$　$(13.15)_O$　$(50)_D$　$(D3.1A)_H$　$(23.25)_H$

1.3　指出下列 8421BCD 码所代表的十进制数值：

0011　1001　10000001　01000010

1.4　执行格雷码的加法运算：101 + 110(3 位格雷码)。计算结果并将其转换为二进制数。

1.5　执行格雷码的减法运算：101 − 110(3 位格雷码)。计算结果并将其转换为二进制数。

1.6　执行 BCD 码的加法运算：1010(BCD) + 1101(BCD)。计算结果并将其转换为十进制数。

1.7　求十进制数 5 的余三码。

1.8　将下列三位 BCD 码转换为十进制数。根据 BCD 码的编码规则，四位一组转换成对应的十进制数。

$(10110010110)_{余3码}$　$(10110010110)_{8421码}$

1.9　电路如题图 1.9(a)、(b)所示，设开关闭合为 1、断开为 0；灯亮为 1、灯灭为 0。试写出灯 F 对开关 A、B、C 的逻辑关系真值表。

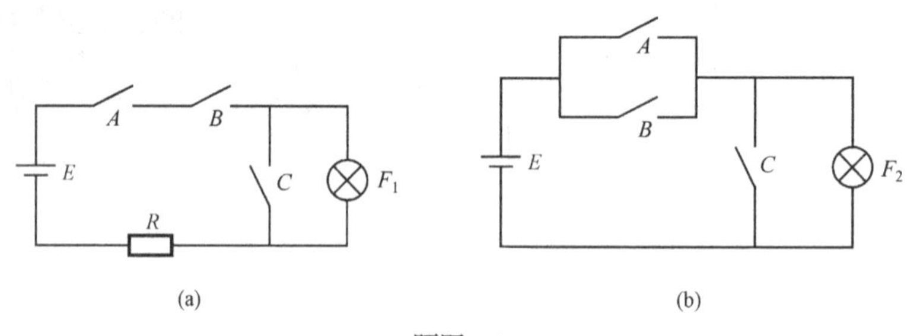

题图 1.9

1.10　判断下列逻辑运算是否正确？并说明之。

(1) 若 $A+B=A$，则 $B=0$；

(2) 若 $A\cdot B=A\cdot C$，则 $B=C$；

(3) 若 $1+B=A\cdot B$，则 $A=B=1$；

(4) 若 $0\cdot A=1\cdot B$，则 $A+AB=A+B$；

(5) 若 $A+B=A+C$，则 $B=C$；

(6) 若 $A+B=AB$，则 $A=B$；

(7) 若 $A+B=A+C$，$AB=AC$，则 $B=C$。

1.11　在函数 $F=AB+\overline{A}C$ 的真值表中，$F=1$ 的状态有多少个？

1.12　写出题图 1.12 所示电路的输出逻辑函数式。

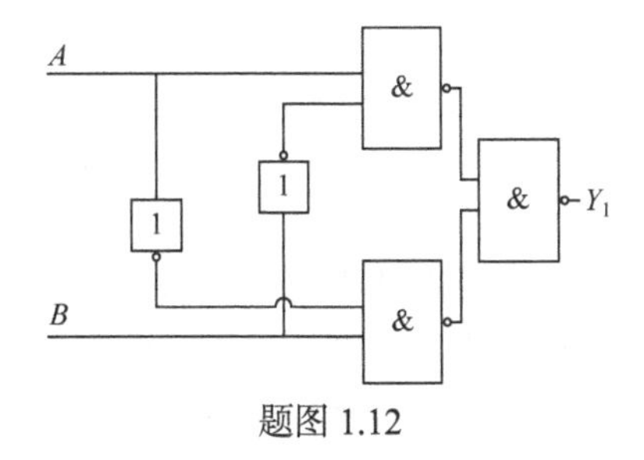

题图 1.12

1.13　列出下列逻辑函数的真值表：

$$Y=\overline{A}B+BC+AC\overline{D}$$

1.14　列出下列逻辑函数的真值表：

$$Y=\overline{A}\overline{B}C\overline{D}+\overline{(B\oplus C)}+AD$$

1.15　画出逻辑函数 $F=\overline{A}B+\overline{B}(A\oplus C)$ 的实现电路。

第2章　逻 辑 代 数

通过本章学习，读者将更深刻地理解逻辑电路。首先，介绍逻辑函数与变量，使读者能够绘制逻辑图。接着，学习逻辑代数的基本定律与常用的恒等式，使读者掌握逻辑运算的三种基本规则，理解逻辑函数化简的重要性，学习标准形式的逻辑表达式，并掌握卡诺图的绘制与其最简形式，能熟练使用代数法与卡诺图化简逻辑函数，甚至处理带有无关项的逻辑函数。最后，学习复杂逻辑函数，使读者学会使用卡诺图的降维化简法。这一系列知识与技能将有助于读者在逻辑电路设计与分析中取得优异成绩。

数字电路是由逻辑门等单元电路构成的逻辑系统，实现输入逻辑变量与输出逻辑变量之间的某种逻辑关系。分析和设计这种电路的数学工具是逻辑代数，它是描述客观事物逻辑关系的一种数学方法(由英国数学家乔治 · 布尔率先提出，故也称为布尔代数)。

本章学习逻辑运算的规律和逻辑函数的简化方法。

2.1　逻辑函数与变量

在实际逻辑问题中，往往存在多个逻辑变量，某些逻辑变量的值共同确定另一些逻辑变量的值。这种逻辑变量间的对应关系称为逻辑函数。例如，一位二进制加法器(半加器)，被加数 A 和加数 B 仅取 0 或 1 两种状态，可以当作逻辑变量；加法结果有本位和 S 及进位 C，也只有 0 或 1 两种状态，同样是逻辑变量。按二进制加法规则，列出反映 A、B、S、C 间的对应关系的真值表，见表 2.1.1。

表 2.1.1　半加器的真值表

A	B	S	C
0	0	0	0
0	1	1	0
1	0	1	0
1	1	0	1

S 和 C 是 A 和 B 的逻辑函数，逻辑表达式分别为

$$S = f_1(A, B) = A \oplus B$$

$$C = f_2(A, B) = AB$$

根据上述逻辑函数表达式，画出图 2.1.1，实现一位二进制加法的逻辑图。

逻辑图是逻辑符号及其相互连接的图形，它表示逻辑变量间的逻辑关系。在逻辑图中，逻辑符号表示实现某种基本逻辑运算或复合逻辑运算的单元电路，称为门电路，通常是集成电路，所以逻辑图又称为数字电路图，简称数字电路。在数字电路中，逻辑函数中的自变量作为输入(输入逻辑变量)，因变量作为输出(输出逻辑变量)，因此，数字电路的输入输出关系是某种逻辑关系，可用逻辑函数表示。

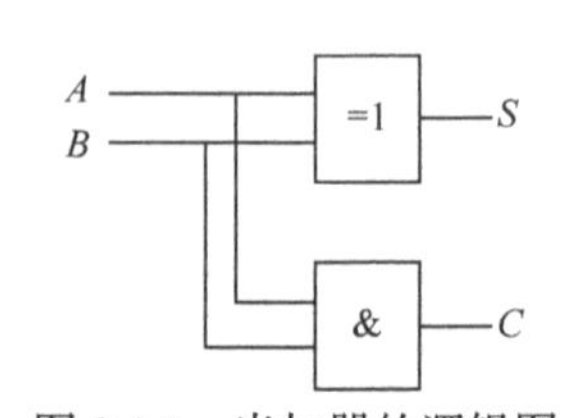

图 2.1.1　半加器的逻辑图

2.2　逻辑代数的基本定律及恒等式

逻辑常量(逻辑 1、逻辑 0)和逻辑变量之间的逻辑运算和运算顺序，归纳如表 2.2.1 所示。

表 2.2.1　基本逻辑运算、复合逻辑运算和逻辑运算顺序

基本逻辑运算	常用复合逻辑运算	运算顺序
1. 与：$Y=AB$ 2. 或：$Y=A+B$ 3. 非：$Y=\overline{A}$	1. 与非：$Y=\overline{AB}$ 2. 或非：$Y=\overline{A+B}$ 3. 异或：$Y=A\oplus B$ 4. 同或：$Y=A\odot B$ 5. 与或非 $Y=\overline{AB+CD}$	1. 单个逻辑变量的非运算“—”，如 $\overline{A}$ 、$\overline{B}$ 2. 逻辑与“·” 3. 异或“⊕”、同或“⊙” 4. 逻辑或“+” 5. 表达式的非运算“—”，如与或非表达式 $\overline{AB+CD}$ 中的“—” 6. 使用括号“( )”可改变运算顺序

2.2.1　逻辑代数定律

逻辑常量(逻辑 1、逻辑 0)及逻辑变量之间的逻辑运算式称为逻辑表达式。如果 2 个逻辑表达式恒等，则构成逻辑恒等式。逻辑代数的基本定律常用恒等式表达，表 2.2.2 列出了逻辑代数的基本定律。

表 2.2.2　逻辑代数的基本定律

序号	名称	恒等式	
0		$\overline{0}=1$	$\overline{1}=0$
1	自等律	$A+0=A$	$A\cdot 1=A$
2	0-1 律	$A+1=1$	$A\cdot 0=0$
3	重叠律	$A+A=A$	$A\cdot A=A$
4	互补律	$A+\overline{A}=1$	$\overline{A}\cdot A=0$
5	吸收律	$A+AB=A$	$A(A+B)=A$
6	交换律	$A+B=B+A$	$AB=BA$
7	结合律	$(A+B)+C=A+(B+C)$	$(AB)C=A(BC)$
8	分配律	$A(B+C)=AB+AC$	$A+BC=(A+B)(A+C)$
9	反演律	$\overline{AB}=\overline{A}+\overline{B}$	$\overline{A+B}=\overline{A}\cdot\overline{B}$
10	非非律	$\overline{\overline{A}}=A$	

用枚举法可证明逻辑代数的基本定律，即按基本逻辑运算(与、或、非)的定义进行逻辑运算，并列出真值表，可证明表 2.2.2 列出的全部定律。

例 2.2.1　证明反演律(也称为摩根定理) $\overline{AB}=\overline{A}+\overline{B}$ 。

证明　将变量的各种取值组合分别代入等式的左边和右边进行计算，列出真值表(表 2.2.3)。

由表 2.2.3 可知：$\overline{AB}=\overline{A}+\overline{B}$ 。

表 2.2.3　证明 $\overline{AB}=\overline{A}+\overline{B}$

A	B	$\overline{AB}$	$\overline{A}+\overline{B}$
0	0	1	1
0	1	1	1
1	0	1	1
1	1	0	0

2.2.2　常用恒等式

表 2.2.4 是常用恒等式，它们可用基本定律导出，也可用枚举法证明。直接应用这些等式可极大地方便逻辑函数的化简。

表 2.2.4　逻辑代数常用恒等式

序号	名称	恒等式	
1	吸收式 1	$A+AB=A$	$A(A+B)=A$
2	吸收式 2	$A+\overline{A}B=A+B$	$A(\overline{A}+B)=AB$
3	合并式	$AB+A\overline{B}=A$	$(A+B)(A+\overline{B})=A$
4	配项式 1	$AB+\overline{A}C+BC=AB+\overline{A}C$	$(A+B)(\overline{A}+C)(B+C)=(A+B)(\overline{A}+C)$
5	配项式 2	$AB+\overline{A}C+BCD=AB+\overline{A}C$	$(A+B)(\overline{A}+C)(B+C+D)=(A+B)(\overline{A}+C)$
6	化简式 1	$A\overline{AB}=A\overline{B}$	$A+\overline{A+B}=A+\overline{B}$
7	化简式 2	$\overline{A}\cdot\overline{AB}=\overline{A}$	$\overline{A}+\overline{A+B}=\overline{A}$

例 2.2.2　证明合并式：$AB+A\overline{B}=A$。

证明　$AB+A\overline{B}=A(B+\overline{B})=A\cdot 1=A$

例 2.2.3　证明配项式：$AB+\overline{A}C+BC=AB+\overline{A}C$。

证明　$AB+\overline{A}C+BC=AB+A\overline{C}+(A+A)BC=AB+\overline{A}C+ABC+\overline{A}BC$

$$=AB(1+C)+\overline{A}C(1+B)=AB+\overline{A}C$$

值得指出的是，由于逻辑代数中没有逻辑减法及逻辑除法，故初等代数中的移项规则(移加作减，移乘作除)在这里不适用。

2.3　逻辑运算的基本规则

逻辑运算的基本规则主要包含代入、反演、对偶规则。

2.3.1　代入规则

在任何一个逻辑等式中，用一个逻辑函数代替等式两边的某一逻辑变量后，新的等式仍然成立，这个规则称为代入规则。例如，在等式 $A+AB=A$ 中，用函数 $Y=f(A,B,C)$替换 A，新等式为 $Y+YB=Y$。因为逻辑函数 Y 与逻辑变量 A 一样仅有 1、0 两种值，也是一种逻辑变量。如果对逻辑变量 A 成立的等式，则用逻辑变量 Y 代替逻辑变量 A 后的新等式仍然成立。

例 2.3.1 在$\overline{AB}=\overline{A}+\overline{B}$中，用$BC$代替等式两边的$B$，求新等式。

解 左边$=\overline{ABC}$，右边$=\overline{A}+\overline{BC}=\overline{A}+\overline{B}+\overline{C}$

由代入规则，得$\overline{ABC}=\overline{A}+\overline{B}+\overline{C}$

由代入规则，可将逻辑代数的基本定律(表 2.2.2)和常用恒等式(表 2.2.4)推广到多变量的情况。

2.3.2 反演规则

单个变量的反(如$\overline{A}$)称为反变量，而变量本身(A)称为原变量。

在任何一个逻辑函数Y中，同时进行下述 3 种变换(称为反演变换)后产生的新函数就是原函数Y的反函数$\overline{Y}$：

(1) 所有的“·”换成“+”，所有的“+”换成“·”；

(2) 所有的“0”换成“1”，所有的“1”换成“0”；

(3) 所有的原变量换成反变量，所有的反变量换成原变量。

运用反演规则时须注意：不属于单个变量上的反号应该保留，并通过添加“( )”保持原表达式中变量间的运算顺序。

例 2.3.2 已知$Y=AB+B(C+\overline{D})$，求$\overline{Y}$。

解 $\overline{Y}=(\overline{A}+\overline{B})(\overline{B}+\overline{C}D)$

例 2.3.3 已知$Y=A+0\cdot 1$，求$\overline{Y}$。

解 $\overline{Y}=\overline{A}(1+0)=\overline{A}$

2.3.3 对偶规则

在一个逻辑表达式Y中，同时进行下述变换后产生的新表达式称为原式Y的对偶式Y'：

(1) 所有的“·”换成“+”，所有的“+”换成“·”；

(2) 所有的“0”换成“1”，所有的“1”换成“0”。

上述 2 种变换称为对偶变换，进行对偶变换时必须保持原表达式中变量间的运算顺序。

例如，$L=A+\overline{A}B+0$，$L'=A(\overline{A}+B)\cdot 1$。

对偶规则：任意一个恒等式两边同时作对偶变换，可导出仍然成立的对偶恒等式。

例如，表 2.2.2 中的吸收律$A+AB=A$，左边的对偶式为$A(A+B)$，右边的对偶式为A，由对偶规则，$A(A+B)=A$，正是表 2.2.2 中吸收律的另一等式。

对照表 2.2.2 和表 2.2.4 同一行的等式，不难发现，它们互为对偶式。有了对偶规则就使要证明、要记忆的公式减少了一半。

2.4 逻辑函数的代数法化简

逻辑函数化简在数字电路设计和逻辑分析中具有重要意义，它可以带来多方面的优势和好处。

(1) 简化电路设计。化简逻辑函数可以减少门电路的数量，从而降低硬件成本、功耗和故障率。更简单的电路设计也有助于提高制造效率和可维护性。

(2) 减少延迟。化简逻辑函数通常会减少电路中的门延迟，从而提高电路的响应速度和性能。

(3) 优化空间利用。化简逻辑函数可以减小电路板的尺寸，释放空间以容纳其他组件，从而实现更紧凑的设计。

(4) 减少故障率。更简单的逻辑电路通常会减少硬件连接，从而降低出错的概率，提高电路的可靠性。

(5) 易于理解和维护。化简后的逻辑函数更易于理解，便于工程师进行设计、调试和维护。这对于开发和维护复杂的电路系统非常重要。

(6) 便于逻辑分析。化简的逻辑函数使逻辑分析更加方便，可以更轻松地分析逻辑电路的功能、时序和性能。

(7) 节省功耗。化简后的电路通常会减少不必要的开关活动，从而降低功耗，特别是在移动设备和低功耗应用中。

因此，对逻辑函数的化简非常有意义。

2.4.1 最简的标准

逻辑函数可以有不同的逻辑表达式，如与或、或与、与非与非、或非或非、与或非式。任意的逻辑函数均可用其中之一表示。借助摩根定理和分配律，5 种通用表达式之间可以相互转换。例如：

$$
\begin{aligned}
Y &= A\bar{B} + BC && \text{与或式：乘积项之和} \\
&= (A+B)(\bar{B}+C) && \text{或与式：和项之积} \\
&= \overline{\overline{A\bar{B}}\cdot\overline{BC}} && \text{与非与非式} \\
&= \overline{\overline{A+B}+\overline{\bar{B}+C}} && \text{或非或非式} \\
&= \overline{\bar{A}\bar{B}\cdot B\bar{C}} && \text{与或非式}
\end{aligned}
$$

在同一种类型的表达式中，形式也不相同，但对确定的逻辑函数，最简的形式是唯一的。例如，在与或表达式中

$$
\begin{aligned}
Y(A,B,C) &= A + BC && \text{最简与或式} \\
&= AB + A\bar{B} + BC && \text{非最简与或式1} \\
&= A + \bar{A}BC && \text{非最简与或式2} \\
&= \cdots
\end{aligned}
$$

综上所述，对不同类型的逻辑表达式，总存在最简式，但最简的标准却是不一样的。由于与或表达式容易从具体的逻辑问题导出，并可以转化为其他形式，故给出最简与或表达式的标准：

(1) 乘积项的个数最少；

(2) 在满足(1)的条件下，每个乘积项中变量的个数也最少。

2.4.2 代数法化简

代数法化简，也称为公式法化简，就是用逻辑代数的基本定律和恒等式，对逻辑函数

进行化简，求最简与或表达式。由于表达式各种各样，要做到快速化简，就要求熟练地掌握并灵活地运用 2.2 节中的逻辑代数基本定律和恒等式。下面介绍几种常用的方法。

1) 并项法

利用 $A+\overline{A}=1$，将两项合并为一项，并消去一个变量。例如：

$$\begin{aligned} Y &= A\overline{B}+ACD+\overline{A}\,\overline{B}+\overline{A}CD \\ &= (A+\overline{A})\overline{B}+(A+\overline{A})CD=\overline{B}+CD \end{aligned}$$

2) 吸收法

利用 $A+AB=A$，消去 AB 项。例如：

$$Y=A\overline{B}+A\overline{B}(C+D)=A\overline{B}$$

3) 消项法

利用 $AB+\overline{A}C+BC=AB+\overline{A}C$，消去 BC 项。例如：

$$Y=AC+A\overline{B}+\overline{B+C}=AC+A\overline{B}+\overline{B}\,\overline{C}=AC+\overline{B}\,\overline{C}$$

4) 消因法

利用 $A+\overline{A}B=A+B$，消去因子 $\overline{A}$。例如：

$$Y=\overline{ABC}+ABCDE=\overline{ABC}+DE$$

5) 配项法

利用 $A+\overline{A}=1$，$A+A=A$ 等公式，在原表达式中增加项，然后化简。例如，利用 $A+\overline{A}=1$，配项化简：

$$\begin{aligned} Y &= A\overline{B}+\overline{A}B+B\overline{C}+\overline{B}C \\ &= A\overline{B}+\overline{A}B(C+\overline{C})+B\overline{C}+(A+\overline{A})\overline{B}C \\ &= A\overline{B}+\overline{A}BC+\overline{A}B\overline{C}+B\overline{C}+A\overline{B}C+\overline{A}\,\overline{B}C \\ &= (A\overline{B}+A\overline{B}C)+(\overline{A}B\overline{C}+B\overline{C})+(\overline{A}BC+\overline{A}\,\overline{B}C) \\ &= A\overline{B}+B\overline{C}+\overline{A}C \end{aligned}$$

利用 $A+A=A$，配项化简：

$$\begin{aligned} Y &= \overline{A}B\overline{C}+\overline{A}BC+ABC \\ &= (\overline{A}B\overline{C}+\overline{A}BC)+(\overline{A}BC+ABC)=\overline{A}B+BC \end{aligned}$$

当利用代数法化简逻辑函数时，综合使用上述技巧、逻辑代数基本定律和恒等式，才能有效地化简逻辑函数。

2.5　逻辑函数的卡诺图化简

如前所述，代数法可以化简任意的逻辑函数，但逻辑表达式是否达到最简却较难判断。本节介绍的卡诺图法可以直观、简便地得到最简逻辑表达式。卡诺图化简逻辑函数的理论基础是逻辑函数的标准表达式、最小项和最大项。

2.5.1　逻辑函数标准表达式

标准表达式有标准与或式和标准或与式。

1) 标准与或式

每个乘积项都包含函数的全部输入变量的与或式称为标准与或式，任何逻辑函数均可转化为标准与或式。例如：

$$\begin{aligned} Y(A,B,C) &= A + BC \quad &\text{一般与或式} \\ &= A(B+\overline{B})(C+\overline{C}) + (A+\overline{A})BC \quad &(2.5.1) \\ &= ABC + AB\overline{C} + A\overline{B}C + A\overline{B}\,\overline{C} + \overline{A}BC \quad &\text{标准与或式} \end{aligned}$$

标准与或式中每一个乘积项都包含函数 Y 的全部变量，每个变量中原变量因子或反变量因子仅出现一次，这种包含函数全部变量的乘积项称为最小项，常用 m_i 或 $m(i)$表示，i 是最小项的编号。n 个变量的逻辑函数有 2^n 个最小项。例如，3 个变量的逻辑函数有 2^3 个最小项，它们是

$$\overline{A}\,\overline{B}\,\overline{C},\ \overline{A}\,\overline{B}C,\ \overline{A}B\overline{C},\ \overline{A}BC,\ A\overline{B}\,\overline{C},\ A\overline{B}C,\ AB\overline{C},\ ABC$$

最小项的编号方法是：最小项的原变量用 1 替代，反变量用 0 替代，按一定的变量排列顺序构成的二进制数就是最小项的编号，通常转换为十进制数。例如，$A\overline{B}C \to (101)_2 = (5)_{10}$，记作 m_5或 $m(5)$。

为了研究最小项的性质及最小项与逻辑函数的关系，列出三变量最小项和示例函数 $Y(A,B,C) = A + BC$ 的真值表，如表 2.5.1 所示。

表 2.5.1　三变量全部最小项的真值表

A	B	C	$m_0=\overline{A}\,\overline{B}\,\overline{C}$	$m_1=\overline{A}\,\overline{B}C$	$m_2=\overline{A}B\overline{C}$	$m_3=\overline{A}BC$	$m_4=A\overline{B}\,\overline{C}$	$m_5=A\overline{B}C$	$m_6=AB\overline{C}$	$m_7=ABC$	$Y=A+BC$
0	0	0	1	0	0	0	0	0	0	0	0
0	0	1	0	1	0	0	0	0	0	0	0
0	1	0	0	0	1	0	0	0	0	0	0
0	1	1	0	0	0	1	0	0	0	0	1
1	0	0	0	0	0	0	1	0	0	0	1
1	0	1	0	0	0	0	0	1	0	0	1
1	1	0	0	0	0	0	0	0	1	0	1
1	1	1	0	0	0	0	0	0	0	1	1

由真值表可知，最小项的性质是：

(1) 对于任意一个最小项，只有一组变量取值使其为 1，而使其他组的值为 0。使最小项为 1 的取值组合的二进制数值正好是最小项的编号。

(2) 不同的两个最小项之积恒为 0，即

$$m_i \cdot m_j = 0,\quad i,j = 0,1,2,\cdots,2^n-1$$

(3) 全部最小项之和恒为 1，即

$$\sum_{i=0}^{2^n-1} m_i = 1$$

(4) n 个变量的最小项有 n 个相邻项，且两相邻最小项之和等于它们的相同变量之积。仅

有一个变量不同的 2 个最小项称为逻辑相邻最小项，简称相邻项。例如，3 变量最小项 ABC 的相邻项是 $\overline{A}BC$ 、$A\overline{B}C$ 和 $AB\overline{C}$ 。并且，两相邻最小项之和等于它们的相同变量之积：

$$ABC + AB\overline{C} = AB$$
$$ABC + A\overline{B}C = AC$$
$$ABC + \overline{A}BC = BC$$

由表 2.5.1 的最后一列，得函数表达式为

$$\begin{aligned} Y(A,B,C) &= A + BC \\ &= 0\cdot m_0 + 0\cdot m_1 + 0\cdot m_2 + 1\cdot m_3 + 1\cdot m_4 + 1\cdot m_5 + 1\cdot m_6 + 1\cdot m_7 \\ &= \sum_{i=0}^{2^3-1} Y(m_i)m_i \end{aligned}$$

式中，$Y(m_i)$ 是使 $m_i = 1$ 的变量取值组合对应的函数值。用变量表示最小项，则上式变为

$$Y(A,B,C) = A\overline{B}\overline{C} + \overline{A}BC + A\overline{B}C + AB\overline{C} + ABC \quad \text{标准与或式}$$

与式(2.5.1)相同。

根据最小项的性质，可以证明任何确定的逻辑函数都可表示为唯一的标准与或式，即

$$Y(A,B,C,\cdots) = \sum_{i=0}^{2^n-1} Y(m_i)\cdot m_i \tag{2.5.2}$$

式中，$Y(A,B,C,\cdots)$ 是具有 n 个变量的任意逻辑函数；m_i 是函数的最小项；$Y(m_i)$ 是使 $m_i = 1$ 的变量取值组合对应的函数值。由于 $Y(m_i)$ 只能是 0 或 1，所以，任意逻辑函数的标准与或式是函数值为 1 所对应的最小项之和，也称为最小项表达式。

由式(2.5.2)，任意函数的反函数为

$$\overline{Y}(A,B,C,\cdots) = \sum_{i=0}^{2^n-1} \overline{Y}(m_i)\cdot m_i \tag{2.5.3}$$

即任意反函数的标准与或式是函数值为 0 所对应的最小项之和。

2) 标准或与式

每个和项都包含函数的全部变量的特殊或与式称为标准或与式。利用互补律和分配律，任何与或逻辑函数都可表示成标准或与式。例如：

$$\begin{aligned} Y(A,B,C) &= A + BC & &\text{与或式} \\ &= (A+B)(A+C) & &\text{或与式1} \\ &= (A+B+C\overline{C})(A+B\overline{B}+C) & &\text{或与式2} \\ Y(A,B,C) &= (A+B+C)(A+B+\overline{C})(A+\overline{B}+C) & &\text{标准或与式} \end{aligned} \tag{2.5.4}$$

标准或与式中每一个和项都包含函数 Y 的全部变量，每个变量可以是原变量或反变量，这种包含函数的全部变量的和项称为最大项，常用 M_i 或 $M(i)$ 表示，i 是最大项的编号。

一般地，n 个变量的逻辑函数有 2^n 个最大项。例如，3 个变量的逻辑函数有 2^3 个最大项，它们是

$$(\overline{A}+\overline{B}+\overline{C}),\quad (\overline{A}+\overline{B}+C),\quad (\overline{A}+B+\overline{C}),\quad (\overline{A}+B+C)$$
$$(A+\overline{B}+\overline{C}),\quad (A+\overline{B}+C),\quad (A+B+\overline{C}),\quad (A+B+C)$$

最大项的编号方法是：最大项的原变量用 0 替换，反变量用 1 替换，按一定变量排列顺序构成的二进制数就是最大项的编号，通常转换为十进制数。例如，$(\overline{A}+B+\overline{C})\to(101)_2=(5)_{10}$，记作 M_5 或 $M(5)$。

按最大项和最小项的编号方法，最大项与最小项的关系是相同编号的最大项和最小项互补，即

$$M_i=\overline{m_i},\quad i=0,1,2,\cdots,2^n-1$$

根据最小项的性质和最大项与最小项的关系，导出最大项的性质如下：

(1) 对于任意一个最大项，只有变量的一组取值使其为 0，而使其他组的值为 1。使最大项为 0 的取值组合的二进制数值正好是最大项的编号。

(2) 不同的两个最大项之和为 1，即

$$m_im_j=0\Rightarrow M_i+M_j=1,\quad i,j=0,1,2,\cdots,2^n-1$$

(3) 全部最大项之积恒为 0，即

$$\sum_{i=0}^{2^n-1}m_i=1\Rightarrow\prod_{i=0}^{2^n-1}M_i=0$$

(4) n 个变量的最大项有 n 个相邻项，且两相邻最大项之积等于它们的相同变量之和。仅有一个变量不同的 2 个最大项称为逻辑相邻最大项，简称相邻项。例如，3 变量最大项 $A+B+C$ 的相邻项是 $\overline{A}+B+C$、$A+\overline{B}+C$ 和 $A+B+\overline{C}$，并且，两相邻最大项之积等于它们的相同变量之和。例如，$(A+B+C)(A+B+\overline{C})=A+B$。

由式(2.5.3)得

$$\begin{aligned}&Y(A,B,C,\cdots)=\overline{\overline{Y}}(A,B,C,\cdots)=\overline{\sum_{i=0}^{2^n-1}\overline{Y}(m_i)\cdot m_i}=\prod_{i=0}^{2^n-1}(Y(m_i)+\overline{m_i})\\&Y(A,B,C,\cdots)=\prod_{i=0}^{2^n-1}(Y(m_i)+M_i)\end{aligned}\tag{2.5.5}$$

即任意逻辑函数的标准或与式是函数值为 0 所对应的最大项之积，也称为最大项表达式。

例如，在表 2.5.1 中的最后一列，

$$\begin{aligned}Y(A,B,C)&=A+BC\\&=M_0M_1M_2\\&=(A+B+C)(A+B+\overline{C})(A+\overline{B}+C)\end{aligned}$$

与式(2.5.4)相同。

3) 表达实际问题的逻辑函数

例 2.5.1　一个楼梯间照明电路，如图 2.5.1 所示。Y 为灯泡，位于楼梯过道的顶上，单刀双掷开关 A 和 B 一个装在楼上，一个装在楼下。楼下开灯，上楼后则可关灯，反之亦然。

解　设 $Y=1$ 表示灯亮，$Y=0$ 表示灯灭；A 或 $B=1$ 表示开关拨向 1 位；A 或 $B=0$ 表示开关拨向 2 位。当开关 A 和 B 同时拨向 1 位或拨向 2 位时灯亮；否则，灯不亮。由此列出真值表，如表 2.5.2 所示。

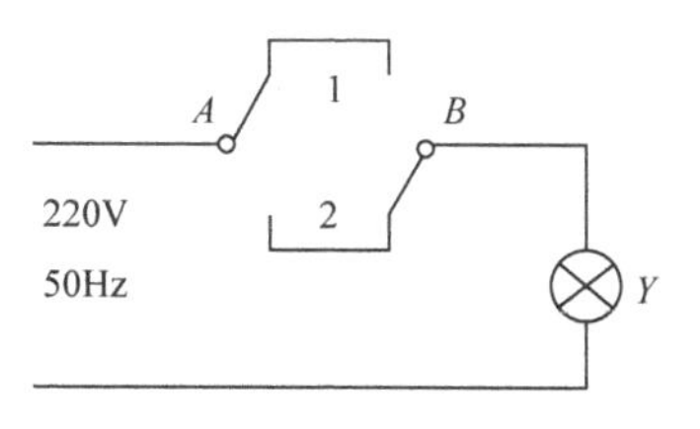

图 2.5.1 楼梯间照明电路

表 2.5.2 楼梯间照明电路真值表

A	B	Y
0	0	1
0	1	0
1	0	0
1	1	1

由真值表可知，函数 $Y=1$ 对应的最小项是 $\overline{A}\overline{B}$ 和 AB；函数 $Y=0$ 对应的最小项是 $\overline{A}B$ 和 $A\overline{B}$。

$$Y(A,B)=\sum m(0,3)=\overline{\overline{\sum m(0,3)}}=\prod \overline{m}(1,2)$$
$$=\prod m(1,2)=(A+\overline{B})(\overline{A}+B)$$

综上所述，由实际逻辑问题导出逻辑函数的方法是：根据逻辑问题导出真值表，由真值表导出标准表达式，最后进行逻辑函数化简。由真值表导出标准表达式的方法是：

(1) 标准与或式(最小项表达式)是函数值为 1 所对应的最小项之和；

(2) 标准或与式(最大项表达式)是函数值为 0 所对应的最大项之积。

2.5.2 卡诺图

卡诺图是逻辑函数的一种图形表示。任何确定的逻辑函数都可以表示为唯一的标准与或式，如果能用图形表示函数的每一个最小项，则可用图形表示逻辑函数。卡诺图就是用平面上相邻的方格表示函数的每一个最小项，几何上相邻的方格所代表的最小项在逻辑上也相邻。

1) 卡诺图的形成

与 n 个逻辑变量的函数有 2^n 个最小项对应，n 个逻辑变量的卡诺图应有 2^n 个方格。按照逻辑上相邻的最小项在几何上也应相邻的要求确定表示每个最小项的方格。2 个最小项的几何相邻是指代表最小项的 2 个方格满足下述条件之一：①边相邻(具有公共边)；②对称相邻。

图 2.5.2 是三变量的卡诺图。将变量分成 2 组(A，BC)，它们的取值按循环码排列，形成卡诺图的纵向和横向坐标；每个方格表示一个最小项，方格的纵坐标(高位)、横坐标(低位)组合形成该最小项的编码。可以验证：几何相邻的方格表示的最小项是逻辑相邻的。例如，$m_2(=\overline{A}B\overline{C})$ 的相邻项是 $m_0(=\overline{A}\overline{B}\overline{C})$、$m_3(=\overline{A}BC)$、$m_6(=AB\overline{C})$。

同样方法可构成四变量、五变量的卡诺图，如图 2.5.3、图 2.5.4 所示。

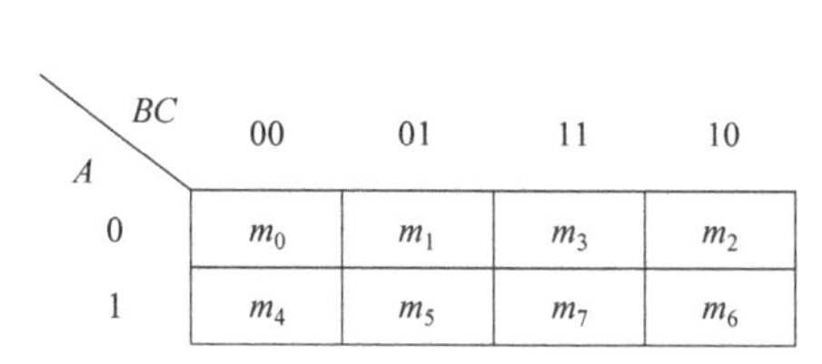

图 2.5.2 三变量卡诺图

AB \ CD	00	01	11	10
00	m_0	m_1	m_3	m_2
01	m_4	m_5	m_7	m_6
11	m_{12}	m_{13}	m_{15}	m_{14}
10	m_8	m_9	m_{11}	m_{10}

图 2.5.3 四变量卡诺图

AB \ CDE	000	001	011	010	110	111	101	100
00	m_0	m_1	m_3	m_2	m_6	m_7	m_5	m_4
01	m_8	m_9	m_{11}	m_{10}	m_{14}	m_{15}	m_{13}	m_{12}
11	m_{24}	m_{25}	m_{27}	m_{26}	m_{30}	m_{31}	m_{29}	m_{28}
10	m_{16}	m_{17}	m_{19}	m_{18}	m_{22}	m_{23}	m_{21}	m_{20}

图 2.5.4　五变量卡诺图

小于或等于四变量的卡诺图可以从几何相邻直观地反映最小项的逻辑相邻关系，但是五变量及以上的卡诺图却没有这个优点。由于卡诺图主要利用直观的相邻关系进行逻辑函数的化简，所以，小于或等于四变量的卡诺图得到广泛的应用。

2) 逻辑函数的卡诺图

如前所述，卡诺图表示最小项及其逻辑相邻关系。而任意的逻辑函数均可转换为最小项之和，所以，逻辑函数可用卡诺图表示。

(1) 由逻辑表达式画卡诺图。

首先将逻辑函数转换为最小项表达式，然后在卡诺图上函数包含的最小项对应的小方格填入 1，在其他小方格填入 0。为了直观和简洁，通常 0 不填写。

例 2.5.2　用卡诺图表示逻辑函数。

$$Y(A,B,C,D)=\overline{B}CD+AB\overline{C}$$

解　$Y(A,B,C,D)=\overline{B}CD+AB\overline{C}=\overline{A}\overline{B}CD+A\overline{B}CD+AB\overline{C}\overline{D}+AB\overline{C}D$

$$=m_3+m_{11}+m_{12}+m_{13}$$

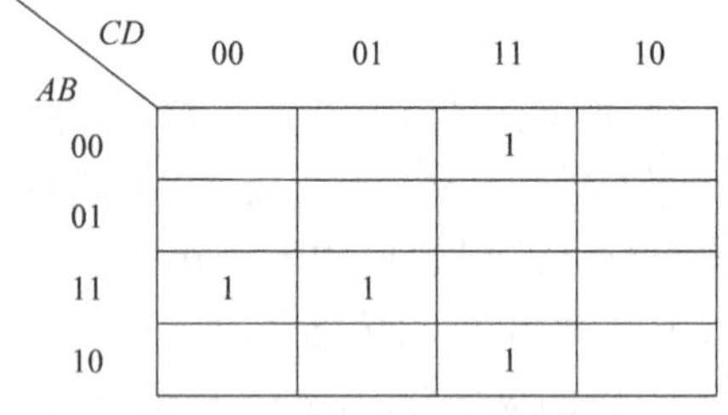

图 2.5.5　例 2.5.2 的卡诺图

由上式画出函数 Y 的卡诺图如图 2.5.5 所示。

逻辑函数等于卡诺图中为 1 的最小项之和。

(2) 由真值表画卡诺图。

在卡诺图中，使逻辑函数值为 1 的最小项填入 1；使逻辑函数值为 0 的最小项填入 0，为了直观和简洁，通常 0 不填写。

例 2.5.3　已知逻辑函数 Y 的真值表，如表 2.5.3 所示，画出 Y 的卡诺图。

表 2.5.3　例 2.5.3 的真值表

A	B	C	Y	A	B	C	Y
0	0	0	0	1	0	0	0
0	0	1	0	1	0	1	1
0	1	0	0	1	1	0	1
0	1	1	1	1	1	1	1

解　由真值表，得

$$
\begin{aligned}
Y(A,B,C) &= \overline{A}BC + A\overline{B}C + AB\overline{C} + ABC \\
&= m_3 + m_5 + m_6 + m_7
\end{aligned}
$$

由上式画出函数 Y 的卡诺图如图 2.5.6 所示。

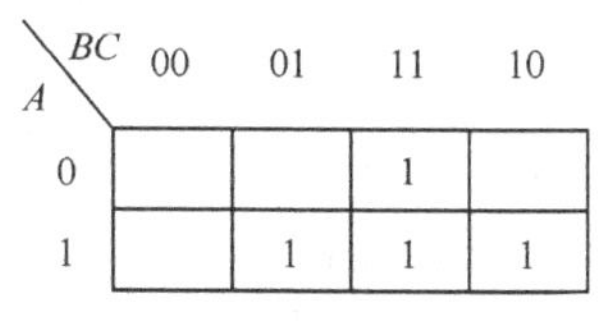

图 2.5.6 例 2.5.3 的卡诺图

比较图 2.5.6 和表 2.5.3 可知，卡诺图实际上是一种变形的真值表。可直接从真值表画出卡诺图；反之，也可从卡诺图直接得到真值表。

2.5.3 卡诺图化简

1) 化简的依据

在卡诺图上，每个方格对应一个最小项。凡几何相邻的方格，对应的最小项逻辑上也相邻。而逻辑相邻的最小项求和时，可反复应用 $A+\overline{A}=1$ 的关系进行最小项合并，消去最小项中不同的变量 $(A,\overline{A})$，保留公共变量(公因子)。公因子是卡诺图上最小项具有相同行列编码的变量之积。例如，在四变量的卡诺图(图 2.5.3)中：

$$
\begin{aligned}
m_4 + m_5 &= \overline{A}B\overline{C}\,\overline{D} + \overline{A}B\overline{C}D \\
&= \overline{A}B\overline{C}(\overline{D}+D) = \overline{A}B\overline{C}\cdot 1 = \overline{A}B\overline{C}
\end{aligned}
$$

$$
\begin{aligned}
m_4 + m_5 + m_{12} + m_{13} &= \overline{A}B\overline{C}\,\overline{D} + \overline{A}B\overline{C}D + AB\overline{C}\,\overline{D} + AB\overline{C}D \\
&= B\overline{C}(\overline{A}\,\overline{D} + \overline{A}D + A\overline{D} + AD) = B\overline{C}\cdot 1 = B\overline{C}
\end{aligned}
$$

$$
\begin{aligned}
&m_4 + m_5 + m_6 + m_7 + m_{12} + m_{13} + m_{14} + m_{15} \\
&= \overline{A}B\overline{C}\,\overline{D} + \overline{A}B\overline{C}D + \overline{A}BC\overline{D} + \overline{A}BCD + AB\overline{C}\,\overline{D} + AB\overline{C}D + ABC\overline{D} + ABCD \\
&= B(\overline{A}\,\overline{C}\,\overline{D} + \overline{A}\,\overline{C}D + \overline{A}C\overline{D} + \overline{A}CD + A\overline{C}\,\overline{D} + A\overline{C}D + AC\overline{D} + ACD) = B
\end{aligned}
$$

所以，相邻的 2 个方格合并，消去不同的一个变量；两两相邻的 4 个方格合并，消去不同的两个变量；两两相邻的 8 个方格合并，消去不同的 3 个变量。

推广到一般情况，两两相邻的 2^n 个方格合并，消去不同的 n 个变量，保留公共变量。因为 2^n 个方格合并时，提出公共变量(公因子)后，恰是余下的 n 个变量的全部最小项之和，其值恒为 1。公共变量是卡诺图上 2^n 个最小项具有相同行列编码的变量之积。

2) 化简的步骤

(1) 画出逻辑函数的卡诺图。

(2) 化简卡诺圈。

按照化简依据，可直观地安排函数的、相邻的最小项求和，从而简化逻辑函数。

在函数的卡诺图中，把 2^n 个值为 1 的两两相邻的方格画成一个圈，称为卡诺圈，意为在卡诺圈内的最小项求逻辑和并化简。卡诺圈可以交叠，但每个卡诺圈必须有与其他卡诺圈不同的、值为 1 的方格。

按与或表达式最简的含义，卡诺圈越少越好(一个卡诺圈表示在函数的与或表达式中的一个与项)；卡诺圈内值为 1 的方格越多越好(消去的变量越多，与项包含的变量越少)。因此，卡诺圈的 2^n 值越大越好。若逻辑函数的变量数为 N，则 n 的值域是$[0,N]$。

(3) 求每个卡诺圈的公共变量之积(与项)并相加，得到最简的与或表达式。

例 2.5.4 化简函数 $Y(A,B,C,D)=\sum m(0,1,2,5,6,7,14,15)$。

解 图 2.5.7 是函数 Y 的卡诺图和卡诺圈。在画卡诺圈时，注意到卡诺图的对称相邻特性，可以想象将两边粘连，上下粘连。所以，图 2.5.7(b)中，m_0 和 m_2 组成一个卡诺圈。

因为图 2.5.7(a)的卡诺圈比图 2.5.7(b)的多，所以图 2.5.7(b)是正确的卡诺圈。由图 2.5.7(b)可知，函数 Y 的最简与或式为

$$Y=\overline{B}C+\overline{A}\,\overline{C}D+\overline{A}\,\overline{B}\,\overline{D}$$

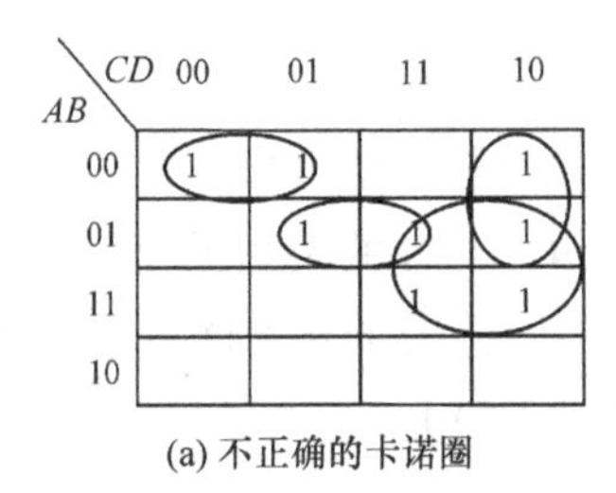

(a) 不正确的卡诺圈

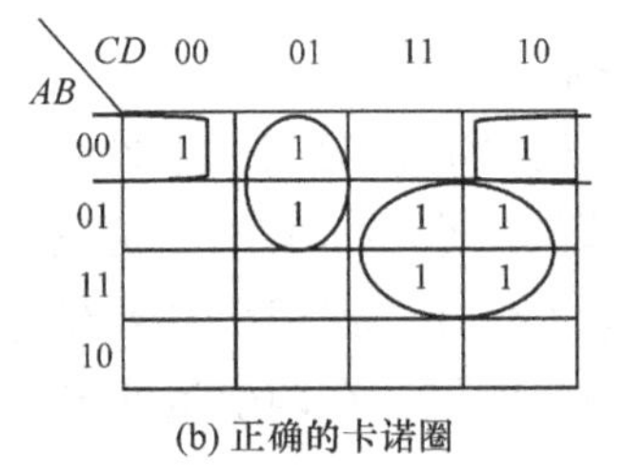

(b) 正确的卡诺圈

图 2.5.7 例 2.5.4 的卡诺图

例 2.5.5 已知逻辑函数 $Y(A,B,C,D)=\sum m(0,1,2,8,9,10,11,13,15)$，求：(1)函数 Y 的最简与或式；(2)反函数 $\overline{Y}$ 的最简与或式；(3) 函数 Y 的最简或与式。

解 图 2.5.8 是函数 Y 的卡诺图和卡诺圈。

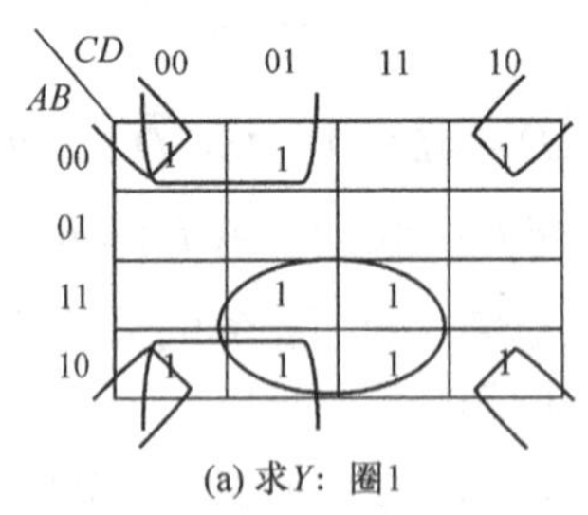

(a) 求Y：圈1

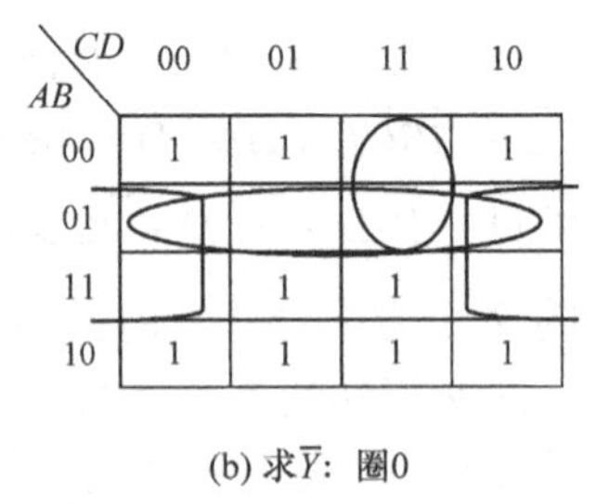

(b) 求$\overline{Y}$：圈0

图 2.5.8 例 2.5.5 的卡诺图

由图 2.5.8(a)可得，函数 Y 的最简与或式为

$$Y=AD+\overline{B}\,\overline{C}+\overline{B}\,\overline{D}$$

在函数 Y 的卡诺图中，分别将 0 换为 1、1 换为 0，就是反函数 $\overline{Y}$ 的卡诺图。所以，可在 Y 的卡诺图中圈 0，见图 2.5.8(b)，可求解 $\overline{Y}$ 的最简与或式：

$$\overline{Y}=\overline{A}B+B\overline{D}+\overline{A}CD$$

对反函数 $\overline{Y}$ 求反，可获得函数 Y 的最简或与式：

$$Y=\overline{\overline{Y}}=\overline{\overline{A}B+B\overline{D}+\overline{A}CD}=(A+\overline{B})(\overline{B}+D)(A+\overline{C}+\overline{D})$$

从本例可知，在函数的卡诺图中，圈 1 可求函数的最简与或式，圈 0 可求反函数的最简与或式，反函数的最简与或式再取反可求函数 Y 的最简或与式。

2.6 具有无关项的逻辑函数化简

2.6.1 无关项概念

在 n 个变量的逻辑函数中，如果对变量的每个取值组合(共有 2^n 个取值组合)，函数均有确定的值(0 或 1)与之对应，则称这样的函数为确定的逻辑函数，否则，称为不完全确定的逻辑函数或具有无关项的逻辑函数。

不完全确定的逻辑函数有两层含义，第一层含义是，对某些逻辑问题，自变量的一些特定取值组合是不允许出现的，函数的取值无定义(它可能是 0，也可能是 1)，在真值表中用“d”或“×”表示。对应这些特定的取值组合，值为 1 的最小项称为约束项。例如，用二变量 A、B 控制一台电梯，A 为 1 时电梯上行，B 为 1 时电梯下行。所以，A、B 允许的取值组合为：$AB = 00$ 电梯停；$AB = 01$ 电梯下降；$AB = 10$ 电梯上升；而 $AB = 11$ 是不允许的取值组合，因为任何时刻一台电梯不能同时上行和下行。这个逻辑问题的约束方程为 $AB = 0$，即允许的取值组合满足约束方程，而不允许的取值组合则不满足约束方程。可见，最小项 $m_3(=AB)$就是约束项。

不完全确定的逻辑函数的第二层含义是，对某些逻辑问题，对应于自变量的一些特定取值组合，函数的取值无关紧要(0 或 1 都可以)，在真值表中也用“d”或“×”表示，对逻辑功能没有任何影响。对应这些特定取值组合，值为 1 的最小项称为任意项。例如，将 8421BCD 码转换为余 3 码，其真值表见表 2.6.1。当变量 $ABCD$ 取值为 0000，…，1001 时，有确定的余 3 码 0011，…，1100 与之对应。当非 8421BCD 码的 1010，…，1111 出现时，并不影响 8421BCD 码转换为余 3 码的功能，所以，$WXYZ$ 的取值无关紧要。

表 2.6.1 8421BCD 码转换为余 3 码的真值表

十进制数	8421BCD 码				余 3 码			
	A	B	C	D	W	X	Y	Z
0	0	0	0	0	0	0	1	1
1	0	0	0	1	0	1	0	0
2	0	0	1	0	0	1	0	1
3	0	0	1	1	0	1	1	0
4	0	1	0	0	0	1	1	1
5	0	1	0	1	1	0	0	0
6	0	1	1	0	1	0	0	1
7	0	1	1	1	1	0	1	0
8	1	0	0	0	1	0	1	1
9	1	0	0	1	1	1	0	0
无定义	1	0	1	0	d	d	d	d
	1	0	1	1	d	d	d	d
	1	1	0	0	d	d	d	d

续表

十进制数	8421BCD 码				余 3 码			
	A	B	C	D	W	X	Y	Z
无定义	1	1	0	1	d	d	d	d
	1	1	1	0	d	d	d	d
	1	1	1	1	d	d	d	d

约束项和任意项统称为无关项，因此，不完全确定的逻辑函数也称为具有无关项的逻辑函数。全部无关项之和等于 0 的方程称为约束方程。例如，表 2.6.1 的约束方程为

$$\sum m(10,11,12,13,14,15)=0 \quad 或 \quad \sum d(10,11,12,13,14,15)=0$$

约束方程的含义是：允许的取值组合满足约束方程，而不允许的取值组合则不满足约束方程。此外，约束方程可分解为多个方程，例如，每个无关项等于 0。

2.6.2　应用无关项化简函数

对于无关项，函数为任意值 d(0 或 1)，意味着在函数表达式中可以包含或者去掉无关项；在卡诺图中，无关项对应的方格的值可为 0 也可为 1。因此，不完全确定的逻辑函数化简时，可根据需要加上或去掉部分甚至全部无关项，使不完全确定的逻辑函数最简。

例 2.6.1　用代数法化简函数：

$$\begin{cases} Y=\overline{A}B\overline{C}+\overline{B}\overline{C} \\ AB=0 \end{cases} \quad 约束方程$$

解

$$\begin{aligned} Y &= \overline{A}B\overline{C}+\overline{B}\overline{C}+AB \quad 加无关项 \\ &= (\overline{A}\overline{C}+A)B+\overline{B}\overline{C} \\ &= AB+B\overline{C}+\overline{B}\overline{C} \\ &= AB+\overline{C} \quad 去掉无关项 \\ &= \overline{C} \end{aligned}$$

$$\begin{cases} Y=\overline{C} \\ AB=0 \end{cases}$$

例 2.6.2　用卡诺图化简逻辑函数：

$$Y(A,B,C,D)=\sum m(1,2,5,6,9)+\sum d(10,11,12,13,14,15)$$

解　函数 Y 的卡诺图如图 2.6.1 所示，图中无关项用“×”表示。卡诺圈中的无关项值为 1，卡诺圈外的无关项值为 0。最简的与或式为

$$Y(A,B,C,D)=\overline{C}D+C\overline{D}$$
$$\sum d(10,11,12,13,14,15)=0$$

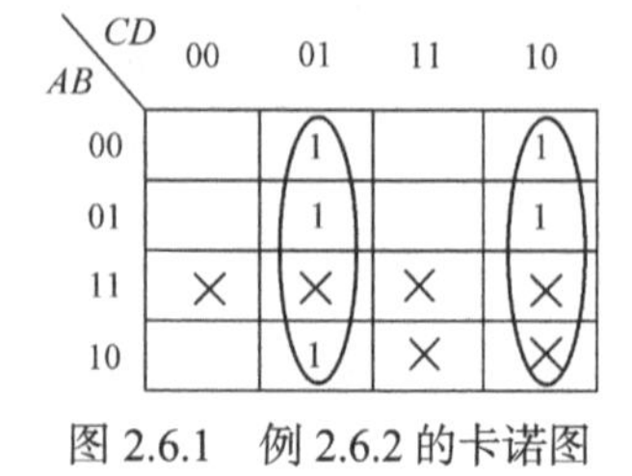

图 2.6.1　例 2.6.2 的卡诺图

2.7　逻辑函数的降维卡诺图化简

对于变量数较多的逻辑函数的卡诺图，其规模庞大，画起来不方便，且相邻性也变得

复杂而不易判别。降维卡诺图就是用较小的卡诺图表示较多变量逻辑函数的卡诺图。这样一来，卡诺图的变量数 n 与逻辑函数的变量数 m 就不再相等，而是 $m>n$。

1) 用降维卡诺图表示逻辑函数

由逻辑函数直接作降维卡诺图的方法：

(1) 确定降维卡诺图降维后的变量。

(2) 将函数中的各乘积项变换为含有降维后变量的项。

(3) 找出函数各乘积项降维后变量取值在降维卡诺图中对应的方格，填入除降维后变量以外的其他因子。

2) 降维卡诺图的化简方法

降维卡诺图化简分以下几步进行。

(1) 单元值为 1 的方格合并。

将降维卡诺图中写入了变量或变量表达式的方格视为 0；按卡诺图化简的方法合并 1 方格写出合并后的各与项。

(2) 单元值为图记变量的方格合并。

将 1 方格看作“×”(任意项)；将某图记变量看作 1，其他图记变量看作 0，方格中的表达式也同等处理；按卡诺图化简的方法合并，写出合并的各与项，再分别乘以该图记变量；同以上方法，直到将图记变量合并完。

(3) 单元值为与项的方格合并。

将该与项看作 1；将 1 方格看作“×”，包含该与项的图记变量的方格也看作“×”，不包含的方格看作 0；按卡诺图化简的方法合并，写出合并的各与项，再分别乘以该与项。

3) 一阶降维卡诺图的应用

例 2.7.1　$F(A,B,C,D,E)=\sum(1,3,4,5,6,7,10,12,14,17,19,20,21,22,23,26,27,28,30,31)$。

分析：把 A 作为图记变量降维到卡诺图中，则该函数可分解为

$$F(A,B,C,D,E)=\overline{A}\sum(1,3,4,5,6,7,10,12,14)+A\sum(1,3,4,5,6,7,10,11,12,14,15)$$

(1) 画出四变量 $BCDE$ 的卡诺图，编号 $i<16$ 的最小项在对应的小方格中填图示变量 A 的反变量，在 $i\geqslant 16$ 的最小项对应的卡诺图的第 i～16 的小方格中填写 A 的原变量。画出的卡诺图如图 2.7.1 所示。

(2) 化简逻辑函数 F，如图 2.7.2 所示。

(3) 根据图 2.7.2 写出逻辑函数化简后的表达式为

$$F=B\overline{E}+C\overline{E}+BD\overline{E}+ABD$$

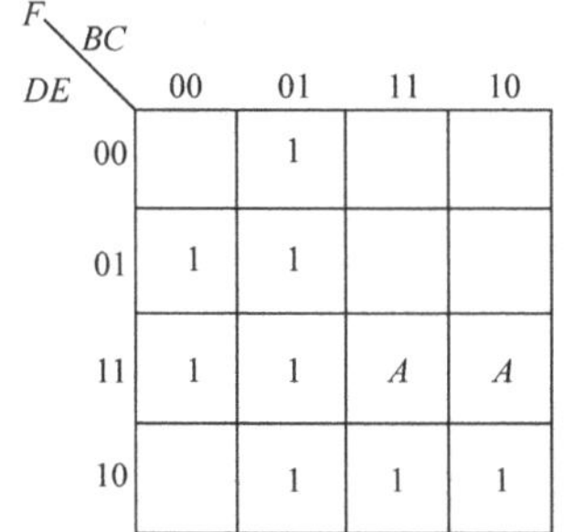

图 2.7.1　逻辑函数 F 的一阶降维卡诺图

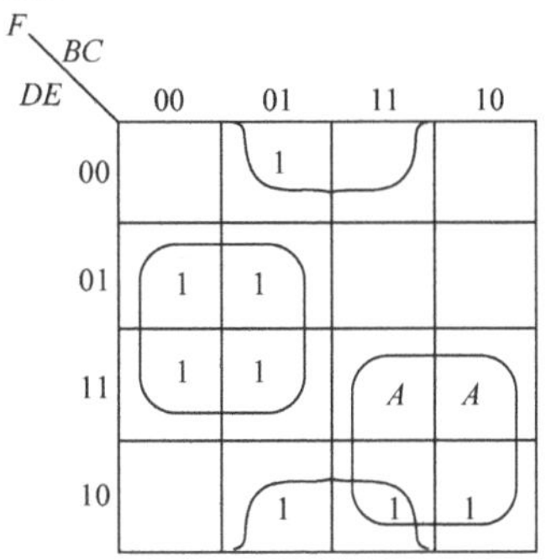

图 2.7.2　F 一阶降维卡诺图的化简

本章知识小结

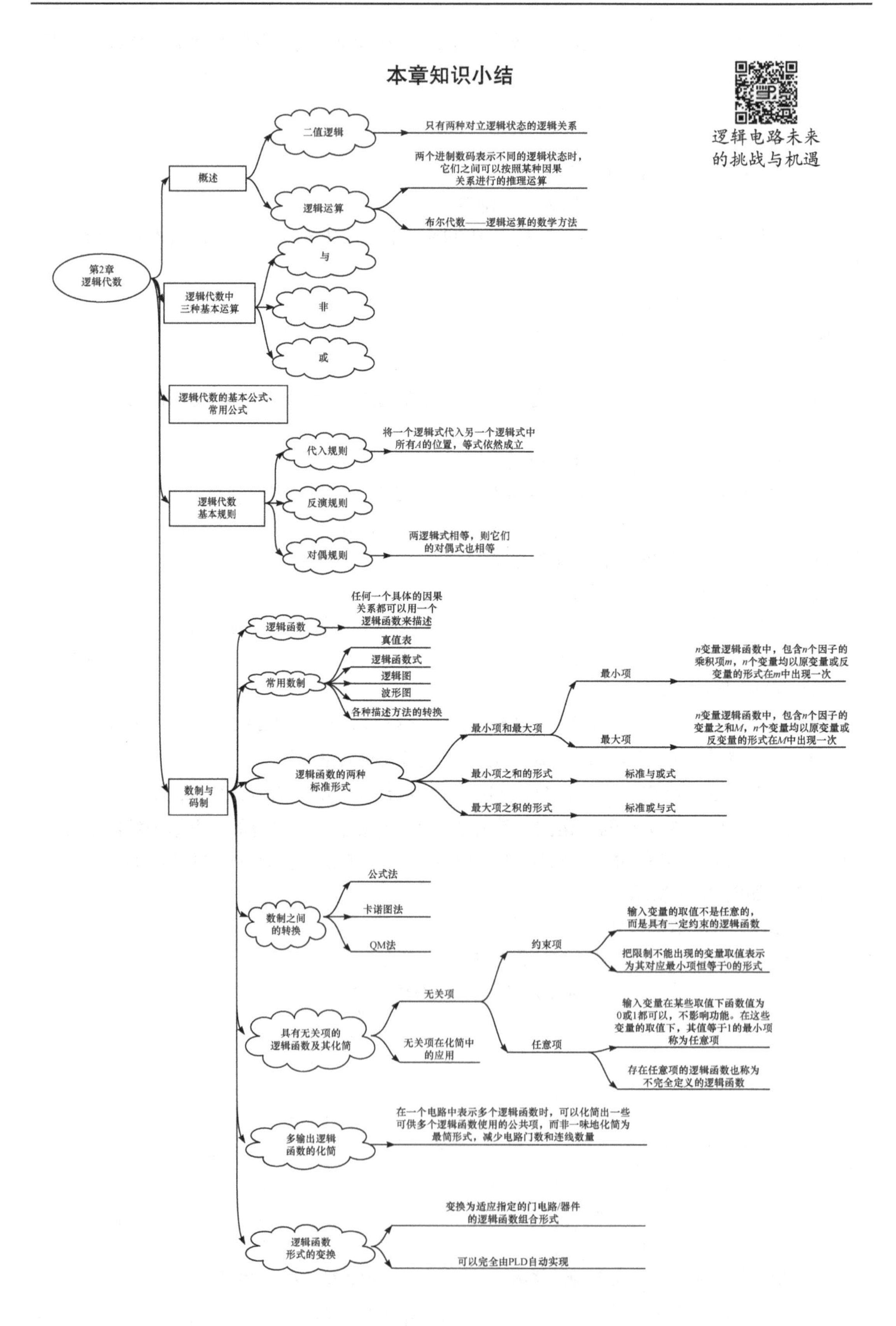
逻辑电路未来
的挑战与机遇
第2章
逻辑代数
概述
二值逻辑
只有两种对立逻辑状态的逻辑关系
逻辑运算
两个进制数码表示不同的逻辑状态时，
它们之间可以按照某种因果
关系进行的推理运算
布尔代数——逻辑运算的数学方法
逻辑代数中
三种基本运算
与
非
或
逻辑代数的基本公式、
常用公式
逻辑代数
基本规则
代入规则
将一个逻辑式代入另一个逻辑式中
所有A的位置，等式依然成立
反演规则
对偶规则
两逻辑式相等，则它们
的对偶式也相等
数制与
码制
逻辑函数
任何一个具体的因果
关系都可以用一个
逻辑函数来描述
常用数制
真值表
逻辑函数式
逻辑图
波形图
各种描述方法的转换
逻辑函数的两种
标准形式
最小项和最大项
最小项
n变量逻辑函数中，包含n个因子的
乘积项m，n个变量均以原变量或反
变量的形式在m中出现一次
最大项
n变量逻辑函数中，包含n个因子的
变量之和M，n个变量均以原变量或
反变量的形式在M中出现一次
最小项之和的形式
标准与或式
最大项之积的形式
标准或与式
数制之间
的转换
公式法
卡诺图法
QM法
具有无关项的
逻辑函数及其化简
无关项
约束项
输入变量的取值不是任意的，
而是具有一定约束的逻辑函数
把限制不能出现的变量取值表示
为其对应最小项恒等于0的形式
任意项
输入变量在某些取值下函数值为
0或1都可以，不影响功能。在这些
变量的取值下，其值等于1的最小项
称为任意项
存在任意项的逻辑函数也称为
不完全定义的逻辑函数
无关项在化简中
的应用
多输出逻辑
函数的化简
在一个电路中表示多个逻辑函数时，可以化简出一些
可供多个逻辑函数使用的公共项，而非一味地化简为
最简形式，减少电路门数和连线数量
逻辑函数
形式的变换
变换为适应指定的门电路/器件
的逻辑函数组合形式
可以完全由PLD自动实现

*2.1 逻辑函数与变量

逻辑函数描述数字电路中输入和输出之间的关系，是数字逻辑的基本元素。

逻辑函数的变量可以是输入信号、输出信号或中间变量，用字母如A、B、X表示。

*2.2 逻辑代数的基本定律

逻辑代数定律是一组用于简化逻辑函数的规则，如交换律、结合律、分配律等。

这些定律帮助简化复杂的逻辑表达式，从而提高电路设计和分析的效率。

*2.3 逻辑运算的基本规则

代入规则：将相同的逻辑表达式代入代换，得到等效的表达式。

反演规则：将逻辑表达式的输出和输入反转，得到等效的表达式。

对偶规则：将逻辑表达式中的“与”和“或”互换，得到等效的表达式。

*2.4 逻辑函数的代数法化简

最简的标准：通过移除冗余的项和无关的项，得到逻辑函数的最简形式。

代数法化简：运用逻辑代数的基本定律，逐步简化逻辑表达式，减少逻辑门的数量。

*2.5 逻辑函数的卡诺图化简

逻辑函数标准表达式：将逻辑函数写成一系列不同输入值的和积项的和。

卡诺图：以矩阵图形的形式展示逻辑函数的真值表，方便找出简化的可能性。

卡诺图化简：根据卡诺图中相邻格子的重叠情况，合并项以减少逻辑表达式的项数。

*2.6 具有无关项的逻辑函数化简

无关项的概念：一些项在逻辑函数中对输出没有影响，可以移除，减少表达式的复杂性。

应用无关项化简函数：通过识别和移除无关项，简化逻辑表达式，降低电路复杂度。

*2.7 逻辑函数的降维卡诺图化简

降维卡诺图：将卡诺图的维度减少，以减少格子的数量，简化化简过程。

降维卡诺图化简：根据降维卡诺图中的分组情况，进一步化简逻辑表达式。

结论：

逻辑代数是数字电路设计中的基本工具，帮助优化电路性能、降低成本和提高可维护性。逻辑函数和化简方法是深入了解和设计数字电路的关键。逻辑代数的基本定律和规则为处理逻辑函数提供了有力的框架，而代数法和卡诺图法化简则为设计者提供了实际应用的方法。

小 组 合 作

G2.1 探索新兴逻辑电路设计与优化方法。

要求选择一种新兴的逻辑电路设计方法(如量子逻辑、深度学习逻辑电路、光学逻辑等)，深入研究其原理、特点和其在未来技术领域的潜在应用。比较这种新方法与传统逻辑设计方法的优劣势，并分析其在实际场景中的性能表现。最后，撰写一份综述型报告，总结研究发现，并探讨这些新兴方法对逻辑电路设计的影响和未来前景。

G2.2 逻辑函数的实际应用和案例研究。

要求选择一个实际应用领域(如数字电子系统、通信系统、嵌入式系统、计算机网络等)，深入研究逻辑函数在该领域中的关键角色和应用案例。选择一个复杂的逻辑函数，如状态机或控制单元，详细介绍其设计和实现，并讨论如何使用逻辑函数来解决实际问题。最后，编写一份综述型报告，分享研究成果，探讨逻辑函数在该领域的重要性，以及未来的发展趋势。

习　题

2.1　求下列函数的反函数：

(1) $F=A\overline{B}+C(\overline{A}+D)$　　(2) $Y=A(\overline{B}+C\overline{D}+\overline{C}D)$

2.2　求下列函数的对偶式：

(1) $Y=\overline{A\overline{B}\cdot\overline{C\overline{D}}\cdot\overline{D\overline{\overline{AB}}}}$　　(2) $Y=\overline{\overline{A+\overline{C}+\overline{B+C}}+\overline{\overline{A}+B+\overline{B+C}}}$

2.3　用基本定律和公式证明下列等式：

(1) $ABC+A\overline{B}C+AB\overline{C}=AB+AC$　　(2) $AB+\overline{A}C+\overline{B}C=AB+C$

(3) $A\overline{B}+BD+\overline{A}D+DC=A\overline{B}+D$　　(4) $BC+D+\overline{D}(\overline{B}+\overline{C})(DA+B)=B+D$

(5) $AB+A\overline{B}+\overline{A}B+\overline{A}\,\overline{B}=1$　　(6) $(A+B)(A+\overline{B})(\overline{A}+B)(\overline{A}+\overline{B})=0$

(7) $A\overline{B}+B\overline{C}+C\overline{A}=\overline{A}B+\overline{B}C+\overline{C}A$

(8) $(A+B+C)\cdot\overline{AB+BC+CA}+ABC=\overline{(\overline{A}+\overline{B}+\overline{C})\cdot(AB+BC+CA)+\overline{A}\,\overline{B}\,\overline{C}}$

(9) $A\oplus B\oplus C=A\odot B\odot C$　　(10) $A\oplus\overline{B}=A\odot B$

2.4　设 $Y_1=\sum m(0,4,8,12)$， $Y_2=\sum m(1,4,7,9,10)$，试求下列逻辑函数：

(1) $L_1=Y_1+Y_2$　　(2) $L_2=Y_1\cdot Y_2$

(3) $L_3=Y_1\cdot\overline{Y_2}$

2.5　已知 $Y_1=\prod M(0,2,4,6)$， $Y_2=\prod M(1,3,5,7)$，试求下列逻辑函数：

(1) $L_1=Y_1+Y_2$　　(2) $L_2=Y_1\cdot Y_2$

(3) $L_3=\overline{Y_1}\cdot Y_2$　　(4) $L_4=\overline{Y_1}\cdot\overline{Y_2}$

2.6　试写出题图 2.6 所示电路的逻辑函数表达式。

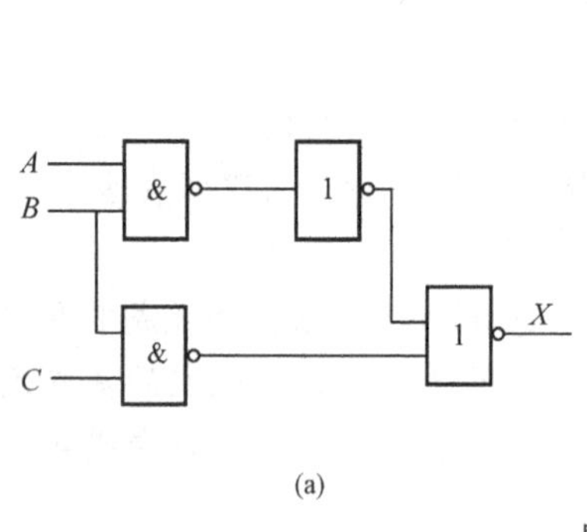

(a)

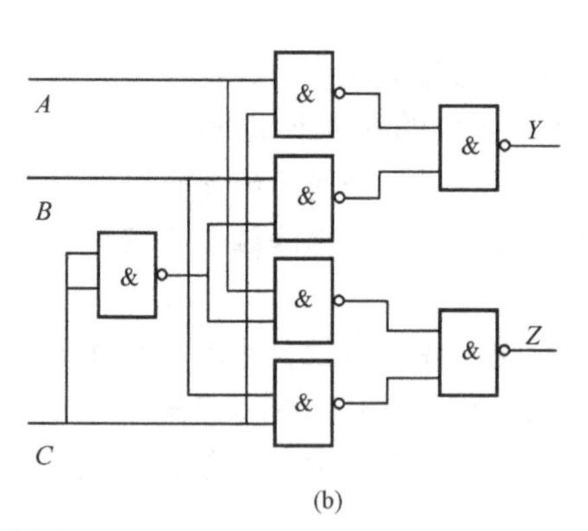

(b)

题图 2.6

2.7　画出下列函数的逻辑图：

(1) $Y=\overline{\overline{A\overline{AB}}+\overline{B\overline{AB}}}$　　(2) $Y=\overline{\overline{A+B}+\overline{A+C}}$

(3) $Y=(AB+\overline{C})(CD+\overline{E})$

2.8　画出用与非门和反相器实现下列函数的逻辑图：

(1) $Y=AB+BC+AC$　　(2) $Y=(\overline{A}+B)(A+\overline{B})C+\overline{BC}$

(3) $Y=\overline{AB\overline{C}+A\overline{B}C+\overline{A}BC}$　　(4) $Y=ABC+\overline{(\overline{A\overline{B}}+\overline{A}\,\overline{B}+BC)}$

2.9　写出下列函数的最小项表达式：

(1) $Y=AB+\overline{A}\,\overline{B}+C\overline{D}$　　(2) $Y=A(\overline{B}+CD)+\overline{A}BCD$

(3) $Y=\overline{\overline{A}(B+\overline{C})}$　　(4) $Y=\overline{\overline{A}\,\overline{B}+ABD}\cdot(B+CD)$

2.10　写出下列函数的最大项表达式:

(1) $Y=(A+B)(\overline{A}+\overline{B}+\overline{C})$　　(2) $Y=A\overline{B}+C$

(3) $Y=\overline{A}B\overline{C}+\overline{B}C+A\overline{B}C$　　(4) $Y=BC\overline{D}+C+\overline{A}D$

(5) $Y(A,B,C)=\sum(m_1,m_2,m_4,m_6,m_7)$

2.11　用公式法将下列函数化简为最简与或表达式:

(1) $Y=A\overline{B}+B+\overline{A}B$　　(2) $Y=\overline{A}B\overline{C}+A+\overline{B}+C$

(3) $Y=\overline{A+B+C}+A\overline{BC}$　　(4) $Y=A\overline{B}CD+ABD+A\overline{C}D$

(5) $Y=A\overline{C}+ABC+AC\overline{D}+CD$　　(6) $Y=\overline{ABC}+A+B+C$

(7) $Y=AD+A\overline{D}+\overline{A}B+\overline{A}C+BFE+CEFG$　　(8) $Y(A,B,C)=\sum m(0,1,2,3,4,5,6,7)$

(9) $Y(A,B,C)=\sum m(0,1,2,3,4,6,7)$　　(10) $Y(A,B,C)=\sum m(0,2,3,4,6)\cdot\sum m(4,5,6,7)$

2.12　根据题表 2.12 写出逻辑函数的两种标准表达式，画出函数的卡诺图，并化简。

题表 2.12

(a)

A	B	C	Y
0	0	0	0
0	0	1	1
0	1	0	1
0	1	1	0
1	0	0	1
1	0	1	0
1	1	0	0
1	1	1	1

(b)

A	B	C	D	Y
0	0	0	0	0
0	0	0	1	0
0	0	1	0	0
0	0	1	1	0
0	1	0	0	0
0	1	0	1	0
0	1	1	0	0
0	1	1	1	1
1	0	0	0	0
1	0	0	1	0
1	0	1	0	1
1	0	1	1	1
1	1	0	0	0
1	1	0	1	1
1	1	1	0	1
1	1	1	1	1

2.13　画出下列函数的卡诺图:

(1) $Y_1=ABC+\overline{\overline{AC}(B+D)}\cdot CD$　　(2) $Y_2=\overline{AB+BC+\overline{\overline{A}\,\overline{B}}}\cdot(\overline{A}B+A\overline{B}+\overline{B}C)$

2.14　用卡诺图将下列函数化为最简与或式:

(1) $Y=ABC+ABD+\overline{C}\overline{D}+A\overline{B}C+\overline{A}C\overline{D}+A\overline{C}D$　　(2) $Y=A\overline{B}+\overline{A}C+BC+\overline{C}D$

(3) $Y=\overline{AB}+B\overline{C}+\overline{A}+\overline{B}+ABC$　　(4) $Y=A\overline{B}\overline{C}+\overline{A}\overline{B}+\overline{A}D+C+BD$

(5) $Y=A\overline{B}+\overline{A}C+\overline{C}\overline{D}+D$　　(6) $Y=\overline{A\overline{B}\overline{C}D+A\overline{C}DE+\overline{B}D\overline{E}+A\overline{C}\overline{D}E}$

(7) $Y=\overline{A}\overline{B}+AC+\overline{B}C$

2.15　用卡诺图将下列函数化简为最简的与或表达式:

(1) $Y(A,B,C,D)=\sum m(0,1,2,4,5)$　　(2) $Y(A,B,C,D)=\sum m(4,8,9,10)$

(3) $Y(A,B,C,D)=\sum m(0,2,8,12)$　　(4) $Y(A,B,C,D)=\sum m(1,3,5,7,9,11,13,15)$

(5) $Y(A,B,C,D)=\sum m(0,1,2,3,8,9,10,11)$　　(6) $Y(A,B,C,D,E)=\sum m(3,11,19,27,6,17,22,31)$

2.16　用卡诺图求题 2.15 所列函数的最简或与表达式。

2.17　用卡诺图将下列函数化简为最简的与或表达式:

(1) $Y(A,B,C,D)=\sum m(2,3,7,10,11,14)+\sum d(5,15)$

(2) $Y(A,B,C,D)=\sum m(0,1,4,7,13)+\sum d(3,12)$

(3) $Y(A,B,C,D)=\sum m(0,2,8,10,12,13)+\sum d(4,5,6,15)$

(4) $Y(A,B,C,D)=\sum m(1,5,8,12)+\sum d(3,7,10,11,14,15)$

2.18　用卡诺图求题 2.17 所示函数的最简或与表达式及反函数。

2.19　化简下列带有约束条件的逻辑函数：

(1) $\begin{cases}F(A,B,C)=\sum m(0,2,3)\\ AB=0\end{cases}$　　(2) $\begin{cases}F(A,B,C)=\sum m(0,2,3)\\ AB+AC=0\end{cases}$

(3) $\begin{cases}F=\overline{A}\cdot\overline{B}\cdot C+A\overline{B}\cdot\overline{C}\\ AB+AC+BC=0\end{cases}$　　(4) $\begin{cases}Y=\overline{A+C+D}+\overline{A}\overline{B}C\overline{D}+A\overline{B}\overline{C}D\\ A\overline{B}C\overline{D}+A\overline{B}CD+AB\overline{C}\overline{D}+AB\overline{C}D+ABC\overline{D}+ABCD=0\end{cases}$

(5) $\begin{cases}Y=C\overline{D}(A\oplus B)+\overline{A}B\overline{C}+\overline{A}\overline{C}D\\ AB+CD=0\end{cases}$　　(6) $\begin{cases}Y=(AB+B)C\overline{D}+\overline{(A+B)(B+C)}\\ ABC+ABD+ACD+BCD=0\end{cases}$

第 3 章 Verilog HDL 硬件描述语言

本章主要介绍 Verilog HDL 的基本语法，包括 Verilog HDL 的基本结构和数据类型、Verilog HDL 的基本运算符和主要描述语句，以及 Verilog HDL 的主要建模方式和逻辑功能仿真。

硬件描述语言(HDL)是对电子系统的硬件进行行为描述、结构描述和数据流描述的语言，它以文本形式来描述数字系统的硬件结构和行为，包括逻辑电路图和逻辑表达式，以及数字逻辑系统所完成的逻辑功能。利用 HDL，数字电路系统的设计可以从顶层到底层(从抽象到具体)逐层描述设计人员的设计思想，用一系列分层次的模块来表示极其复杂的数字系统。然后，利用电子设计自动化(EDA)工具，逐层进行仿真验证，再把其中需要转变为实际电路的模块组合，经过自动综合工具转换成门级电路网表。最后，针对具体的专用集成电路(application specific integrated circuit，ASIC)或逻辑器件(如复杂可编程逻辑器件(complex programming logic device，CPLD)和现场可编程门阵列(field programmable gate array，FPGA))进行自动布局布线，把网表转换为要实现的具体电路结构。

硬件描述
语言发展史

3.1 硬件描述语言概述

目前，使用最广泛的硬件描述语言包括 Verilog HDL 和 VHDL(very high speed integrated circuit hardware description language，超高速集成电路硬件描述语言)。其中，Verilog HDL 具有许多优点，其作为一种实用语言受到众多设计者的欢迎。首先，Verilog HDL 的语法与 C 语言类似，非常容易上手，其代码易于维护，且可移植性强。其次，Verilog HDL 对每个语法结构都定义了清晰的模拟和仿真语义，采用 Verilog HDL 编写的模型能够使用 Verilog 仿真器进行验证。另外，Verilog HDL 的核心子集非常易于学习和使用，且具有效率高、灵活性强等特点，能够满足大多数建模的应用。因此，Verilog HDL 能够对包括最复杂的芯片以及完整的电子系统进行描述。

Verilog HDL语言发展史　　VHDL语言发展史

3.1.1 Verilog HDL 与 VHDL 的区别

Verilog HDL 和 VHDL 作为 IEEE 的工业标准硬件描述语言，得到众多 EDA 公司支持，在电子工程领域，已成为事实上的通用硬件描述语言。两者的共同特点包括：

(1) 能形式化地抽象表示电路的行为和结构。

(2) 支持逻辑设计中层次与范围描述。

(3) 可借用高级语言的精巧结构来简化电路的行为和结构。

(4) 具有电路仿真与验证机制以保证设计的正确性。

(5) 支持电路描述由高层到低层的综合转换。

(6) 硬件描述与实现工艺无关。

虽然 Verilog HDL 和 VHDL 具有很多的相同点，但这两种语言也具有各自的特点，具体包括：

(1) VHDL 是强类型语言，不同数据类型之间不能赋值(可用转换函数实现赋值)，不同数据类型之间不能运算(可调用程序包重载运算符)，Verilog HDL 则没有数据类型匹配的要求(自动转换)。

(2) VHDL 不区分大小写(保留字也不区分大小写)，Verilog HDL 则区分大小写(大小写含义不同)。

(3) VHDL 具有很多不同的复杂数据类型，且允许使用者自定义数据类型，如抽象数据类型，这种特性使得系统层级的建模较为容易。Verilog HDL 的主要数据类型就简单许多，其数据类型的定义完全是从硬件的概念出发，这使得 Verilog HDL 对系统级建模的能力较弱，但新一代的 Verilog HDL，如 Verilog-2001 及 SystemVerilog 等，就针对系统级的部分进行了加强，且完全向下兼容。

(4) Verilog HDL 因其可程序化的接口，可以无限扩充而成为功能强大的硬件设计语言。VHDL 在这方面有所欠缺，VHDL 以 Package 的形式取代。

因此，Verilog HDL 和 VHDL 在数字电路设计方面都具有各自的优势，但 Verilog HDL 继承了 C 语言的多种运算符和结构，其语法与 C 语言相似，具有的代码精简、格式自由和易于掌握等特点，已成为数字电路设计中最流行的硬件描述语言。

3.1.2 Verilog HDL 与 C 语言的区别

虽然 Verilog HDL 的语法与 C 语言相似，但两者之间却存在着本质的区别，具体包括：

(1) Verilog HDL 是一种硬件描述语言，其作用是进行电路设计，描述电路的功能、连接和时序。不仅解决了功能逻辑的问题，更完成了电路连接等功能，因为 Verilog HDL 代码经过综合实现后，最终会转化为实际电路。

(2) C 语言是一种软件描述语言，其作用是通过算法逻辑实现某个功能，但不涉及电路如何实现此功能等。C 语言经过编译后，最终转化为处理器能够执行的二进制目标代码。

(3) Verilog HDL 描述的是硬件电路实现，其最大的优点就是硬件电路可以并行执行。因此，Verilog HDL 的部分描述语句可以并行执行，与语句出现的顺序无关。并行执行也带来了一个不得不考虑的问题——时序。因此，进行 Verilog HDL 设计时，必须要考虑时序问题；C 语言则只能串行执行，在上一条语句执行结束之后，才能执行下一条语句，代码的顺序决定了执行顺序。

(4) Verilog HDL 有着比 C 语言更加丰富的抽象层次，这使得进行代码优化时，Verilog HDL 不仅可以像 C 语言一样，从算法逻辑上进行优化，还可以从电路设计实现的角度进行优化，更大程度上提高电路性能和灵活性。

3.2 Verilog HDL 基础知识和数据类型

3.2.1 Verilog HDL 基础知识

1) Verilog HDL 的四值逻辑系统

为了对电路进行精确的建模，Verilog HDL 在二进制逻辑 0 和逻辑 1 的基础上，增加了逻辑 X 和逻辑 Z 两种逻辑状态，构成了 Verilog HDL 的四值逻辑系统，也即四种状态，具体如表 3.2.1 所示。

表 3.2.1　Verilog HDL 的四值逻辑系统

逻辑值	含义
逻辑 0	表示低电平、逻辑假
逻辑 1	表示高电平、逻辑真
逻辑 X	表示不确定或未知的逻辑状态，可能是高电平，也可能是低电平
逻辑 Z	表示高阻态，通常是没有激励信号造成的

其中，当逻辑 X 用作信号状态时表示未知，当用作条件判断时(在 casex 或 casez 中)表示不关心。逻辑 Z 表示高阻态，即没有任何信号驱动，通常用来对三态总线进行建模。在综合工具中(或者说在实际实现的电路中)并没有逻辑 X 值，而只有逻辑 0、逻辑 1 和逻辑 Z 三种状态。Verilog HDL 中所有的数据都是由以上 4 种基本逻辑值构成，且 X 和 Z 是不区分大小的。

2) Verilog HDL 的标识符

Verilog HDL 的标识符是用户编程时用于声明参数、变量、端口名、模块名和信号名等除关键字以外的所有名称的组合。Verilog HDL 中的标识符可以由任意一组字母、数字、$符号和_(下划线)符号组成，但标识符的第一个字符必须是字母或者下划线。另外，标识符是区分大小写的。例如，input a，这里 a 就是一个标识符，代表一个输入端口的名称。

为了规范书写代码，建议按照以下方式对标识符进行命名：

(1) 采用有意义且有效的名字作为标识符；

(2) 采用下划线连接词语组合；

(3) 采用一些前缀或后缀区分信号名；

(4) 采用统一缩写，如全局复位信号 rst；

(5) 同一信号在不同层次应保持一致性，如同一时钟信号必须在各模块保持一致；

(6) 不建议大、小写混合使用，普通内部信号建议全部小写，参数定义建议大写；

(7) 自定义的标识符不能与关键字同名。

3)Verilog HDL 的关键字

Verilog HDL 的关键字是 Verilog HDL 语法保留下来用于端口定义、数据类型定义、赋值标识、进程处理等用途的特殊标识符，如 input、output、wire、reg、always、begin、end、module 和 endmodule 等都是关键字。关键字全部由小写字母构成，包含大写字母的只能作为一般标识符。例如，Input 和 input 虽然只有一个字母 i 变成大写，但 Input 不具有关键字的功能。表 3.2.2 列出了 Verilog HDL 中的所有关键字。

表 3.2.2　Verilog HDL 中的所有关键字

always	and	assign	attribute	begin	buf
bufif0	bufif1	case	casex	casez	cmos
deassign	default	defparam	disable	edge	else
end	endattribute	endcase	endfunction	endmodule	endprimitive
endspecify	endtable	endtask	event	for	force

续表

always	and	assign	attribute	begin	buf
forever	fork	function	highz0	highz1	if
ifnone	initial	inout	input	integer	join
large	macromodule	medium	module	nand	negedge
nmos	nor	not	notif0	notif1	or
output	parameter	pmos	posedge	primitive	pull0
pull1	pulldown	pullup	rcmos	real	realtime
reg	release	repeat	rnmos	rpmos	rtran
rtranif0	rtranif1	scalared	signed	small	specify
specparam	strength	strong0	strong1	supply0	supply1
table	task	time	tran	tranif0	tranif1
tri	tri0	tri1	triand	trior	trireg
unsigned	vectored	wait	wand	weak0	weak1
while	wire	wor	xnor	xor	

国产EDA工具的发展

每个关键字都有特殊的含义，因此关键字不能作为一般标识符使用。常用 EDA 工具中使用的编辑器(如 QuartusⅡ、Vivado 等)对 Verilog HDL 关键字都会自动识别，并以不同的颜色或高亮显示，因此非常容易区分。如果用错也非常容易发现，以便及时修改。另外，在编译器编译的时候也会报出错误信息，便于排错。在实际编程中经常使用的关键字并不是很多，常用关键字如表 3.2.3 所示。

表 3.2.3　Verilog HDL 中的常用关键字

关键字	含义	关键字	含义
module	模块开始定义	end	语句的结束标志
input	输入端口定义	posedge/negedge	时序电路的标志
output	输出端口定义	case	case 语句起始标记
inout	双向端口定义	default	case 语句的默认分支标志
parameter	信号的参数定义	endcase	case 语句结束标记
wire	wire 信号定义	if	if/else 语句标记
reg	reg 信号定义	else	if/else 语句标记
always	产生 reg 信号语句的关键字	for	for 语句标记
assign	产生 wire 信号语句的关键字	endmodule	模块结束定义
begin	语句的起始标志		

4) Verilog HDL 的间隔符和注释

Verilog HDL 的间隔符主要起分隔文本的作用，使文本错落有致，便于阅读与修改。因此，在编写程序时可以跨越多行书写，也可以在一行内书写。Verilog HDL 的间隔符包括空格符(\b)、TAB 键(\t)、换行符(\n)及换页符。

注释能够改善程序可读性，编译器不会对注释内容进行编译。Verilog HDL 中有两种注释的方式：

(1) 单行注释符：以“//”符号开头的语句，它表示从“//”开始到本行结束都属于注释语句。例如，// comment。

(2) 多行注释符(用于编写多行注释)：以“/*”符号开始，“*/”符号结束，在两个符号之间的语句都是注释语句，因此可扩展到多行。多行注释不允许嵌套，但单行注释可以嵌套在多行注释中。例如：

```
/* comment1,
comment 2,
...
comment n */
```

以上 *n* 个语句都是注释语句。

3.2.2　Verilog HDL 数据类型

Verilog HDL 的数据类型有 20 多种，但常用的数据类型只有几种，包括 wire 型、reg 型、memory 型、parameter 型和 time 型等，其他数据类型主要用于基本逻辑单元的建库，属于门级电路原理图和开关级的 Verilog HDL 语法，系统级的设计则不需要关心这些语法。

1) 线网类型

Verilog HDL 中的线网类型表示 Verilog HDL 结构化元件间的物理连线。它的值由驱动元件的值决定，如连续赋值或门的输出。如果没有驱动元件连接到线网，线网的缺省值为 Z(高阻态)。线网类型有很多种，如 tri 和 wire 等，其中最常用的就是 wire 型，wire 型变量的定义如下：

wire[n–1:0] 数据名 1，数据名 2，数据名 3，…，数据名 N；//定义了 N 条线，每条线的位宽为 n

在 Verilog HDL 模块中，输入信号和输出信号的默认类型是 wire 型，wire 型的信号可以作为任何电路的输入，也可以作为 assign 语句或元件的输出。

例 3.2.1　wire 型变量举例。

```
wire [3:0] var1, var2;
assign var1 = 4'b1010;
assign var2 = 4'bx11z;
```

2) 寄存器类型

Verilog HDL 中的寄存器类型表示一个抽象的数据存储单元，它只能在 always 语句和 initial 语句中被赋值，并且它的值能够从一个赋值到另一个赋值过程中被保存下来。如果该过程语句描述的是时序逻辑，即 always 语句带有时钟信号，则该寄存器变量对应为寄存器；如果该过程语句描述的是组合逻辑，即 always 语句不带有时钟信号，则该寄存器变量对应硬件连线；寄存器类型的缺省值是 1 位位宽的 X(未知状态)。寄存器数据类型有很多种，如 reg、integer、real 等，其中最常用的就是 reg 型，reg 型变量的定义如下：

reg[n–1:0]数据名 1，数据名 2，数据名 3，…，数据名 N；//定义了 N 个寄存器变量，每个寄存器的位宽为 n

在 Verilog HDL 模块中，如果希望输出端口能保存数据，则把它声明为 reg 型。不能将

input 型端口声明为 reg 型，这是因为 reg 型变量是用于保存数据值的，而输入端口只是反映与其相连的外部信号的变化，并不能保存这些信号值。

例 3.2.2 reg 型变量举例。

```
reg var1;                    //定义一个 1 位位宽的 reg 型变量 var1
reg [3:0] var2, var3;        //定义两个 4 位位宽的 reg 型变量 var2 和 var3
```

3) 存储器类型

Verilog HDL 中的存储器类型是通过扩展 reg 型数据的地址范围，建立寄存器数组来实现存储器的功能。存储器类型的变量可以描述 RAM 型存储器、ROM 型存储器和 reg 文件。寄存器数组中的每一个单元通过一个数组索引进行寻址，存储器类型变量的定义如下：

reg[n–1:0]存储器名[m–1:0]；//定义 1 个位宽为 n，深度为 m 的存储器型变量

例 3.2.3 存储器型变量举例。

```
reg[7:0] mem1[255:0];  //定义 1 个位宽为 8，深度为 256 的存储器型变量 mem1
```

4) 参数类型

Verilog HDL 中的参数类型主要用来定义常量，常被用于定义状态机的状态、数据位宽和延迟等。由于它可以在编译时修改参数的值，因此它又常用于一些参数可调的模块中，使用户在实例化模块时，可以根据需要配置参数。在定义参数时，可以一次定义多个参数，参数与参数之间需要用逗号隔开。需要注意的是参数的定义是局部的，只在当前模块中有效。在同一模块中，参数被定义后不允许通过其他语句对该参数重新赋值。参数类型变量的定义如下：

parameter 参数名 1=数值 1/表达式 1，参数名 2=数值 2/表达式 2，…，参数名 n=数值 n/表达式 n;

例 3.2.4 参数型变量举例。

```
parameter TIME = 100;
parameter WIDTH = 16;
```

5) Verilog HDL 中数值表示方法

Verilog HDL 的数值包括整数、实数、未知 X 和高阻 Z 四种。整数可以用二进制、八进制、十进制和十六进制等 4 种不同数制来表示，完整的整数数值格式为

+/–<位宽>'<进制符号><数字>

其中，+/–表示正数和负数；位宽表示数字对应的二进制数的宽度，“'” 符号是基数格式的固有字符，该字符不能缺省；进制符号包括 b 或 B(表示二进制数)、o 或 O(表示八进制数)、d 或 D(表示十进制数)、h 或 H(表示十六进制数)；数字是相应进制格式下的一串数值。

Verilog HDL 中的整数数值表示需注意以下事项：

(1) 如果同时没有指定数字的位宽与进制，默认为 32 位的十进制，如 100，实际上表示的值为 32'd100;

(2) 未知 X 和高阻 Z 在二进制中表示一位 X 或 Z，在八进制中表示三位 X 或 Z，在十六进制中表示四位 X 或 Z;

(3) 如果定义的位宽比实际数的位宽大，则在左边用 0 补齐，但如果最左边一位是 X 或 Z，则相应地用 X 或 Z 在左边补齐，如果定义的位宽比实际数的位宽小，则左边多余的位会被截断；

(4) 正、负号应写在最左边，负数表示为二进制的补码形式；

(5) 当数字较长时可以采用下划线来分隔，数字中不能有空格，但进制符号字母两侧可以有空格。

Verilog HDL 的实数可以采用十进制表示法和科学记数法表示。采用十进制表示法时，小数点两侧必须有数字，科学记数法需用到字符“e 或 E”(不区分大小写)来表示一个实数。

例 3.2.5　数值表示举例。

```
8'b10101010         //表示 8 位位宽的二进制数 10101010
8'o252              //表示 8 位位宽的八进制数 252
8'haa               //表示 8 位位宽的十六进制数 aa
8'd170              //表示 8 位位宽的十进制数 170
5.2                 //实数的十进制表示法
3.5e4               //实数的科学记数法
```

6) 字符串

Verilog HDL 中的字符串是由双引号括起来的可打印字符序列。字符串必须包含在一行中，不能多行书写，即字符串中不能包含回车符。Verilog HDL 将字符串当作一系列的单字节 ASCII 字符队列。

3.3　Verilog HDL 的基本运算符

根据 Verilog HDL 中运算符所带操作数的个数，可将 Verilog HDL 基本运算符分为以下三种。

(1) 单目运算符(unary operator)：带一个操作数，操作数在运算符的右边。

(2) 二目运算符(binary operator)：带两个操作数，操作数在运算符的两边。

(3) 三目运算符(ternary operator)：带三个操作数，且三个操作数用三目运算符分隔开。

3.3.1　算术运算符

Verilog HDL 中的算术运算符包括加“+”、减“–”、乘“*”、除“/”、取模“%”和幂运算“**”，如表 3.3.1 所示。算术运算符都是双目运算符，带两个操作数。在进行算术运算时，integer 是有符号数，而 reg 是无符号数。在进行整数除法运算时，结果只取整数部分，略去小数部分；在进行取模运算时，要求两个操作数均为整型数据，且结果的符号位使用第一个操作数的符号；如果操作数的某一位是 X 或 Z，则结果为 X；将负数赋值给 reg 型或其他无符号变量时，使用二进制补码运算。

表 3.3.1　算术运算符

运算符	名称	说明
+	加	2 个操作数相加
–	减	2 个操作数相减或取 1 个操作数的负数(二进制补码表示)

续表

运算符	名称	说明
*	乘	2 个操作数相乘
/	除	2 个操作数相除，结果取商，余数舍弃
%	取模	2 个操作数取模，前一个操作数为被除数，后一个操作数为除数，结果取余数
**	求幂	2 个操作数求幂，前一个操作数为底数，后一个操作数为指数

Verilog HDL 在进行乘法或除法运算时，会耗费大量的组合逻辑资源，一般可通过调用系统提供的 IP 核来实现。其中，如果是 2 的指数次幂的乘除法，则可通过移位来完成运算。

3.3.2 逻辑运算符

Verilog HDL 中的逻辑运算符包括逻辑与“&&”、逻辑或“||”、逻辑非“!”三种，如表 3.3.2 所示。逻辑与“&&”和逻辑或“||”是二目运算符，逻辑非“!”是单目运算符。逻辑运算的结果是一位逻辑值，要么是逻辑真(1)，要么是逻辑假(0)。如果一个操作数的值不为 0，则这个操作数等价于逻辑 1(真)；如果一个操作数的值为 0，则这个操作数等价于逻辑 0(假)；如果一个操作数的某一位为 X 或 Z，则这个操作数等价于 X(不确定)。仿真器通常会将 X 作为逻辑 0(假)来处理。逻辑运算常用于条件判断语句中，要注意其与按位运算符和缩位运算符的区别。

表 3.3.2 逻辑运算符

运算符	名称	说明
&&	逻辑与	对 2 个操作数进行逻辑与：如果这两个操作数同为 0，则运算结果为 0；如果这两个操作数同不为 0，则运算结果为 1
||	逻辑或	对 2 个操作数进行逻辑或：如果这两个操作数同为 0，则运算结果为 0；如果这两个操作数不同为 0，则运算结果为 1
!	逻辑非	对 1 个操作数进行逻辑取反：如果这个操作数的值为 0，则运算结果为 1；如果这个操作数的值不为 0，则运算结果为 0

只有两个操作数都是逻辑 1(真)时，逻辑与的结果才是逻辑 1(真)；只有两个操作数都是逻辑 0(假)时，逻辑或的结果才是逻辑 0(假)；当操作数为非 0 值时，逻辑非的结果就为逻辑 0(假)。

3.3.3 按位运算符

Verilog HDL 中的按位运算符包括按位取反“～”、按位与“&”、按位或“|”、按位异或“^”和按位同或“^～或～^”，如表 3.3.3 所示。按位运算符是将操作数按照对应的位(bit)分别进行逻辑运算，除了按位取反是单目运算符以外，其他按位运算符均为二目运算符。

表 3.3.3 按位运算符

运算符	名称	说明
～	按位取反	1 个多位操作数按位取反

续表

<table>
<tr><th>运算符</th><th>名称</th><th>说明</th></tr>
<tr><td>&</td><td>按位与</td><td>2 个多位操作数按位进行与运算，各位运算的结果按顺序组成一个新的多位数</td></tr>
<tr><td>|</td><td>按位或</td><td>2 个多位操作数按位进行或运算，各位运算的结果按顺序组成一个新的多位数</td></tr>
<tr><td>^</td><td>按位异或</td><td>2 个多位操作数按位进行异或运算，各位运算的结果按顺序组成一个新的多位数</td></tr>
<tr><td>^～或～^</td><td>按位同或</td><td>2 个多位操作数按位进行同或运算，各位运算的结果按顺序组成一个新的多位数</td></tr>
</table>

当两个长度不同的操作数进行按位运算时，系统会自动将两个操作数按右端对齐。其中，位数少的操作数会在相应的高位用 0 填满，按位运算结果的位数与位数高的操作数相同。

3.3.4　缩位运算符

Verilog HDL 中的缩位运算符包括缩位与“&”、缩位与非“～&”、缩位或“|”、缩位或非“～|”、缩位异或“^”和缩位同或“^～或～^”，如表 3.3.4 所示。缩位运算符都属于单目运算符。缩位运算的逻辑运算法则与按位运算法则一致，是将单个操作数的每一个位依次进行位运算，直至最后一个位结束，最终返回 1bit 数值。缩位运算将一个矢量缩减为一个标量。

表 3.3.4　缩位运算符

<table>
<tr><th>运算符</th><th>名称</th><th>说明</th></tr>
<tr><td>&</td><td>缩位与</td><td>对 1 个多位操作数进行缩位与操作。从最高位依次进行位运算，直到最低位</td></tr>
<tr><td>～&</td><td>缩位与非</td><td>对 1 个多位操作数进行缩位与非操作。从最高位依次进行位运算，直到最低位</td></tr>
<tr><td>|</td><td>缩位或</td><td>对 1 个多位操作数进行缩位或操作。从最高位依次进行位运算，直到最低位</td></tr>
<tr><td>～|</td><td>缩位或非</td><td>对 1 个多位操作数进行缩位或非操作。从最高位依次进行位运算，直到最低位</td></tr>
<tr><td>^</td><td>缩位异或</td><td>对 1 个多位操作数进行缩位异或操作。从最高位依次进行位运算，直到最低位</td></tr>
<tr><td>^～或～^</td><td>缩位同或</td><td>对 1 个多位操作数进行缩位同或操作。从最高位依次进行位运算，直到最低位</td></tr>
</table>

3.3.5　移位运算符

Verilog HDL 中的移位运算符包括左移“<<”、右移“>>”、算术左移“<<<”和算术右移“>>>”，如表 3.3.5 所示。移位运算符是双目运算符，两个操作数分别表示要进行移位的向量信号(运算符左侧)与移动的位数(运算符右侧)。算术左移和逻辑左移时，右边空出的低位补 0。逻辑右移时，左边空出的高位补 0；而算术右移时，左边空出的高位会补充符号位(符号位为 1 就补 1，符号位为 0 就补 0)，以保证数据缩小后值的正确性。

表 3.3.5　移位运算符

运算符	名称	说明
<<	左移	对 1 个操作数进行左移操作，右边空出的低位补 0

续表

运算符	名称	说明
>>	右移	对 1 个操作数进行右移操作，左边空出的高位补 0
<<<	算术左移	对 1 个操作数进行算术左移操作，右边空出的低位补 0
>>>	算术右移	对 1 个操作数进行算术右移操作，左边空出高位会补充符号位 (符号位为 1 就补 1，符号位为 0 就补 0)

当左移时，如果移出的位不包含 1，则结果相当于原值乘以 2。当右移时，不管移出的位是否包含 1，结果都相当于原值除以 2。在进行移位运算时，应注意移位前后操作数的位数变化。

3.3.6　关系运算符

Verilog HDL 中的关系运算符包括小于“<”、小于或等于“<=”、大于“>”、大于或等于“>=”四种，如表 3.3.6 所示。这四种运算符都是双目运算符，得到的结果是 1bit 的逻辑值。如果得到的结果为 1，说明声明的关系为真；如果得到的结果为 0，说明声明的关系为假。如果任何一个操作数包含 X 或 Z，则运算结果为不确定，返回值为 X。关系运算符常用于条件判断语句中。

表 3.3.6　关系运算符

运算符	名称	说明
<	小于	2 个操作数比较，如果前者小于后者，结果为真
<=	小于或等于	2 个操作数比较，如果前者小于或等于后者，结果为真
>	大于	2 个操作数比较，如果前者大于后者，结果为真
>=	大于或等于	2 个操作数比较，如果前者大于或等于后者，结果为真

3.3.7　相等运算符

Verilog HDL 中的相等运算符包括逻辑相等“==”、逻辑不等“!=”、case 相等“===”和 case 不等“!==”四种，如表 3.3.7 所示。这四种运算符都是双目运算符，得到的结果是 1bit 的逻辑值。如果得到的结果为 1，说明声明的关系为真；如果得到的结果为 0，说明声明的关系为假。

表 3.3.7　相等运算符

运算符	名称	说明
==	逻辑相等	2 个操作数比较，如果各位均相等，则结果为真，否则为假。 如果其中任何一个操作数中含有 X 或 Z，则结果为 X
!=	逻辑不等	2 个操作数比较，如果各位不完全相等，则结果为真，否则为假。 如果其中任何一个操作数中含有 X 或 Z，则结果为 X
===	case 相等	2 个操作数比较，如果各位(包括 X 和 Z)均相等，则结果为真，否则为假
!==	case 不等	2 个操作数比较，如果各位(包括 X 和 Z)不完全相等，则结果为真，否则为假

需要注意的是，逻辑相等“==”和 case 相等“===”是不同的。对于逻辑相等运算符，如果操作数的某位为 X 或 Z，则结果为 X；对于 case 相等运算符则需要对包括 X 和 Z 的位进行逐位的精确比较，只有在两者完全相同的情况下，结果才会为 1，否则结果为 0。因此，case 相等运算符产生的结果一定不会为 X。

3.3.8　条件运算符

Verilog HDL 中的条件运算符是唯一的三目运算，它是一种非常高效的运算符，其表达式为

输出=条件？表达式 1：表达式 2；

其中，当“条件”为真时，将“表达式 1”的值赋给输出；当“条件”为假时，则将“表达式 2”的值赋给输出。

条件运算符实现的是多路选择组合逻辑。需要注意的是，条件运算符无法对寄存器变量进行赋值。

3.3.9　位拼接/复制运算符

Verilog HDL 中的位拼接运算符是将两个或多个信号的某些位按顺序并列拼接起来的运算，它可以将信号进行任意组合后输出或赋值给另一个变量，其运算符为“{ }”。位拼接运算可以用来进行位扩展运算，还可以通过嵌套使用实现复制操作，如表 3.3.8 所示。

表 3.3.8　位拼接/复制运算符

运算符	名称	说明
{ }	位拼接运算符	将 2 个或多个信号的某些位按顺序并列拼接起来，输出或赋值给另一个变量
{{ }}	复制运算符	将相同的值赋值给变量中的多个位，必须指定要复制的信号或值，以及要复制的次数

在位拼接表达式中不允许存在没有指明位数的信号，这是因为在计算拼接信号位宽的大小时必须知道其中每个信号的位宽。

3.3.10　运算符的优先级

当表达式中包含多种运算时，必须按照一定的顺序进行运算，才能保证运算结果的合理性、正确性和唯一性。表 3.3.9 列出了 Verilog HDL 运算符的优先顺序，其中逻辑非“!”运算符和按位取反“~”运算符的优先级最高，条件运算符“?:”的优先级最低，同一行中运算符的优先级相同。在进行运算时，优先级高的运算符先运算，优先级低的运算符后运算。一般不建议一个表达式中包含多个运算符，如果无法避免，可采用括号“( )”来控制运算的优先级，提高程序的可读性。

表 3.3.9　运算符优先级

运算符	优先级别
!、~	高
*、/、%	
+、-	
<<、>>	
<、<=、>、>=	
==、!=、===、!==	
&	
^、^~	
|	
&&	
||	
?:	低

3.4　Verilog HDL 模块结构

3.4.1　Verilog HDL 模块基本结构

Verilog HDL 使用模块(module)的概念来表示一个基本的功能单元，一个模块可以描述一个元件，也可以描述低层次模块的组合。模块声明由关键字“module”开始，至关键字“endmodule”结束。每个模块必须具有一个模块名，由它唯一标识这个模块。在一个 Verilog HDL 源文件中可以定义多个模块，Verilog HDL 对模块的排列顺序没有要求，但不允许在模块声明中嵌套模块。模块之间的相互调用通过模块实例化来完成。模块之间是并行运行的，且每个 Verilog HDL 源文件中只能有一个顶层模块。Verilog HDL 模块基本结构如下：

module 模块名(端口列表);
[端口申明]
[数据类型声明]
[功能性描述]
[时序规范]
endmodule

例 3.4.1　一位全加器的 Verilog HDL 模型。

```
module fulladder (A, B, Cin, Sum, Cout);
    input A, B, Cin;
    output Sum, Cout;
    assign Sum = A ^ B ^ Cin;
    assign Cout = A & B | (A ^ B) & Cin;
endmodule
```

3.4.2　Verilog HDL 端口描述

每个 Verilog HDL 模块一般都具有输入和输出信号端口，用于与外部器件或其他模块进行通信衔接，这些信号端口分为三类，即输入(input)信号端口、输出(output)信号端口和双向(inout)信号端口。

(1) input：模块从外界读取数据的接口，在模块内不可写。

(2) output：模块往外界发送数据的接口，在模块内不可读。

(3) inout：可读取数据，也可发送数据，数据可双向流动。

通常在模块的端口列表和模块内部的端口声明处对该模块的所有端口进行定义，如例 3.4.1 所示。这样端口名称会列出两次：一次在模块端口列表中，另一次在端口声明中。Verilog 2005 支持将这些端口合并成一个列表，合并端口声明语句的一般结构如下：

```
module 模块名(<端口类型> 端口名称列表,
             <端口类型> 端口名称列表, …,
             <端口类型> 端口名称列表);
```

例 3.4.2　一位全加器的 Verilog HDL 模型。

```
module fulladder (input A,
                  input B,
                  input Cin,
                  output Sum,
                  output Cout
);
  assign Sum=A^B^Cin;
  assign Cout=A&B|(A^B)&Cin;
endmodule
```

3.4.3　Verilog HDL 模块实例化

针对大型的系统设计，在一个模块中实现所有的功能是非常复杂和困难的，采用自顶向下的模块化设计方法能很好地解决这个问题。对于复杂的数字系统，可以先把系统划分成几个功能模块，再把每个功能模块划分成下一层的子模块。每个子模块的设计对应一个module，将每个 module 设计成一个 Verilog HDL 源文件。因此，对于一个系统的顶层模块，直接采用结构化的设计方法，即顶层模块分别调用(或称为模块实例化)各个功能模块。顶层模块一般只做实例化(调用其他模块)，不做逻辑。Verilog HDL 模块实例化语句的格式为

模块名<参数值列表> 实例名(端口列表);

其中，模块名是子模块中定义的模块名称，表明哪个模块被调用；参数值列表是可选项，如果被调用模块中定义的有 parameter 型参数，则可将参数值传递给被调用模块实例中的各个参数；实例名是被调用模块在当前模块中的名称；端口列表是被调用模块与外部信号连接的接口，其端口顺序可以采用端口位置匹配方式，也可以采用端口信号名匹配方式，这里以例 3.4.2 中的 fulladder 模块为例进行介绍。

1) 端口位置匹配方式

模块实例化时，严格按照模块定义的端口顺序与外部信号进行匹配连接，位置要严格保持一致，但不用标明原模块定义时规定的端口名。该方法从书写上可能会占用相对较少的空间，但代码可读性低，也不易于调试。例如：

声明连接信号名：wire A; wire B; wire Cin; wire S; wire Cout; //连接信号的位宽与原端口信号保持一致

实例化：fulladder u_fulladder (A, B, Cin, S, Cout);

2) 端口信号名匹配方式

模块实例化时，将被实例化的模块端口与外部信号按照模块定义时的端口名进行连接，而不是按照位置。采用“.”符号，端口连接可以以任意顺序出现，只要保证端口名与外部信号匹配即可，但需标明被实例化模块定义时规定的端口名。如果某些输出端口并不需要进行外部连接，实例化时可以悬空不连接，甚至删除。一般来说，input 端口在实例化时不能删除，否则编译会报错，output 端口在实例化时可以删除。例如：

声明连接信号名：wire A; wire B; wire Cin; wire S; wire Cout; //连接信号的位宽与原端口

信号保持一致

实例化：fulladder u_fulladder (.a (A), .b (B), .cin(Cin), .s(S), .cout(Cout));

3.5　Verilog HDL 的主要描述语句

3.5.1　赋值语句

Verilog HDL 的赋值语句主要分为连续赋值语句和过程赋值语句，赋值语句由三部分组成：左值、赋值运算符(=或<=)和右值。其中，右值可以是任意类型的数据或表达式；但对于连续赋值语句，左值必须是线网数据类型；而对于过程赋值语句，左值必须是寄存器数据类型。下面分别介绍这两种赋值语句的特点和区别。

1) 连续赋值语句

在 initial 或 always 块语句以外的赋值语句，称为连续赋值语句。它是 Verilog HDL 数据流建模的基本语句，主要对线网数据类型变量进行赋值，等价于门级描述，一般在描述纯组合逻辑电路时使用。连续赋值语句必须以关键词 assign 开始，基本格式为

assign　<线网型变量名>　= 表达式；

assign　#<延迟>　<线网型变量名> = 表达式；

连续赋值语句是并发执行的，与其书写顺序无关。连续赋值语句总是处于激活状态，只要等号右边的任意一个操作数发生变化，表达式就会被立即重新计算，并在经过指定延时后赋值给等号左边的操作数。

2) 过程赋值语句

在 initial 或 always 块语句以内的赋值语句，称为过程赋值语句。它主要对寄存器数据类型的变量赋值，变量在被赋值后，其值将保持不变，直到被其他过程赋值语句赋予新值。过程赋值语句只有在执行到的时候才会起作用，它只能在 initial 或 always 块语句内进行赋值，且 initial 和 always 块中也只能使用过程赋值语句。过程赋值语句主要包括三种类型：阻塞赋值(=)、非阻塞赋值(<=)和过程连续赋值。

(1) 阻塞赋值：采用“=”运算符，当一个块语句中包含若干条阻塞过程赋值语句时，这些赋值语句是按照语句编写的顺序由上至下一条一条地执行。如果上一条语句没有完成，则下一条语句就无法执行，像被“阻塞”了一样。阻塞赋值语句的执行过程是先计算等号右端表达式的值，然后立刻将计算的值赋给左边变量，与仿真时间无关。阻塞赋值语句常用于描述组合逻辑电路。

(2) 非阻塞赋值：采用“<=”运算符，与阻塞赋值不同，一条非阻塞赋值语句的执行不会阻塞下一条语句的执行，也就是说，在本条非阻塞赋值语句执行完毕前，下一条语句也可开始执行。非阻塞赋值语句只有在过程块执行结束时才能完成赋值操作，在一个过程块内的多个非阻塞赋值语句是并行执行的。非阻塞赋值只能用于对寄存器类型变量进行赋值，因此只能用于 initial 和 always 块中，不允许用于连续赋值 assign。非阻塞赋值语句常用于描述时序逻辑电路。

(3) 过程连续赋值：在过程块内对变量或线网型数据进行连续赋值，是一种过程性赋值。换言之，过程性连续赋值语句是一种能够在 always 或 initial 块中出现的语句。过程连续赋

值可以改写所有其他语句对线网或者变量的赋值，且允许赋值表达式被连续地驱动进入变量或线网中。过程连续赋值语句有两种类型，assign 和 deassign 过程语句主要对变量进行赋值；force 和 release 过程语句主要用于对线网赋值，也可以用于对变量赋值。

3.5.2　块语句

块语句是指将两条或多条语句组合在一起，构成语法结构上相当于一条一句的机制，主要包括两种类型：顺序块和并行块。

顺序块由关键字 begin 和 end 来表示，顺序块中的语句是一条一条执行的，非阻塞赋值除外。顺序块中每条语句的时延总是与其前面语句执行的时间相关。顺序块语句可用于可综合的程序中，也可用于测试激励文件中。

并行块由关键字 fork 和 join 来表示。并行块中的语句是并行执行的，即便是阻塞形式的赋值。并行块中每条语句的时延都是与块语句开始执行的时间相关的。并行块语句只能用于测试激励文件中。

在 Verilog HDL 中，可以给每个语句块取一个名字，方法是：在关键字 begin 后面加上一个冒号，之后给出名字即可。取了名字的块称为有名块。

3.5.3　过程结构语句

Verilog HDL 过程结构语句有两种，即 initial 语句和 always 语句。它们是行为级建模常用的两种基本语句。一个模块中可以包含多个 initial 语句和 always 语句，但这两种语句不能嵌套使用。过程结构语句在模块间是并行执行的，与其在模块中的前后顺序没有关系，但是 initial 语句或 always 语句内部可以理解为是顺序执行的(非阻塞赋值除外)。每个 initial 语句或 always 语句都会产生一个独立的控制流，执行时间都从 0 时刻开始。

1) initial 语句

initial 语句是从 0 时刻开始执行，只执行一次，多个 initial 块之间是相互独立的。如果 initial 块内包含多个语句，需要使用关键字 begin 和 end 组成一个块语句。如果 initial 块内只有一条语句，可使用也可不使用关键字 begin 和 end。initial 语句理论上来讲是不可综合的，多用于初始化、信号检测等。

2) always 语句

与 initial 语句相反，always 语句是重复执行的。always 语句块从 0 时刻开始执行其中的行为语句；当执行完最后一条语句后，便判断敏感信号列表内的事件是否发生。如果敏感事件发生则会再次执行语句块中的语句，如此循环反复。由于循环执行的特点，always 语句多用于仿真时钟的产生(不带敏感信号列表)、信号行为的检测等。凡是在 always 语句中被赋值的变量，都应该定义为 reg 型变量。always 语句同样需要使用关键字 begin 和 end 组成一个块语句，它可以描述组合逻辑电路(敏感信号列表不带时钟)，也可以描述时序逻辑电路(敏感信号列表带时钟)。

3.5.4　条件语句

Verilog HDL 中的条件语句是根据所给定的条件来控制执行语句是否执行的操作。条件语句采用关键字 if 和 else 来声明，条件表达式必须在圆括号中。条件语句只能用在 initial

或 always 块语句中，其语法结构说明如下：

```
if(condition1)
        true_statement1;
else if(condition2)
        true_statement2;
else if(condition3)
        true_statement3;
else
        default_statement;
```

(1) if 语句执行时，如果 condition1 为真，则执行 true_statement1；如果 condition1 为假，condition2 为真，则执行 true_statement2；依次类推。

(2) else if 与 else 结构可以省略,即可以只有一个 if 条件判断和一组执行语句 ture_statement1 就可以构成一个执行过程。

(3) else if 可以叠加多个，不仅限于 1 个或 2 个。

(4) ture_statement1 等执行语句可以是一条语句，也可以是多条。如果是多条执行语句，则需要用 begin 与 end 关键字进行组合。

如果 if 条件每次执行的语句只有一条，可以不用 begin 和 end 关键字。如果是 if-if-else 的形式，即便执行语句只有一条，如果不使用 begin 和 end 关键字也会引起歧义。所以条件语句中加入 begin 与 end 关键字是一种很好的习惯。

3.5.5　分支语句

Verilog HDL 中的分支语句(case)是一种多分支选择语句，其可以提供多路条件分支，且各个分支没有优先级的区别，可以解决 if 语句中有多个条件选项时使用不方便的问题。与条件语句一样，分支语句也只能用在 initial 或 always 块语句中，其语法结构说明如下：

```
case(case_expr)
        condition1:     true_statement1;
        condition2:     true_statement2;
        …
        default:        default_statement;
endcase
```

(1) case 语句执行时，如果 condition1 为真，则执行 true_statement1；如果 condition1 为假，condition2 为真，则执行 true_statement2；依次类推。如果各个 condition 都不为真，则执行 default_statement 语句。

(2) default 语句是可选的，且在一个 case 语句中不能有多个 default 语句。

(3) 条件选项可以有多个，不仅限于 condition1、condition2 等，而且这些条件选项不要求互斥。虽然这些条件选项是并发比较的，但执行效果是谁在前且条件为真谁被执行。

(4) ture_statement1 等执行语句可以是一条语句，也可以是多条。如果是多条执行语句，则需要用 begin 与 end 关键字进行组合。

(5) case 语句支持嵌套使用。

(6) 当多个条件选项下需要执行相同的语句时，多个条件选项可以用逗号分开，放在同一个语句块的候选项中。

(7) case 语句中的条件选项表达式不必都是常量，也可以是 X 值或 Z 值，但是 case 语句中的 X 或 Z 的比较逻辑是不可综合的，所以一般不建议在 case 语句中使用 X 或 Z 作为比较值。

casex、casez 语句是 case 语句的变形，用来表示条件选项中的无关项。casex 用“X”表示无关值，casez 用问号“?”表示无关值。两者实现的功能是完全一致的，语法与 case 语句也完全一致，但是 casex、casez 一般是不可综合的，多用于仿真。

3.5.6 循环语句

Verilog HDL 中的循环语句有四种类型，分别是 while、for、repeat 和 forever。循环语句只能在 always 或 initial 块中使用，但可以包含延迟表达式。需要注意的是，for 循环可以在可综合的程序中使用，但其他三种循环只能用于测试激励文件中。

1) while 循环

while 循环的语法格式如下：

```
while(condition)
begin
    …
end
```

while 循环的中止条件为 condition 为假。如果开始执行到 while 循环时 condition 已经为假，那么循环语句一次也不会执行。执行语句只有一条时，关键字 begin 与 end 可以省略。

2) for 循环

for 循环的语法格式如下：

```
for(initial_assignment; condition; step_assignment)
begin
    …
end
```

initial_assignment 为初始条件。condition 为终止条件，condition 为假时，立即跳出循环。step_assignment 为改变控制变量的过程赋值语句，通常为增加或减少循环变量计数。一般来说，因为初始条件和自加(减)操作等过程都已经包含在 for 循环中，所以 for 循环写法比 while 更为紧凑，但也不是所有的情况下都能使用 for 循环来代替 while 循环。

3) repeat 循环

repeat 循环的语法格式如下：

```
repeat(loop_times)
begin
```

```
    …
end
```

repeat 的功能是执行固定次数的循环，它不能像 while 循环那样用一个逻辑表达式来确定循环是否继续执行。repeat 循环的次数必须是一个常量、变量或信号。如果循环次数是变量信号，则循环次数是开始执行 repeat 循环时变量信号的值。即便执行期间，循环次数代表的变量信号值发生了变化，repeat 执行次数也不会改变。

4) forever 循环

forever 循环的语法格式如下：

```
forever
begin
    …
end
```

forever 语句表示永久循环，不包含任何条件表达式，一旦执行便无限地执行下去，系统函数$finish 可退出 forever。forever 相当于 while(1)。通常，forever 循环是和时序控制结构配合使用的。

3.6 Verilog HDL 的主要建模方式

Verilog HDL 的抽象级别可分为五级：系统级(system level)、算法级(algorithmic level)、RTL 级(register transfer level，寄存器传输级)、门级(gate level)和开关级(switch level)。系统级是用高级语言结构(如 case 语句)实现的设计模块外部特性模型；算法级是用高级语言结构实现的设计算法模型(写出逻辑表达式)；RTL 级是描述数据在寄存器之间流动和如何处理这些数据的模型；门级是描述逻辑门(如与门、与非门、三态门等)以及逻辑门之间连接的模型；开关级是描述器件中三极管和储存节点及其之间连接的模型。

3.6.1 门级建模

当描述一个小规模逻辑电路时，由于电路中包含的门比较少，因此采用门级建模进行设计是非常合适的。门级建模就是将逻辑电路图用 Verilog HDL 规定的文本语言表示出来，即调用 Verilog HDL 中内置的基本门级元件(gate level primitives，门级源语)描述逻辑电路图中的元件以及元件之间的连接关系。Verilog HDL 中内置了 12 个基本门级元件模型，分为多输入门、多输出门和三态门，如表 3.6.1 所示。

表 3.6.1 Verilog HDL 中内置的基本门级元件模型

基本元件	说明	基本元件	说明
and	多输入与门	nand	多输入与非门
or	多输入或门	nor	多输入或非门
xor	多输入异或门	xnor	多输入同或门

续表

基本元件	说明	基本元件	说明
buf	多输出缓冲器	not	多输出反相器
bufif1	高电平有效的三态缓冲器	notif1	高电平有效的三态反相缓冲器
bufif0	低电平有效的三态缓冲器	notif0	低电平有效的三态反相缓冲器

调用(实例化)门级元件的基本格式为

门类型<#延迟时间> <实例名> (output, input1, input2,⋯, input*N*);

注意事项：

(1) 门级元件的输出、输入必须为 wire 型的变量；

(2) 门级元件的输入端口数目可为多个，Verilog HDL 会根据输入端口数目自动调用合适的逻辑门；

(3) 调用(实例化)门级元件时，可以不用指定实例名；

(4) 当使用门级元件进行逻辑仿真时，仿真软件会根据程序描述给每个元件中的变量分配逻辑 0、逻辑 1、不确定态 X 和高阻态 Z 这 4 个值中的一种。

例 3.6.1　采用门级建模实现一位全加器的逻辑功能。

一位全加器的逻辑表达式为

$$\mathrm{Sum} = A \oplus B \oplus \mathrm{Cin}$$

$$\mathrm{Cout} = AB + A\mathrm{Cin} + B\mathrm{Cin}$$

根据一位全加器的逻辑表达式得到的门级建模 Verilog HDL 代码如下：

```
module fulladder(
    input A,B,Cin,
    output Sum,Cout
);
    wire S1,T1,T2,T3;
    xor
        X1(S1,A,B),
        X2(Sum,S1,Cin);
    and
        A1(T3,A,B),
        A2(T2,B,Cin),
        A3(T1,A,Cin);
    or
        O1(Cout,T1,T2,T3);
endmodule
```

3.6.2　数据流建模

如 3.6.1 节所述，对于基本单元逻辑电路，使用 Verilog HDL 提供的门级元件模型描述电路非常方便。但是，随着电路复杂性的增加，当使用的逻辑门较多时，门级描述的工作效率就很低。数据流建模的抽象级别介于门级和行为级之间，它是行为级建模的一种形式，它可以让设计者根据数据流来优化电路，而不必专注于电路结构的细节，组合电路的逻辑行为最方便使用数据流建模方式。

例 3.6.2　采用数据流建模的一位全加器。

根据一位全加器的逻辑表达式得到的数据流建模 Verilog HDL 代码如下：

```
module fulladder(
    input A,B,Cin,
    output Sum,Cout
);
    assign Sum=A^B^Cin;
    assign Cout=A&B|A&Cin|B&Cin;
endmodule
```

数据流建模使用的基本语句是连续赋值语句，连续赋值语句用于对 wire 型变量进行赋值，它由关键词 assign 开始，后面跟着操作数和运算符组成的逻辑表达式。连续赋值语句的执行过程是：只要逻辑表达式右边变量的逻辑值发生变化，等式右边表达式的值就会立即被计算出来并赋给左边的变量。注意：在 assign 语句中，左边变量的数据类型必须是 wire 型。

3.6.3　行为建模

在数字设计领域中，RTL 通常是指数据流建模和行为建模的结合。行为建模就是以抽象的形式描述数字逻辑电路的行为(功能)和算法。在 Verilog HDL 中，行为建模主要使用由关键词 initial 或 always 定义的两种结构类型的描述语句。一个模块内部可以包含多个 initial 或 always 语句，仿真时这些语句同时执行，即与它们在模块内部排列的顺序无关，仿真都从 0 时刻开始执行。

initial 语句主要是一条面向仿真的过程语句，不能用来描述硬件电路的功能。

always 语句内部包含一系列过程赋值语句，用来描述电路的行为(功能)。过程性赋值语句包括在结构型的语句内部使用的逻辑表达式、条件语句(if-else)、多路分支语句(case-endcase)和循环语句等。

例 3.6.3　采用行为建模的一位全加器。

根据一位全加器的逻辑表达式得到的行为建模 Verilog HDL 代码如下：

```
module fulladder(
    input A,B,Cin,
    output Sum,Cout
);
    reg Sum,Cout;
    reg T1,T2,T3;
    always@(A or B or Cin)begin
```

```
        Sum=(A^B)^Cin;
        T1=A&Cin;
        T2=B&Cin;
        T3=A&B;
        Cout=(T1|T2)|T3;
    end
endmodule
```

3.6.4 混合建模

在描述一个复杂的逻辑功能时，采用单一的建模方式通常是无法完成的，往往需要将以上几种建模方式混合使用。

例 3.6.4　采用混合建模的一位全加器。

根据一位全加器的逻辑表达式得到的混合建模 Verilog HDL 代码如下：

```
module fulladder(
    input A,B,Cin,
    output Sum,
    output reg Cout);
      reg T1,T2,T3;
      wire S1;
      //门级建模
      xor X1(S1,A,B);
      //行为建模
      always@(A or B or Cin)begin
          T1=A&Cin;
          T2=B&Cin;
          T3=A&B;
          Cout=(T1|T2)|T3;
     end
     //数据流建模
     assign Sum=S1^Cin;
 endmodule
```

3.6.5 状态机建模

时序逻辑电路实际表示的是有限个状态以及这些状态之间的转移过程，因此称为有限状态机(finite state machine，FSM)。有限状态机是一种在有限个状态之间按一定规律转换的时序电路，因此可以认为是组合逻辑和时序逻辑的一种组合。状态机相当于一个控制器，它将一项功能完成分解为若干步，每一步对应二进制的一个状态，通过预先设计的顺序在各状态之间进行转换，状态转换的过程就是实现逻辑功能的过程。状态机通过控制各个状态的跳转来控制流程，使得整个代码看上去更加清晰易懂，在控制复杂流程的时候，状态机建模的优势非常明显。

根据状态机的输出是否与输入有关，可将状态机分为米利(Mealy)状态机和摩尔(Moore)状态机两大类。

(1) 米利状态机。

米利状态机的输出不仅取决于当前状态，还取决于输入状态，其模型如图 3.6.1 所示。该模型中第一个模块是产生下一状态的组合逻辑函数，该组合逻辑是当前状态和输入信号的函数，状态是否改变和如何改变，取决于该组合逻辑的输出；第二个模块是状态寄存器，它由一组触发器组成，用来记忆状态机当前所处的状态，状态的改变只发生在时钟的边沿时刻；第三个模块是输出产生的组合逻辑函数，该组合逻辑是当前状态和输入信号的函数。

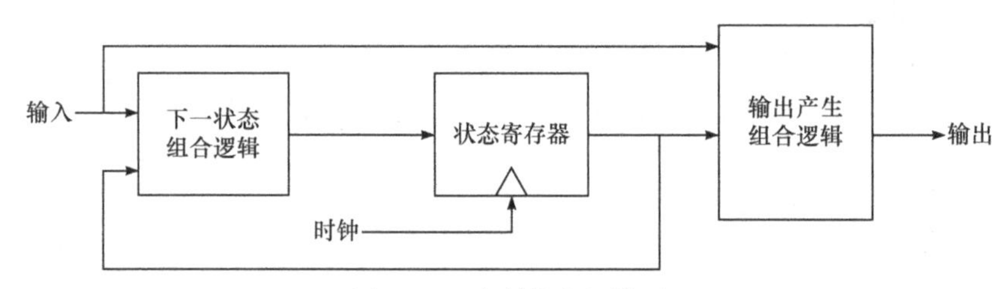

图 3.6.1　米利状态机模型

(2) 摩尔状态机。

摩尔状态机的输出只取决于当前状态，其模型如图 3.6.2 所示。摩尔状态机和米利状态机的区别在于米利状态机的输出由当前状态和输入决定，而摩尔状态机的输出只取决于当前状态。

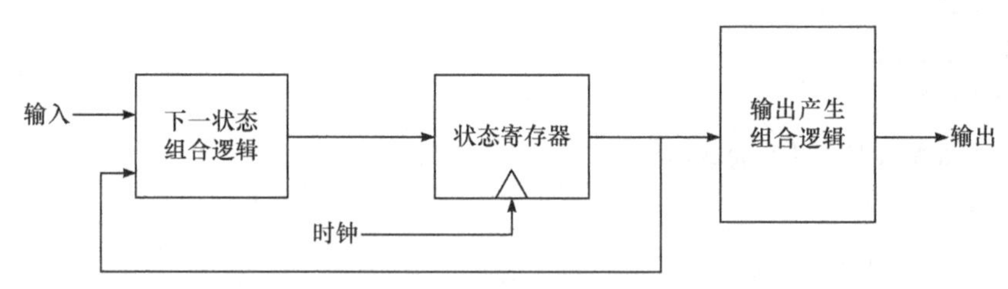

图 3.6.2　摩尔状态机模型

状态机根据 Verilog HDL 程序写法可分为一段式、两段式和三段式状态机。

(1) 一段式状态机：整个状态机的实现过程只用一个 always 模块来描述。在该模块中既描述状态的转移，又描述状态的输入和输出。通常不推荐采用一段式状态机，因为它把组合逻辑和时序逻辑混在一起，不利于代码维护和修改，也不利于时序约束。

(2) 两段式状态机：整个状态机的实现过程采用两个 always 模块来描述。其中，一个 always 模块采用同步时序描述状态转移；另一个 always 模块采用组合逻辑判断状态转移条件，描述状态转移规律以及输出。与一段式状态机不同的是，两段式状态机需要定义两个状态：现态和次态。然后通过现态和次态的转换来实现时序逻辑。

(3) 三段式状态机：整个状态机的实现过程采用三个 always 模块来描述。其中，第一个 always 模块采用同步时序描述状态转移，实现同步状态跳转；第二个 always 模块采用组合逻辑判断状态转移条件，描述状态转移规律；第三个 always 模块描述状态输出(可以用组合电路输出，也可以用时序电路输出)。三段式状态机将组合逻辑和时序逻辑分开，有利于综合器分析优化和程序维护。同时，三段式状态机将状态转移与状态输出分开，使代码清晰易懂，并提高了代码的可读性。因此，三段式状态机在实际应用中使用得最多。

例 3.6.5　采用三段式状态机建模的流水灯。

下面以采用三段式状态机实现流水灯功能为例，说明三段式状态机的基本使用方法，其状态图如图 3.6.3 所示。

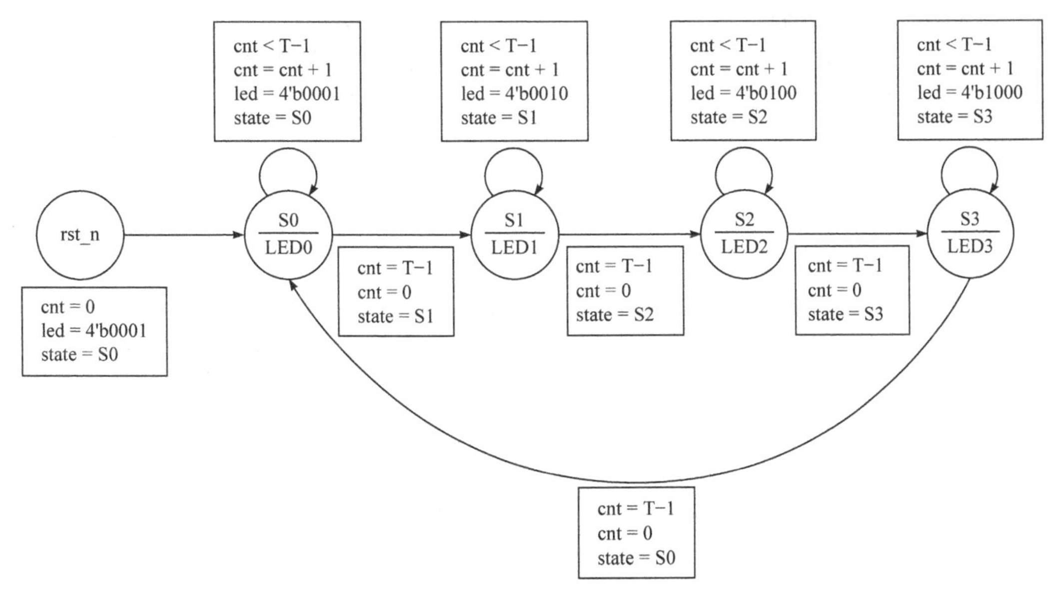

图 3.6.3　流水灯状态图

采用三段式状态机建模的流水灯 Verilog HDL 代码如下：

```
module flow_led_fsm(
    input clk,
    input rst_n,
    output reg[3:0]led
);
// 定义计数器的最大计数值
parameter T = 50_000_000;

//状态划分
parameter LED0 = 0;        //LED0 亮
parameter LED1 = 1;        //LED1 亮
parameter LED2 = 2;        //LED2 亮
parameter LED3 = 3;        //LED3 亮

reg[1:0]current_state;     //现态
reg[1:0]next_state;        //次态
```

```
reg[25:0]cnt;                    //计数器计数变量

//计数器模块
always@(posedge clk or negedge rst_n) begin
    if(!rst_n)
        cnt <= 26'b0;        //按下复位键时，计数变量清零
    else if(cnt == T -1)          //计数器达到最大值，计数变量清零重新计数
        cnt <= 26'b0;
    else
        cnt <= cnt + 1'b1;
end

//第一个 always 模块：现态跟随次态，实现同步状态跳转
always@(posedge clk or negedge rst_n)begin
    if(!rst_n)
        current_state<= LED0;  //按下复位键时，当前状态设置为 LED0 亮
    else
        current_state <= next_state;  //将次态赋值给现态
end

//第二个 always 模块：组合逻辑判断状态转移条件，描述状态转移规律
always@(*) begin
    if(!rst_n)
    begin
        next_state= LED0;
    end
    else begin
        case(current_state)
            LED0: begin
                if(cnt == T - 1)              //判断时间是否达到设定值
                    next_state = LED1;
                else
                    next_state = LED0;
            end
            LED1: begin
                if(cnt == T - 1)
                    next_state = LED2;
                else
```

```
                        next_state = LED1;
                end
                LED2: begin
                    if(cnt == T - 1)
                        next_state = LED3;
                    else
                        next_state = LED2;
                end
                LED3: begin
                    if(cnt == T - 1)
                        next_state = LED0;
                    else
                        next_state = LED3;
                end
                default: next_state = LED0;
            endcase
        end
end

//第三个 always 模块：描述状态输出
always@(posedge clk or negedge rst_n) begin
    if(!rst_n)
        led <= 4'b0001;
    else begin
        case(current_state)
            LED0: led <= 4'b0001;
            LED1: led <= 4'b0010;
            LED2: led <= 4'b0100;
            LED3: led <= 4'b1000;
            default :  led <= 4'b0001;
            endcase
    end
end
endmodule
```

3.7　Verilog HDL 逻辑功能仿真

在 Verilog HDL 代码设计完成后，还需要进行一个重要的步骤，即逻辑功能仿真。仿真激励文件称为 testbench，放在各设计模块的顶层，以便对模块进行系统性的实例化调用并进行仿真。考虑到各种应用场景，仿真激励文件的编写可能会比 Verilog HDL 设计文件更加复杂。仿真激励文件的一般形式如下：

```
`timescale 1ns/1ps             //设置时间单位和时间精度
module testbench_name;         //仿真模块名，仿真模块没有端口
      信号声明;
      initial 块语句初始化;
      always 块语句产生激励;
      实例化被测模块;
      使用系统函数$finish 停止仿真;
      使用系统函数$display 或$monitor 显示结果;
endmodule
```

(1) 设置时间单位和时间精度。

`timescale 1ns/1ps 表示时间单位为 1ns，时间精度为 1ps。时间单位和时间精度由值 1、10 和 100 以及单位 s、ms、μs、ns、ps 和 fs 组成。时间单位不能比时间精度小，它是仿真过程所有与时间相关量的单位(即 1 单位的时间)。时间精度则决定时间相关量的精度及仿真显示的最小刻度。

(2) 信号声明。

在 testbench 模块声明时，一般不需要声明端口。因为激励信号一般都在 testbench 模块内部，没有外部信号。声明的变量应该能全部对应被测试模块的端口。当然，变量不一定要与被测试模块端口名字一样。应当注意的是，与被测试模块输入端口对应的变量应声明为 reg 型；与被测试模块输出端口对应的变量应声明为 wire 型。

(3) initial 块语句初始化。

通过 initial 块语句对输入信号进行初始化，防止不确定值 X 的出现。同时，还可以在 initial 块语句中生成复位信号。initial 块语句只执行一次。

(4) always 块语句产生激励。

利用 always 块语句实现输入信号在仿真过程中的电平变化，从而产生激励信号，作用于被测试的模块。always 块语句在仿真过程中将被多次执行。

(5) 实例化被测模块。

实例化被测模块是指把产生的仿真输入信号传入功能模块中。模块实例化是在一个模块中引用另一个模块，并对其端口进行相关连接，建立了描述的层次。模块实例化时，端口列表中信号的顺序可以采用位置匹配方式，也可以采用信号名匹配方式(详见 3.4.3 节)。

(6) 常用的系统函数。

使用系统函数可以停止仿真和实时打印输入输出信号的数值，以便于监测。系统函数必须放在 initial 块语句中，常用的系统函数如表 3.7.1 所示。

表 3.7.1　常用的系统函数

系统函数	说明	系统函数	说明
$display	打印信息，自动换行	$finish	结束仿真

续表

系统函数	说明	系统函数	说明
$write	打印信息	$time	时间函数
$strobe	打印信息，自动换行，最后执行	$random	随机函数
$monitor	监测变量	$readmemb	读文件函数
$stop	暂停仿真	$timeformat	设置显示时间的格式

系统函数的基本用法为

$$<系统函数名>("格式控制语句", 变量 1, 变量 2, 变量 3, …);

其中，格式控制语句中的数据类型顺序与变量的顺序一一对应。

当完成以上各部分代码的编写后，即可在相应的软件(Vivado 或 Modelsim)中进行仿真，并对仿真结果进行分析和验证。

3.8　Verilog HDL 设计举例

本节以实现门电路逻辑功能、组合逻辑功能和时序逻辑功能为例，介绍 Verilog HDL 的基本应用。

3.8.1　门电路逻辑功能实现与仿真

下面分别运用门级建模、数据流建模和行为建模方式对二输入与非门的逻辑功能进行描述。

1) 门级建模

根据逻辑电路图进行结构化建模。二输入与非门逻辑电路图如图 3.8.1 所示，使用 Verilog HDL 的基本门原语构建变量的逻辑关系，参考代码如下：

```
module nand_gate(
    input a, b,
    output y
);

    nand U1(y,a,b);
endmodule
```

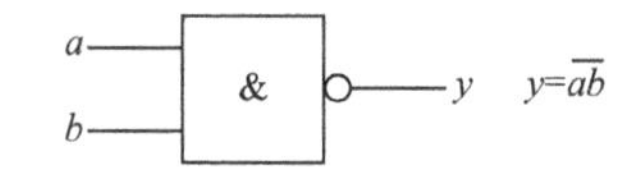

图 3.8.1　二输入与非门逻辑电路图和逻辑表达式

2) 数据流建模

根据逻辑函数进行数据流建模。二输入与非门的逻辑函数为 $y=\overline{ab}$，因此可使用 assign 语句来描述该逻辑函数，并将运算结果赋值给输出变量，参考代码如下：

```
module nand_gate(
    input a, b,
    output y
);
```

```
    assign y=～(a&b);
endmodule
```

3) 行为建模

根据逻辑功能表的分析进行行为建模。二输入与非门的真值表如表 3.8.1 所示，行为建模可使用 if···else、case、while 等高级语句来描述电路的行为特性，参考代码如下：

表 3.8.1　二输入与非门真值表

输入		输出
a	*b*	*y*
0	0	1
0	1	1
1	0	1
1	1	0

```
module nand_gate(
    input a, b,
    output reg y
);

    always @ (a or b) begin
        case({a,b})
            2'b00: y=1'b1;
            2'b01: y=1'b1;
            2'b10: y=1'b1;
            2'b11: y=1'b0;
        endcase
    end
endmodule
```

4) 仿真代码

```
`timescale 1ns / 1ps
module tb_nand_gate();
    reg A, B;
    wire Y;

    initial begin
        A = 1'b0;
        B = 1'b0;
    end

    always begin
        #10  //延迟 10 个时间单位
        A = ～A;
        #10
        B = ～B;
    end
    nand_gate u_nand_gate (.a(A), .b(B), .y(Y));
```

```
endmodule
```

5) 仿真波形

输入信号 A 和 B 每隔 20 个时间单位变化一次，输出信号 Y 随着输入信号 A、B 的变化而变化，且实现了对输入信号 A、B 的与非逻辑功能。由图 3.8.2 可知，通过 Verilog HDL 代码实现的二输入与非门仿真波形和表 3.8.1 的真值表完全对应，证明代码逻辑功能正确。

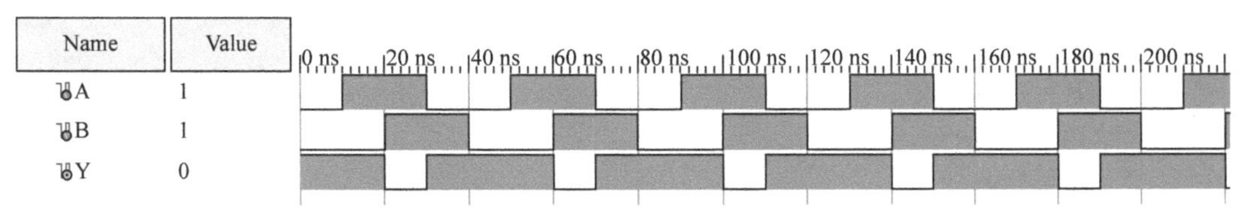

图 3.8.2　二输入与非门仿真波形图

3.8.2　组合逻辑功能实现与仿真

下面以交通灯故障报警电路为例来说明 Verilog HDL 是如何实现组合逻辑功能和仿真的。

1) 逻辑功能实现

分别以 R、G、Y 表示红、绿、黄三种交通灯的状态，并作为输入变量，规定灯亮输入为 1，灯不亮输入为 0。以 L 表示故障信号，作为输出变量，规定故障时输出为 1，正常时输出为 0。列出交通灯故障报警电路的真值表如表 3.8.2 所示。

表 3.8.2　交通灯故障报警电路真值表

输入			输出
R	G	Y	L
0	0	0	1
0	0	1	0
0	1	0	0
0	1	1	1
1	0	0	0
1	0	1	1
1	1	0	1
1	1	1	1

根据表 3.8.2 所示真值表列出输出 L 的逻辑表达式为

$$L=\overline{R}\,\overline{G}\,\overline{Y}+\overline{R}GY+R\overline{G}Y+RG\overline{Y}+RGY \tag{3.8.1}$$

通过逻辑代数或卡诺图进行化简，可得最简逻辑表达式为

$$L=\overline{R}\,\overline{G}\,\overline{Y}+GY+RY+RG \tag{3.8.2}$$

直接根据最简逻辑表达式(3.8.2)编写 Verilog HDL 代码如下：

```
module traffic_light (
input R,
input G,
input Y,
output L);

assign L = (~R&~G&~Y) | (G&Y) | (R&Y) | (R&G);
endmodule
```

2) 仿真代码

```
`timescale 1ns / 1ps
```

```
module tb_traffic_light ();
    reg R;
    reg G;
    reg Y;
    wire L;

    initial begin
            R = 1'b0;
            G = 1'b0;
            Y = 1'b0;
    end

    always #10 {R, G, Y} = {R, G, Y} + 1'b1;

    traffic_light u_traffic_light(
            .R(R),
            .G(G),
            .Y(Y),
            .L(L)
            );
endmodule
```

3) 仿真波形

输入信号$\{R,G,Y\}$每间隔 10 个时间单位变化一次，按照真值表从 000～111 循环变化。输出信号 L 随着输入信号$\{R,G,Y\}$的变化而变化。由图 3.8.3 可知，通过 Verilog HDL 代码实现的交通灯故障报警仿真波形和表 3.8.2 的真值表完全对应，证明代码逻辑功能正确。

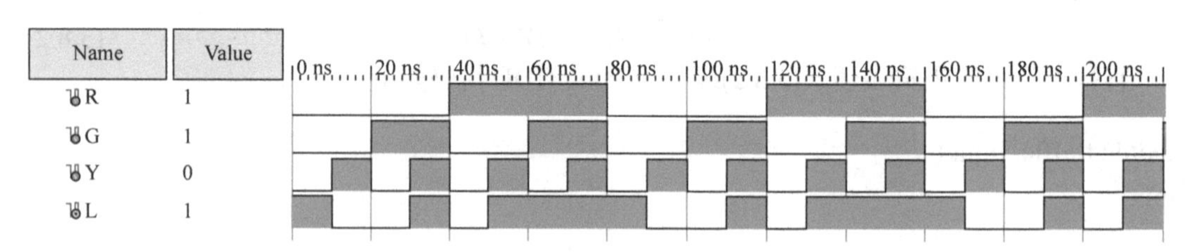

图 3.8.3　交通灯故障报警电路仿真波形图

3.8.3　时序逻辑功能实现与仿真

利用 Verilog HDL 设计出包含一个输入和一个输出的同步时序逻辑电路，该电路能够识别输入序列码“1111”，即当连续 4 个时钟脉冲输入均为 1 时，输出为 1。此外，该电路还能识别重复的序列码，例如，输入序列 $x = 1101111111010$，对应的输出序列 $z = 0000001111000$。

1) 逻辑功能实现

图 3.8.4 是能够识别输入序列码“1111”的时序逻辑电路的状态图。注意，假设初始状

态是 A，每当输入 x 为 1(连续的)时，电路的状态发生一次改变，当第四个输入 1 和第五个输入 1 出现时例外。每当输入 x 为 0 时，电路状态均回到状态 A。这样，状态 B、C 和 D 分别对应第一个、第二个和第三个输入 x 连续为 1，且时钟有效时电路转变的次态。当状态为 D 且后续输入 x 为 1 时，出现状态闭环，并可识别重复输入的连续序列码，即在这之后，每出现一个 $x=1$，状态 D 不变，输出 $z=1$。因此，状态 D 表示输入 x 出现连续 3 个 1 之后的电路状态值。

该电路的化简状态表如表 3.8.3 所示。

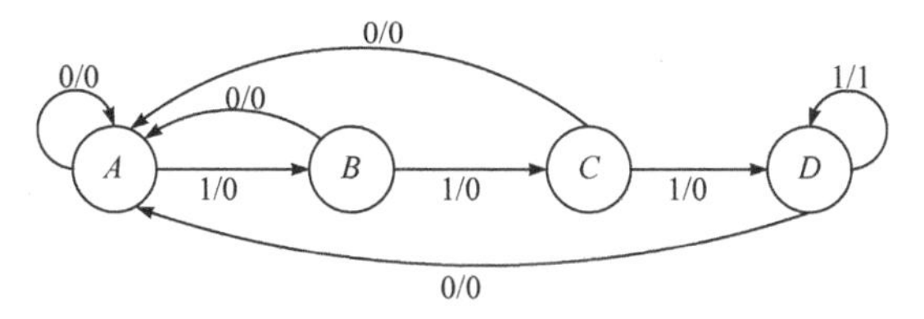

图 3.8.4　序列码“1111”检测电路状态图

表 3.8.3　序列码“1111”检测电路状态表

状态	0	1
A	A/0	B/0
B	A/0	C/0
C	A/0	D/0
D	A/0	D/1
	次态/输出	次态/输出

序列码“1111”检测电路的 Verilog HDL 代码如下：

```
module sequence_recognizer (
    input x,
    input clk,
    input rst_n,
    output z
);
    reg [1:0] state, nextstate;
    parameter A = 2'b00;
    parameter B = 2'b01;
    parameter C = 2'b10;
    parameter D = 2'b11;
    always @ (negedge clk or negedge rst_n) begin
        if(!rst_n)
            state <= A;
        else
            state <= nextstate;
        end
        always @ (state, x) begin
        case (state)
            A: if (~x) nextstate <= A; else nextstate <= B;
            B: if (~x) nextstate <= A; else nextstate <= C;
            C: if (~x) nextstate <= A; else nextstate <= D;
            D: if (~x) nextstate <= A; else nextstate <= D;
```

```
        endcase
    end
    assign z = (state == D) ? x : 1'b0;
endmodule
```

2) 仿真代码

```
`timescale 1ns / 1ps
module tb_sequence_recognizer ();
    reg     x;
    reg     clk;
    reg     rst_n;
    wire    z;

    initial begin
        x = 1'b0;
        clk = 1'b0;
        rst_n = 1'b0;
        #10
        rst_n = 1'b1;
        #10 x = 1'b1;
        #10 x = 1'b1;
        #10 x = 1'b0;
        #10 x = 1'b1;
        #10 x = 1'b1;
        #10 x = 1'b1;
        #10 x = 1'b1;
        #10 x = 1'b1;
        #10 x = 1'b1;
        #10 x = 1'b1;
        #10 x = 1'b0;
        #10 x = 1'b1;
        #10 x = 1'b0;
    end

    always #5 clk = ~clk;

    sequence_recognizer tb_sequence_recognizer (
        .clk(clk),
        .rst_n(rst_n),
```

```
            .x(x),
            .z(z) );
endmodule
```

3) 仿真波形

序列码“1111”检测电路的仿真波形如图 3.8.5 所示。在第 10ns 时，复位信号变为高电平 1。从第 20ns 开始至第 150ns，输入 x 按照从左到右的顺序，每隔 10ns 输入序列“1101111111010”中的各个比特。序列检测电路在每个时钟的下降沿进行检测，得到的输出结果 z 为“0000001111000”。根据图 3.8.5 可知，通过 Verilog HDL 代码实现的序列码“1111”检测电路仿真波形和理论结果完全一致，证明代码逻辑功能正确。

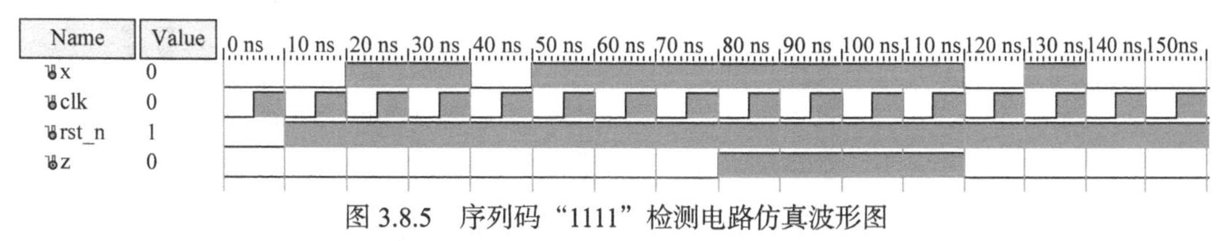

图 3.8.5　序列码“1111”检测电路仿真波形图

本章知识小结

*3.1　硬件描述语言概述

硬件描述语言(HDL)是对电子系统的硬件进行行为描述、结构描述和数据流描述的语言，它以文本形式来描述数字系统的硬件结构和行为，包括逻辑电路图和逻辑表达式，以及数字逻辑系统所完成的逻辑功能。目前最主要的硬件描述语言是 VHDL 和 Verilog HDL。

Verilog HDL 继承了 C 语言的多种运算符和结构，其语法与 C 语言相似，具有代码精简、格式自由和易于掌握等特点，已成为数字电路设计中最流行的硬件描述语言。

*3.2　Verilog HDL 基础知识和数据类型

Verilog HDL 在二进制逻辑 0 和逻辑 1 的基础上，增加了逻辑 X 和逻辑 Z 两种逻辑状态，构成了 Verilog HDL 的四值逻辑系统。

Verilog HDL 的数据类型有 20 多种，但常用的数据类型只有几种，包括 wire 型、reg 型、memory 型、parameter 型和 time 型等。

*3.3　Verilog HDL 的基本运算符

根据 Verilog HDL 中运算符所带操作数的个数，可将 Verilog HDL 基本运算符分为单目运算符、二目运算符和三目运算符。Verilog HDL 中的条件运算符是唯一的三目运算符。

Verilog HDL 运算符中，逻辑非“!”运算符和按位取反“～”运算符的优先级最高，条件运算符“?:”的优先级最低。在进行运算时，优先级高的运算符先运算，优先级低的运算符后运算。

*3.4　Verilog HDL 模块结构

Verilog HDL 使用模块(module)的概念来表示一个基本的功能单元，一个模块可以描述一个元件，也可以描述低层次模块的组合。模块声明由关键字“module”开始，关键字“endmodule”结束。

Verilog HDL 模块信号端口分为三类，即输入(input)信号端口、输出(output)信号端口和双向(inout)信号端口。

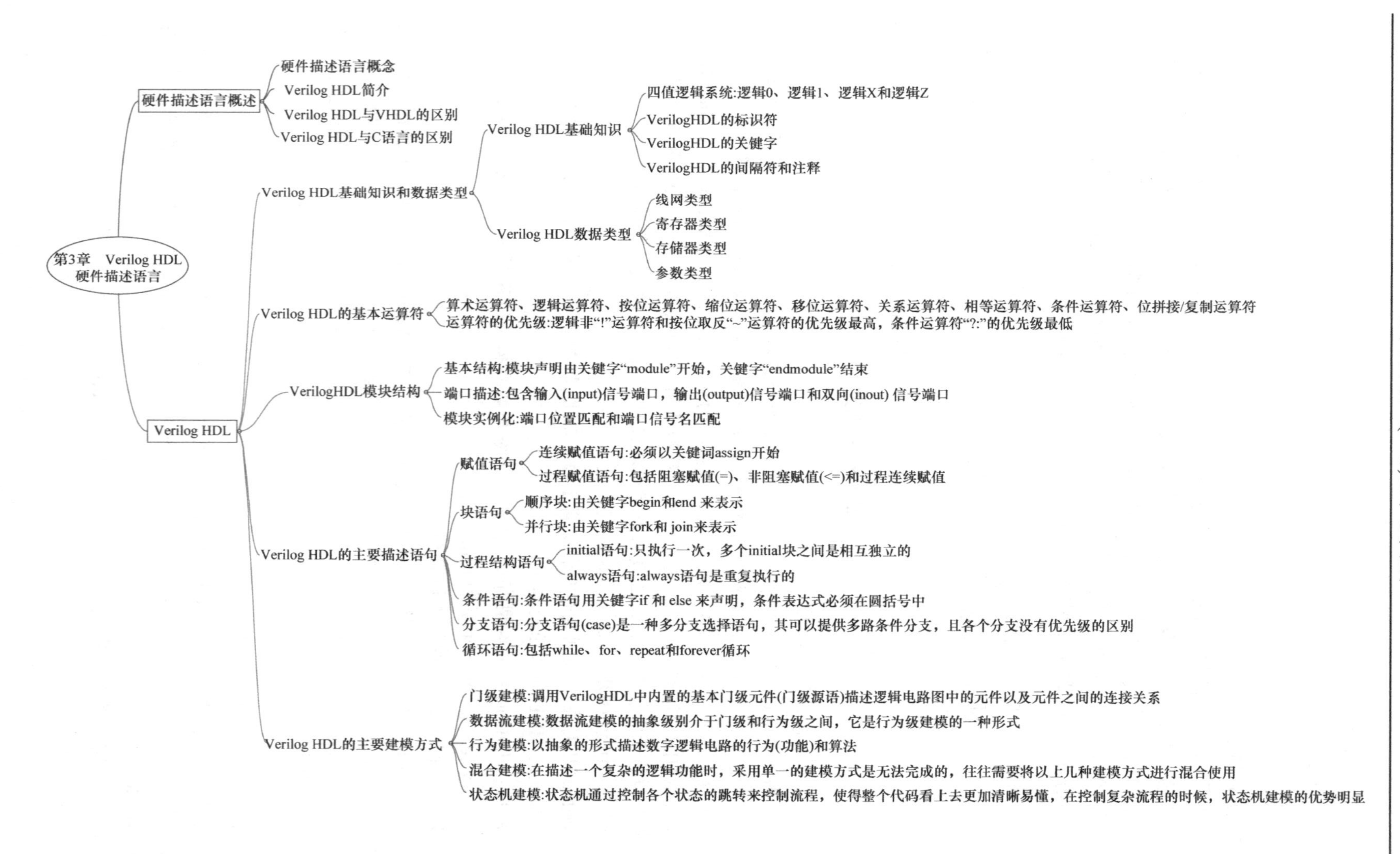
第3章 Verilog HDL 硬件描述语言
硬件描述语言概述
硬件描述语言概念
Verilog HDL简介
Verilog HDL与VHDL的区别
Verilog HDL与C语言的区别
Verilog HDL
Verilog HDL基础知识和数据类型
Verilog HDL基础知识
四值逻辑系统:逻辑0、逻辑1、逻辑X和逻辑Z
VerilogHDL的标识符
VerilogHDL的关键字
VerilogHDL的间隔符和注释
Verilog HDL数据类型
线网类型
寄存器类型
存储器类型
参数类型
Verilog HDL的基本运算符
算术运算符、逻辑运算符、按位运算符、缩位运算符、移位运算符、关系运算符、相等运算符、条件运算符、位拼接/复制运算符
运算符的优先级:逻辑非“!”运算符和按位取反“~”运算符的优先级最高，条件运算符“?:”的优先级最低
VerilogHDL模块结构
基本结构:模块声明由关键字“module”开始，关键字“endmodule”结束
端口描述:包含输入(input)信号端口，输出(output)信号端口和双向(inout) 信号端口
模块实例化:端口位置匹配和端口信号名匹配
Verilog HDL的主要描述语句
赋值语句
连续赋值语句:必须以关键词assign开始
过程赋值语句:包括阻塞赋值(=)、非阻塞赋值(<=)和过程连续赋值
块语句
顺序块:由关键字begin和end 来表示
并行块:由关键字fork和 join来表示
过程结构语句
initial语句:只执行一次，多个initial块之间是相互独立的
always语句:always语句是重复执行的
条件语句:条件语句用关键字if 和 else 来声明，条件表达式必须在圆括号中
分支语句:分支语句(case)是一种多分支选择语句，其可以提供多路条件分支，且各个分支没有优先级的区别
循环语句:包括while、for、repeat和forever循环
Verilog HDL的主要建模方式
门级建模:调用VerilogHDL中内置的基本门级元件(门级源语)描述逻辑电路图中的元件以及元件之间的连接关系
数据流建模:数据流建模的抽象级别介于门级和行为级之间，它是行为级建模的一种形式
行为建模:以抽象的形式描述数字逻辑电路的行为(功能)和算法
混合建模:在描述一个复杂的逻辑功能时，采用单一的建模方式是无法完成的，往往需要将以上几种建模方式进行混合使用
状态机建模:状态机通过控制各个状态的跳转来控制流程，使得整个代码看上去更加清晰易懂，在控制复杂流程的时候，状态机建模的优势明显

Verilog HDL 模块实例化时的端口顺序可以采用端口位置匹配方式，也可以采用端口信号名匹配方式。

*3.5　Verilog HDL 的主要描述语句

Verilog HDL 的主要描述语句包括赋值语句、块语句、过程结构语句、条件语句、分支语句和循环语句。

Verilog HDL 的赋值语句主要分为连续赋值语句和过程赋值语句。其中，过程赋值语句主要包括三种类型：阻塞赋值(=)、非阻塞赋值(<=)和过程连续赋值。阻塞赋值语句常用于描述组合逻辑电路，非阻塞赋值语句常用于描述时序逻辑电路。

*3.6　Verilog HDL 的主要建模方式

Verilog HDL 的抽象级别可分为五级：系统级、算法级、RTL 级、门级和开关级。其主要建模方式包括门级建模、数据流建模、行为建模、混合建模和状态机建模。

根据状态机的输出是否与输入有关，可将状态机分为米利状态机和摩尔状态机两大类。三段式状态机将组合逻辑和时序逻辑分开，有利于综合器分析优化和程序维护。同时，三段式状态机将状态转移与状态输出分开，使代码清晰易懂，并提高了代码的可读性。因此，三段式状态机在实际应用中使用得最多。

*3.7　Verilog HDL 逻辑功能仿真

Verilog HDL 仿真激励文件通常包括设置时间单位和时间精度、信号声明、initial 块语句初始化、always 块语句产生激励、实例化被测模块、使用系统函数$finish 停止仿真、使用系统函数$display 或$monitor 显示结果等内容。

小 组 合 作

G3.1　采用 Verilog HDL 设计一个十进制计数器，规定模块定义为 module count10 (out,clr,clk)。其中 clk 为时钟输入，clr 为同步清零输入，低电平有效，out 为计数器输出。要求：

(1) 编制十进制计数器的 Verilog HDL 设计程序并注释；

(2) 编制十进制计数器的 Verilog HDL 仿真文件并注释；

(3) 在 Vivado 软件中建立工程，进行仿真得到仿真波形，验证设计的正确性。

G3.2　采用 Verilog HDL 描述图 G3.2.1 中的 4 位移位寄存器，该移位寄存器由四个 D 触发器(分别设为 U1、U2、U3、U4)构成的。其中 seri_in 是这个移位寄存器的串行输入；clk 为移位时钟脉冲输入；clr 为清零控制信号输入；Q[0]～Q[3]则为移位寄存器的并行输出。要求：

(1) 编制 4 位移位寄存器的 Verilog HDL 设计程序并注释；

(2) 编制 4 位移位寄存器的 Verilog HDL 仿真文件并注释；

(3) 在 Vivado 软件中建立工程，运行仿真得到仿真波形，验证设计的正确性。

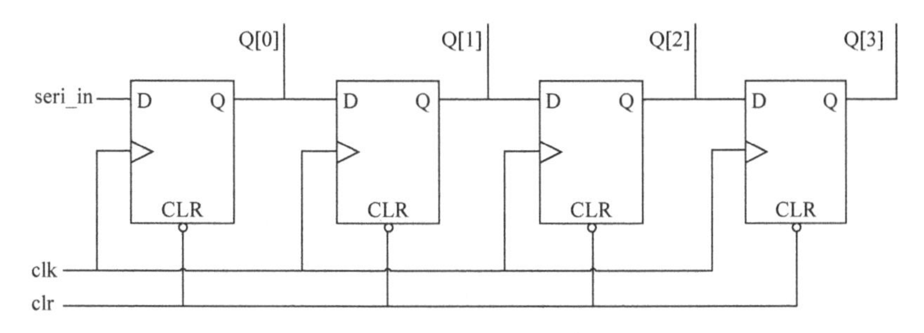

图 G3.2.1　4 位移位寄存器

G3.3 采用 Verilog HDL 的有限状态机建模方法，以格雷码编码方式设计一个从输入信号序列中检测出“101”信号的程序，其方块图、状态图和状态表如图 G3.3.1 所示。

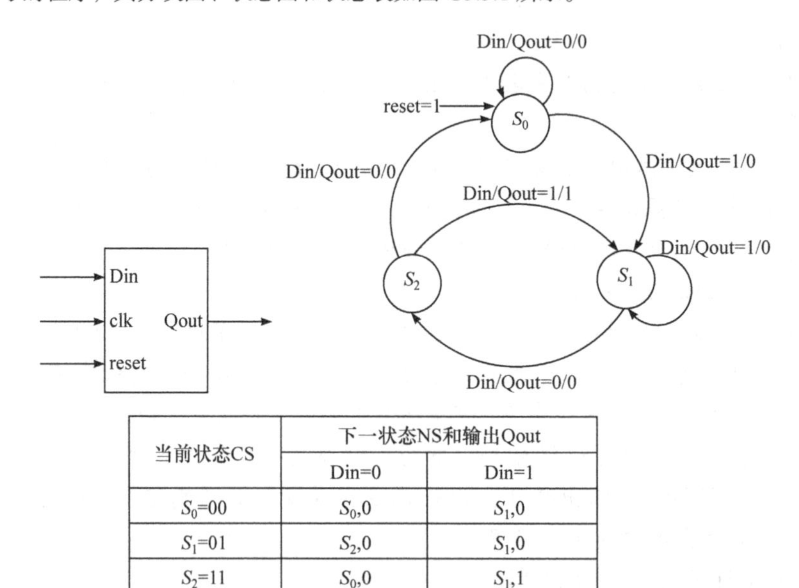

当前状态CS	下一状态NS和输出Qout	
	Din=0	Din=1
S_0=00	S_0,0	S_1,0
S_1=01	S_2,0	S_1,0
S_2=11	S_0,0	S_1,1

图 G3.3.1　序列检测模块的方块图、状态图和状态表

习　　题

3.1　简述硬件描述语言的定义及其作用，并举例说明。

3.2　简述 Verilog HDL 和 VHDL 的区别，并举例说明。

3.3　简述 Verilog HDL 和 C 语言的区别，并举例说明。

3.4　SystemVerilog 是 Verilog HDL 的扩展。请研究 SystemVerilog 和 Verilog HDL 的历史，给出这两种语言的最新标准，总结 Verilog HDL 中没有而 SystemVerilog 中具有的新特性。

3.5　Verilog HDL 包括哪些基本语言要素？

3.6　Verilog HDL 包括哪两种注释方式？

3.7　下列哪些是合法的标识符？

(1) begin　　(2) _input　　(3) 3abc　　(4) \out

(5) data_1　　(6) @123　　(7) din$　　(8) Rst_n

3.8　简要分析 wire 型和 reg 型数据的区别。

3.9　Verilog HDL 中定义存储器类型数据的方法是什么？

3.10　简述运算符“~”和“！”的区别，并举例说明。

3.11　简述运算符“&&”和“&”的区别，并举例说明。

3.12　简述右移和算术右移的区别，并举例说明。

3.13　简述逻辑相等“==”和 case 相等“===”的区别，并举例说明。

3.14　Verilog HDL 模块由哪些部分构成？每个部分由什么语句构成？

3.15　Verilog HDL 模块的端口包括哪几种？模块的端口可以采用什么方式进行描述？

3.16　Verilog HDL 模块实例化的方式是什么？请举例说明。

3.17　Verilog HDL 模块实例化时端口列表可以采用哪两种匹配方式？比较两种方式的优缺点。

3.18　简述连续赋值语句和过程赋值语句的区别，并举例说明。

3.19　简述 always 过程块和 initial 过程块的区别，并举例说明。

3.20　简述阻塞赋值语句和非阻塞赋值语句的区别，并举例说明。

3.21　简述 case、casex、casez 的相同点和不同点，并举例说明。

3.22　简述 Verilog HDL 的主要建模方式及区别。

3.23　简述有限状态机的类型及区别。

3.24　状态机常用状态编码有______、______和______。

3.25　Verilog HDL 中任务可以调用______和______。

3.26　系统函数和任务函数的首字符标志为______，预编译指令首字符标志为______。

3.27　利用 Verilog HDL 门级建模方式实现逻辑函数 $f(X,Y,Z)=\sum m(0,3,4,5,7)$，要求完成设计源文件和仿真源文件的编制，并进行仿真分析。

3.28　利用 Verilog HDL 数据流建模方式实现逻辑函数 $f(X,Y,Z)=\sum m(0,3,4,5,7)$，要求完成设计源文件和仿真源文件的编制，并进行仿真分析。

3.29　利用 Verilog HDL 行为建模方式实现逻辑函数 $f(X,Y,Z)=\sum m(0,3,4,5,7)$，要求完成设计源文件和仿真源文件的编制，并进行仿真验证。

3.30　一条长长的走廊有三扇门，两头各一扇，中间一扇。每扇门都有一个开关控制走廊上的灯，将开关标记为 A、B 和 C。假设灯是关着的，则拨动任何一个开关，灯都会打开。或者，如果灯是开着的，则拨动任何一个开关，灯都会关闭。请编写控制灯的 Verilog HDL 设计源文件和仿真源文件，并进行仿真验证。

3.31　设计一个 3 位二进制数比较器，输入为 $A=a_2a_1a_0$ 和 $B=b_2b_1b_0$，三个输出分别为 EQ($A=B$)、GT($A>B$)和 LT($A<B$)。请编写控制灯的 Verilog HDL 设计源文件和仿真源文件，并进行仿真验证。

3.32　利用 Verilog HDL 行为建模方式设计一个逻辑电路，将 4 位二进制数字从有符号格式转换为二进制补码格式。要求完成设计源文件和仿真源文件的编制，并进行仿真验证。

3.33　利用 Verilog HDL 行为建模方式设计一个逻辑电路，将 4 位二进制数字从格雷码转换为二进制码。要求完成设计源文件和仿真源文件的编制，并进行仿真验证。

3.34　利用 Verilog HDL 行为建模方式设计含有一个输入 x 和一个输出 z 的同步时序电路，能够识别输入序列中的“10”码。即只要在两个时钟周期内输入 x 连续出现 1 和 0，则电路输出 $z=1$；否则，$z=0$。要求完成设计源文件和仿真源文件的编制，并进行仿真验证。

3.35　题图 3.35 为米利型时序逻辑电路的状态图，状态变量是 $y_1y_2y_3$，输入变量为 x，输出函数为 z，初始状态为 $y_1y_2y_3=000$。利用 Verilog HDL 状态机建模方式完成设计源文件和仿真源文件的编制，并进行仿真验证。

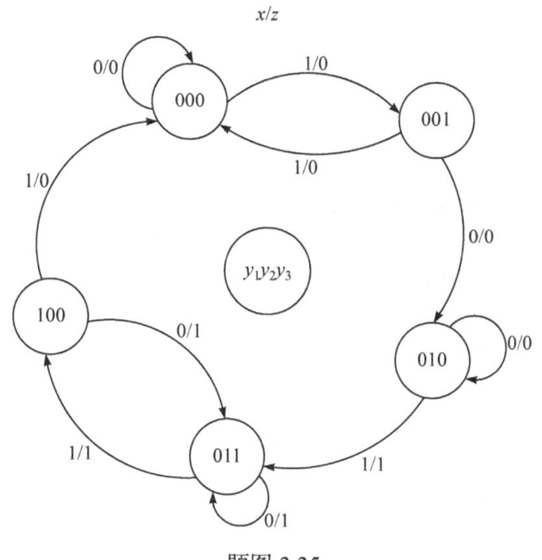

题图 3.35

第 4 章　半导体电子元件

半导体电子器件是指利用电子在半导体中的规律运动而形成的、具有特定功能的电路元件，是组成电子系统的关键部件，如二极管(diode，D)、双极型晶体管(bipolar junction transistor，BJT，简称三极管)和金属-氧化物-半导体场效应晶体管(MOSFET，也称为绝缘栅场效应管)等分立(单独封装)电子元件以及集成电路。半导体电子器件具有重量轻、体积小、功率小和功率转换效率高等优点，在电子工程中得到了广泛的应用。

本章分别介绍典型的半导体电子元件(D、BJT 和 MOSFET)的结构、工作原理、伏安特性、工作区和主要参数，侧重分析其应用于数字电路的开关特性。

4.1　半导体材料与 PN 结

根据物质的导电性能，材料可分为导体、绝缘体和半导体。导体的电阻率小于 $10^{-3}\Omega\cdot cm$，如铜、铝、银等金属。绝缘体的电阻率大于 $10^{9}\Omega\cdot cm$，如塑料、陶瓷、玻璃和空气等。半导体的电阻率介于 $10^{-3}\Omega\cdot cm$ 和 $10^{9}\Omega\cdot cm$ 之间，如硅(Si)、锗(Ge)、石墨烯等 4 价元素半导体，砷化镓(GaAs)、氮化镓(GaN)等Ⅲ-Ⅴ族以及碳化硅(SiC)等Ⅳ-Ⅳ族化合物半导体。

锗的特性与应用

电子特气及其在集成电路制造中的应用

碳化硅的特性与工程应用

半导体的导电性能受微量杂质浓度、温度和光照等因素的影响较大。因此，人们利用掺入杂质的方法来控制半导体材料的导电性能，制造具有特定功能的电子器件。不过，温度、光照等环境因素不利于半导体电子器件的稳定运行，必须采取适当的措施加以克服，以提高电路工作的稳定性。

半导体分为本征半导体和杂质(N 型和 P 型)半导体。

4.1.1　本征半导体

物质导电性能的差异在于物质的原子结构和原子间的结合方式。图 4.1.1(a)、(b)和(c)分别表示锗(原子序数 32)、硅(原子序数 14)和碳(原子序数 6)原子的结构模型。原子最外层的电子称为价电子，价电子的数目称为化合价，硅、锗和碳都是 4 价元素。

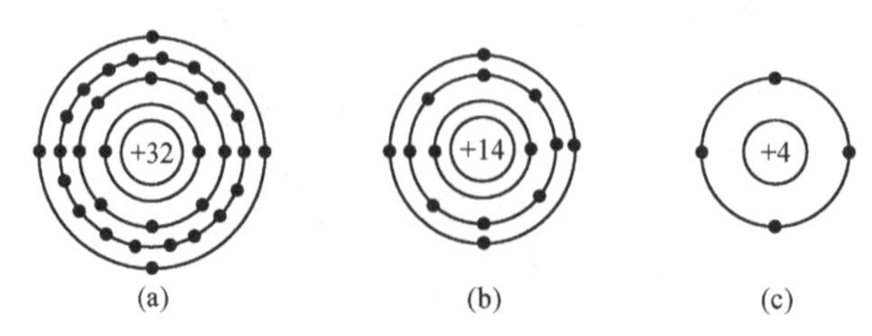

图 4.1.1　锗、硅和碳的原子结构模型

本征半导体是纯净的(intrinsic)、结构完整的半导体晶体。将硅(Si)或锗(Ge)制成本征半导体时，其大量的原子受共价键约束力的作用组成有规律的晶格结构。图 4.1.2 是本征硅晶体的平面结构示意图。共价键使硅原子的外层电子分布趋于稳定(8 个电子)，如果没有足够的能量，价电子不能挣脱共价键的束缚。因此，在 0K(相当于−273℃)，且无外界激发时，本征半导体无自由电子，和绝缘体一样不导电。

在室温下，仅有少数价电子由于热运动获得足够的能量，挣脱共价键的束缚成为自由电子(称为热激发)，并在相应的共价键中留下相同数量的空穴，如图 4.1.3 所示，称为电子–空穴对。在一定温度下，电子–空穴对既产生又复合，达到相对的动态平衡，形成一定的自由电子浓度 n_i 和空穴浓度 $p_i(n_i = p_i)$，统称为本征浓度。

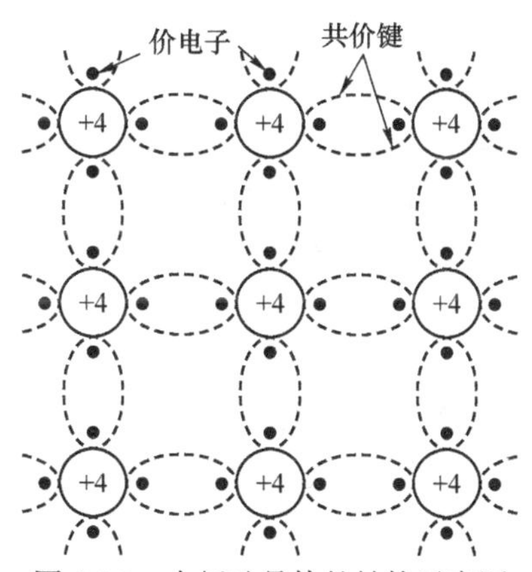

图 4.1.2　本征硅晶体的结构示意图

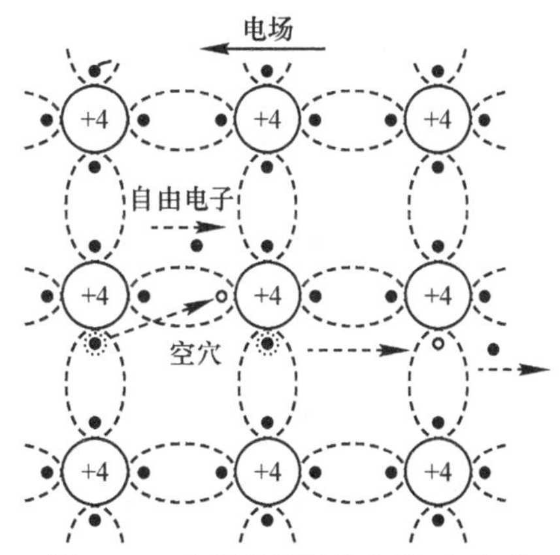

图 4.1.3　本征硅晶体的电子–空穴对

在电场作用下可以形成电流的带电粒子称为载流子，故自由电子和空穴都是载流子。自由电子浓度 n_i 和空穴浓度 p_i 越大，本征半导体的导电能力越强。

理论分析得到本征半导体载流子的浓度为

$$n_i = p_i = B \cdot T^{3/2} e^{-E_g/(2kT)}$$

式中，T 为热力学温度；k 为玻尔兹曼常量；E_g 为 0K 时破坏共价键所需要的能量(称为带隙能量)；B 是与半导体材料载流子的有效质量、有效能量密度有关的常量。上式表明：温度越高，电子–空穴对浓度越大，导电能力越强。

除了热激发产生电子–空穴对外，光照也能激发电子–空穴对，改变电子和空穴的浓度，进而影响本征半导体的导电能力。利用半导体的光敏性和热敏性，可以制作光敏电阻和热敏电阻等电路元件。

本征半导体中载流子的数目有限，导电能力很弱。如果掺入微量的杂质元素，导电性能就会发生显著改变。按掺入杂质的性质不同，分 N 型半导体和 P 型半导体，统称为杂质半导体。

4.1.2　杂质半导体

1. N 型半导体

在硅(或锗)晶体中掺入少量的 5 价元素，如磷(P)，则硅晶体中某些位置的硅原子被磷原子代替，如图 4.1.4 所示。磷原子有 5 个价电子，它的 4 个价电子与相邻的 4 个硅原子组成共价键后，还多一个价电子，只需获得少量的能量，就能成为自由电子。由于 5 价元素给出自由电子，所以将其称为施主杂质元素。

在掺入施主杂质元素的半导体中，自由电子是多数载流子，简称“多子”，则空穴是“少子”。这种电子(带负电，negative)是多子的半导体称为 N 型半导体。

掺杂浓度越高，半导体导电能力越强。在一般的硅集成电路中，本征硅的原子浓度为 $4.96\times10^{22}\text{cm}^{-3}$，室温($T = 300\text{K}$)时本征硅的电子和空穴浓度为 $n_i = p_i = 1.4 \times 10^{10}\text{cm}^{-3}$。掺入施主杂质浓度为 10^{13}～10^{18}cm^{-3}，仅仅是硅原子浓度的 10 亿分之一到万分之一，电子浓度却是本征浓度的 10^3～10^8 倍，导电性能明显提高。

施主杂质浓度远大于 10^{18}cm^{-3} 的半导体，导电性能接近金属，通常在集成电路中取代部分金属导线，这种高掺杂浓度的 N 型半导体常用“n^+”表示。

2. P 型半导体

在硅(或锗)晶体中掺入少量的 3 价元素，如硼(B)或铝(Al)，则硅晶体中某些位置的硅原子被硼原子代替，如图 4.1.5 所示。由于 3 价元素接受 1 个价电子，所以将其称为受主杂质元素。在掺入受主杂质元素的半导体中，空穴是多子，电子是少子。这种空穴(带正电，positive)是多子的半导体称为 P 型半导体。

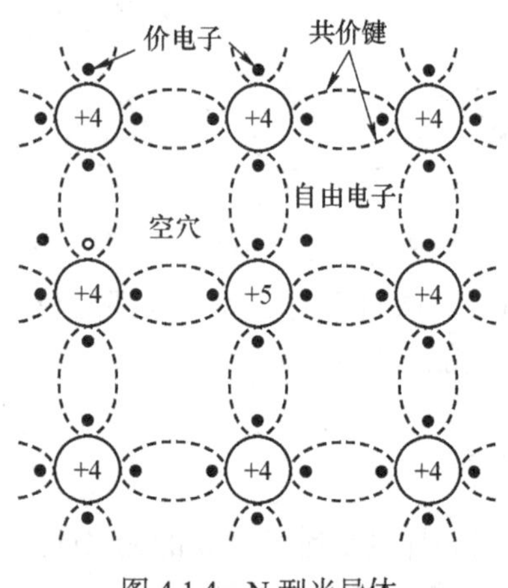

图 4.1.4　N 型半导体

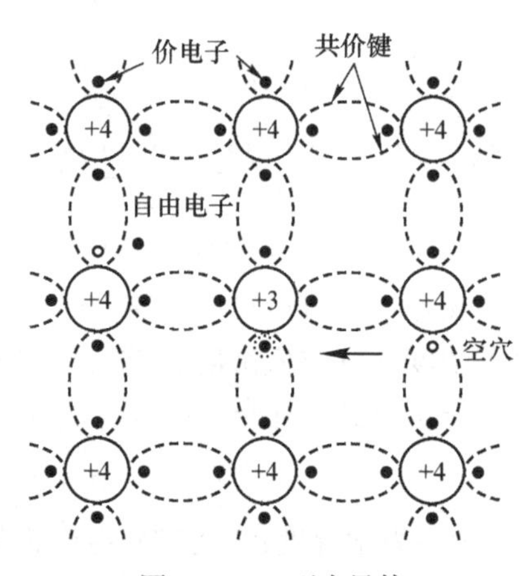

图 4.1.5　P 型半导体

与 N 型半导体一样，在一般的硅集成电路中，掺入受主杂质浓度为 10^{13}～10^{18}cm^{-3}，空穴浓度是本征浓度的 10^3～10^8 倍，导电性能明显提高。高掺杂浓度(大于 10^{18}cm^{-3})的 P 型半导体常用“p^+”表示，导电性能接近金属，通常在集成电路中取代部分金属导线。

4.1.3　PN 结

通过在本征半导体中掺入微量的杂质元素，提高了 N 型或 P 型半导体的导电性能。但是，单独的 N 型或 P 型半导体的导电特性没有方向性。如果采用一定的掺杂工艺，将 P 型和 N 型半导体制作在同一块硅片上，在两种半导体的交界面就会形成 PN 结。PN 结是半导体分立元件和集成电路的基本构件。

1. 势垒电场的形成

当载流子存在浓度差异时，由于平均自由程不同，宏观上粒子将向浓度低的位置转移，称为扩散运动。

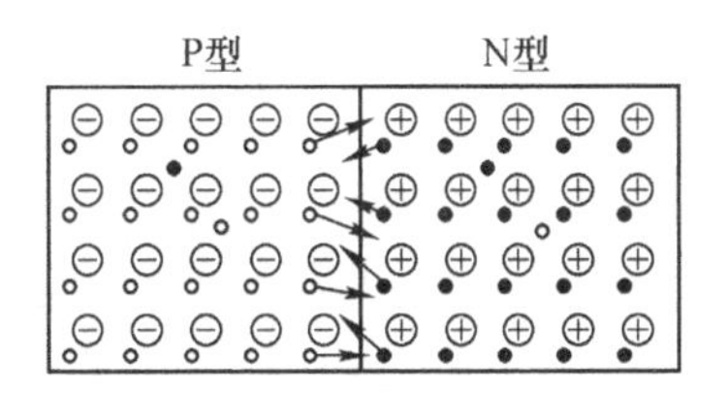

在 P 型和 N 型半导体的交界面，由于界面两边的载流子存在浓度差，P 区中的空穴(多子)向 N 区扩散，而 N 区中的电子(多子)向 P 区扩散，形成多子扩散电流，方向由 P 区指向 N 区，如图 4.1.6 所示。在交界面附近，空穴与电子相遇而复合，载流子消失，出现了由不能移动的带电离子组成的空间电荷区，称为耗尽区。P 型侧为负离子区，N 型侧为正离子区，建立起一个由 N 区指向 P 区的势垒电场，称为内电场。内电场阻碍多子的扩散，同时，内电场将 P 区中的电子(少子)吸引到 N 区，而将 N 区中的空穴(少子)驱赶到 P 区。这些少子在电场作用下的定向运动形成漂移电流。

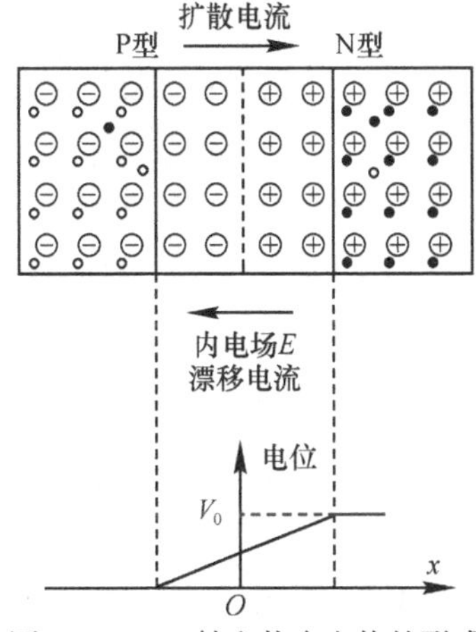

图 4.1.6　PN 结和势垒电势的形成

当扩散电流等于漂移电流时，穿过耗尽区的净电流为零，形成稳定的耗尽区，称为 PN 结。在耗尽区以外的两个区域整体表现为电中性。耗尽区的内电场使 2 个电中性区域之间建立起电势差 V_0，称为势垒电势，故耗尽区也称为势垒区。在耗尽区内，正离子区的电荷量和负离子区的电荷量相等(电荷守恒，整体表现为电中性)。掺杂浓度越大，宽度越窄。

2. PN 结的单向导电性

没有外加电压的 PN 结不会形成载流子的定向运动，即电流。因此，必须施加偏置电路，才能改变 PN 结的导电能力。

1) 正向偏置

通过外电源施加正向电压给 PN 结，即电源正极接 P 区，负极接 N 区，如图 4.1.7 所示，这种接法称为 PN 结的正向偏置(forward bias)。

此时，内电场因与外电场相反而受到削弱，使空间电荷区(也称耗尽层)变窄，有利于多子的扩散而不利于少子的漂移。超过少子漂移电流部分的多子扩散电流通过回路形成正向电流 I_F。注意，加上不大的正向电压就可产生相当大的正向电流，为避免烧坏 PN 结，回路中应串入电阻 R 限流。

2) 反向偏置

通过外电源施加反向电压给 PN 结，即电源的正极接 N 区，负极接 P 区，这种接法称为 PN 结的反向偏置(reverse bias)，如图 4.1.8 所示。

当 PN 结反向偏置时，内电场因与外电场方向相同而增强，使空间电荷区(耗尽层)变宽，势垒电势加大，阻碍多子的扩散而有利于少子的漂移。超过多子扩散电流部分的少子漂移电流通过回路形成反向电流 I_R。由于少子数量很小，反向电流也很小，并且，在温度一定的情况下，少子浓度也是一定的，反向电流在一定范围内基本上不随外加电压变化，这种特性称为反向电流的饱和特性，所以，反向电流又称为反向饱和电流，记为 I_S。

由此可知，当 PN 结正向偏置时，形成较大的正向电流(如毫安级)，等效为正向电阻小；当 PN 结反向偏置时，反向电流很小(如微安级)，等效为反向电阻大。这就是 PN 结的单向导电性。

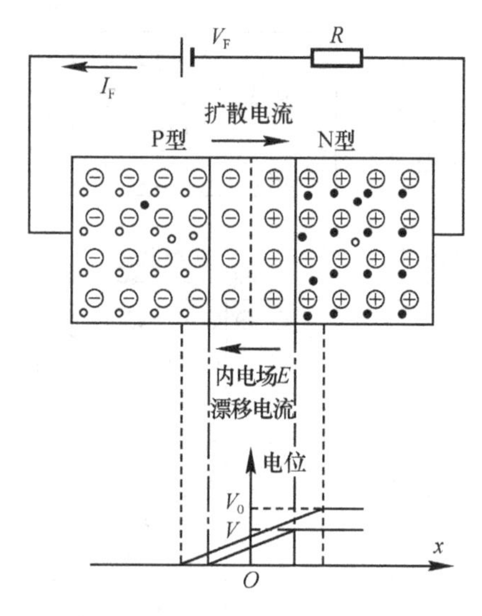

图 4.1.7　PN 结的正向偏置

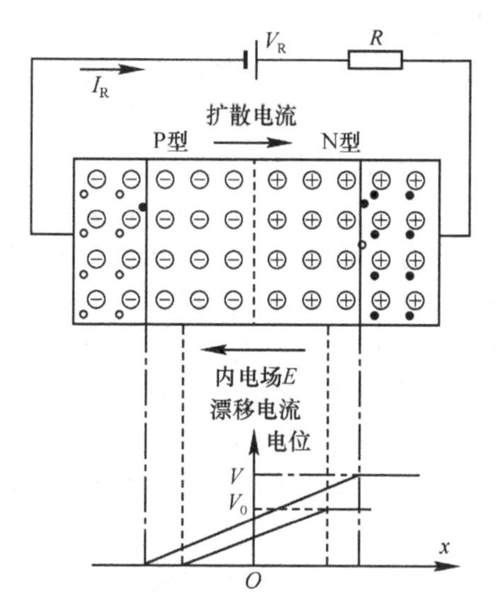

图 4.1.8　PN 结的反向偏置

3. PN 结的伏安特性

通过 PN 结的电流与其端电压之间的关系称为 PN 结的伏安特性。假设通过 PN 结的电流 i 和其端电压 v 的参考方向都是由 P 区指向 N 区，根据半导体物理的理论分析，PN 结的伏安特性是指数函数，即

$$i = I_S(e^{v/V_T} - 1), \quad v > -V_{BR} \tag{4.1.1}$$

式中，I_S 是反向饱和电流；V_{BR} 是反向击穿电压，负极性表示击穿发生在反向偏置条件下，通常，二极管不进入击穿工作状态；V_T 是热电压(thermal voltage)，与温度的关系是

$$V_T = \frac{kT}{q} \tag{4.1.2}$$

式中，T 是热力学温度(0K = −273℃)；q(=1.6 × 10^{-9}C)是电子电荷量；k(=1.38 × 10^{-23}J/K)是玻尔兹曼常量。在室温下(T = 27℃= 300K)，V_T = 26mV = 0.026V。

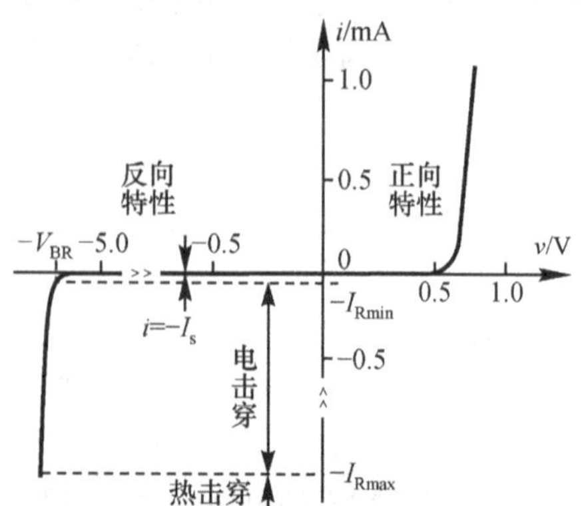

图 4.1.9　PN 结的伏安特性

一种硅材料 PN 结的伏安特性曲线如图 4.1.9 所示，$v > 0$ 的部分称为正向特性区，$v < 0$ 的部分称为反向特性区。

1) 正向特性区

根据 PN 结电流方程(4.1.1)，当 PN 结施加正向电压，且 $v \gg V_T$ 时，

$$i = I_S(e^{v/V_T} - 1) \approx I_S e^{v/V_T}$$

PN 结正向电流很大(毫安级电流)，且随正向电压增加按指数规律增长的区域，称为导通区。

不过，当 $v > 0$，数值较小时，正向电流几乎为 0，称为死区。

2) 反向特性区

当 PN 结施加反向电压，且 $-V_T \gg v > -V_{BR}$ 时，

$$i = I_S(e^{v/V_T} - 1) \approx -I_S$$

当 $-V_{BR} < v < 0$ 时，PN 结反向电流很小(I_S 目前的典型值为 0.01～10pA)，且基本不随反向电压而变化的区域，称为截止区。

但是，当 $v < -V_{BR}$ 时，反向电流急剧增大的区域，称为反向击穿区。V_{BR} 称为反向击穿电压。

可见，PN 结的伏安特性是非线性的，分为 4 个工作区。

4. PN 结的反向击穿

PN 结反向击穿的机理分为齐纳击穿和雪崩击穿。

当掺杂浓度很高时，耗尽层宽度很窄，在不大的反向电压作用下，形成很强的内电场(大于 2×10^5V/m)，使价电子脱离原子的共价键，产生电子-空穴对，于是反向电流急剧增大，这种击穿称为齐纳击穿(Zener breakdown)。

当掺杂浓度较低时，耗尽层宽度较宽，内电场较小，不能发生齐纳击穿。但是，当反向电压足够大时，内电场使来自 P 区的电子的漂移速度不断增加，获得足够的动能，撞击共价键中的价电子，使其获得足够的能量，摆脱共价键的束缚，产生电子-空穴对。自由电子再次加速获得足够的动能，再次撞击其他价电子，产生雪崩式倍增的电子-空穴对，致使反向电流迅速增大，发生 PN 结反向击穿，因此，这种击穿称为雪崩击穿。通常，雪崩击穿电压大于齐纳击穿电压。

电击穿的条件是反向电流 $I_{Rmin} < I_R < I_{Rmax}$。电击穿是可逆的，只要反向电压降低后，仍可恢复 PN 结的特性。特别值得关注的是：电击穿后，PN 结反向电压基本不随反向电流变化，这种特性称为恒压特性或稳压特性。但是，在发生电击穿后，如果没有适当的限流措施，由于电流大(图 4.1.9 中 $|i| > I_{Rmax}$)和电压高，PN 结消耗很大的功率，产生热量，使 PN 结过热，造成永久性的损坏，这种现象称为热击穿。电击穿往往为人们所利用，而热击穿必须避免。

5. PN 结的电容效应

电荷的空间积累和消散就是电容效应。PN 结存在电容效应，其按形成原因的不同分为势垒电容效应和扩散电容效应。

1) 势垒电容

当 PN 结外加反向电压的值发生改变时，空间电荷区的电荷量随之改变，如图 4.1.10 所示。由于载流子运动到空间电荷区或离开空间电荷区需要时间，空间电荷区的正负电荷量变化同样需要时间，等效为电容元件的充电和放电。PN 结空间电荷区的电荷积累和消散所等效的电容称为势垒电容，记为 C_b。势垒电容量为

$$C_b = \frac{C_{b0}}{(1 - V_D / V_0)^m} \quad (\mathrm{F}), \quad m = \begin{cases} 1/3, & \text{对称PN结} \\ 1/2, & \text{突变PN结} \end{cases} \tag{4.1.3}$$

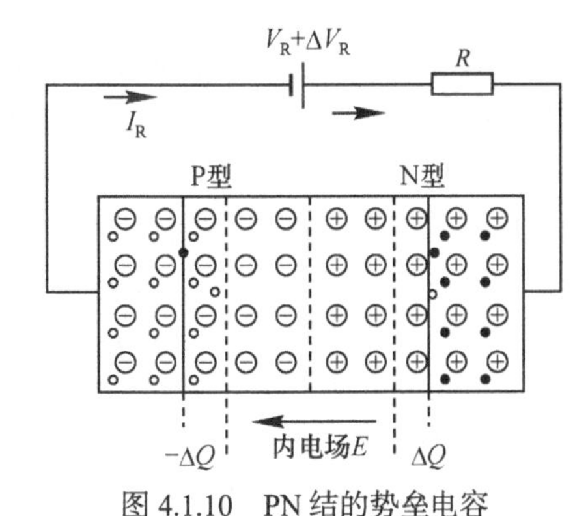

图 4.1.10 PN 结的势垒电容

式中，C_{b0}是零电压偏置情况下的势垒电容量，与 PN 结的面积有关，容量一般是皮法级(10^{-12}F)；V_0是 PN 结的势垒电势，典型值约为 1V；V_D是 PN 结的反向偏置电压。V_D越大，电容量越小。

2) 扩散电容

当外加正向电压时，P 区的空穴扩散穿过耗尽区到达 N 区的边界，成为 N 区的少子；N 区的电子扩散穿过耗尽区到达 P 区的边界，成为 P 区的少子。这些少子首先在边界处积累，然后扩散，形成少子浓度分布，如图 4.1.11 所示。于是，P 区积累(存入)大量的电子(少子)，N 区存入大量的空穴(少子)，它们统称为存储电荷(或非平衡少子)。存储电荷浓度分布与正向电流有关。正向电流越大，存储电荷浓度分布的梯度越大，存储电荷量越多。正向电流变化，存储电荷也变化，等效为电容元件的充放电，其等效电容称为扩散电容，记为 C_d。扩散电容可表示为

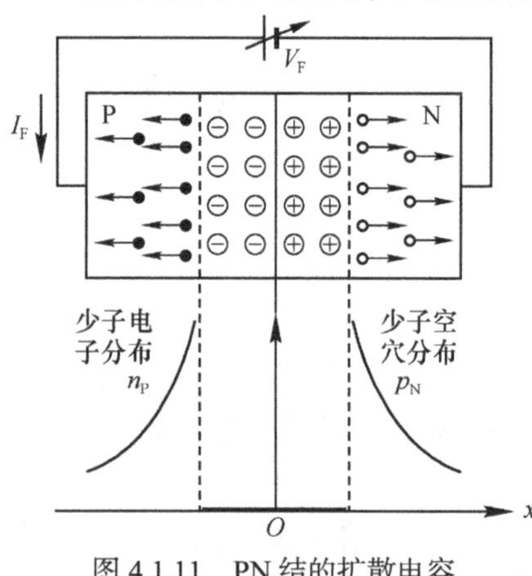

图 4.1.11　PN 结的扩散电容

$$C_d = \frac{\tau_t |I_F|}{V_T} \quad \text{(F)} \tag{4.1.4}$$

式中，V_T是温度当量电压；τ_t是少子的寿命；I_F是通过 PN 结的直流电流。PN 结面积大和正向偏置电流 I_F 大，则扩散电容大，其容量一般是皮法级。

PN 结总的等效结电容是势垒电容和扩散电容之和，即

$$C_j = C_b + C_d \tag{4.1.5}$$

实际的 PN 结等效为结电容 C_j 与无电容效应的 PN 结的并联。由于 PN 结电容很小，对低频率信号呈现很大的容抗，其分流作用可以忽略不计；只有在高频信号(频率大于 1MHz)时才考虑结电容的影响。

4.2　半导体二极管

4.2.1　二极管的结构

将 PN 结封装并分别从 P 区和 N 区各引出 1 个电极就构成了半导体二极管，简称二极管。P 区引出的电极称为阳极，N 区引出的电极称为阴极。二极管按所用材料分，有硅二极管和锗二极管；按结构分，主要有点接触型、面接触型和平面型等。

图 4.2.1 是几种二极管的结构示意图和符号。图 4.2.1(a)是点接触型二极管。通过特殊工艺将大量的金属原子(铝或铟，3 价元素)融入 N 型半导体中，在与金属丝接触的局部区域形成 P 型半导体，并在 P 型和 N 型半导体的交界面形成 PN 结。点接触型二极管的 PN 结的面积小，允许通过的电流也小。但是，其结电容小，最高工作频率可达几百兆赫，适用于高频电路。图 4.2.1(b)是面接触型二极管，采用合金法工艺制作 PN 结，PN 结的面积大，可通过较大的电流，但结电容也大，宜作低频整流。图 4.2.1(c)是平面型二极管，采用扩散工艺制作 PN 结。在 N 型硅衬底表面氧化生成二氧化硅保护层，在适当位置刻蚀掉二氧化硅并向衬底扩散 P 型杂质(3 价元素)形成 PN 结，然后引出电极并封装。对于平面型二极管，结面积大的可用于整流，结面积小的可作为开关二极管。图 4.2.1(d)是二极管的电路符号，

a(anode)是阳极，与 PN 结的 P 区相连；k(cathode)是阴极，与 PN 结的 N 区相连。

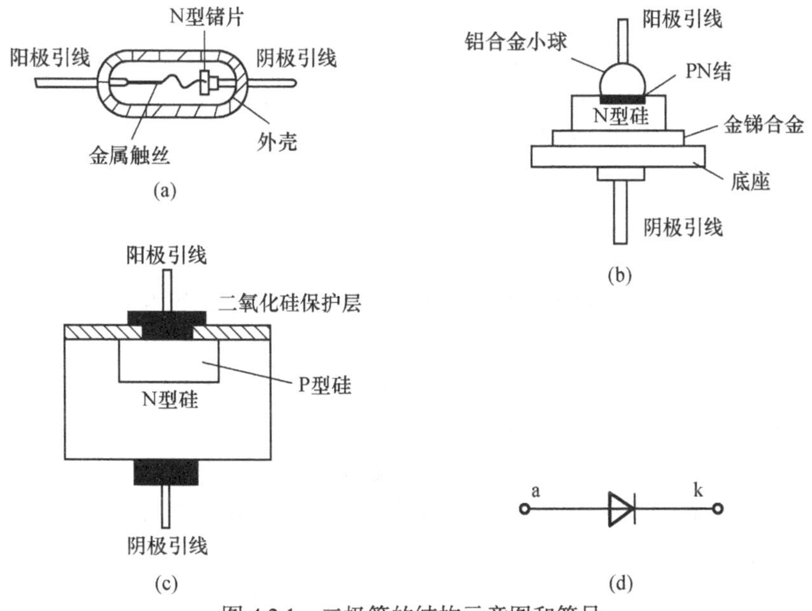

图 4.2.1　二极管的结构示意图和符号

4.2.2　二极管的伏安特性

二极管以 PN 结为核心构造，其伏安特性与 PN 结相似，在理论分析时仍采用 PN 结的电流方程(4.1.1)。图 4.2.2 分别是硅二极管(型号为 2CP10)和锗二极管(型号为 2AP15)的伏安特性曲线。

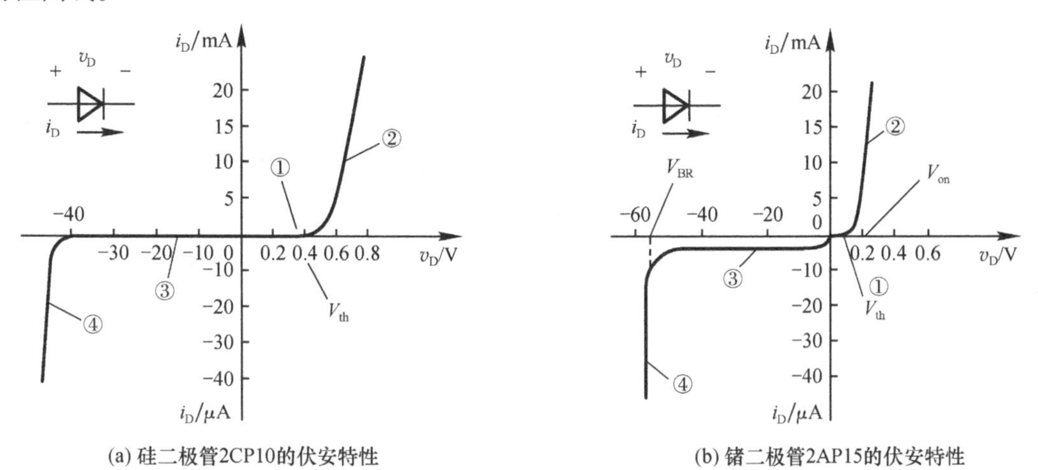

图 4.2.2　二极管的伏安特性曲线

1. 正向特性

正向特性指二极管正向偏置下的伏安特性曲线(图 4.2.2 中的第①和②段，分别为死区和导通区)。

(1) 死区：当正向电压较小时，正向电流几乎为零，称为死区。当正向电压超过某一数值时，才有明显的正向电流，这个数值的电压称为阈值电压(threshold voltage)或死区电压，

记为 V_{th}。不同类型二极管的参数差别较大，为便于计算，本书统一取值如下：小功率硅管的 V_{th} 为 0.5V，小功率锗管的 V_{th} 为 0.1V。

(2) 导通区：当正向电压高于阈值电压后，电流随电压基本上按指数规律增长，二极管的正向电压变化很小，处于导通状态，对应的电压称为导通电压，记为 V_{on}。小功率硅管的 V_{on} 为 0.6～0.8V，为解题方便，本书取 0.7V；小功率锗管的 V_{on} 为 0.2～0.3V，本书取 0.2V。注意：GaAs 管的 V_{on} 较大，本书取 1.2V。

2. 反向特性

反向特性指二极管反向偏置下的伏安特性曲线(图 4.2.2 中的第③和④段，分别为截止区和击穿区)。

(1) 截止区：第③段的反向电流很小，且基本上不随反向电压变化，称二极管处于截止状态。仍采用 PN 结的反向饱和电流 I_S。

(2) 击穿区：第④段对应于二极管的 PN 结反向击穿，呈现为几乎垂直下降的直线，即具有稳压功能。小功率硅管的 V_{BR} 较大，为数千伏；小功率锗管的 V_{BR} 较小，为数百伏；而 GaAs 管的 V_{BR} 约 1kV。

在正常使用时，利用二极管的单向导电性，即正向导通和反向截止特性，避免发生反向击穿。因为在反向击穿时，如果二极管的耗散功率小，是可逆性击穿，器件不会损坏。不过，一旦耗散功率过大，产生热击穿，会导致二极管永久损坏。

3. 温度特性

在正向特性区和反向截止区，二极管的伏安特性近似为 PN 结的电流方程，重写如下：

$$i_D = I_S(e^{v_D/V_T} - 1) \tag{4.2.1}$$

当环境温度升高时，热激发更多的少数载流子，使 I_S 明显增大，例如，温度每升高 10℃，I_S 约增大一倍；同时，PN 结的正向电压减小。在室温附近，温度每升高 1℃，正向压降减少 2～2.5mV。根据式(4.2.1)的电流方程，二极管的特性曲线随温度增加而发生改变，二极管的正向特性左移，反向特性下移，如图 4.2.3 所示。

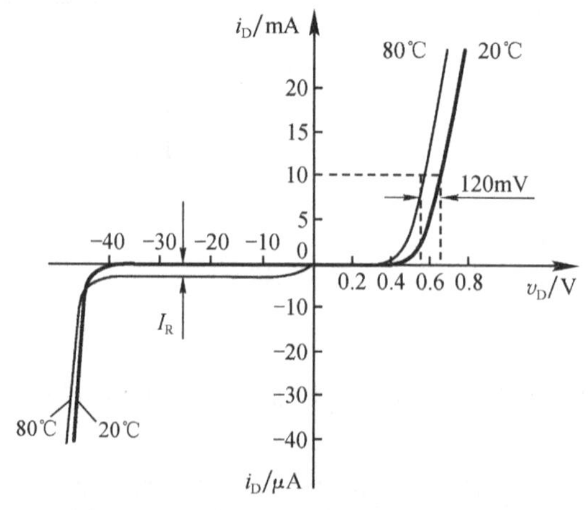

图 4.2.3　温度对二极管伏安特性的影响

4.2.3　二极管的主要参数

器件的参数是其特性的定量描述，是正确选择和使用的依据。二极管的主要参数如下。

1. 最大平均整流电流 I_F

I_F 是指二极管长期使用时，允许通过的最大正向平均电流。如果实际的正向平均电流超过此值，电流通过二极管产生的热效应，使温度升高，将损坏 PN 结。

2. 最高反向工作电压 V_R

V_R 是二极管所允许的最大反向工作电压，通常取反向击穿电压 V_{BR} 的 1/2。为了安全运行，实际工作电压应小于 V_R。

3. 反向电流 I_R

当在二极管两端施加反向工作电压 V_R 时所对应的反向电流，近似等于反向饱和电流 I_S。I_R 越小，二极管的单向导电性越好。注意：I_R 受温度影响大，即温度增加，I_R 也增加。

4. 极间电容 C_j 或最高工作频率 f_m

极间(junction)电容 C_j 包括二极管的 PN 结电容和电极引线电容。实际二极管可等效为极间电容与无极间电容二极管的并联，如图 4.2.4 所示。

如果二极管作用的信号频率很高，则高频电流将直接从极间电容通过而破坏二极管的单向导电性。因此，极间电容限制了二极管的工作频率。各种型号的二极管都规定有相应的最高工作频率 f_m，超过此频率，将不能保证二极管的单向导电性。

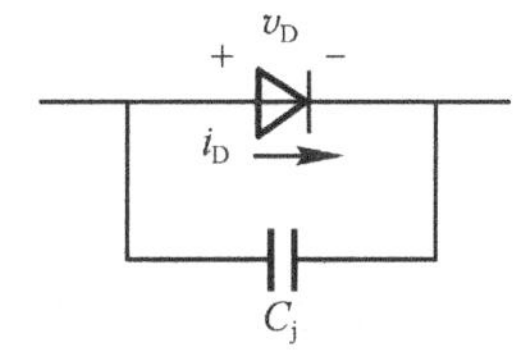

图 4.2.4　极间电容与二极管并联

半导体器件手册中给出的不同型号管子的参数，都是在一定条件下测得的。使用时，应注意这些条件，若条件改变，相应的参数值也会发生变化。

在数字电路中，输入逻辑信号(高电平或低电平)通常使门电路中的电子元件工作在开关状态(导通或截止状态)，导致输出也为逻辑信号(高电平或低电平)，因此，电路实现特定的输入输出逻辑关系。可见，电子元件的开关特性是实现逻辑门电路的基础。

4.2.4　二极管的开关特性

1. 二极管的开关作用

二极管具有单向导电性，其实际伏安特性曲线如图 4.2.5(a)中的虚线所示。

为便于分析计算含有二极管的电路，采用二极管的理想模型和恒压降模型，其伏安特性曲线分别如图 4.2.5(a)和图 4.2.6(a)中的实线所示。

在二极管的伏安特性曲线中，用过原点的垂直线段逼近二极管的正向特性，用过原点的水平线段逼近二极管的反向特性，如图 4.2.5(a)所示，这种模型称为理想模型，是理想二极管的伏安特性，即理想的单向导电性。图 4.2.5(b)是理想二极管的电路符号；图 4.2.5(c)是正向偏置模型，等效为开关接通；图 4.2.5(d)是反向偏置模型，等效为开关断开。所以，理想二极管是一个受端电压控制的理想开关。当实际二极管所在回路的电压远大于正向导通电压时，可采用理想二极管模型。

用垂足为二极管的导通电压(V_{on})的垂直线段逼近二极管正向特性的导通区，用过原点的水平线段逼近二极管的反向特性区和死区，如图 4.2.6(a)所示。这种伏安特性等效为一个理想二极管与一个直流电压源 V_{on} 的串联，称为恒压降模型，如图 4.2.6(b)所示。当实际二极管所在回路的总电阻(不含二极管)远大于二极管的导通电阻时，可采用恒压降模型。

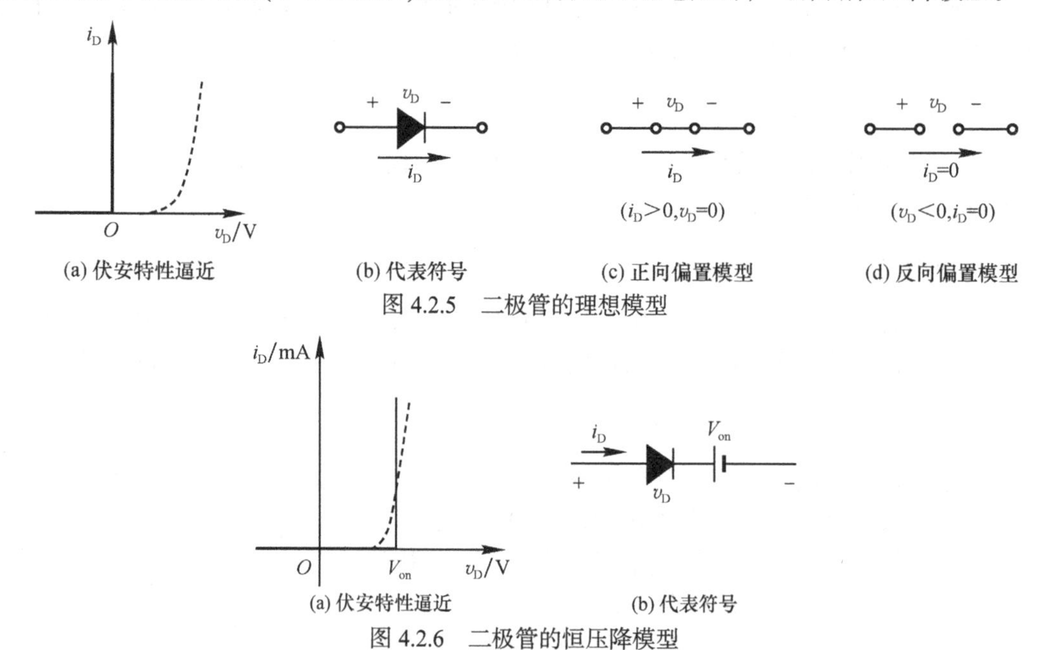

图 4.2.5　二极管的理想模型

图 4.2.6　二极管的恒压降模型

二极管的开关作用用途广泛，例如，整流、钳位、限幅、门电路，以及作为电源端保护和输入端保护、过流保护等。

这里总结分析含二极管电路的解题步骤如下。

(1) 标注二极管的电流和电压的参考方向如图 4.2.5(b)所示，假设其处于导通或者截止状态，列写 KCL/KVL 方程。

注意：如果假设二极管导通，则 V_{on} 为 0(理想模型)或者常数(恒压降模型)，有正向电流流过二极管。反之，如果二极管截止，则流过二极管的电流为 0；二极管的端电压 v_D 小于 0。

(2) 根据第(1)步的假设条件求解电路中的元件电压和支路电流值。

(3) 判断分析二极管处于导通($i_D > 0$)还是截止($v_D < 0$)状态，与假设是否吻合：

如果吻合，则假设正确，计算分析的数据是正确的。否则，对二极管的开关状态做相反的假设，重复第(1)～(3)步，直至新的计算结果与假设相吻合。

例 4.2.1　电路如图 4.2.7(a)所示，已知 $v_i = 10\sin\omega t$(V)，试画出 v_i 与 v_o、v_D 的波形。设二极管为理想的。

解　因为二极管是理想的，采用图 4.2.5(b)的理想模型，标注二极管的电流和电压的参考方向如图 4.2.5(b)所示。此电路为单回路，因此，当 $v_i > 0$ 时，假设 D 导通，$v_o = v_i$，$v_D = 0$，$i_D > 0$。假设正确，D 的确导通，以上数据均正确。

当 $v_i < 0$ 时，假设 D 断开，则 $i_D = 0$，$v_o = 0$，$v_D = v_i$。假设正确，D 的确截止。

画出 v_i 与 v_o、v_D 的波形如图 4.2.7(b)所示。这是一种半波整流电路。

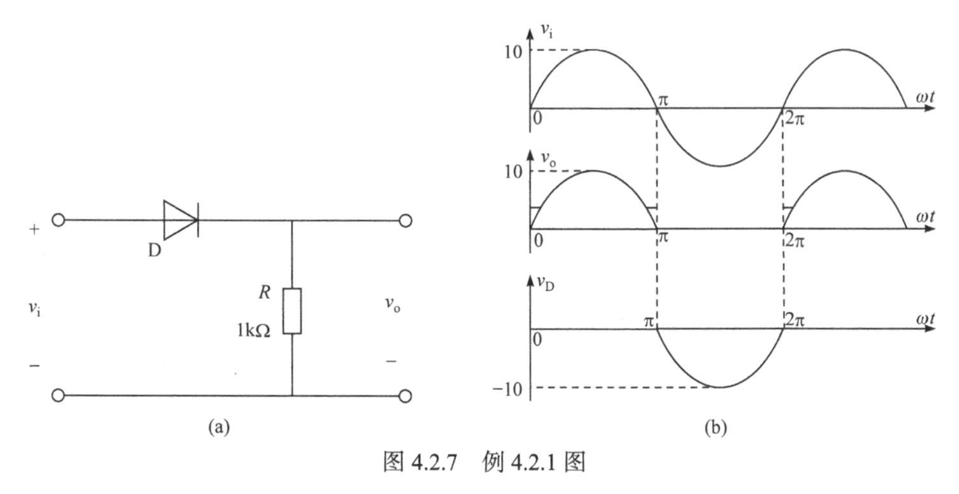

图 4.2.7　例 4.2.1 图

例 4.2.2　电路如图 4.2.8(a)所示，已知 $v_i = 5\sin\omega t$(V)，二极管是理想的。试画出电路的电压传输特性。

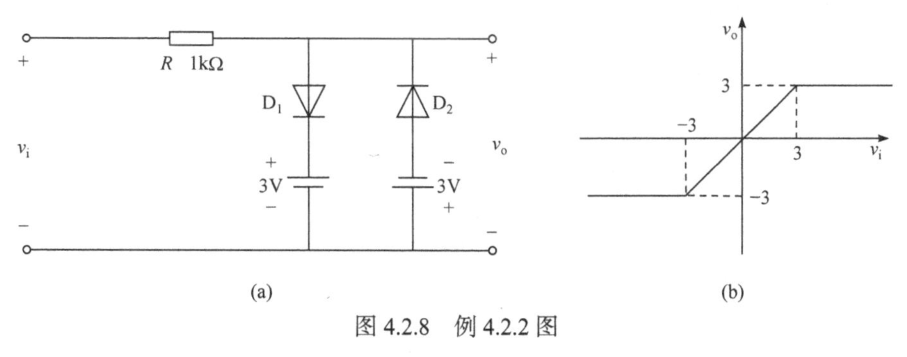

图 4.2.8　例 4.2.2 图

解　因为二极管是理想的，采用图 4.2.5(b)的理想模型。

观察发现，两个二极管 D_1、D_2 不会同时导通，所以采用前述分析步骤，仅分析以下三种情况：

(1) D_1 导通、D_2 截止的条件是 $v_i > 3V$，此时，$v_o = 3V$ 。

(2) D_1 截止、D_2 导通的条件是 $v_i < -3V$，此时，$v_o = -3V$ 。

(3) D_1 和 D_2 均截止的条件是 $3V > v_i > -3V$，此时，$v_o = v_i$。

电路的电压传输特性是指输出电压 v_o 与输入电压 v_i 的关系曲线，如图 4.2.8(b)所示，分为三段。

此电路是典型的限幅(也称削波)电路。

2. 二极管的开关时间

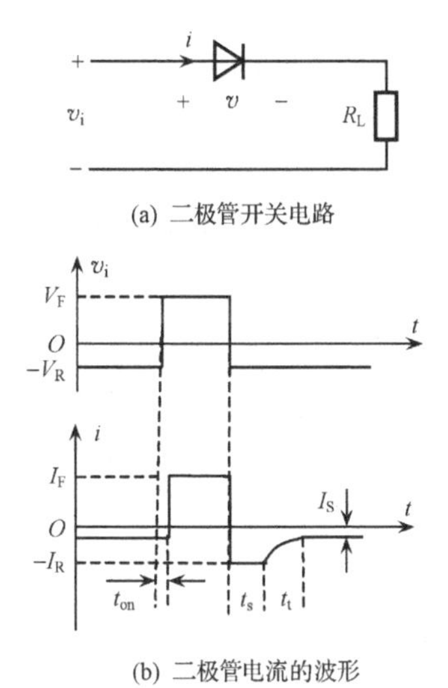

图 4.2.9　二极管的开关时间

由于二极管的 PN 结具有等效电容，二极管的通断过程伴随着电容的充放电过程，所以，二极管的通断转换需要一定时间，即二极管的开关时间。

图 4.2.9(a)是一个简单的二极管开关电路，已知正向

电压 $V_F \gg V_{th}$。图 4.2.9(b)是输入电压和二极管电流 i 的波形。i 的波形反映了二极管的断-通和通-断的两个阶段均存在暂态过程。为了进行定量描述，引入以下时间参数。

(1) 开通时间 t_{on}：二极管从截止转为导通所需的时间。

(2) 反向恢复时间 t_{re}：二极管从导通转为截止所需的时间，由两段时间组成，即存储时间 t_s 和渡越时间 t_t，$t_{re} = t_s + t_t$。不再详述。

通常，开通时间 t_{on} 和反向恢复时间 t_{re} 为纳秒级，$t_{re} = t_s + t_t \gg t_{on}$，$t_s > t_t$。所以，二极管的开关时间主要取决于 PN 结存储电荷的时间 t_s，通常为几纳秒至 1μs。当传输高频信号时，例如，当信号的频率达到兆赫以上时，必须考虑二极管的开关时间。反之，可以忽略，也就是说，在传输低频信号(如千赫及以下)时，可认为二极管的通断转换在瞬间完成。

3. 二极管构成与门电路

最简单的与门电路由二极管和电阻组成，$V_{on} = 0.7V$，如图 4.2.10 所示。A、B 为两个输入逻辑变量，Y 为输出逻辑变量。

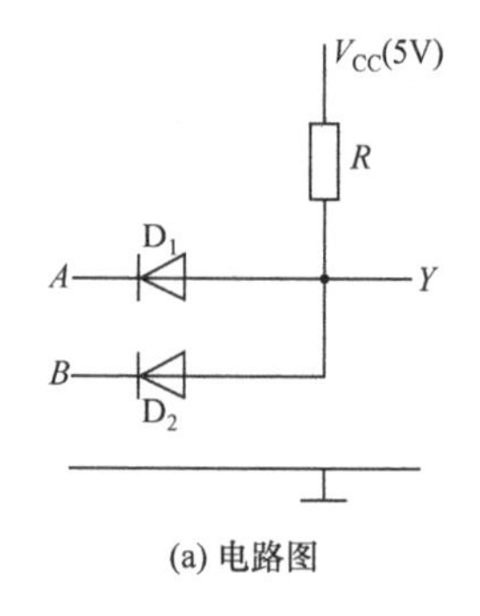

(a) 电路图

V_A/V	V_B/V	V_Y/V
0	0	0
3	3	0.7
3	0	0.7
3	3	3.7

(b) 输出电压与输入电压的关系

A	B	Y
0	0	0
0	1	0
1	0	0
1	1	1

(c) 真值表

图 4.2.10　二极管与门

注意：在数字电路中，通常用电位符号来代替电压源的符号，例如，电位 V_{CC} 代替电压源符号；逻辑变量 A 代替输入电压 V_A。同理，还有输入逻辑变量 B 和输出函数 Y。这样使电路图更简洁。

设 A、B 输入端的高、低电平分别为 $V_{IH} = 3V$，$V_{IL} = 0V$，二极管 D_1、D_2 的正向导通压降 $V_{on} = 0.7V$(使用恒压降模型)。由图 4.2.10 可见，输入逻辑变量 A、B 中只要有一个是低电平 0V，则相对应的二极管导通，使输出电压 V_Y 为 0.7V，即输出函数 Y 为低电平。仅当 A、B 同时为高电平 3V 时，V_Y 才为 3.7V，即输出函数 Y 为高电平。显然，逻辑函数 Y 和输入变量 A、B 是与逻辑关系。

这种与门电路虽然很简单，但是存在严重的缺点。首先，输出的高、低电平数值和输入的高、低电平数值不相等，相差一个二极管的导通压降。如果把这个门的输出作为下一级门的输入信号，将发生信号高、低电平的偏移。另外，当输出端 Y 带负载工作时，负载电阻 R_L 的改变会影响输出的高电平值。因此，这种与门电路仅用作集成电路内部的逻辑单元，而不用在集成电路的输出端去直接驱动负载。

4. 二极管构成或门电路

最简单的或门电路如图 4.2.11 所示，由二极管和电阻组成，$V_{on}=0.7V$。A、B 为两个输入逻辑变量，Y 为输出逻辑函数。

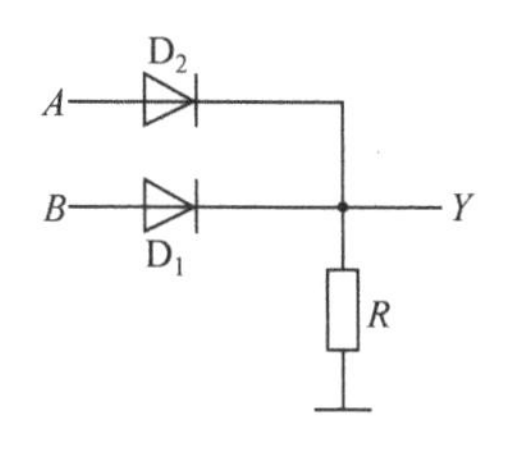

(a) 电路图

V_A/V	V_B/V	V_Y/V
0	0	0
0	3	2.3
3	0	2.3
3	3	2.3

(b) 输出电压与输入电压的关系

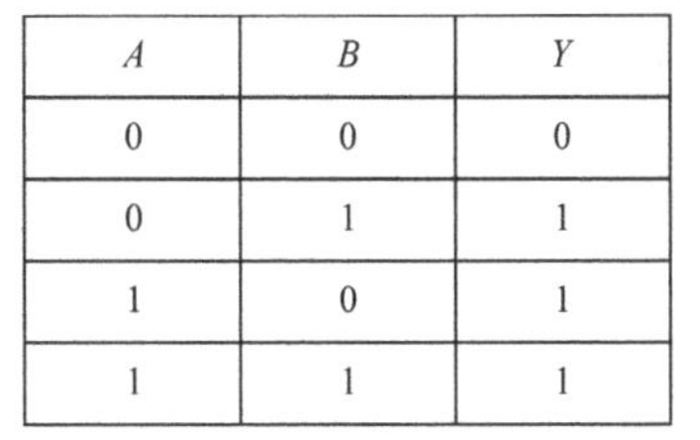

A	B	Y
0	0	0
0	1	1
1	0	1
1	1	1

(c) 真值表

图 4.2.11　二极管或门

若输入的高、低电平分别为 $V_{IH}=3V$，$V_{IL}=0V$，二极管 D_1、D_2 的正向导通压降 $V_{on}=0.7V$。只要 A、B 当中有一个是高电平，则相对应的二极管导通，输出 V_Y 为 2.3V，表示输出逻辑函数是高电平。仅当 A、B 同时为低电平时，输出 V_Y 才为 0V，表示输出逻辑函数是低电平。绘制如图 4.2.11(c)所示的真值表，可见，逻辑函数 Y 和输入逻辑变量 A、B 是或逻辑关系。

二极管或门同样存在输出电平偏移的问题，所以此电路结构通常仅用于集成电路内部的逻辑单元。性能更佳的逻辑门电路见第 5 章。

诺贝尔物理学奖-蓝色LED

4.2.5　发光二极管

与普通二极管一样，发光二极管(light emitting diode，LED)主要由 PN 结组成。不过，硅和锗是间接禁带半导体，在正向电压作用下，当耗尽区发生载流子复合时仅释放热量。而砷化镓等材料在耗尽区发生载流子复合时发出光子，如图 4.2.12(a)所示，所以，LED 是注入式电致发光器件，其电路符号和实物结构如图 4.2.12(b)和(c)所示。

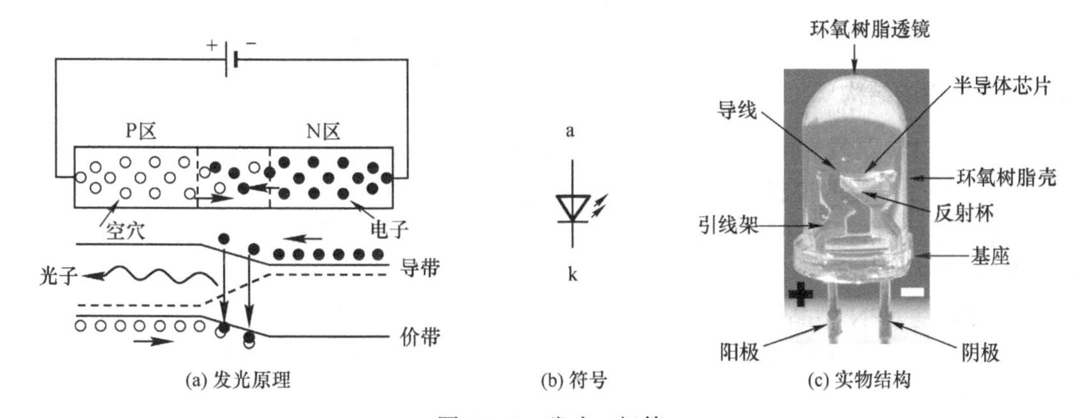

(a) 发光原理　　(b) 符号　　(c) 实物结构

图 4.2.12　发光二极管

LED 的发光波长与半导体材料及正向导通压降见表 4.2.1。

表 4.2.1　发光二极管的颜色、导通压降和半导体材料

颜色	波长/nm	正向导通压降/V	主要半导体材料
红外	>760	<1.9V	GaAs
红色	610～760	1.63～2.03	GaAs/GaAsP/GaP
橙色	590～610	2.03～2.10	GaAsP
黄色	570～590	2.10～2.18	GaAlIn
绿色	500～570	2.18～4.0	GaP/InGaP
蓝色	450～500	2.48～3.7	InGaN/AlInGaP
紫色	400～450	2.76～4.0	InGaN
紫外	< 400	3.1～4.4	AlGaN
白色	宽光谱	3.5～ 4 . 1	InGaN/YAG

目前，小功率 LED 的正向导通电流为 2～20mA，用作指示灯或者数码管指示器；高功率 LED 的驱动电流可达数百毫安，功率消耗可达 100W，效率是白炽灯的 10 倍以上，节能性好、颜色丰富、环保、无频闪、使用寿命长，是广泛应用的绿色光源。

特殊二极管

普通二极管的应用很广泛，如整流、开关、限幅、检波等。这里介绍一些特殊的二极管，如光伏电池、光电二极管、发光二极管、激光二极管、光电耦合器和肖特基二极管等。其伏安特性与二极管相似，但是工作区不同。

二极管的用途很多，但是却不能实现对小信号的功率放大作用，也不能实现非门电路。以下介绍的 BJT 和 MOSFET 器件具有功率放大的作用，还能实现非门电路。

4.3　双极型晶体管

1947 年，美国贝尔实验室的 John Bardeen、Walter Brattain 和 William Shockley 共同发明了晶体管(通常，用晶体管或者三极管代指 BJT)，获得了 1956 年的诺贝尔物理学奖，在电子学领域掀起了一场技术革命。晶体管是现代电子学和计算机技术中的最重要的基础元件。

4.3.1　晶体管的结构

已知单个 PN 结具有单向导电性，BJT 则是利用 2 个相邻的、互相影响的 PN 结实现一个电流对另一个电流的控制，可等效为电流控电流源。

根据半导体材料的不同，BJT 一般可分为硅管和锗管；根据结构的不同，BJT 又分为 NPN 型和 PNP 型。

图 4.3.1 是 NPN 型晶体管的结构和符号。夹芯层是 P 型半导体，称为基区，基区引出的电极称为基极，用 b(base)表示。基区很薄，仅有几微米，并且掺杂浓度较低。掺杂浓度高的 N 型半导体称为发射区，引出的电极称为发射极，用 e(emitter)表示；而掺杂浓度远低于发射区的 N 型半导体称为集电区，引出的电极称为集电极，用 c(collector)表示。基区与发射区交界面形成的 PN 结称为发射结，基区与集电区交界面形成的 PN 结称为集电结，集电结面积大于发射结，对发射结形成包围。因为电流的路径主要经过纵向区域，所以图 4.3.1(b)是 NPN 型晶体管的结构示意图。图 4.3.1(c)是 NPN 型晶体管的电路符号，图中的箭头表示

发射结正向电流的方向。

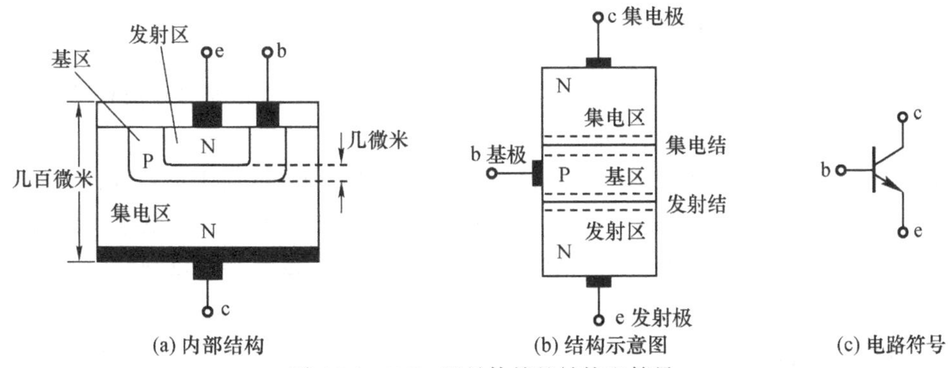

(a) 内部结构　(b) 结构示意图　(c) 电路符号

图 4.3.1　NPN 型晶体管的结构和符号

如果基区是 N 型半导体，发射区和集电区是 P 型半导体，则构成 PNP 型晶体管。图 4.3.2 是 PNP 型晶体管的结构示意图和电路符号，电路符号中的箭头表示发射结正向电流的方向。

分立晶体管的封装外形如图 4.3.3 所示，最左边的 2 个是小功率管，与其相邻的是中功率管，最右边的是大功率管。

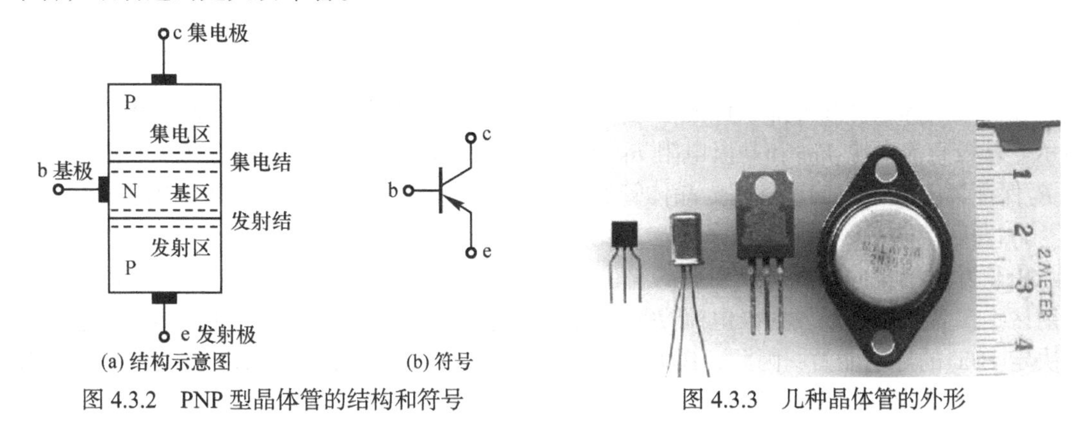

(a) 结构示意图　(b) 符号

图 4.3.2　PNP 型晶体管的结构和符号　图 4.3.3　几种晶体管的外形

在集成电路中，通过标准工艺可以在很小的硅片上同时制造上万只晶体管，每管成本极低，实现性价比高、功能强的集成电路，所以，集成电路成为电子设备的主流器件。集成电路中的晶体管如图 4.3.4 所示。两边隔离区的 P^+半导体和衬底的 P 型半导体连接到电路中电位最低节点，使外延层 N 型半导体与隔离区和衬底形成的 PN 结反向偏置。因此，在外延层内制作的 NPN 型晶体管与外部区域基本绝缘。

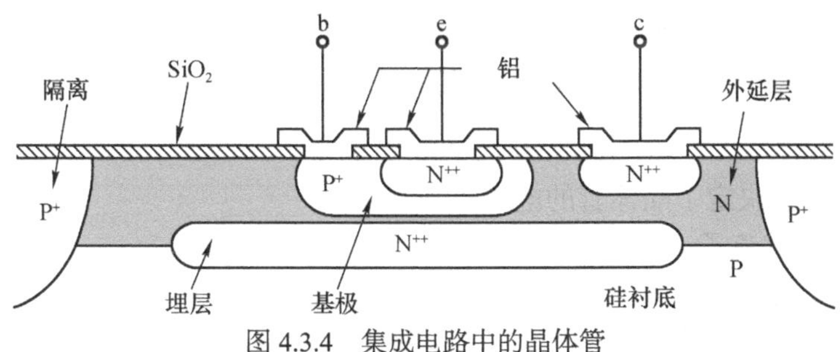

图 4.3.4　集成电路中的晶体管

由图 4.3.1 和图 4.3.4 可见，晶体管并非对称性结构，基区、发射区和集电区的尺寸、形状和掺杂浓度等均不同，因此，集电极和发射极不能互换。

4.3.2　晶体管的电流控制放大原理

晶体管利用 2 个相邻的、互相影响的 PN 结实现基极电流(或发射极电流)对集电极电流的控制。为此，必须具备内部条件和外部条件。

(1) 内部条件：发射区掺杂浓度很高；基区很薄，掺杂浓度远低于发射区；集电区面积很大，掺杂浓度远低于发射区；集电结面积大于发射结面积，对发射结形成包围。通过制造工艺保证内部条件的实现。

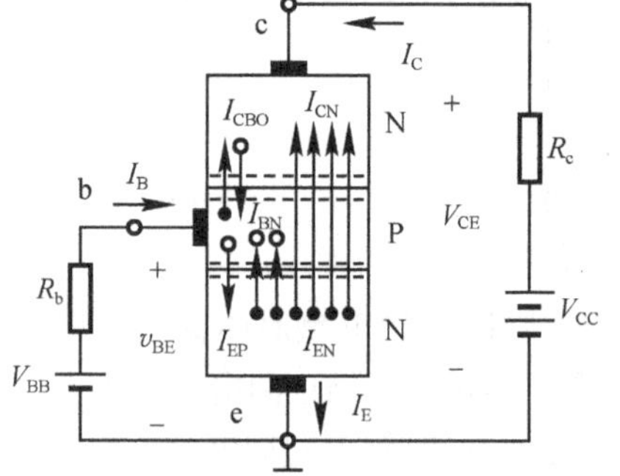

图 4.3.5　晶体管内部的载流子传输过程

(2) 外部条件：发射结加正向电压(正向偏置)，集电结加反向电压(反向偏置)。通过电路设计保证外部条件的实现，如图 4.3.5 所示。

在满足内部条件和外部条件的情况下，内部载流子的运动形成了外部电极电流，从而实现基极电流(或发射极电流)对集电极电流的控制作用。

1. 载流子的传输过程

在满足内部条件和外部条件的情况下，NPN 型晶体管内部载流子的运动过程如图 4.3.5 所示。基极直流电源 V_{BB} 和基极电阻 R_b 保证发射结正向偏置，集电极电源 V_{CC} 和集电极电阻 R_c 保证集电结反向偏置。因为晶体管的射极是电位参考点，故称为共射极电路。

1) 发射区向基区注入载流子

由于发射结正向偏置，发射区的自由电子源源不断地注入基区，基区的空穴也要注入发射区，二者共同形成发射极电流 I_E。由于自由电子和空穴两种载流子共同参与导电，共同决定 BJT 的导电能力，因此，BJT 称为双极型晶体管。不过，由于基区掺杂浓度比发射区小 2～3 个数量级，基区注入发射区的空穴电流可以忽略不计，即

$$I_E = I_{EN} + I_{EP} \approx I_{EN} \tag{4.3.1}$$

2) 载流子在基区中的扩散与复合

发射区注入的电子在基区的发射结边缘积累，并因浓度差向集电结边缘扩散；扩散过程中少量电子与空穴复合，形成基极电流的一部分 I_{BN}。显然，电子和空穴都参与电流传导过程，所以，此晶体管全称为双极结型晶体管，或者双极型晶体管。

由于基区宽度很窄，且掺杂浓度很低，从而大大地减小了电子与空穴复合的机会，使注入基区的 95%以上的电子都能到达集电结边缘，它们将形成集电极电流的一部分 I_{CN}，所以

$$I_{EN} = I_{BN} + I_{CN} \tag{4.3.2}$$

I_{CN} 与 I_{BN} 的比例决定了晶体管的电流控制能力。

3) 集电区收集载流子

集电结外加反向电压，使 PN 结内电场增强，基区中扩散到集电结边缘的电子，受电场的作用，漂移越过集电结形成集电极电流的一部分 I_{CN}。另外，集电结两边的少数载流子漂移形成反向饱和电流，记为 I_{CBO}。所以，集电极电流和基极电流为

$$I_{\mathrm{C}} = I_{\mathrm{CN}} + I_{\mathrm{CBO}} \tag{4.3.3}$$

$$I_{\mathrm{B}} = I_{\mathrm{BN}} + I_{\mathrm{EP}} - I_{\mathrm{CBO}} \approx I_{\mathrm{BN}} - I_{\mathrm{CBO}} \tag{4.3.4}$$

反向饱和电流 I_{CBO} 是温度的函数，是放大电路不稳定的主要因素。制造时，总是尽量设法减小它，使 $I_{\mathrm{CBO}} \ll I_{\mathrm{CN}}$。

此外，根据基尔霍夫电流定律，晶体管的 3 个电极电流的关系为

$$I_{\mathrm{E}} = I_{\mathrm{B}} + I_{\mathrm{C}} \tag{4.3.5}$$

2. 电流控制作用及放大作用

定义在集射电压为常数时 I_{CN} 与 I_{E} 之比为晶体管的共基极直流放大系数 $\bar{\alpha}$，即

$$\bar{\alpha} = \left.\frac{I_{\mathrm{CN}}}{I_{\mathrm{E}}}\right|_{V_{\mathrm{CE}}=\text{常数}} \tag{4.3.6}$$

代入式(4.3.3)，得

$$I_{\mathrm{C}} = \bar{\alpha} I_{\mathrm{E}} + I_{\mathrm{CBO}} \tag{4.3.7}$$

$\bar{\alpha}$ 值越大，发射极电流对集电极电流的控制能力越强。$\bar{\alpha}$ 与晶体管的物理结构有关，通常在满足外部偏置的条件下成品晶体管的 $\bar{\alpha}$ 介于 0.95～1。

将式(4.3.5)代入式(4.3.7)，得

$$I_{\mathrm{C}} = \frac{\bar{\alpha}}{1-\bar{\alpha}} I_{\mathrm{B}} + \left(1 + \frac{\bar{\alpha}}{1-\bar{\alpha}}\right) I_{\mathrm{CBO}}$$

令

$$\bar{\beta} = \frac{\bar{\alpha}}{1-\bar{\alpha}} \tag{4.3.8}$$

所以

$$I_{\mathrm{C}} = \bar{\beta} I_{\mathrm{B}} + I_{\mathrm{CEO}} \tag{4.3.9a}$$

$$I_{\mathrm{CEO}} = (1+\bar{\beta}) I_{\mathrm{CBO}} \tag{4.3.9b}$$

$$I_{\mathrm{E}} = (1+\bar{\beta}) I_{\mathrm{B}} + I_{\mathrm{CEO}} \tag{4.3.9c}$$

式中，$\bar{\beta}$ 称为共射极直流放大系数；I_{CEO} 称为穿透电流，其物理意义是，当基极开路时，穿过 2 个 PN 结的集电极电流。$\bar{\beta}$ 值越大，基极电流对集电极电流或射极电流的控制能力越强。集成电路中 BJT 的 $\bar{\beta}$ 值最大可达 1000，分立元件 BJT 则可达 200。所以，基极电流对集电极电流有很强的控制能力。

定义在集射电压为常数时集电极电流变化量 ΔI_{C} 与射极电流变化量 ΔI_{E} 之比为共基极交流放大系数 α，即

$$\alpha = \left.\frac{\Delta I_{\mathrm{C}}}{\Delta I_{\mathrm{E}}}\right|_{V_{\mathrm{CE}}=\text{常数}} \tag{4.3.10}$$

由式(4.3.7)，得

$$\alpha = \frac{\Delta I_{\mathrm{C}}}{\Delta I_{\mathrm{E}}} \approx \frac{\bar{\alpha}\Delta I_{\mathrm{E}}}{\Delta I_{\mathrm{E}}} = \bar{\alpha}$$

即共基极交流放大系数 α 近似等于共基极直流放大系数 $\bar{\alpha}$ 。

定义在集射电压为常数时集电极电流变化量 ΔI_{C} 与基极电流变化量 ΔI_{B} 之比为共射极交流放大系数 β ，即

$$\beta = \left.\frac{\Delta I_{\mathrm{C}}}{\Delta I_{\mathrm{B}}}\right|_{V_{\mathrm{CE}}=\text{常数}} \tag{4.3.11}$$

由式(4.3.9a)，得

$$\beta = \frac{\Delta I_{\mathrm{C}}}{\Delta I_{\mathrm{B}}} \approx \frac{\bar{\beta}\Delta I_{\mathrm{B}}}{\Delta I_{\mathrm{B}}} = \bar{\beta}$$

即共射极交流放大系数 β 近似等于共射极直流放大系数 $\bar{\beta}$ 。

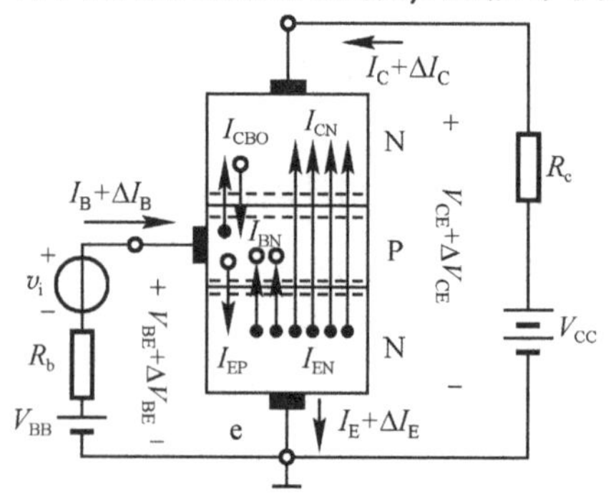

图 4.3.6 晶体管的放大作用

晶体管的电流控制作用是其组成放大电路的基础。例如，在图 4.3.6 中，在满足外部偏置的条件下，信号 v_{i} 引起基极电流很小的变化量 ΔI_{B} ，集电极电流将有很大变化量 $\Delta I_{\mathrm{C}} = \beta\Delta I_{\mathrm{B}}$ ，在电阻 R_{c} 上获得比 v_{i} 大很多的电压变化量 $\Delta I_{\mathrm{C}}R_{\mathrm{c}}$ ，这就是电压放大作用。

4.3.3 晶体管的伏安特性

晶体管的特性曲线是指各电极间的电压与电极电流之间的关系曲线，是晶体管内部载流子运动的外部表现。特性曲线用于对晶体管的性能、参数和电子电路的分析计算，所以，从工程应用的角度看，特性曲线显得更为重要。图 4.3.7 是 NPN 管的共射极接法、共射极输入特性曲线和共射极输出特性曲线。

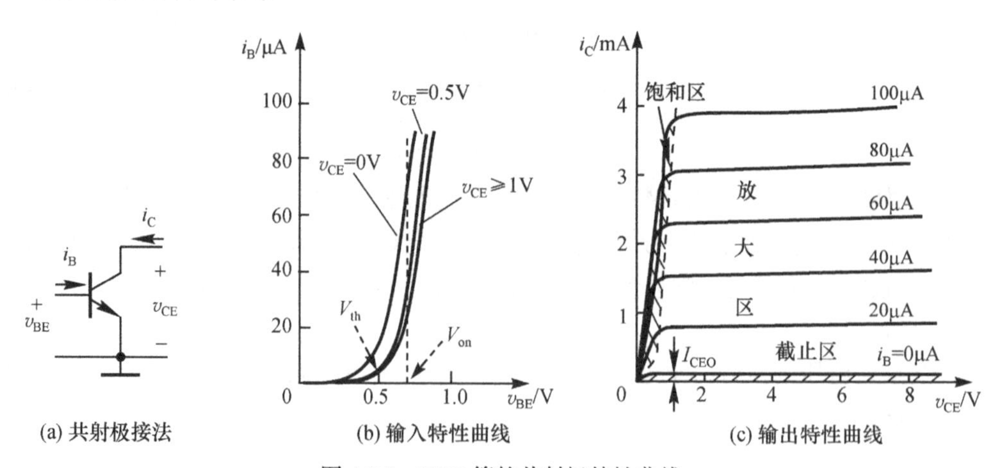

(a) 共射极接法　(b) 输入特性曲线　(c) 输出特性曲线

图 4.3.7 NPN 管的共射极特性曲线

1. 输入特性曲线

输入特性曲线描述了在集射电压 v_{CE} 一定的情况下，基极电流 i_{B} 与基射电压 v_{BE} 之间的

函数关系，即

$$i_B = f(v_{BE})\big|_{V_{CE}=\text{常数}} \tag{4.3.12}$$

当 $v_{CE} = 0\text{V}$ 时，如图 4.3.8(a)所示，发射结和集电结并联。由于基区和集电区掺杂浓度比发射区小 2～3 个数量级，所以基极电流主要是发射结正向电流，输入特性曲线近似为 PN 结的正向特性曲线，如图 4.3.7(b)所示。

当 v_{CE} 增加，发射区注入基区的一些电子扩散到集电结边缘后，被集电结内电场驱赶到集电区，形成集电极电流 i_C。由于 $i_E = i_B + i_C$，在相同的 v_{BE} 时，基极电流 i_B 减小，例如，$v_{BE} = 0.7\text{V}$ 时，$v_{CE} = 1\text{V}$ 的 i_B 比 $v_{CE} = 0\text{V}$ 的 i_B 小，如图 4.3.7(b)的虚线所示。内部载流子传输过程如图 4.3.8(b)所示。

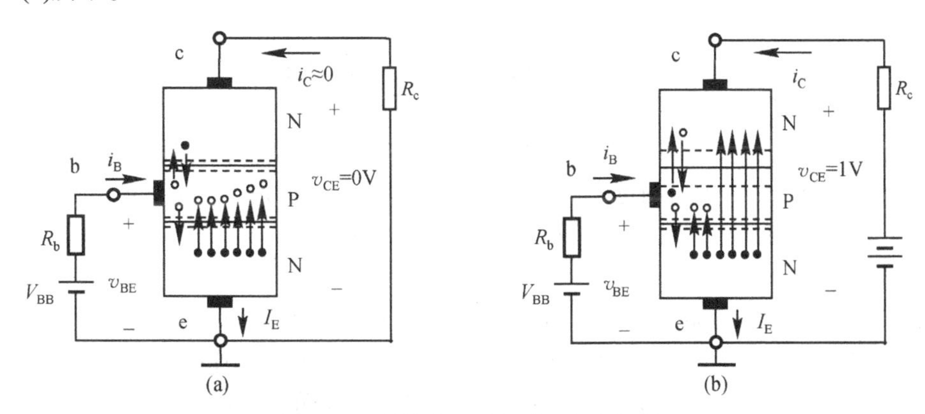

图 4.3.8　晶体管内部的基区宽度调制

当 $v_{CE} \geqslant 1\text{V}$(硅管)以后，集电结反向偏置，绝大多数注入基区的电子能够扩散渡过基区，并在集电结内电场作用下漂移到集电区，形成集电极电流 i_C。因此，在相同的 v_{BE} 时，由于注入基区的电子数量一定，i_C 不再明显随 v_{CE} 的增加而改变。所以，输入特性曲线基本重合为 $v_{CE} = 1\text{V}$ 时的曲线，如图 4.3.7(b)所示。注意：以后对放大电路的分析均使用 $v_{CE} = 1\text{V}$ 的输入特性曲线。

综上所述，v_{CE} 改变基区宽度，这种现象称为基区宽度调制效应，如图 4.3.8 所示。当 v_{CE} 较小时(小功率硅管：$0\text{V} \leqslant v_{CE} \leqslant 1\text{V}$)，集电结随 v_{CE} 增大逐渐由正向偏置变为反向偏置，其结宽逐渐变宽，导致基区宽度逐渐变窄；在 v_{BE} 一定的情况下，基极电流 i_B 随 v_{CE} 增大而减小，集电极电流 i_C 随 v_{CE} 增大而增大。当 $v_{CE} \geqslant 1\text{V}$ 以后，i_B 和 i_C 受 v_{CE} 影响很小。

可见，晶体管的输入特性曲线是非线性的。当输入电压 v_{BE} 小于阈值电压 V_{th} 时，基极电流 i_B 为零。小功率硅管的阈值电压约为 0.5V，锗管约为 0.1V。当正向电流达到一个较大数值后，晶体管处于导通状态，正向电压变化很小，称为导通电压 $V_{BE(on)}$，本书以后简写为 V_{BE}。小功率硅管的 V_{BE} 为 0.6～0.8V，本书取 0.7V；小功率锗管的 V_{BE} 为 0.2～0.3V，本书取 0.2V。

2. 输出特性曲线

输出特性曲线描述了在基极电流 i_B 一定的情况下，集电极电流 i_C 与集射电压 v_{CE} 之间的函数关系，即

$$i_C = f(v_{CE})\big|_{i_B=常数} \tag{4.3.13}$$

输出特性曲线如图 4.3.7(c)所示，是以 i_B 为参变量的一族特性曲线。现以其中 $i_B = 20\mu A$ 的一条曲线说明晶体管的输出特性。对于硅管，当 $0V \leqslant v_{CE} \leqslant 1V$ 时，集电结由正向偏置逐渐变为反向偏置，其结宽变化大。故 v_{CE} 对基区宽度调制效应明显，i_C 逐渐随 v_{CE} 增大而增大。当 $v_{CE} \geqslant 1V$ 以后，绝大多数注入基区的电子扩散渡过基区，并在集电结内电场作用下漂移到集电区，形成集电极电流 i_C。在 i_B 一定的情况下，发射区注入基区的电子是一定的，所以，i_C 基本不随 v_{CE} 增加而变化，呈恒流特性，并且满足式(4.3.9)，即

$$I_C = \bar{\beta} I_B + I_{CEO}$$

图 4.3.7 的输出特性曲线可划分为三个工作区：放大区、饱和区和截止区。

1) 放大区

放大区(forward active region)指 $i_B > 0$(v_{BE} 近似为导通电压 V_{on})和 $v_{CE}>v_{BE}$ 的区域，即输出特性曲线的平坦部分。

放大区的特点是：发射结正偏，集电结反偏；$i_C = \beta i_B + I_{CEO}$，体现了晶体管的放大作用(电流控制作用)，曲线的间隔越大，β 值越大；i_C 随 v_{CE} 增加很小，呈恒流特性。注意：β 值通常是厂家给定的常数，因此 i_C 与 i_B 是线性放大关系。

2) 饱和区

饱和区(saturation region)是指 $i_B > 0$(v_{BE} 近似为导通电压 V_{on})，$v_{CE} \leqslant v_{BE}$ 的区域。

饱和区内的 v_{CE} 数值很小，称为饱和压降。小功率硅管的饱和压降 v_{CES} 典型值为 0.3V，锗管为 0.1V。当 $v_{CE} = v_{BE}$ 时，集电结的偏置电压为零，称晶体管处于临界饱和状态。

饱和区的特点：发射结和集电结均为正偏置；i_C 不受 i_B 控制，而近似随 v_{CE} 线性增长，v_{CE}/i_C 即饱和区等效电阻。由于 v_{CE} 小而 i_C 较大，故在集电极和发射极之间等效为开关闭合，定义导通电阻为 R_{ON}，数值很小。

3) 截止区

截止区(cutoff region)指 $i_B \leqslant 0$ 对应的区域。

截止区的特点：发射结和集电结都是反向偏置；$i_C = I_{CEO} \approx 0$，故在集电极和发射极之间等效为开关断开，v_{CE}/i_C 很大，定义截止电阻为 R_{OFF}。显然，$R_{ON} \ll R_{OFF}$。

同理，绘制 PNP 型晶体管的特性曲线如图 4.3.9 所示。由于实现电流放大作用的偏置条

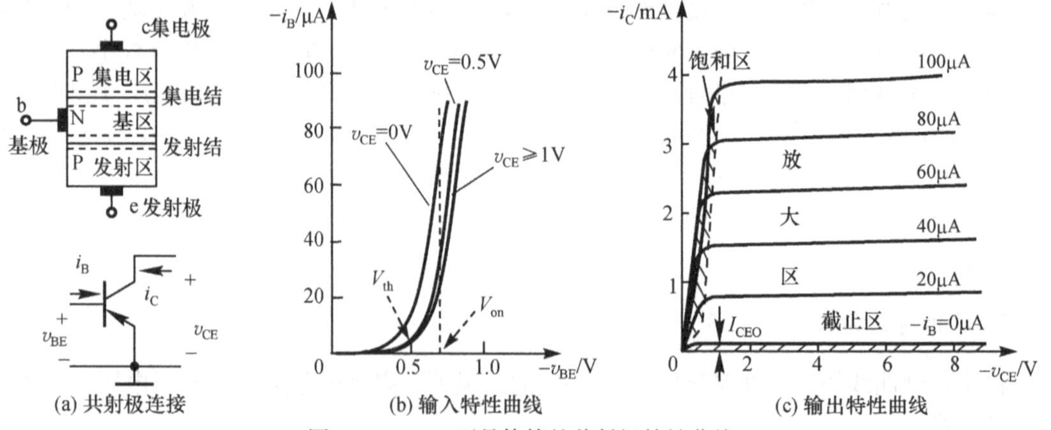

图 4.3.9　PNP 型晶体管的共射极特性曲线

件是：发射结正向偏置，集电结反向偏置，所以，PNP 型晶体管实际的电流和电压方向与参考方向相反，故将 NPN 型晶体管特性曲线的横/纵坐标变量均增加负号，即可获得 PNP 型晶体管的特性曲线。

4) 倒置区

倒置区(inverse active region)的特点：发射结反偏，集电结正偏，类似于将集电极和发射极交换之后的放大区，此时仍然具有电流放大作用，但是其放大系数 β'比放大区的 β 小得多。

4.3.4 晶体管的主要参数

晶体管的参数用来表征管子性能优劣和适用范围，它是合理选用晶体管的依据。根据晶体管的结构和特性，要用几十个参数来全面描述它。限于篇幅，这里只介绍下述主要参数。

1. 电流放大系数

电流放大系数是表征晶体管放大能力的参数，分为共发射极直流放大系数 $\overline{\beta}$、共发射极交流放大系数 β、共基极直流放大系数 $\overline{\alpha}$ 和共基极交流放大系数 α。其定义见 4.3.2 节。

2. 极间反向电流

极间反向电流是由少数载流子形成的，其大小表征了晶体管的温度特性。

(1) 集电结反向饱和电流 I_{CBO}：当发射极开路时，通过集电极和基极的电流。

(2) 穿透电流 I_{CEO}：当基极开路时，通过集电极和发射极的电流，$I_{CEO} = (1+\beta)I_{CBO}$。

3. 极限参数

极限参数是表征晶体管安全工作范围的参数。

1) 集电极最大允许电流 I_{CM}

I_{CM}是指当 β 下降到正常 β 值的 2/3 时所对应的 I_C 值。当 I_C 超过 I_{CM} 时，晶体管的放大性能下降，但不一定损坏。

2) 反向击穿电压

发射结反向击穿电压 $V_{(BR)EBO}$：当集电极开路时，发射极与基极之间允许施加的最高反向电压。超过此值，发射结发生反向击穿。

集电结反向击穿电压 $V_{(BR)CBO}$：当发射极开路时，集电极与基极之间允许施加的最高反向电压。超过此值，集电结发生反向击穿。由于集电结掺杂浓度低，故集电结发生雪崩击穿。

集电极与发射极之间的反向击穿电压 $V_{(BR)CEO}$：当基极开路时，集电极与发射极之间允许施加的最大电压。如果集射电压超过 $V_{(BR)CEO}$，则集电结发生反向击穿。

因为 $I_{CEO} = (1+\beta)I_{CBO} > I_{CBO}$，基极开路($i_B = 0$)时，集电结更易发生反向击穿，故 $V_{(BR)CEO} < V_{(BR)CBO}$。在输出特性曲线中，$i_B = 0$ 的曲线开始急剧上翘，所对应的电压即为 $V_{(BR)CEO}$。为了可靠工作，集电极与发射极之间的最大电压应小于 $V_{(BR)CEO}$ 的 1/2 或 2/3。

3) 集电极最大允许耗散功率 P_{CM}

晶体管消耗的功率使 PN 结的温度上升(电流的热效应)，当超过允许的结温时，会引起

PN 结热击穿，损坏晶体管。由于基极电流远小于集电极电流，晶体管消耗的功率等于瞬时功率 p，集电极电流 i_C 与集射电压 v_{CE} 之积的平均值，即 P_C。理论上，当 $P_C < P_{CM}$ 时，晶体管的实际结温小于允许的结温，不会损坏晶体管。为了可靠工作，通常选择 $P_{CM} = (1.5\sim2)P_C$，此处 P_C 取晶体管实际消耗功率的最大值。

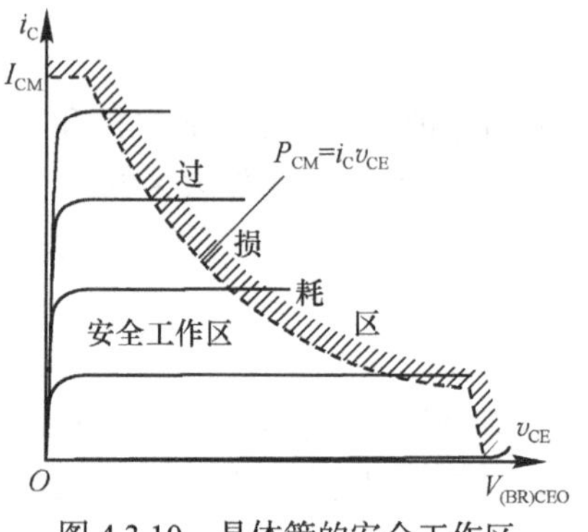

图 4.3.10　晶体管的安全工作区

4) 安全工作区

根据极限参数，在输出特性上绘出晶体管的安全工作区(safety operation area，SOA)，如图 4.3.10 所示。电路设计中的 BJT 选型依据：对放大电路进行分析计算，分别获得 BJT 的 I_C、V_{CE} 和 P_C 的最大值，适当放大 1.5～2 倍，此三个数值均小于实际元件的相应极限参数，即可满足需求，保证 BJT 安全工作。

4. 温度对晶体管的特性和参数的影响

如果晶体管的工作环境温度变化太大，以下参数改变，可能影响电路系统工作的稳定性。

1) 温度对 I_{CBO} 的影响

I_{CBO} 是少数载流子形成的集电结反向饱和电流，受温度影响很大。温度每升高10℃，I_{CBO} 增加一倍。反之，温度降低时 I_{CBO} 减小。硅管的 I_{CBO} 比锗管要小两个数量级，故在要求温度稳定性高的场合，采用硅管为宜。因为 $I_{CEO} = (1+\bar{\beta})I_{CBO}$，穿透电流 I_{CEO} 随温度变化的规律与 I_{CBO} 类似。

2) 温度对 β 的影响

温度升高时，晶体管内部载流子的扩散能力增强，使基区内载流子的复合概率减小，因而温度升高时放大倍数 β 随之增大。以 25℃时测得的 β 值为基数，温度每升高1℃，β 增加 0.5%～1%。

3) 温度对输入特性的影响

温度对输入特性的影响体现在温度对基-射电压 v_{BE} 的影响上。温度升高时，对于同样的发射极电流，晶体管所需的 v_{BE} 减小，如图 4.3.11 所示。在保持 i_B 不变的情况下，温度每升高1℃，等效为 v_{BE} 减小 2～2.5mV，表现为输入特性曲线向左移动。

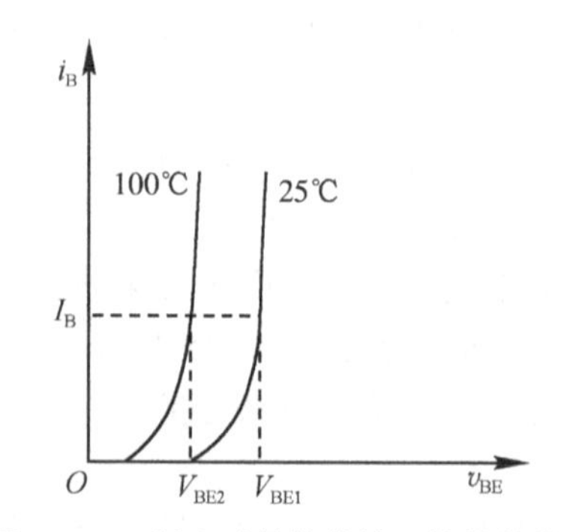

图 4.3.11　温度对晶体管输入特性的影响

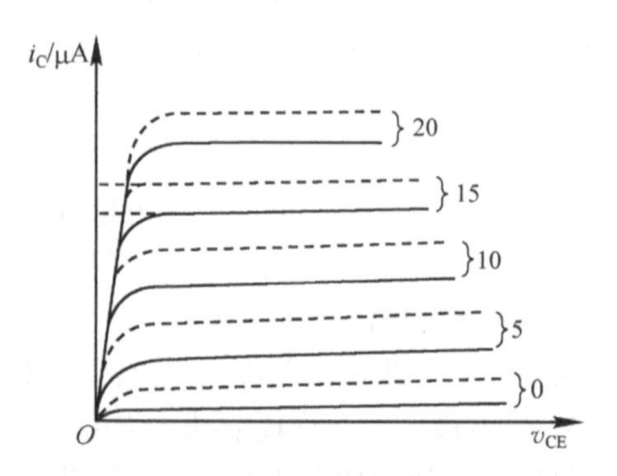

图 4.3.12　温度对晶体管输出特性的影响

4) 温度对输出特性的影响

在放大区，$I_C=\bar{\beta}I_B+I_{CEO}$。温度升高时，晶体管的 I_{CBO}、I_{CEO}、β 都将增大，导致晶体管的输出特性曲线向上移，且输出特性曲线间距增大，如图 4.3.12 中虚线所示。

5) 温度对反向击穿电压的影响

由于集电结掺杂浓度低，故晶体管发生雪崩击穿。雪崩击穿具有正温度系数，所以，温度升高，$V_{(BR)CEO}$ 和 $V_{(BR)CBO}$ 都增大。

4.3.5 晶体管的开关特性

在数字电路中，输入逻辑信号使三极管工作在开关状态，即截止和饱和状态。

1. 晶体管的开关作用

一个简单的晶体管开关电路如图 4.3.13(a)所示，图 4.3.13(b)是晶体管的输入特性，$i_B=\dfrac{v_i-v_{BE}}{R_b}$，假设晶体管的发射结导通，采用二极管的恒压降模型和 V_{on}，不过，为了区别，晶体管的导通压降改用 v_{BE} 而不是 V_{on}。

图 4.3.13(c)是晶体管的输出特性，在图中还画出了直流负载线 $i_C=\dfrac{V_{CC}}{R_c}-\dfrac{v_{CE}}{R_c}$。

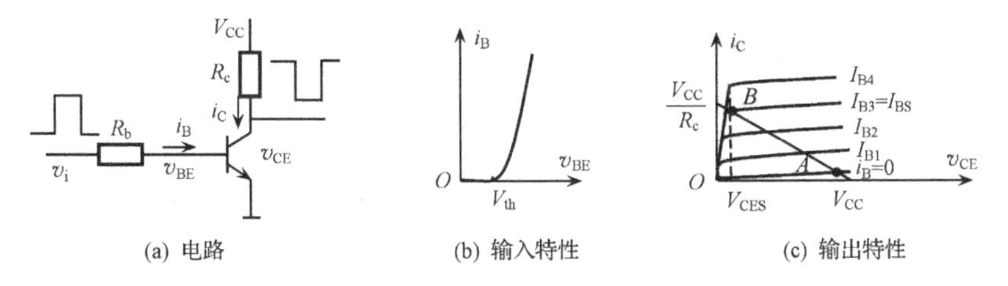

图 4.3.13　三极管的伏安特性曲线

当输入电压 v_i 为低电平，$v_i<v_{BE}$ 时，由输入特性和输出特性可知 $i_B\approx0$，$i_C\approx0$，晶体管工作在输出特性的 A 点，处于截止状态，截止电阻为数百千欧，所以集电极与发射极之间等效为开关的断开，$v_{CE}=V_{CC}$。

当输入电压 v_i 为高电平，使 $i_B=I_{BS}$ 时，晶体管工作在输出特性的 B 点，处于临界饱和状态。这时，使用 I_{BS} 表示基极临界饱和电流，I_{CS} 表示集电极临界饱和电流，$v_{CE}=V_{CES}$。通常，硅管的饱和电压 v_{CES} 为 0.2～0.3V，远小于电源电压，所以，饱和时集电极与发射极之间等效为开关的闭合。

在数字电路中，输入逻辑信号 v_i 使晶体管工作在截止或饱和状态，称为开关状态。

判断晶体管截止和饱和的判据如下：

截止区　　$v_i<V_{BE}$

饱和区　　$v_i>V_{BE}$　且　$i_B\geqslant I_{BS}=\dfrac{I_{CS}}{\beta}$　　(4.3.14)

对于图 4.3.13(a)的电路，BJT 在饱和区时，$v_{CE}=V_{CES}$，有

$$I_{CS}=\frac{V_{CC}-V_{CES}}{R_c}\approx\frac{V_{CC}}{R_c} \tag{4.3.15}$$

综上所述，晶体管的集电极与发射极之间可等效为一个受基极电流控制的电子开关，而输入信号通过控制基极电流转换为由输入电压控制的电子开关。

BJT 的特性曲线是非线性的，参考二极管的恒压降模型，绘制 BJT 工作在饱和区时的恒压降模型如图 4.3.14 所示。BJT 工作在截止区时，理想情况下，$I_B=I_C=0$。

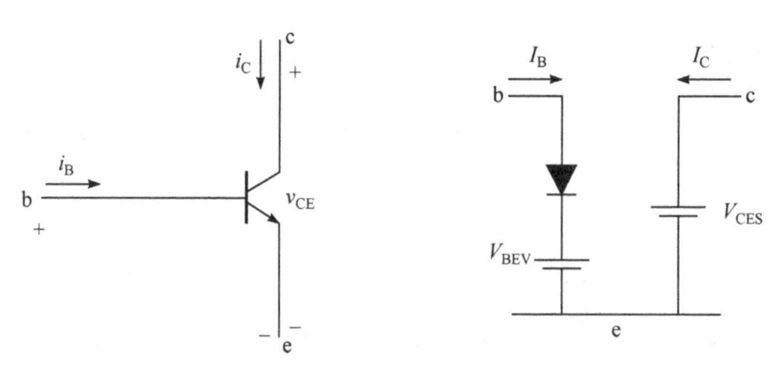

图 4.3.14　BJT 的饱和区恒压降模型

如图 4.3.13(a)所示的电路，当输入信号 v_i 为脉冲电压时，晶体管不断地断开、闭合，因此，输出电压 v_o 即 v_{CE} 是反相的脉冲信号，此电路称为反相器，实现了数字电路中的非门电路。不过，如果在 c、e 极之间接入负载电阻 R_L，分析发现，电路存在严重的负载效应，即当 R_L 的值在较大范围变化时，v_o 高电平输出的幅值是变化的，非恒定值。第 5 章会介绍由 TTL(transistor transistor logic)(即多个 BJT)构成的常见的逻辑门电路。

NPN型与PNP型BJT的对比

NPN 型晶体管的工作状态及特点见表 4.3.1。读者在学习了二维码内容之后，通过对比 NPN 型和 PNP 型晶体管的共性与不同，可做出与之相似的表格，体现 PNP 型晶体管的不同工作状态及特点。

表 4.3.1　NPN 型晶体管的工作状态及特点

工作状态		截止	放大	饱和
PN 结偏置条件		发射结反偏 集电结反偏	发射结正偏 集电结反偏	发射结正偏 集电结正偏
特点	基极电流	$i_B=0$	$0<i_B<I_{BS}=\frac{I_{CS}}{\beta}$	$i_B>I_{BS}=\frac{I_{CS}}{\beta}$
	集电极电流	$i_C\approx 0$	$i_C\approx\beta\cdot i_B$	$I_{CS}=\frac{V_{CC}-V_{CES}}{R_c}\approx\frac{V_{CC}}{R_c}$
	集射电压 [图 4.3.13(a)]	$v_{CE}\approx V_{CC}$	$v_{CE}=V_{CC}-i_CR_c$	$v_{CE}=V_{CES}\approx 0.2\sim0.3\text{V}$
	集射等效电阻 R_{CE}	数兆欧， 等效为开关断开	可变	数十欧， 等效为开关闭合

2. 晶体管的开关时间

晶体管的开关过程与二极管相似，也要经历一个电荷的建立与驱散过程，表现为晶体管的饱和与截止两种状态相互转换需要一定的时间，即晶体管的开关时间。

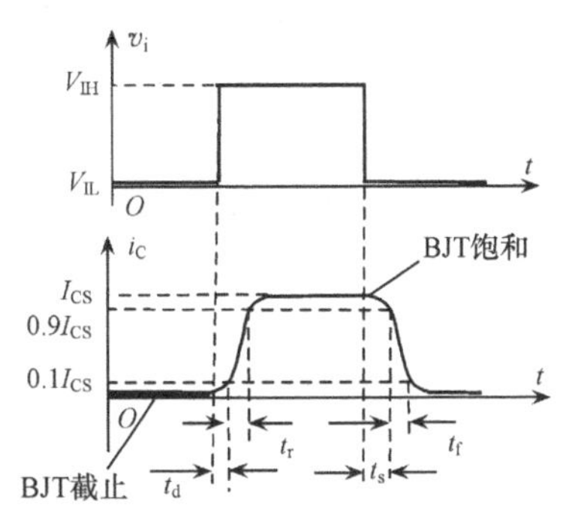

图 4.3.15　晶体管的开关时间

在输入逻辑信号 v_i 的作用下，图 4.3.13 电路的集电极电流波形如图 4.3.15 所示。设 $V_{CES}=0$，输入电压 v_i 的高电平 V_{IH} 和低电平 V_{IL} 满足下述条件：

饱和条件　$V_{IH} > I_{BS}R_b + V_{BE} = \dfrac{R_b}{\beta R_c}V_{CC} + V_{BE}$　　(4.3.16)

截止条件　$V_{IL} < V_{BE}$

根据集电极电流波形，晶体管的开关时间用下述参数描述。

(1) 延迟(delay)时间 t_d：从 v_i 正跳变开始到 i_C 从 0 上升至 $0.1I_{CS}$ 所需的时间；

(2) 上升(rise)时间 t_r：i_C 从 $0.1I_{CS}$ 上升至 $0.9I_{CS}$ 所需的时间；

(3) 存储(store)时间 t_s：从 v_i 负跳变开始到 i_C 从 I_{CS} 下降至 $0.9I_{CS}$ 所需的时间；

(4) 下降(fall)时间 t_f：i_C 从 $0.9I_{CS}$ 下降至 $0.1I_{CS}$ 所需的时间；

(5) 开通时间 t_{on}：晶体管从截止转换到饱和导通所需的时间，$t_{on}=t_d+t_r$；

(6) 关闭时间 t_{off}：晶体管从饱和导通转换为截止所需的时间，$t_{off}=t_s+t_f$。

当 $v_i=V_{IL}$ 时，使 $i_B \leqslant 0$，晶体管截止，$i_C \approx 0$。此时，发射结阻挡层较宽。当输入电压 v_i 正跳变到 V_{IH} 时，外电场削弱内电场，发射结由宽变窄；发射区的电子逐渐注入基区，并扩散到集电结而被集电区收集，形成集电极电流。延迟时间 t_d 近似等于发射结由宽变窄的时间。正向基极电流越大，t_d 就越短。

此后，发射区不断地向基区注入电子，电子浓度逐渐增加，i_C 也逐渐增加；对应于 $i_C=0.9I_{CS}$，基区内就要建立起一定的电子浓度梯度，即存储一定的电子电荷；这个过程所需的时间近似等于上升时间 t_r。

当集电极电流增加到 I_{CS}，晶体管进入饱和，集电结转入正偏，收集电子能力减弱，形成“发射有余，而收集不足”的状况，使基区积累大量的电荷，称为超量存储电荷。超量存储电荷 ΔQ 表示比 $i_C=0.9I_{CS}$ 时基区内多余的存储电荷。晶体管饱和越深，ΔQ 越大。

当输入电压 v_i 负跳变到 V_{IL} 时，超量存储电荷 ΔQ 开始消散，与二极管的存储电荷消散相似，不再赘述。ΔQ 消散所需的时间近似等于存储时间 t_s。下降时间 t_f 则是除 ΔQ 外的基区电子消散所需的时间。

晶体管的开关时间一般为纳秒数量级，并且 $t_{off}>t_{on}$、$t_s>t_f$。基区存储电荷是影响晶体管开关速度的主要因素。提高开关速度的方法是：开通时加大基极驱动电流，关断时快速泄放存储电荷。

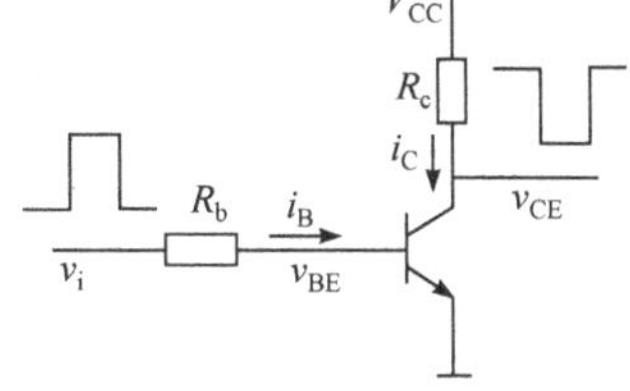

图 4.3.16　例 4.3.1 图

例 4.3.1　晶体管输出特性和电路如图 4.3.16 所示，已知 $V_{CC}=12V$，$R_b=10k\Omega$，$R_c=3k\Omega$，且 BJT 的参数 $V_{BE}=0.7V$，$V_{CES}=0V$，$\beta=50$。要求：(1)当 $v_i=0V$、1V 和 5V 时，分别求出 BJT 的 i_C、V_{CE} 值，判断其工作区。(2)若 v_i 为 0～5V 的脉冲电压波形，分析输出电压 v_O 即 v_{CE} 的波形。(3)若在集电极与地之间接

入负载电阻 $R_L = 3k\Omega$，v_i 为 0～5V 的脉冲，试对比分析输出电压 v_O 即 v_{CE} 的波形。

解 (1) 当 $v_i = 0V$、1V 和 5V 时，分别求出 BJT 的 i_C、V_{CE} 值，判断其工作区。

(a) $v_i = 0V$ 时，$v_i < V_{BE}$，BJT 工作在截止区，$i_B = i_C = 0$，$V_{CE} = V_{CC} = 12V$；

(b) $v_i = 1V$ 时，假设 BJT 工作在放大区，则

$$i_B = \frac{v_i - V_{BE}}{R_b} = \frac{1-0.7}{10} = 0.03(\text{mA})$$

$$i_C = \beta i_B = 50 \times 0.03 = 1.5(\text{mA})$$

$V_{CE} = V_{CC} - i_C R_c = 12 - 3 \times 1.5 = 7.5(\text{V}) > V_{BE}$，证明 BJT 工作在放大区。

(c) $v_i = 5V$ 时，假设 BJT 工作在饱和区，有

$$i_B = \frac{v_i - V_{BE}}{R_b} = \frac{5-0.7}{10} = 0.43(\text{mA})\text{，且 } V_{CE} = V_{CES} = 0\text{V}$$

$i_{CS} = \dfrac{V_{CC} - V_{CES}}{R_c} = \dfrac{12}{3} = 4(\text{mA}) < \beta i_B = 50 \times 0.43 = 21.5(\text{mA})$，证明 BJT 工作在饱和区。

(2) 若 v_i 为 0～5V 的脉冲电压波形，分析输出电压 v_O 即 v_{CE} 的波形。

BJT 交替工作在截止区和饱和区，输出电压 v_O 即 v_{CE} 的波形为与输入反相的脉冲电压波形。此电路构成非门电路。

(3) 若在集电极与地之间接入负载电阻 $R_L = 3k\Omega$，v_i 为 0～5V 的脉冲，试对比分析输出电压 v_O 即 v_{CE} 的波形。

在空载状态下，v_i 为 0V 和 5V 时的 i_C、v_{CE} 值分别为(0mA，12V)和(4mA，0V)。

在有载状态下，建议将电源 V_{CC} 与 R_c、R_L 做戴维南等效变换，分别求出 v_i 为 0V 和 5V 时的 i_C、v_{CE} 值为(0mA，6V)和(4mA，0V)。可见，工作区仍然分别为截止区和饱和区，但是在截止区的输出电压值大幅度减小。

此非门电路的负载效应很显著，即当负载 R_L 变化时，输出电压 v_{CE} 随之变化，不是理想的非门电路。

晶体管用基极电流控制集电极电流，属于电流控制电流源(current control current source，CCCS)器件。晶体管中有多数载流子和少数载流子同时参与导电，称为双极型晶体管。另外，由于少数载流子浓度受温度和光照的影响大，BJT 的温敏和光敏特性不容忽视，并且 2 种载流子在 BJT 中产生的噪声也较大。

场效应管(field effect transistor，FET)的输出电流受输入电压产生的电场控制，因“电场效应”而得名，属于电压控制电流源(voltage control current source，VCCS)器件。因为只有一种载流子参与导电，所以称为单极型晶体管(unipolar transistor)，因此，其温敏性和光敏性可忽略不计。

根据参与导电的多数载流子划分，场效应管可以分为以电子为载流子的 N 沟道场效应管和以空穴为载流子的 P 沟道场效应管。根据结构划分，场效应管可以分为绝缘栅型场效应管(insulated gate field effect transistor，IGFET)、结型场效应管(junction field effect transistor，JFET)和金属半导体场效应管(metal semiconductor field effect transistor，MESFET)。绝缘栅型场效应管采用金属-氧化物-半导体结构，也称为 MOS 场效应管(金属-氧化物-半导体场效

应管，metal-oxide-semiconductor field effect transistor，MOSFET)，是最常用的场效应管，因此，本书主要介绍 MOSFET 的分类和工作原理。

4.4　绝缘栅型场效应管

以下分别介绍四种类型的 MOSFET 的结构、工作原理、特性曲线和主要参数。

4.4.1　N 沟道增强型 MOSFET

1. 结构

N 沟道增强型 MOSFET(本书以后将 N 沟道 MOSFET 简称为 NMOS，简称增强型 NMOS)的结构示意图如图 4.4.1(a)所示，它是以低掺杂的 P 型硅半导体为衬底，用扩散工艺制作出两个高掺杂的 N^+区，在 P 型硅表面上生成一层 SiO_2 薄膜绝缘层，通过光蚀刻工艺，去掉部分绝缘，从两个 N^+区引出两个金属电极，分别是源极 s 和漏极 d。同时，在源极和漏极之间的绝缘层上制作一层金属铝，引出一个电极，作为栅极 g，在衬底上也引出一个电极 B。由于栅极与其他电极间是电绝缘的，所以称为绝缘栅场效应管，即 $i_G = 0$，栅极输入阻抗非常高，这是其重要特征。W(width)，表示 MOSFET 的宽度，L(length)表示导电沟道的长度，通常称 W/L 为宽长比。

从图 4.4.1(b)看出，MOSFET 的结构具有对称性，因此在集成电路中衬底电极没有与源极 s 和漏极 d 相连，源极 s 和漏极 d 可以互换使用。不过，单独封装的 MOSFET(分立元件)的源极和衬底是连接在一起的，源极 s 和漏极 d 不能互换使用。注意：在电路中衬底电极接电位的最低节点，使 FET 的 2 个 PN 结反向偏置。

增强型 NMOS 的符号如图 4.4.1(c)所示，箭头表示衬底 PN 结电流的正方向。其简化符号如图 4.4.1(d)所示，类似于 NPN 型 BJT，用箭头表示电流 I_S 的正方向。

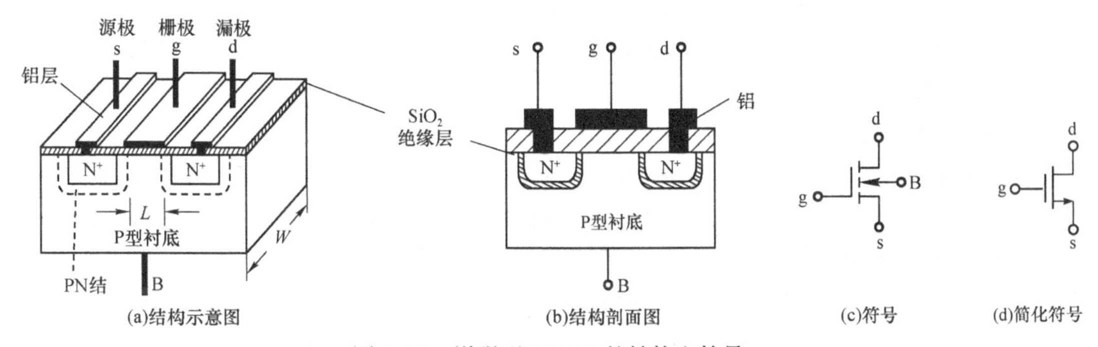

图 4.4.1　增强型 NMOS 的结构和符号

2. 工作原理

场效应管的栅源电压 v_{GS} 及漏源电压 v_{DS} 都会影响管子的工作状态，下面分别讨论 v_{GS} 及 v_{DS} 对电流的控制作用。

1) v_{GS} 对导电沟道和漏极电流的控制作用

当栅源电压 $v_{GS} = 0$ 时，NMOS 的漏区和源区之间是两个背靠背的 PN 结。即使加上漏

源电压 v_{DS}，不论 v_{DS} 的极性如何，总有一个 PN 结处于反偏状态，漏区和源区之间没有导电沟道，漏极电流 $i_D = 0$，如图 4.4.2(a)所示。

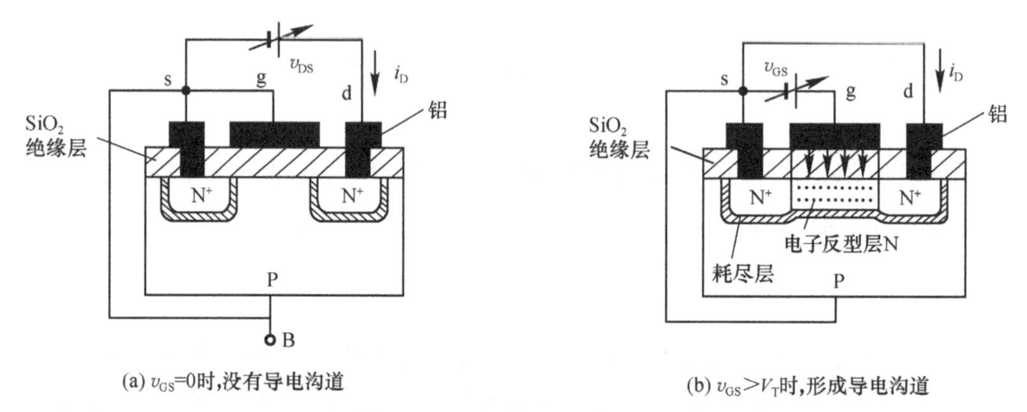

(a) v_{GS}=0时,没有导电沟道　(b) $v_{GS}>V_T$时,形成导电沟道

图 4.4.2　v_{GS} 对导电沟道的影响

当 $v_{DS} = 0$ 且 $v_{GS} > 0$ 时，由于栅极和源极之间、栅极和漏极之间均被 SiO_2 绝缘层隔开，所以栅极电流 $i_G = 0$。同时，在栅极与衬底之间产生了一个垂直于半导体表面、由栅极指向衬底的均匀电场。在这个电场的作用下，栅极下方 P 型半导体中的多数载流子(空穴)被排斥，留下不能移动的负离子，从而形成耗尽层。同时，电场也将 P 型衬底中的少数载流子(电子)吸引到栅极下的衬底表面，形成一个 N 型薄层，称为反型层。反型层把左右两个 N^+ 区连接起来，构成了漏极与源极之间的 N 型导电沟道，如图 4.4.2(b)所示。v_{GS} 越大，电场强度越强，吸引到衬底表面的自由电子就越多，反型层(沟道)就越厚，沟道电阻就越小。使导电沟道刚刚形成的栅源电压 v_{GS} 称为开启电压，用 V_T 表示，有时也用 $V_{GS(th)}$ 表示。

当 $v_{GS} < V_T$ 时，NMOS 不能形成导电沟道，管子处于截止状态。只有当 $v_{GS} \geqslant V_T$ 时，才有沟道形成。这种必须在 $v_{GS} \geqslant V_T$ 时才能形成导电沟道的 MOS 管称为增强型 MOSFET。

在导电沟道形成以后，在漏源极间加上正电压 v_{DS}，就能产生漏极电流 i_D。这时，v_{GS} 增加，导电沟道增厚，沟道电阻减小，i_D 增大，能实现 v_{GS} 对 i_D 的控制。

在导电沟道内只有自由电子(N 型)或者空穴(P 型)，即只有一种载流子决定导电能力，因此，MOSFET 是单极型元件。

2) v_{DS} 对导电沟道和漏极电流 i_D 的影响

设栅源电压 $v_{GS} > V_T$，且为定值。若 $v_{DS} = 0$，此时尽管有导电沟道，漏极还是没有电流，$i_D = 0$，如图 4.4.3(a)所示。由于源极和衬底相连，如果偏置电路施加负电压($v_{DS} < 0$)，则漏极与衬底间的 PN 结将正向导通，导电沟道消失，这是不允许的。因此，漏源电压必须大于零($v_{DS} > 0$)。在漏极和源极之间加正电压($v_{DS} > 0$)，沟道中就有漏极电流流过，v_{GS} 越大，i_D 也越大。随着 v_{DS} 增大，v_{GD} 减小，沿沟道形成源极端小、漏极端大的电位差 v_{XS} 分布，导致栅极到沟道内点 X 的电位差 v_{GX} 沿沟道从漏极端到源极端逐渐减小，沟道厚度也从漏极端到源极端逐渐减小，如图 4.4.3(b)所示。当 v_{DS} 足够大时，使 $v_{GD} = v_{GS} - v_{DS}$ 略小于开启电压 V_T，则靠近漏极区不能形成反型层，称为预夹断，如图 4.4.3(c)所示，预夹断对应的临界漏源电压方程为 $v_{GS} - v_{DS} = V_T$。若 v_{DS} 继续增加，$v_{GS} - v_{DS} < V_T$，预夹断向源极方向延伸，如图 4.4.3(d)所示。

实际上，通用多年的术语“夹断”是用词不当，“夹断”这个词易造成误解 $i_D = 0$。其实，在夹断之后，沟道依然存在，并且 i_D 值足够大，达到饱和值。

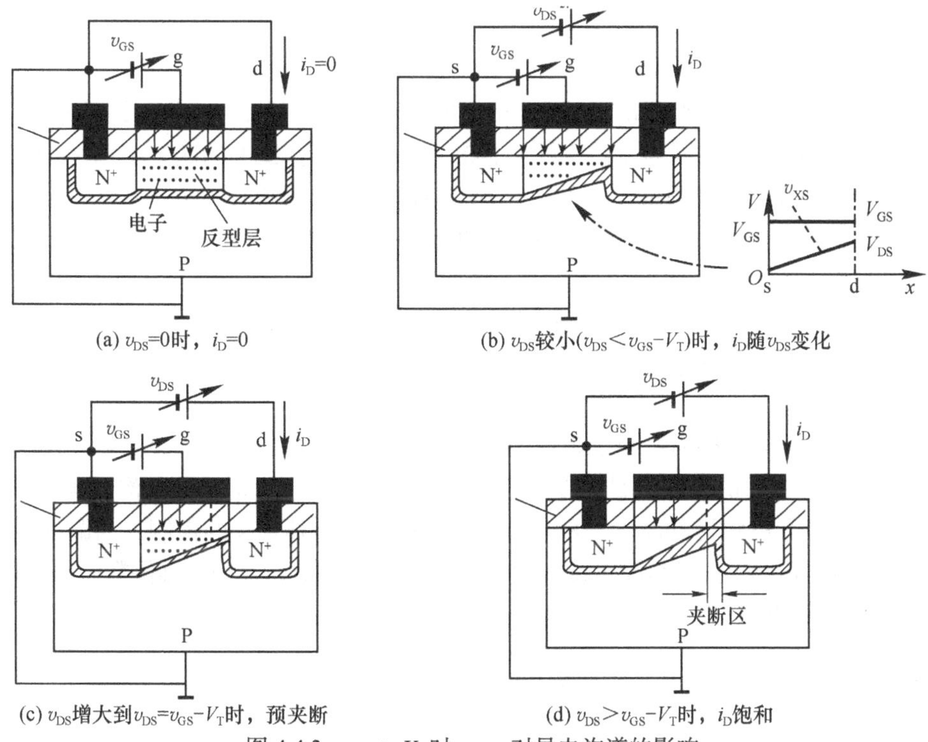

图 4.4.3　$v_{GS} > V_T$ 时，v_{DS} 对导电沟道的影响

在预夹断前，当栅源电压为定值时，漏极电流 i_D 随 v_{DS} 线性增加，其斜率与 v_{GS} 有关。预夹断以后，由于预夹断区无载流子，预夹断区电阻远比未夹断区电阻大，v_{DS} 增加的部分几乎全部作用在夹断区，未夹断区则基本保持预夹断时对应的电压，形成的沟道电流基本不受 v_{DS} 的影响；从源极漂移到预夹断边缘的电子在耗尽区内电场的作用下渡过预夹断区，形成漏极电流 i_D，故预夹断后漏极电流 i_D 基本保持预夹断前的电流，不再随 v_{DS} 增加而变化，即 i_D 具有饱和特性(或称为恒流特性)，但仅与栅源电压 v_{GS} 有关，i_D 受控于栅源电压 v_{GS}。

预夹断后的漏极电流与栅源电压的关系，反映了 MOS 管的电压控制电流的特性。与晶体管用 $\beta(=\Delta i_C/\Delta i_B)$描述动态情况下 i_B 对 i_C 的控制作用相类似，场效应管用低频跨导 g_m 来描述动态情况下 v_{GS} 对 i_D 的控制作用(当 v_{DS} 保持不变时)，即

$$g_m = \left.\frac{\Delta i_D}{\Delta v_{GS}}\right|_{v_{DS}=\text{常数}} \tag{4.4.1}$$

g_m 越大，v_{GS} 对 i_D 的控制作用越强。

综上所述，MOS 管的栅极是绝缘的，i_G 近似为零；MOS 管的导电沟道中只有一种载流子形成漏极电流 i_D，且受栅源电压 v_{GS} 的控制，即 MOS 管是电压控制电流器件；预夹断前，i_D 与 v_{DS} 近似呈线性关系，斜率与 v_{GS} 有关；预夹断后，i_D 基本不受 v_{DS} 的影响，但受控于 v_{GS}。

3. 特性曲线及电流方程

N 沟道增强型 MOSFET 的特性曲线有两种，即输出特性和转移特性。

1) 输出特性

在栅源电压 v_{GS} 为常量时，漏极电流 i_D 与漏源电压 v_{DS} 的关系称为输出特性，即

$$i_D = f(v_{DS})\big|_{v_{GS}=\text{常数}} \tag{4.4.2}$$

输出特性是以 v_{GS} 为参变量的一族曲线，如图 4.4.4(a)所示。图中的虚线是预夹断轨迹，轨迹方程为 $v_{DS} = v_{GS} - V_T$。因为 v_{DS} 必须大于 0，所以，相比于 BJT 的四个工作区，MOSFET 的输出特性分为三个区，即截止区、可变电阻区和恒流区。预夹断轨迹 $v_{DS} = v_{GS} - V_T$ 是可变电阻区和恒流区的分界线，而 $v_{GS} = V_T$ 则是恒流区和截止区的分界线。

(1) 截止区。

靠近横轴、i_D 近似为零的区域是截止区。在截止区内，$v_{GS} < V_T$，导电沟道尚未形成，$i_D \approx 0$，MOS 管截止。MOS 管的漏极与源极之间等效为开关的断开，或等效为一个大电阻，称为截止电阻 R_{OFF}。

(2) 可变电阻区或者称为压控电阻区。

在预夹断轨迹左边的区域即是可变电阻区。当 $v_{DS} < v_{GS} - V_T$ 时，导电沟道未被预夹断。因为 v_{GS} 可以改变导电沟道的厚度，所以沟道电阻受栅源电压 v_{GS} 的控制、与漏源电压 v_{DS} 基本无关。因此，i_D 与 v_{DS} 基本成正比，比例系数是特性曲线的斜率，其倒数是漏源间的等效电阻 r_{ds}，即沟道电阻：

$$r_{ds} = \frac{\Delta v_{DS}}{\Delta i_D}\bigg|_{v_{GS}=\text{常数}} \tag{4.4.3}$$

在可变电阻区内，r_{ds} 远远小于截止电阻 R_{OFF}，并且 v_{DS} 很小，MOS 管的漏极与源极之间等效为开关的闭合，称为 MOS 管导通，或等效为一个小电阻，称为导通电阻 R_{ON}。

(3) 恒流区(也称放大区)。

预夹断轨迹右边的区域是恒流区。当 $v_{DS} > v_{GS} - V_T$ 时，导电沟道被预夹断，i_D 基本不随 v_{DS} 的增加而变化，具有恒流特性(或放大特性)，因此，称该区域为恒流区。在恒流区内，i_D 受 v_{GS} 的控制，等效为电压控制电流源(VCCS)。放大电路中的场效应管应该工作在恒流区内。

2) 转移特性曲线

MOS 管的栅极是绝缘的，i_G 近似为零，没有输入特性曲线，所以通过转移特性描述 v_{GS} 控制 i_D 的能力，定义为在漏源电压 v_{DS} 一定时，漏极电流 i_D 与栅源电压 v_{GS} 的函数关系，即

$$i_D = f(v_{GS})\big|_{v_{DS}=\text{常数}} \tag{4.4.4}$$

在图 4.4.4(a)所示的输出特性曲线的恒流区，做垂直于横轴的一条垂虚直线(v_{DS}=常数)，直线与多条输出特性曲线分别相交于 a、b、c、d 点，将上述各点对应的 i_D 和 v_{GS} 的数值描绘在 i_D-v_{GS} 直角坐标系中，连接各点所得到的曲线就是转移特性曲线，见图 4.4.4(b)。

对三个工作区的分析如下。

(1) 截止区。

偏置电压的判据是 $v_{GS} < V_T$。此时，$i_D = 0$。

(2) 可变电阻区。

偏置电压的判据是 $v_{GS} > V_T$，且 $v_{GS} - v_{DS} > V_T$，或者 $v_{GD} > V_T$。

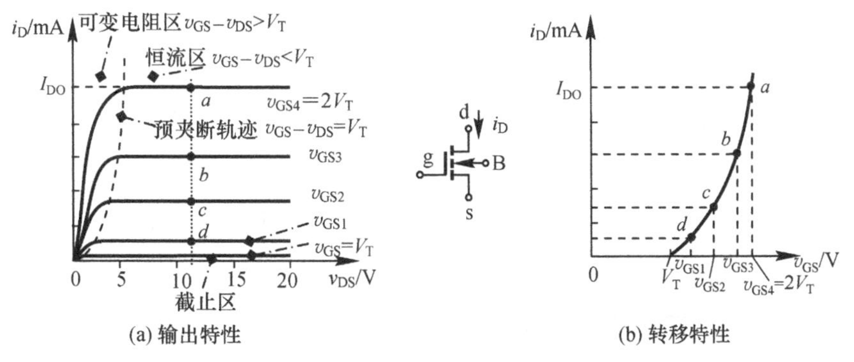

图 4.4.4　N 沟道增强型 MOSFET 的特性曲线

此时，i_D 同时受 v_{GS} 和 v_{DS} 的影响，有

$$i_D = K[2v_{DS}(v_{GS} - V_T) - v_{DS}^2] \tag{4.4.5}$$

其中

$$K = \frac{K'}{2}\frac{W}{L} \tag{4.4.6}$$

K 称为沟道的导电常数，单位为 mA/V^2；K' 与 SiO_2 层的厚度、介电常数以及反型层的电导率有关；W/L 是沟道的宽长比。

(3) 恒流区，即放大区。

偏置电压的判据是 $v_{GS} > V_T$，且 $v_{GS} - v_{DS} < V_T$，或者 $v_{GD} < V_T$。

此时，i_D 基本上不受 v_{DS} 的影响，因此，不同 v_{DS} 下的转移特性曲线基本重合，用一条曲线代替恒流区的所有转移特性曲线，即 i_D 与 v_{GS} 的关系表达式为

$$i_D = I_{DO}\left(\frac{v_{GS}}{V_T} - 1\right)^2, \quad v_{GS} \geqslant V_T > 0, \quad v_{DS} > v_{GS} - V_T \tag{4.4.7}$$

可见，i_D 随 v_{GS} 增大而增大，但是，二者并非线性放大关系。式中，I_{DO} 是 MOS 管工作在恒流区且 $v_{GS} = 2V_T$ 时对应的漏极电流。

如图 4.4.4(a)所示的输出特性曲线，随着 v_{GS} 等间距增大，i_D 以平方倍增大而并非线性增大。与 BJT 相比，因为放大系数 β 是常数，故随着 i_B 增大，i_C 线性增大，表现为曲线簇为等间距。

注意：可变电阻区和恒流区的边界线为 $v_{GD} = V_T$，即 $v_{GS} - v_{DS} = V_T$，代入式(4.4.5)，得到

$$i_D = K(v_{GS} - V_T)^2 \tag{4.4.8}$$

推导得到

$$K = \frac{I_{DO}}{V_T^2} \tag{4.4.9}$$

例 4.4.1　电路如图 4.4.5(a)所示，MOS 管的输出特性如图 4.4.5(b)实线所示，要求：(1)试分析当 v_i 分别为 0V、6V、10V 和 15V 时，v_o 应为多少？(2)如果在漏极与地之间接入负载电阻 $R_L = 5k\Omega$，第(1)问的结果又如何？

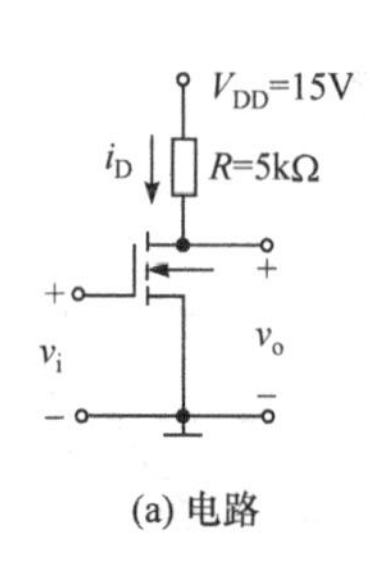

(a) 电路

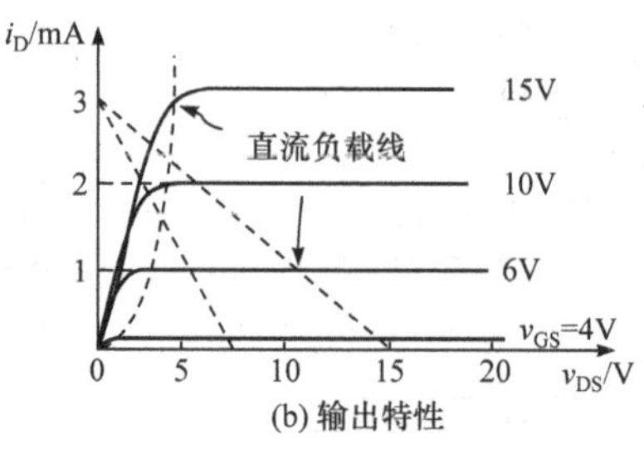

(b) 输出特性

图 4.4.5　例 4.4.1 图

解　判断此 MOSFET 是增强型 NMOS。

(1) 由图 4.4.5(b)，得 $v_o = v_{DS} = V_{DD} - Ri_D = 15 - 5i_D$

如图 4.4.5(a)所示，在输出特性上做出直流负载线(虚直线)。

由图 4.4.5(a)可知，$V_T = 4V$

(a) 当 $v_{GS} = v_i = 0V < V_T$ 时，NMOS 处于截止状态，$i_D = 0$。所以

$v_o = v_{DS} = V_{DD} - Ri_D = V_{DD} = 15V$。工作点为($i_D$，$v_{DS}$) = (0，15V)

(b) 当 $v_{GS} = v_i = 6V$ 时，$v_{GS} > V_T$

输出特性与直流负载线的交点坐标为(i_D，v_{DS}) = (1mA，10V)

即 $v_o = v_{DS} = 10V > v_{GS} - V_T$，$i_D = 1mA$，因此，NMOS 工作在恒流区。

(c) 当 $v_{GS} = v_i = 10V$ 时，$v_{GS} > V_T$

输出特性与直流负载线的交点坐标为(i_D，v_{DS}) = (1.8mA，6V)

即 $v_o = v_{DS} = 6V > v_{GS} - V_T$，$i_D = 1.8mA$，因此，NMOS 工作在恒流区。

(d) 当 $v_{GS} = v_i = 15V$ 时，$v_{GS} > V_T$

输出特性与直流负载线的交点坐标为(i_D，v_{DS}) = (2.4mA，3V)

即 $v_o = v_{DS} = 3V < v_{GS} - V_T$，$i_D = 2.4mA$，因此，NMOS 工作在可变电阻区。

(2) 接入负载之后，可以通过戴维南定理获得与 V_{DD}、R_D 和 R_L 等效的电压源电路，再重复以上分析。

由图 4.4.5(b)，得 $v_o = v_{DS} = V_{DD}/2 - i_DR/2 = 7.5 - 2.5i_D$

如图 4.4.5(a)所示，在输出特性上作出新的直流负载线。

由图 4.4.5(a)可知，$V_T = 4V$

(a) $v_{GS} = v_i = 0V < V_T$，NMOS 处于截止状态，$i_D = 0$。所以

$v_o = v_{DS} = 7.5 - 2.5i_D = 7.5V$。工作点为($i_D$，$v_{DS}$) = (0，7.5V)

(b) 当 $v_{GS} = v_i = 6V$ 时，$v_{GS} > V_T$

输出特性与直流负载线的交点坐标为(i_D，v_{DS}) = (1mA，5V)

即 $v_o = v_{DS} = 5V > v_{GS} - V_T$，$i_D = 1mA$，因此，NMOS 工作在恒流区。

(c) 当 $v_{GS} = v_i = 10V$ 时，$v_{GS} > V_T$

输出特性与直流负载线的交点坐标为(i_D，v_{DS}) = (1.6mA，3.5V)

即 $v_o = v_{DS} = 3.5V < v_{GS} - V_T$，$i_D = 1.6mA$，因此，NMOS 工作在可变电阻区。

(d) 当 $v_{GS} = v_i = 15V$ 时，$v_{GS} > V_T$

输出特性与直流负载线的交点坐标为(i_D，v_{DS}) = (2.2mA，2V)

即 $v_o = v_{DS} = 2V < v_{GS} - V_T$，$i_D = 2.2mA$，因此，NMOS 工作在可变电阻区。

可见，此电路的负载效应非常显著，不适合作为非门电路。

4.4.2　N 沟道耗尽型 MOSFET

1. 结构和基本工作原理

图 4.4.6 是耗尽型 NMOS 的结构示意图和电路符号。通过离子注入工艺，在栅极下方的 SiO_2 绝缘层中掺入一定数量的正离子。当 $v_{GS}=0$ 时，这些正离子产生垂直于 P 型半导体的电场，其强度足以感应出一定厚度的电子反型层(N 型)，形成导电沟道。于是，只要施加漏源电压 v_{DS}，就会产生漏极电流 i_D。当 $v_{GS}>0$ 时，将会在沟道中感应出更多的电子，使导电沟道变厚，沟道电阻变小，使漏极电流 i_D 增大。当 $v_{GS}<0$ 时，导电沟道变薄，沟道电阻变大，使漏极电流 i_D 减小。当 v_{GS} 的负电压达到一定值时，电子反型层消失(耗尽载流子)，不存在导电沟道，即使有漏源电压 v_{DS}，也不会有漏极电流 i_D。对应于沟道完全消失的栅源电压 v_{GS} 称为夹断电压，用 V_P 表示，有时也用 $V_{GS(off)}$ 表示。耗尽型 NMOS 的 $V_P<0$。

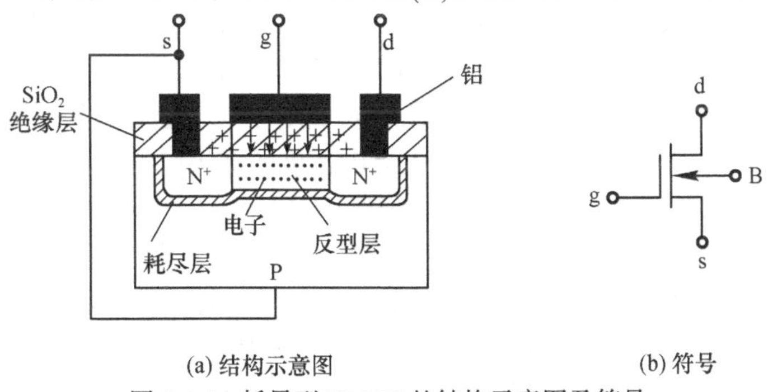

(a) 结构示意图　　(b) 符号

图 4.4.6　耗尽型 NMOS 的结构示意图及符号

因此，当 $v_{GS}=0$ 时，存在导电沟道的场效应管是耗尽型场效应管，否则是增强型场效应管。

当 $v_{GD}=v_{GS}-v_{DS}<V_P$ 时，沟道的漏极端预夹断，MOS 管工作在恒流区；当 $v_{GD}=v_{GS}-v_{DS}>V_P$ 时，沟道没有被预夹断，MOS 管工作在可变电阻区；预夹断轨迹方程为 $v_{GS}-v_{DS}=V_P$。

2. 特性曲线及电流方程

耗尽型 NMOS 的输出特性曲线和转移特性曲线如图 4.4.7 所示。与增强型 NMOS 比较，除了栅源电压可以为负值外，其他相似。注意，夹断电压 V_P 小于 0。

当耗尽型 NMOS 工作在恒流区时，i_D 的近似表达式为

$$i_D = I_{DSS}\left(1-\frac{v_{GS}}{V_P}\right)^2,\quad V_P<0,\ V_P<v_{GS},\ v_{DS}>v_{GS}-V_P \tag{4.4.10}$$

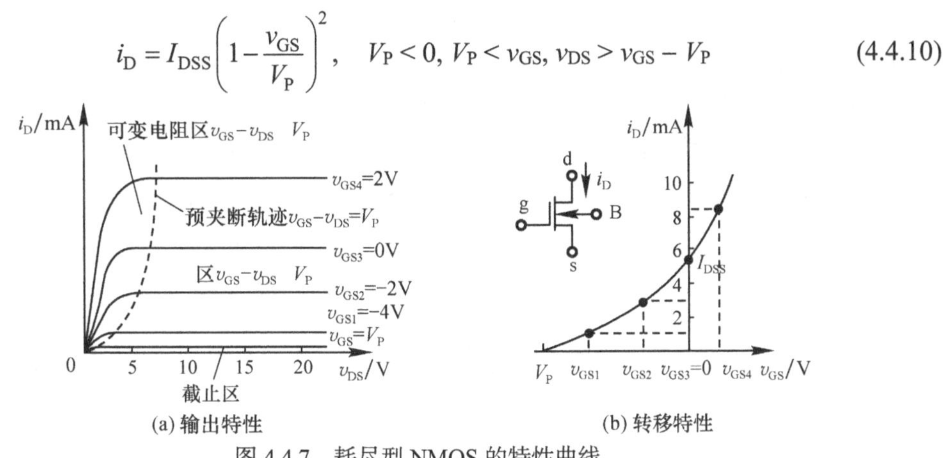

(a) 输出特性　　(b) 转移特性

图 4.4.7　耗尽型 NMOS 的特性曲线

式中，I_{DSS}是耗尽型 NMOS 工作在恒流区且 $v_{GS}=0$ 时的漏极电流，称为饱和漏极电流。

4.4.3　P 沟道 MOSFET

P 沟道 MOSFET 简记为 PMOS,也有增强型和耗尽型两种,其结构和工作原理与 NMOS 相似。

1) 增强型 PMOS

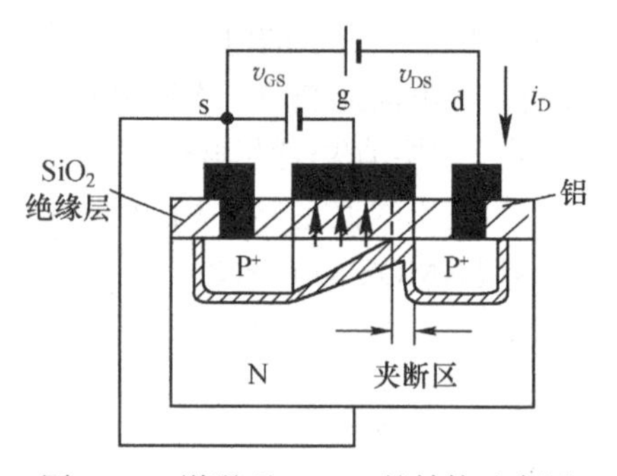

图 4.4.8　增强型 PMOS 的结构示意图

图 4.4.8 是增强型 PMOS 的结构示意图。它是 N 型半导体作为衬底，制作 2 个高浓度的 P^+区。注意，$v_{GS}<0$，$v_{DS}<0$。当 v_{SG}足够大时，在栅极下面产生垂直于 N 型衬底的电场，排斥电子和吸引空穴，形成 P 型导电沟道，连接漏区和源区(P^+)。使导电沟道刚刚形成的栅源电压 v_{GS}称为开启电压，用 V_T表示，P 沟道 MOSFET 的开启电压小于 0，即 $V_T<0$。

在形成 P 型导电沟道后，如果漏源电压 $v_{DS}<0$，则形成流出漏极的漏极电流$-i_D$。

当 $v_{GD}=v_{GS}-v_{DS}<V_T<0$ 时，沟道没有被预夹断，MOS 管工作在可变电阻区；当 $0>v_{GD}=v_{GS}-v_{DS}>V_T$时，沟道的漏极端预夹断，MOS 管工作在恒流区；预夹断轨迹方程为 $v_{GS}-v_{DS}=V_T$。

如图 4.4.9 所示为增强型 PMOS 的电路符号、转移特性和输出特性。由于结构相似，PMOS 管的特性也与 NMOS 管相似。区别是：①开启电压 V_T为负值，即栅极电位低于源极电位$|V_T|$(或者 $v_{GS}<V_{TP}<0$)，PMOS 管导通，否则截止；②源极电位高于漏极电位，形成流出漏极的导通电流；③N 型衬底必须接电位最高的节点(通常是 PMOS 管的源极)。

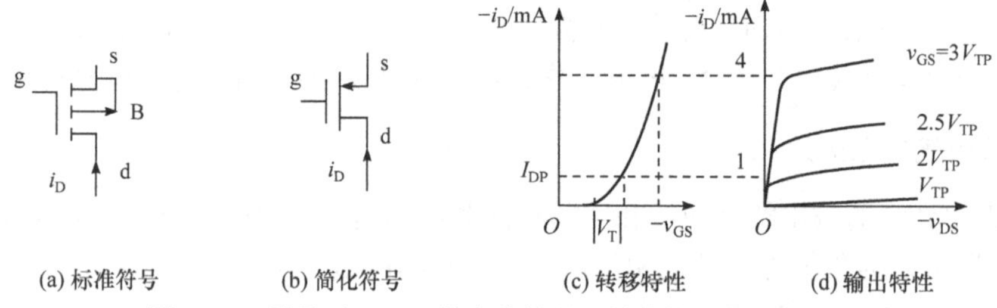

图 4.4.9　增强型 PMOS 的电路符号、转移特性和输出特性

2) 耗尽型 PMOS

在增强型 PMOS 栅极下面的绝缘层中通过离子注入工艺掺入足够的负离子，则形成耗尽型 PMOS。其夹断电压 $V_P>0$，正常工作时，要求 $v_{GS}<V_P$，$v_{DS}<0$。由图 4.4.7(b)可知，耗尽型 NMOS 的转移特性曲线覆盖第一、二象限；因此，耗尽型 PMOS 的转移特性曲线覆盖第三、四象限，如表 4.4.1 所示，为 4 种 MOSFET 符号和特性曲线。

表 4.4.1　场效应管的分类、符号及特性曲线

分类			符号	转移特性	输出特性
绝缘栅场效应管	N 沟道	增强型	d, i_D, g, B, s	i_D, 0, V_T, v_{GS}	i_D, 0, $v_{GS}=V_T$, v_{DS}

续表

分类			符号	转移特性	输出特性
绝缘栅场效应管	N 沟道	耗尽型	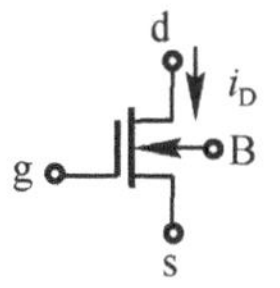	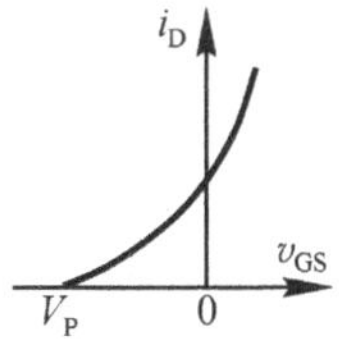	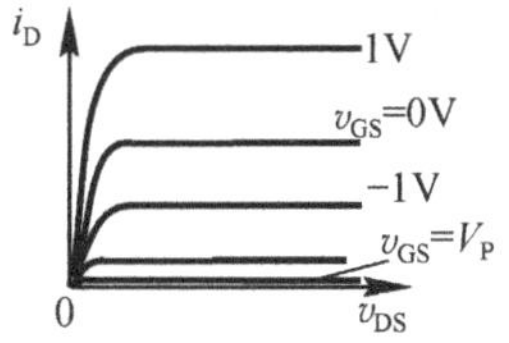
	P 沟道	增强型	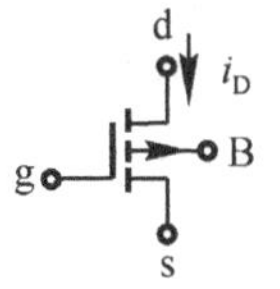	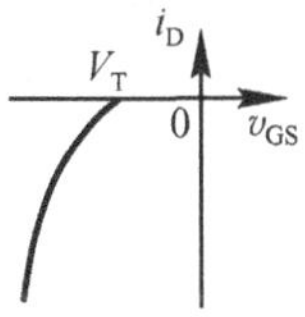	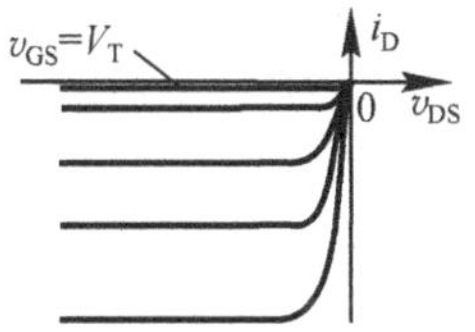
		耗尽型	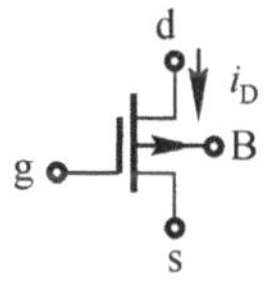	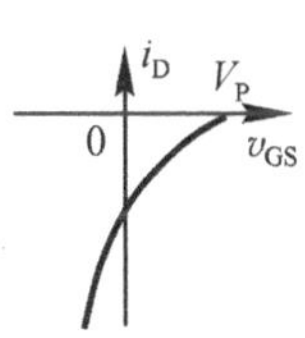	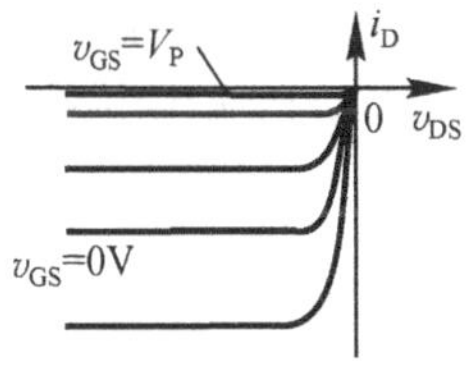

4.4.4 MOSFET 的主要参数

1. 直流参数

1) 开启电压 V_T

V_T 是增强型 MOSFET 的重要参数。当 v_{DS} 为一固定值时，使漏极电流 i_D 大于零所需要的最小栅源电压值即为开启电压 V_T。手册中给出的是在 i_D 为规定的微小电流(如 10μA)时的 v_{GS} 值。N 沟道增强型 MOSFET 的 $V_T > 0$，P 沟道增强型 MOSFET 的 $V_T < 0$。

2) 夹断电压 V_P

V_P 是耗尽型 MOSFET 的重要参数。与开启电压相似，夹断电压的定义为，当 v_{DS} 为一固定值时，使漏极电流 i_D 减小到某一个微小电流(如 10μA)时所需的 v_{GS} 值。N 沟道耗尽型 MOSFET 的 $V_P < 0$，P 沟道耗尽型 MOSFET 的 $V_P > 0$。

3) 饱和漏极电流 I_{DSS}

I_{DSS} 也是耗尽型 MOSFET 的一个重要参数。当栅源电压 v_{GS} 等于零，而漏源电压绝对值$|v_{DS}|$大于夹断电压绝对值$|V_P|$时的漏极电流，称为饱和漏极电流 I_{DSS}。通常当栅源电压 v_{GS} = 0V，而漏源电压 v_{DS} = 10V 时测出的 i_D 就是 I_{DSS}。

在恒流区，有 $i_D = I_{DSS}\left(1-\dfrac{v_{GS}}{V_P}\right)^2$。

4) 直流输入电阻 $R_{GS(DC)}$

在漏源之间短路的条件下，栅源之间的直流电阻值等于栅源电压与栅极电流之比，MOS 管的 $R_{GS(DC)}$ 是 $10^9 \sim 10^{15}\Omega$。可见，栅极电流极小，近似为开路，$i_G = 0$。

2. 交流参数

1) 低频跨导 g_m

低频跨导是指 v_{DS} 为某一定值时，漏极电流的微变量 Δi_D 和引起这个变化的栅源电压的微变量 Δv_{GS} 之比，即

$$g_m = \frac{\Delta i_D}{\Delta v_{GS}}\bigg|_{v_{DS}=\text{常数}} \tag{4.4.11}$$

g_m 反映了栅源电压 v_{GS} 对漏极电流 i_D 的控制能力，是表征场效应管放大能力的重要参数，单位为西门子(S)或 mS，g_m 一般为几 mS。g_m 是非线性的转移特性曲线上静态工作点处的切线的斜率，当 MOSFET 工作在恒流区时，g_m 可通过对式(4.4.7)或式(4.4.8)求导，得到

$$g_m = 2K(v_{GS} - V_T) = 2\sqrt{KI_D} \tag{4.4.12}$$

可见，g_m 与静态工作点的位置(I_D 值)有关，I_D 越大，g_m 也越大。

2) 动态输出电阻 r_{ds}

$$r_{ds} = \frac{\Delta v_{DS}}{\Delta i_D}\bigg|_{v_{GS}=\text{常数}} \tag{4.4.13}$$

输出电阻 r_{ds} 说明了 v_{DS} 对 i_D 的影响，它是输出特性上静态工作点处切线斜率的倒数，r_{ds} 一般为几十千欧到几百千欧。

3) 极间电容

场效应管的三个电极之间均存在极间电容。通常栅源电容 C_{gs} 和栅漏电容 C_{gd} 为 1～3pF，漏源电容为 0.1～1pF。在高频电路中，应考虑极间电容的影响。

3. 极限参数

1) 最大漏极电流 I_{DM}

I_{DM} 是管子正常工作时所允许的漏极电流的上限值。

2) 最大耗散功率 P_{DM}

场效应管的耗散功率等于瞬时功率 v_{DS} 与 i_D 的乘积的平均值，这些耗散在管子中的功率将变为热能，使管芯的温度升高，超过管芯材料允许的最高工作温度将损坏器件。P_{DM} 是管子允许的最大耗散功率。

3) 漏源击穿电压 $V_{(BR)DS}$

漏源击穿电压是指漏极与源极之间所能承受的最大电压，当 v_{DS} 超过 $V_{(BR)DS}$ 时，漏源间发生击穿，i_D 开始急剧增加，可能损坏器件。

4) 栅源击穿电压 $V_{(BR)GS}$

栅源击穿电压是指栅极与源极之间所能承受的最大电压，当 v_{GS} 值超过 $V_{(BR)GS}$ 时，栅源间发生击穿，i_G 开始急剧增加，可能损坏器件。

4.4.5 MOSFET 的工作区判断依据

回顾 MOSFET 的四种类型符号及特性曲线，见表 4.4.1，便于对比其共性与不同。

对上述四种类型 MOSFET 的工作区的判断依据和步骤如下。

首先，判断 MOSFET 的类型，再依据以下判据来判断工作区。

(1) 对于 NMOS(增强型采用开启电压 $V_T > 0$，耗尽型采用夹断电压 $V_P < 0$)。

① 截止区：$v_{GS} < V_T/V_P$。

② 可变电阻区：$v_{GS} > V_T/V_P$，且 $v_{DS} < v_{GS} - V_T/V_P$，或者 $v_{GD} > V_T/V_P$。

③ 恒流区：$v_{GS} > V_T/V_P$，且 $v_{DS} > v_{GS} - V_T/V_P$，或者 $v_{GD} < V_T/V_P$。

(2) 对于 PMOS(增强型采用开启电压 $V_T < 0$，耗尽型采用夹断电压 $V_P > 0$)。

① 截止区：$v_{GS} > V_T/V_P$。

② 可变电阻区：$v_{GS} < V_T/V_P$，且 $v_{DS} > v_{GS} - V_T/V_P$，或者 $v_{GD} < V_T/V_P$。

③ 恒流区：$v_{GS} < V_T/V_P$，且 $v_{DS} < v_{GS} - V_T/V_P$，或者 $v_{GD} > V_T/V_P$。

与 BJT 比较，MOSFET 的主要优点是：易于驱动、输入阻抗高、驱动功率小、开关速度快、导通压降 V_{DS} 与导通电阻 R_{DS} 小、制作工艺简单、集成度高、热稳定性好等，且没有 BJT 的二次击穿问题。因此，MOSFET 在集成电路中更为常见。

与 BJT 比较，MOSFET 的主要缺点是：电流容量小、耐压低；电压控制电流的放大作用并非线性特性；并且，放大能力不如 BJT；对静电比较敏感，容易被静电击穿等。

4.4.6 MOSFET 的开关特性

与 BJT 一样，MOSFET 也可放大弱信号，或者用作电子开关，构成非门电路。

因篇幅有限，以下仅介绍增强型 NMOS 的开关特性。

由 MOS 管的特性曲线可知，在可变电阻区，MOS 管的导通电阻较小，在 1kΩ 以下，等效为开关闭合，漏极和源极之间的导通电阻与 v_{GS} 成反比：

$$R_{ON} = \frac{1}{2K(v_{GS} - V_T)}, \quad v_{GS} > V_T, \quad v_{GD} > V_T \tag{4.4.14}$$

其中，K 为导电参数，与导电沟道的宽长比及半导体材料的电导率有关；导通电阻大约 1kΩ。

NMOS 管的开关特性如图 4.4.10(a)～(c)所示。

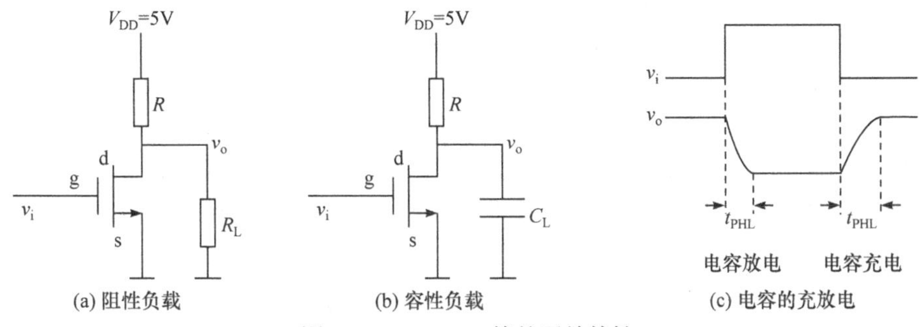

图 4.4.10　NMOS 管的开关特性

定性分析图 4.4.10(a)可知，由单个 MOSFET 构成的电路可实现非门的功能。不过，负载 R_L 会影响输出特性，具有强烈的负载效应，即当 R_L 在较大范围变化时，v_o 高电平输出的幅值是变化的，非恒定值。第 5 章会介绍互补金属氧化物半导体(complementary metol-oxide semiconductor, CMOS)门电路，也称为互补 MOS 门电路，同时包含增强型 NMOS 管和 PMOS 管。CMOS 是 MOS 门电路的主流产品，其负载效应显著降低。

图 4.4.10(b)中的 C_L 表示包含负载电容(pF 级)以及 MOSFET 的等效电容 C_{gs}、C_{ds}、C_{gd}(pF

级)等的等效电容，电容的充放电过程会影响输出特性，出现传输延时，如图 4.4.10(c)所示。

随着 NMOS 交替工作在可变电阻区和截止区，电容 C_L 相应地放电或者充电，如图 4.4.10(c)所示，通常其充电时间常数大于放电时间常数，达 100ns 左右，故输出的上升沿时间 t_{PLH} 比下降沿时间 t_{PHL} 长。t_{PLH} 表示脉冲从低电平转换为高电平的时间，t_{PHL} 表示脉冲从高电平转换为低电平的时间。传输延时会影响门电路的开关速度，也就影响到数字系统的运算响应速度。在集成电路中，采用短沟道和硅栅自对准工艺，减小导通电阻和等效负载电容(MOS 管的极间电容等)，可有效地提高 MOS 管的开关速度。

新型器件 MESFET 利用 GaAs 的高速特性实现高速响应性能，能够满足射频通信和计算机高速运行的需求，不过，目前价格较高。

例 4.4.2　电路如图 4.4.11(a)所示，MOS 管的输出特性如图 4.4.11(b)实线所示，要求：(1)如果 v_i 为在 0V 和 15V 之间变化的脉冲电压波形，分析 v_o 的波形并与 v_i 对比。(2)如果在漏极与地之间接入负载电阻 $R_L = 5\text{k}\Omega$，第(1)问的结果又如何？

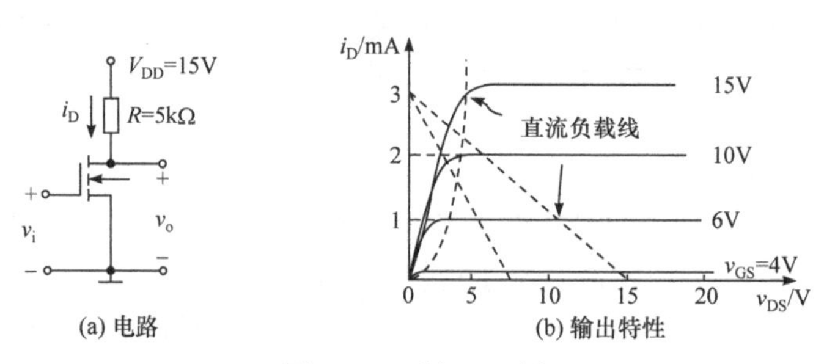

图 4.4.11　例 4.4.2 图

解　采用例 4.4.1 的数据，可知：

(1) 电路空载运行时，

(a) 当 $v_i = 0\text{V}$ 时，NMOS 处于截止状态，$i_D = 0$，有 $v_o = V_{DD} = 15\text{V}$。

(b) 当 $v_i = 15\text{V}$ 时，$i_D = 2.4\text{mA}$，$v_o = v_{DS} = 3\text{V}$，NMOS 工作在可变电阻区。

因此，v_o 的波形是与 v_i 波形反相的脉冲电压，此电路构成非门电路。

(2) 接入负载之后，

(a) $v_i = 0\text{V}$ 时，NMOS 处于截止状态，$i_D = 0$。$v_o = v_{DS} = 7.5\text{V}$。

(b) 当 $v_i = 15\text{V}$ 时，$i_D = 2.2\text{mA}$，$v_{DS} = 2\text{V}$。NMOS 工作在可变电阻区。

v_o 的波形仍然是与 v_i 波形反相的脉冲电压。但是，与空载运行时的输出电压相比较，二者数值相差较大。

可见，此电路的负载效应非常显著，作为非门电路的特性参数不够理想。

程 序 仿 真

M4.1　二极管的伏安特性。

在 Multisim 10.0 中，利用仪器 IV-analyzer-XIV1 直接对二极管或者晶体管等器件进行伏安特性分析。图 M4.1.1 的左图是仿真电路，右图是二极管的特性曲线。二极管的型号是 1N3064，可以通过滑动“▾”来观察曲线上任意一点的坐标数值。

从图 M4.1.1 可见，测得 1N3064 的导通电压 $V_{on} = 0.634\text{V}$，在 0.6V 至 0.7V 之间。

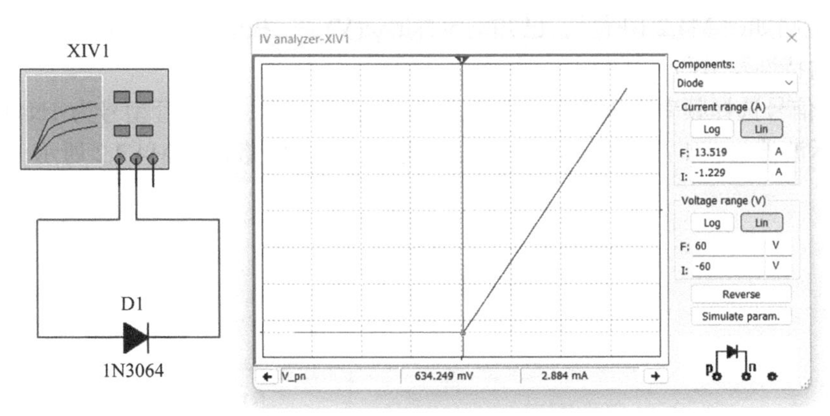

图 M4.1.1　二极管的伏安特性测试

下面考察二极管的单向导电性。仿真电路如图 M4.1.2 所示，负载电阻为1kΩ，输入信号是 60Hz、有效值为 10V 的正弦信号。仪器 XSC1 测量输入信号的波形，XSC2 测量负载两端的输出信号波形。

仿真结果如图 M4.1.3 所示。可见，由于二极管的单向导电性，负载只有输入信号的正半周波形，且输出电压的峰值比输入电压的峰值减小 V_{on}，测量得到 $V_{on} = 0.72V$。此电路也称为半波整流电路。

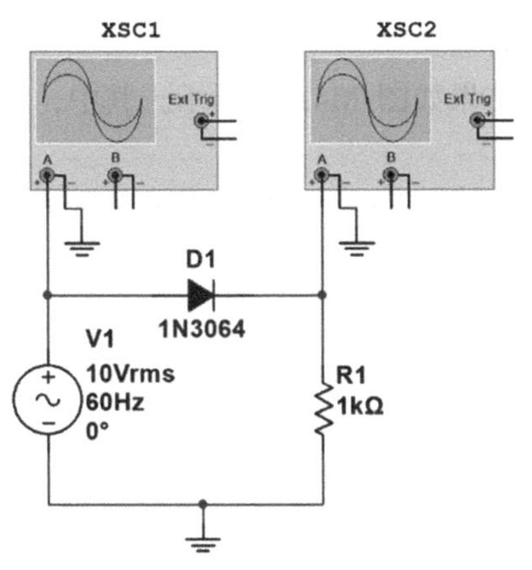

图 M4.1.2　二极管的单向导通性

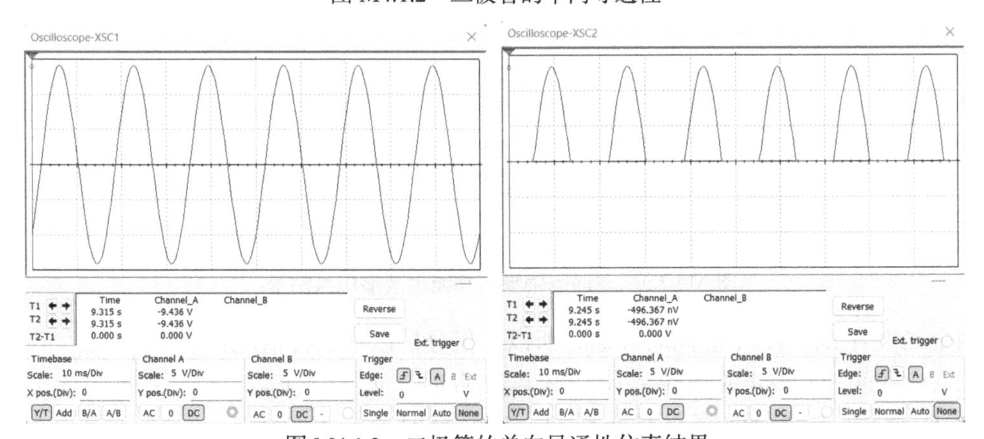

图 M4.1.3　二极管的单向导通性仿真结果

M4.2　电路如图 M4.2.1 所示，已知 $v_i = 5\sin\omega t$(V)，二极管为 1N4148 型号。试分析仿真电路的传输特性及 v_i 与 v_o 的波形，并标出幅值。

(1) 输入信号选择频率为 100Hz、峰值为 5V 的正弦信号，二极管型号为 1N4148，采用双通道虚拟示波器 XSC1 测试输入和输出信号波形，仿真电路如图 M4.2.2 所示。

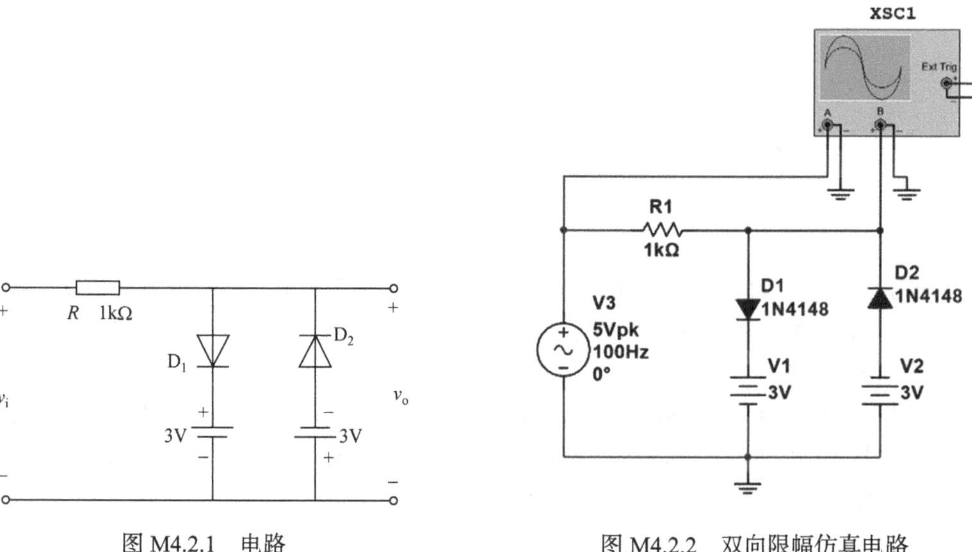

图 M4.2.1　电路　　　　图 M4.2.2　双向限幅仿真电路

(2) 输入和输出波形仿真结果如图 M4.2.3 所示。其中，红色为输入信号波形，蓝色为输出信号波形。

此电路与例 4.2.2 的电路相似，不过，二极管并非理想的，必须采用恒压降模型，测试得到 $V_{on} = 0.606$V。

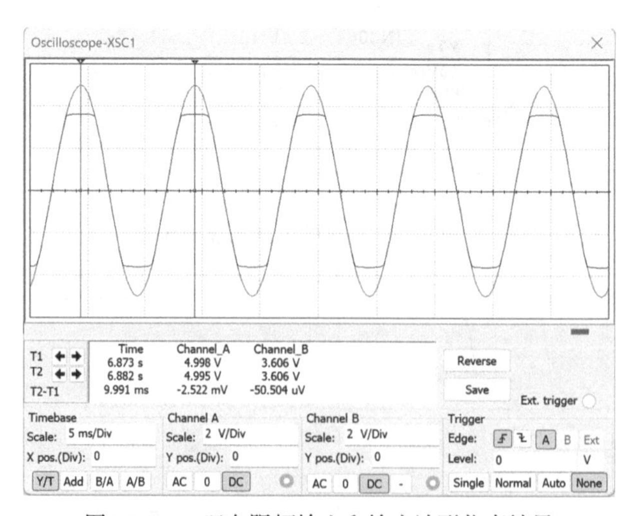

图 M4.2.3　双向限幅输入和输出波形仿真结果

两个二极管 D_1、D_2 不会同时导通，所以，仅分析以下三种情况：

① D_1 导通、D_2 截止的条件是 $v_i > 3 + V_{on}$，此时，$v_o = 3 + V_{on}$。

② D_1 截止、D_2 导通的条件是 $v_i < -3 - V_{on}$，此时，$v_o = -3 - V_{on}$。

③ D_1 和 D_2 均截止的条件是 $3 + V_{on} > v_i > -3 - V_{on}$，此时，$v_o = v_i$。
电路的电压传输特性是指 v_o 和 v_i 的关系曲线，如图 M4.2.4 所示，分为三段。

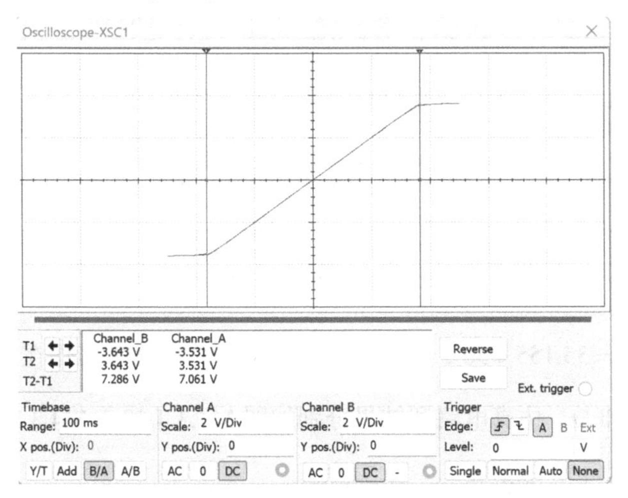

图 M4.2.4　双向限幅电压传输特性曲线

(3) 传输特性曲线测试。虚拟示波器 XSC1 的 A 通道测输入信号，B 通道测输出信号，选择示波器左下角的“B/A”选项，即可得到电路的电压传输特性曲线，如图 M4.2.4 所示。

M4.3　电路如图 M4.3.1 所示，已知晶体管为硅管，$\beta = 50$，$V_{CC} = 12V$。当 v_i 分别为 0V、1V(R_b 分别为 3kΩ和 10kΩ)、5V 时，分析 BJT 是否工作在截止区、放大区和饱和区，并分别测量输出电压 v_o、I_B、I_C 的值。如果 v_i 是幅值介于 0～3V 的周期性脉冲波形，那么输出电压波形如何?

解　三极管选择 Transistor 库中 Transistors_Virtual 里的 BJT_NPN，并通过编辑模型参数，设置 BF(Ideal maximum forward beta)值为 50，然后完成以下仿真分析。

(1) $v_i = 0V$ 时，仿真电路和结果分别如图 M4.3.2 和表 M4.3.1 所示。

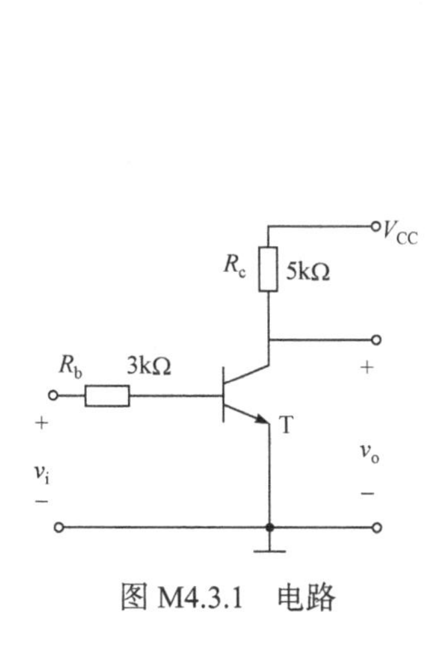

图 M4.3.1　电路

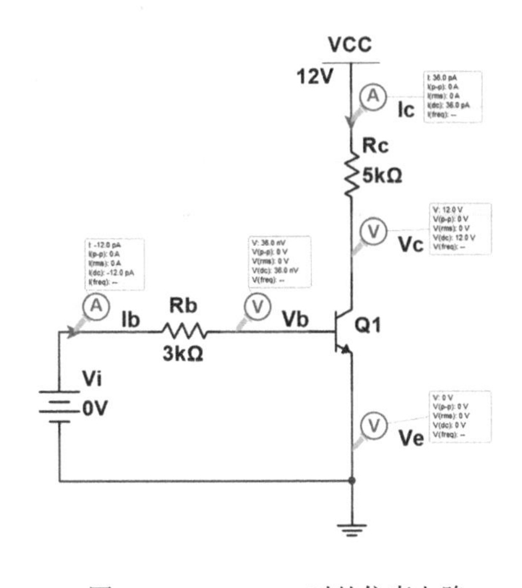

图 M4.3.2　$v_i = 0V$ 时的仿真电路

表 M4.3.1　$v_i = 0V$ 时的仿真结果

v_i	v_o	I_B	I_C	BJT 的状态
0V	12V	$-12pA \approx 0A$	$36pA \approx 0A$	截止

(2) $v_i = 1V$ 时，如果 $R_b = 3k\Omega$，仿真电路和结果分别如图 M4.3.3 和表 M4.3.2 所示。

表 M4.3.2　$v_i = 1V$，$R_b = 3k\Omega$时的仿真结果

v_i	v_o	I_B	I_C	BJT 的状态
1V	125mV	67.7μA	2.38mA	饱和

$\beta = \dfrac{I_C}{I_B} = \dfrac{2.38}{0.0677} = 35.155 < 50$，且 $V_{CE} = 0.125V$，说明 BJT 工作在饱和区。

如果调整 $R_b = 10k\Omega$，仿真电路和结果分别如图 M4.3.4 和表 M4.3.3 所示。

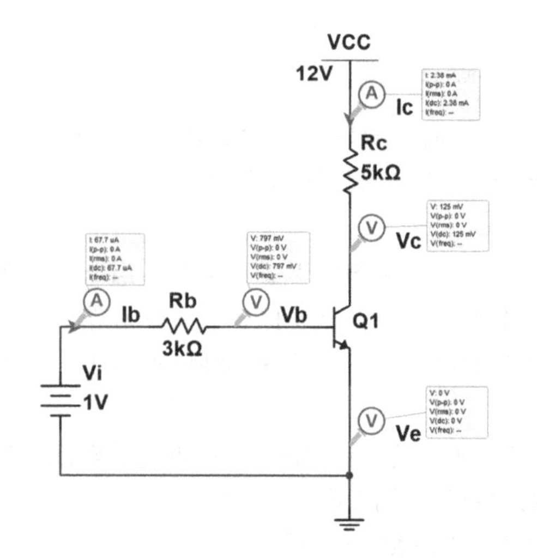

图 M4.3.3　$v_i = 1V$，$R_b = 3k\Omega$时的仿真电路

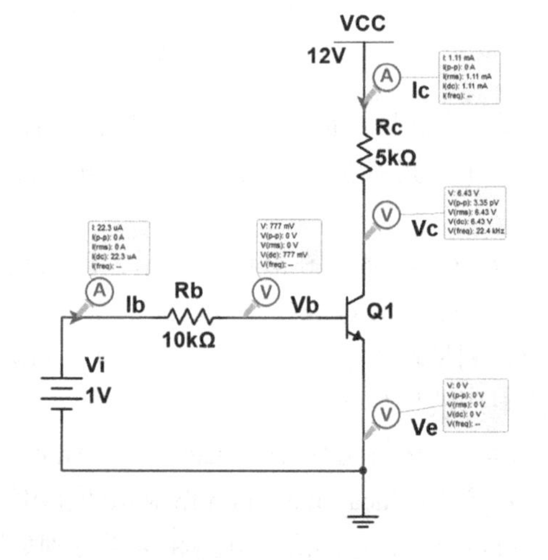

图 M4.3.4　$v_i = 1V$，$R_b = 10k\Omega$时的仿真电路

表 M4.3.3　$v_i = 1V$，$R_b = 10k\Omega$时的仿真结果

v_i	v_o	I_B	I_C	BJT 的状态
1V	6.43V	22.3μA	1.11mA	放大

$\beta = \dfrac{I_C}{I_B} = \dfrac{1.11}{0.0223} \approx 50$，且 $V_{CE} = 6.43V$，说明 BJT 工作在放大区。

(3) $v_i = 5V$ 时，$R_b = 3k\Omega$，仿真电路和结果分别如图 M4.3.5 和表 M4.3.4 所示。

表 M4.3.4　$v_i = 5V$ 时的仿真结果

v_i	v_o	I_B	I_C	BJT 的状态
5V	34.9mV	1.39mA	2.39mA	饱和

$\beta=\dfrac{I_{\mathrm{C}}}{I_{\mathrm{B}}}=\dfrac{2.39}{1.39}=1.72\ll 50$，且 $V_{\mathrm{CE}}=0.035\mathrm{V}$，说明 BJT 工作在饱和区。

(4) v_{i} 是幅值介于 0～3V 的周期性脉冲波形，其仿真电路如图 M4.3.6 所示，输入信号是幅值介于 0～3V、频率为 100Hz 的周期性脉冲波形。

仿真结果如图 M4.3.7 所示，其中细线为输入信号 $v_{\mathrm{i}}(t)$的脉冲波形，粗线为输出信号 $v_{\mathrm{o}}(t)$的脉冲波形。

可见，输出电压分别为 0V($v_{\mathrm{i}}=3\mathrm{V}$)和近似 12V($v_{\mathrm{i}}=0\mathrm{V}$)的脉冲波形，说明 BJT 分别工作在深度饱和区和截止区，实现了反相器或者非门电路的功能。

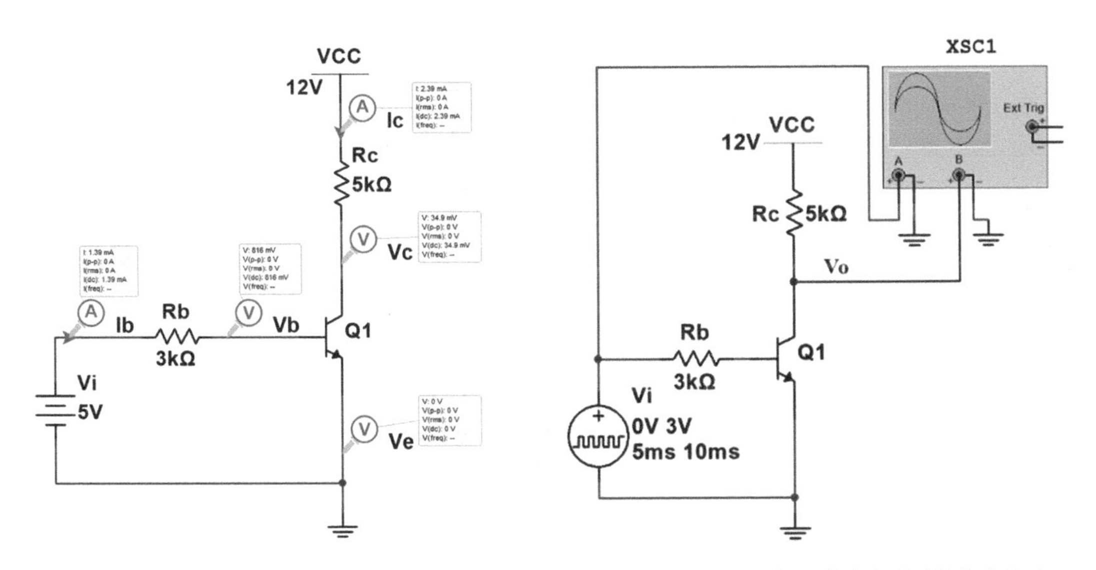

图 M4.3.5　$v_{\mathrm{i}}=5\mathrm{V}$ 时的仿真电路　　　图 M4.3.6　v_{i} 为周期性脉冲波形时的仿真电路

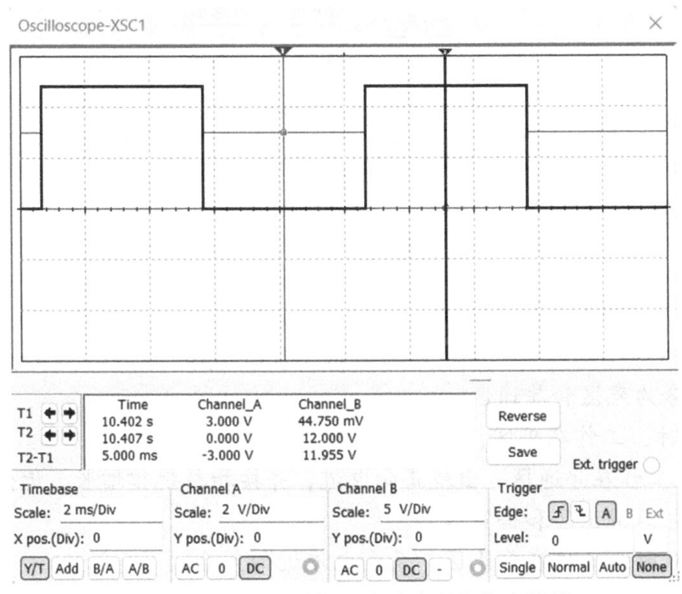

图 M4.3.7　输入周期性脉冲波形的仿真结果

本章知识小结

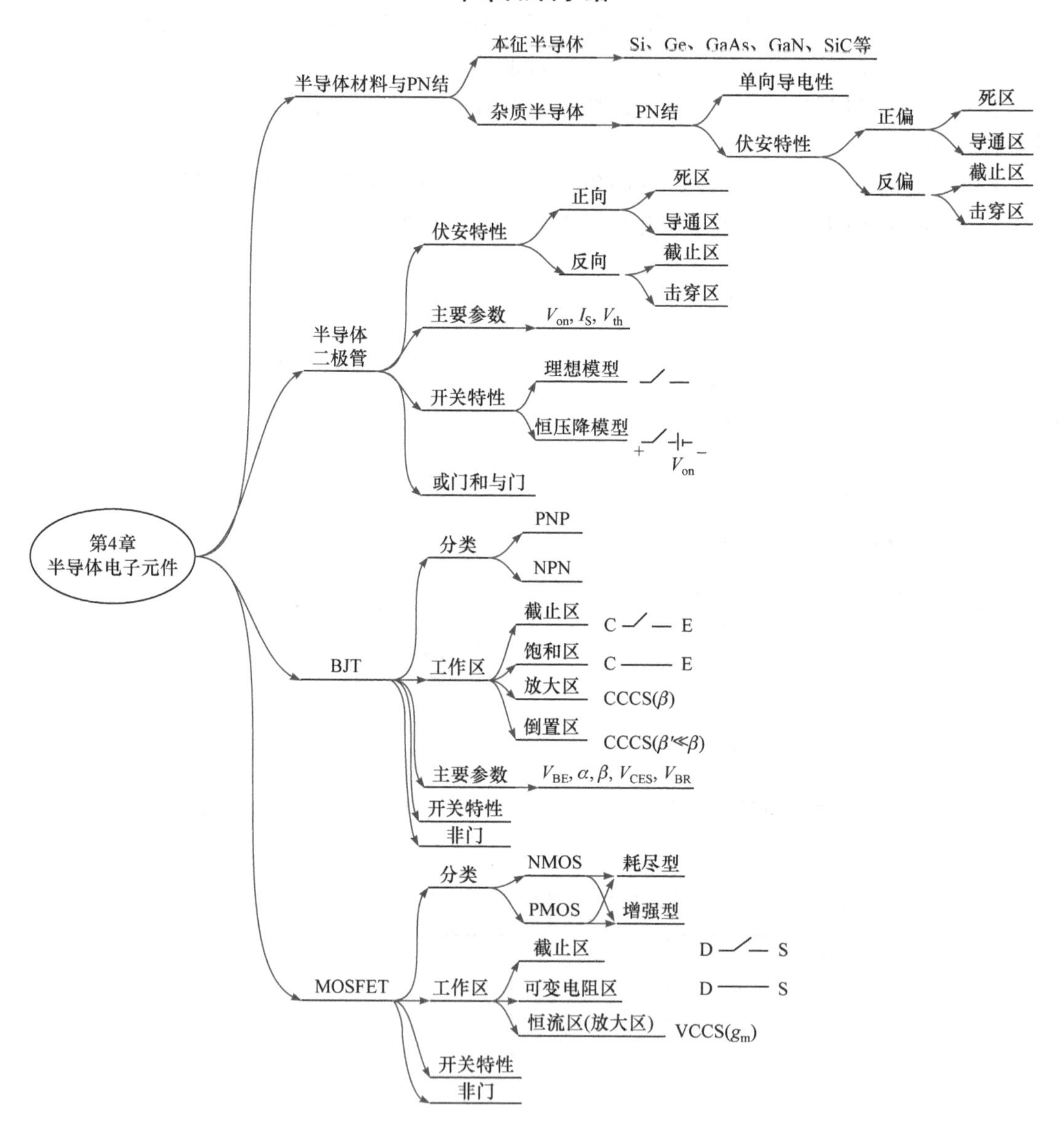

*4.1　半导体材料与PN结

PN结具有单向导电性，其伏安特性是指数函数 $i = I_S(e^{v/V_T} - 1)$ ，$v > -V_{BR}$ 。

1) 正向特性分为死区和导通区

当 $0 < v < V_T$ 时，工作在死区，正向电流为零。

当 $v > V_T$ 时，工作在导通区，出现正向电流，并按指数规律增长，近似具有恒压特性。

2) 反向特性分为截止区和击穿区

当 $-V_{BR} < v < 0$ 时，工作在截止区，反向电流近似为0。

当 $v < -V_{BR}$ 时，工作在击穿区，反向电流急剧增加，具有恒压特性。

*4.2 半导体二极管

1) 二极管的直流等效电路模型

(1) 理想模型：即正向偏置时管压降为 0，导通电阻为 0；反向偏置时，电流为 0，电阻为∞。此模型也称为理想的电子开关，适用于信号电压远大于二极管压降时的近似分析。

(2) 恒压降模型：用两段相互垂直的直线逼近伏安特性，即正向导通时，电压降为一个常量 V_{on}；截止时反向电流为 0。

2) 二极管的开关特性

根据电路的实际数据，在满足计算误差足够小的要求下，决定采用二极管的理想模型或者恒压降模型来分析计算含有二极管的电路。

通常要先假设二极管导通或者截止，列写计算表达式；最后，通过数据来判断假设是否正确，决定计算结果是否合理。

*4.3 双极型晶体管

1) BJT 具有输入特性曲线和输出特性曲线

当调整直流偏置电路的参数以满足 BJT 的两个 PN 结的偏置条件，即 BJT 可工作在四个不同的工作区：截止区、放大区(恒流区)、饱和区、倒置区。BJT 的四个工作区分别对应不同的直流电路模型。

在模拟电路中，BJT 通常工作在放大区。

判断晶体管放大的判据是 $v_I > V_{BE}$；$v_{CE} > V_{CES}$；或者 $0 < i_B < I_{BS} = \dfrac{I_{CS}}{\beta}$。

此时，晶体管具有电流放大作用，即 $i_C = \beta \cdot i_B$

在数字电路中，BJT 的开关特性体现在输入电压交替工作在饱和区和截止区。

判断晶体管截止或者饱和的判据是：截止区：$v_I < V_{BE}$；饱和区：$v_I > V_{BE}$ 且 $I_B \geqslant I_{BS} = \dfrac{I_{CS}}{\beta}$。

2) BJT 电路的分析方法包含图解法和计算法

图解法：在输入特性曲线和输出特性曲线上绘制直流负载线，可直观地看到静态工作点的位置。

计算法：先假设 BJT 的工作区，将其相应的电路模型代入电路中，列写表达式。通过求解数据来证明假设是否正确，最终得到较准确的电路参数值。

*4.4 绝缘栅型场效应管

MOSFET 分为四种类型，即增强型 NMOS、耗尽型 NMOS、增强型 PMOS 和耗尽型 PMOS。

1) MOSFET 具有转移特性曲线和输出特性曲线

当调整直流偏置电路的参数以满足 MOSFET 的偏置条件，即 MOSFET 可工作在三个不同的工作区：截止区、放大区(恒流区)、可变电阻区。三个工作区分别对应不同的直流电路模型。

在模拟电路中，MOSFET 通常工作在放大区。四种类型 MOSFET 判断放大区的依据有所不同。

以增强型 NMOS 为例，要求：$v_{GS} > V_T$，且 $v_{GS} - v_{DS} < V_T$，或者 $v_{GD} < V_T$。

此时，MOSFET 具有电流放大作用，体现为电压控制电流源的特性，即

$$i_D = I_{DO}\left(\frac{v_{GS}}{V_T}-1\right)^2,\ v_{GS} \geqslant V_T > 0,\ v_{DS} > v_{GS} - V_T$$

在数字电路中，MOSFET 的开关特性体现在输入电压交替工作在可变电阻区和截止区。判断增强型 NMOS 截止或者饱和的判据是：

截止区 $v_{GS} < V_T$，$i_D > 0$；

可变电阻区 $v_{GS} > V_T$，且 $v_{GS} - v_{DS} > V_T$，或者 $v_{GD} > V_T$；且 $i_D = K[2v_{DS}(v_{GS} - V_T) - v_{DS}^2]$。

2) MOSFET 电路的分析方法包含图解法和计算法

图解法：在转移特性曲线和输出特性曲线上绘制直流负载线，可直观地看到静态工作点的位置。

计算法：先假设 MOSFET 的工作区，将其相应的电路模型代入电路中，列写表达式。通过求解数据来证明假设是否正确，最终得到较准确的电路参数值。

小 组 合 作

G4.1 学生收集资料，了解半导体分立元件(BJT 或者 MOSFET)的工艺流程，分析工艺对器件主要参数的影响。

G4.2 从半导体分立元件(BJT)中选一种型号，对企业提供的数据资料(主要是技术参数)分项进行解读与分析。

G4.3 从半导体分立元件(MOSFET)中选一种型号，对企业提供的数据资料(主要是技术参数)分项进行解读与分析。

G4.4 收集资料，讲述光电耦合器的结构、工作原理，列举一种工程应用，并讨论其在现代技术和工程中的实际用途。

习 题

4.1 能否将 1.5V 的干电池以正向接法接到二极管两端？为什么？

4.2 电路如题图 4.2(a)所示，其输入电压 v_{i1} 和 v_{i2} 的波形如题图 4.2(b)所示。设二极管 $V_{on} = 0.7V$，分析 D_1 和 D_2 导通与否，画出输出电压 v_o 的波形，并标出幅值。

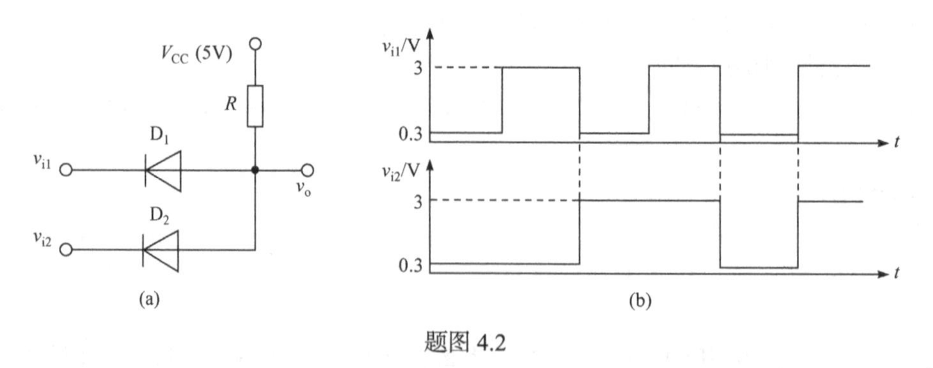

题图 4.2

4.3 设二极管导通电压 $V_{on} = 0.7V$。判断题图 4.3 所示各电路中的二极管导通与否，求输出电压值。

4.4 二极管电路如题图 4.4 所示，设二极管是理想的。试判断各图中的二极管是导通还是截止，并求 AB 两端电压 V_{AB}。

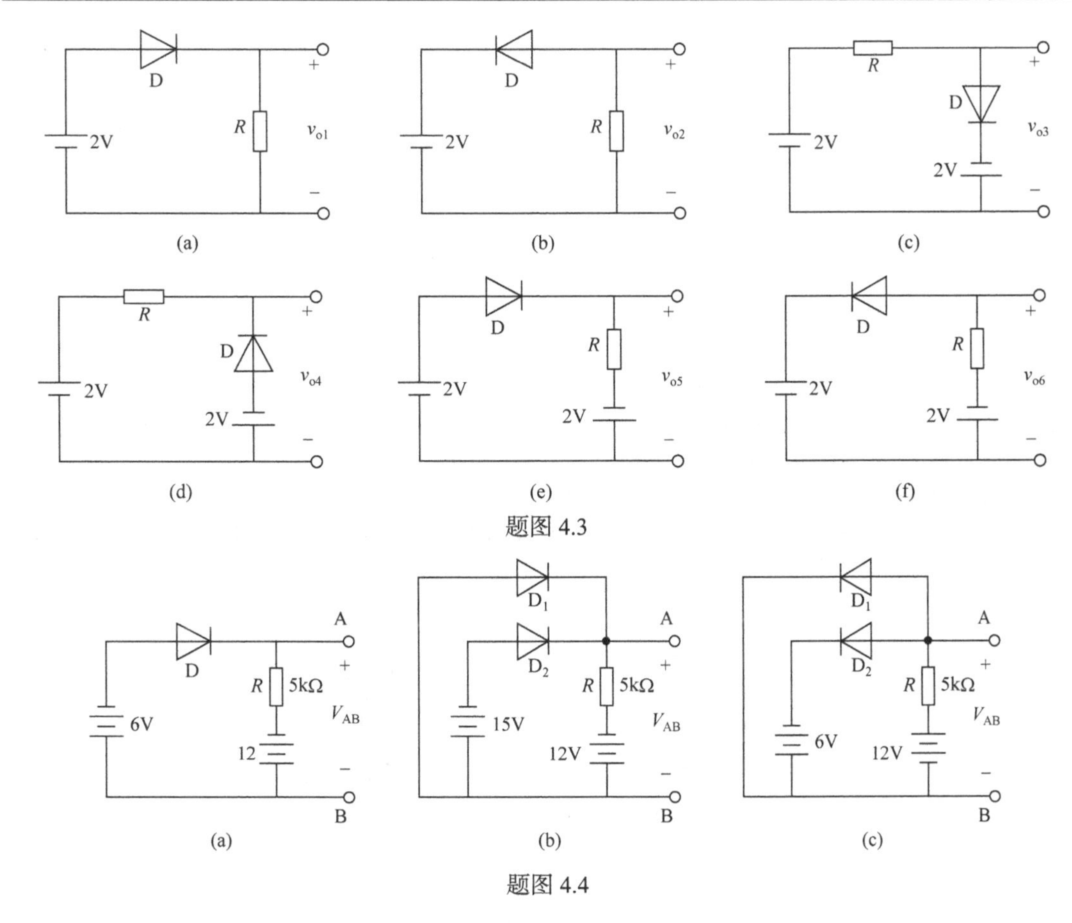

题图 4.3

题图 4.4

4.5　二极管电路如题图 4.5(a)所示，设二极管是理想的，输入电压 $v_i(t)$波形如题图 4.5(b)所示。在 $0 < t < 10\text{ms}$ 的时间间隔内，绘出 $v_o(t)$的波形。

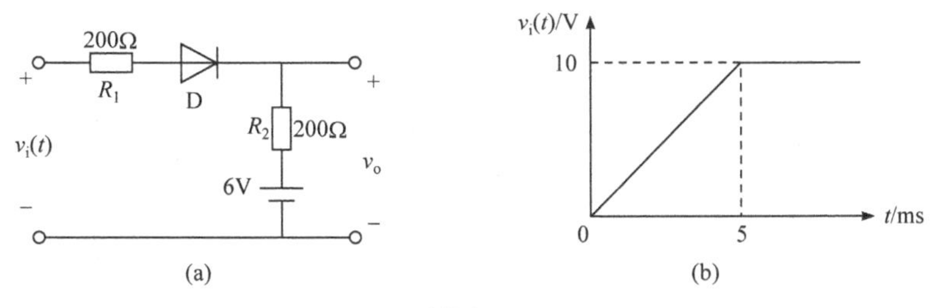

题图 4.5

4.6　电路如题图 4.6 所示，二极管的反向饱和电流 $I_S = 10^{-12}\text{A}$。要求应用式(4.2.1)推导二极管电流 I_D 和端电压 V_D 的关系式，以及计算 V_D 的方程式。

4.7　电路如题图 4.7 所示，二极管的反向饱和电流 $I_S = 5 \times 10^{-13}\text{A}$。要求应用式(4.2.1)推导二极管电流 I_D 和端电压 V_D 的关系式，以及计算 V_D 的方程式。

4.8　电路如题图 4.8 所示，设二极管是理想的，画出电路的电压传输特性。如果输入电压波形为 $v_i(t) = 20\sin(100\pi t)$，绘制 $v_o(t)$。用 Multisim 软件加以验证。

4.9　晶体三极管的结构是由两个背靠背的 PN 结构成的，若用两个二极管背靠背连接，是否就能合成一个三极管？

4.10　三极管的集电极和发射极是否可以对换使用？为什么？

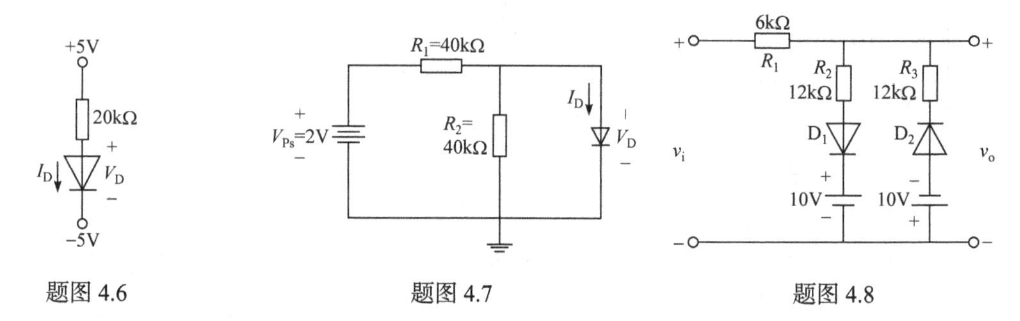

题图 4.6　　题图 4.7　　题图 4.8

4.11　在温度 20℃时某晶体管的 $I_{CBO}=2\mu A$，试问温度是 60℃时 I_{CBO} 约为多少？

4.12　有两只晶体管 A 和 B，A 管的 $\beta=200$，$I_{CEO}=200\mu A$；B 管的 $\beta=100$，$I_{CEO}=10\mu A$，其他参数大致相同。你认为应选用哪只管子？为什么？

4.13　已知 $\alpha=0.98$，计算 β 值；已知 $\beta=100$，计算 α 值。

4.14　在放大电路中测得晶体管两个电极的电流如题图 4.14 所示，分别求 BJT 的 β 值和未知电极的电流，标出其实际方向，并判断是 NPN 型晶体管是 PNP 型晶体管。

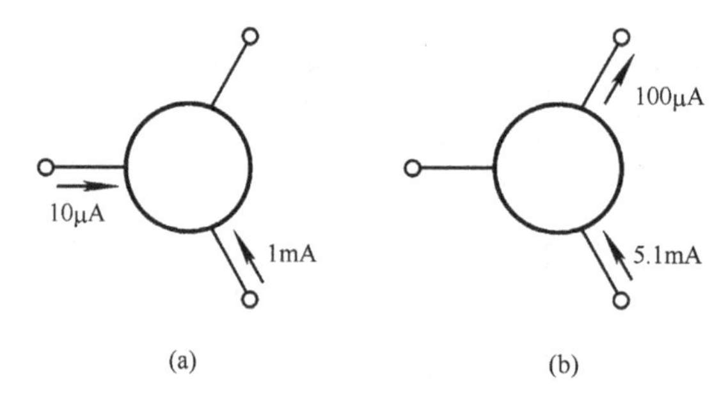

题图 4.14

4.15　在放大电路中测得六只晶体管的静态电位如题图 4.15，试判断每只管子的类型(NPN 型晶体管、PNP 型晶体管)和材料(硅管、锗管)。

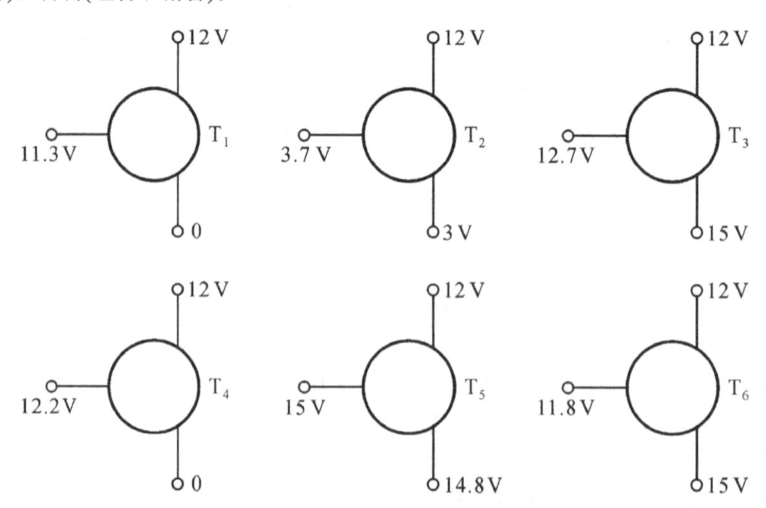

题图 4.15

4.16　电路如题图 4.16 所示，晶体管导通时基射电压 $V_{BE}=0.7V$，$V_{CES}=0.2V$，$\beta=50$。试分析 V_{BB} 为 0V、

1V、1.5V 三种情况下，T 的工作状态及输出电压 V_o 的值。用 Multisim 软件进行仿真测试。

4.17　电路如题图 4.17 所示，$V_{BE}=0.7V$，$V_{CES}=0.2V$，试问 β 大于多少时晶体管饱和？

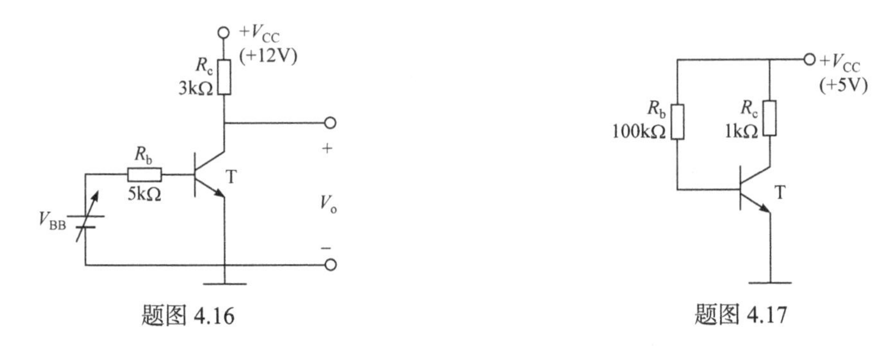

题图 4.16　　　　题图 4.17

4.18　测得三极管电路中各节点的静态电位如题图 4.18 所示，设所有的三极管和二极管均为硅管，即 $V_{on}=V_{BE}=0.7V$，$V_{CES}=0.2V$。试判断三极管分别工作在什么状态(饱和、截止、放大)。用 Multisim 软件仿真，进行数据对比。

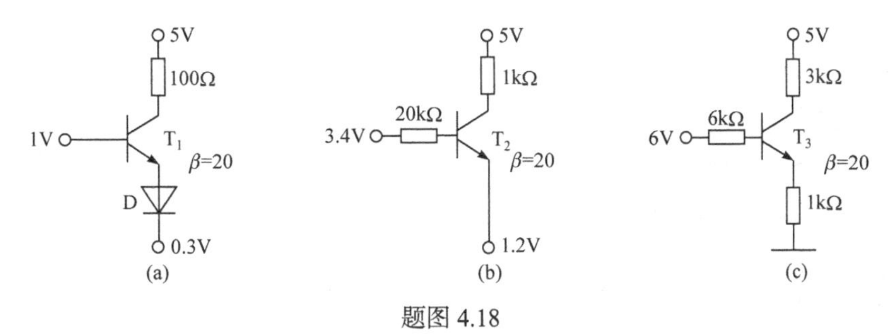

题图 4.18

4.19　分别判断题图 4.19 所示各电路中晶体管是否有可能工作在放大状态。

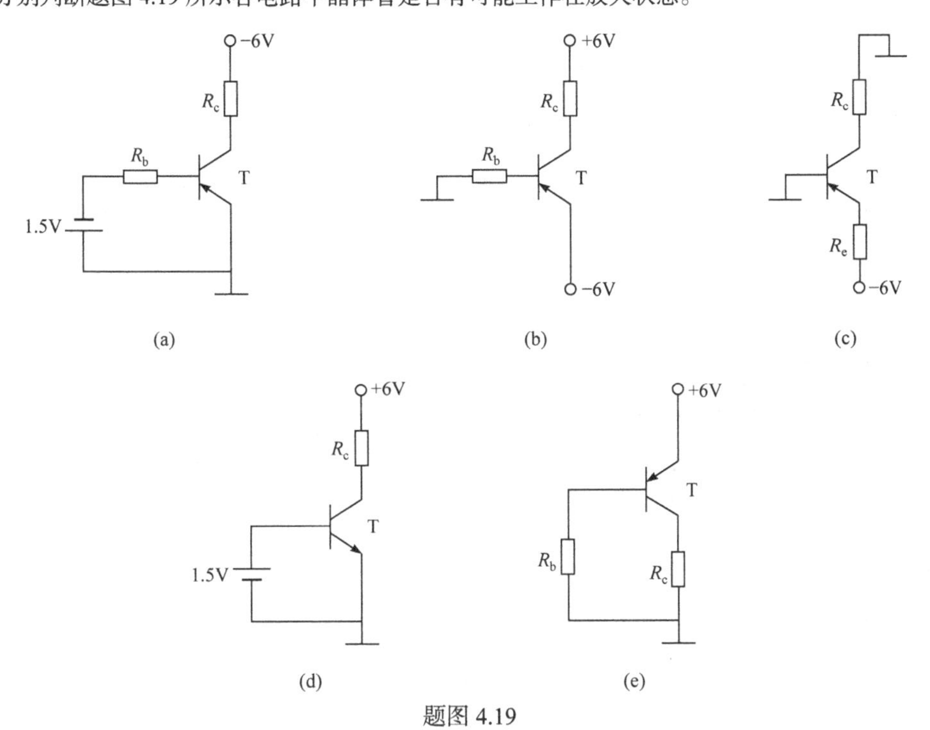

题图 4.19

4.20　在题图 4.20(a)、(b)两个电路中，设 $V_{BE}=0.7\text{V}$，$V_{CES}=0.2\text{V}$，当输入电压 v_i 分别为 0V、5V 和输入端悬空时，试计算输出电压 v_o 的数值，并指出晶体管分别工作在什么状态。用 Multisim 软件进行仿真测试。

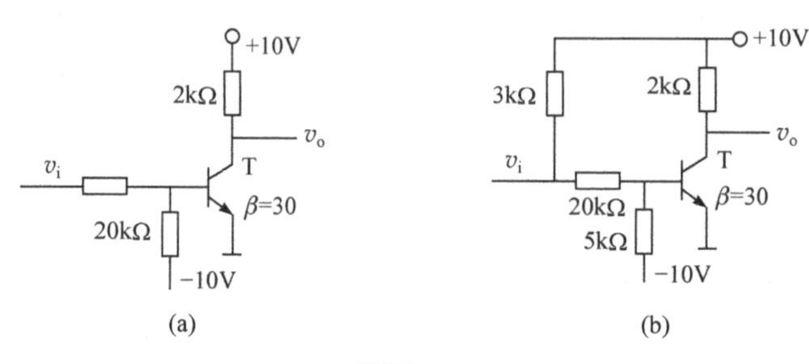

题图 4.20

4.21　已知场效应管的输出特性曲线如题图 4.21 所示，指出其类型，并画出其工作在恒流区的转移特性曲线。

4.22　在题图 4.22 所示电路中，已知场效应管的 $V_P=-5\text{V}$，问在下列三种情况下，管子分别工作在哪个状态？(1) $v_{GS}=-8\text{V}$，$v_{DS}=4\text{V}$；(2) $v_{GS}=-3\text{V}$，$v_{DS}=4\text{V}$；(3) $v_{GS}=-3\text{V}$，$v_{DS}=1\text{V}$。

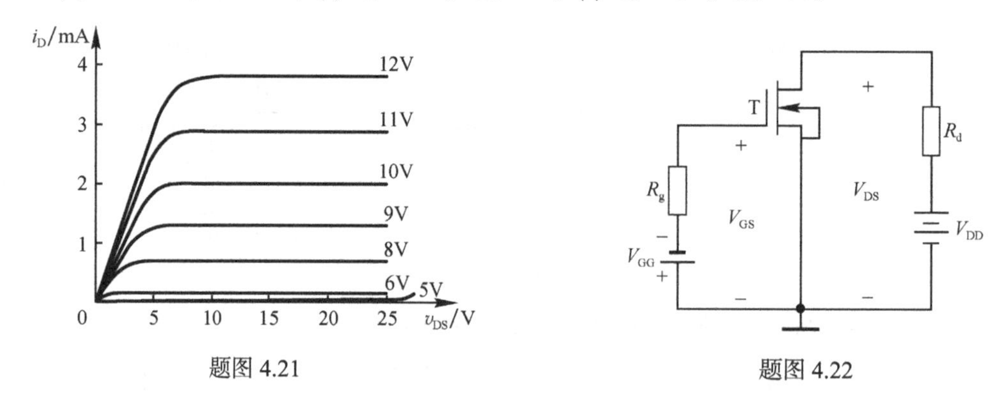

题图 4.21　　　　题图 4.22

4.23　测得某放大电路中三个 MOS 管的三个电极的电位及其开启电压 V_T 如题表 4.23 所示。试分析各管的种类以及工作状态(截止区、恒流区、可变电阻区)，并填入表内。

题表 4.23

管号	V_T/V	V_S/V	V_G/V	V_D/V	类型	工作状态
T_1	4	−4	1	4		
T_2	−4	4	3	12		
T_3	−4	6	0	6		

4.24　电路如题图 4.24 所示，设 FET 的参数为 $I_{DSS}=3\text{mA}$，$V_P=-3\text{V}$。当 R_d 取值分别为 3kΩ 和 6kΩ 时，判断 FET 的工作区，计算电流 i_D。

4.25　一个 MOSFET 的转移特性如题图 4.25 所示(漏极电流 i_D 的方向是实际方向)。

(1) 该 MOSFET 是耗尽型还是增强型？

(2) 该 MOSFET 是 N 沟道还是 P 沟道？

(3) 从这个转移特性上可求出该 MOSFET 的夹断电压 V_P 还是开启电压 V_T？求其值。

4.26　已知某场效应管的 $V_T=0.4\text{V}$，要求分析题图 4.26 所示三个电路中 MOSFET 的工作区。

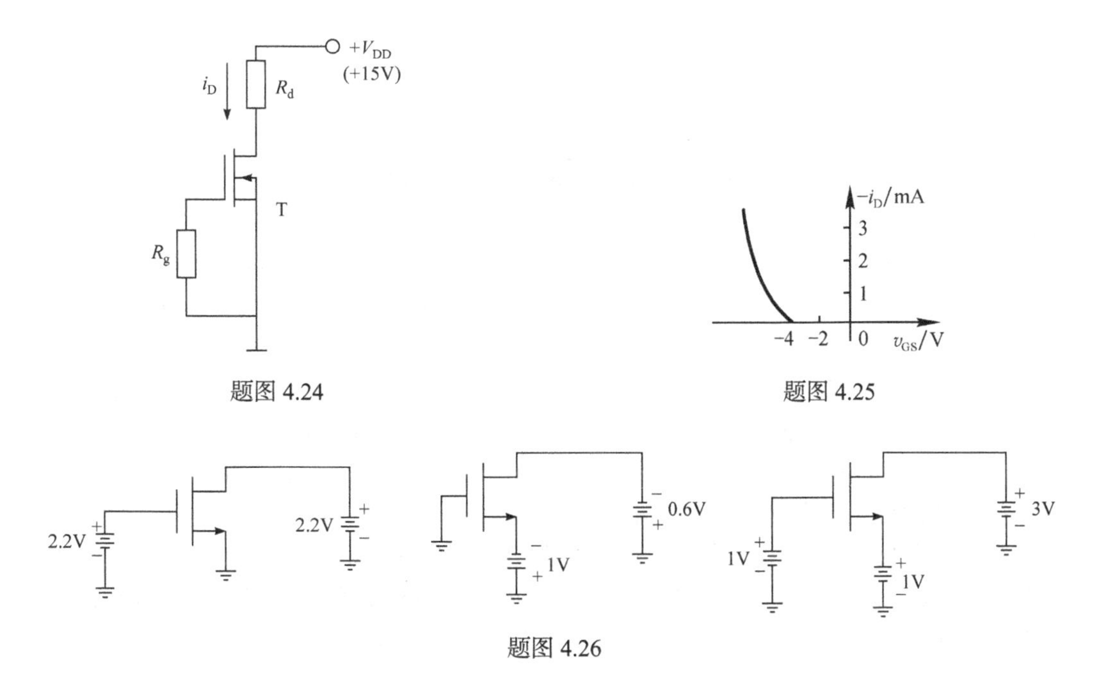

题图 4.24

题图 4.25

题图 4.26

4.27 已知某场效应管的 $V_P = -0.4V$，要求分析题图 4.27 所示三个电路中 MOSFET 的工作区。

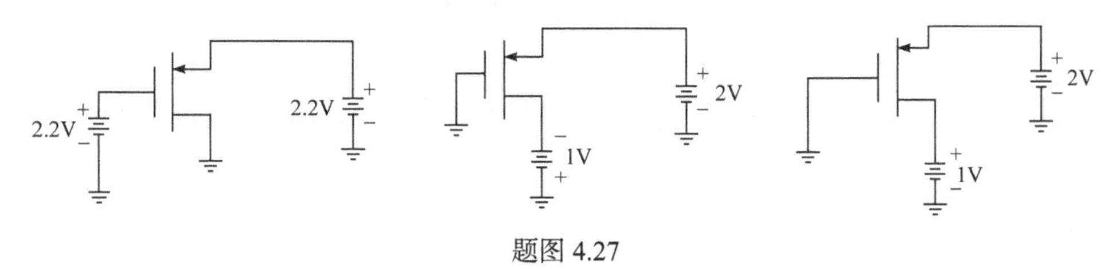

题图 4.27

4.28 题图 4.28 中的 MOSFET 可以通过合理偏置进入可变电阻区，使 LED 管发光。已知 $V_T = 0.6V$，$K' = 0.8mA/V^2$，LED 的 $V_{on} = 1.6V$。当 $V_I = 5V$ 时，计算 R_D 和 W/L 的值，满足 $I_D = 14mA$，$V_{DS} = 0.6V$。

4.29 题图 4.29 中的 MOSFET 可以通过合理偏置使 LED 管发光。已知 $V_P = -0.6V$，$K' = 0.8mA/V^2$，LED 的 $V_{on} = 1.6V$。当 $V_I = 0V$ 时，计算 R_D 和 W/L 的值，满足 $I_D = 15mA$，$V_{SD} = 0.4V$。

题图 4.28

题图 4.29

第 5 章　逻辑门电路

在数字电路中，实现输入逻辑变量与输出逻辑变量之间某种基本逻辑运算或复合逻辑运算的电路称为逻辑门电路，简称门电路，它们是构成复杂数字系统的基本单元电路。常用的逻辑门电路有与门、或门、非门、与非门、或非门、与或非门、异或门和同或门等。

逻辑门电路通常是集成电路，分为双极型和 MOS 型集成电路。双极型门电路包括集成 TTL(transistor-transistor-logic)门、ECL(emitter coupled logic)门和 IIL(integrated injection logic)门。MOS 型门电路包括 NMOS 门、PMOS 门和 CMOS(complementary MOS)门。TTL 门和 CMOS 门特性优良，是集成电路的主流产品。

本章首先介绍 TTL 非门的结构、工作原理和特性参数，再简单介绍 TTL 与非门、或非门、三态门、OC 门等的特点与功能应用，然后介绍 CMOS 门的结构、工作原理和特性参数，以及 CMOS 与非门、或非门、传输门、异或门、三态门等的特点与功能应用。

集成电路中的元器件

5.1　TTL 门电路

首先以 TTL 非门为典型电路介绍 TTL 电路的工作原理和特性，然后简述其他门电路的原理。

5.1.1　非门

1. 电路结构

TTL 逻辑电路一般由 3 级组成，即输入级、中间级和输出级。图 5.1.1 是 TTL 非门的电路图，含 5 个晶体管；且输入信号 A 和输出信号 Y 都与晶体管相连，TTL 门因此而得名。

输入级由 T_1 和 R_1 组成。

中间级由 T_2、R_2 和 R_3 组成，主要作用是从 T_2 的集电极和发射极同时输出两个相位相

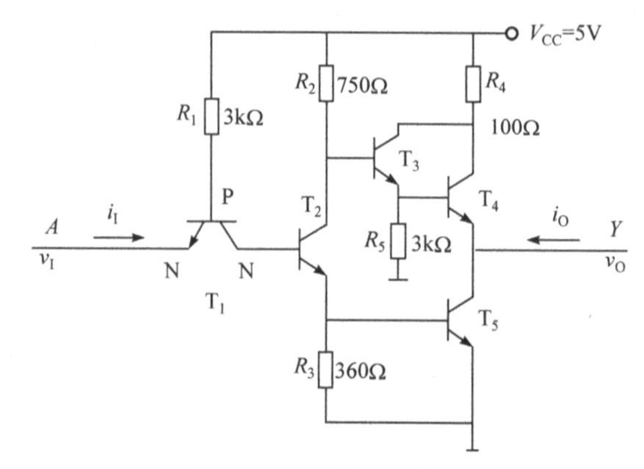

图 5.1.1　TTL 非门的电路图

反的倒相信号，分别作为 T_3 和 T_5 的驱动信号，以保证在输入逻辑信号作用下 T_4 和 T_5 之中的一个饱和导通，另一个截止，所以，中间级又称为倒相级。

输出级由 T_3、T_4、T_5、R_4 和 R_5 组成。其中 T_4 和 T_5 构成推拉式输出电路，无论输出高电平或低电平，输出级的输出电阻都很小，带负载能力强。

2. 工作原理

以下分析输入信号分别为高电平和低电平时电路的工作状态。

(1) 当输入为低电平($v_I = V_{IL} = 0.3V$)时，T_1 的发射结导通，基极电位为

$$V_{B1} = V_{IL} + V_{BE1} \approx 0.3 + 0.7 = 1(V)$$

该电位使 T_1 的集电结承受正向电压，T_1 的集电极电位为

$$V_{C1} = V_{B1} - V_{BC1} \approx 1 - 0.6 = 0.4(V)$$

该电位使 T_2、T_5 截止。T_2 的反向基极电流很小(T_1 的集电极电流)，故 T_1 处于深饱和状态。同时，由于 T_2 截止，其集电极电流近似为零，T_3 的基极电位为

$$V_{B3} \approx V_{CC} = 5V$$

该电位使 T_3 临界饱和、T_4 处于放大状态，形成射极输出器，输出电阻小，并且输出电位为

$$v_O = V_{B3} - V_{BE3} - V_{BE4} \approx 5 - 0.7 - 0.7 = 3.6(V) = V_{OH}$$

可见，当输入低电平时，输出为高电平。

(2) 当输入为高电平($v_I = V_{IH} = 3.6V$)时，电源 V_{CC} 通过 R_1 使 T_1 的集电结、T_2 和 T_5 的发射结导通，T_1 管的基极电位和集电极电位分别为

$$V_{B1} = V_{BC1} + V_{BE2} + V_{BE5} \approx 0.7 \times 3 = 2.1(V)$$

$$V_{C1} = V_{BE2} + V_{BE5} \approx 0.7 \times 2 = 1.4(V)$$

故 T_1 的发射结反偏、集电结正偏，晶体管的这种状态称为倒置状态。T_1 发射结反偏使输入电流减小(微安级)。同时，电阻 R_1 的电流为

$$I_1 = \frac{V_{CC} - V_{B1}}{R_1} = \frac{5 - 2.1}{3} \approx 1(mA)$$

该电流驱动 T_2、T_5 饱和导通，输出电位为 T_5 的饱和压降：

$$v_O = V_{CES5} \approx 0.3V = V_{OL}$$

可见，当输入高电平时，输出为低电平。低电平输出电阻近似等于 T_5 管的饱和导通电阻，很小。

同时，T_3 管的基极电位为

$$V_{B3} = V_{C2} = V_{CES2} + V_{BE5} \approx 0.3 + 0.7 = 1(V)$$

故 T_3 管的发射结导通(放大状态)。于是，T_4 管的基极电位为

$$V_{B4} = V_{C2} - V_{BE3} \approx 1 - 0.7 = 0.3(V)$$

所以，T_4 必然截止。

综上所述，图 5.1.1 电路的输入为低电平时，输出为高电平；输入为高电平时，输出为低电平。实现了逻辑非，即

$$Y = \overline{A}$$

相比由单个晶体管构成的非门电路，如图 4.3.16 所示，无论输出低电平还是高电平，TTL 非门的推拉输出级输出电阻均很小，带负载能力更强。

3. 工作速度的提高

如前所述，在输入高电平(3.6V)时，T_1 的发射结反偏，T_2、T_5 饱和导通。T_2、T_5 的基区均有超量存储电荷。当输入跳变为低电平(0.3V)时，T_1 的发射结导通，其基极电位变为 1V，且基极电流大(1.3mA)。在 T_2、T_5 退出饱和前，发射结保持导通，即 T_1 的集电极电位近似等于 1.4V。因此，输入的负跳变使 T_1 处于放大状态，并且基极电流大，导致其集电极电流很大，其正好是 T_2 管的基极反向电流，吸取 T_2 管饱和时的超量存储电荷，使 T_2 管快速脱离饱和，转换到截止状态。所以，输入级可以提高门电路的工作速度。

通常，门电路的输出端与其他器件相连。除了器件本身的输入电容外，导线还引入一定的分布电容。如果门电路的输出电阻大，则时间常数大，导致输出状态转换变慢。不过，由于 TTL 门具有推拉输出级，其输出电阻很小，与分布电容形成的时间常数小，故输出状态转换快。因此，TTL 门的推拉输出级结构可以提高门电路的工作速度，并且，输出电压波形的上升沿和下降沿都较陡，趋近于理想波形。

4. 工作特性

1) 电压传输特性

TTL 非门输出电压 v_O 随输入电压 v_I 的变化曲线，称为电压传输特性，如图 5.1.2 所示。特性曲线可分成 *ab*、*bc*、*cd*、*de* 四段。

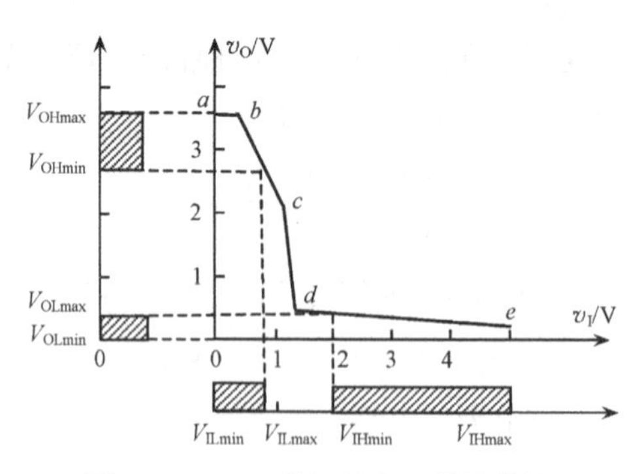

图 5.1.2　TTL 非门的电压传输特性

截止区 *ab* 段：v_I 非常小，相当于输入低电平。T_1 饱和，T_2、T_5 截止，T_3 和 T_4 组成复合管射极输出器，v_O 输出电压高，即输出高电平。

线性区 *bc* 段：v_I 增大，T_1 仍然饱和，但是 T_2 进入放大状态；T_5 仍然截止，T_3 和 T_4 仍然是射极输出器，v_O 随 v_I 线性减小。

转折区 *cd* 段：v_I 继续增大，T_1 仍然饱和，T_2、T_3 和 T_4 的状态同前，但是 T_5 由截止状

态进入放大状态。由于 T_5 集电极的等效电阻减小快，v_O 急剧减少。转折区中点输入电压定义为阈值电压 V_{th}。

饱和区 *de* 段：v_I 足够大，相当于输入高电平。T_1 处于倒置状态，T_2、T_5 饱和，T_3 为放大状态，T_4 截止。v_O 输出电压低，即输出低电平。

如图 5.1.2 所示，定义技术参数如下。

V_{ILmax}：输入低电平上限值，也称为关门电平；V_{ILmin}：输入低电平下限值；

V_{IHmax}：输入高电平上限值；V_{IHmin}：输入高电平下限值，也称为开门电平；

V_{OLmax}：输出低电平上限值，也称为标准输出低电平；V_{OLmin}：输出低电平下限值；

V_{OHmax}：输出高电平上限值；V_{OHmin}：输出高电平下限值，也称为标准输出高电平。

表 5.1.1 列出了几种 TTL 系列 2 输入与非门的技术参数典型值，以作比较。工作电压典型值均为 $V_{CC} = 5V$。

表 5.1.1　TTL 系列 2 输入与非门的典型技术参数(电压)值

参数	74S00	74LS00	74AS00	74ALS00	74F00
V_{ILmax}/V	0.8	0.8	0.8	0.8	0.8
V_{IHmin}/V	2	2	2	2	2
V_{OLmax}/V	0.4	0.5	0.4	0.4	0.5
V_{OHmin}/V	2.4	2.5	2.4	2.4	2.5

注：要求 $V_{OHmin} > V_{IHmin}$，$V_{OLmax} < V_{ILmax}$。S 表示肖特基；LS 表示低功耗肖特基；AS 表示先进肖特基；ALS 表示先进低功耗肖特基；F 表示高速肖特基。

2) 噪声容限

噪声容限表示门电路的抗干扰能力。各电路之间的连线可能引入噪声干扰，叠加在工作信号上。不过，只要叠加值不越过输入逻辑电平允许的最小值或者最大值，则输出逻辑状态不会受影响。

对于 TTL 非门，在保证输出高电平在其值域内的条件下，输入低电平允许的干扰脉冲最大幅度称为低电平噪声容限，记为 V_{NL}。同样，在保证输出低电平在其值域内的条件下，输入高电平允许的干扰脉冲最大幅度称为高电平噪声容限，记为 V_{NH}。根据传输特性可以确定噪声容限。

由传输特性可知，在 *ab* 段和 *bc* 段内，T_5 截止，输出电平近似在[2V, 3.6V]内；在 *de* 段内，T_5 饱和，输出电平近似在[0.1V, 0.5V]内。为了得到最佳的高、低电平噪声容限，本书先规定输出高、低电平的值域分别如下。

$$\text{输出高电平值域：}[V_{OHmin}, 3.6V]，\ V_{OHmin}>2V$$

$$\text{输出低电平值域：}[0.1V, V_{OLmax}]，\ V_{OLmax}<0.5V$$

如图 5.1.2 中的纵轴左侧的两个方块所示。通常，输出高电平 V_{OH} 泛指输出电压在高电平值域内的任意值，输出低电平 V_{OL} 泛指输出电压在低电平值域内的任意值。

再由传输特性确定输入高、低电平的值域如下。

$$\text{输入低电平值域：}[0.0V, V_{ILmax}]$$

$$\text{输入高电平值域：}[V_{IHmin}, 5.0V]$$

如图 5.1.2 中的横轴下方的两个方块所示。其中，V_{ILmax} 是对应于输出电平为 V_{OHmin} 的输入电平，也称为关门电平(T_5截止)；V_{IHmin}是对应于输出电平为V_{OLmax}的输入电平，也称为开门电平(T_5饱和)。通常，输入高电平V_{IH}泛指输入电压在高电平值域内的任意值，输入低电平V_{IL}泛指输入电压在低电平值域内的任意值。

一个门的输出常常是下一级门的输入，如图 5.1.3 所示。图中G_1门的输出作为G_2门的输入。为了保证G_2门的输出在高电平的值域内，G_2门输入低电平允许的干扰脉冲幅度，即噪声容限为

$$V_{NL} = V_{ILmax} - V_{OLmax} \tag{5.1.1}$$

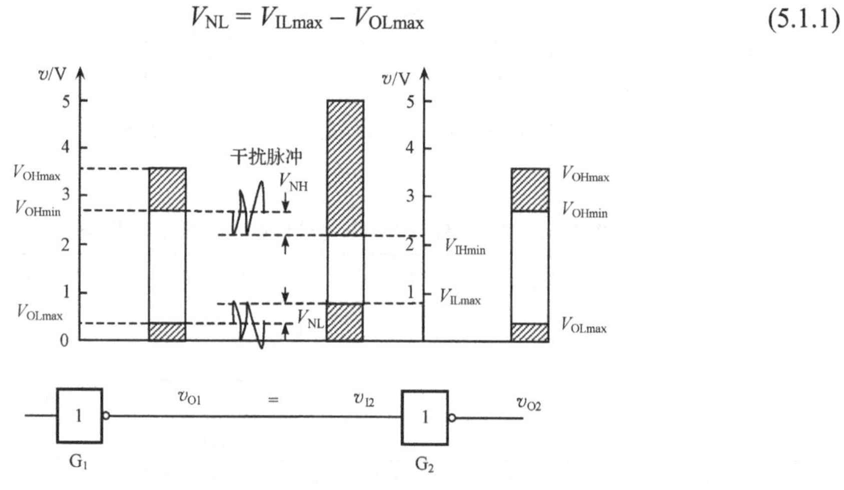

图 5.1.3　TTL 非门的输入噪声容限

同样，为了保证G_2门的输出在低电平的值域内，G_2门输入高电平允许的干扰脉冲幅度，即噪声容限为

$$V_{NH} = V_{OHmin} - V_{IHmin} \tag{5.1.2}$$

由图 5.1.3 可见两种噪声容限的计算方法。

根据传输特性曲线，适当选择V_{OLmax}、V_{ILmax}、V_{IHmin}和V_{OHmin}，获得最佳的噪声容限。

以表 5.1.1 中的 74AS 系列的 TTL 门为例，标准参数为$V_{OLmax} = 0.4V$，$V_{ILmax} = 0.8V$，$V_{IHmin} = 2.0V$，$V_{OHmin} = 2.4V$，则

$$V_{NL} = V_{ILmax} - V_{OLmax} = 0.8 - 0.4 = 0.4(V)$$

$$V_{NH} = V_{OHmin} - V_{IHmin} = 2.4 - 2.0 = 0.4(V)$$

虽然噪声容限是以非门为例说明的，但相同系列的 TTL 门的噪声容限是一致的。

3) 输入特性

为了正确地处理 TTL 门之间的连接问题，需要了解 TTL 门的输入及输出特性。输入特性分为输入伏安特性和输入负载特性。

(1) 输入伏安特性。

TTL 门输入电流与输入电压之间的关系曲线，称为输入伏安特性。图 5.1.1 非门电路的输入伏安特性如图 5.1.4 所示。

当$0 < v_I < V_{ILmax}$(即$v_I = V_{IL}$)时，图 5.1.1 中的T_1发射结导通，T_2、T_5截止，输入电流为

$$i_I = -\frac{V_{CC} - V_{IL}}{R_1} \approx -\frac{5 - 0.2}{3} = -1.6(mA) = -I_{IS}$$

其中，I_{IS}称为输入短路电流，即输入低电平最大电流I_{ILmax}。

当$V_{IHmin} < v_I < 5V$ (即$v_I = V_{IH}$)时，图 5.1.1 中的 T_1 发射结截止，T_2、T_5 饱和，其反向电流即为高电平输入电流I_{IH}，约为 40μA。

当$V_{ILmax} < v_I < V_{IHmin}$时，$i_I$随$v_I$增加，即从−1.6mA 增加至 40μA。

(2) 输入负载特性。

在 TTL 门的输入端与参考电位之间接电阻 R，输入电压 v_I 与电阻 R 之间的关系称为输入负载特性。图 5.1.1 非门电路的输入负载特性如图 5.1.5 所示。

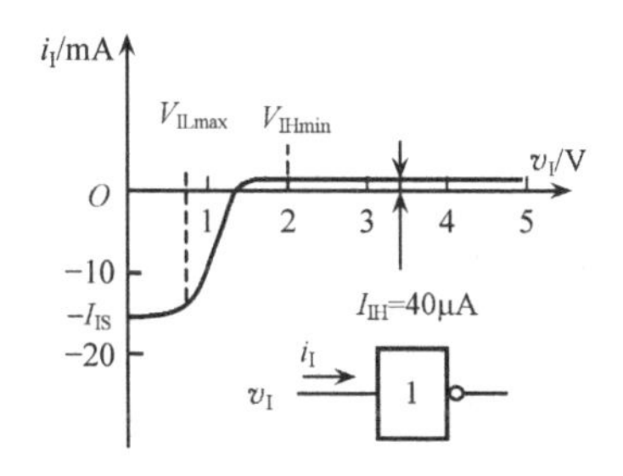

图 5.1.4　非门的输入伏安特性

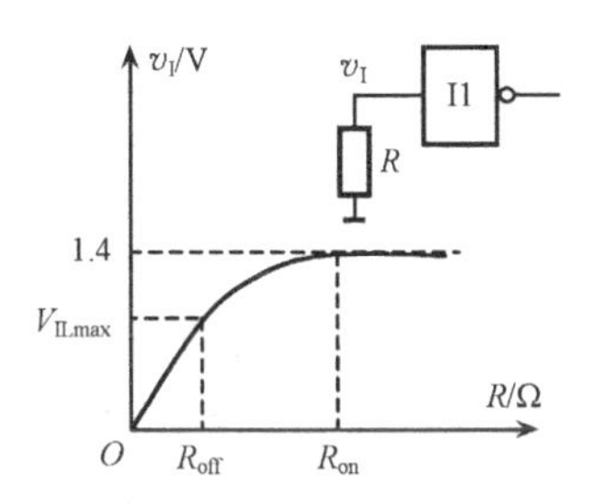

图 5.1.5　非门的输入负载特性

当 R 很小，使$v_I < V_{ILmax}$时，图 5.1.1 中的 T_1 发射结导通，T_2、T_5 截止。输入电压为

$$v_I = \frac{(V_{CC} - V_{BE1})R}{R + R_1} = \frac{4.3R}{R + 3k\Omega} \tag{5.1.3}$$

对应于$v_I = V_{ILmax} = 0.8V$的电阻，称为关门(T_5截止)电阻 R_{off}:

$$R_{off} = \frac{V_{ILmax} / (V_{CC} - V_{BE1})}{1 - V_{ILmax} / (V_{CC} - V_{BE1})} R_1 = \frac{0.8 / (5 - 0.7)}{1 - 0.8 / (5 - 0.7)} \times 3 = 0.68(k\Omega) \tag{5.1.4}$$

即当$v_I < V_{ILmax}$时，$R \ll R_1$。由式(5.1.3)可知，v_I随 R 线性增加。

当$R > R_{on} = 2.0k\Omega$时，由式(5.1.3)可知，$v_I > 1.7V$。故图 5.1.1 中的 T_1 集电结导通，T_2、T_5 饱和导通，形成与 R 并联的导通支路，限制了v_I的增长，使v_I= 1.4V，基本保持不变。由于$R > R_{on} = 2.0k\Omega$时，T_5 饱和导通，故称 R_{on} 为开门电阻。

综上所述，当$R < R_{off}$时，非门输出高电平，即等效输入为低电平(逻辑 0)；当$R > R_{on}$时(包括 $R\to\infty$，即输入端悬空)，非门输出低电平，即等效输入为高电平(逻辑 1)。

4) 输出特性

TTL 门总会和其他电路相连，即带负载工作，通常要求电路无负载效应，即输出与负载值基本无关。负载电流与输出电压的关系曲线称为输出特性。输出特性通常与输出级有关，正常情况下，TTL 门输出只是低电平或高电平，所以，分低电平输出特性和高电平输出特性加以分析讨论。

(1) 低电平输出特性。

当非门(图 5.1.1)输入高电平(即$v_I = V_{IH}$)时，输出低电平。此时，T_4 截止，T_2、T_5 饱和导通，等效电路如图 5.1.6 所示。T_5 吸入负载电流，称为灌电流，驱动浮地负载。由于 T_5 饱和，其集射极之间的等效电阻小(大约 20Ω)，且基本不变，故输出电压 v_{OL} 随负载电流 i_L 增加(因负载 R_L 减小)而近似线性增加，低电平输出特性如图 5.1.7 所示。

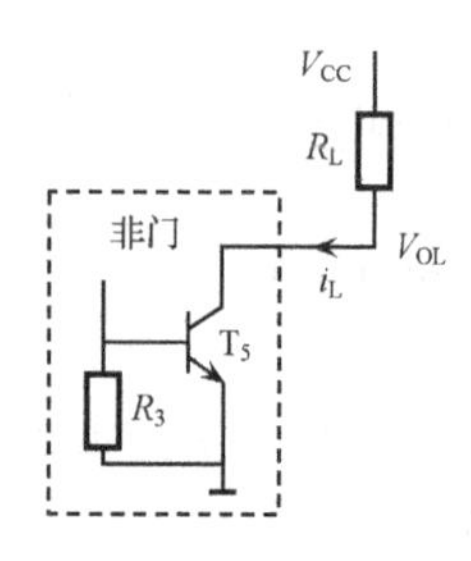

图 5.1.6　非门的低电平输出等效电路

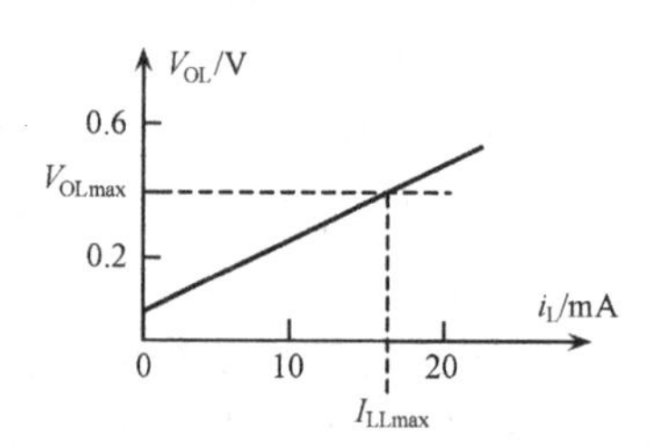

图 5.1.7　非门的低电平输出特性

这里，定义技术参数 I_{LLmax} 为低电平输出电流上限值。

(2) 高电平输出特性。

当非门(图 5.1.1)输入低电平(即 $v_{\mathrm{I}}=V_{\mathrm{IL}}$)时，输出为高电平。此时，$\mathrm{T}_2$、$\mathrm{T}_5$ 截止，T_3、T_4 组成射极输出器，等效电路如图 5.1.8 所示。T_4 向负载输出电流，称为拉电流，驱动接地负载。

高电平输出特性如图 5.1.9 所示。当负载电流较小(R_{L} 大)时，由于射极输出器输出电阻小，输出电压基本不变。当负载电流较大(R_{L} 小)时，R_4 上的电压较大，使 T_3、T_4 饱和，故输出电压基本上随负载电流 i_{L} 增大(因负载 R_{L} 减小)而近似线性下降。

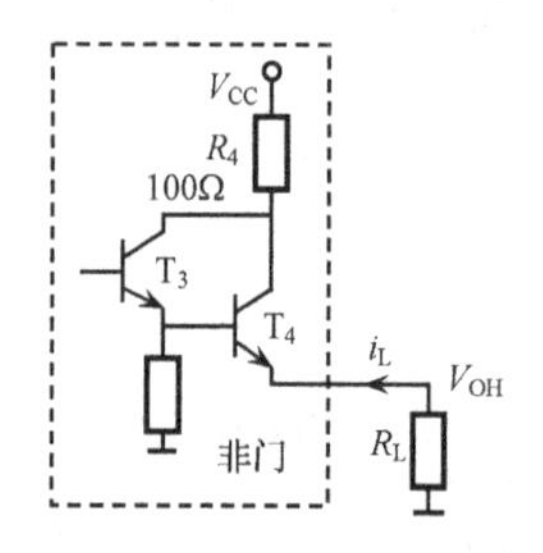

图 5.1.8　TTL 门高电平输出等效电路

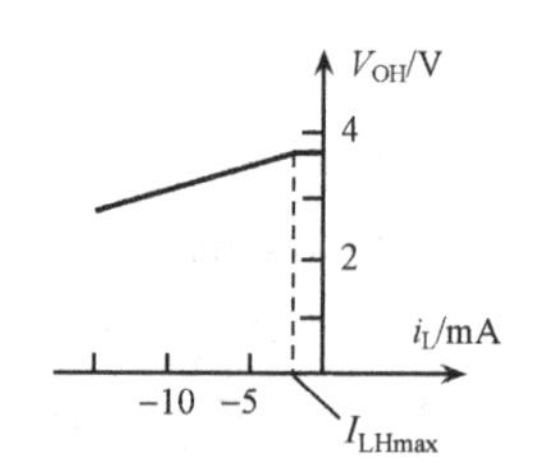

图 5.1.9　TTL 门的高电平输出特性

注意：由于 T_4 的允许功耗小，其最大允许电流约为 0.4mA，即 I_{LHmax}=0.4mA。这里，定义技术参数 I_{LHmax} 为高电平输出电流上限值。

表 5.1.2 列出了几种 TTL 系列 2 输入与非门的技术参数，以作比较。工作电压均为典型值 $V_{\mathrm{CC}}=5\mathrm{V}$。

表 5.1.2　TTL 系列 2 输入与非门的典型技术参数(电流)值

参数	74S00	74LS00	74AS00	74ALS00	74F00
I_{ILmax}/mA	2	0.4	0.5	0.1	0.6
I_{IHmax}/μA	50	20	20	20	20
I_{LLmax}/mA	20	8	20	8	20
I_{LHmax}/mA	1.0	0.4	2.0	0.4	1.0

可见，要求 $I_{\mathrm{LHmax}}>I_{\mathrm{IHmax}}$，且 $I_{\mathrm{LLmax}}>I_{\mathrm{ILmax}}$。

5) 扇出系数

除了直接驱动负载外，TTL 门常常驱动相同系列的 TTL 门，如图 5.1.10 所示。驱动相同系列的 TTL 门的个数称为扇出系数，记为 N。

当驱动门 G_1 输出低电平时，负载门的输入电流近似等于输入短路电流 I_{IS}(图 5.1.4)。如果 G_1 吸入的低电平最大电流为 I_{LLmax}(图 5.1.7)，则驱动负载门的最大个数为

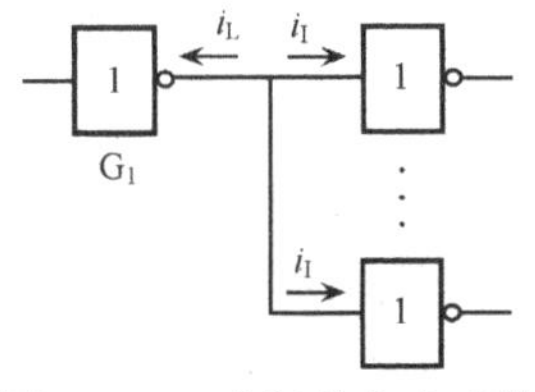

图 5.1.10　非门的扇出系数

$$N_L = \frac{I_{LLmax}}{I_{IS}} \tag{5.1.5}$$

当驱动门 G_1 输出高电平时，负载门的输入电流近似等于高电平输入电流 I_{IH}(图 5.1.4)。如果 G_1 输出的高电平最大电流为 I_{LHmax}(图 5.1.9)，则驱动负载门的最大个数为

$$N_H = \frac{I_{LHmax}}{I_{IH}} \tag{5.1.6}$$

在输入信号的作用下，驱动门可随机输出高电平或低电平，式(5.1.5)和式(5.1.6)必须同时满足。所以，扇出系数 N 的取值如下：

$$N = \min\{N_H, N_L\} = \min\left\{\frac{I_{LHmax}}{I_{IH}}, \frac{I_{LLmax}}{I_{IS}}\right\} \tag{5.1.7}$$

由 TTL 门的输入特性、输出特性和功耗限制，可求出扇出系数。例如，查表 5.1.2，74LS00 门电路的参数：$I_{ILmax} = 0.4\text{mA}$，$I_{IHmax} = 0.02\text{mA}$，$I_{LLmax} = 8\text{mA}$，$I_{LHmax} = 0.4\text{mA}$，则

$$N = \min\left\{\frac{I_{LHmax}}{I_{IHmax}}, \frac{I_{LLmax}}{I_{ILmax}}\right\} = \min\left\{\frac{0.4}{0.02}, \frac{8}{0.4}\right\} = 20$$

因 TTL 门的高电平输入电流小，故高电平输出电流也很小；因 TTL 门的低电平输入电流大，故低电平输出电流也很大。

6) 传输延迟时间

如 4.1.1 节所述，由于 PN 结的电荷存储效应，晶体管的开关状态转换不是立刻完成的，因此，输入信号引起门电路的输出信号状态转换也需要时间。表征状态转换快慢的参数就是传输延迟时间。图 5.1.11 形象地表示了非门的传输延迟时间。

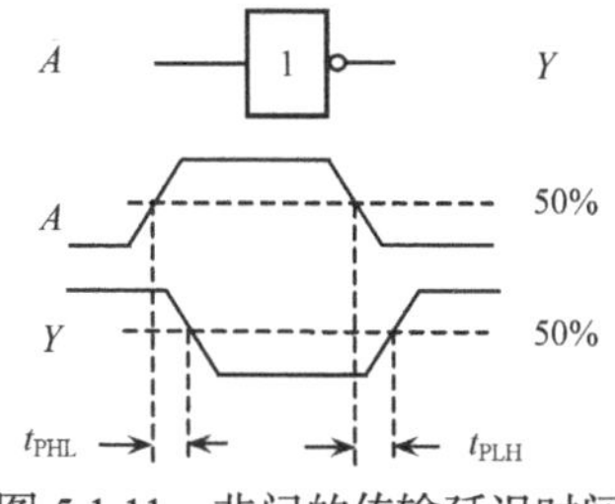

图 5.1.11　非门的传输延迟时间

(1) 输出高电平转换为低电平的传输延迟时间 t_{PHL}：定义为从输入上升沿幅值的 50%对应的时刻起，到输出下降沿幅值的 50% 对应的时刻止所需的时间。在 t_{PHL} 期间，T_5 管由截止转换到饱和，主要对应于 T_5 管的开通时间。

(2) 输出低电平转换为高电平的传输延迟时间 t_{PLH}：定义为从输入下降沿幅值的 50%对应的时刻起，到输出上升沿幅值的 50% 对应的时刻止所需的时间。在 t_{PLH} 期间，T_5 管由饱和转换到截止，主要对应于 T_5 管的关断时间，所以，t_{PLH} 大于 t_{PHL}。

(3) 平均传输延迟时间 t_{pd}：定义为

$$t_{pd} = \frac{t_{PHL} + t_{PLH}}{2} \tag{5.1.8}$$

例如，74 系列 TTL 门的传输延迟时间参数是 $t_{PHL} = 8\text{ns}$，$t_{PLH} = 12\text{ns}$，$t_{pd} = 10\text{ns}$。通常，TTL 门的传输延迟时间为纳秒级。

7) 动态尖峰电流

输出正常逻辑电平时(稳态)，TTL 门输出级的 T_4 和 T_5 总是一个导通，另一个截止，电源与地之间呈现较大的等效电阻，电源输出电流小。例如，74 系列 TTL 门的电源电流约为 5mA。

在输出状态转换过程中(动态)，T_4 和 T_5 会同时导通。例如，当输出由低电平向高电平转换时，由于 T_5 的关断时间大于 T_4 的导通时间，在 T_5 关断时间的后期，T_4 和 T_5 会同时导通。电源与地之间的等效电阻比稳态低很多，电源电流大，该电流称为动态尖峰电流。例如，74 系列 TTL 门的动态尖峰电流约为 40mA。

动态尖峰电流是数字电路内部的脉冲干扰源之一，抑制方法是在电源与地间并联一个微法级或皮法级的电容，由电容泄放掉动态尖峰电流。

8) 功耗

TTL 门的平均功耗，简称功耗，即电源电压乘以电源输出的平均电流。74 系列 TTL 门的平均功耗约为 10mW。

9) 延时功耗积

性能好的门电路工作速度快且功耗小，但是门电路的传输延迟时间和功耗是相互矛盾的。因此，常用功耗和传输延迟时间的乘积来全面评价门电路性能的优劣。延迟功耗积越小，电路的综合性能越好。74 系列 TTL 门的延迟功耗积为 100ns · mW。

5.1.2　TTL 与非门/或非门/与或非门

TTL 逻辑可以实现各种逻辑功能的门。本节仅介绍与非门、或非门和与或非门。

1. 与非门

图 5.1.12 是 TTL 与非门的电路原理图。同非门电路(图 5.1.1)比较可知，仅 T_1 改为多发射极晶体管。T_1 等效为 2 个晶体管，电极的连接关系如图 5.1.12(b)所示，其基极、集电极分别连在一起，每个发射极则作为信号输入端。输入级(T_1 和 R_1)等效为二极管与门，如图 5.1.12(c)所示，即 $X = AB$。

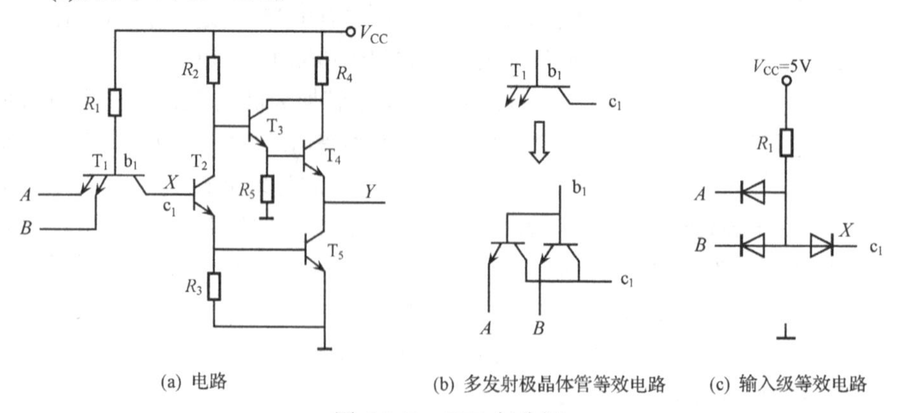

(a) 电路　　(b) 多发射极晶体管等效电路　　(c) 输入级等效电路

图 5.1.12　TTL 与非门

当 A、B 都是高电平时，T_1 的 2 个发射结都截止，T_2、T_5 饱和，输出低电平；当 A、B 中任何一个为低电平时，T_1 中与低电平相连的发射结导通，T_2、T_5 截止，输出高电平；电路实现与非逻辑，即 $Y = \overline{AB}$。

通过增减多发射极晶体管 T_1 的发射极数可增减与非门的输入信号数。例如，如果仅有一个发射极，则电路为 TTL 非门，$Y=\overline{A}$；如果 T_1 有 3 个发射极，则电路变化为 3 输入 TTL 与非门，即 $Y=\overline{ABC}$。

2. 或非门

图 5.1.13 是 TTL 或非门的电路原理图。和非门电路(图 5.1.1)比较可知，该电路增加了 R_1'、T_1' 和 T_2'，它们的作用与 R_1、T_1 和 T_2 相同。

仅当 A、B 都是低电平时，T_1 和 T_1' 都饱和导通，T_2、T_2' 和 T_5 截止，T_3 和 T_4 导通，输出高电平；当 B 为高电平、A 为低电平时，T_1' 倒置，T_2'、T_5 饱和，T_3 和 T_4 截止，输出低电平。同理，当 A 为高电平、B 为低电平时，T_1 倒置，T_2、T_5 饱和，T_3 和 T_4 截止，输出低电平；当 A 和 B 都为高电平时，T_1 和 T_1' 都倒置，T_2、T_2'、T_5 饱和，仍然输出低电平。电路实现或非逻辑，即 $Y=\overline{A+B}$。

3. 与或非门

图 5.1.14 是 TTL 与或非门的电路原理图。同或非门电路比较可知，T_1' 和 T_1 改为多发射极晶体管，分别实现 $X=AB$、$Z=CD$。所以，$Y=\overline{X+Z}=\overline{AB+CD}$。

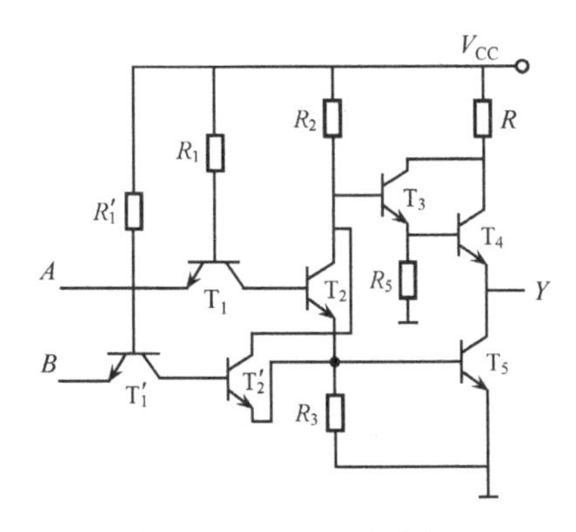

图 5.1.13　TTL 或非门

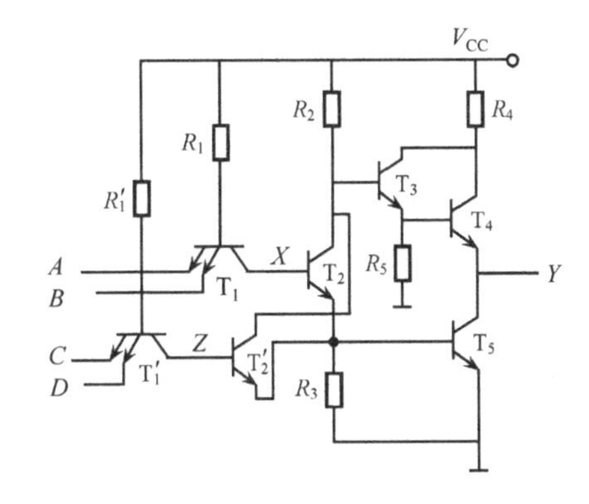

图 5.1.14　TTL 与或非门

综上所述，以上 TTL 门电路仍然由输入级、中间级和输出级组成。输入级通常是多发射极晶体管，输出级则是推拉式输出电路。以上 TTL 门电路的输入特性和输出特性与非门电路的特性类似，不再赘述。

5.1.3　TTL 集电极开路门和三态门

1. 集电极开路门

在实际应用中，有时要求将门电路的输出端并联使用以扩展功能。为此，设计制造了集电极开路门(open collector gate)，简称 OC 门。

若将两个普通 TTL 门的输出端简单地连接起来，将导致门电路烧坏。以 TTL 与非门为例，2 个与非门输出端相连的电路如图 5.1.15 所示。当 $AB=0$，$CD=1$ 时，左边 G_1 门的 T_4 导通、T_5 截止；右边 G_2 门的 T_4 截止、T_5 饱和导通。这时，电源经 $T_3(G_1)$-$T_4(G_1)$-$T_5(G_2)$-地形成低阻通路，电源输出电流过大，极可能烧坏 G_1 门的 T_4 管，导致此电路不能正常工作。

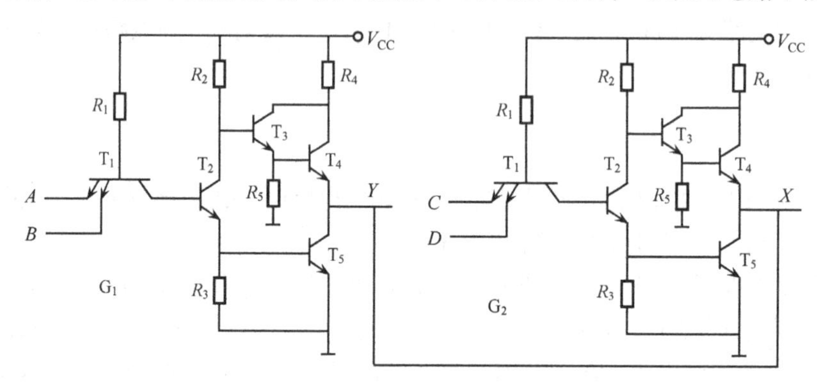

图 5.1.15　TTL 与非门并联导致电路烧坏

OC 与非门如图 5.1.16(a)所示，输出级去掉了元件 R_4、R_5、T_3 和 T_4。当 OC 门正常工作时，必须外接电阻 R。分析可知，电路仍能实现与非逻辑功能，即 $Y=\overline{AB}$。OC 与非门的逻辑符号如图 5.1.16(b)所示，符号“◇”表示集电极开路。

OC 与非门输出端可以相互连接，如图 5.1.17 所示。分析可知，仅当两个 OC 门输出均为高电平时，Y 才为高电平，因此，OC 门的输出端相连接实现了逻辑与，简称线与。写出逻辑表达式如下：

$$Y=\overline{AB}\cdot\overline{CD}=\overline{AB+CD}$$

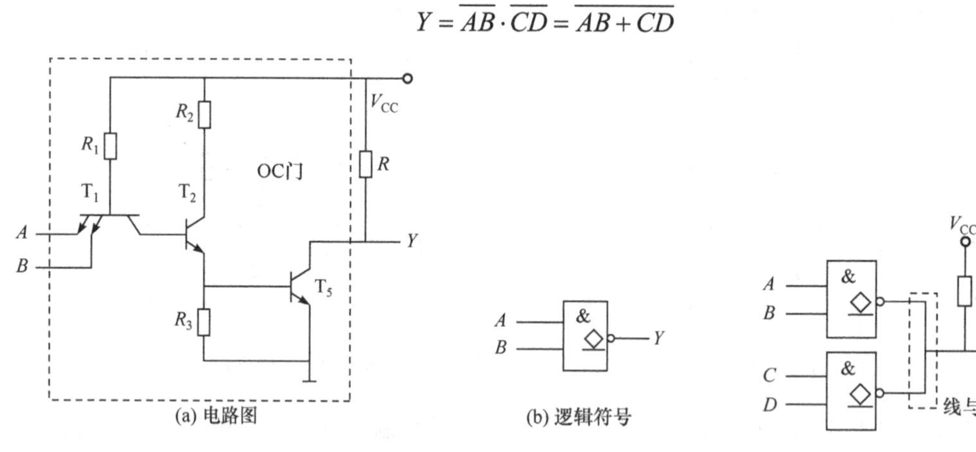

图 5.1.16　OC 与非门　　　　图 5.1.17　OC 与非门的线与

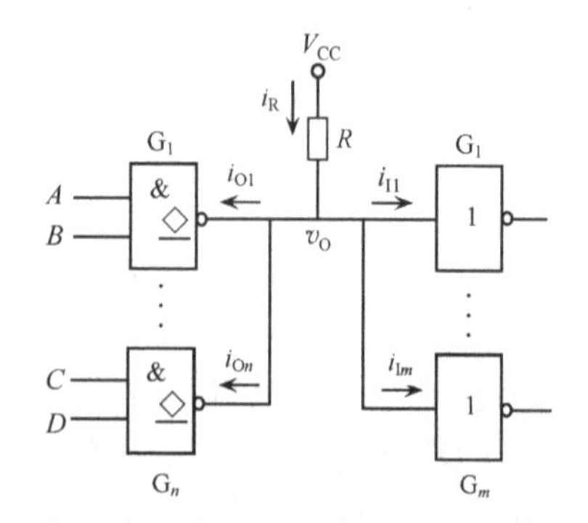

图 5.1.18　OC 与非门外接电阻的计算

外接电阻 R 是 OC 门正确使用的关键。必须考虑 OC 门本身吸入的电流和驱动的负载门数。示例电路如图 5.1.18 所示，设 n 个 OC 门输出相连接，驱动 m 个反相器。外接电阻 R 必须保证 OC 门输出正常的高电平和低电平。为简化分析，设 OC 门的输出电流相等，负载门的输入电流相等。

由电路得

$$v_O=V_{CC}-Ri_R=V_{CC}-R(ni_O+mi_I)$$

当所有 OC 门输出高电平时，必须保证其大于 V_{OHmin}。

此时 OC 门的输出电流为 I_{OH}(等于 T_5 管的穿透电流)，负载门输入电流为 I_{IH}，所以，有

$$v_O = V_{CC} - R(ni_O + mi_I) = V_{CC} - R(nI_{OH} + mI_{IH}) > V_{OHmin}$$

$$R < \frac{V_{CC} - V_{OHmin}}{nI_{OH} + mI_{IH}} = R_{max} \tag{5.1.9}$$

当 OC 门输出低电平时，必须保证其小于 V_{OLmax}，以及灌入一个 OC 门的电流不超过其最大允许值 I_{OLmax}。此时，负载门的输入电流近似为输入短路电流$-I_{IS}$，所以

$$v_O = V_{CC} - R(ni_O + mi_I) = V_{CC} - R(I_{OLmax} - mI_{IS}) < V_{OLmax}$$

$$R > \frac{V_{CC} - V_{OLmax}}{I_{OLmax} - mI_{IS}} = R_{min} \tag{5.1.10}$$

由于 OC 门输出高、低电平是随输入变化的，所以电阻 R 必须同时满足式(5.1.9)和式(5.1.10)。若不满足，可通过调整 n 和 m 实现。

除 OC 与非门外，其他逻辑功能的门电路同样有 OC 门，其输出级和 OC 与非门相同，故上述分析同样适合于所有 OC 门，不再赘述。不过，OC 门带负载能力比常规门差，也限制了 OC 门的开关速度。

2. 三态门

为了保持 TTL 门推拉式输出电路的优点，兼顾输出端并联，设计了三态门，简称为 TSL (tristate logic)门。三态 TTL 门的输出除了常规的高电平、低电平外，还有高阻抗状态，因此允许其输出端并联。

TSL 与非门如图 5.1.19(a)所示，在常规与非门的基础上，增加了 TSL 钳位电路。

当 EN = 1(高电平)时，TSL 钳位电路的 T_7 饱和、T_8 截止，与非门输出：

$$Y = \overline{AB \cdot \mathrm{EN}} = \overline{AB \cdot 1} = \overline{AB}$$

称为与非门使能(工作态)，故输入端 EN 称为使能输入端。

当 EN = 0(低电平)时，TSL 钳位电路的 T_7 截止，T_8 饱和，导致与非门的 T_3、T_4 和 T_5 均截止，输出电阻大，即为高阻态，记为 X。

TSL 与非门的逻辑符号如图 5.1.19(b)和(c)所示，符号“▽”表示 3 态输出端，使能端 EN 有“○”表示 EN = 0(低电平) 使能，无“○”则表示 EN=1(高电平) 使能。除 TSL 与非门外，其他逻辑功能的门电路同样有 TSL 门，不再赘述。

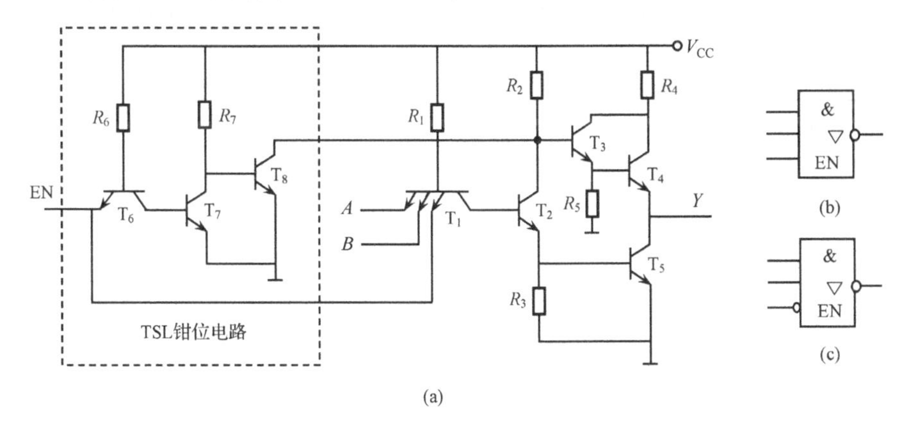

图 5.1.19　TTL TSL 与非门

在复杂数字系统(如数字计算机)中，为了减少功能电路间的互连信号线数目，常在同一组信号线(导线或其他传导介质)上分时传输信号，这样的信号线称为总线。功能电路驱动总线可采用 TSL 门，如图 5.1.20 所示。为了避免总线冲突，总线仲裁电路保证任何时刻只能有一个使能信号有效(高电平)，使能信号有效的功能电路向总线传输信息。

某些总线是双向的(如数字计算机的数据总线)，即总线可以接收功能电路的信息，也可以向功能电路输入信息。采用 TSL 门可以实现双向总线的功能，如图 5.1.21 所示。当 EN = 1 时，总线接收功能电路的信息；当 EN = 0 时，总线向功能电路输入信息。

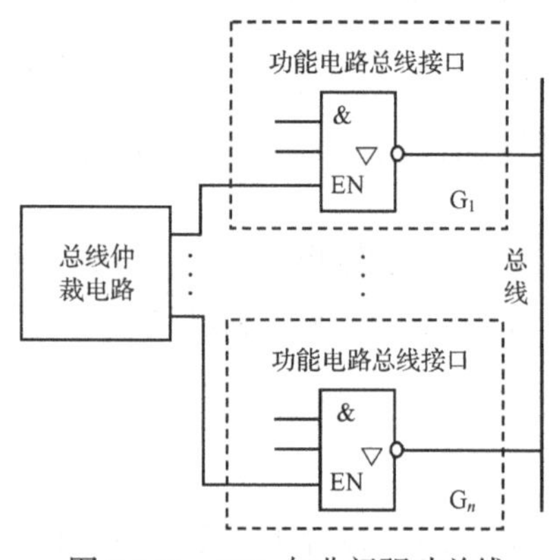

图 5.1.20　TSL 与非门驱动总线

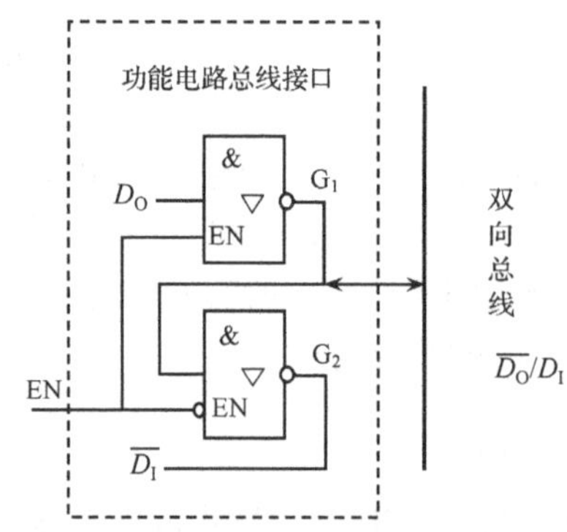

图 5.1.21　TSL 非门驱动双向总线

5.1.4　TTL 门实现逻辑函数

例 5.1.1　选用最少的 TTL 与非门电路实现异或门电路的功能。

解　74LS00 芯片的引脚图如图 5.1.22(a)所示，含有 4 个二输入与非门。

方案一：$L = A\overline{B} + \overline{A}B = \overline{\overline{A\overline{B}} \cdot \overline{\overline{A}B}}$，需要 5 个二输入与非门来实现。一片 74LS00 不够用。可见，如果不化简逻辑表达式，则至少需要两片 74LS00 才能实现异或逻辑功能。

通过对异或逻辑关系进行变换，可使用最少的二输入与非门来实现逻辑功能。

方案二：$L = A\overline{B} + \overline{A}B = A(\overline{A} + \overline{B}) + B(\overline{A} + \overline{B}) = A\overline{AB} + B\overline{AB} = \overline{\overline{A\overline{AB}} \cdot \overline{B\overline{AB}}}$，只需要 4 个二输入与非门，一片 74LS00 即可实现电路功能。

Multisim 仿真逻辑电路如图 5.1.22(b)所示，与非门符号为美国标准而非中国标准。

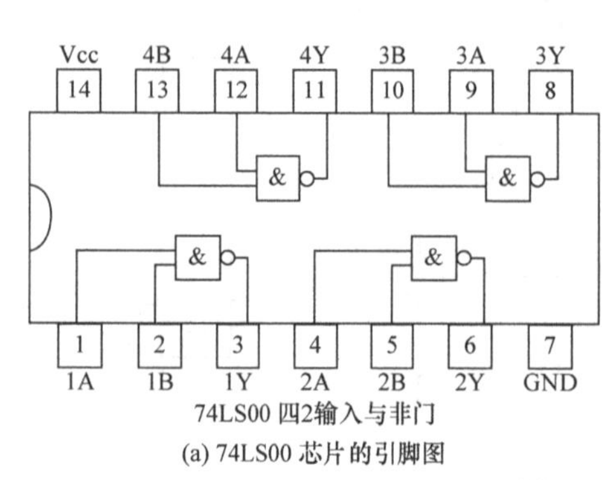

(a) 74LS00 芯片的引脚图

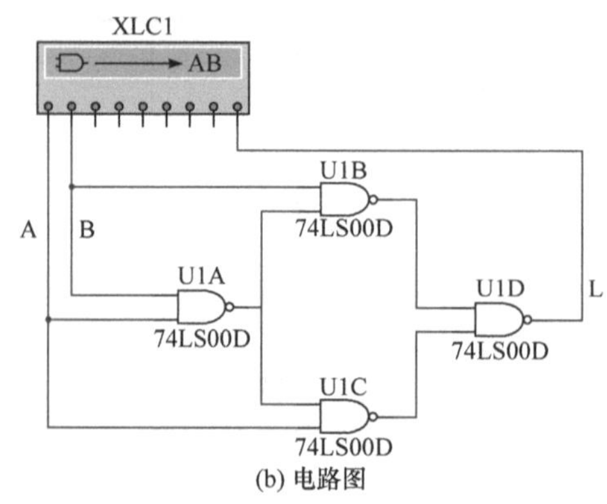

(b) 电路图

图 5.1.22　例 5.1.1 图

5.2　CMOS 门电路

CMOS 是一种常用的集成电路制造技术和逻辑家族，CMOS 技术采用了互补的 P 型和 N 型金属氧化物半导体晶体管(MOSFET)来构建电子器件和逻辑电路。CMOS 门电路的种类很多，以下主要介绍非门、与非门、或非门、传输门、三态门和异或门等的电路结构、工作原理和主要参数。

5.2.1　非门

由图 4.4.12(a)可知，由于负载电阻 R_L 的影响，仅用一个 NMOS 管构成的非门的输出电压值并非恒定值。如图 5.2.1 所示，如果用 PMOS 管代替电阻 R，则形成 CMOS 非门(即反相器)，基本解决了负载效应的问题。

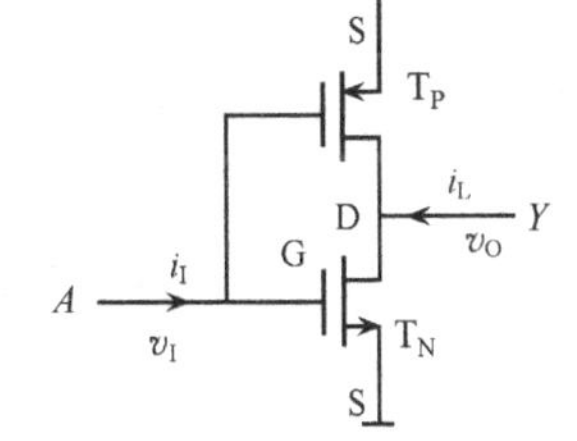

图 5.2.1　CMOS 非门电路

1. 工作原理

设 PMOS 和 NMOS 管特性对称($|V_{TP}| = V_{TN}$)，CMOS 门正常工作的条件是：电源电压大于 2 个 MOS 管开启电压的绝对值之和，即

$$V_{DD} > V_{TN} + |V_{TP}| = 2V_{TN} \tag{5.2.1}$$

如图 5.2.1 所示，列出如下表达式：

$$v_{GSN} = v_I \tag{5.2.2}$$

$$v_{GSP} = v_I - V_{DD} \tag{5.2.3}$$

$$v_O = \frac{R_N}{R_N + R_P} V_{DD} \tag{5.2.4}$$

式中，R_P 和 R_N 分别是 PMOS 管和 NMOS 管的漏极与源极间的等效电阻 R_{DS}。

当 $v_I = 0$ 时，$v_{GSN} = 0$，$v_{GSP} = -V_{DD}$，NMOS 管截止，PMOS 导通(可变电阻区)，即 $R_N > 10^8\Omega$，$R_P < 10^3\Omega$，所以，输出高电平：

$$v_O \approx V_{DD}$$

当 $v_I = V_{DD}$ 时，$v_{GSN} = V_{DD}$，$v_{GSP} = 0$，NMOS 管导通(可变电阻区)，PMOS 截止，即 $R_N < 10^3\Omega$，$R_P > 10^8\Omega$，所以，输出低电平：

$$v_O \approx 0$$

综上所述，图 5.2.1 电路实现逻辑非，即

$$Y = \overline{A}$$

静态时 NMOS 和 PMOS 总是一个导通，另一个截止，电源输出电流极小，导致功耗极小。并且，CMOS 门的电源电压工作范围宽(>$2V_T$)，通常为 3～18V。

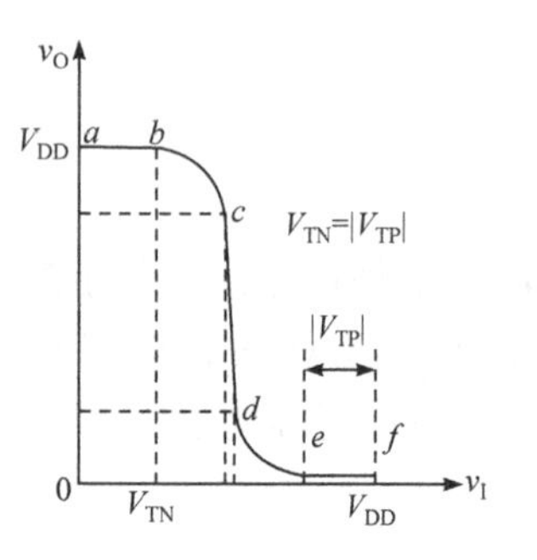

图 5.2.2　CMOS 非门的电压传输特性

2. 工作特性

1) 电压传输特性

CMOS 非门的电压传输特性如图 5.2.2 所示，反映输出电压与输入电压之间的关系。根据两管工作情况的不同，可将其电压传输特性分为五段。

ab 段：$v_I < V_{TN}$。$v_{GSN} < V_{TN}$，$V_{GSP} < V_{TP}$，因此，T_N 截止(截止区)，T_P 导通(可变电阻区)，$v_O \approx V_{DD}$。

bc 段：$V_{TN} < v_I < v_O + V_{TP}$。该区 T_N 饱和导通(恒流区)，T_P 导通(可变电阻区)。该区输出电压随输入电压的增大而减小，且减小趋势变快。

cd 段：$v_O + V_{TP} < v_I < v_O + V_{TN}$。该区 T_N 饱和导通(恒流区)，T_P 饱和导通(恒流区)。该区输出电压随输入电压陡峭变化。

de 段：$v_O + V_{TN} < v_I < V_{DD} - |V_{TP}|$。该区 T_N 导通(可变电阻区)，T_P 饱和导通(恒流区)。该区输出电压随输入电压陡峭变化。该区输出电压随输入电压的增大而继续减小，但减小趋势变缓。

ef 段：$v_I > V_{DD} - |V_{TP}|$。$v_{GSN} > V_{TN}$，$V_{GSP} > V_{TP}$，T_N 导通(可变电阻区)，T_P 截止(截止区)。因此，$v_O \approx 0$。

在 *bcd* 段：$V_{TN} < v_I < V_{DD} - |V_{TP}|$。因为 $v_{GSN} > V_{TN}$，$V_{GSP} < V_{TP}$，T_N 和 T_P 都导通，导通电阻与栅源电压的绝对值成反比。v_I 增加，使 $v_{GSN}(= v_I)$增加，R_N 减少；v_I 增加，使 $V_{GSP}(= v_I - V_{DD})$的绝对值减小，R_P 增加。由式(5.2.4)可知，v_I 增加使 v_O 减少。当 $v_I = 1/2V_{DD}$ 时，$v_{GSN} = |V_{GSP}| = 1/2V_{DD}$，因为 T_N 和 T_P 的特性对称，所以 $R_N = R_P$，$v_O = 1/2V_{DD}$，这是传输特性的中点 *c*，v_O 的变化率最大。在中点，电源到地的等效电阻最小，电源电流最大，这正是产生动态尖峰电流的原因。

综上所述，CMOS 反相器的阈值电压等于电源电压的一半，转折区电压变化率大，接近理想的开关特性。相比之下，TTL 的电压传输特性不够理想。

2) CMOS 门的噪声容限

表 5.2.1 列出了几种 CMOS 系列 2 输入与非门的技术参数典型值，以作比较。

表 5.2.1　CMOS 系列 2 输入与非门的典型技术参数值

参数	74HC00	74HCT00	74LVC00	74ALVC00	74AUC00
V_{CC}/V	4.5	4.5	2.7	2.7	2.3
V_{ILmax}/V	1.35	0.8	0.8	0.8	0.7
V_{IHmin}/V	3.15	2	2	2	1.7
V_{OLmax}/V	0.33	0.33	0.4	0.4	0.6
V_{OHmin}/V	4	4.4	2.2	2.2	1.8

以 74HC00 的 CMOS 门为例，标准参数为 $V_{OLmax} = 0.33\text{V}$，$V_{ILmax} = 1.35\text{V}$，$V_{IHmin} = 3.15\text{V}$，$V_{OHmin} = 4\text{V}$，有

$$V_{NL} = V_{ILmax} - V_{OLmax} = 1.35 - 0.33 = 1.02(\text{V})$$

$$V_{NH} = V_{OHmin} - V_{IHmin} = 4 - 3.15 = 0.85(V)$$

相比 74LS00 与非门电路，74HC00 器件的噪声容限值更大。可见，CMOS 门比 TTL 门的抗干扰能力强。

3) 输入伏安特性

增加输入保护等电路，即构成实际的 CMOS 门电路。例如，图 5.2.3 是 CC4000 系列反相器。其中 D_1 是 P 型扩散电阻 R 与 N 型衬底之间自然形成的分布二极管。设 V_{on} 是二极管的正向导通电压，则当 $-V_{on} < v_I < V_{DD} + V_{on}$ 时，二极管截止，输入电流近似等于零，MOS 管栅极电位等于输入电压；当 $v_I > V_{DD} + V_{on}$ 时，D_1 导通，输入电流等于其导通电流，MOS 管栅极电位近似等于 $V_{on} + V_{DD}$；当 $v_I < -V_{on}$ 时，D_2 导通，输入电流等于其导通电流，MOS 管栅极电位近似等于 $-V_{on}$。输入伏安特性如图 5.2.4 所示。

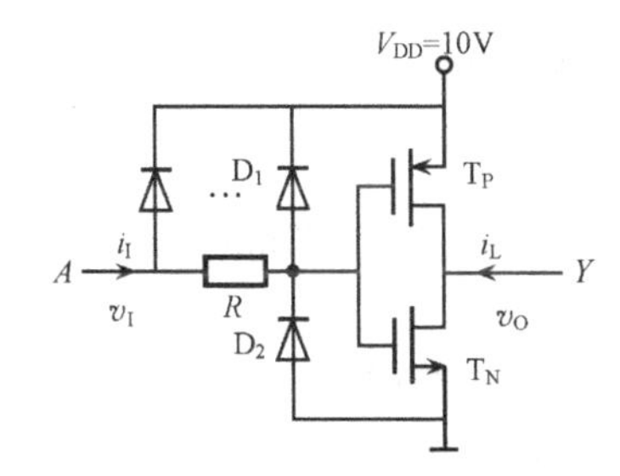

图 5.2.3　CC4000 反相器原理电路

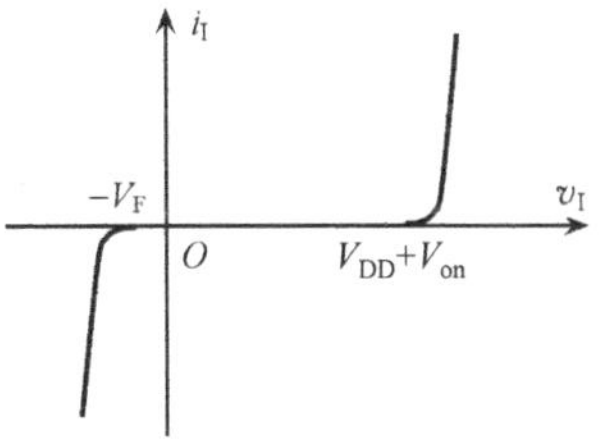

图 5.2.4　CMOS 反相器的伏安特性

因此，MOS 管栅极电位被限制在 $[-V_{on}, V_{DD} + V_{on}]$，从而保护 MOS 管的栅极 SiO_2 不被过电压击穿。由于输入电流近似为 0，所以输入端外接电阻不影响输入逻辑电平。

4) 输出特性

(1) 低电平输出特性。

当非门(图 5.2.1)输入高电平(即 $v_I = V_{DD}$)时，输出为低电平。此时，T_P 截止，R_P 很大；T_N 导通，R_N 很小。等效电路如图 5.2.5 所示。T_N 可以吸入灌电流，驱动浮地负载。要求输出低电平小于 $10\%V_{DD}$，故输出特性只是 T_N 的可变电阻区特性。

因为 $V_{OL} = v_{DS}$，$i_L = i_D$，故将 T_N 输出特性(图 4.4.13)中的纵轴、横轴交换，即可绘出低电平输出特性，如图 5.2.6 所示。当电源电压改变时，T_N 的漏源电压 v_{DS} 有变化，所以绘出了多条曲线。

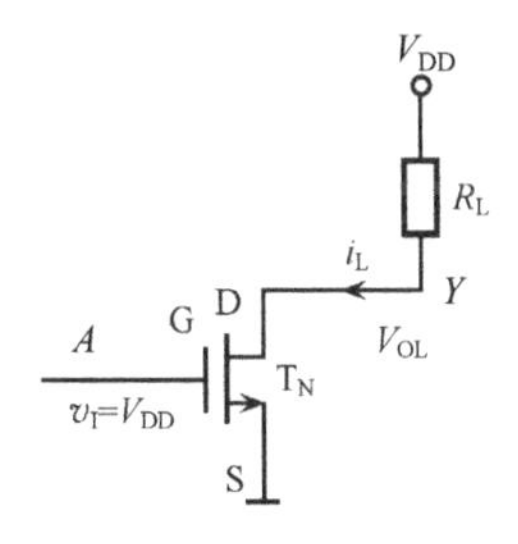

图 5.2.5　CMOS 非门的低电平输出等效电路

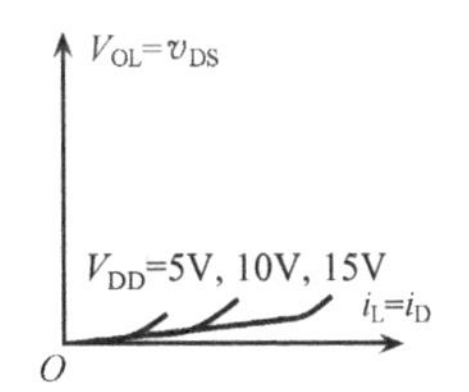

图 5.2.6　CMOS 非门的低电平输出特性

(2) 高电平输出特性。

当非门(图 5.2.1)输入低电平(即 $v_I = 0V$)时，输出为高电平。此时，T_P 导通，R_P 很小；

T_N截止，R_N很大。等效电路如图 5.2.7 所示。T_P向负载输出电流，驱动接地负载。要求输出高电平大于 $V_{DD}-10\%V_{DD}$，T_P的漏源电压很小，故输出特性只是T_P的可变电阻区特性。

因为$V_{OH}=v_{DS}+V_{DD}$，$i_L=i_D$，绘出高电平输出特性，如图 5.2.8 所示。当电源电压改变时，输出v_{OH}高电平有变化，所以绘出了多条曲线。

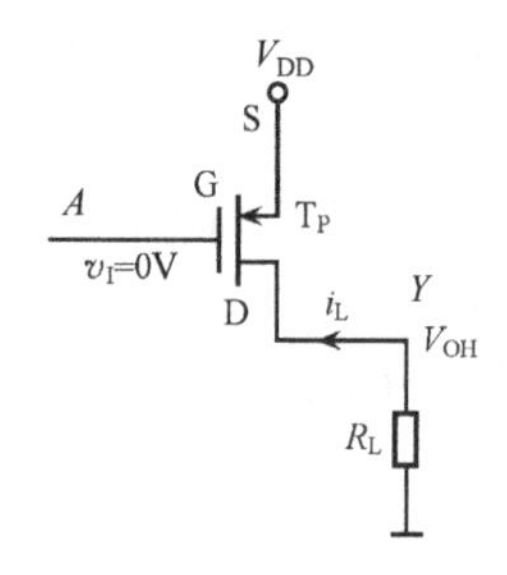

图 5.2.7　CMOS 非门的高电平输出等效电路

图 5.2.8　CMOS 非门的高电平输出特性

5) 扇出系数

由于 CMOS 门的输入电流近似为零，故其静态扇出系数很大。实际的扇出系数受系统工作速度的限制。

CMOS 门的其他特性与 TTL 门类似(只是参数不同)，不再赘述。

早期的 CMOS 门电路输出电阻比 TTL 门大，如 CC4000 系列，所以工作速度比 TTL 门慢。采用短沟道和硅栅自对准工艺，减小了 MOS 管的导通电阻和等效负载电容(MOS 管的极间电容等)，提高了 MOS 管的开关速度，例如，54HC/74HC 系列、54HCT/74HCT 系列 CMOS 门电路。它们与 CC4000 系列电路原理相似，电源电压和输出高、低电平与 TTL 兼容，工作速度达到 TTL 产品的 54LS/74LS 系列水平，品种代号也相同。

BiCMOS 集成电路

不同系列的 CMOS 门的特性比较见表 5.2.2，表中的 74BCT/54BCT 型号器件为 BiCMOS 门。对 BiCMOS 集成电路的介绍请扫描二维码学习。

表 5.2.2　不同系列 CMOS 门的特性比较

参数	CC4000/4000B	74HC/54HC	74HCT/54HCT	74BCT/54BCT
*平均传输时间 t_{pd}/ns	75	10	13	2.9
每门功耗 P/mW	0.002	1.55	1.002	0.0003～7.5
延时功耗积/(ns · mW)	0.15	15.5	13.026	0.00087～22

*测试条件：负载电容为 15pF。

5.2.2　与非门/或非门

与 TTL 逻辑一样，CMOS 逻辑同样可以实现各种逻辑功能的门(与门、或门、与非门、或非门、与或非门、异或门、同或门、漏极开路门等)。本节仅介绍与非门和或非门。由于在正常工作时，输入保护电路不影响电路的功能，所以，在以后的 CMOS 电路中略去保护电路。

1. 与非门

图 5.2.9 是 CMOS 与非门。2 个 PMOS 管 T_{P1}和 T_{P2}的漏源极并联，2 个 NMOS 管 T_{N1}

和 T_{N2} 的漏源极串联。

当输入全为高电平，即 $A=B=1$ 时，2 个 NMOS 管 T_{N1} 和 T_{N2} 导通，2 个 PMOS 管 T_{P1} 和 T_{P2} 截止，输出低电平，$Y=0$。

当输入信号有低电平，即 $A=0$，$B=0$ 或 $A=0$，$B=1$ 或 $A=1$，$B=0$ 时，栅极接低电平的 NMOS 管截止、PMOS 管导通，输出高电平，$Y=1$。

因此，$Y=\overline{AB}$。

与 2 输入与非门相同，n 输入与非门必须有 n 个 PMOS 管并联，n 个 NMOS 管串联。串联支路等效电阻增加，并联支路等效电阻减小，所以，多输入 CMOS 与非门抬高了低电平输出电位。

2. 或非门

图 5.2.10 是 CMOS 或非门。同与非门比较，2 个 PMOS 管 T_{P1} 和 T_{P2} 的漏源极串联，2 个 NMOS 管 T_{N1} 和 T_{N2} 的漏源极并联。

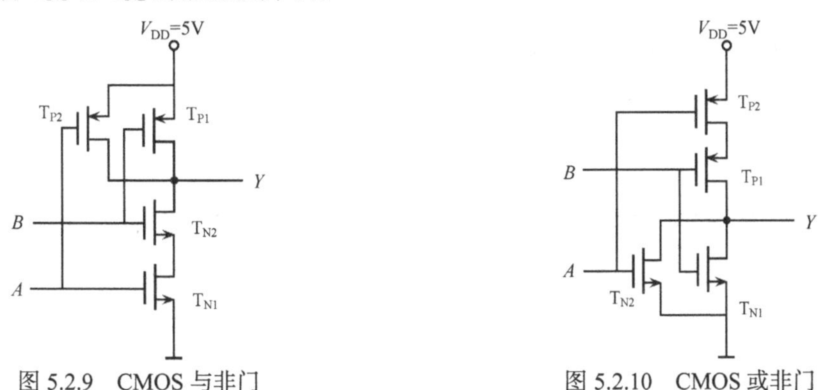

图 5.2.9　CMOS 与非门　　图 5.2.10　CMOS 或非门

当输入全为低电平，即 $A=B=0$ 时，2 个 NMOS 管 T_{N1} 和 T_{N2} 截止，2 个 PMOS 管 T_{P1} 和 T_{P2} 导通，输出高电平，$Y=1$。

当输入有高电平，即 $A=0$，$B=1$ 或 $A=1$，$B=0$ 或 $A=1$，$B=1$ 时，栅极接高电平的 NMOS 管导通、PMOS 管截止，输出低电平，$Y=0$。

因此，$Y=\overline{A+B}$。

与 2 输入或非门相同，n 输入或非门必须有 n 个 PMOS 管串联，n 个 NMOS 管并联。串联支路等效电阻增加，并联支路等效电阻减小，所以，多输入 CMOS 或非门会降低高电平输出电位。

为了弥补多输入 CMOS 门电路抬高/降低输出电位的缺点，可在输入端和输出端增设一级反相器(非门)加以缓冲，不过函数的逻辑关系式需要加以调整。例如，考虑到 1 级 2 输入与非门的输出低电平会抬高至 1 级非门的 2 倍，调整逻辑表达式 $Y=\overline{AB}=\overline{\overline{\overline{A}+\overline{B}}}$，即总计采用 3 个非门缓冲和 1 级或非门来实现此 2 输入与非门的功能，且保证了输出低电平不变。

5.2.3　传输门/三态门/异或门

1. 传输门

门电路只能将数字信号从输入端传递到输出端，而传输门则可进行双向传递，即传输门不仅可将信号(模拟或数字)从输入端传递到输出端，而且可从输出端传递到输入端，更接近理想开关。

图 5.2.11 是传输门的电路和逻辑符号。NMOS 管的 P 型衬底接电位最低节点 V_{SS}(负电源)，PMOS 管的 N 型衬底接电位最高节点 V_{DD}(正电源)。由于 NMOS 和 PMOS 的源极和漏极是对称结构，故两电极可以互换，即可以传递双向电流。

当控制信号 $C = 0$(低电平 V_{SS})时，$\bar{C}=1$(高电平 V_{DD})。NMOS 和 PMOS 管均截止，输入端与输出端断开。

当 $C = 1$(高电平 V_{DD})时，$\bar{C}=0$(低电平 V_{SS})，NMOS 和 PMOS 管总有一个导通，可以传递双向电流，等效为开关闭合。具体导通情况是：如果$V_{SS} < v_I < V_{DD} - V_T$，则 NMOS 管导通；如果$V_{SS} + |V_P| < v_I < V_{DD}$，则 PMOS 管导通。两管同时导通的输入电压区段是$V_{SS} + |V_P| < v_I < V_{DD} - V_T$。传输门的导通电阻 R_{TG}很小。

在数字电路中，通常 $V_{SS} = 0$(不用负电源)。传输门和门电路组合可实现复杂的逻辑电路，如触发器、数据选择器等。

在模拟电路中，传输门作模拟电子开关，如图 5.2.12 所示。其中反相器和传输门组合成模拟开关。当 $C = 1$ 时，传输门导通，输出电压为

$$v_O = \frac{R_L}{R_L + R_{TG}} v_I = K_{TG} v_I$$

式中，R_{TG}是传输门的导通电阻(CC4066：$R_{TG} < 240\Omega$)；K_{TG}定义为电压传输系数。

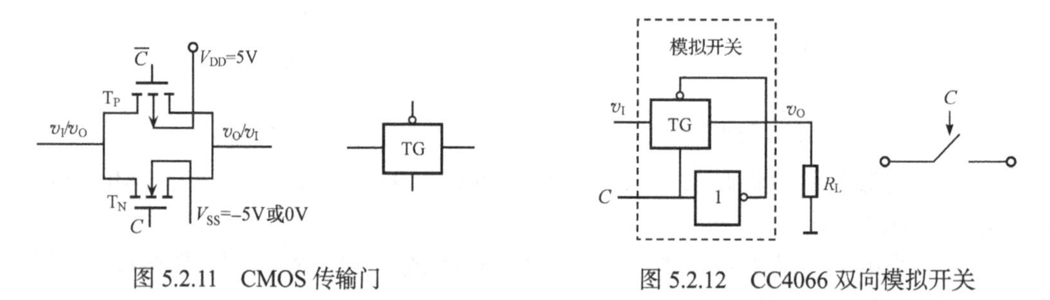

图 5.2.11　CMOS 传输门　　　　图 5.2.12　CC4066 双向模拟开关

2. 三态门

电路如图 5.2.13 所示。当 EN=0 时，传输门导通，$Y = \bar{A}$；当 EN=1 时，传输门截止，输出为高阻态。

3. 异或门

电路如图 5.2.14 所示。当 $B = 0$ 时，传输门 TG 导通，T_{P2} 和 T_{N1} 截止，$Y = A$；当 $B = 1$ 时，传输门 TG 截止，T_{P2} 导通，将 T_{P1} 的源极接电源 V_{DD}，而 T_{N1} 的源极等效接地，使 T_{P1} 和 T_{N1} 组成反相器，所以，$Y = \bar{A}$。

综上，得

$$Y = A\bar{B} + \bar{A}B = A \oplus B$$

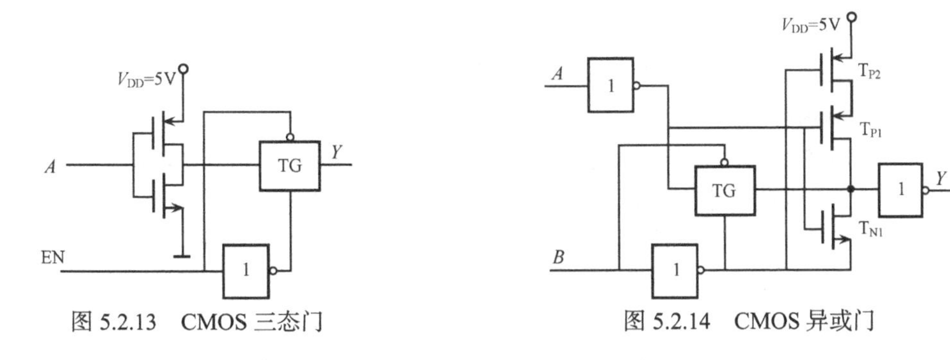

图 5.2.13　CMOS 三态门　　　　图 5.2.14　CMOS 异或门

5.2.4　CMOS 门实现逻辑函数

如图 5.2.15(a)所示，CMOS 实现的门电路甚至逻辑函数是由 PMOS 网络和 NMOS 网络组成的，其中每个输入变量连接 1 个 PMOS 管和 1 个 NMOS 管的栅极，输出是 PMOS 网络与 NMOS 网络的连接点。根据图 5.2.15(b)所示的与非门可知，NMOS 网络构成串联“与”的结构，而 PMOS 网络则是并联“或”的结构，两种网络的逻辑关系是对偶的。同理，根据图 5.2.15(c)所示的或非门结构可知，NMOS 网络是并联“或”的结构，而 PMOS 管网络是串联“与”的结构，两种网络的逻辑关系仍然是对偶的。因此，可以使用 CMOS 门实现复杂的逻辑函数。

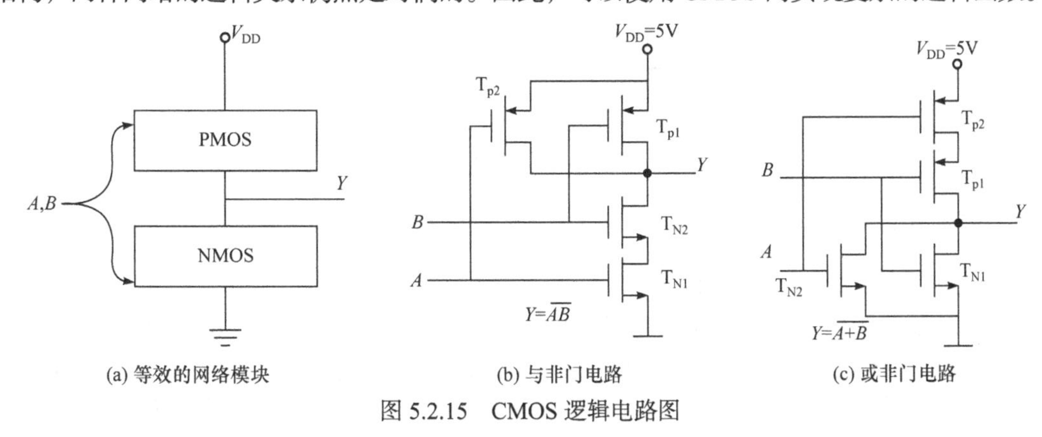

(a) 等效的网络模块　　(b) 与非门电路　　(c) 或非门电路

图 5.2.15　CMOS 逻辑电路图

例 5.2.1　分析图 5.2.16 所示的 CMOS 门电路实现的逻辑功能，写出输出函数 Y 的逻辑表达式。

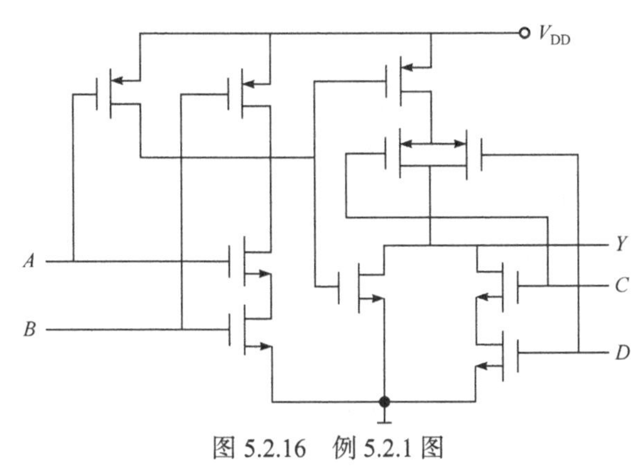

图 5.2.16　例 5.2.1 图

解　$Y=\overline{\overline{AB}+CD}=AB(\overline{C}+\overline{D})=AB\overline{C}+AB\overline{D}$

例 5.2.2　图 5.2.17(a)是典型的 CMOS 逻辑电路，要求补充完整 PMOS 电路部分，并分析其实现的逻辑函数表达式。

解　分析图 5.2.17(a)的 NMOS 网络，为 N_A 与 N_B 先“或”，再与 N_C 求“与”的关系，即 $Y=(A+B)C$。因此，根据对偶关系，得到 PMOS 网络的逻辑关系为 $Y=AB+C$，即 N_A 与 N_B 先“与”，再与 N_C 求“或”。绘制 PMOS 电路如图 5.2.17(b)所示。此完整电路实现的逻辑函数为 $Y=\overline{(A+B)C}$。

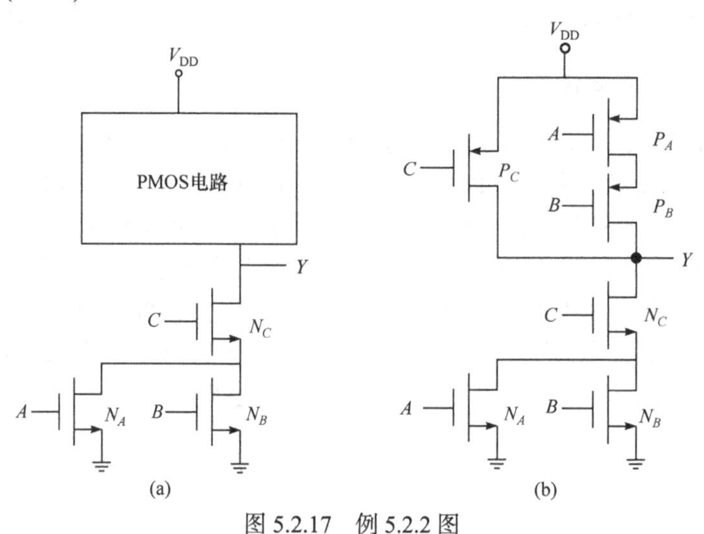

图 5.2.17　例 5.2.2 图

5.2.5　其他知识

1) 电子系统的接口与逻辑转换

数字电子系统的电平接口是很常见的电路配置，常见有 TTL、CMOS、ECL、RS232 等电平接口。在数字电路中，各种器件所需的输入电流、输出驱动电流不同，为了驱动大电流器件、远距离传输或者同时驱动多个器件，都要审查其电流驱动能力，如输出电流应大于负载所需输入电流。另一方面，TTL、CMOS、ECL 等输入和输出电平标准不一致，在数字电路中将上述多种器件互连时应考虑电平之间的转换问题。

电子系统的接口

2) BiCMOS 集成电路

传统的双极型工艺制程技术具有高速度、强电流驱动和高的模拟精度等方面的优点，但在功耗和集成度方面无法满足 VLSI 系统集成的需要。而 CMOS 工艺制程技术具有低功耗、高密度的优势，成为 VLSI 的主流工艺制程技术。BiCMOS 器件是在同一芯片上集成的双极型晶体管和 CMOS 晶体管的组合体，可实现高性能的模拟和数字信号处理。

程 序 仿 真

M5.1　仿真分析图 5.2.16 所示 CMOS 门电路实现的逻辑功能，写出输出函数 Y 的逻辑表达式。选择 $ABCD$ 的多种典型组合(如 0000，0101，0011，1100，1111)，测试输出波形。

解　(1) 仿真电路图如图 M5.1.1 所示。

(2) 仿真结果：根据逻辑转换仪得到的真值表如图 M5.1.2 所示，且得到的逻辑表达式为 $Y = AB\overline{C} + AB\overline{D}$。

M5.2　采用四个二输入与非门实现异或门电路的功能。

最简单的逻辑表达式为 $L = A\overline{B} + \overline{A}B = \overline{\overline{A\overline{AB}} \cdot \overline{B\overline{AB}}}$。

(1) 仿真电路图如图 M5.2.1 所示。

(2) 仿真结果：满足异或门的真值表如图 M5.2.2 所示。

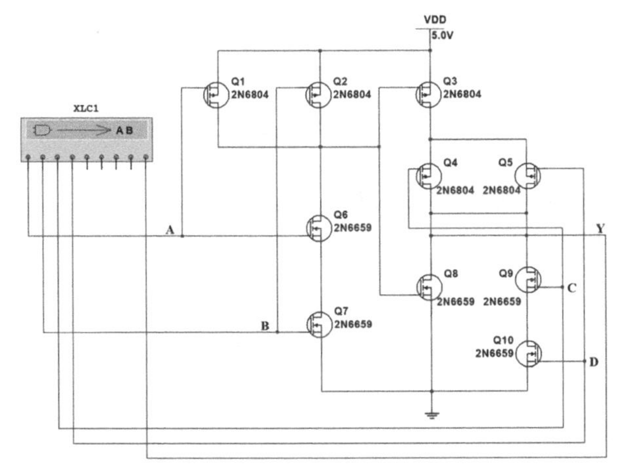

图 M5.1.1　仿真电路图 1

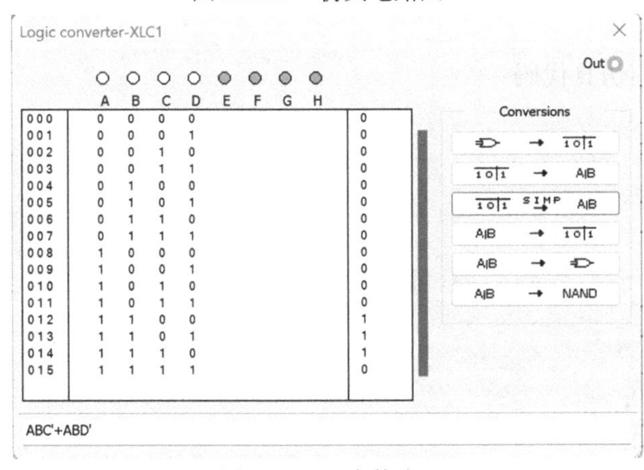

	A	B	C	D	Out
000	0	0	0	0	0
001	0	0	0	1	0
002	0	0	1	0	0
003	0	0	1	1	0
004	0	1	0	0	0
005	0	1	0	1	0
006	0	1	1	0	0
007	0	1	1	1	0
008	1	0	0	0	0
009	1	0	0	1	0
010	1	0	1	0	0
011	1	0	1	1	0
012	1	1	0	0	1
013	1	1	0	1	1
014	1	1	1	0	1
015	1	1	1	1	0

图 M5.1.2　真值表 1

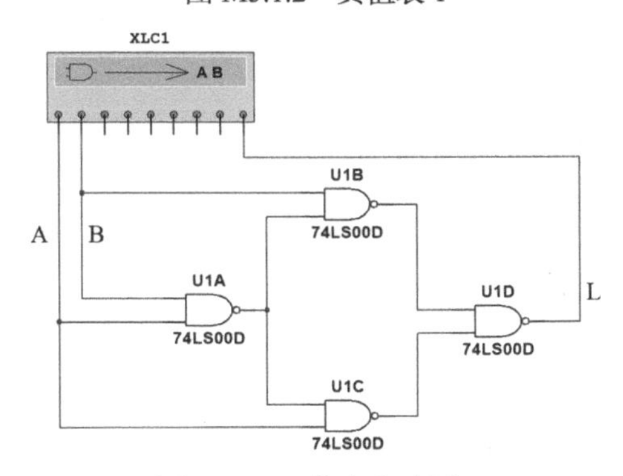

图 M5.2.1　仿真电路图 2

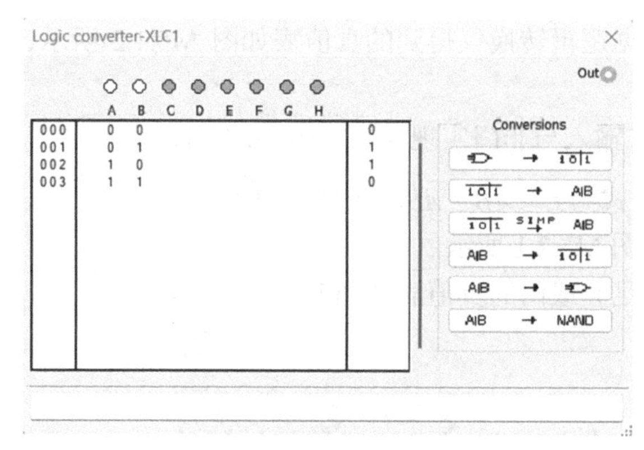

图 M5.2.2　真值表 2

M5.3　采用 Verilog HDL 描述二输入与门电路。

Verilog HDL 与门代码：

```
module and_gate(
    input a, b,
    output y);

    and U1 (y, a, b);
endmodule
```

Verilog HDL 与门仿真代码：

```
`timescale 1ns / 1ps
module tb_and_gate();
    reg A, B;
    wire Y;

    initial begin
            A = 1'b0;
            B = 1'b0;
    end

    always begin
            #10   //延迟 10 个时间单位
            A = ～A;
            #10
            B = ～B;
    end

    and_gate u_and_gate (.a(A), .b(B), .y(Y));
endmodule
```

M5.4　采用 Verilog HDL 描述异或门电路。

Verilog HDL 异或门代码：

```
module xor_gate(
    input a, b,
    output y);

    xor U1 (y, a, b);
endmodule
```

Verilog HDL 异或门仿真代码：

```
`timescale 1ns / 1ps
module tb_xor_gate();
    reg A, B;
    wire Y;

    initial begin
            A = 1'b0;
            B = 1'b0;
    end

    always begin
            #10   //延迟 10 个时间单位
            A = ～A;
            #10
            B = ～B;
    end

    xor_gate u_ xor_gate (.a(A), .b(B), .y(Y));
endmodule
```

本章知识小结

***5.1**　TTL 门电路

TTL 门电路由若干个 BJT 组成，输出级采用推挽式结构，可提高开关速度，增强带负载能力。评价 TTL 门电路性能的主要特性参数有关门电平、开门电平、标准输出高电平、标准输出低电平、噪声容限、开门电阻、关门电阻、扇出系数、传输延迟时间、功耗、延时功耗积等。

TTL 门电路的主要类型很多，相比 CMOS 门电路，其优点是速度快、工作频率较高。但是静态功耗较大，集成度、扇出系数、噪声容限和电压传输特性等不如 CMOS 门电路好。

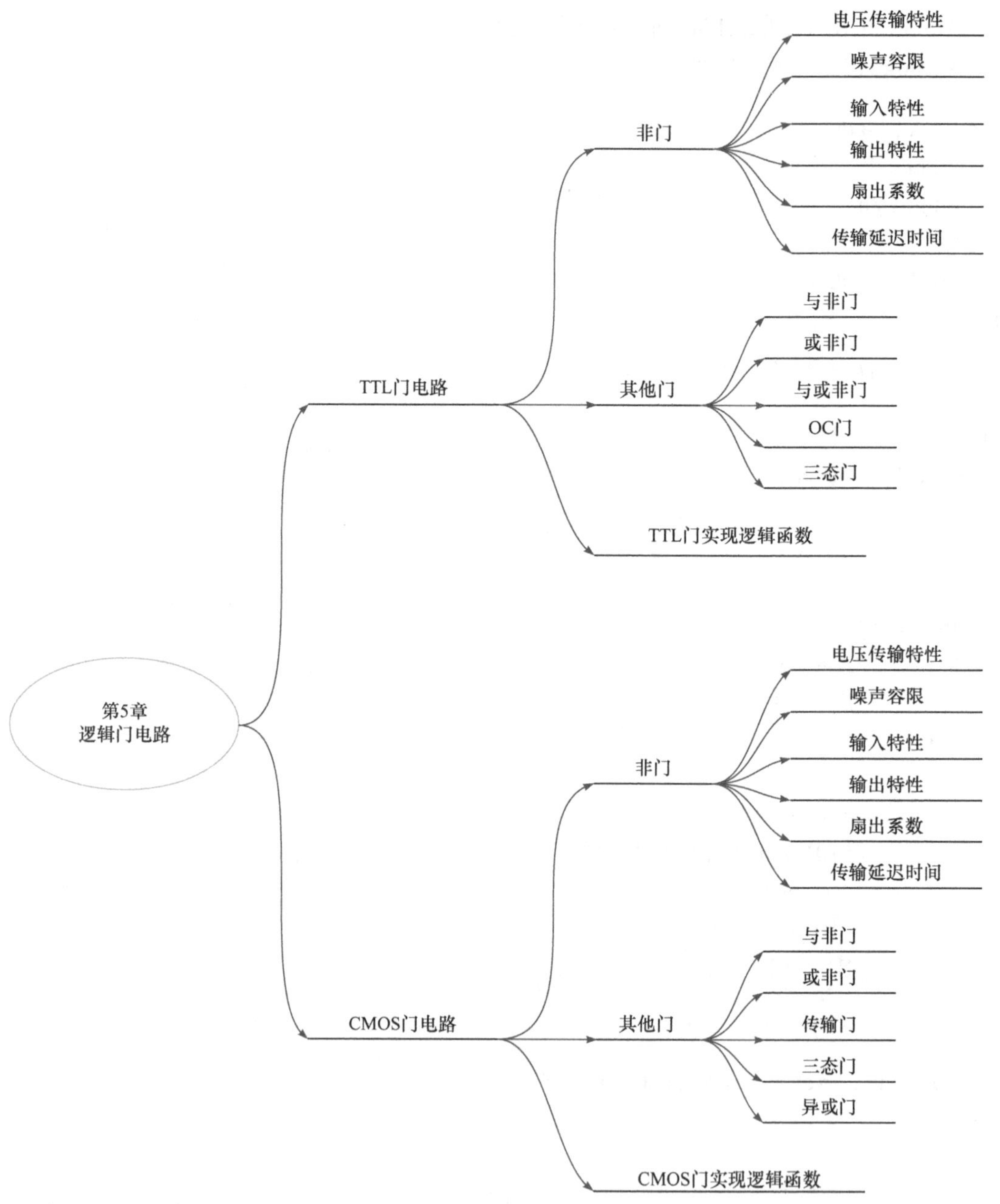

其输入端存在关门电阻 R_{off} 和开门电阻 R_{on}。当 $R < R_{off}$ 时，等效输入为低电平(逻辑 0)；当 $R > R_{on}$ 时(包括 $R \to \infty$，即输入端悬空)，等效输入为高电平(逻辑 1)。

采用 TTL 门实现逻辑函数时，尽量使用同类门，因此，需要利用逻辑代数的规则和定律对逻辑表达式进行变换。

*5.2　CMOS 门电路

MOSFET 是压控器件，易受到静电场影响，因此输入端不能悬空。

CMOS 实现的门电路甚至逻辑函数均是由 PMOS 网络和 NMOS 网络组成的，其输入阻抗为无穷大，仅由输入电平决定门电路的输出电平，它是使用最广泛的集成电路，其电压传输特性的转折区电压变化率大，接近于理想的开关特性。相比 TTL 门电路，其优点是集成度高、功耗低、扇出系数大、噪声容限大。

CMOS门电路主要有非门、与非门、或非门、传输门、三态门和异或门等。评价CMOS门电路性能的主要特性参数有标准输出高电平、标准输出低电平、噪声容限、扇出系数、传输延迟时间、功耗、延时功耗积等。无论哪种门电路，影响开关速度的主要因素是开关器件(FET管和BJT管)内部的结电容。

CMOS实现门电路或者逻辑函数是由PMOS网络和NMOS网络组成的，其中每个输入变量连接1个PMOS管和1个NMOS管的栅极，输出是PMOS网络与NMOS网络的连接点，并且，NMOS网络与PMOS网络的逻辑关系是对偶的。

注意：必须了解TTL门/CMOS门的输入及输出特性，才能正确地处理门电路之间的连接问题。当TTL和CMOS两种门电路相互连接时，驱动门必须要为负载门提供符合要求的高低电平和足够的输入电流，即要满足下列条件：

驱动门的$V_{\mathrm{OHmin}}\geqslant$负载门的$V_{\mathrm{IHmin}}$；驱动门的$V_{\mathrm{OLmax}}\leqslant$负载门的$V_{\mathrm{ILmax}}$；

驱动门的$I_{\mathrm{OHmax}}\geqslant$负载门的$I_{\mathrm{IH总}}$；驱动门的$I_{\mathrm{OLmax}}\geqslant$负载门的$I_{\mathrm{IL总}}$。

小组合作

G5.1　学生收集资料，了解集成电路(TTL或者CMOS)的工艺流程，分析工艺对器件主要参数的影响。

G5.2　学生收集资料，了解国内和国外的集成电路头部企业，对比分析其产品种类、特色与优势。

G5.3　从集成电路(TTL系列产品)中选一种型号，对企业提供的数据资料(主要是技术参数)分项进行解读与分析。

G5.4　从集成电路(CMOS系列产品)中选一种型号，对企业提供的数据资料(主要是技术参数)分项进行解读与分析。

习　题

5.1　在题图5.1所示的TTL门电路中，已知关门电阻$R_{\mathrm{off}}=1\mathrm{k\Omega}$，开门电阻$R_{\mathrm{on}}=2\mathrm{k\Omega}$，分析各图的输出函数的状态。

5.2　在题图5.2所示的TTL电路中，能否实现规定的逻辑功能？其连接有无错误？如有错误请改正。

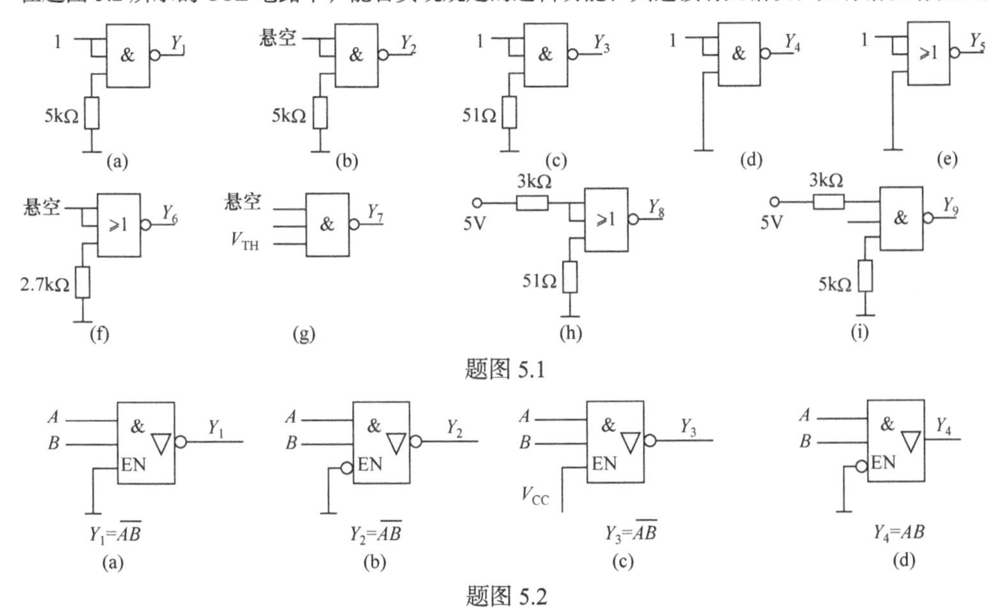

题图5.1

题图5.2

5.3　题图 5.3 是两个用 74 系列 TTL 门电路驱动发光二极管的电路，已知 $V_{CC}=5V$，LED 的最小导通电流为 2mA，$V_{on}=2V$，$R=1k\Omega$；与非门的 $V_{OL}=0.3V$，$V_{OH}=3.6V$。要求：当 $V_I=V_{IH}=4V$ 时，发光二极管 D 导通并发光。问：应选用电路(a)还是电路(b)才能驱动 LED 的亮灭？请说明理由。

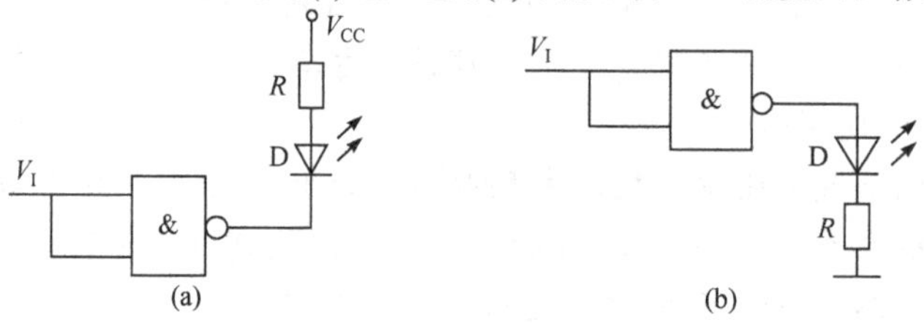

题图 5.3

5.4　题图 5.4 所示电路，$V_{BE}=0.7V$。判断各电路是否可能实现逻辑与功能，即 $Y=AB$。

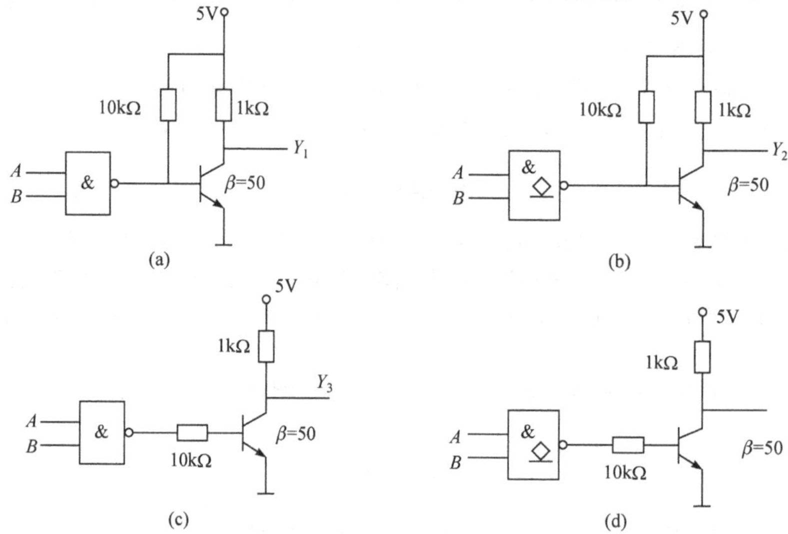

题图 5.4

5.5　写出题图 5.5 所示 TTL 电路的输出函数的逻辑表达式，并列出真值表。

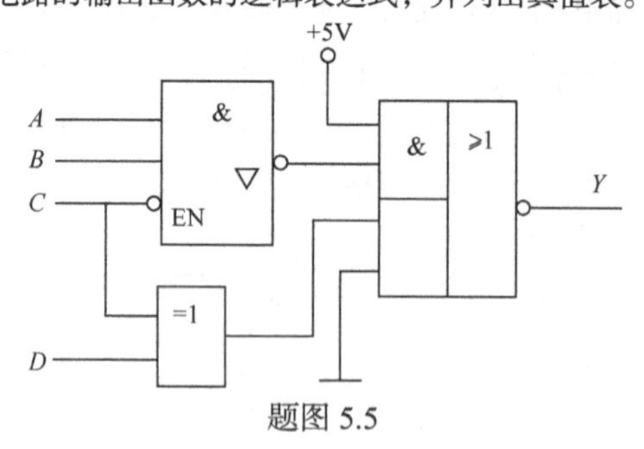

题图 5.5

5.6　分析题图 5.6 所示各 TTL 门电路，找出可以正常实现逻辑功能的电路，并写出其输出函数 Y 的逻辑表达式。

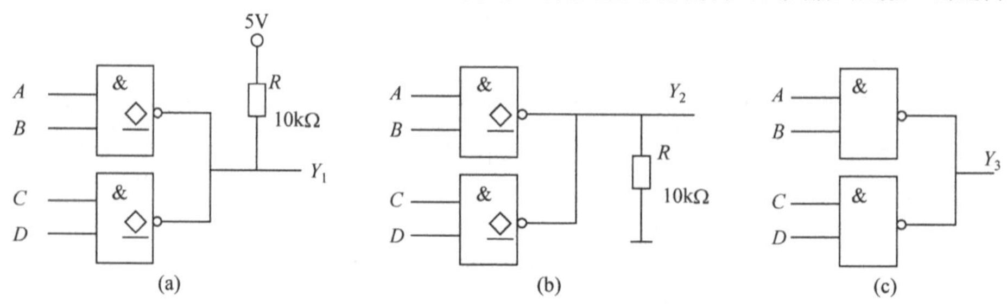

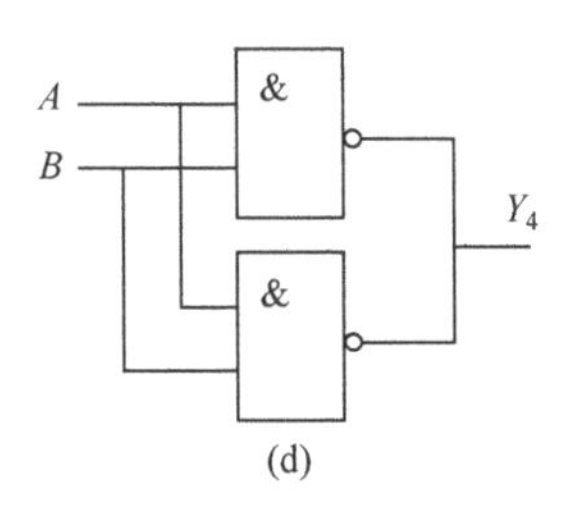

(d)

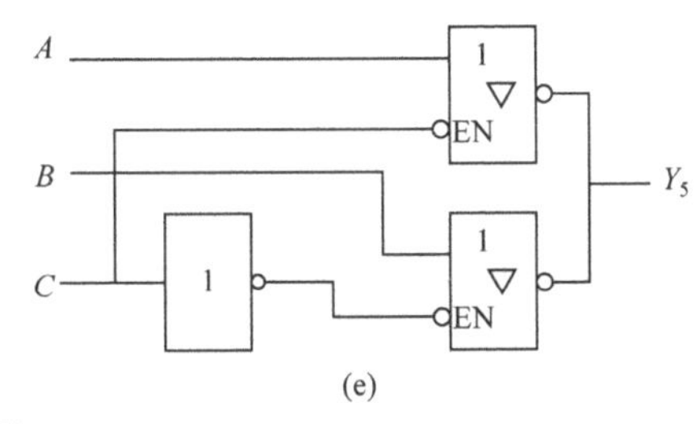

(e)

题图 5.6

5.7　电路如题图 5.7 所示，试计算非门 G_M 最多可以驱动同类非门的数量 n。已知 G_M 和负载门均为 74LS00 系列非门电路(参数见表 5.1.1 和表 5.1.2)。要求 G_M 输出的高、低电平符合 $V_{OHmin} = 2.5V$，$V_{OLmax} = 0.5V$；且所有负载门的输入电流 $I_{ILmax} = I_{IS} = 0.4mA$，$I_{IHmax} = 20\mu A$；$I_{LLmax} = 8mA$，$I_{LHmax} = 0.4mA$。

5.8　电路如题图 5.8 所示，试计算非门 G_M 最多可以驱动同类 2 输入与非门的数量 n。已知 G_M 和负载门均为 74LS00 系列非门电路(参数见表 5.1.1 和表 5.1.2)。要求 G_M 输出的高、低电平符合 $V_{OHmin} = 2.5V$，$V_{OLmax} = 0.5V$；且所有负载门的输入电流 $I_{ILmax} = I_{IS} = 0.4mA$，$I_{IHmax} = 20\mu A$；$I_{LLmax} = 8mA$，$I_{LHmax} = 0.4mA$。

题图 5.7　　　　题图 5.8

5.9　计算题图 5.9 电路中上拉电阻 R 的阻值范围。其中 G_1、G_2、G_3 是 74LS00 系列 OC 门，输出管截止时的漏电流 $I_{OH} \leqslant 100\mu A$，输出低电平 $V_{OL} \leqslant 0.4V$ 时允许的最大负载电流 $I_{LM} = 8mA$。G_4、G_5、G_6 为 T4000 系列与非门，它们的输入电流为 $I_{IS} \leqslant 0.4mA$、$I_{IH} \leqslant 20\mu A$。OC 门的输出高、低电平应满足 $V_{OH} \geqslant 3.2V$，$V_{OL} \leqslant 0.4V$。

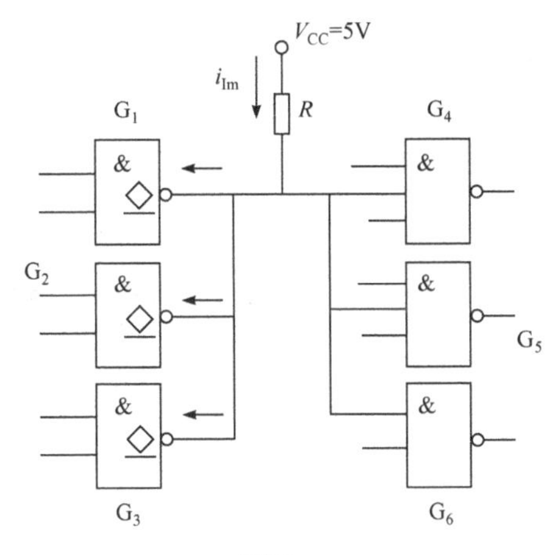

题图 5.9

5.10　在题图 5.10(a)所示 TTL 门电路中，已知门电路输出的高电平 $V_{OH} = 3.6V$，输出的低电平 $V_{OL} = 0.3V$，输入 A、B、C 的波形如题图 5.10(b)所示，试画出 Y 的波形图。

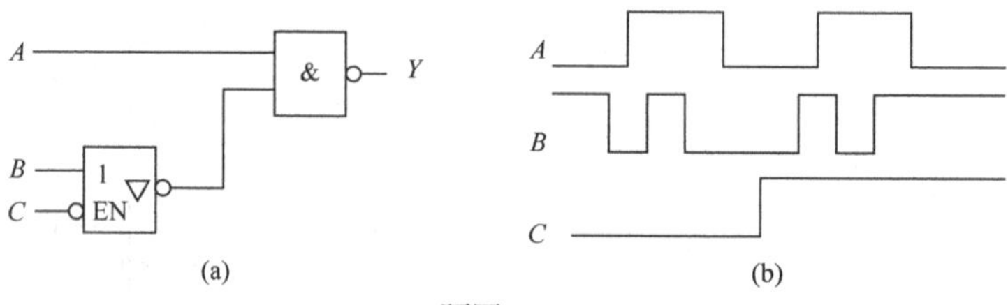

题图 5.10

5.11　分析题图 5.11 所示电路的逻辑功能，写出输出函数 Y 的逻辑表达式。

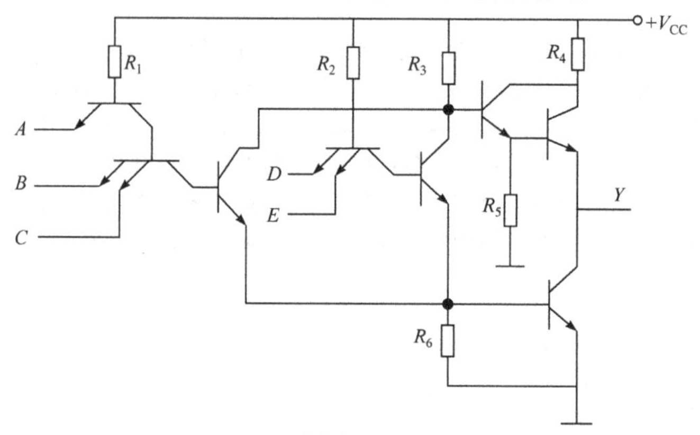

题图 5.11

5.12　分析题图 5.12 所示 CMOS 电路的输出状态。

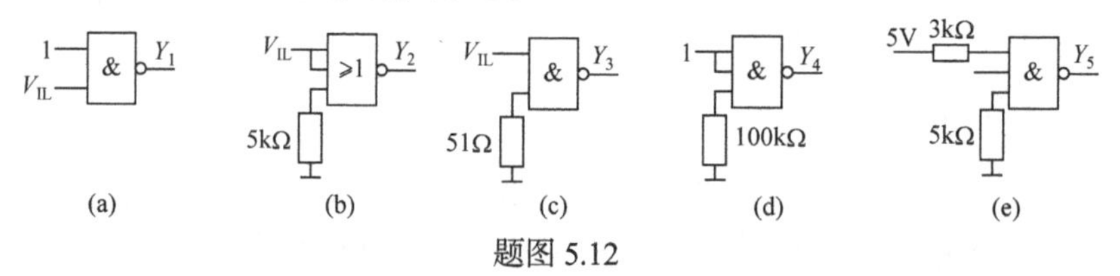

题图 5.12

5.13　要求用二输入与非门实现以下逻辑函数。

(1) $F(A,B,C)=A+BC$

(2) $F(A,B,C,D)=\overline{AB}+CD$

(3) $F(A,B,C)=\sum(0,1,3,5,7)$

5.14　分析题图 5.14(a)和(b)所示电路的逻辑功能，写出输出函数 Y 的逻辑表达式。

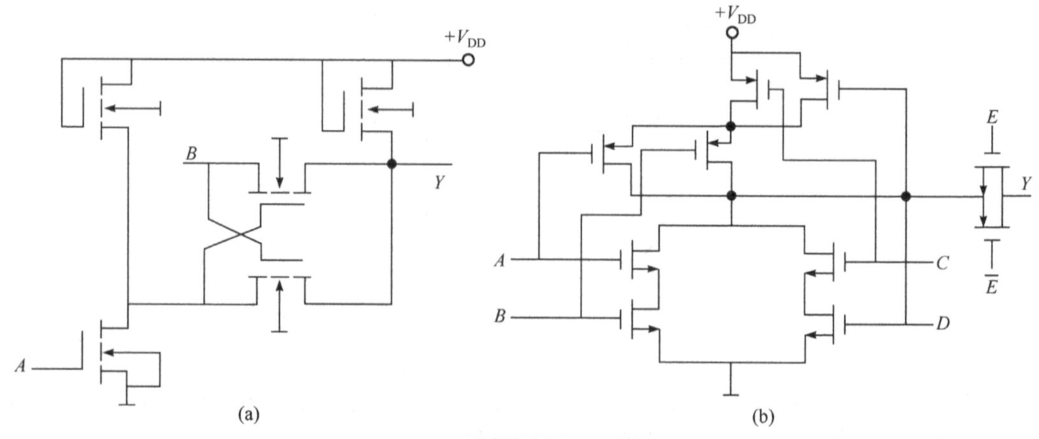

题图 5.14

5.15 试判断题图 5.15 所示的 CMOS 三态输出门电路的输出状态。

5.16 用题图 5.16 所示的 CMOS 非门分别连接成以下功能的电路：①1 个非门/反相器；②3 输入或非门 $Y=\overline{A+B+C}$；③3 输入与非门 $Y=\overline{ABC}$；④或与非门 $Y=\overline{(A+B)C}$。用 Multisim 软件建立电路模型，并仿真验证。

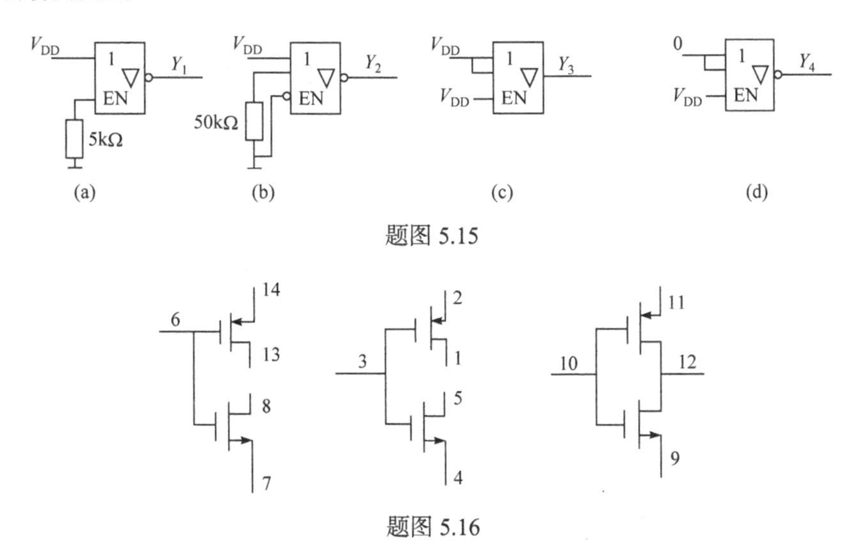

题图 5.15

题图 5.16

5.17 试画出题图 5.17 所示三态门和 TG 门的输出电压波形。用 Multisim 软件建立电路模型，并仿真验证。

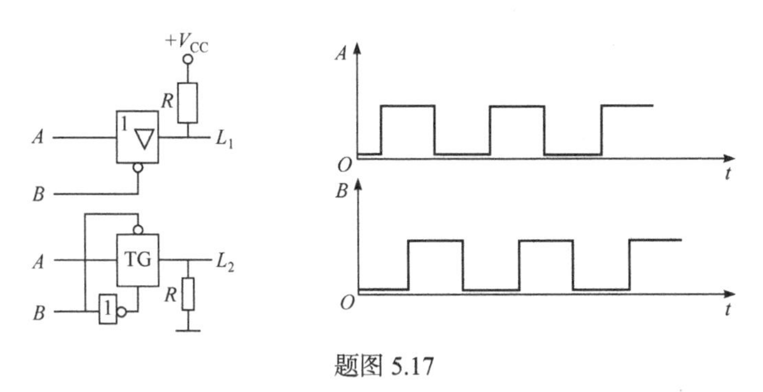

题图 5.17

5.18 题图 5.18 是典型的 CMOS 逻辑电路，补充完整其 NMOS 电路模块，并写出其实现的逻辑函数表达式。

5.19 题图 5.19 是典型的 CMOS 逻辑电路，补充完整其 PMOS 电路模块，并写出其实现的逻辑函数表达式。

5.20 CMOS 构成的逻辑电路如题图 5.20 所示。在题表 5.20 中有五组输入逻辑信号 A、B、C 的电平分别为低电平或者高电平的组态，要求：①对不同的输入电平组合，分析各 NMOS 器件工作在可变电阻区还是截止区；②分析最终的输出 Y 函数是高电平 1 还是低电平 0，填入表格的空白处。用 Multisim 软件仿真验证。

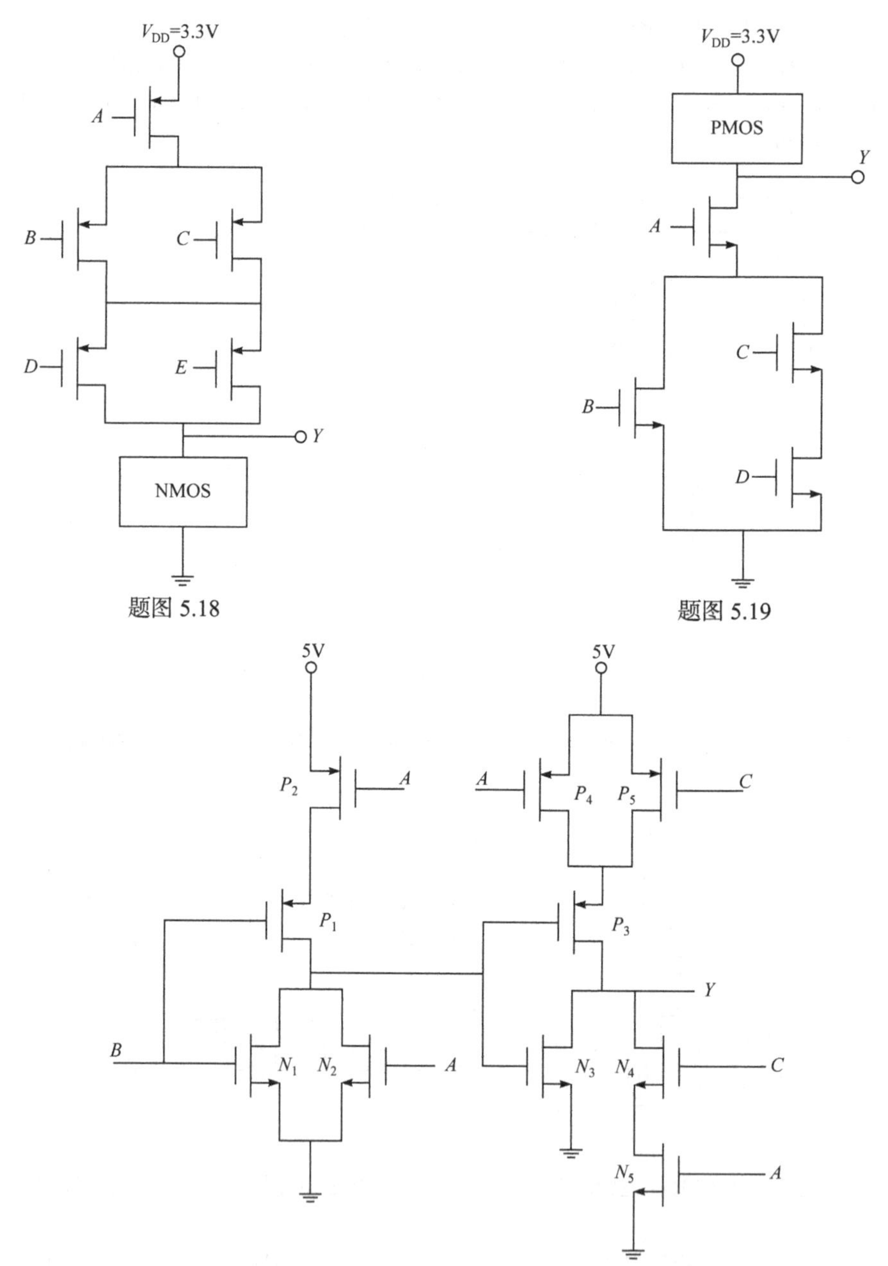

题图 5.18

题图 5.19

题图 5.20

题表 5.20

A	B	C	N_1	N_2	N_3	N_4	N_5	Y
0	0	0						
0	1	0						
1	0	1						
1	1	0						
1	1	1						

5.21　试采用 CMOS 门电路分别设计实现以下逻辑函数：

(1) $Y_1 = AB + C$

(2) $Y_2 = A \oplus B$

(3) $Y_3 = \overline{AB + CD}$

5.22　CMOS 电路与 TTL 电路相比有哪些优点？TTL 与 CMOS 器件之间的连接要注意哪些问题？

5.23　试说明下列各种门电路中哪些的输出端可以直接相连？

(1) 具有推拉式输出级的 TTL 电路；

(2) TTL 电路的 OC 门；

(3) TTL 电路的三态输出门；

(4) 普通的 CMOS 门；

(5) 漏极开路输出的 CMOS 门；

(6) CMOS 电路的三态输出门。

5.24　题图 5.24 为接口电路，CMOS 或非门空载输出时的高、低电平分别为 $V_{OH} = 9.95V$、$V_{OL} = 0.05V$，且输出电阻均小于 200 Ω。TTL 与非门的高电平输入电流 $I_{IH} = 20\mu A$，低电平输入电流 $I_{IS} = 0.4mA$。计算输出端 v_c 的高、低电平值，并说明接口电路参数的选择是否合理。

5.25　题图 5.25 是用 TTL 电路驱动 CMOS 电路的实例。TTL 与非门在低电平输出 $V_{OL} \leqslant 0.3V$ 时的最大输出电流为 8mA，TTL 与非门在高电平输出时有 50μA 的漏电流。CMOS 或非门的输入电流可以忽略。要求加到 CMOS 或非门输入端的电压满足：$V_{IH} \geqslant 4V$，$V_{IL} \leqslant 0.4V$。试计算上拉电阻 R_L 的取值范围。

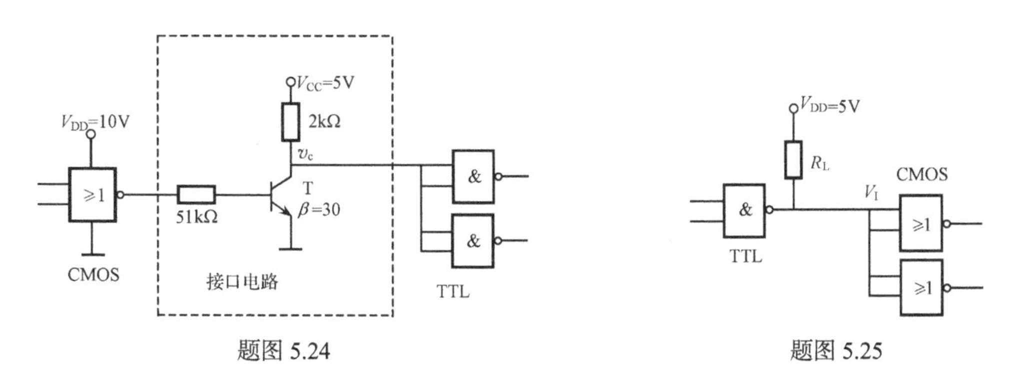

题图 5.24　　　　题图 5.25

5.26　判断题图 5.26(a)～(d)所示逻辑电路能否实现所规定的逻辑功能？对的打√，错的打×。

5.27　对于题图 5.27 所示逻辑电路，当用 TTL 器件构成时，其输出方程为 Y_{TTL} =__________；当用 CMOS 器件构成时，输出 Y_{CMOS} =__________。

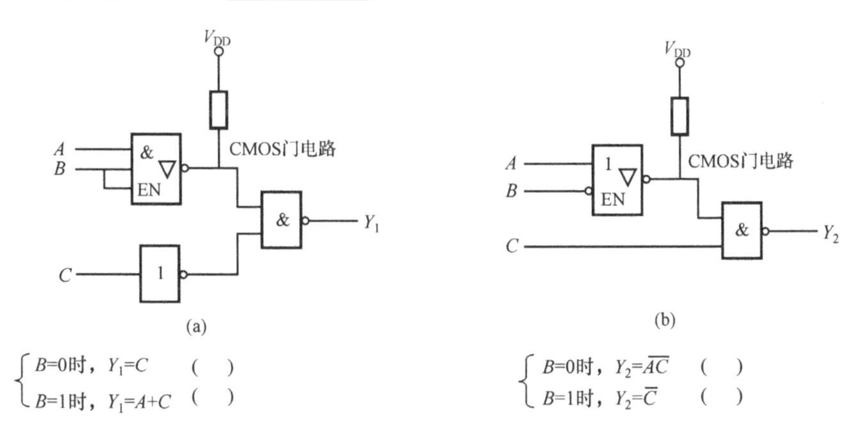

$\begin{cases} B=0时，Y_1=C & (\quad) \\ B=1时，Y_1=A+C & (\quad) \end{cases}$

$\begin{cases} B=0时，Y_2=\overline{AC} & (\quad) \\ B=1时，Y_2=\overline{C} & (\quad) \end{cases}$

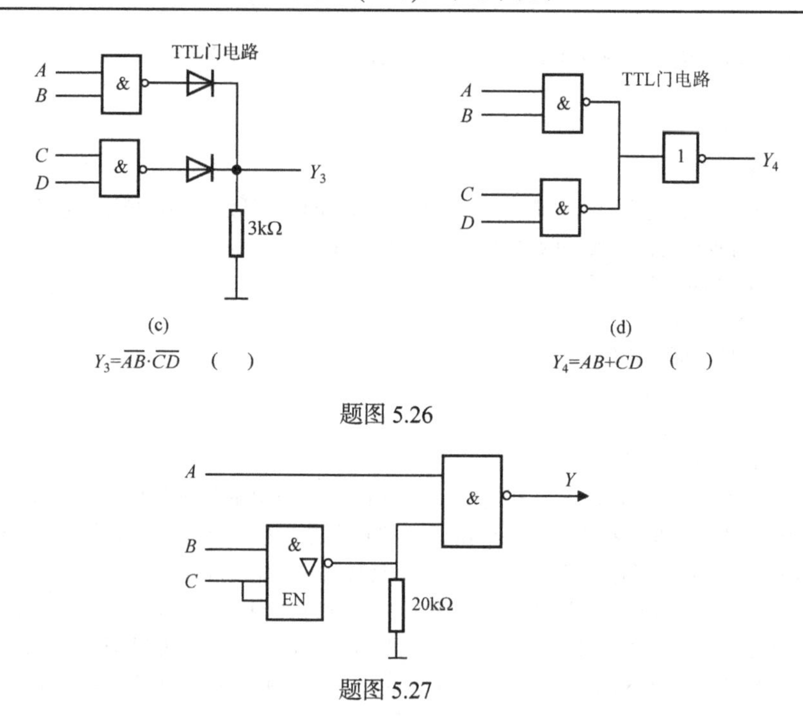

(c)

$Y_3=\overline{AB}\cdot\overline{CD}$　（　）

(d)

$Y_4=AB+CD$　（　）

题图 5.26

题图 5.27

第 6 章　组合逻辑电路

数字电路分为组合逻辑电路和时序逻辑电路。本章介绍组合逻辑电路的特点、分析方法、设计方法、稳态波形。在掌握了组合逻辑电路基础知识后，再学习一些常用的组合逻辑电路及其应用，如编码器、译码器、数据分配器、数据选择器、数值比较器和数值加法器。最后学习组合逻辑电路中的竞争冒险问题。

6.1　组合逻辑电路的结构和特点

任一时刻的输出状态仅决定于该时刻各输入状态组合的数字电路称为组合逻辑电路，简称组合电路。图 6.1.1 是一个组合电路，图中的异或门可以是 TTL 异或门或者 CMOS 异或门，或者其他工艺的门电路。由电路得

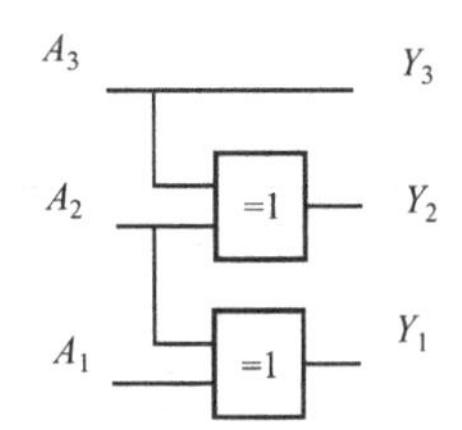

图 6.1.1　二进制码转换为循环码

$$Y_3 = A_3$$
$$Y_2 = A_3 \oplus A_2$$
$$Y_1 = A_2 \oplus A_1$$

电路的功能可用表 6.1.1 的真值表更清楚地表示出来。

表 6.1.1　图 6.1.1 电路的真值表

S	A_3	A_2	A_1	Y_3	Y_2	Y_1
0	0	0	0	0	0	0
1	0	0	1	0	0	1
2	0	1	0	0	1	1
3	0	1	1	0	1	0
4	1	0	0	1	1	0
5	1	0	1	1	1	1
6	1	1	0	1	0	1
7	1	1	1	1	0	0

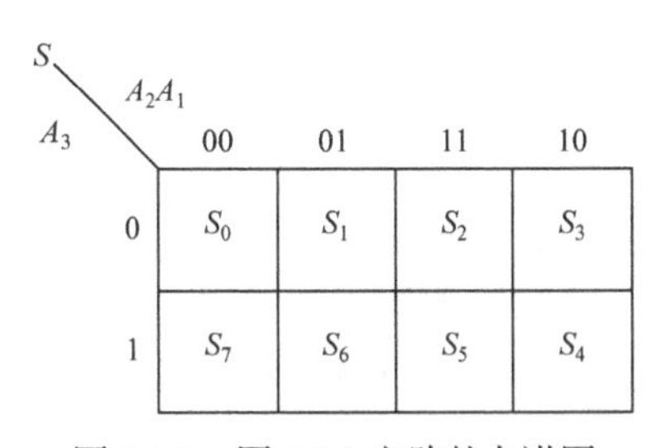

图 6.1.2　图 6.1.1 电路的卡诺图

由真值表 6.1.1 可知，电路将输入二进制码 $A_3\,A_2\,A_1$ 转换为输出循环码 $Y_3\,Y_2\,Y_1$。即任何时刻，输入一组二进制码，输出便是该组码对应的循环码，而与时间变量无关。为了更清楚地展示循环码编码的特点，绘制该电路的卡诺图如图 6.1.2 所示。

图 6.1.3 是 4 位二进制码转换为 4 位格雷码的组合电路，由电路得

$$Y_3 = A_3$$
$$Y_2 = A_2 \oplus Y_3$$
$$Y_1 = A_1 \oplus Y_2$$
$$Y_0 = A_0 \oplus Y_1$$

电路的功能可用表 6.1.2 的真值表更清楚地表示。

表 6.1.2　图 6.1.3 电路真值表

A_3	A_2	A_1	A_0	Y_3	Y_2	Y_1	Y_0
0	0	0	0	0	0	0	0
0	0	0	1	0	0	0	1
0	0	1	0	0	0	1	1
0	0	1	1	0	0	1	0
0	1	0	0	0	1	1	0
0	1	0	1	0	1	1	1
0	1	1	0	0	1	0	1
0	1	1	1	0	1	0	0
1	0	0	0	1	1	0	0
1	0	0	1	1	1	0	1
1	0	1	0	1	1	1	1
1	0	1	1	1	1	1	0
1	1	0	0	1	0	1	0
1	1	0	1	1	0	1	1
1	1	1	0	1	0	0	1
1	1	1	1	1	0	0	0

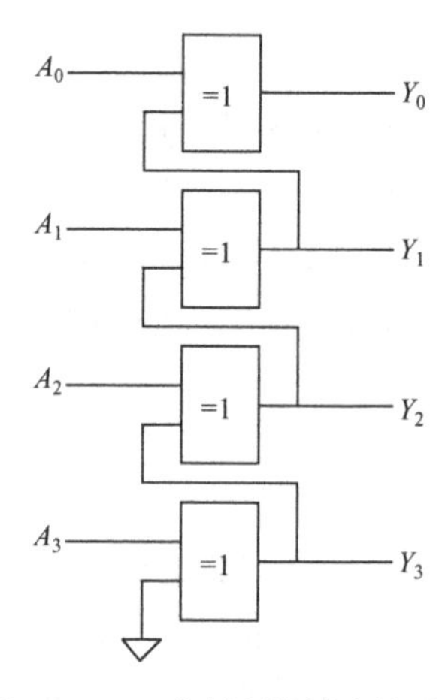

图 6.1.3　二进制码转换为格雷码

推广到一般情况：①组合电路是由逻辑门表示的数字器件和电子元件组成的电路，电路中没有反馈，没有记忆元件；②组合电路实现输入、输出间的某种逻辑关系，任一时刻的输出状态仅取决于该时刻各输入的状态组合，而与时间变量无关。

图 6.1.4　组合逻辑电路的方框图

图 6.1.4 是多输入多输出组合逻辑电路的方框图，其中 $A_1, A_2, \cdots, A_n$ 是输入逻辑变量，$Y_1, Y_2, \cdots, Y_m$ 是输出逻辑变量。输入与输出之间的逻辑关系可用逻辑函数表示：

$$Y_i = f_i(A_1, A_2, \cdots, A_n), \quad i = 1, 2, \cdots, m$$

注意：函数中没有时间变量。

由于逻辑函数可以表示为与或式、或与式、与非与非式、或非或非式和与或非式，组合逻辑电路也有不同的电路形式。例如，设逻辑函数为与或式：

$$Y = A \oplus B = A\overline{B} + \overline{A}B$$

图 6.1.5 是用非门、与门和或门实现函数 Y 的与或组合逻辑电路。电路中第 1 级非门实现函数的反变量，第 2 级与门实现乘积项，第 3 级或门实现乘积项的逻辑和。显然，当与或表达式最简时，与或电路才为最简。

将函数 Y 变换为与非与非式：

$$Y = A \oplus B = A\overline{B} + \overline{A}B = \overline{\overline{A\overline{B}} \cdot \overline{B\overline{A}}} = \overline{\overline{A\overline{AB}} \cdot \overline{B\overline{AB}}}$$

图 6.1.6 是仅用与非门实现函数 Y 的与非与非组合逻辑电路。所以，与非门是一种通用逻辑门，即仅用一种类型的门就可实现任意的组合逻辑函数。当与非与非表达式最简时，与非与非电路才为最简。通常，先将逻辑函数化简为最简与或式，然后用摩根定理变换，

可求得最简的与非与非表达式。

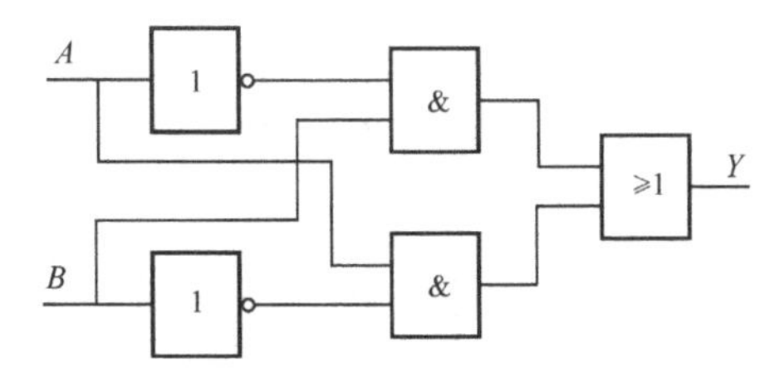

图 6.1.5　与或组合逻辑电路

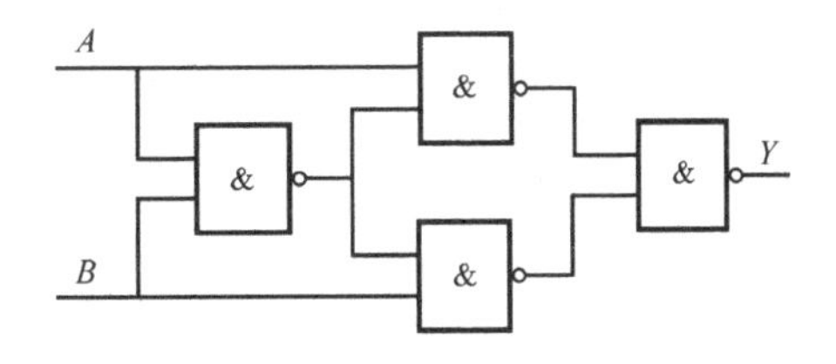

图 6.1.6　与非与非组合逻辑电路

同样，还有实现异或功能的或与式、或非或非式和与或非式组合逻辑电路，不再赘述。

综上所述，实现同一功能的数字电路有多种形式；当输出逻辑函数最简时，数字电路通常为最简，电路成本最低。

6.2　组合逻辑电路的分析与设计方法

6.2.1　组合逻辑电路的分析方法

分析组合逻辑电路即根据给定的组合逻辑电路确定其逻辑功能(输入和输出逻辑关系)。分析过程如图 6.2.1 所示，即根据给定的逻辑图(即组合电路)，从输入到输出逐级写出逻辑表达式，逐个导出以输入为自变量的输出逻辑函数；化简输出逻辑函数；列出真值表，说明电路的功能。

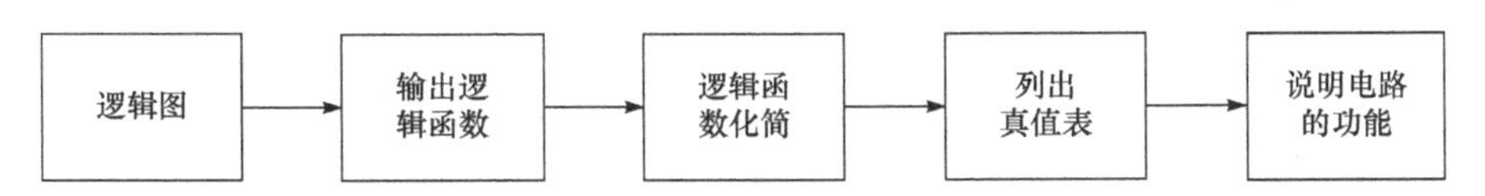

图 6.2.1　组合逻辑电路分析过程

例 6.2.1　试分析图 6.2.2 所示组合电路的逻辑功能。

解　(1)输出逻辑函数。

由电路逐级写出表达式如下。

第 1 级：$Z_1=\overline{AB}$，$Z_2=\overline{BC}$，$Z_3=\overline{CA}$

第 2 级：$Y=\overline{Z_1\cdot Z_2\cdot Z_3}=\overline{\overline{AB}\cdot\overline{BC}\cdot\overline{CA}}$

(2) 化简。

$$Y=\overline{\overline{AB}\cdot\overline{BC}\cdot\overline{CA}}=AB+BC+CA$$

(3) 列出真值表。

利用最简表达式计算输出 Y，得到真值表(表 6.2.1)。

(4) 说明电路的功能。

由真值表 6.2.1 可知，当输入变量 A、B、C 中多数为 1 时，输出为 1；否则，输出为 0；即电路为多数判决电路。

通常，由电路的真值表可以明确电路的逻辑功能，并在实际应用中按真值表使用电路。此外，电路复杂，输出逻辑函数也复杂；反之亦真。

表 6.2.1　例 6.2.1 电路的真值表

A	B	C	Y
0	0	0	0
0	0	1	0
0	1	0	0
0	1	1	0
1	0	0	1
1	0	1	1
1	1	0	1
1	1	1	1

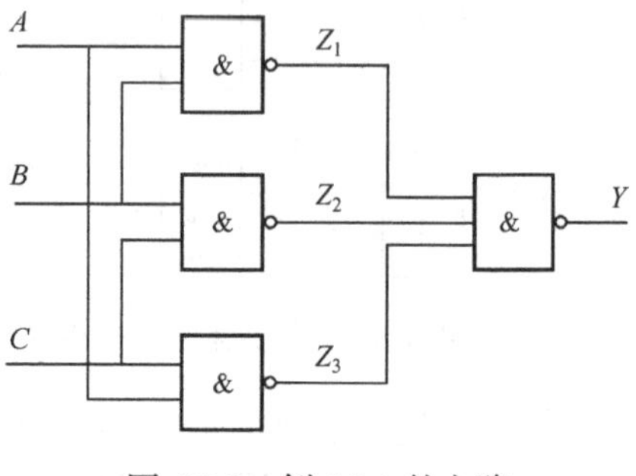

图 6.2.2　例 6.2.1 的电路

例 6.2.2　试分析图 6.2.3 所示组合电路的逻辑功能。

解　由电路逐级写出表达式：

$$P = B_0 \oplus B_1 \oplus B_2 \oplus B_3$$

计算上式列出真值表(表 6.2.2)。由表可知，当输入二进制数据位 $B_3B_2B_1B_0$ 中有偶数个 1 时，输出 P 为 0，当输入二进制数据位 $B_3B_2B_1B_0$ 中有奇数个 1 时，输出 P 为 1，该电路称为 4 位偶校验的奇偶位发生器，使 $PB_3B_2B_1B_0$ 中具有偶数个 1。

表 6.2.2　例 6.2.2 电路的真值表

B_3	B_2	B_1	B_0	P	B_3	B_2	B_1	B_0	P
0	0	0	0	0	1	0	0	0	1
0	0	0	1	1	1	0	0	1	0
0	0	1	0	1	1	0	1	0	0
0	0	1	1	0	1	0	1	1	1
0	1	0	0	1	1	1	0	0	0
0	1	0	1	0	1	1	0	1	1
0	1	1	0	0	1	1	1	0	1
0	1	1	1	1	1	1	1	1	0

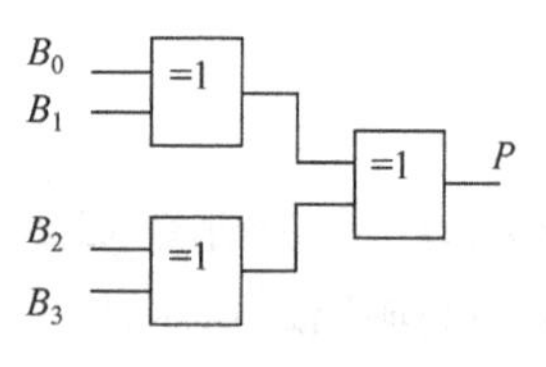

图 6.2.3　例 6.2.2 的电路

在数据的存储和读出的过程中，数据可能出现错误。为了检查是否出错，在存储数据之前通过偶校验的奇偶位发生器生成校验位 P，与数据一起存入存储器中，这样存储器中正确的数据位具有偶数个 1；读出数据后校验数据位，如果不是偶数个 1，则发生错误，实现这种功能的电路称为偶校验奇偶检测器。

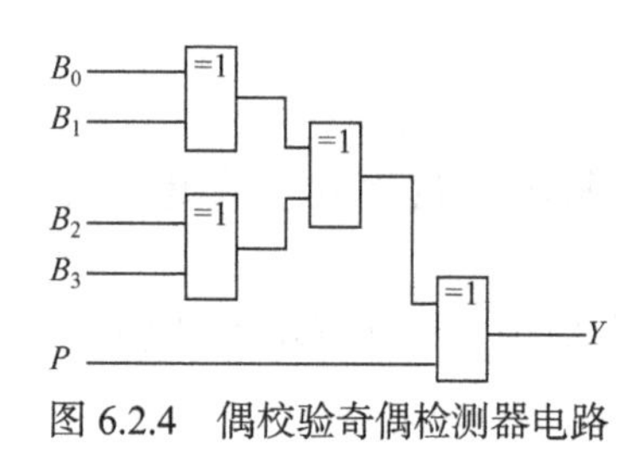

图 6.2.4　偶校验奇偶检测器电路

4 位偶校验奇偶检测器电路如图 6.2.4 所示，当 $Y=1$ 时，$PB_3B_2B_1B_0$ 中不是偶数个 1，表明发生偶校验错误；否则，没有偶校验错误。

在电路级数较多时，可将逻辑符号进行适当的等效变换，再写出表达式。例如：

$$Y = AB = \overline{\overline{A} + \overline{B}}$$

所以，原变量与门等效为反变量的或非门，如图 6.2.5(a)所示，图中小圆圈表示“反”。

同理，可导出图 6.2.5 中其他形式的等效变换。

图 6.2.5(b)：　　　　$Y=A+B=\overline{\overline{A}\overline{B}}$

图 6.2.5(c)：　　　　$Y=\overline{AB}=\overline{A}+\overline{B}$

图 6.2.5(d)：　　　　$Y=\overline{A+B}=\overline{A}\overline{B}$

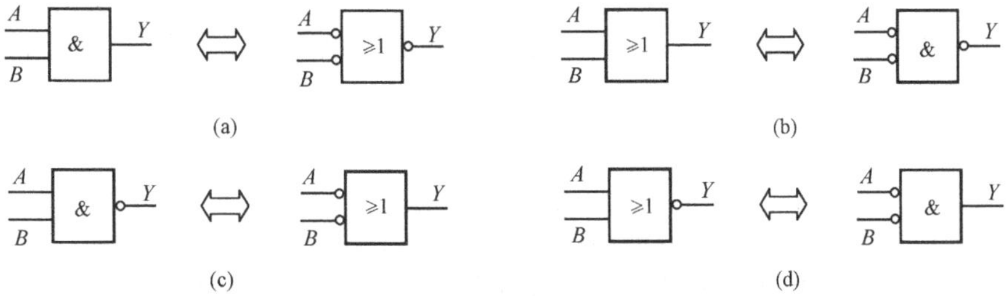

图 6.2.5　逻辑符号的等效变换

由图 6.2.5 可知，逻辑符号的等效变换可归纳为：与(&)变或(≥1)，或(≥1)变与(&)；有圈去圈，无圈加圈。

利用逻辑符号的等效变换，可以简化逻辑表达式的列写。例如，图 6.2.6(a)输出化简为

$$Y=\overline{\overline{\overline{AB}C}\,\overline{C}}=\overline{AB}C+\overline{C}=C$$

若将其等效变换为图 6.2.6(b)，利用非非律(圈圈相消)得输出为

$$Y=(\overline{A}+\overline{B})C+C=C$$

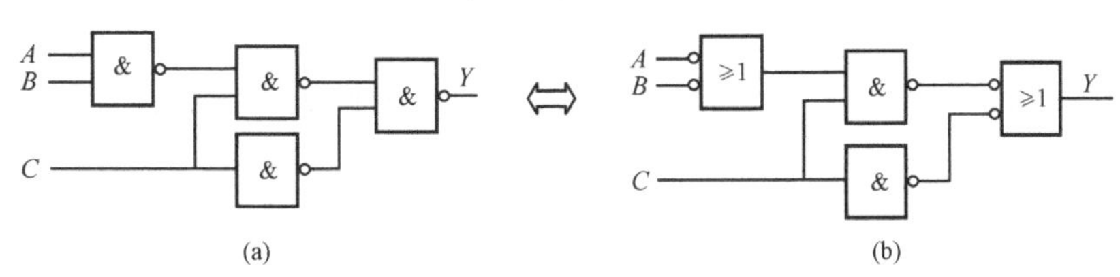

图 6.2.6　逻辑符号等效变换简化逻辑表达式的列写

6.2.2　组合逻辑电路的理想波形图

当电路的输入信号随时间变化时，输出信号也随时间变化。数字电路的波形图是反映输出逻辑值(高电平或低电平)与输入逻辑值(高电平或低电平)之间的时间关系的图形。如果信号周期远大于门电路的平均传输延迟时间，则认为门电路的输出状态转换是瞬间完成的。即不考虑门电路的传输延迟时间的波形图称为理想波形图。不过，门电路的传输延迟是必然存在的，计及传输延迟时间的波形图称为实际波形图。本节介绍理想波形图，6.4 节中通过绘制各级门电路的实际波形图从而介绍竞争冒险现象。

组合逻辑电路的理想波形图可以反映电路的输入输出逻辑关系(逻辑功能)。因此，在电路实验或计算机仿真时，通过波形图判断电路的正确性。

画出电路的稳态波形图与列出电路的真值表的过程相同，如图 6.2.7 所示。波形图绘制步骤是：

(1) 根据输入信号确定每个输入取值组合的时间区域；

(2) 按时间顺序，将每一个取值组合代入电路的最简逻辑函数表达式计算，画出输出变量的波形图。

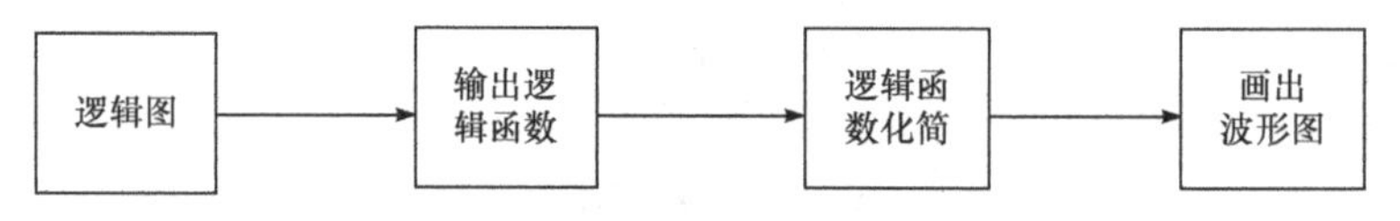

图 6.2.7　组合逻辑电路波形分析过程

例 6.2.3　图 6.2.2 电路的输入信号 A、B、C 的波形如图 6.2.8(a)所示，试画出输出信号 Y 的波形。

解　由图 6.2.2 电路求出输出的最简逻辑函数：

$$Y = AB + BC + CA$$

根据输入信号确定每个输入取值组合的时间区域，如图 6.2.8(b)中的虚线所示。按时间顺序，将每一个取值组合代入最简逻辑函数表达式计算，画出输出变量 Y 的波形图，如图 6.2.8(b)所示。

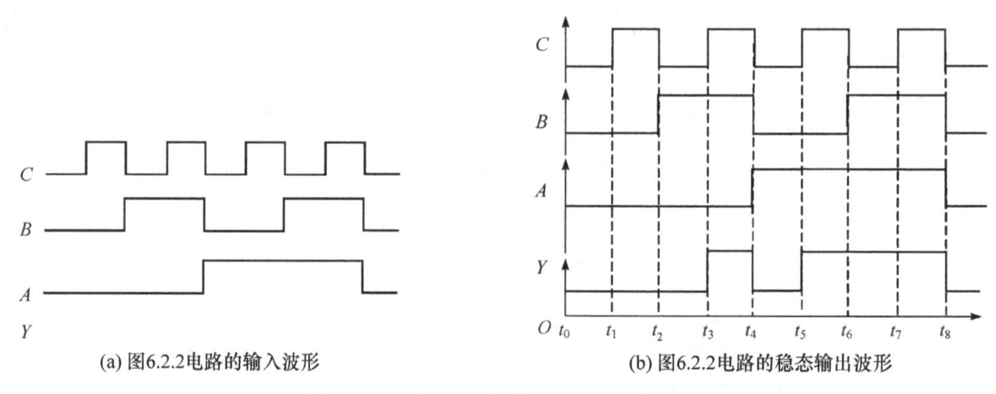

图 6.2.8　图 6.2.2 的输入及稳态波形图

由图 6.2.8 看出，当输入取值组合相同时，输出也相同(在 t_0 和 t_8 时刻)；否则，输出不同。这正是组合逻辑电路的特点，即电路任一时刻的输出状态仅决定于该时刻各输入状态的组合，而与时间顺序无关。通常，不在数字电路的波形图中画出时间轴，即去掉图 6.2.8 中时间轴的箭头。

为了用波形图准确地反映组合电路输出与输入之间的逻辑关系，必须设计适当的输入序列，称为电路的测试序列。通常按真值表设计测试序列：在每一个单位时间按真值表顺序取值，如例 6.2.3。

6.2.3　组合逻辑电路的设计方法

根据需要解决的实际逻辑问题，确定实现其逻辑功能的最佳组合逻辑电路，就是组合逻辑电路的设计。当采用门电路设计组合逻辑电路时，设计过程如图 6.2.9 所示。

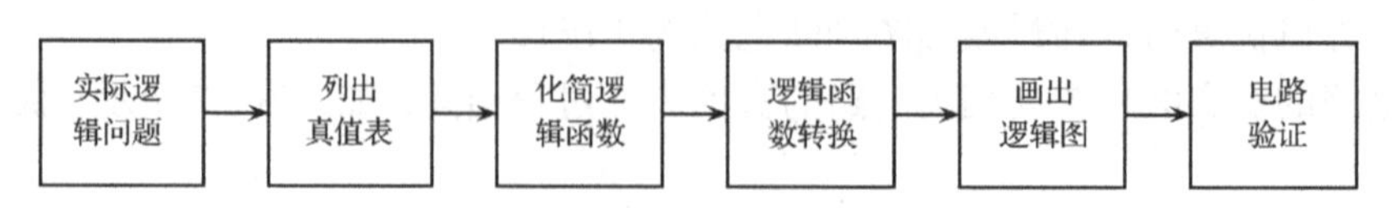

图 6.2.9　组合逻辑电路设计过程

1) 列出真值表

根据实际逻辑问题，确定输入逻辑变量(因)和输出逻辑变量(果)，并用逻辑值 0 或 1 表示变量的逻辑状态；由逻辑问题的因果关系导出真值表。导出真值表的过程称为逻辑抽象。

2) 化简逻辑函数

为了设计最简的组合逻辑电路，必须由真值表求出输出变量的最简逻辑函数。通常由真值表求出最简与或式，然后转换为其他函数形式。可采用代数法、卡诺图法等化简。

(1) 代数法：由真值表写出输出变量的最小项表达式，用代数法化简逻辑函数。

(2) 卡诺图法：由真值表画出输出变量的卡诺图，求最简逻辑函数。

对于多输出逻辑函数，最简与或表达式的标准是：

(1) 全部逻辑函数的乘积项总数最少；

(2) 在满足(1)的条件下，每个乘积项中变量的个数也最少。

化简方法是：在兼顾使多输出有较多公共乘积项的情况下，使各个输出函数最简。

3) 逻辑函数转换

根据使用门电路的情况将逻辑函数变换为最简与非与非式(仅使用与非门)、或非或非式(仅使用或非门)等。

也可以使用具有一定功能的电路组件(如 6.3 节中的典型组合逻辑电路)设计组合逻辑电路。此时，逻辑函数应变换为包含电路组件功能的函数形式，具体做法将在相应的电路组件中介绍。

应综合考虑逻辑函数的化简和变换，使所设计的电路最简。

4) 画出逻辑图

根据最简逻辑函数画出逻辑图。

5) 电路验证

应用计算机辅助设计软件对所设计的逻辑图进行计算机仿真，可实现电路验证。也可以根据逻辑图组装电路进行电路实验验证。在以后的理论设计过程中，将省略电路验证。

例 6.2.4　试用与非门设计一个 8421 BCD 码检测电路。功能：当电路的输入不是 8421 BCD 码时，输出为 1；否则，输出为 0。

解　(1) 列真值表。

8421 BCD 码是十进制数码 0,1,…,9 的 4 位二进制代码，其每一位仅能取值 0 或 1，与逻辑值 0 或 1 对应。因此，8421 BCD 码的每一位可用 1 个逻辑变量表示，分别为 A、B、C、D。输出用变量 Y 表示。由电路的功能得真值表如表 6.2.3 所示。

表 6.2.3　例 6.2.4 真值表

十进制数码	A	B	C	D	Y
0	0	0	0	0	0
1	0	0	0	1	0
2	0	0	1	0	0
3	0	0	1	1	0
4	0	1	0	0	0
5	0	1	0	1	0
6	0	1	1	0	0
7	0	1	1	1	0
8	1	0	0	0	0
9	1	0	0	1	0
非十进制数码	1	0	1	0	1
	1	0	1	1	1
	1	1	0	0	1
	1	1	0	1	1
	1	1	1	0	1
	1	1	1	1	1

(2) 化简逻辑函数。

由真值表画出卡诺图如图 6.2.10 所示，最简与或式为

$$Y = AB + AC$$

(3) 逻辑函数变换。

按题意采用与非门，逻辑函数应变换为与非与非式：

$$Y = AB + AC = \overline{\overline{AB} \cdot \overline{AC}}$$

(4) 画出逻辑图。

由最简与非与非式画出逻辑图(图 6.2.11)。

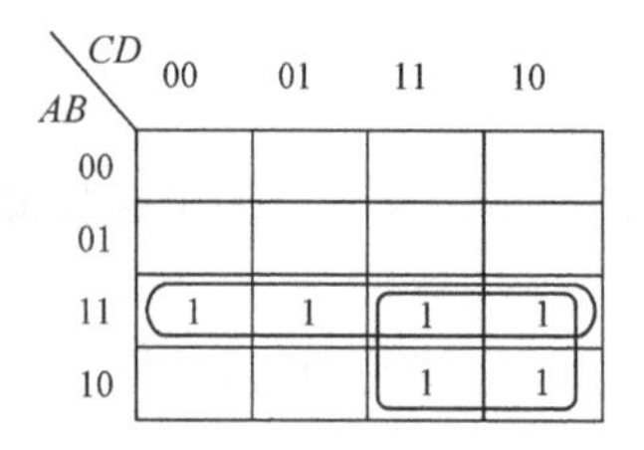

图 6.2.10　例 6.2.4 的卡诺图

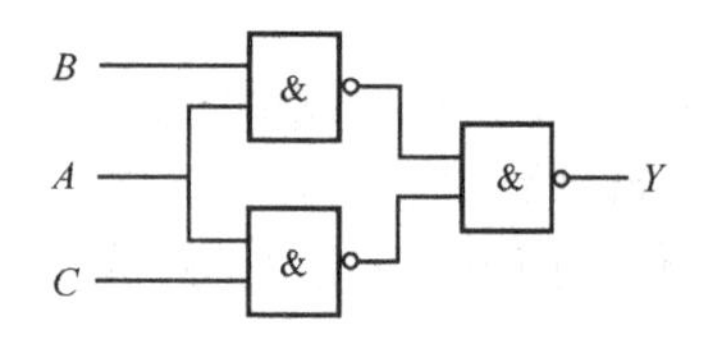

图 6.2.11　8421 BCD 码检测电路

通过本例可知，由于二进制数或二进制代码的每一位仅能取值 0 或 1，与逻辑值 0 或 1 对应，说明二进制数或二进制代码的每一位均可表示为逻辑变量。又因为二进制算术运算或二进制代码的处理结果仍为二进制数或二进制代码，所以，二进制信息的各种处理均可表达为逻辑函数，从而可用数字电路实现二进制信息的处理。

6.3　常用的组合逻辑电路

在掌握了组合逻辑电路的基础知识后，学习常用的组合逻辑电路原理及应用能够更容易地看懂复杂电路的功能。本节主要介绍一些常用的组合逻辑电路，如编码器、译码器、数据分配器、数据选择器、数值比较器和数值加法器的原理及应用。

6.3.1　编码器及程序设计

数字电路只能处理二进制信号。为了用数字电路处理信息，必须把待处理的信息表示为特定的二进制代码。所以，编码器是数字系统的信息输入电路，如计算机的键盘电路。

用二进制代码表示特定信息对象的过程称为二进制编码，实现编码操作的数字电路称为编码器。设用 n 位二进制代码表示 N 个待编码的对象，则编码器的原理框图如图 6.3.1 所示，称为 N 线-n 线编码器。图中输入 I_0、I_1、…、I_{N-1} 为 N 个待编码的对象，输出 Y_0、Y_1、…、Y_{n-1} 分别是代码的 n 个二进制位。为了使输入与输出建立一一对应的关系，输入输出线数应满足 $2^n \geqslant N$。当 $2^n = N$ 时，称为二进制编码器；否则，为非二进制编码器，例如，二-十进制编码器，它将十进制数的 10 个数码编码为 BCD 码。

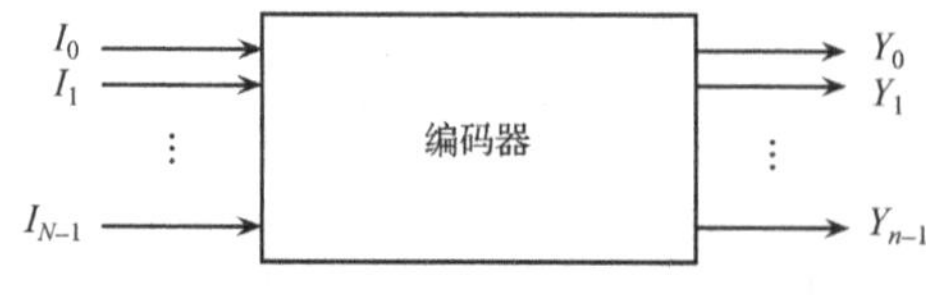

图 6.3.1　N 线-n 线编码器原理框图

根据输入信号的性质，编码器还可分为普通编码器和优先编码器。

1. 普通编码器

在任何时刻只有一个对象要求编码的编码器称为普通编码器，其输入信号是相互排斥的变量。

设逻辑 1 表示对象要求编码，逻辑 0 不要求编码，这种逻辑表示称为高电平输入有效，即逻辑 1 表示要求完成一定的功能。对于这种情况，输入信号的相互排斥性质可用下式表示：

$$I_i = \overline{\sum_{j\neq i, j=0}^{N-1} I_j} = \prod_{j\neq i, j=0}^{N-1} \overline{I}_j, \quad i = 0,1,\cdots,N-1$$

即在任何时刻，只能有 1 个输入为逻辑 1，其他都为逻辑 0。

也可以用逻辑 0 表示对象要求编码，逻辑 1 不要求编码，这种逻辑表示称为低电平输入有效，即逻辑 0 表示要求完成一定的功能。对于这种情况，输入信号的相互排斥性质可用下式表示：

$$I_i = \sum_{j\neq i, j=0}^{N-1} \overline{I}_j = \overline{\prod_{j\neq i, j=0}^{N-1} I_j}, \quad i = 0,1,\cdots,N-1$$

即在任何时刻，只允许 1 个输入为逻辑 0，其他都为逻辑 1。

下面设计将十进制数码编码为 8421BCD 码的二-十进制普通编码器。

1) 列出真值表

设输入 I_9、I_8、…、I_0 分别表示十进制数码 9、8、…、0，输出 Y_3、Y_2、Y_1、Y_0 分别是 8421BCD 码的 4 个二进制位。输入低电平有效的编码器真值表如表 6.3.1 所示。

表 6.3.1　10 线-4 线普通编码器的真值表

十进制数码	I_9	I_8	I_7	I_6	I_5	I_4	I_3	I_2	I_1	I_0	Y_3	Y_2	Y_1	Y_0
0	1	1	1	1	1	1	1	1	1	0	0	0	0	0
1	1	1	1	1	1	1	1	1	0	1	0	0	0	1
2	1	1	1	1	1	1	1	0	1	1	0	0	1	0
3	1	1	1	1	1	1	0	1	1	1	0	0	1	1
4	1	1	1	1	1	0	1	1	1	1	0	1	0	0
5	1	1	1	1	0	1	1	1	1	1	0	1	0	1
6	1	1	1	0	1	1	1	1	1	1	0	1	1	0
7	1	1	0	1	1	1	1	1	1	1	0	1	1	1
8	1	0	1	1	1	1	1	1	1	1	1	0	0	0
9	0	1	1	1	1	1	1	1	1	1	1	0	0	1

2) 求最简逻辑函数

由真值表得

$$Y_3 = \overline{I}_9 I_8 I_7 I_6 I_5 I_4 I_3 I_2 I_1 I_0 + I_9 \overline{I}_8 I_7 I_6 I_5 I_4 I_3 I_2 I_1 I_0$$

考虑输入低电平有效的约束条件，得

$$\overline{I}_9 = I_8 I_7 I_6 I_5 I_4 I_3 I_2 I_1 I_0$$

$$\overline{I}_8 = I_9 I_7 I_6 I_5 I_4 I_3 I_2 I_1 I_0$$

所以

$$Y_3 = \overline{I}_9 + \overline{I}_8 = \overline{I_9 I_8}$$

同理可得

$$Y_2 = \overline{I}_7 + \overline{I}_6 + \overline{I}_5 + \overline{I}_4 = \overline{I_7 I_6 I_5 I_4}$$
$$Y_1 = \overline{I}_7 + \overline{I}_6 + \overline{I}_3 + \overline{I}_2 = \overline{I_7 I_6 I_3 I_2}$$
$$Y_0 = \overline{I}_9 + \overline{I}_7 + \overline{I}_5 + \overline{I}_3 + \overline{I}_1 = \overline{I_9 I_7 I_5 I_3 I_1}$$

3) 画逻辑图

10 线-4 线普通编码器的电路如图 6.3.2 所示。将十进制数码转换为逻辑电平的 10 个按键开关，每个按键代表一个十进制数码 0～9。当第 i 键按下时，I_i 为低电平；否则 I_i 为高电平。

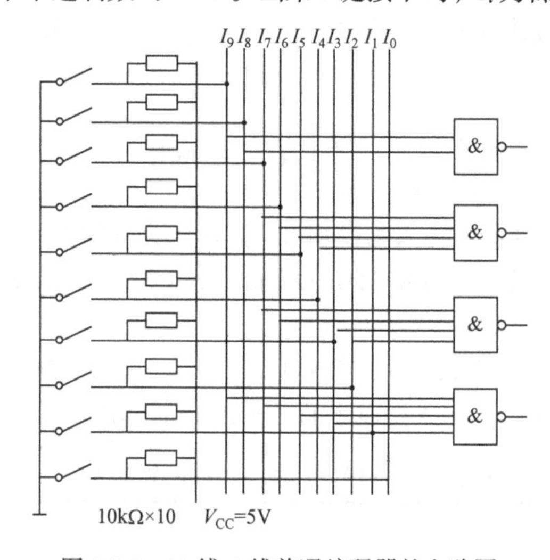

图 6.3.2　10 线-4 线普通编码器的电路图

普通编码器的缺点是输入变量必须满足互斥条件，如果输入变量不满足互斥条件，则需要增加相应的约束条件限制电路，使编码可靠。

用同样的方法可设计二进制编码器。

4) 10 线-4 线普通编码器的 Verilog 程序

```
module Ten2FourEncoder(
    input I0,I1,I2,I3,I4,I5,I6,I7,I8,I9,
    output reg Y0,Y1,Y2,Y3
    );
    always @(I0,I1,I2,I3,I4,I5,I6,I7,I8,I9)
    begin
        case({I9,I8,I7,I6,I5,I4,I3,I2,I1,I0})
            10'b1111111110: {Y3,Y2,Y1,Y0}=4'b0000;
            10'b1111111101: {Y3,Y2,Y1,Y0}=4'b0001;
            10'b1111111011: {Y3,Y2,Y1,Y0}=4'b0010;
            10'b1111110111: {Y3,Y2,Y1,Y0}=4'b0011;
```

```
            10'b1111101111: {Y3,Y2,Y1,Y0}=4'b0100;
            10'b1111011111: {Y3,Y2,Y1,Y0}=4'b0101;
            10'b1110111111: {Y3,Y2,Y1,Y0}=4'b0110;
            10'b1101111111: {Y3,Y2,Y1,Y0}=4'b0111;
            10'b1011111111: {Y3,Y2,Y1,Y0}=4'b1000;
            10'b0111111111: {Y3,Y2,Y1,Y0}=4'b1001;
        endcase
    end
endmodule
```

2. 优先编码器

普通编码器要求输入是一组相互排斥的变量。而优先编码器，则允许几个输入信号同时要求编码，但是，只对优先级别最高的输入信号进行编码，即优先级别高的信号排斥级别低的信号。至于优先级别的高低，完全取决于输入信号的地位或事先的约定。

图 6.3.3 是 8 线-3 线优先编码器的原理电路图(中规模集成器件 74148 的原理图)。图中虚线框内为优先编码器的逻辑电路，I_7、I_6、…、I_0 是 8 个编码输入信号，Y_2、Y_1、Y_0 是二进制代码输出信号。此外，为了扩展电路的功能，增加了编码使能信号 EN、编码标志信号 Y_F 和输出扩展信号 Y_{EX}。其中，编码使能信号 EN 是为了避免竞争冒险现象的发生。

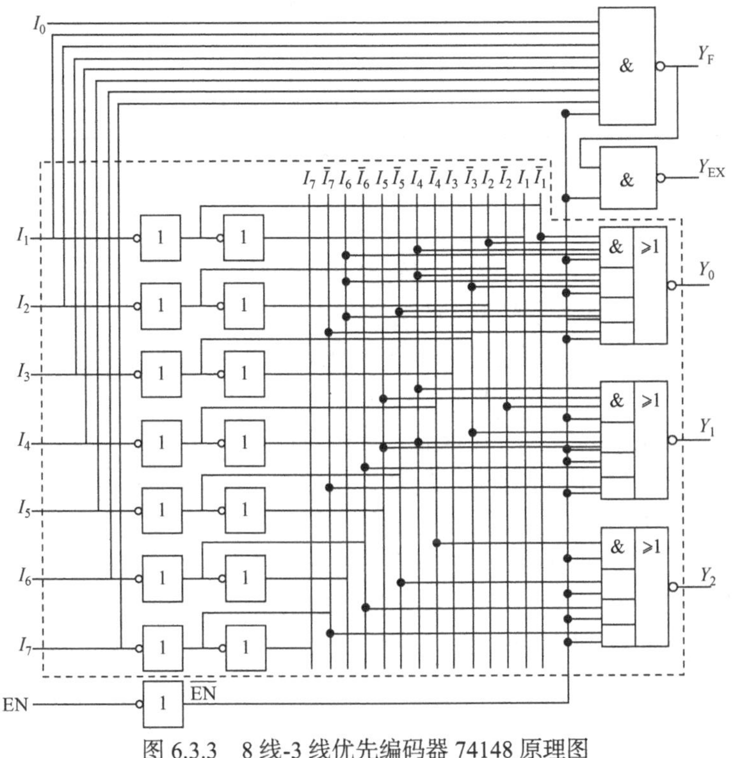

图 6.3.3　8 线-3 线优先编码器 74148 原理图

1) 输出表达式

根据电路写出编码器的输出表达式如下：

$$Y_2 = \overline{\overline{\overline{\text{EN}}\cdot\overline{I}_4 + \overline{\text{EN}}\cdot\overline{I}_5 + \overline{\text{EN}}\cdot\overline{I}_6 + \overline{\text{EN}}\cdot\overline{I}_7}} = \text{EN} + I_4I_5I_6I_7$$

$$Y_1 = \overline{\overline{\text{EN}}\cdot\overline{I}_2I_4I_5 + \overline{\text{EN}}\cdot\overline{I}_3I_4I_5 + \overline{\text{EN}}\cdot\overline{I}_6 + \overline{\text{EN}}\cdot\overline{I}_7} = \text{EN} + \overline{\overline{I}_2I_4I_5 + \overline{I}_3I_4I_5 + \overline{I}_6 + \overline{I}_7}$$

$$Y_0 = \overline{\overline{\text{EN}}\cdot\overline{I}_1I_2I_4I_6 + \overline{\text{EN}}\cdot\overline{I}_3I_4I_6 + \overline{\text{EN}}\cdot\overline{I}_5I_6 + \overline{\text{EN}}\cdot\overline{I}_7} = \text{EN} + \overline{\overline{I}_1I_2I_4I_6 + \overline{I}_3I_4I_6 + \overline{I}_5I_6 + \overline{I}_7}$$

$$Y_{\text{F}} = \overline{\overline{\text{EN}}\cdot I_0I_1I_2I_3I_4I_5I_6I_7} = \text{EN} + \overline{I_0I_1I_2I_3I_4I_5I_6I_7}$$

$$Y_{\text{EX}} = \overline{\overline{\text{EN}}\cdot Y_{\text{F}}} = \text{EN} + \overline{Y}_{\text{F}}$$

2) 列出真值表

由输出表达式列出真值表如表 6.3.2 所示。

表 6.3.2 8 线-3 线优先编码器(中规模集成器件 74148)真值表

EN	输入								输出				
	I_0	I_1	I_2	I_3	I_4	I_5	I_6	I_7	Y_2	Y_1	Y_0	Y_F	Y_{EX}
1	×	×	×	×	×	×	×	×	1	1	1	1	1
0	1	1	1	1	1	1	1	1	1	1	1	0	1
0	×	×	×	×	×	×	×	0	0	0	0	1	0
0	×	×	×	×	×	×	0	1	0	0	1	1	0
0	×	×	×	×	×	0	1	1	0	1	0	1	0
0	×	×	×	×	0	1	1	1	0	1	1	1	0
0	×	×	×	0	1	1	1	1	1	0	0	1	0
0	×	×	0	1	1	1	1	1	1	0	1	1	0
0	×	0	1	1	1	1	1	1	1	1	0	1	0
0	0	1	1	1	1	1	1	1	1	1	1	1	0

注：×表示任意值(0 或 1)。

3) 说明电路的功能

(1) 编码使能控制：当 EN = 1 时，编码器不能编码，输出全为 1；当 EN = 0 时，编码器对输入信号进行编码，使能信号 EN 低电平有效。

(2) 编码输入信号低电平有效(要求编码)，优先级由高到低的顺序为 I_7、I_6、…、I_0(优先级 7、6、…、0)，对应的输出二进制代码依次为 000、001、…、111，是优先级二进制数按位取反，即表示输出编码组合各自取非，转换为与输入对应的十进制数。注意：优先编码器允许几个输入信号同时要求编码，但是，只对优先级别最高的输入信号进行编码。例如，当 $I_7 = I_6 = \cdots = I_0 = 0$ 时，输出只是 I_7 的代码 000。

(3) 代码重复：当 EN = 0 时，对应于代码 111 有 2 种输入组合，即输入仅 I_0 要求编码和输入全部都不要求编码。因此，引入编码标志输出信号 Y_F 加以区别。顺便指出，普通编码器也存在代码重复现象，同样可引入编码标志输出信号加以区别。

(4) 信号 EN、Y_F 和 Y_{EX} 共同实现编码器的扩展。Y_F 用于编码标志输出信号的扩展，Y_{EX} 用于代码的扩展。

4) 8 线-3 线优先编码器的 Verilog 程序

```
module Eight2ThreePriorityEncoder(
```

```
    input I0,I1,I2,I3,I4,I5,I6,I7,en,
    output reg Y0,Y1,Y2,YF,YEX
    );
    always @(I0,I1,I2,I3,I4,I5,I6,I7,en)
    begin
        if(en)
        begin
            {Y2,Y1,Y0}=3'b111;
            YF=1'b1;
            YEX=1'b1;
        end
        else
        begin
            if(!I7) begin {Y2,Y1,Y0}=3'b000; YF=1'b1; YEX=1'b0; end
            else if(!I6) begin {Y2,Y1,Y0}=3'b001; YF=1'b1; YEX=1'b0; end
            else if(!I5) begin {Y2,Y1,Y0}=3'b010; YF=1'b1; YEX=1'b0; end
            else if(!I4) begin {Y2,Y1,Y0}=3'b011; YF=1'b1; YEX=1'b0; end
            else if(!I3) begin {Y2,Y1,Y0}=3'b100; YF=1'b1; YEX=1'b0; end
            else if(!I2) begin {Y2,Y1,Y0}=3'b101; YF=1'b1; YEX=1'b0; end
            else if(!I1) begin {Y2,Y1,Y0}=3'b110; YF=1'b1; YEX=1'b0; end
            else if(!I0) begin {Y2,Y1,Y0}=3'b111; YF=1'b1; YEX=1'b0; end
            else
            begin
                {Y2,Y1,Y0}=3'b111;
                YF=1'b1;
                YEX=1'b1;
            end
        end
    end
endmodule
```

例 6.3.1　试用 74148 组成 16 线-4 线优先编码器。

解　需要 2 片 74148 接收 16 个输入信号：A_{15}、A_{14}、…、A_0(优先级 15、14、…、0)。2 片 74148 的输出组合形成 4 位二进制代码 $Z_3Z_2Z_1Z_0$ 和编码标志 Z_F。组成的 16 线-4 线优先编码器电路如图 6.3.4 所示，逻辑器件功能框图的小圆圈表示低电平有效。电路的工作原理如下。

(1) 当使能输入信号 EI = 1 时，U2 的输出全为 1(U2：$Y_2 = Y_1 = Y_0 = 1$，$Y_F = Y_{EX} = 1$)。U2 的 $Y_F = 1$ 又使 U1 的输出全为 1($Y_2 = Y_1 = Y_0 = 1$，$Y_F = Y_{EX} = 1$)。因此，$Z_3 = Z_2 = Z_1 = Z_0 = Z_F = 1$，编码器不能编码。

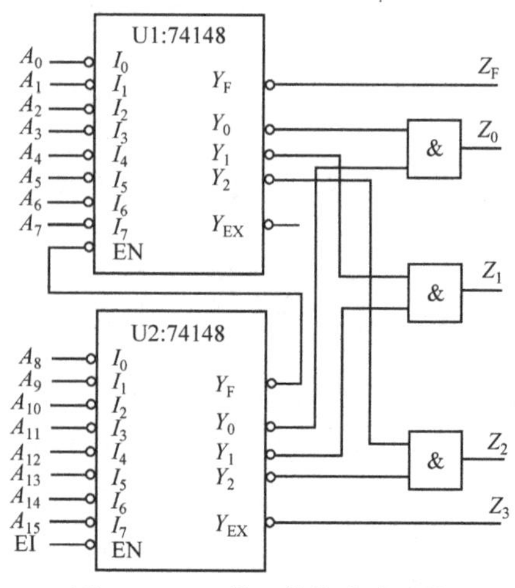

图 6.3.4　16 线-4 线优先编码器

(2)当 EI = 0 时，编码器进行 16 线-4 线优先编码。如果 A_{15}、A_{14}、…、A_8 中有逻辑 0，则 U2 对它们进行优先编码($Z_3 = Y_{EX} = 0$)，且 U2 的 $Y_F = 1$，导致 U1 的输出全为 1，与门的输出为 U2 的编码输出，所以 $Z_3Z_2Z_1Z_0$ 的值为 0000～0111，$Z_F = 1$。如果 A_{15}、A_{14}、…、A_8 全为逻辑 1，则 U2 的 $Y_2 = Y_1 = Y_0 = 1$，$Z_3 = Y_{EX} = 1$，$Y_F = 0$，导致 U1 对 A_7、A_6、…、A_0 进行优先编码，且与门的输出为 U1 的编码输出，所以，$Z_3Z_2Z_1Z_0$ 的值为 1000～1111，$Z_F = 1$。如果 A_{15}、A_{14}、…、A_7、A_6、…、A_0 全为 1，则 $Z_3Z_2Z_1Z_0$ 的值为 1111，但 $Z_F = 0$。

6.3.2　译码器及程序设计

解释具有特定含义的二进制代码的过程称为译码，它是编码的逆过程。完成译码操作的数字电路称为译码器，图 6.3.5 是译码器的原理框图。输入 I_0、I_1、…、I_{n-1} 是二进制代码的 n 个位，输出 Y_0、Y_1、…、Y_{N-1} 分别表示二进制代码的 N 个信息。通常，输入输出线数应满足 $2^n \geqslant N$。当 $2^n = N$ 时，称为二进制译码器；否则，为非二进制译码器，如二-十进制译码器、显示译码器等。

图 6.3.5　n 线-N 线译码器的原理框图

1. 二进制译码器

图 6.3.6 是集成二进制译码器(3 线-8 线译码器)74138 的原理电路，输入变量 CBA 代表 3 位二进制码，输出变量 Y_0、Y_1、…、Y_7 是 CBA 代表的 8 个不同信息，此外还有 3 个译码控制输入(S_1、S_2、S_3)。电路的逻辑表达式为

$$S = S_1\overline{S}_2\overline{S}_3$$

$$Y_0 = \overline{\overline{C}\overline{B}\overline{A}\cdot S} = \overline{m_0 S}$$

$$Y_1 = \overline{\overline{C}\overline{B}A\cdot S} = \overline{m_1 S}$$

$$Y_2 = \overline{\overline{C}B\overline{A}\cdot S} = \overline{m_2 S}$$

$$Y_3 = \overline{\overline{C}BA\cdot S} = \overline{m_3 S}$$

$$Y_4 = \overline{C\overline{B}\overline{A}\cdot S} = \overline{m_4 S}$$

$$Y_5 = \overline{C\overline{B}A\cdot S} = \overline{m_5 S}$$

$$Y_6 = \overline{CB\overline{A}\cdot S} = \overline{m_6 S}$$

$$Y_7 = \overline{CBA\cdot S} = \overline{m_7 S}$$

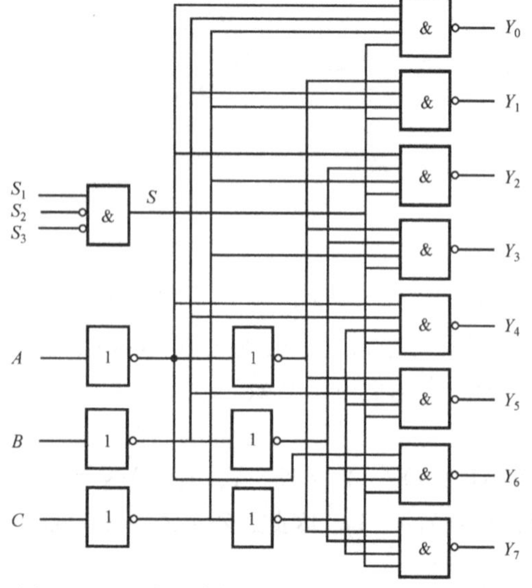

图 6.3.6　3 线-8 线译码器 74138 的原理电路图

由表达式计算出 74138 译码器的真值表(表 6.3.3)。电路的功能如下。

(1) 仅当控制输入 $S_1 = 1$，$S_2 = S_3 = 0$ 时，

$S = S_1\overline{S}_2\overline{S}_3 = 1$，译码器才对输入二进制码 CBA 译码；否则，$S = S_1\overline{S}_2\overline{S}_3 = 0$，译码器不译码。即控制信号 S_1 高电平有效，S_2 和 S_3 低电平有效。

(2) 在译码($S = 1$)时，输出低电平有效。每一个输出对应一个输入变量的最小项取反，代表一个二进制码。3 线-8 线译码器可产生 3 变量函数的全部最小项。

表 6.3.3　74138 译码器的真值表

S	C	B	A	Y_0	Y_1	Y_2	Y_3	Y_4	Y_5	Y_6	Y_7
0	×	×	×	1	1	1	1	1	1	1	1
1	0	0	0	0	1	1	1	1	1	1	1
1	0	0	1	1	0	1	1	1	1	1	1
1	0	1	0	1	1	0	1	1	1	1	1
1	0	1	1	1	1	1	0	1	1	1	1
1	1	0	0	1	1	1	1	0	1	1	1
1	1	0	1	1	1	1	1	1	0	1	1
1	1	1	0	1	1	1	1	1	1	0	1
1	1	1	1	1	1	1	1	1	1	1	0

注：×表示任意值(0 或 1)。

例 6.3.2　试用 74138 组成 4 线-16 线译码器。

解　需要 2 片 74138(U1,U2)产生 16 个译码输出。组成的 4 线-16 线译码器电路如图 6.3.7 所示，$B_3B_2B_1B_0$ 是 4 位二进制代码输入，Z_0、Z_1、…、Z_{15} 是译码输出。

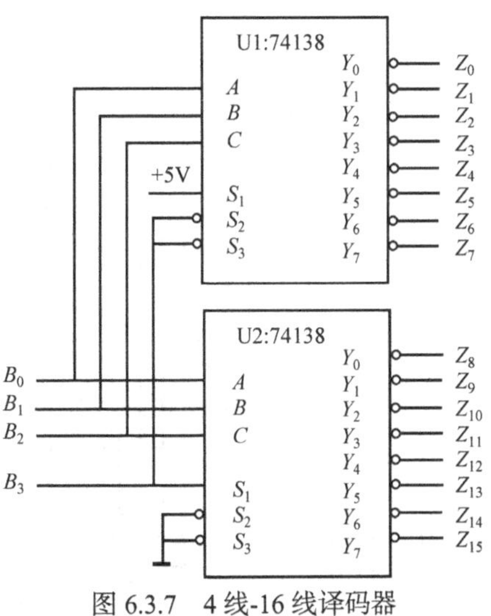

图 6.3.7　4 线-16 线译码器

工作原理是：当 $B_3 = 0$ 时，U1 对 $B_2B_1B_0$ 译码产生输出 Z_0、Z_1、…、Z_7，它们中仅有一个输出为低电平；U2 不译码，Z_8、Z_9、…、Z_{15} 全部输出高电平。当 $B_3 = 1$ 时，U1 不译码，Z_0、Z_1、…、Z_7 全部输出高电平；U2 对 $B_2B_1B_0$ 译码产生输出 Z_8、Z_9、…、Z_{15}，它们中仅有一个输出为低电平。

如前所述，当控制输入有效时，74138 译码器产生 3 变量的全部最小项。而任意的 3 变量逻辑函数可表达为最小项之和，故可用 74138 译码器实现 3 变量以下的逻辑函数。

例 6.3.3　试用 74138 译码器实现函数：

$$Z_1 = B\overline{A}$$

$$Z_2 = \overline{C}A$$

解　令函数变量 C、B、A 作为 74138 的输入变量，并将函数变换为最小项表达式：

$$Z_1 = B\overline{A} = \overline{C}B\overline{A} + CB\overline{A} = m_2 + m_6 = \overline{\overline{m}_2 \cdot \overline{m}_6} = \overline{Y_2 \cdot Y_6}$$

$$Z_2 = \overline{C}A = \overline{C}\overline{B}A + \overline{C}BA = m_1 + m_3 = \overline{\overline{m}_1 \cdot \overline{m}_3} = \overline{Y_1 \cdot Y_3}$$

上式隐含了译码器的控制变量有效。根据变换后的表达式画逻辑图，如图 6.3.8 所示。

由本例推广到一般情况，n 线-2^n 线译码器可以实现变量数不超过 n 的任意逻辑函数。方法是：

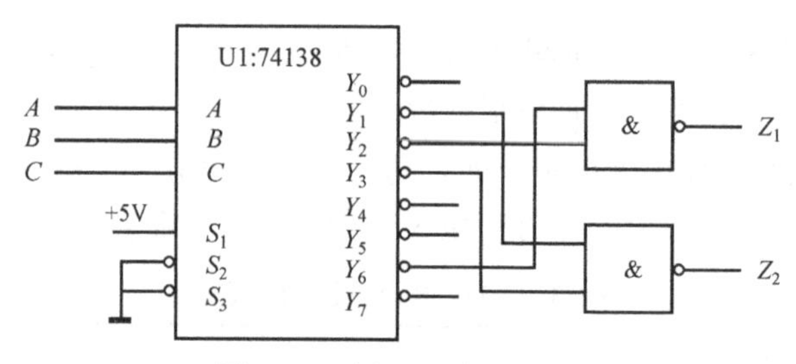

图 6.3.8　例 6.3.3 的电路图

(1) 根据函数自变量数 n 选择 n 线-2^n 线的译码器；

(2) 确定函数的自变量与译码器输入变量的一一对应关系；

(3) 将函数变换为关于译码器输入变量的最小项表达式，进一步将函数转换为译码器输出变量的逻辑表达式；

(4) 画逻辑图(令译码器的控制变量有效)。

2. 二-十进制译码器

二-十进制译码器的功能是将输入的 BCD 码还原为十进制数码。图 6.3.9 是二-十进制译码器 7442 的电路原理图。输出表达式为

$$Y_0 = \overline{\bar{D}\bar{C}\bar{B}\bar{A}} = \bar{m}_0$$

$$Y_1 = \overline{\bar{D}\bar{C}\bar{B}A} = \bar{m}_1$$

$$Y_2 = \overline{\bar{D}\bar{C}B\bar{A}} = \bar{m}_2$$

$$Y_3 = \overline{\bar{D}\bar{C}BA} = \bar{m}_3$$

$$Y_4 = \overline{\bar{D}C\bar{B}\bar{A}} = \bar{m}_4$$

$$Y_5 = \overline{\bar{D}C\bar{B}A} = \bar{m}_5$$

$$Y_6 = \overline{\bar{D}CB\bar{A}} = \bar{m}_6$$

$$Y_7 = \overline{\bar{D}CBA} = \bar{m}_7$$

$$Y_8 = \overline{D\bar{C}\bar{B}\bar{A}} = \bar{m}_8$$

$$Y_9 = \overline{D\bar{C}\bar{B}A} = \bar{m}_9$$

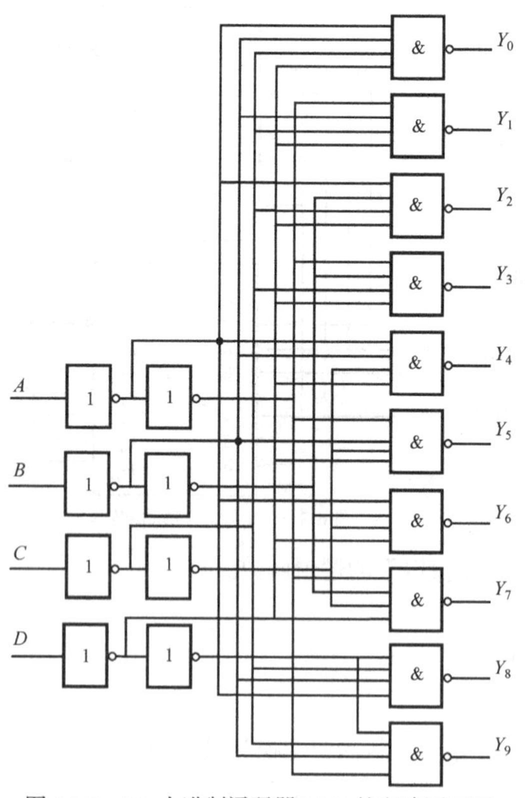

图 6.3.9　二-十进制译码器 7442 的电路原理图

由此可计算出 7442 的真值表(表 6.3.4)。由表可知，电路是一个 8421BCD 二-十进制译码器。对伪码输入，译码器输出全高(拒绝伪码输入)。

表 6.3.4　二-十进制译码器 7442 的真值表

数码	D	C	B	A	Y_0	Y_1	Y_2	Y_3	Y_4	Y_5	Y_6	Y_7	Y_8	Y_9
0	0	0	0	0	0	1	1	1	1	1	1	1	1	1
1	0	0	0	1	1	0	1	1	1	1	1	1	1	1

续表

数码	D	C	B	A	Y_0	Y_1	Y_2	Y_3	Y_4	Y_5	Y_6	Y_7	Y_8	Y_9
2	0	0	1	0	1	1	0	1	1	1	1	1	1	1
3	0	0	1	1	1	1	1	0	1	1	1	1	1	1
4	0	1	0	0	1	1	1	1	0	1	1	1	1	1
5	0	1	0	1	1	1	1	1	1	0	1	1	1	1
6	0	1	1	0	1	1	1	1	1	1	0	1	1	1
7	0	1	1	1	1	1	1	1	1	1	1	0	1	1
8	1	0	0	0	1	1	1	1	1	1	1	1	0	1
9	1	0	0	1	1	1	1	1	1	1	1	1	1	0
伪码	1	0	1	0	1	1	1	1	1	1	1	1	1	1
	1	0	1	1	1	1	1	1	1	1	1	1	1	1
	1	1	0	0	1	1	1	1	1	1	1	1	1	1
	1	1	0	1	1	1	1	1	1	1	1	1	1	1
	1	1	1	0	1	1	1	1	1	1	1	1	1	1
	1	1	1	1	1	1	1	1	1	1	1	1	1	1

3. 显示译码器

在数字仪表中，通常将二-十进制代码直观地显示出来，以供读取测量结果。翻译二-十进制代码，并直接驱动十进制数码显示器件的数字电路称为显示译码器。

1) 数码显示器

按发光物质的不同分类，有半导体数码显示器、液晶数码显示器、荧光数码显示器和气体放电数码显示器。下面仅介绍半导体数码显示器，简称半导体数码管。

图 6.3.10 是半导体数码管 BS201A 的外形图和等效电路。数码管共有 7 个笔画段和一个小数点，7 个笔画段在同一平面上形成 8 字形分布。发光笔画段的组合显示一个字型，例如,仅 b、c 发光则显示数码 1。每一个笔画段及小数点显示与否都是由一个发光二极管(LED)控制的，全部 LED 的阴极接在一起称为共阴极数码管(全部 LED 的阳极接在一起称为共阳极数码管)。如果对 LED 施加反向电压，则不发光；如果施加正向电压，则 PN 结通过正向电流，LED 发光，颜色有红色、绿色等。LED 数码管工作电压低(1.5～2.5V)、体积小、寿命长、可靠性高、响应速度快(小于 0.1μs)，但每一段的工作电流大。

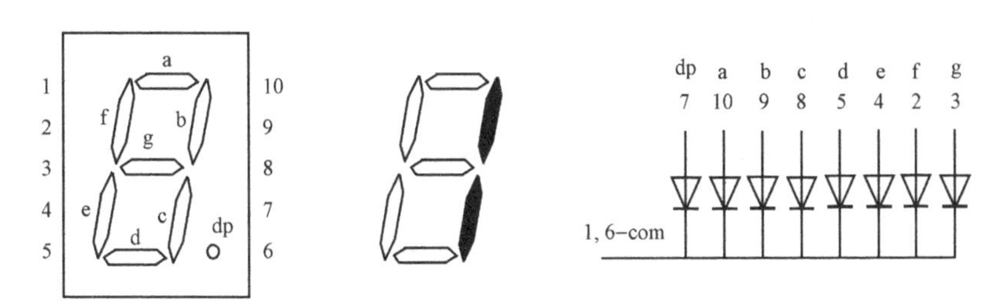

图 6.3.10　半导体数码管 BS201A 的外形图和等效电路

2) 数码显示译码器

7 段显示译码器将输入的 8421BCD 码转换为笔画段(a～g 的 LED)的通断，实现数码显示。7448 是输出高电平有效的 7 段显示译码器，可直接驱动共阴极数码管。

表 6.3.5 是 7448 的真值表，可见，以下三个控制编码的优先顺序依次是消影 BI/RBO、灯测试、动态灭零和数字显示功能，说明如下。

表 6.3.5　7 段显示译码器 7448 的真值表

功能		控制输入		8421BCD 码输入				BI/RBO	输出(数码管笔画段)							字形
		LT	RBI	D	C	B	A		a	b	c	d	e	f	g	
消影		×	×	×	×	×	×	0(BI)	0	0	0	0	0	0	0	全灭
灯测试		0	×	×	×	×	×	1(RBO)	1	1	1	1	1	1	1	8
显示	灭零	1	0	0	0	0	0	0(RBO)	0	0	0	0	0	0	0	全灭
	0	1	1	0	0	0	0	1(RBO)	1	1	1	1	1	1	0	0
	1	1	×	0	0	0	1	1(RBO)	0	1	1	0	0	0	0	1
	2	1	×	0	0	1	0	1(RBO)	1	1	0	1	1	0	1	2
	3	1	×	0	0	1	1	1(RBO)	1	1	1	1	0	0	1	3
	4	1	×	0	1	0	0	1(RBO)	0	1	1	0	0	1	1	4
	5	1	×	0	1	0	1	1(RBO)	1	0	1	1	0	1	1	5
	6	1	×	0	1	1	0	1(RBO)	0	0	1	1	1	1	1	6
	7	1	×	0	1	1	1	1(RBO)	1	1	1	0	0	0	0	7
	8	1	×	1	0	0	0	1(RBO)	1	1	1	1	1	1	1	8
	9	1	×	1	0	0	1	1(RBO)	1	1	1	1	0	1	1	9
	伪码	1	×	1	0	1	0	1(RBO)	0	0	0	1	1	0	1	c
		1	×	1	0	1	1	1(RBO)	0	0	1	1	0	0	1	ɔ
		1	×	1	1	0	0	1(RBO)	0	1	0	0	0	1	1	u
		1	×	1	1	0	1	1(RBO)	1	0	0	1	0	1	1	⊆
		1	×	1	1	1	0	1(RBO)	0	0	0	1	1	1	1	t
		1	×	1	1	1	1	1(RBO)	0	0	0	0	0	0	0	全灭

(1) 消影功能。

控制端 BI/RBO 既可作输入(记为 BI，消影输入)，也可作输出(记为 RBO，动态灭零输出)。作输入时，如果 BI＝0，则不论其他输入信号为何值，输出 a～g 全为 0，共阴极数码管不亮，即实现消影功能。除消影外，控制端 BI/RBO 可用作输出。

(2) 灯测试功能。

当 LT=0 时，输出 a～g 全为 1，驱动数码管的笔画段全亮，用于测试数码管。所以，

LT 称为试灯输入，低电平有效。

(3) 动态灭零功能。

为了使显示的多位数字符合人的习惯，整数部分高位的 0 和小数部分低位的 0 不显示，这称为动态灭零。利用 7448 的 RBI 和 RBO 引脚可实现动态灭零，如图 6.3.11 所示。连接方法是：整数部分把高位 RBO 与次低位的 RBI 相连，最高位的 RBI 接低电平；小数部分则与整数部分的连接顺序相反。这样，当整数部分的最高位是 0 时，其 RBI 使本位动态灭零。同时，其 RBO 输出低电平，使次高位的动态灭零使能，如此递推，实现整数部分动态灭零。

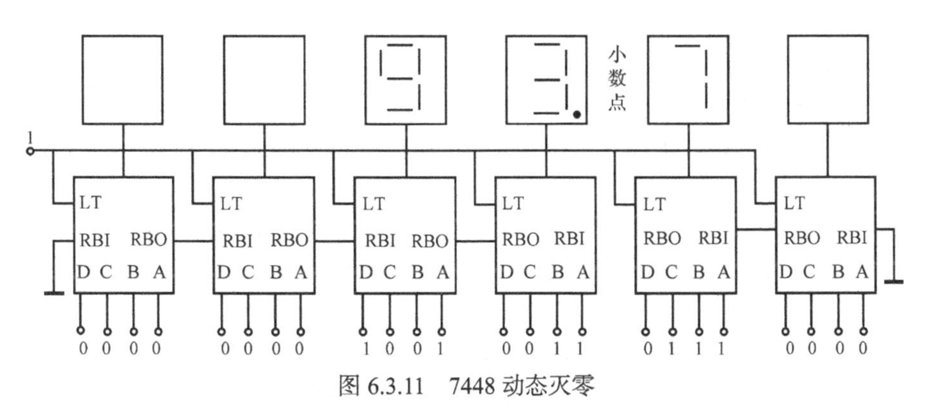

图 6.3.11　7448 动态灭零

(4) 进制数码。当 DCBA = 0000 时，如果 RBI = 0，则不能显示 0，这种情况称为动态灭零，用输出 RBO = 0 标识。因此，RBI、RBO 分别称为动态灭零输入、动态灭零输出，且低电平有效。

对于非 8421BCD 码输入，数码管 a～g 的一些段为高电平，高电平数码管被点亮，显示结果为乱码，即不能拒绝伪码输入。

3) 显示译码器应用电路

显示译码器 7448 与 LED 的连接方法如图 6.3.12 所示。LT = RBI = 17448 工作在译码显示状态，BI/RBO 端作动态灭零输出端。输入 8421BCD 码被转换为 LED 段码，驱动 LED 数码管显示数码。7448 输出高电平的段使 LED 的段显示，其高电平输出电流约为 2mA。用上拉电阻可增大 LED 的驱动电流。

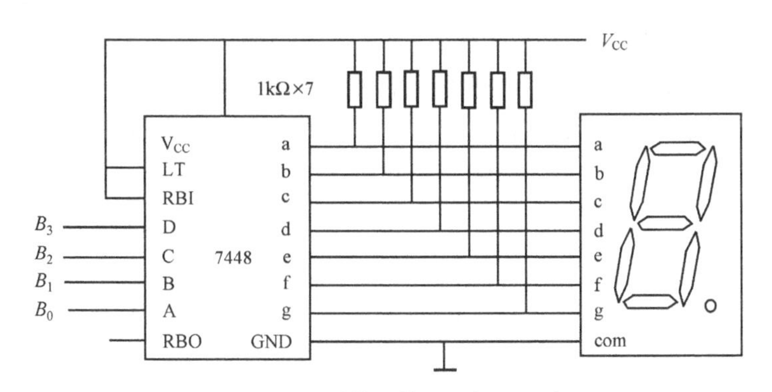

图 6.3.12　单数码管显示译码电路

4.3 线-8 线译码器的 Verilog 程序

```
module Three2EightDecoder(
    input S1,S2,S3,A,B,C,
    output reg Y0,Y1,Y2,Y3,Y4,Y5,Y6,Y7
    );

    always @(S1,S2,S3,A,B,C)
    begin
        if({S1,S2,S3}==3'b100) begin
            case({C,B,A})
                3'b000:{Y0,Y1,Y2,Y3,Y4,Y5,Y6,Y7}=8'b01111111;
                3'b001:{Y0,Y1,Y2,Y3,Y4,Y5,Y6,Y7}=8'b10111111;
                3'b010:{Y0,Y1,Y2,Y3,Y4,Y5,Y6,Y7}=8'b11011111;
                3'b011:{Y0,Y1,Y2,Y3,Y4,Y5,Y6,Y7}=8'b11101111;
                3'b100:{Y0,Y1,Y2,Y3,Y4,Y5,Y6,Y7}=8'b11110111;
                3'b101:{Y0,Y1,Y2,Y3,Y4,Y5,Y6,Y7}=8'b11111011;
                3'b110:{Y0,Y1,Y2,Y3,Y4,Y5,Y6,Y7}=8'b11111101;
                3'b111:{Y0,Y1,Y2,Y3,Y4,Y5,Y6,Y7}=8'b11111110;
            endcase
        end
        else
            {Y0,Y1,Y2,Y3,Y4,Y5,Y6,Y7}=8'b11111111;
    end
endmodule
```

6.3.3　数据分配器与数据选择器

在数字系统中，通常采用总线分时传送信号，这时就需要数据分配器和数据选择器。逻辑框图如图 6.3.13 所示，N 路不同的数据源(D_0、D_1、…、D_{N-1})通过数据选择器分时传送到总线(公共信号线)上，数据分配器将总线上的信号分配到不同数据终端(Y_0、Y_1、…、Y_{N-1})。数据分配器和数据选择器等效为多路开关，控制变量 A_0、A_1、…、A_n 和 B_0、B_1、…、B_n 选择开关连接位置，所以，它们也称为地址变量。N 和 n 的约束关系是 $2^n \geqslant N$。

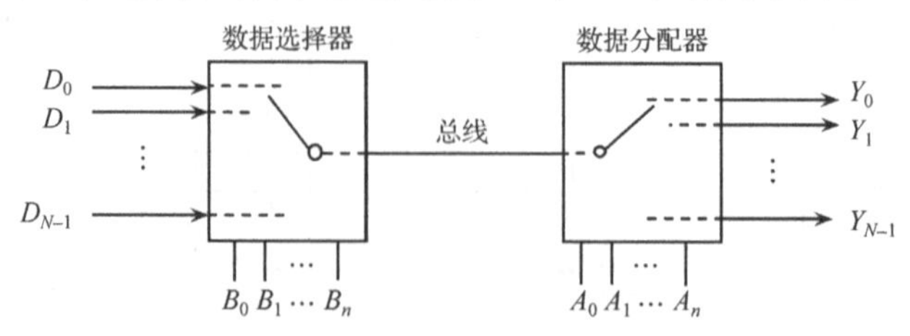

图 6.3.13　N 路数据选择器和 N 路数据分配器原理图

1. 数据分配器

带控制端的译码器可用作数据分配器，例如，二进制译码器 74138 可用作 8 路数据分配器，如图 6.3.14 所示。输出表达式为

$$\begin{cases} Y_i = \overline{m_i S} = \overline{m_i S_1 \overline{S}_2 \overline{S}_3} = \overline{m_i \overline{D}}, & i = 0,1,\cdots,7 \\ m_i = m_i(A_2, A_1, A_0), & \text{最小项} \end{cases}$$

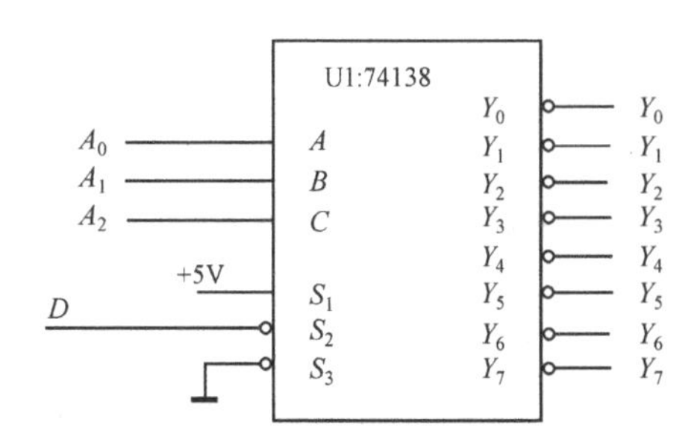

图 6.3.14　8 路数据分配器

表 6.3.6 是 8 路数据分配器的真值表。由表可知，在地址变量的控制下数据 D 被分配到 8 路输出 Y_0、Y_1、…、Y_7 中的一路；未获得数据 D 的其他输出不随 D 变化，保持为逻辑 1。

表 6.3.6　8 路数据分配器的真值表

地址变量			数据	输出							
A_2	A_1	A_0	D	Y_0	Y_1	Y_2	Y_3	Y_4	Y_5	Y_6	Y_7
0	0	0	D	D	1	1	1	1	1	1	1
0	0	1	D	1	D	1	1	1	1	1	1
0	1	0	D	1	1	D	1	1	1	1	1
0	1	1	D	1	1	1	D	1	1	1	1
1	0	0	D	1	1	1	1	D	1	1	1
1	0	1	D	1	1	1	1	1	D	1	1
1	1	0	D	1	1	1	1	1	1	D	1
1	1	1	D	1	1	1	1	1	1	1	D

数据分配器的 Verilog 程序：

```
module Data_Distributor(
    input A,B,C,Data,
    output reg Y0,Y1,Y2,Y3,Y4,Y5,Y6,Y7
    );

    always @(A,B,C,Data)
    begin
        case({C,B,A})
            3'b000:{Y0,Y1,Y2,Y3,Y4,Y5,Y6,Y7}={Data,7'b1111111};
            3'b001:{Y0,Y1,Y2,Y3,Y4,Y5,Y6,Y7}={1'b1,Data,6'b111111};
            3'b010:{Y0,Y1,Y2,Y3,Y4,Y5,Y6,Y7}={2'b11,Data,5'b11111};
            3'b011:{Y0,Y1,Y2,Y3,Y4,Y5,Y6,Y7}={3'b111,Data,4'b1111};
            3'b100:{Y0,Y1,Y2,Y3,Y4,Y5,Y6,Y7}={4'b1111,Data,3'b111};
            3'b101:{Y0,Y1,Y2,Y3,Y4,Y5,Y6,Y7}={5'b11111,Data,2'b11};
```

```
            3'b110:{Y0,Y1,Y2,Y3,Y4,Y5,Y6,Y7}={6'b111111,Data,1'b1};
            3'b111:{Y0,Y1,Y2,Y3,Y4,Y5,Y6,Y7}={7'b1111111,Data};
        endcase
    end
endmodule
```

2. 数据选择器

图 6.3.15 是 8 路数据选择器 74151 的电路原理图。

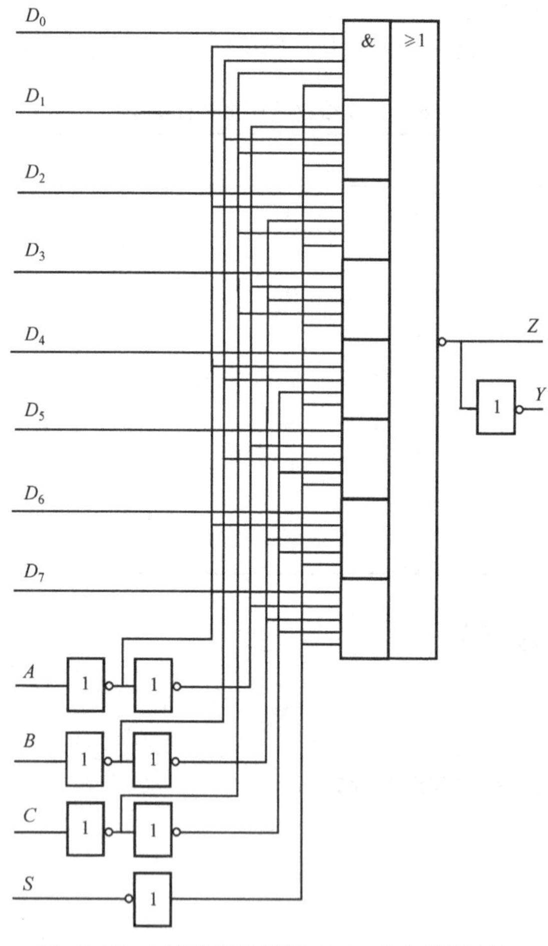

图 6.3.15　8 路数据选择器 74151 的电路原理图

输出表达式为

$$
\begin{aligned}
Y &= \overline{S}\cdot\overline{A}_2\overline{A}_1\overline{A}_0D_0+\overline{S}\cdot\overline{A}_2\overline{A}_1A_0D_1+\overline{S}\cdot\overline{A}_2A_1\overline{A}_0D_2+\overline{S}\cdot\overline{A}_2A_1A_0D_3\\
&\quad+\overline{S}A_2\overline{A}_1\overline{A}_0D_4+\overline{S}A_2\overline{A}_1A_0D_5+\overline{S}A_2A_1\overline{A}_0D_6+\overline{S}A_2A_1A_0D_7\\
&=\overline{S}\sum_{i=0}^{7}m_i(A_2,A_1,A_0)D_i
\end{aligned}
$$

表 6.3.7 是 8 路数据选择器的真值表。由表可知，当 $S=0$ 时，在地址变量的控制下从 8 路输入数据中选择一路作为数据输出。

表 6.3.7　8 路数据选择器(74151)的真值表

控制输入	地址输入			数据输入								输出
S	A_2	A_1	A_0	D_0	D_1	D_2	D_3	D_4	D_5	D_6	D_7	Y
1	×	×	×	×	×	×	×	×	×	×	×	0
0	0	0	0	D_0	×	×	×	×	×	×	×	D_0
0	0	0	1	×	D_1	×	×	×	×	×	×	D_1
0	0	1	0	×	×	D_2	×	×	×	×	×	D_2
0	0	1	1	×	×	×	D_3	×	×	×	×	D_3
0	1	0	0	×	×	×	×	D_4	×	×	×	D_4
0	1	0	1	×	×	×	×	×	D_5	×	×	D_5
0	1	1	0	×	×	×	×	×	×	D_6	×	D_6
0	1	1	1	×	×	×	×	×	×	×	D_7	D_7

当控制输入有效($S=0$)时，8 路数据选择器(74151)的输出是地址变量全部最小项的加权逻辑和。而任意的 4 变量逻辑函数可表达为最小项之和，故可用 8 路数据选择器(74151)实现 4 变量以下的逻辑函数。其中 3 个函数变量作 74151 的地址变量，另一个函数变量作 74151 的数据输入。

数据选择器的 Verilog 程序：

```
module Data_Selector(
    input S,A0,A1,A2,D0,D1,D2,D3,D4,D5,D6,D7,
    output reg Y
    );
    always @(*)
    begin
        if(!S)
        begin
            case({A2,A1,A0})
                3'b000: Y=D0;
                3'b001: Y=D1;
                3'b010: Y=D2;
                3'b011: Y=D3;
                3'b100: Y=D4;
                3'b101: Y=D5;
                3'b110: Y=D6;
                3'b111: Y=D7;
            endcase
```

```
        end
        else
            Y=1'b0;
    end
endmodule
```

例 6.3.4　试用数据选择器实现逻辑函数。

$$Z = AB + \overline{C}\overline{D}$$

解　Z 是 4 变量逻辑函数，可用 $2^{4-1}=8$ 路数据选择器(74151)实现函数 Z。

(1) 选择 A、B、C 变量作为数据选择器的地址变量，令 $A=A_2$、$B=A_1$、$C=A_0$；

(2) 函数变换：

$$\begin{aligned} Z &= AB + \overline{C}\overline{D} = AB(\overline{C}+C) + (\overline{A}\overline{B} + \overline{A}B + A\overline{B} + AB)\overline{C}\overline{D} \\ &= AB\overline{C} + ABC + \overline{A}\overline{B}\overline{C}\overline{D} + \overline{A}B\overline{C}\overline{D} + A\overline{B}\overline{C}\overline{D} \\ &= m_6 \cdot 1 + m_7 \cdot 1 + m_0 \cdot \overline{D} + m_2 \cdot \overline{D} + m_4 \cdot \overline{D} \end{aligned}$$

(3) 确定数据端(D_0、D_1、…、D_{N-1})的表达式。当 74151 的控制端有效时，比较函数表达式和 74151 的输出表达式，得

$$D_0 = D_2 = D_4 = \overline{D},\quad D_6 = D_7 = 1,\quad D_1 = D_3 = D_5 = 0$$

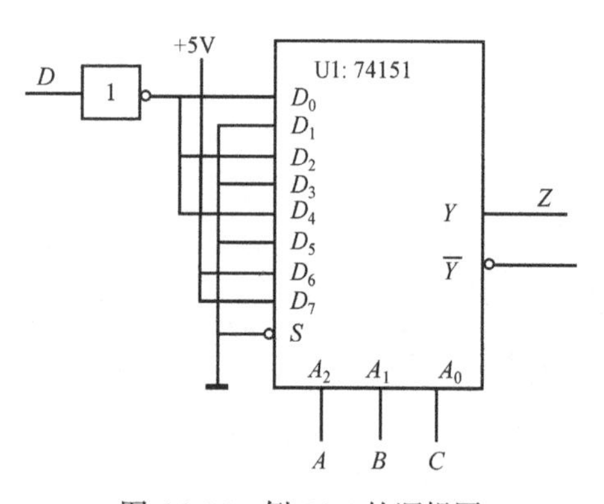

图 6.3.16　例 6.3.4 的逻辑图

(4) 画逻辑图。根据第(1)步和第(2)步中的表达式画出逻辑图，如图 6.3.16 所示。

由本例推广到一般情况，2^{n-1} 路数据选择器可以实现任意的 n 个变量及以下的逻辑函数。方法是：

(1) 选择 $n-1$ 个变量作为数据选择器的地址变量；

(2) 将函数变换为 $n-1$ 个地址变量的最小项表达式；

(3) 根据最小项表达式和数据选择器的输出表达式，确定数据端(D_0、D_1、…、D_{N-1})的表达式；

(4) 画逻辑图。

6.3.4　数值比较器

对两个二进制数比较大小是一种逻辑运算，确定其中一个数是大于、小于还是等于另一个数。实现数值比较逻辑运算的数字电路称为数值比较器。

1. 一位数值比较器

两个 1 位二进制数 A、B 比较的可能结果是相等、大于或小于，分别用 G 表示 $A=B$，L 表示 $A>B$，S 表示 $A<B$。表 6.3.8 是一位数值比较器的真值表。输出的逻辑表达式为

$$G = \overline{A}\overline{B} + AB = \overline{\overline{A}B + A\overline{B}}$$

$$L = A\overline{B}$$

$$S = \overline{A}B$$

由此，画出 1 位数值比较器的逻辑图，如图 6.3.17 所示。

表 6.3.8　1 位数值比较器的真值表

A	B	G	L	S
0	0	1	0	0
0	1	0	0	1
1	0	0	1	0
1	1	1	0	0

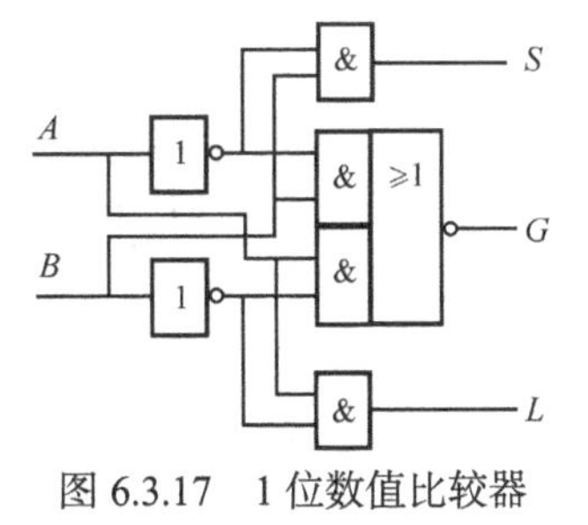

图 6.3.17　1 位数值比较器

2. 4 位数值比较器

同样，两个 4 位二进制数 $A = A_3A_2A_1A_0$、$B = B_3B_2B_1B_0$ 比较的可能结果仍然是相等、大于或小于，分别用 G_o 表示 $A = B$，L_o 表示 $A > B$，S_o 表示 $A < B$。为了使 4 位比较器能用于更多位的数值比较，设置低于本 4 位的比较结果输入端：相等 G_I、大于 L_I、小于 S_I。

4 位数值比较分 2 步：先进行位比较，设第 i 步的比较结果为 G_i、L_i 和 S_i；再进行下述综合比较。

如果 $A = B$，则要求每位都相等：$A_3 = B_3$、$A_2 = B_2$、$A_1 = B_1$、$A_0 = B_0$ 和 $G_I = 1$。逻辑函数表达式为

$$G_o = G_3G_2G_1G_0G_I$$

如果 $A > B$，则要求

$$A_3 > B_3$$

或者　$$A_3 = B_3,\ A_2 > B_2$$

或者　$$A_3 = B_3,\ A_2 = B_2,\ A_1 > B_1$$

或者　$$A_3 = B_3,\ A_2 = B_2,\ A_1 = B_1,\ A_0 > B_0$$

或者　$$A_4 = B_4,\ A_3 = B_3,\ A_2 = B_2,\ A_1 = B_1,\ L_I = 1$$

逻辑函数表达式为

$$L_o = L_3 + G_3L_2 + G_3G_2L_1 + G_3G_2G_1L_0 + G_3G_2G_1G_0L_I$$

如果 $A < B$，则要求

$$A_3 < B_3$$

或者　$$A_3 = B_3,\ A_2 < B_2$$

或者　$$A_3 = B_3,\ A_2 = B_2,\ A_1 < B_1$$

或者　$$A_3 = B_3,\ A_2 = B_2,\ A_1 = B_1,\ A_0 < B_0$$

或者　$$A_3 = B_3,\ A_2 = B_2,\ A_1 = B_1,\ A_0 = B_0,\ S_I = 1$$

逻辑函数表达式为

$$S_o = S_3 + G_3S_2 + G_3G_2S_1 + G_3G_2G_1S_0 + G_3G_2G_1G_0S_I$$

结合一位比较器和上述表达式，得到 4 位数值比较器的逻辑图如图 6.3.18 所示，它也是集成 4 位数值比较器 7485 的电路原理图。

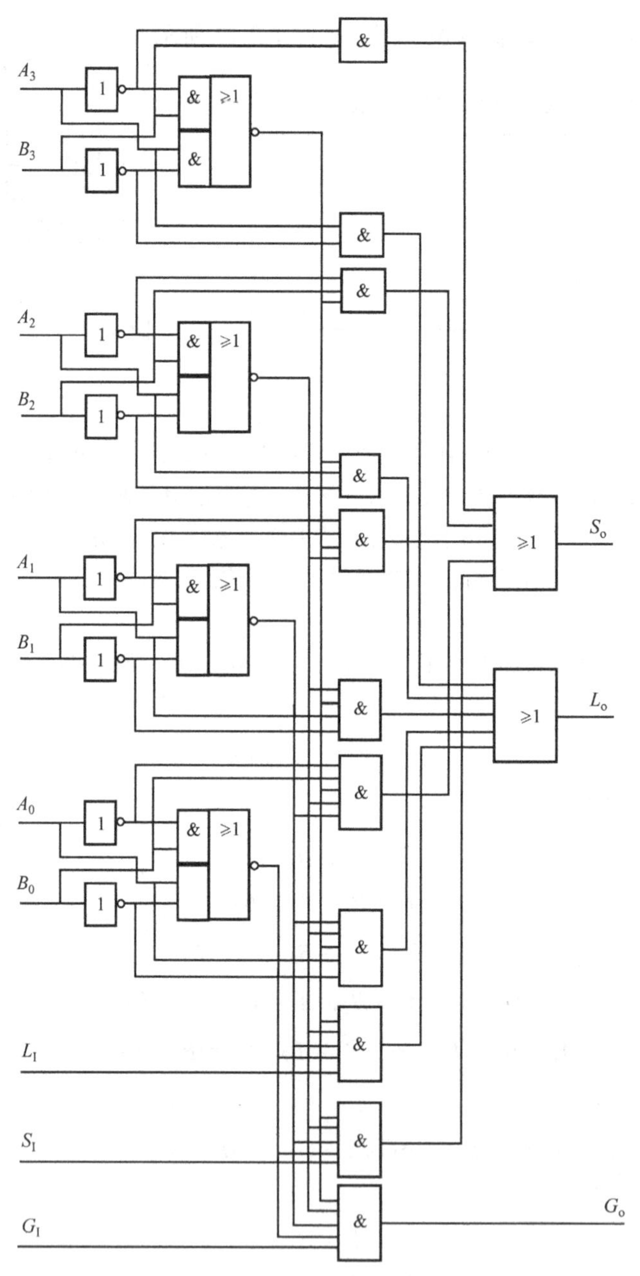

图 6.3.18　4 位数值比较器

3. 比较器的位数扩展

利用 4 位数值比较器 7485 的低位比较结果输入端(G_I、L_I、S_I)，可以实现多于 4 位的数值比较，即比较器的位数扩展。位数扩展方式有串行和并行两种。

图 6.3.19 是 3 个 4 位数值比较器构成的 12 位数值比较器。最低 4 位数值比较器的串行输入端设置为 $G_I=0$、$L_I=0$、$S_I=0$，比较结果送到中间 4 位数值比较器的串行输入端；中间 4 位数值比较器的结果送高 4 位数值比较器的串行输入端；高 4 位数值比较器的结果作为 12 位数值比较器的最终结果。这种方式称为串行扩展。

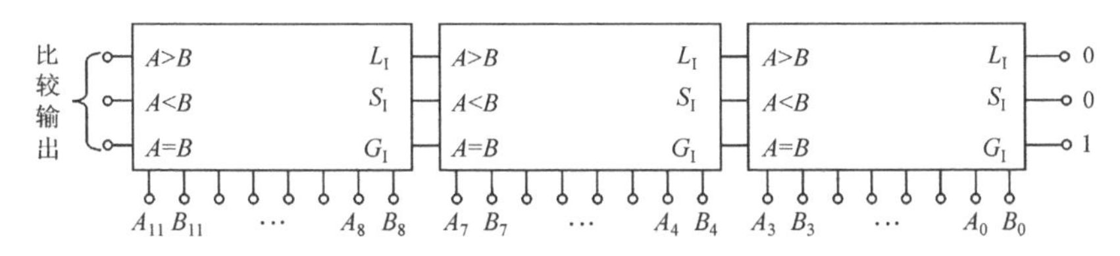

图 6.3.19　12 位数值比较器

图 6.3.20 是用 5 个 4 位数值比较器构成的 16 位数值比较器。采用两级比较，第一级 16 位分四组同时进行比较，比较结果的大于和小于输出分别组成 2 个 4 位二进制数，再送入第二级比较，其输出作为最终比较结果，这种方式称为并行扩展。并行扩展完成 16 位的比较，只需两个比较器的传输时间，而串行位扩展完成 16 位的比较，需用 4 个比较器的传输时间。

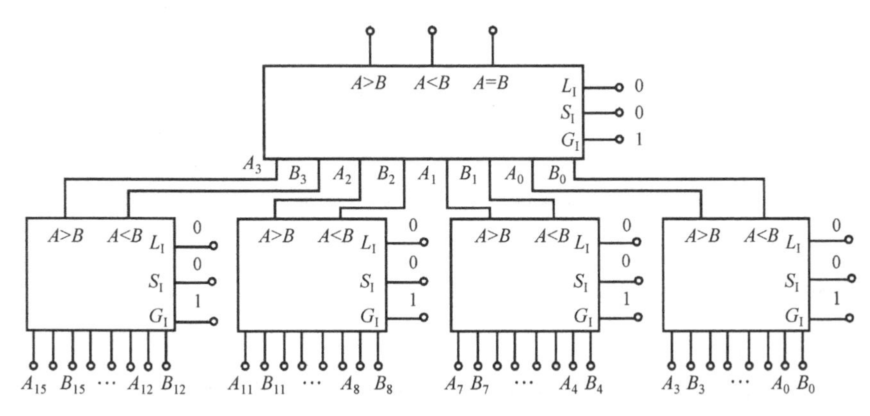

图 6.3.20　16 位数值比较器

4. 1 位数值比较器的 Verilog 程序

```
module Digital_Comparator(
    input A,B,
    output reg G,L,S
    );
    always @(A,B)
    begin
        case({A,B})
            2'b00: {G,L,S}=3'b100;
            2'b01: {G,L,S}=3'b001;
            2'b10: {G,L,S}=3'b010;
            2'b11: {G,L,S}=3'b100;
        endcase
    end
endmodule
```

6.3.5　加法器及程序设计

算术运算是数字系统的重要功能之一。由于二进制数的四则运算可转化为加法运算，因此，加法器是运算电路的核心。

1. 1 位全加器

2 个二进制数 A、B 相加是按位进行的，即第 i 位 A_i、B_i 和第 $i-1$ 位的进位 C_{i-1} 共同确定第 i 位的和 S_i 及进位 C_i。实现按位相加的数字电路称为 1 位全加器。

根据二进制加法规则，列出 1 位全加器的真值表(表 6.3.9)。输出表达式为

表 6.3.9　全加器的真值表

A_i	B_i	C_{i-1}	C_i	S_i
0	0	0	0	0
0	0	1	0	1
0	1	0	0	1
0	1	1	1	0
1	0	0	0	1
1	0	1	1	0
1	1	0	1	0
1	1	1	1	1

$$S_i = \overline{\bar{A}_i\bar{B}_i\bar{C}_{i-1} + \bar{A}_iB_iC_{i-1} + A_i\bar{B}_iC_{i-1} + A_iB_i\bar{C}_{i-1}}$$

$$C_i = \overline{\bar{A}_i\bar{B}_i\bar{C}_{i-1} + \bar{A}_i\bar{B}_iC_{i-1} + \bar{A}_iB_i\bar{C}_{i-1} + A_i\bar{B}_i\bar{C}_{i-1}}$$

$$= \overline{\bar{A}_i\bar{B}_i + \bar{A}_i\bar{C}_{i-1} + \bar{B}_i\bar{C}_{i-1}}$$

1 位全加器的逻辑图和逻辑符号如图 6.3.21 所示。

2. 多位加法器

1) 串行进位加法器

两个多位二进制数相加，可采用串行进位相加的方式实现。例如，图 6.3.22 是两个 4 位二进制数 $A = A_3A_2A_1A_0$、$B = B_3B_2B_1B_0$ 相加的电路，利用 4 个 1 位全加器仿人工计算过程完成 4 位加法，即从最低位开始相加，并向高位进位。这种加法器的优点是电路结构简单，缺点是工作速度较低。因为进位信号从低位到高位是逐级传送的，完成一次加法的时间等于 n(本例为 4)个 1 位加法器的延迟时间之和。位数越多，时间越长。

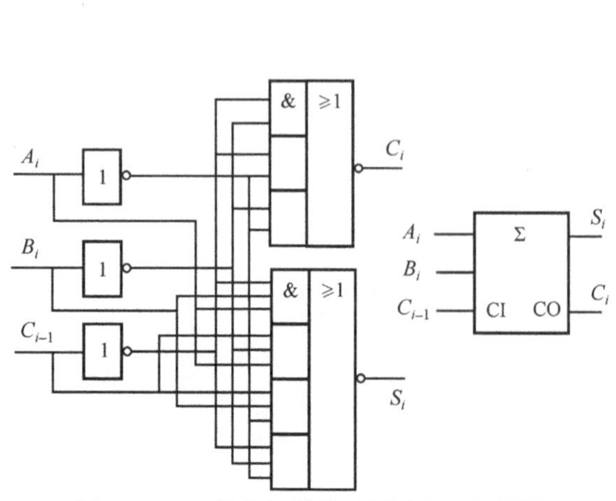

图 6.3.21　1 位全加器的逻辑图和逻辑符号

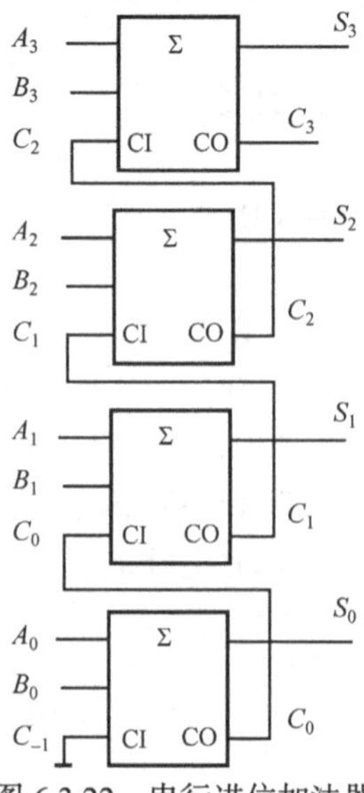

图 6.3.22　串行进位加法器

2) 超前进位加法器

为了提高多位加法器的工作速度，可采用超前进位加法器。设计原理是让每位的进位信号仅与原始数据(加数 $A_{n-1}A_{n-2}\cdots A_0$、被加数 $B_{n-1}B_{n-2}\cdots B_0$、最低位进位输入 C_{-1})有关，而与低位的进位无关。

由全加器的真值表 6.3.9，得

$$\begin{aligned}S_i &= \overline{A}_i\overline{B}_iC_{i-1} + \overline{A}_iB_i\overline{C}_{i-1} + A_i\overline{B}_i\overline{C}_{i-1} + A_iB_iC_{i-1}\\ &= (\overline{A}_i\overline{B}_i + A_iB_i)C_{i-1} + (\overline{A}_iB_i + A_i\overline{B}_i)\overline{C}_{i-1}\\ &= \overline{A_i \oplus B_i}\cdot C_{i-1} + (A_i \oplus B_i)\overline{C}_{i-1} = A_i \oplus B_i \oplus C_{i-1}\end{aligned}$$

$$C_i = \overline{A}_iB_iC_{i-1} + A_i\overline{B}_iC_{i-1} + A_iB_i\overline{C}_{i-1} + A_iB_iC_{i-1} = A_iB_i + (A_i \oplus B_i)C_{i-1}$$

令

$$G_i = A_i \cdot B_i$$
$$P_i = A_i \oplus B_i$$

代入 S_i 和 C_i，得

$$S_i = P_i \oplus C_{i-1}$$
$$C_i = G_i + P_iC_{i-1}$$

如果 $G_i = 1$，则 $C_i = 1$，产生进位，故 G_i 称为进位生成函数；如果 $G_i = 0$，$P_i = 1$，则 $C_i = C_{i-1}$，低位的进位信号能传送到相邻高位的进位输出端，故 P_i 称为进位传输函数。将进位表达式展开，得 4 位加法器的递推公式(超前进位信号)：

$$\begin{aligned}&S_0 = P_0 \oplus C_0, \quad C_1 = G_0 + P_0C_0\\ &S_1 = P_1 \oplus C_1, \quad C_2 = G_1 + P_1C_1 = G_1 + P_1G_0 + P_1P_0C_0\\ &S_2 = P_2 \oplus C_2, \quad C_3 = G_2 + P_2C_2 = G_2 + P_2G_1 + P_2P_1G_0 + P_2P_1P_0C_0\\ &S_3 = P_3 \oplus C_3, \quad C_4 = G_3 + P_3C_3 = G_3 + P_3G_2 + P_3P_2G_1 + P_3P_2P_1G_0 + P_3P_2P_1P_0C_0\end{aligned}$$

可见，每个进位信号只与输入 G_i、P_i 和 C_{-1} 有关，故各位的进位信号在相加运算一开始就能同时(并行)产生。按照这种方式构成的多位加法器就是超前进位加法器。

图 6.3.23 是 4 位超前进位加法器的逻辑电路。第一级异或门实现 P_i、与门实现 G_i，它经过一级门延时后几乎同时产生。第二级的与或门(图中虚线框内)实现进位信号的展开式，各位的进位信号也几乎同时产生。第三级的异或门实现本位和 S_i。完成一次加法只需三极门的传输时间(几十纳秒)。故超前进位加法器工作速度快，缺点是电路较为复杂，特别是位数增加时，复杂程度更高。

3. 加法器的应用

1) 8 位二进制加法器

用 2 片 74LS283 可实现 8 位二进制加法，电路如图 6.3.24 所示。4 位内是超前进位加法，4 位之间则是串行进位。同样，可以设计 4 位之间的超前进位链，实现多位超前进位加法器。

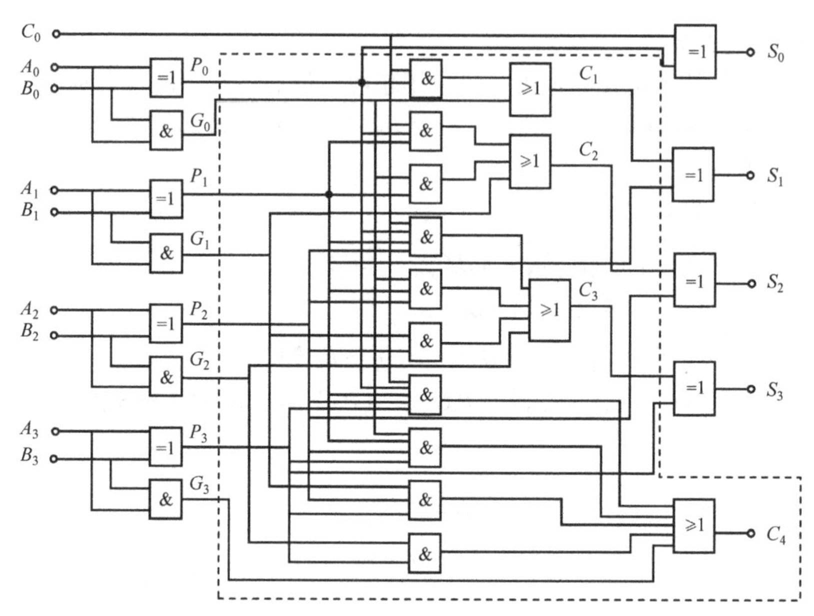

图 6.3.23　4 位超前进位加法器(74LS283)的逻辑电路

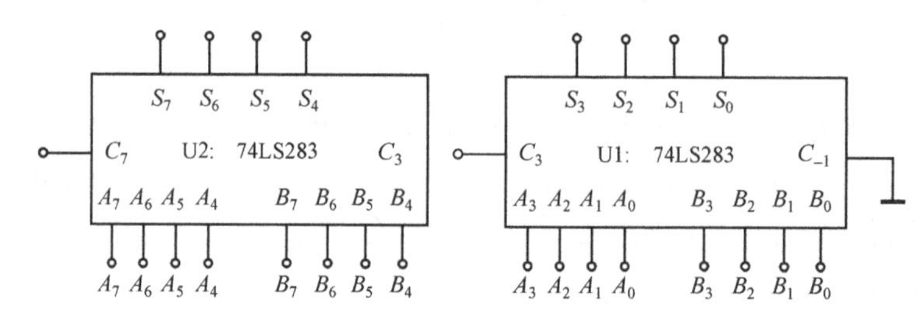

图 6.3.24　8 位二进制加法器

2) 8421BCD 码转换为余 3 码

余 3 码是在 8421BCD 码的基础上加 3 形成的，故可用加法器实现 8421BCD 码转换为余 3 码。电路如图 6.3.25 所示。

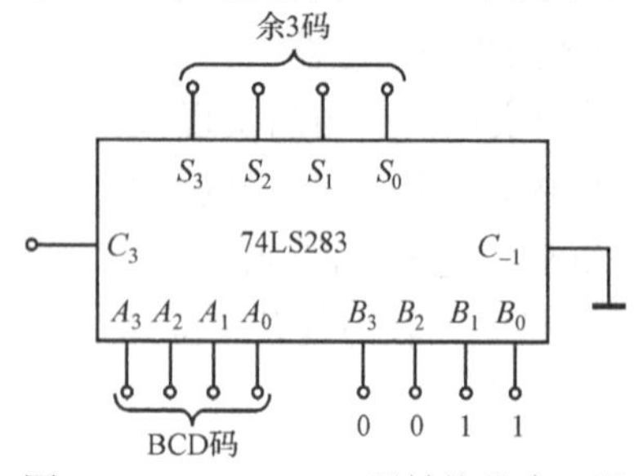

图 6.3.25　8421BCD 码转换为余 3 码

3) 4 位二进制加/减法器

对任意 n 位自然二进制数 B(称为原码)，定义其反码和补码为

$$B_{反}=(2^n-1)-B$$

$$B_{补}=2^n-B=B_{反}+1$$

例如，4 位原码二进制数 $B=0010$，则

$$B_{反}=(2^n-1)-B=(2^4-1)-0010=1111-0010=1101$$

$$B_{补}=2^n-B=2^4-0010=10000-0010=1110$$

即反码等于原码按位取反，补码等于反码加 1。

因此，任意的 2 个 n 位二进制数 A 和 B 相减为

$$A-B=A-(2^n-B_{补})=(A+B_{补})-2^n=(A+B_{反}+1)-2^n$$

例如，$A=0100$，$B=0010$，则

$$A-B=(A+B_{补})-2^n=(0100+1110)-2^4=10010-10000=00010$$

加法进位　进位取反作为减法的借位

即 2 数相减等于被减数加减数的补码，并对进位取反(-2^n)形成减法的借位。按照这一原理，可用二进加法器实现二进制减法运算。

也可以转化为进制计算，$A=(0100)_2=(4)_{10}$，$B=(0010)_2=(2)_{10}$，则

$$A-B=(4-2)_{10}=(2)_{10}$$

再如，$A=(0100)_2=(4)_{10}$，$B=(1111)_2=(15)_{10}$，可以使用十进制进行计算：

$$A-B=(4-15)_{10}=(-11)_{10}$$

图 6.3.26 是一个 4 位二进制加/减法器。当控制端 $X=0$ 时，异或门输出二进制数 B 的原码，此时 $C_{-1}=X=0$，加法器实现 $A+B$，$Y=C_3$ 是其进位输出。当控制端 $X=1$ 时，异或门输出二进制数 B 的反码，此时 $C_{-1}=X=1$，加法器实现 $A+B_{补}$，即实现 $A-B$，$Y=\bar{C}_3$ 是其借位输出。

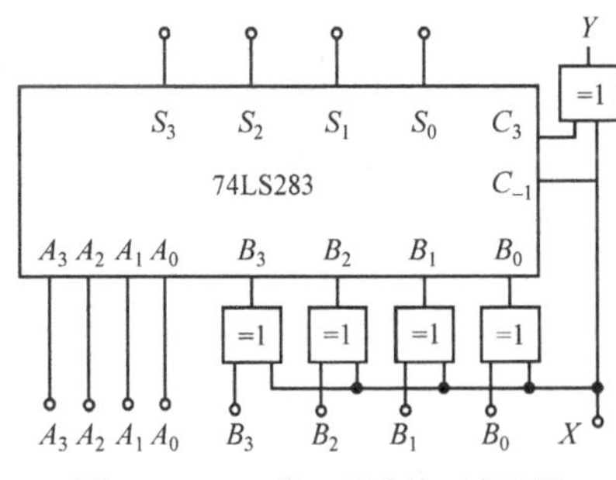

图 6.3.26　4 位二进制加/减法器

对于 $A=0100$，$B=1111$ 的运算，A 的值输入 $A_3A_2A_1A_0$，B 的值输入 $B_3B_2B_1B_0$，且 $X=1$。首先异或电路实现将 B 输入值转为 B 的反码，$C_{-1}=X=1$ 实现 +1 的功能，加法器实现 $A+B_{补}$ 的功能，进位 $Y=\bar{C}_3$ 实现对进位取反(-2^n)，形成减法的借位。

用同样的方法可以实现 n 位二进制数的加/减法。

由于二进制数的特殊性(仅有数码 0 和 1)，二进制乘法(除法)可变换为移位和相加(移位和相减)，故以加法器为主体可实现乘法(除法)运算。这样，数字电路可以实现数字的四则运算。有兴趣的读者可参考计算机硬件基础方面的教材。

4. 1 位全加器的 Verilog 程序

```
module OneBitFullAdder(
    input Ai,Bi,Ci,
    output reg Co,S
    );
    always @(*)
    begin
        case({Ai,Bi,Ci})
            3'b000: {Co,S}=2'b00;
            3'b001: {Co,S}=2'b01;
            3'b010: {Co,S}=2'b01;
            3'b011: {Co,S}=2'b10;
            3'b100: {Co,S}=2'b01;
```

```
            3'b101: {Co,S}=2'b10;
            3'b110: {Co,S}=2'b10;
            3'b111: {Co,S}=2'b11;
        endcase
    end
endmodule
```

6.4 组合逻辑电路的竞争冒险

6.4.1 竞争冒险的定义

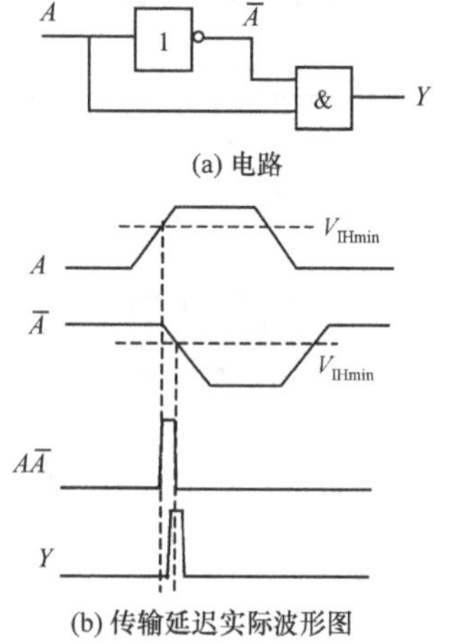

图 6.4.1　组合逻辑电路的竞争冒险

在图 6.4.1(a)所示的电路中，当不考虑门电路的传输延迟时间时，输出 $Y=A\overline{A}=0$。实际上，由于非门的传输延迟时间 t_{pd}，与门的 2 个输入信号状态变化存在微小的时间差 t_{pd}。如果输入 A 从逻辑 0 跳变至逻辑 1，在非门的传输延迟时间 t_d 内出现 $\overline{A}=1$，使输出 $Y=A\overline{A}=1\cdot1=1$，偏离稳态值 0，波形如图 6.4.1(b)所示，出现了一个暂态。

这种同一信号经过不同路径传输到门电路的不同输入端而使门的输出产生偏离稳态值的现象称为竞争冒险。通常，竞争冒险产生宽度为纳秒级的窄脉冲。当组合电路的工作频率低(小于 1MHz)时，由于竞争冒险时间很短，它基本不影响电路的功能。但当工作频率高(大于 10MHz)时，必须考虑竞争冒险对电路的影响。

6.4.2 竞争冒险的判断

由前述特例推广到一般情况，在一定条件下，输出逻辑函数等于原变量与其反变量之积($Y=A\overline{A}$)时，电路将产生竞争冒险。由逻辑函数的对偶规则，在一定条件下输出逻辑函数等于原变量与其反变量之和($Y=A+\overline{A}$)时，电路也将产生竞争冒险。

例 6.4.1　设电路的输出逻辑函数为

$$Y=(A+C)(\overline{A}+B)(B+\overline{C})$$

试判断该电路是否产生竞争冒险。

解　当 $B=0$，$C=0$ 时，$Y=A\overline{A}$，电路产生竞争冒险。当 $A=0$，$B=0$ 时，$Y=C\overline{C}$，电路也产生竞争冒险。

例 6.4.2　设电路的输出逻辑函数为

$$Y=\overline{B}C+AB$$

试判断该电路是否产生竞争冒险。

解　当 $A=C=1$ 时，$Y=\overline{B}+B$，电路产生竞争冒险。

还可以用卡诺图判断电路是否产生竞争冒险。在卡诺图上，如果函数 Y 有两个卡诺圈相切，电路必然存在冒险。因为相切的 2 个卡诺圈中，一个含有原变量，另一个含有该变量的反。例如，图 6.4.2 是某电路输出函数的卡诺图，图中有 2 个卡诺圈相切。由卡诺图，输出函数的最简与或式为

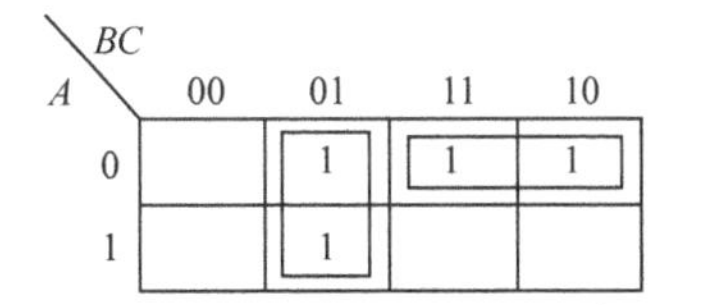

图 6.4.2　用卡诺图判断是否产生竞争冒险

$$Y = \overline{B}C + \overline{A}B$$

当 $A=0$，$C=1$ 时，$Y = \overline{B} + B$，电路将产生竞争冒险。

通过上面的例子介绍了判断竞争冒险的 2 种方法，即代数法和卡诺图法。

6.4.3　竞争冒险的消除

消除逻辑竞争冒险常用的方法是增加冗余项、并联电容和选通控制。

1. 增加冗余项

在逻辑函数中增加冗余项，避免出现 $Y=A\overline{A}$ 或 $Y=A+\overline{A}$。例如，产生竞争冒险的函数：

$$Y = \overline{B}C + \overline{A}B$$

增加冗余项 $\overline{A}C$，不改变逻辑关系，函数变为

$$Y = \overline{B}C + \overline{A}B + \overline{A}C$$

当 $A=0$，$C=1$ 时，$Y=1$，不产生竞争冒险。

在卡诺图中，增加的冗余项 $\overline{A}C$ 将 2 个相切的卡诺圈搭接(图 6.4.2)，消除了出现 $Y=A\overline{A}$ 或 $Y=A+\overline{A}$ 的条件。

通过上面的例子介绍了增加冗余项的 2 种方法，即代数法和卡诺图法。

2. 并联电容

竞争冒险产生纳秒级的窄脉冲，可以在电路的输出端并联一个皮法级的电容，抑制冒险脉冲，消除竞争冒险对电路的不利影响。

3. 选通控制

第三种常用的方法是在电路中引入一个选通控制脉冲 P，因为 P 的高电平出现在电路达到稳定状态之后，所以门电路输出端都不会出现尖峰脉冲。

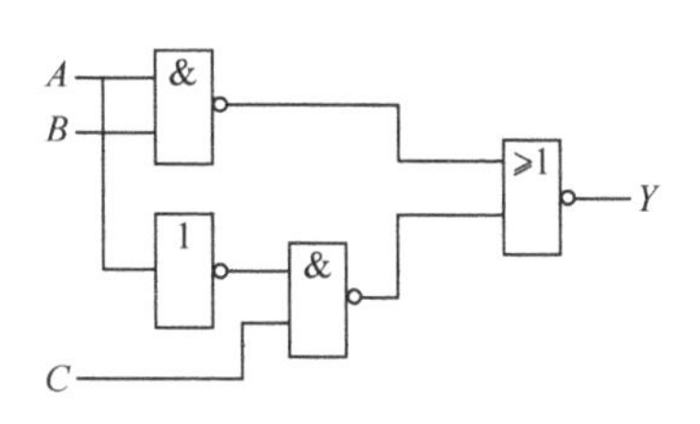

图 6.4.3　例 6.4.3 电路

例 6.4.3　判断图 6.4.3 所示电路是否出现竞争冒险现象。若出现，请提出解决方案。

解　由电路可以得出

$$Y=AB+\overline{A}C$$

当 $B=C=1$ 时，$Y=A+\overline{A}$，出现了竞争冒险现象。为此使用图 6.4.4 所示的三种方式处理竞争冒险。

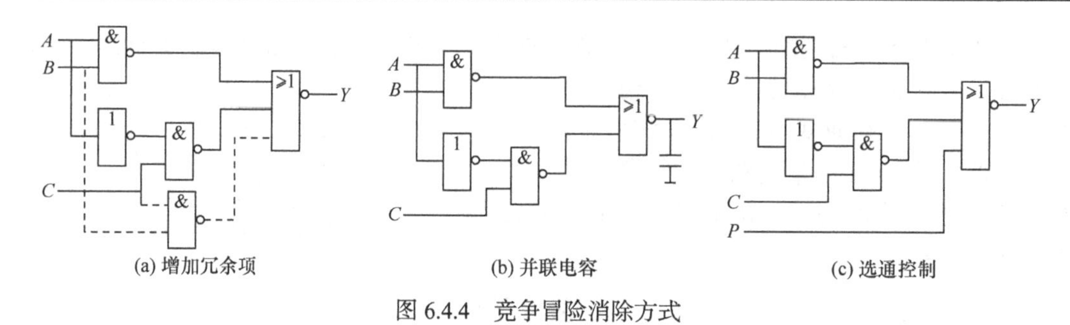

图 6.4.4　竞争冒险消除方式

程 序 仿 真

Multisim 软件具有极强的逻辑仿真功能，在 Multisim 软件中建立不同的组合逻辑电路可以很方便地弄清楚电路的作用，使用逻辑选择器能够方便地获得电路的真值表和逻辑函数式。

M6.1　用 Multisim 分析图 M6.1.1 所示的逻辑电路，学习编码器 74LS148 的工作原理。74LS148 的功能表，如表 6.3.2 所示。

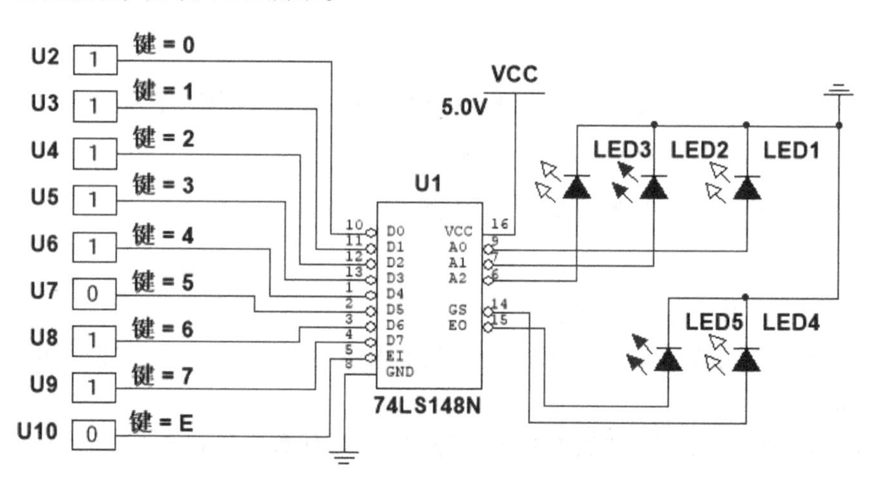

图 M6.1.1　74LS148 测试电路

解　启动 Multisim 软件，出现用户界面后首先需要建立图 M6.1.1 所示 74LS148 测试电路图。为此，依次选择“菜单→绘制→元器件”选项后，出现元器件搜索框，在元器件搜索框中搜索 74LS148N(编码器)、INTERACTIVE_DIGITAL_CONSTANT(交互数字常量按钮)、LED_red(LED 灯)、VCC(5V 电源)、GROUND(接地)，将它们放置在窗口的合适位置，再连成图 M6.1.1 所示电路。

然后，就可以通过赋予交互数字常量按钮不同值来测试编码器的功能。如图 M6.1.1 所示，将 D5 赋值为 0，即 D0～D7 = 11111011 后得到 A2A1A0 = 010，对照 74LS148 的功能表可知结果正确。

M6.2　用 Multisim 分析图 M6.2.1 所示的逻辑电路，学习译码器 74LS138 的工作原理。74LS138 的功能表，见表 6.3.3 所示。

解　启动 Multisim 软件，出现用户界面后首先需要建立图 M6.2.1 所示 74LS138 测试电路图。为此，依次选择“菜单→绘制→元器件”选项后，出现元器件搜索框，在元器件搜索框中搜索 74LS138N(编码器)、INTERACTIVE_DIGITAL_CONSTANT(交互数字常量按钮)、LED_red(LED

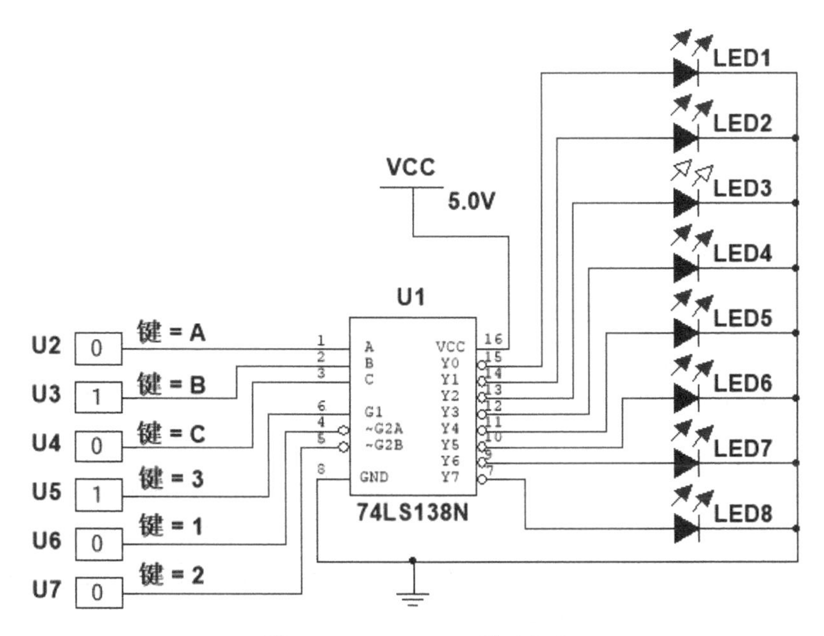

图 M6.2.1　74LS138 测试电路

灯)、VCC(5V 电源)、GROUND(接地)，将它们放置在窗口的合适位置，再连成图 M6.2.1 所示电路。

然后，就可以通过赋予交互数字常量按钮不同值来测试编码器的功能。如图 M6.2.1 所示，将 A、C 赋值为 0，即 $ABC = 010$，后得到 Y0～Y7 = 11011111，对照 74LS138 的功能表可知结果正确。

M6.3　用 TTL 与非门设计一个三人表决器，最终表决结果用电平指示灯显示。三人中的多数人赞成则表决通过，电平指示灯亮起；否则表决不通过，电平指示灯不亮。

解　(1) 分析实验任务要求，确定 3 个输入变量，分别设为三人表决结果 A、B、C，赞成则输入为“1”，不赞成则输入为“0”；输出变量设为最终表决结果 F，表决通过则输出为“1”，驱动灯亮，不通过则输出为“0”，由此列出真值表如表 M6.3.1 所示。

表 M6.3.1　三人表决器真值表

A	B	C	F
0	0	0	0
0	0	1	0
0	1	0	0
0	1	1	1
1	0	0	0
1	0	1	1
1	1	0	1
1	1	1	1

(2) 根据真值表可得出表达式：

$$F = \overline{A}BC + A\overline{B}C + AB\overline{C} + ABC$$

(3) 采用卡诺图法化简，如图 M6.3.1 所示，得到简化后的逻辑表达式：

$$F = AB + AC + BC$$

(4) 转换为与非式：

$$F = \overline{\overline{AB + AC + BC}} = \overline{\overline{AB} \cdot \overline{BC} \cdot \overline{AC}}$$

(5) 根据上述逻辑表达式，考虑选用最少的与非门器件，最终确定可使用 74LS00 和 74LS10 各一片构成逻辑电路，绘制逻辑电路图如图 M6.3.2 所示。

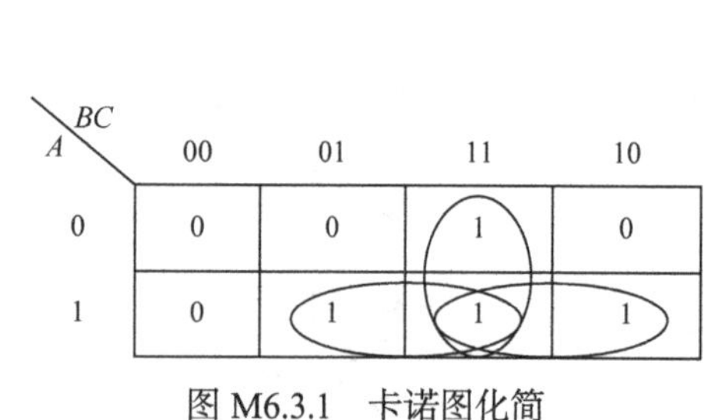

图 M6.3.1　卡诺图化简

A
B
C
&
&
&
&
F

图 M6.3.2　逻辑电路图

(6) 启动 Multisim 软件,出现用户界面后首先需要建立图 M6.3.3 所示的三人表决器逻辑电路图。为此，依次选择“菜单→绘制→元器件”选项后，出现元器件搜索框，在元器件搜索框中搜索 74LS00(双输入与非门)、74LS10(三输入与非门)，将它们放置在窗口的合适位置，然后连成图 M6.3.3 所示电路。单击“仿真运行”按钮后，双击“逻辑转换器”图标，就可以看到逻辑转换器运行结果，如图 M6.3.4 所示，由结果可知，该逻辑电路可以实现三人表决器功能。

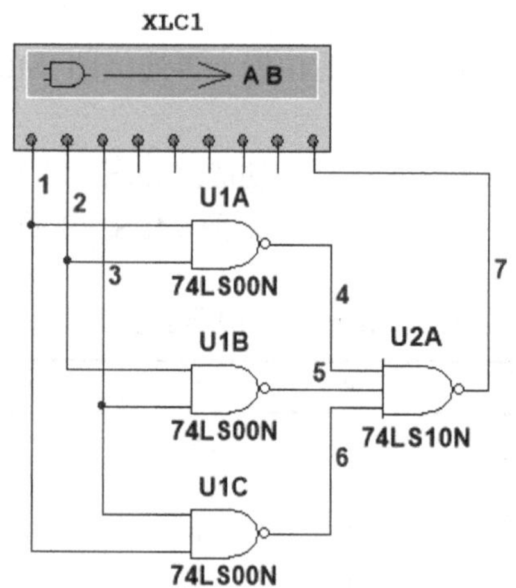

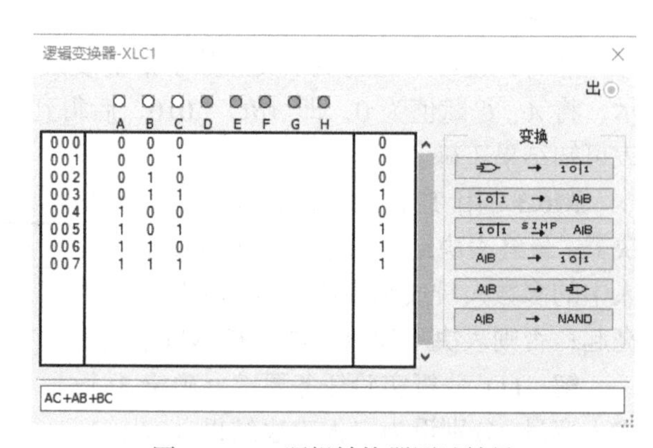

图 M6.3.3　三人表决器测试电路　　图 M6.3.4　逻辑转换器测试结果

M6.4　用 TTL 与非门设计一个监视交通信号灯工作状态的逻辑电路。路口信号灯由红(R)、绿(G)、黄(B)三盏灯组成，在正常工作状态下仅允许有一盏灯亮。如果某一时刻灯没有亮，或者两盏以上的灯同时亮起，则说明交通信号灯发生故障，监视电路需发出报警信号(L)提示。规定交通灯亮为“1”、交通灯灭为“0”；监视电路输出报警为“1”、不报警为“0”。

表 M6.4.1　交通灯检测器真值表

R	G	B	L
0	0	0	1
0	0	1	0
0	1	0	0
0	1	1	1
1	0	0	0
1	0	1	1
1	1	0	1
1	1	1	1

解　(1) 分析实验任务要求，确定输入变量为 3 个，输出变量为 1 个。由此列出真

值表如表 M6.4.1 所示。

(2) 根据真值表可得出表达式：

$$L=\overline{R}\,\overline{G}\,\overline{B}+\overline{R}GB+R\overline{G}B+RG\overline{B}+RGB$$

(3) 对逻辑函数式采用卡诺图法化简，如图 M6.4.1 所示，得到简化后的逻辑表达式：

$$L=\overline{R}\,\overline{G}\,\overline{B}+RG+RB+GB$$

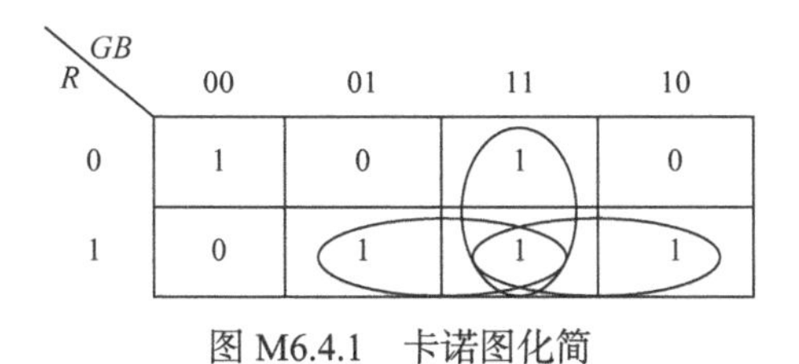

图 M6.4.1　卡诺图化简

(4) 转换为与非式：

$$L=\overline{\overline{\overline{R}\,\overline{G}\,\overline{B}+RG+RB+GB}}=\overline{\overline{\overline{R}\,\overline{G}\,\overline{B}}\cdot\overline{RG}\cdot\overline{RB}\cdot\overline{GB}}$$

(5) 根据上述逻辑表达式，考虑选用最少的与非门器件，最终确定可使用两片 74LS00 和一片 74LS20 构成逻辑电路，绘制逻辑电路图如图 M6.4.2 所示。

(6) 启动 Multisim 软件，出现用户界面后首先需要建立图 M6.4.3 所示的监视交通灯工作状态电路图。为此，依次选择“菜单→绘制→元器件”选项后，出现元器件搜索框，在元器件搜索框中搜索 74LS00(双输入与非门)、74LS20(四输入与非门)，将它们放置在窗口的合适位置，然后连成图 M6.4.3 所示电路。单击“仿真运行”按钮后，双击“逻辑转换器”图标，就可以看到逻辑转换器运行结果如图 M6.4.4，由结果可知，该逻辑电路可以实现监视交通灯工作状态的功能。

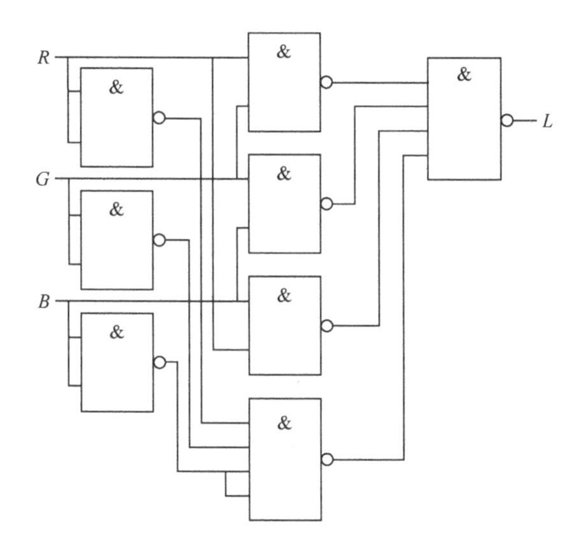

图 M6.4.2　逻辑电路图

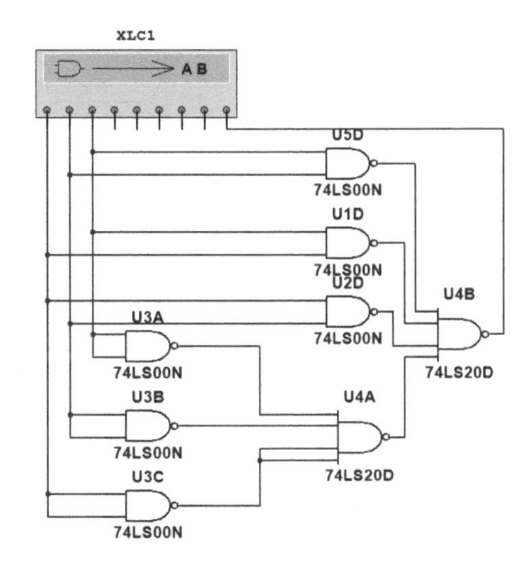

图 M6.4.3　监视交通灯工作状态电路图

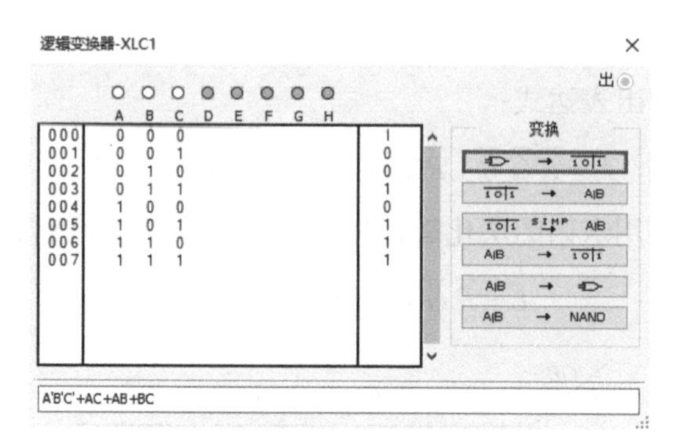

图 M6.4.4　逻辑转换器测试结果

本章知识小结

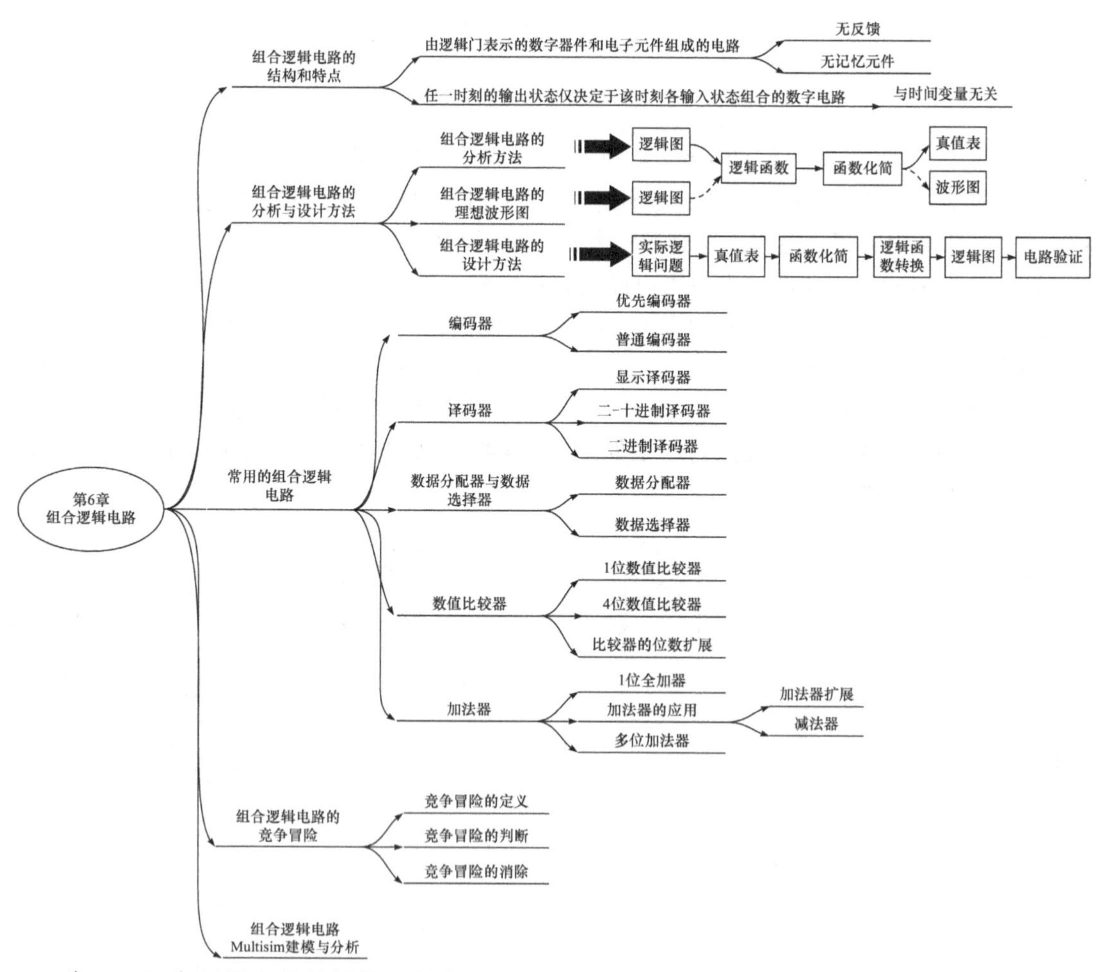

*6.1　组合逻辑电路的结构和特点

任一时刻的输出状态仅决定于该时刻各输入状态组合的数字电路称为组合逻辑电路。组合逻辑电路的特点：由逻辑门表示的数字器件和电子元件组成的电路中没有反馈，没有记忆元件；组合电路实现输入和输出间的某种逻辑关系，任一时刻的输出状态仅取决于该时刻各输入状态的组合，而与时间变量无关。

*6.2　组合逻辑电路的分析与设计方法

组合逻辑电路分析：根据给定的组合逻辑电路确定其逻辑功能。

组合逻辑电路分析流程：从输入到输出逐级写出逻辑表达式，逐个导出以输入为自变量的输出逻辑函数。化简输出组合逻辑电路的设计方法：根据需要解决实际逻辑问题，确定实现其逻辑功能的最佳组合逻辑电路。

组合逻辑电路设计流程：①列出真值表，根据实际逻辑问题，确定输入逻辑变量(因)和输出逻辑变量(果)，并用逻辑值 0 或 1 表示变量的逻辑状态；由逻辑问题的因果关系导出真值表。导出真值表的过程称为逻辑抽象。②化简逻辑函数，为了设计最简的组合逻辑电路，必须由真值表求出输出变量的最简逻辑函数。③逻辑函数转换，根据使用门电路的情况将逻辑函数变换为最简与非与非式(仅使用与非门)、或非或非式(仅使用或非门)等。④画出逻辑图，根据最简逻辑函数画出逻辑图。⑤电路验证，应用计算机辅助设计软件对所设计的逻辑图进行计算机仿真，可实现电路验证，也可以根据逻辑图组装电路进行电路实验验证。

*6.3　常用的组合逻辑电路

主要介绍一些常用的组合逻辑电路，如编码器、译码器、数据分配器、数据选择器、数值比较器和数值加法器的原理及应用。

*6.4　组合逻辑电路的竞争冒险

同一信号经过不同路径传输到门电路的不同输入端而使门的输出产生偏离稳态值的现象称为竞争冒险。

消除逻辑竞争冒险常用的方法：增加冗余项、并联电容和选通控制。

*6.5　组合逻辑电路 Multisim 建模与分析

在 Multisim 软件中建立不同的组合逻辑电路，分析电路的输出逻辑及其功能。

小 组 合 作

G6.1　数字钟的设计。

设计任务和要求：

(1) 设计一台能直接显示“时”“分”“秒”十进制数字的数字钟；

(2) 由 555 定时器组成的多谐振荡器和分频器产生 1Hz 标准秒信号；

(3) 秒、分为 00～59 六十进制计数器；

(4) 时为 00～23 二十四进制计数器；

(5) 具有校时功能，可手动校正，能分别进行秒、分、时的校正，只要将开关置于手动位置，可分别对秒、分、时进行连续脉冲输入校正；

(6) 具有整点报时功能，报时声响四高一低，最后一响为整点；

(7) 要求利用设计软件对其进行设计输入，设计仿真，使其具备所要求的功能；

(8) 计算参数、安装并调试电路，画出完整电路图，写出设计总结报告；

(9) 电路设计工具采用 Multisim 工具，大胆创新，确定合理、可行的总体设计方案。

G6.2　交通灯控制器。

设计任务和要求：

(1) 主干道经常通行；

(2) 支干道有车才通行；

(3) 主、支干道均有车时，两者交替通行，并要求主干道每次至少放行 30s，支干道每次至多放行 20s；

(4) 每次绿灯变红灯时，要求黄灯先亮 5s(此时原红灯不变)；

(5) 电路设计工具采用 Multisim 工具，大胆创新，确定合理、可行的总体设计方案。

G6.3 数字频率计。

设计任务和要求：

(1) 设计一个电子密码锁控制电路，当按密码规定的顺序按下按钮时，输出高电平，电子锁动作；若不按此顺序按下密码，则输出低电平，电子锁不动作，并且发出报警信号，直到按下复位开关；

(2) 密码可以自行设置的并行电子密码锁，开锁密码为六位二进制数；

(3) 使用发光二极管作为指示灯，当输入密码正确时路灯亮；

(4) 电路设计工具采用 Multisim 工具，大胆创新，确定合理、可行的总体设计方案。

G6.4 汽车尾灯控制电路。

设计任务和要求：

(1) 设计一个汽车尾灯控制电路，汽车尾部左右两侧各有 3 个指示灯(用发光二极管模拟)，当汽车正常运行时指示灯全灭；

(2) 在右转弯时，右侧 3 个指示灯按右循环顺序点亮(R_1→R_1R_2→$R_1R_2R_3$→全灭→R_1)时间间隔 0.5s(采用一个 2Hz 的方波源)；

(3) 在左转弯时，左侧 3 个指示灯按左循环顺序点亮(L_1→L_1L_2→$L_1L_2L_3$→全灭→L_1)，时间间隔 0.5s；

(4) 在临时制动或者检测尾灯是否正常时，所有指示灯同时点亮($R_1R_2R_3$、$L_1L_2L_3$ 点亮)；

(5) 当汽车后退的时候，所有尾灯循环点亮；

(6) 当晚上行车的时候，汽车尾灯的最后一个灯一直点亮；

(7) 电路设计工具采用 Multisim 工具，大胆创新，确定合理、可行的总体设计方案。

G6.5 抢答器。

设计任务和要求：

(1) 设计抢答器组数最多为 6 组，每组的序号分别为 1、2、3、4、5、6；

(2) 按键 F1、F2、F3、F4、F5、F6 对应控制 6 个组，按键后，组号在 LED 显示器上显示，同时封锁其他组的按键信号；

(3) 数字抢答器定时为 20s，通过按键启动抢答器后要求 20s 定时器开始工作，红色小灯泡点亮；

(4) 抢答者在 20s 内进行抢答，则有效；

(5) 若在 20s 定时到达时，仍无抢答者，则定时器自动清零，蓝色小灯泡点亮；

(6) 系统外设置手动清零；

(7) 电路设计工具采用 Multisim 工具，大胆创新，确定合理、可行的总体设计方案。

习　题

6.1 分析题图 6.1 所示电路，写出 Y_1、Y_2 的逻辑表达式，列出真值表，指出电路完成什么逻辑功能。

6.2 题图 6.2 是一个多功能逻辑函数发生器电路。试写出当 S_0、S_1、S_2、S_3 为 0000～1111 共 16 种不同状态时输出 Y 的逻辑函数式。

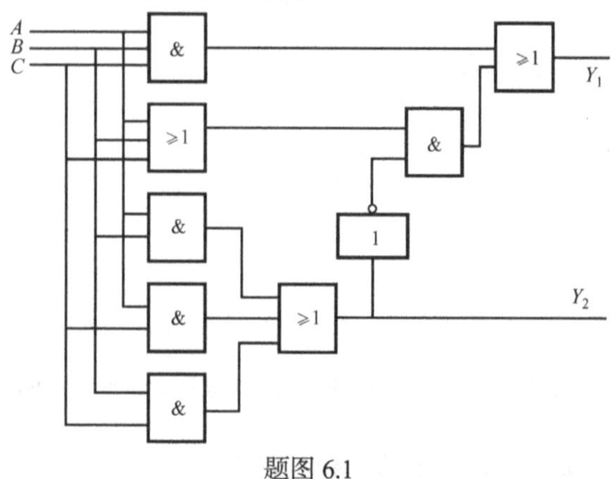

题图 6.1

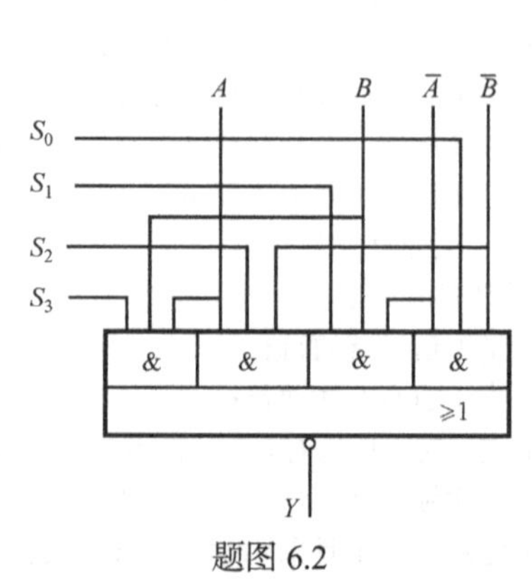

题图 6.2

6.3　已知某组合电路的输入 A、B、C 和输出 Y 的波形如题图 6.3 所示，试写出 Y 的最简与或表达式。

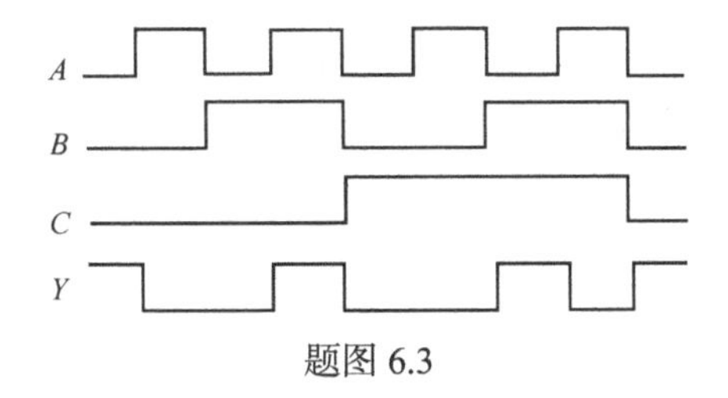

题图 6.3

6.4　写出题图 6.4 所示电路的输出表达式。

6.5　写出题图 6.5 所示电路的输出表达式。

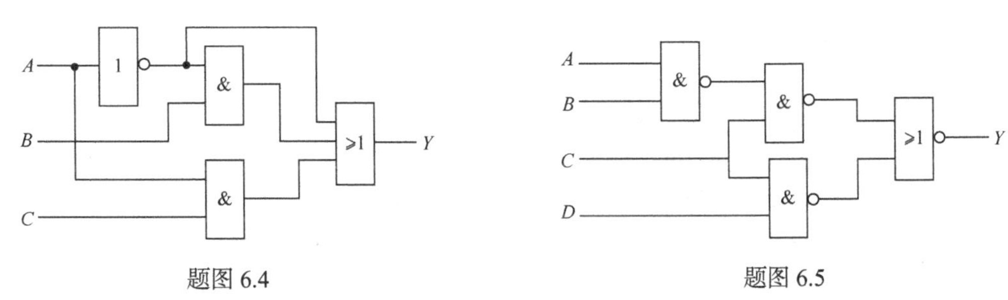

题图 6.4　　　　题图 6.5

6.6　使用与门、或门及两者组合实现以下逻辑表达式：

(1) $Y = AB + C$　　　　(2) $Y = ABC + D$

(3) $Y = A + B + C$　　　　(4) $Y = ABCD$

6.7　用与非门设计一个 4 变量表决电路。其功能是：4 个变量中有多数个变量为 1 时，输出为 1，否则为 0。

6.8　某设备由开关 A、B、C 控制，要求：只有开关 A 接通的条件下，开关 B 才能接通；开关 C 只有在开关 B 接通的条件下才能接通。违反这一规程，则发出报警信号。设计一个用与非门组成的能实现这一功能的报警控制电路。

6.9　有一水箱由大小两台水泵 M_L 和 M_S 供水，水箱中设置了 3 个水位检测元件 A、B、C，如题图 6.9 所示。水面低于检测元件时，检测元件给出高电平；水面高于检测元件时，检测元件给出低电平。现要求当水位高于 C 点时水泵停止工作；水位高于 B 点而低于 C 点时 M_S 单独工作；水位低于 B 点而高于 A 点时 M_L 单独工作；水位低于 A 点时 M_L 和 M_S 同时工作。①试用门电路设计一个控制两台水泵的逻辑电路；②使用 Multisim 软件完成电路功能仿真验证。

6.10　交通灯的亮与灭的有效组合如题图 6.10 所示，如果交通灯的控制电路失灵，就可能出现信号灯的亮与灭的无效组合，试设计一个交通控制灯失灵检测电路，检测电路要能检测出任何无效组合。要求用最少的与非门实现。

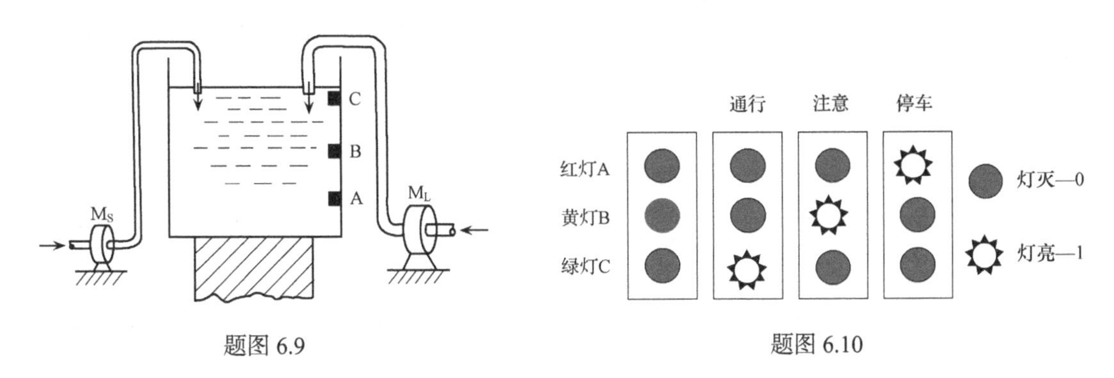

题图 6.9　　　　题图 6.10

6.11 人类有四种基本血型：A、B、AB、O 型。输血者与受血者的血型必须符合下述原则：O 型血可以输给任意血型的人，但 O 型血只能接受 O 型血；AB 型血只能输给 AB 型血，但 AB 型血能接受所有血型；A 型血能输给 A 型血和 AB 型血，但只能接受 A 型或 O 型血；B 型血能输给 B 型血和 AB 型血，但只能接受 B 型或 O 型血。①试用与非门设计一个检验输血者与受血者血型是否符合上述规定的逻辑电路。如果输血者与受血者的血型符合规定，电路输出“1”(提示：电路只需要四个输入端。它们组成一组二进制代码，每组代码代表一对输血-受血的血型对)。②使用 Multisim 软件完成电路功能仿真验证。

6.12 设计一个 10 线-4 线编码器，输出为 8421BCD 码。

6.13 试用 2 片 8 线-3 线优先编码器 74LS148，设计一个 10 线-4 线优先编码器。连接时允许附加必要的门电路。

6.14 用数据选择器实现 3 个开关控制一个电灯的逻辑电路，要求改变任何一个开关的状态都能控制电灯由亮变灭或者由灭变亮，并使用 Verilog HDL 编程完成电路设计。

6.15 使用 8 选 1 数据选择器 74HC151 产生以下逻辑函数：

$$Y = AC + \overline{A}B\overline{C} + \overline{A}\overline{B}C$$

6.16 设计一个 8 位相同数值比较器，当两数相等时输出 $Y=1$，反之输出 $Y=0$。

6.17 使用 4 位二进制数值比较器 7485 实现一个判断 8 位二进制数大于、等于或小于 168 的逻辑电路，可以使用多片 7485 实现，并使用 Verilog HDL 编程完成电路设计。

6.18 试用一片 3 线-8 线译码器 T3138，实现下列逻辑函数(可使用必要的门电路)：

(1) $L_1 = \overline{A}\overline{B}$　　(2) $L_2 = AB + \overline{A}\overline{B}$

(3) $L_3 = A \oplus B \oplus C$

6.19 用 4 路数据选择器实现下列函数：

(1) $L_1(A,B,C) = \sum m(0,2,4,5)$　　(2) $L_2(A,B,C) = \sum m(1,3,5,7)$

(3) $L_3(A,B,C) = \sum m(0,2,5,7)$

6.20 用 8 路数据选择器实现下列函数：

(1) $L_1(A,B,C,D) = \sum m(0,2,5,7,8,10,13,15)$　　(2) $L_2(A,B,C,D) = \sum m(0,3,4,5,9,10,12)$

(3) $L_3(A,B,C) = AB + \overline{B}C$

6.21 试用 3 个 1 位全加器实现下列逻辑函数；

(1) $L_1(A,B,C) = \sum m(1,2,4,7)$　　(2) $L_2(A,B,C) = \sum m(1,3,5,6)$

6.22 将四选一数据选择器扩展为 16 选 1 数据选择器。

6.23 用 2 片 3 线-8 线译码器 74138，组成 4 线-16 线译码器。

6.24 设计一个编码转换器，将 3 位二进制码转换为循环码。

6.25 利用 3 线-8 线译码器 74138 设计一个 1 位全加器。

6.26 用 4 位加法器 T1283 和必要的门电路，实现 4 位减法器。

6.27 试用一片 3 线-8 线译码器 74138 和两个四输入与非门构成 1 位全加器。

6.28 试用一片 4 位二进制全加器 74LS283 将余 3 码转换成 8421 码，并使用 Verilog HDL 编程完成电路设计。

6.29 试分析题图 6.29 所示电路的功能(74148 为 8 线-3 线优先编码器)。

6.30 分析题图 6.30 所示电路的功能。

6.31 某一个 8421BCD 码七段荧光数码管译码电路的 e 段部分出了故障，为使数码管能正确地显示 0～9 十种状态，现要求单独设计一个用与非门组成的 e 段译码器。已知共阳极数码管如题图 6.31 所示。

6.32 分析题图 6.32 所示电路的功能(74148 为 8 线-3 线优先编码器)。

6.33 画出用两片 4 线-16 线译码器 74154 组成 5 线-32 线译码器的接线图。题图 6.33 是 74154 的符号，S_A 和 S_B 是两个控制端(也称片选端)，译码器工作时应使 S_A 和 S_B 同时为低电平，当输入信号 $A_3A_2A_1A_0$ 为 0000～1111 共 16 种状态时，输出端从 Y_0～Y_{15} 依次给出低电平输出信号，并使用 Multisim 软件完成逻辑电路功能验证。

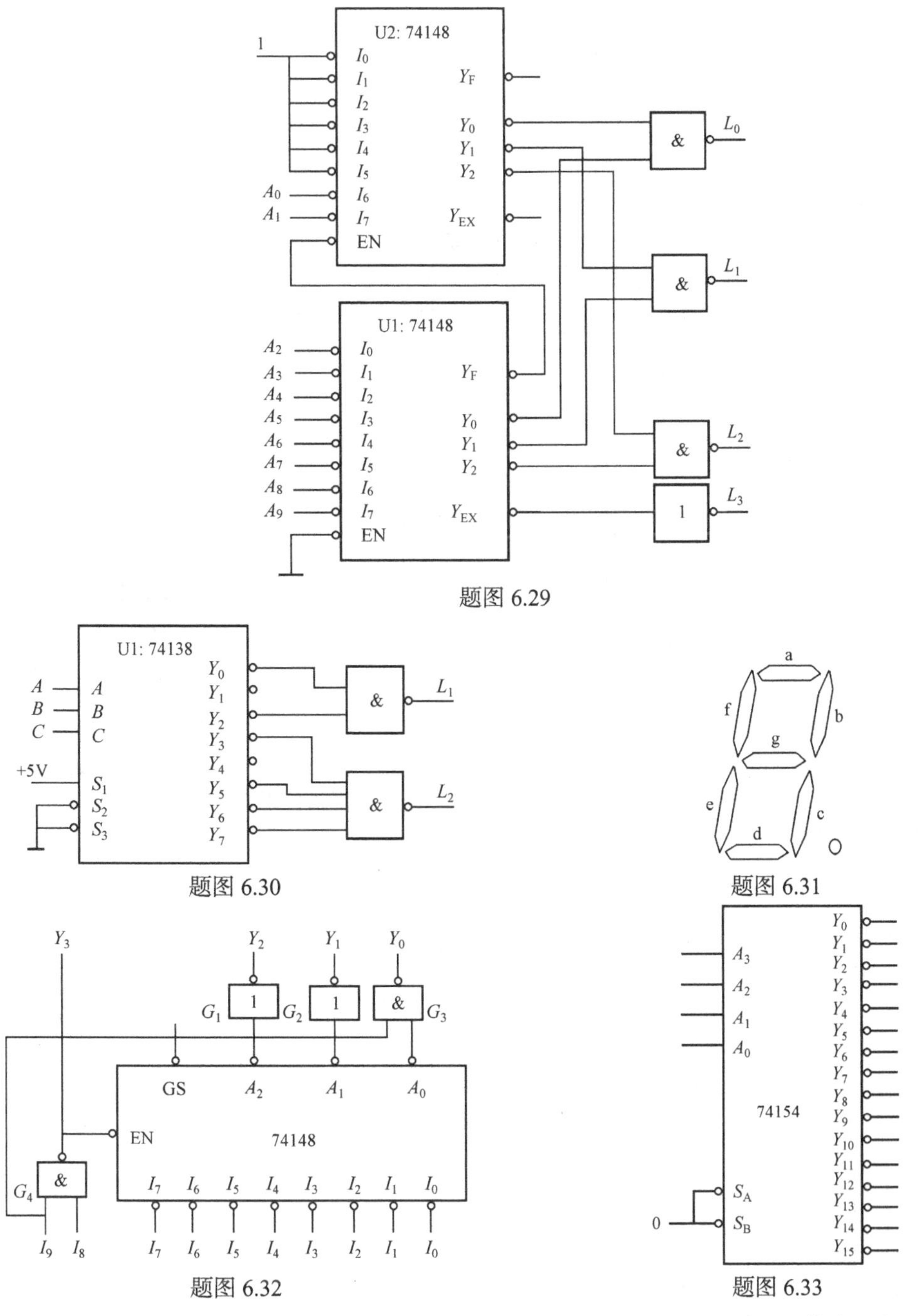

题图 6.29

题图 6.30

题图 6.31

题图 6.32

题图 6.33

6.34　某医院的某层有 6 个病房和一个医生值班室，每个病房有一个按钮，在医生值班室有一个优先编码器电路，该电路可以用数码管显示病房的编码。各个房间按患者病情严重程度不同分类，1 号房间患者病情最重，病情按房间号依次降低，6 号房间病情最轻。试设计一个呼叫装置，该装置按患者的病情严重程度呼叫医生，若两个或两个以上的患者同时呼叫医生，则只显示病情最重患者的呼叫，并使用 Verilog HDL 编程完成逻辑电路功能验证。

6.35　设计一个电话机信号控制电路。电路有 I_0(火警)、I_1(盗警)和 I_2(日常业务)三种输入信号，通过排队电路分别从 Y_0、Y_1、Y_2 输出，在同一时间只能有一个信号通过。如果同时有两个以上信号出现，应首先接通火警信号，其次为盗警信号，最后是日常业务信号。试按照上述轻重缓急设计该信号控制电路。要求用集成门电路 7400(每片含 4 个 2 输入端与非门)实现。

6.36　用 3 线-8 线译码器 74138 和 8 选 1 数据选择器 74151 以及少量与非门实现组合逻辑电路。当控制变量 $C_2C_1C_0=000$ 时，$F=0$；当 $C_2C_1C_0=001$ 时，$F=ABC$；当 $C_2C_1C_0=010$ 时，$F=A+B+C$；当 $C_2C_1C_0=011$ 时，$F=\overline{ABC}$；当 $C_2C_1C_0=100$ 时，$F=\overline{A+B+C}$；当 $C_2C_1C_0=101$ 时，$F=A\oplus B\oplus C$；当 $C_2C_1C_0=110$ 时，$F=AB+AC+BC$；当 $C_2C_1C_0=111$ 时，$F=1$。画出电路图，并使用 Multisim 软件完成逻辑电路功能验证。

6.37　分析题图 6.37 所示电路的工作原理，说明电路的功能。

6.38　已知输入为 8421 码二-十进制数，要求当输入小于 5 时，输出为输入数加 2，当输入大于或等于 5 时，输出为输入数加 4。试用一片中规模集成 4 位二进制全加器 74LS283 (题图 6.38)及与或非门、非门实现电路。请画出逻辑图。

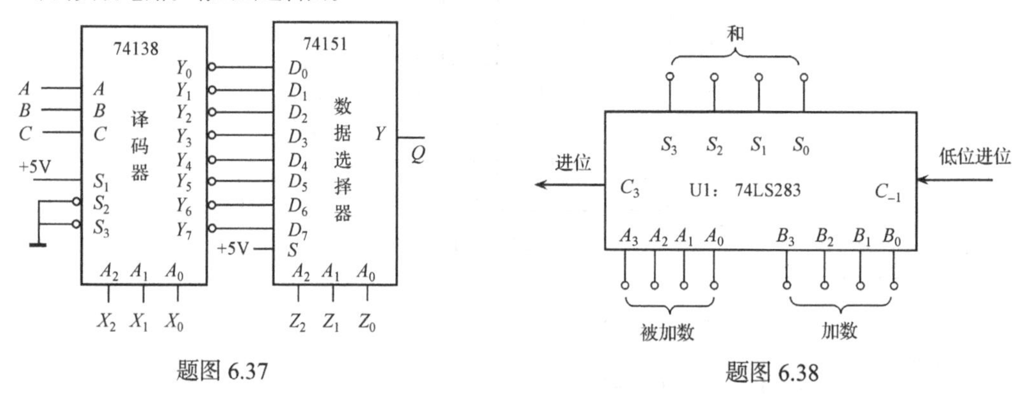

题图 6.37　　　　题图 6.38

6.39　根据输入的运算指令(命令为两位二进制数码，自行定义)设计一个电路，完成两个 1 位二进制数 A、B 的加、减、与、或四种运算，运算的结果用 Y 输出，进位或者借位用 CO 输出。要求采用下列两种方法进行设计：

(1) 最少化设计方法，采用与非门；

(2) 层次化设计方法，可采用二选一数据选择器、1 位全加器和适当的门电路。

6.40　试用代数法判断由下列逻辑函数构成的逻辑电路是否有冒险？

(1) $Y=\overline{\overline{A}B+A\overline{B}}$　　(2) $Y=\overline{A}(A+B)$

6.41　试分析题图 6.41 所示电路中，当 A、B、C、D 单独改变状态时是否存在竞争冒险现象。如果存在竞争冒险现象，那么都发生在其他变量为何种取值的情况下？

6.42　如题图 6.42 所示组合逻辑电路是否存在竞争冒险现象？若存在，用改变逻辑设计的方式消除竞争冒险现象。

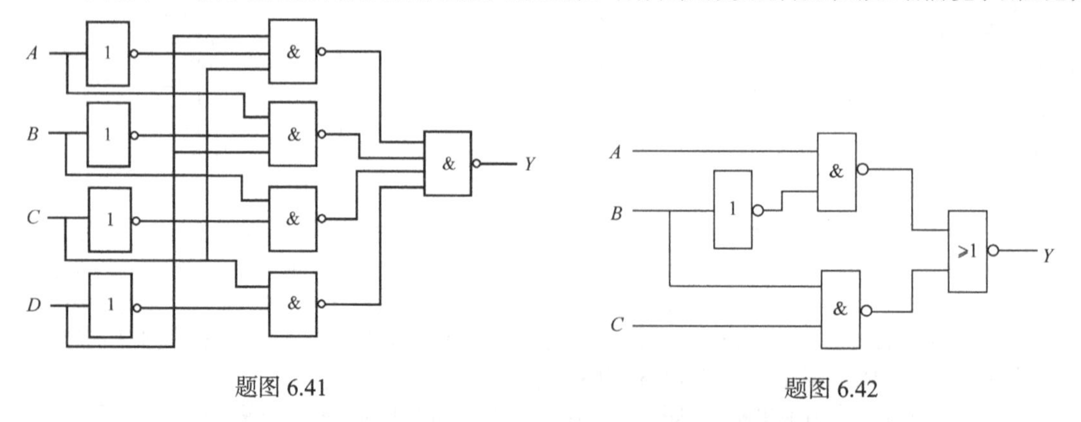

题图 6.41　　　　题图 6.42

6.43　使用卡诺图判断下列逻辑函数构成的电路是否存在逻辑冒险现象，若存在请改变逻辑设计消除冒险现象。

(1) $Y=\overline{A}B+\overline{B}\overline{D}+A\overline{B}\overline{C}$　　(2) $Y=\overline{A}\overline{B}+\overline{A}C+A\overline{D}$

第 7 章　锁存器、触发器与定时器

本章主要讨论最常见的两种存储器件——锁存器(latch)和触发器(flip-flop，FF)；简要介绍两种存储器的组成结构，从状态表、状态图和时序图分析其工作原理；比较两种存储器的不同触发方式，重点分析了边沿触发器的触发器特点和动态特性，介绍了不同功能的触发器及其相互转换。本章还介绍了 555 定时器的工作原理以及 555 定时器构成的施密特触发器、单稳态触发器和多谐振荡器等应用电路。

7.1　RS 锁存器

锁存器和触发器都是双稳态器件，具有两个稳定的输出状态——逻辑“1”和逻辑“0”，并可长期保持任一状态，因此可用作存储器。每个锁存器或触发器都能存储一位二进制数。触发器和锁存器的根本区别在于其输出从一种状态转换到另一种状态的触发方式不同。

RS 锁存器是一种对脉冲电平(即 0 或者 1)敏感的存储器件，即在电平信号的作用下可改变输出状态。RS 锁存器分为基本 RS 锁存器和同步 RS 锁存器两种。

7.1.1　基本 RS 锁存器

基本 RS 锁存器是存储一位二进制信息的基本电路，有两种结构：与非门基本 RS 锁存器和或非门基本 RS 锁存器。

1. 与非门基本 RS 锁存器

1) 电路组成和工作原理

图 7.1.1(a)是由两个与非门交叉耦合组成的基本 RS 锁存器，图 7.1.1(b)是它的逻辑符号，输入信号低电平有效(用“○”表示)，Q 和 $\bar{Q}$ 是 2 个独立的输出端。当锁存器正常工作时，Q 和 $\bar{Q}$ 是互补关系。如果 $Q=0$，则 $\bar{Q}=1$，称锁存器处于 0 态；如果 $Q=1$，则 $\bar{Q}=0$，称锁存器处于 1 态；即以 Q 端的状态定义锁存器的状态。输入信号 R、S 变化可触发输出状态变化，所以，输入信号 R、S 的每一次变化称为一次触发。在触发时刻(t_n)前瞬，锁存器所处的稳定状态称为现态(或原状态)，记为 Q^n；在触发时刻(t_n)后，锁存器达到新的稳定状态，称为次态(或新状态)，记为 Q^{n+1}。Q^n 和 Q^{n+1} 是锁存器同一个输出端前后时刻的逻辑值。

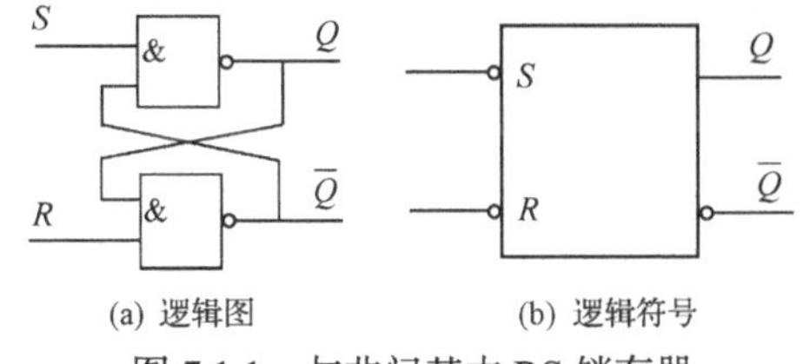

(a) 逻辑图　　(b) 逻辑符号

图 7.1.1　与非门基本 RS 锁存器

与非门基本 RS 锁存器的功能如表 7.1.1 所示。在触发时刻(t_n)前瞬，电路处于稳定状态 Q^n (现态)。在触发时刻(t_n)后，最多经过 2 个与非门的传输延时，锁存器达到新的稳定状态 Q^{n+1} (次态)。

表 7.1.1　与非门基本 RS 锁存器的功能

序号	R 和 S 的取值	锁存器次态	功能说明
1	$R=S=1$	$Q^{n+1}=Q^n, \overline{Q^{n+1}}=\overline{Q^n}$	保持或存储
2	$R=1$，$S=0$	$Q^{n+1}=1, \overline{Q^{n+1}}=0$	置 1 或置位
3	$R=0$，$S=1$	$Q^{n+1}=0, \overline{Q^{n+1}}=1$	置 0 或复位
4	$R=S=0$	$Q^{n+1}=1, \overline{Q^{n+1}}=1$	禁止

(1) 保持功能。

当 $R=S=1$ 时，锁存器次态等于现态，Q^n 可为逻辑 1 和逻辑 0。因此，只要 $R=S=1$ 且不断电，锁存器将保持 1 态或 0 态，可用于存储一位二进制信息，这就是锁存器的存储功能。

(2) 置 1 功能。

当 $R=1$、$S=0$ 时，无论锁存器之前处于何种状态，锁存器次态置 1，称为置 1 或置位；S(set)端称为置 1 端(置位端)，置位输入信号(S)低电平有效，在逻辑符号中用小圆圈指明。特别地，如果此时恢复 $R=S=1$，则锁存器存储 1。

(3) 置 0 功能。

当 $R=0$、$S=1$ 时，无论锁存器之前处于何种状态，锁存器次态置 0，称为置 0 或复位；R(reset)端称为置 0 端(复位端)。同样，复位输入信号(R)低电平有效，在逻辑符号中用小圆圈指明。此时如果恢复 $R=S=1$，则锁存器存储 0。

(4) 禁止输入。

当 $R=S=0$ 时，锁存器的输出 $Q^{n+1}=1$，$\overline{Q^{n+1}}=1$，即置位输入和复位输入出现功能竞争，破坏了 2 个独立输出端的互补状态，不能存储二进制信息。而且，如果在下一个时刻 R 和 S 同时变化为 1，锁存器的输出将视 R 和 S 取值变化的先后，出现 0 状态或 1 状态，即次态不定，则触发器的保持功能不定。因此，必须禁止输入组合 $R=S=0$。

因此，R、S 输入信号需满足以下约束方程：

$$R+S=1 \tag{7.1.1}$$

2) 状态表

常用状态表来表明锁存器的具体功能。类似真值表的列写方式，以 R、S 的取值和锁存器的初态 Q^n 为输入，以锁存器的次态 Q^{n+1} 为输出，对应所有输入取值组合计算输出状态，得到与非门基本 RS 锁存器的状态表如表 7.1.2 所示。

表 7.1.2　与非门基本 RS 锁存器的状态表

R	S	Q^n	Q^{n+1}	功能说明
0	0	0	×	禁止
0	0	1	×	禁止
0	1	0	0	置 0
0	1	1	0	置 0
1	0	0	1	置 1
1	0	1	1	置 1
1	1	0	0	保持
1	1	1	1	保持

在状态表中，由于 $R=S=0$ 不满足约束条件，所以，与之对应的次态 Q^{n+1} 为无关项(×)。

3) 状态图

锁存器的功能也可以用状态图表示，如图 7.1.2(a)所示，图中的圆圈表示各种可能的状态，箭头线表示锁存器状态改变的路径；箭头线的尾部为改变前的状态(即现态)，箭头线的头部为改变后的状态(即次态)；箭头线上的旁注为导致状态改变的输入条件(驱动条件)和输出状态。由表 7.1.2 可画出与非门基本 RS 锁存器的状态图，如图 7.1.2(b)所示。由图可见，RS 锁存器具有存储功能，能够保持 0 和 1 两个稳定状态，并且在一定条件下，这两个状态还可以相互转换。

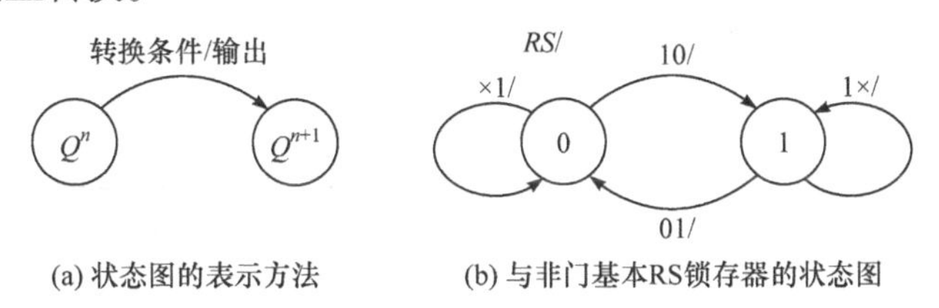

(a) 状态图的表示方法　(b) 与非门基本RS锁存器的状态图

图 7.1.2　状态图

4) 特性方程

由状态表 7.1.2 绘出与非门基本 RS 锁存器次态(Q^{n+1})的卡诺图如图 7.1.3 所示。可得锁存器的特性方程为

$$\begin{cases} Q^{n+1} = \bar{S} + RQ^n \\ R + S = 1 \end{cases} \tag{7.1.2}$$

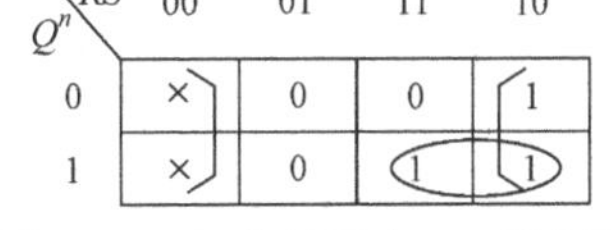

图 7.1.3　与非门基本 RS 锁存器 Q^{n+1} 的卡诺图

5) 触发特点

电路的时序图(即工作波形图)可直观反映锁存器的特点。由基本 RS 锁存器的工作原理可知，输入信号 R 和 S 直接改变锁存器的状态，称为直接触发，即输入信号的任何一次改变，都可能引起锁存器状态变化。因此，在忽略门电路的传输延时的情况下，绘制锁存器工作波形的步骤是：

(1) 根据输入信号确定触发时刻 t_n(任何输入信号的变化沿都是可能的触发时刻)；

(2) 将时间区间$[t_n,t_{n+1})$的输入信号值和前一时间区间(t_{n-1},t_n)锁存器的现态 Q^n 代入锁存器特性方程计算，得到时间区间(t_n,t_{n+1})上的次态 Q^{n+1} ，画出波形图。

图 7.1.4 是与非门基本 RS 锁存器的波形图。图中虚线表示触发时刻，对应于输入信号的每一次改变；按第(2)步画出波形图。注意，在波形图的末段，画出了输入不满足约束的情况，它可能使锁存器状态不确定，应当禁止。

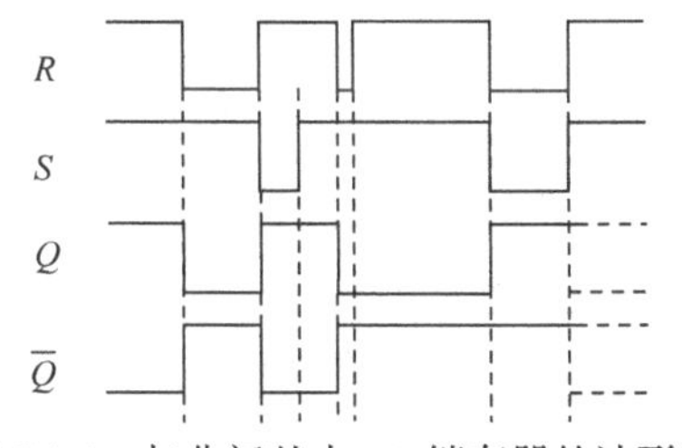

图 7.1.4　与非门基本 RS 锁存器的波形图

干扰信号通常表现为窄脉冲。例如，图 7.1.4 中 R 端的第 2 个低电平窄脉冲可视为干扰信号，它使 Q 端由 1 变为 0，改变了锁存器的存储数据，所以，直接触发方式抗干扰能力弱。

通过后面的学习可以知道，所有锁存器均有存储功能，通过输入端使锁存器存储给定的数据 0 或 1。基本 RS 锁存器因具有置 1 和置 0 功能而得其名，“基本”则对应于输入信号的直接触发方式。

2. 或非门基本 RS 锁存器

1)电路组成和工作原理

图 7.1.5(a)是由两个或非门交叉耦合组成的基本 RS 锁存器，图 7.1.5(b)是它的逻辑符号，输入信号高电平有效。

2) 状态表

归纳或非门基本 RS 锁存器的功能得到状态表如表 7.1.3 所示。状态表中，由于 $R=S=1$ 不满足约束条件，所以，与之对应的次态 Q^{n+1} 为无关项(×)。

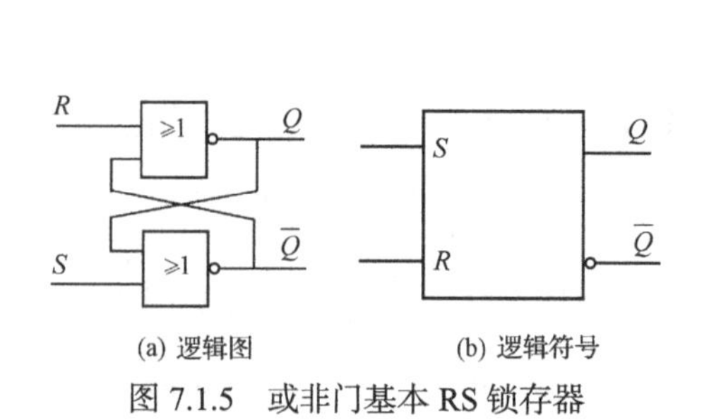

图 7.1.5　或非门基本 RS 锁存器

表 7.1.3　或非门基本 RS 锁存器的状态表

R	S	Q^n	Q^{n+1}	功能说明
0	0	0	0	保持
0	0	1	1	保持
0	1	0	1	置 1
0	1	1	1	置 1
1	0	0	0	置 0
1	0	1	0	置 0
1	1	0	×	禁止
1	1	1	×	禁止

3) 状态图

由表 7.1.3 可得或非门基本 RS 锁存器的状态图如图 7.1.6 所示。

4) 特性方程

根据状态表 7.1.3 绘出或非门基本 RS 锁存器次态(Q^{n+1})的卡诺图如图 7.1.7 所示。锁存器的特性方程为

$$\begin{cases} Q^{n+1}=S+\overline{R}Q^n \\ RS=0 \end{cases} \tag{7.1.3}$$

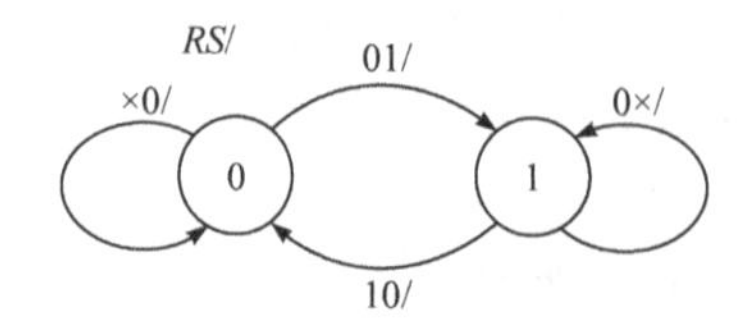

图 7.1.6　或非门基本 RS 锁存器的状态图

Q^n \ RS	00	01	11	10
0	0	1	×	0
1	1	1	×	0

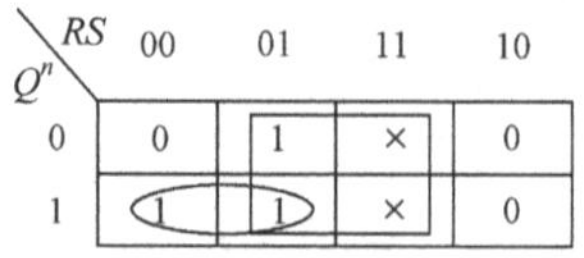

图 7.1.7　或非门基本 RS 锁存器 Q^{n+1} 的卡诺图

和与非门基本 RS 锁存器的特性方程(7.1.2)相比较，如果进行 $R\to\overline{R}$，$S\to\overline{S}$ 替换，则 2 个方程完全相同。因此，与非门基本 RS 锁存器具有低电平有效的特性方程(7.1.2)，而或非门基本 RS 锁存器则具有高电平有效的特性方程(7.1.3)。

5) 触发特点

与与非门基本 RS 锁存器相同，或非门基本 RS 锁存器的状态也是直接触发，即输入信号的任何一次改变，都是一个触发时刻，可能改变锁存器的状态。

3. 基本 RS 锁存器的 Verilog HDL 模型

RS 锁存器还可以用 Verilog HDL 来描述，如图 7.1.8 所示。通常采用 always 块来描述锁存器，其输出与输入 S 或者 R 密切相关。当 $S = 1$ 时，无论 R 取值如何改变，锁存器均被置位，即输出为 1 态；反之，当 $R = 1$ 时，无论 S 取值如何改变，锁存器均被复位，输出为 0 态。如果 $S = R = 0$，锁存器状态不变(即保持功能)。在模型中默认 $S = R = 1$ 是禁用的。不过，如果 $S = R = 1$ 真的出现，锁存器模型中的输出仍然被置位，因为 $S = 1$ 始终会先于 $R = 1$ 发生。

```
//Verilog Behavioral Model of an SR Latch
//
module SRlatch (S, R, Q, Qbar);
input S, R;                          //Declare excitation inputs
output reg Q, Qbar;                  //Declare complementary outputs
always begin
       if (S == 1'b1) begin          //Set the latch on S=1
              Q = 1'b1;
              Qbar = 1'b0; end
       else if (R == 1'b1) begin     //Reset the latch on R=1
              Q = 1'b0;
              Qbar = 1'b1; end
end                                  //State doesn't change if S=R=0
endmodule
```

图 7.1.8　基本 RS 锁存器的 Verilog HDL 行为模型

7.1.2 同步 RS 锁存器

对于多位二进制信息，需要多个锁存器同时进行存储，即要求多个锁存器随存储数据的改变而同步变化。为此，引入同步信号控制多个锁存器同步改变状态。锁存器的状态改变时间由同步信号电平(高、低电平)控制而实现同步触发，即为同步锁存器。同步锁存器的存储功能与基本锁存器一致，但是数据存储动作取决于同步信号的电平值，仅当同步信号处于使能状态时，输出数据才会随着输入数据发生变化，否则处于锁存状态。

1. 电路组成和工作原理

在与非门基本 RS 锁存器的基础上增加 2 个与非门构成同步 RS 锁存器，如图 7.1.9(a)所示，其中 CP(clock pulse)是同步信号，又称为时钟信号；由于输出的同步是受前一级两个与非门控制实现的，因此同步 RS 锁存器也称为门控 RS 锁存器。

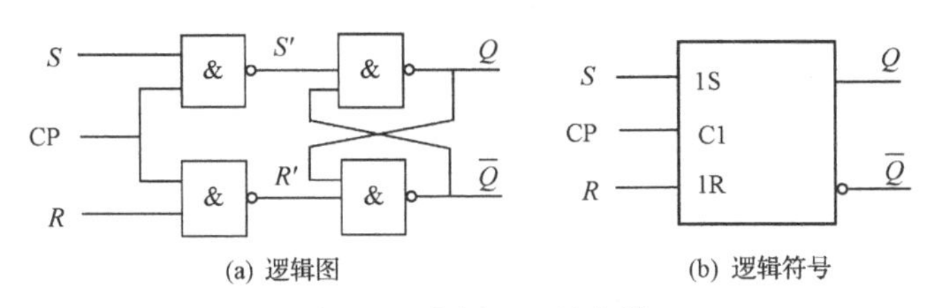

(a) 逻辑图　　(b) 逻辑符号

图 7.1.9　同步 RS 锁存器

由电路可得基本 RS 锁存器的置 0 输入 R'和置 1 输入 S'分别为

$$\begin{aligned} R' &= \overline{\text{CP}\cdot R} \\ S' &= \overline{\text{CP}\cdot S} \end{aligned} \tag{7.1.4}$$

将式(7.1.4)代入与非门基本 RS 锁存器的特性方程(7.1.2)，得

$$\begin{cases} Q^{n+1} = \overline{S'} + R'Q^n = \text{CP}\cdot S + \overline{\text{CP}\cdot R}\cdot Q^n \\ R' + S' = \overline{\text{CP}\cdot R\cdot S} = 1 \end{cases} \tag{7.1.5}$$

当 CP = 0 时，$R' = S' = 1$，$Q^{n+1} = Q^n$，即锁存器保持现态不变。

当 CP = 1 时，$R' = \bar{R}$，$S' = \bar{S}$，同步 RS 锁存器的特性方程为

$$\begin{cases} Q^{n+1} = S + \bar{R}Q^n \\ RS = 0 \end{cases} \tag{7.1.6}$$

即 CP 控制锁存器状态改变的时间区间(CP = 1 的时间段)，而锁存器的次态值则由输入信号 R、S 和现态确定，所以 CP 是同步控制脉冲信号(触发信号)，R、S 是数据信号，也称为同步输入信号。

表 7.1.4　同步 RS 锁存器的状态表

CP	R	S	Q^n	Q^{n+1}	功能
1	0	0	0	0	保持
1	0	0	1	1	保持
1	0	1	0	1	置 1
1	0	1	1	1	置 1
1	1	0	0	0	置 0
1	1	0	1	0	置 0
1	1	1	0	×	禁止
1	1	1	1	×	禁止

对所有的同步锁存器，特性方程是指 CP 有效时(触发)的方程。由特性方程(7.1.6)计算，得到同步 RS 锁存器的状态表如表 7.1.4 所示。锁存器具有保持、置 1 和置 0 功能，输入信号高电平有效。

图 7.1.9(b)是同步 RS 锁存器的逻辑符号，时钟用 C 表示，1 表示相关联的(影响或受影响的)信号序数，即时钟信号 C 控制置位 S 和复位 R。

2. 触发特点

绘制同步 RS 锁存器的工作波形的方法与绘制基本 RS 锁存器的工作波形相似，区别是触发时刻是 CP 的上升沿和在 CP = 1 期间 R、S 的变化沿。图 7.1.10 是同步 RS 锁存器的工作波形。

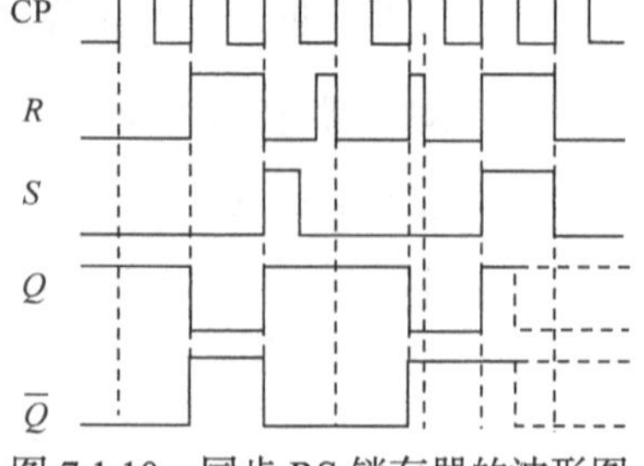

图 7.1.10　同步 RS 锁存器的波形图

如果图 7.1.10 中 R 的第 2 和第 3 个高电平窄脉冲是干扰信号，由于第 2 个干扰脉冲发生在 CP = 0 期间，因此不影响锁存器状态，但第 3 个干扰脉冲发生在 CP = 1 期间，则使锁存器状态由 1 变为 0。因此，在 CP 有效(CP = 1)期间，干扰脉冲会影响锁存器的状态，抗干扰能力较差。如果 CP 是占空比为 50%的周期时钟信号，则干扰影响同步锁存器状态的概率是直接锁存器的 50%。可通过减小 CP 有效电平的占空比提高同步 RS 锁存器的抗干扰能力。

由本例推理，如果锁存器仅在同步信号的边沿触发，则其抗干扰能力将大大增强。

例 7.1.1　试分析图 7.1.11 所示的 4 位二进制数码寄存器的工作原理。

解　数码从数据端 $D_3D_2D_1D_0$ 输入，从锁存器的 $Q_3Q_2Q_1Q_0$ 输出，LD(load)是寄存器装载控制信号，即同步信号。

当 LD = 1 时，有

$$S_i = D_i, \quad R_i = \overline{D}_i$$

$$Q_i^{n+1} = S_i + \overline{R}_i Q_i^n = D_i, \quad i = 0,1,2,3$$

输入数据装载入同步 RS 锁存器。

当 LD = 0 时，4 个同步 RS 锁存器的 Q 不变，存储已装入的数据。

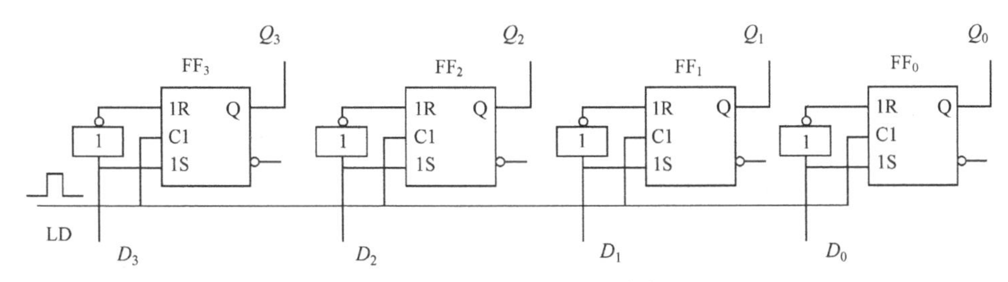

图 7.1.11　4 位二进制数码寄存器

例 7.1.1 中每个 RS 锁存器的输入端的输入信号满足关系 $S_i = D_i$，$R_i = \overline{D_i}$，则锁存器的状态表简化为表 7.1.5，该锁存器称为 D 锁存器。

表 7.1.5　D 锁存器的状态表

CP	D	Q^{n+1}
1	0	0
1	1	1

D 锁存器的特性方程为

$$Q^{n+1} = D \tag{7.1.7}$$

即当同步控制信号有效(CP = 1)时，锁存器存储 D 的值。

同步锁存器的一个缺点是直通现象，如例 7.1.2 所示。

例 7.1.2　由 3 个同步 RS 锁存器级联构成的电路如图 7.1.12 所示，试分析电路的输出。

由图 7.1.12 可知，当 CP = 1 时，同步 RS 锁存器的状态将由 R、S 取值决定，由于 3 个锁存器级联，若 CP 高电平持续时间足够长(>3 倍同步 RS 触发器的传输时间)，则最后 3 个锁存器的输出将完全相同；当 CP = 0 时，3 个锁存器也将存储相同的值。

这就是锁存器级联的直通现象。读者可以分析，基本 RS 锁存器也存在直通现象。

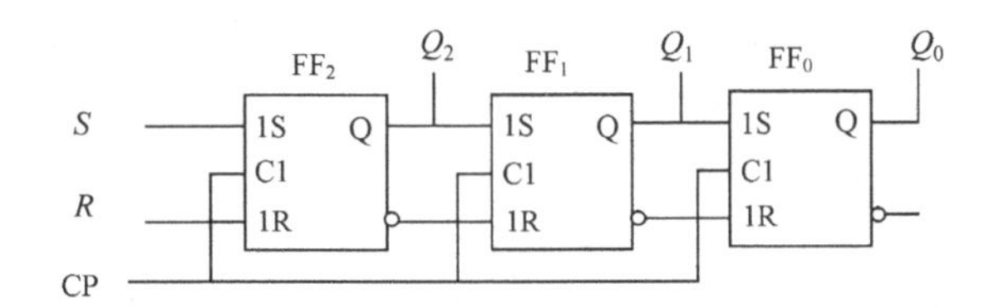

图 7.1.12　同步 RS 触发器的直通现象

3. Verilog HDL 模型

同步 RS 锁存器的工作特性可用 Verilog HDL 行为模型表示，如图 7.1.13 中的语句。与图 7.1.8 中的语句进行比较，可见锁存器的状态受到三个输入信号 G、S 和 R 的影响。其中，输入 G 相当于同步控制脉冲信号 CP 的作用，当 G = 1 时，锁存器的状态才能发生改变，即仅当 G 从 0 态改变为 1 态，或者 G = 1 期间，锁存器的输出状态才会因 S 或者 R 的改变而改变。

```
//Verilog Behavioral Model of a Gated SR Latch
//
module GatedSRlatch (G, S, R, Q, Qbar);
input G, S, R;                                  //Declare gate and excitation inputs
output reg Q, Qbar;                             //Declare complementary outputs
always                                          //Latch enabled by G=1
      if (G == 1'b1 & S == 1'b1) begin          //Set the latch on S=1
            Q = 1'b1;
            Qbar = 1'b0; end
      else if (G == 1'b1 & R == 1'b1) begin     //Reset (clear) the latch on R=1
            Q = 1'b0;
            Qbar = 1'b1; end
                                                //State doesn't change if S=R=0
endmodule
```

图 7.1.13　同步 RS 锁存器的 Verilog HDL 行为模型

同理可写出同步 D 锁存器的 Verilog HDL 行为模型如图 7.1.14 所示。

```
//Verilog Behavioral Model of a Gated D Latch
//
module GatedDlatch (G, D, Q, Qbar);
input G, D;                          //Declare gate and excitation inputs
output reg Q, Qbar;                  //Declare complementary outputs
always
      if (G == 1'b1) begin           //Latch enabled by G=1
            Q = D;                   //Data input value transferred to latch
            Qbar = ~D; end
endmodule
```

图 7.1.14　同步 D 锁存器的 Verilog HDL 行为模型

7.2　触　发　器

从例 7.1.2 可见，锁存器不太适用于同步时序逻辑电路。当同步控制信号 CP 有效时，锁存器均传输信号，这样，输入信号发生的各种变化都会直接改变锁存器的输出状态，出现多次变化和直通现象。正如前面分析，如果锁存器仅在同步控制信号 CP 的边沿触发，则可避免以上问题。

主从型RS触发器的构成及工作原理

脉冲触发方式

触发器是一种对时钟脉冲边沿(即上升沿或者下降沿)敏感的存储电路。即触发器仅在时钟脉冲的下降沿或者上升沿时刻动作。触发器常见的触发方式有脉冲触发和边沿触发。主从型触发器是脉冲型触发器，其结构和工作原理可通过扫码学习。下面重点介绍边沿型触发器。

7.2.1　维持阻塞型 D 触发器

忽略传输延时，触发器接收输入数据和输出状态转换同时发生在 CP 脉冲的某一跳变沿的触发方式称为边沿触发。如图 7.2.1 所示，维持阻塞型 D 触发器就是边沿触发。

1. 电路组成和工作原理

由电路图 7.2.1 可见，该触发器由 2 个与非门组成的基本 RS 触发器、4 个与非门控制的复位输入(L_1)和置位输入(L_2)组成。利用控制门间的反馈实现时钟的边沿触发，工作原理如下。

1) 时钟 CP = 0 时，触发器保持不变

当 CP = 0 时，$L_1 = L_2 = 1,\ L_3 = \bar{D},\ L_4 = D$，与非门基本 RS 触发器保持不变，同时输

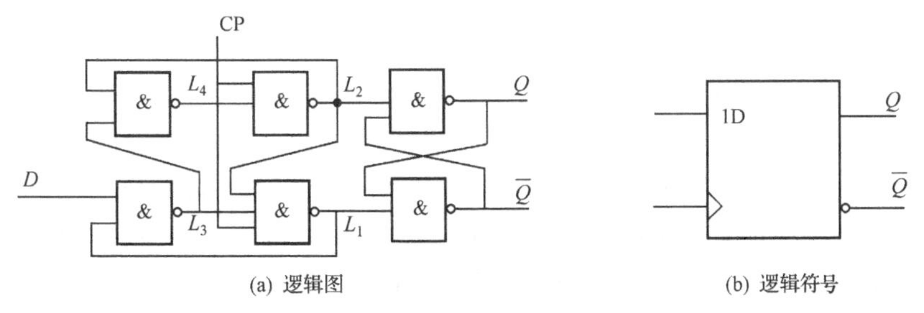

图 7.2.1 维持阻塞型 D 触发器

入信号存入 L_3 和 L_4。

2) 时钟 CP 上升沿到，触发器状态变化

从时钟 CP 的上升沿(CP 由 0 跳变为 1)开始，在 1 个与非门的传输延时(t_{pd})后，$L_2=\overline{L_4}=\overline{D},\ L_1=\overline{L_2L_3}=D$，$D$ 是 CP 上升沿前瞬的输入逻辑值。代入与非门基本 RS 触发器的特性方程，得

$$Q^{n+1}=\overline{S}+RQ^n=\overline{L_2}+L_1Q^n=D+DQ^n=D$$

触发器的次态等于输入信号 D(在 $2t_{pd}$ 后稳定)。

3) 时钟 CP = 1 时，触发器保持不变

由于 L_1 和 L_2 反馈到控制门的输入端，它们将维持基本 RS 触发器在第(2)步形成的置 0 或置 1 信号。具体过程是：

如果 $D=0$，则 $L_1=0$，$L_2=1$，反馈使 $L_3=1$，$L_4=0$，它们维持了基本 RS 触发器的置 0 信号($L_1=0$)，阻塞了基本 RS 触发器的置 1 信号($L_2\neq 0$)。

如果 $D=1$，则 $L_1=1$，$L_2=0$，L_2 的反馈使 $L_1=1$，$L_4=1$，它们阻塞了基本 RS 触发器的置 0 信号($L_1\neq 0$)，维持了基本 RS 触发器的置 1 信号($L_2=0$)。

综上所述，图 7.2.1 所示的维持阻塞型边沿 D 触发器在 CP 的上升沿触发翻转，其特性方程是

$$Q^{n+1}=D \tag{7.2.1}$$

由特性方程(7.2.1)计算得到表 7.2.1 所示维持阻塞型 D 触发器的状态表，表中“↑”表示 CP 由 0 跳变为 1 的上升沿，D 是 CP 上升沿前瞬的输入逻辑值。在时钟脉冲 CP 作用下，D 触发器仅具有置 0 和置 1 功能，常用于存储 1 位二进制码，故称为数码(digit)触发器。

由状态表画出维持阻塞型 D 触发器的状态图如图 7.2.2 所示。

表 7.2.1 维持阻塞型 D 触发器的状态表

CP	D	Q^n	Q^{n+1}	功能
↑	0	0	0	置 0
↑	0	1	0	置 0
↑	1	0	1	置 1
↑	1	1	1	置 1

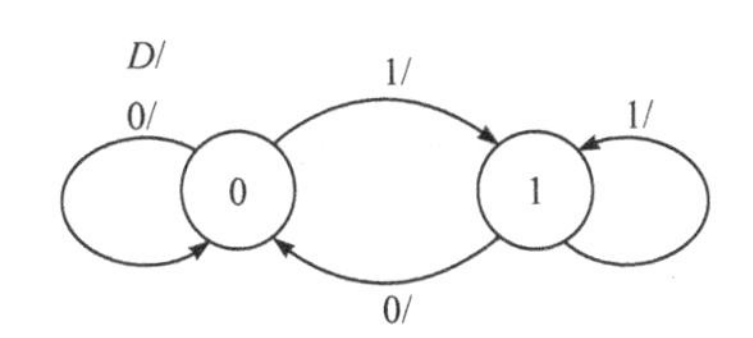

图 7.2.2 维持阻塞型 D 触发器的状态图

2. 异步复位和置位

触发器同步输入信号受时钟控制，即在时钟有效时才能发挥作用。但在许多实际应用中，除了受时钟脉冲控制的同步输入信号外，还需要不受时钟控制的复位和置位信号，它们分别称为异步复位和异步置位信号。具有异步输入信号、多个同步输入信号的维持阻塞型 D 触发器如图 7.2.3 所示，等效的同步输入信号是 $D = D_1D_2$。表 7.2.2 是触发器的状态表。由状态表可知，异步复位和置位信号低电平有效。异步复位和置位信号不受时钟控制，其作用优先于同步输入信号。

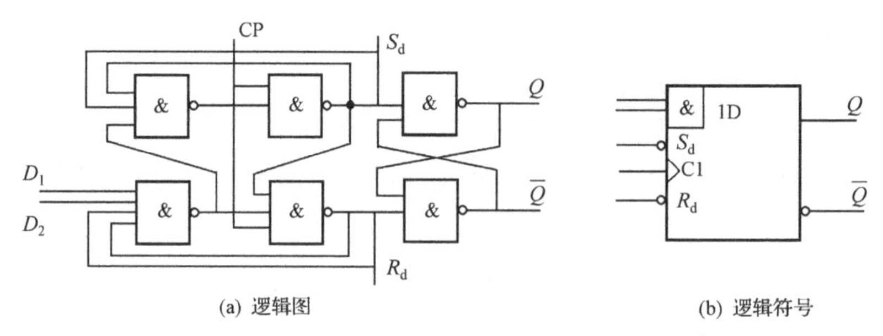

图 7.2.3　带异步复位置位的维持阻塞型 D 触发器

同样，其他功能的触发器也可以有多个同步输入和异步复位、异步置位信号，此处不再赘述。

3. 触发特点

边沿 D 触发器的触发时刻是 CP 的上升沿，输入 D 是 CP 上升沿前瞬的逻辑值。据此，可以绘出触发器的时序图。图 7.2.4 是维持阻塞型 D 触发器的 1 个时序图例。从图中可见，只要窄脉冲干扰不出现在 CP 的上升沿，则不影响触发器的输出状态。此外，异步输入端的作用优先于同步输入(见 $S_d = 0$ 处)。

表 7.2.2　维持阻塞型 D 触发器的状态表

R_d	S_d	CP	D	Q^n	Q^{n+1}	功能
0	0	×	×	×	×	禁止
0	1	×	×	×	0	异步复位
1	0	×	×	×	1	异步置位
1	1	↑	0	0	0	置 0
1	1	↑	0	1	0	置 0
1	1	↑	1	0	1	置 1
1	1	↑	1	1	1	置 1

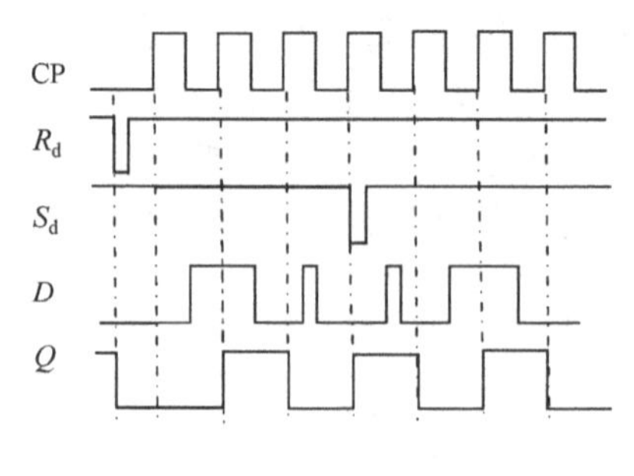

图 7.2.4　维持阻塞型 D 触发器的波形图

由本例推广可知，维持阻塞型 D 触发器是边沿型触发器，其抗干扰能力强。除了维持阻塞型触发器，传输延时型触发器也是边沿型触发器，其构成及工作原理如下。

7.2.2 传输延时型 JK 触发器

1. 电路组成和工作原理

在传输延时(t_{pd})内门电路的输出不能跟随其输入变化，即其输出具有保持作用。利用门电路的这一保持作用可构成传输延时型边沿触发器，例如，图 7.2.5(a)所示的边沿 JK 触发器，其工作原理如下。

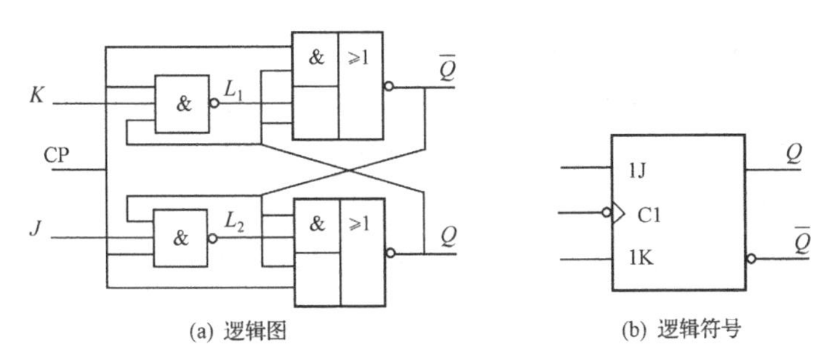

(a) 逻辑图 (b) 逻辑符号

图 7.2.5 传输延时型边沿 JK 触发器

1) 时钟 CP = 0 时，触发器保持不变

当 CP = 0 时，$L_1 = L_2 = 1$，第二级的 2 个与或非门等效为 1 个与非门基本 RS 触发器，其复位端为 L_1，置位端为 L_2，输入低电平有效。所以，输出保持不变。

2) 时钟 CP = 1(包括上升沿)时，触发器仍然保持不变

从时钟 CP 的上升沿开始，在 1 个与非门的传输延时(t_{pd})内，与非门输出保持为 1，即

$$L_1 = L_2 = 1 \rightarrow \left\{\begin{array}{ll} \text{与或} & \overline{Q^{n+1}} = \overline{Q^n \cdot 1 + Q^n \cdot 1} = \overline{Q^n} \\ \text{非门} & Q^{n+1} = \overline{\overline{Q^n} \cdot 1 + \overline{Q^n} \cdot 1} = Q^n \end{array}\right\} \rightarrow \begin{array}{l}\text{输出保}\\\text{持不变}\end{array}$$

从时钟 CP 的上升沿开始，超过 1 个与非门的传输延时(t_{pd})之后，与非门输出改变，但触发器输出保持，即

$$\left\{\begin{array}{l} L_1 = \overline{KQ^n} \\ L_2 = \overline{J\overline{\overline{Q^n}}} \end{array}\right\} \rightarrow \left\{\begin{array}{ll} \text{第二级} & \overline{Q^{n+1}} = \overline{Q^n \cdot 1 + Q^n \cdot \overline{\overline{KQ^n}}} = \overline{Q^n} \\ \text{与或非} & Q^{n+1} = \overline{\overline{Q^n} \cdot 1 + \overline{Q^n} \cdot \overline{\overline{J\overline{\overline{Q^n}}}}} = Q^n \end{array}\right\} \rightarrow \begin{array}{l}\text{输出保}\\\text{持不变}\end{array}$$

3) 时钟 CP 下降沿到，触发器状态变化

CP 由 1 跳变为 0 后，2 个与或非门又等效为 1 个与非门基本 RS 触发器，其复位端为 L_1，置位端为 L_2，输入低电平有效。其特性方程为

$$\begin{cases} Q^{n+1} = \overline{S} + RQ^n = \overline{L_2} + L_1Q^n \\ S + R = L_2 + L_1 = 1 \end{cases}$$

从时钟 CP 的下降沿开始，在 1 个与非门的传输延时(t_{pd})内，2 个与非门保持其输出，即

$$\left\{\begin{array}{l} L_1 = \overline{KQ^n} \\ L_2 = \overline{J\overline{\overline{Q^n}}} \end{array}\right\} \rightarrow \begin{cases} Q^{n+1} = J\overline{Q^n} + \overline{KQ^n}Q^n = J\overline{Q^n} + \overline{K}Q^n \\ L_2 + L_1 = \overline{KQ^n} + \overline{J\overline{\overline{Q^n}}} = \overline{K} + \overline{Q^n} + \overline{J} + Q^n = 1 \end{cases}$$

触发器的次态与输入信号 J、K 和现态有关，并且 J、K 可以取任意逻辑值，没有约束。

从时钟 CP 的下降沿开始，超过 1 个与非门的传输延时(t_{pd})之后，$L_1 = L_2 = 1$，触发器保持前述变化的结果。

综上所述，图 7.2.5 所示的传输延时型边沿 JK 触发器在 CP 的下降沿触发翻转，其特性方程是

$$Q^{n+1} = J\overline{Q^n} + \overline{K}Q^n \tag{7.2.2}$$

其中，J、K 是距 CP 下降沿之前 t_{pd} 时间的任意逻辑值。由于 t_{pd} 是纳秒级，所以可以认为 J、K 是 CP 下降沿前瞬的任意逻辑值。

由特性方程(7.2.2)计算，得 JK 触发器的状态表如表 7.2.3 所示，表中“↓”表示 CP 由 1 跳变为 0 的下降沿，J、K 是 CP 下降沿前瞬的输入逻辑值。在时钟脉冲 CP 作用下，JK 触发器具有置 0、置 1、保持和翻转功能。翻转功能是指在 J=K=1 时，$Q^{n+1} = \overline{Q^n}$，即每一个 CP 的下降沿使触发器翻转一次。J、K 逻辑信号的组合只有 4 种情况，所以，JK 触发器又称为全功能触发器。

2. 触发特点

传输延时型边沿 JK 触发器的触发时刻是 CP 的下降沿，输入 J、K 是 CP 下降沿前瞬的逻辑值。据此可绘出触发器的工作波形图。图 7.2.6 是传输延时型边沿 JK 触发器的 1 个时序图例。从图中看出，只要窄脉冲干扰不出现在 CP 的下降沿，则不影响触发器的输出状态。

表 7.2.3　JK 触发器的状态表

CP	J	K	Q^n	Q^{n+1}	功能
↓	0	0	0	0	保持
↓	0	0	1	1	保持
↓	0	1	0	0	置 0
↓	0	1	1	0	置 0
↓	1	0	0	1	置 1
↓	1	0	1	1	置 1
↓	1	1	0	1	翻转
↓	1	1	1	0	翻转

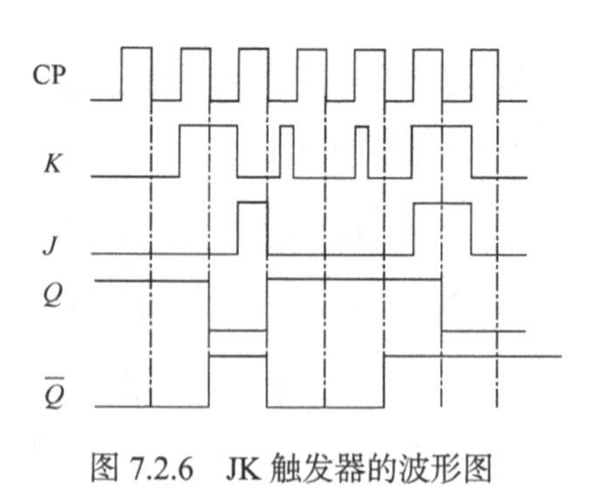

图 7.2.6　JK 触发器的波形图

由本例推广，传输延时型边沿触发器抗干扰能力强。

3. 状态图

根据 JK 触发器的状态表，绘出 JK 触发器的状态图如图 7.2.7 所示。触发器有 2 个状态——0 和 1，用圆圈表示；箭头表示状态转换的方向和一个有效的时钟(如边沿 JK 触发器的下降沿)，旁边注明状态转换条件，例如，触发器由 0 态转换为 1 态的条件是 $J = 1$，$K = \times$(0 或 1)。

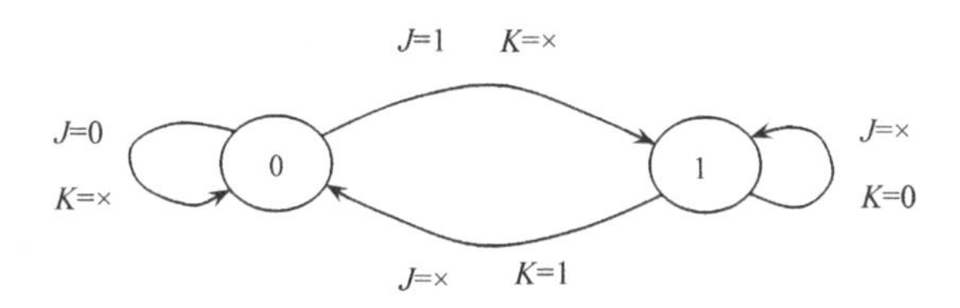

图 7.2.7　JK 触发器的状态图

7.2.3　触发器的 Verilog HDL 模型

Verilog 语句 always 块对时钟转换时刻非常敏感，例如，给定一个 D 触发器，CK 为时钟脉冲，仅当脉冲 CK 的上升沿到来时刻，其输出 $Q = D$，则该 D 触发器的完整行为可以描述为：在时钟脉冲 CK 上升沿，输出跟随 D 的值而变化。因此其 Verilog HDL 模型如图 7.2.8 所示。

```
//Verilog Behavioral Model of a Positive-Edge-Triggered D Flip-Flop
//
module Dflipflop(D, CK, Q, Qbar);
       input D, CK;
       output reg Q, Qbar;
       always @ (posedge CK)          //Flip-flop triggers on 0 to 1 transition of CK (clock)
              begin
                     Q <= D;          //Data input transferred to flip-flop
                     Qbar <= ~D;
              end
endmodule
```

图 7.2.8　D 触发器的 Verilog HDL 模型

同样可以给出 JK 触发器的 Verilog HDL 模型如图 7.2.9 所示，读者可以自行分析该触发器的动作特点。

```
// Verilog Behavioral Model of a Positive-Edge-Triggered JK Flip-Flop
module JKflip_flop (J, K, CK, Q, Qbar);
input J, K, CK;
output reg Q, Qbar;
       always @ (posedge CK)
              if (J & ~K) begin                    //Set flip-flop when J=1 and K=0.
                     Q <= 1'b1;
                     Qbar <= 1'b0; end
              else if (~J & K) begin               //Reset flip-flop when J=0 and K=1.
                     Q <= 1'b0;
                     Qbar <= 1'b1; end
              else if (J & K) begin                //Toggle flip-flop when J=K=1.
                     Q <=Qbar;
                     Qbar <= Q; end
endmodule                                          //No state change when J=K=0.
```

图 7.2.9　JK 触发器的 Verilog HDL 模型

7.3　触发器的功能及相互转换

7.3.1　触发器的逻辑功能分类

根据在 CP 信号控制下的不同逻辑功能，常把触发器分为 RS、D、JK、T 和 T′五种类型。各类触发器的逻辑功能如表 7.3.1 所示。

表 7.3.1　触发器的逻辑功能

<table>
<tr><td>逻辑功能分析</td><td colspan="4">RS 触发器</td><td colspan="4">JK 触发器</td><td colspan="3">D 触发器</td><td colspan="3">T 触发器</td><td colspan="3">T′触发器</td></tr>
<tr><td>特性方程</td><td colspan="4">$\begin{cases}Q^{n+1}=S+\bar{R}Q^n\\ RS=0\end{cases}$</td><td colspan="4">$Q^{n+1}=J\overline{Q^n}+\bar{K}Q^n$</td><td colspan="3">$Q^{n+1}=D$</td><td colspan="3">$Q^{n+1}=T\overline{Q^n}+\bar{T}Q^n$</td><td colspan="3">$Q^{n+1}=\overline{Q^n}$</td></tr>
<tr><td rowspan="5">逻辑功能表</td><td>R</td><td>S</td><td>Q^{n+1}</td><td>说明</td><td>J</td><td>K</td><td>Q^{n+1}</td><td>说明</td><td>D</td><td>Q^{n+1}</td><td>说明</td><td>T</td><td>Q^{n+1}</td><td>说明</td><td>T'</td><td>Q^{n+1}</td><td>说明</td></tr>
<tr><td>0</td><td>0</td><td>Q^n</td><td>保持</td><td>0</td><td>0</td><td>Q^n</td><td>保持</td><td rowspan="2">0</td><td rowspan="2">0</td><td rowspan="2">置 0</td><td rowspan="2">0</td><td rowspan="2">Q^n</td><td rowspan="2">保持</td><td rowspan="4">1</td><td rowspan="4">$\overline{Q^n}$</td><td rowspan="4">翻转</td></tr>
<tr><td>0</td><td>1</td><td>1</td><td>置 1</td><td>0</td><td>1</td><td>0</td><td>置 0</td></tr>
<tr><td>1</td><td>0</td><td>0</td><td>置 0</td><td>1</td><td>0</td><td>1</td><td>置 1</td><td rowspan="2">1</td><td rowspan="2">1</td><td rowspan="2">置 1</td><td rowspan="2">1</td><td rowspan="2">$\overline{Q^n}$</td><td rowspan="2">翻转</td></tr>
<tr><td>1</td><td>1</td><td>×</td><td>禁止</td><td>1</td><td>1</td><td>$\overline{Q^n}$</td><td>翻转</td></tr>
</table>

由功能表 7.3.1 可知，JK 触发器功能完整，包含置 0、置 1、保持和翻转四种功能，其他触发器的功能是 JK 触发器功能的子集。在 CP 脉冲作用下，根据输入信号 T 的不同取值，具有保持和翻转(计数)功能的电路，称为 T 触发器；同理，在 CP 脉冲作用下，只具有翻转(计数)功能的电路，称为T′ 触发器，也称为计数触发器，经常用在计数器电路中。RS 触发器是唯一具有禁止项的触发器；D 触发器的功能简化为置 0 和置 1 两种，常用作数码寄存器。

7.3.2　传输延时型 JK 触发器转换为 T 和 T′触发器

1. T 触发器

在应用中，T 触发器可由 7.2 节所述的传输延时型 JK 触发器转换得到。在 JK 触发器的基础上，如果令输入 $J=K=T$(图 7.3.1)，代入式(7.2.2)，则可得触发器的特性方程：

$$Q^{n+1}=T\overline{Q^n}+\bar{T}Q^n=T\oplus Q^n\ (\text{CP}\downarrow) \tag{7.3.1}$$

即实现了传输延时型 T 触发器的功能。T 触发器的逻辑符号如图 7.3.1(b)所示。

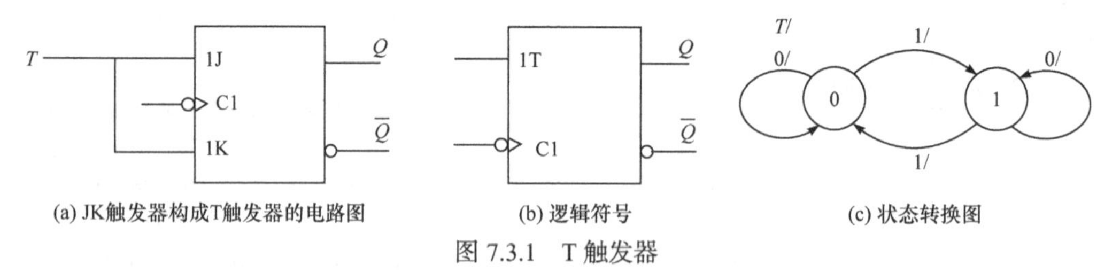

(a) JK触发器构成T触发器的电路图　(b) 逻辑符号　(c) 状态转换图

图 7.3.1　T 触发器

T 触发器的状态表如表 7.3.2 所示，即当 CP 脉冲有效(下降沿到来)时，例如，$T = 0$，触发器保持，反之 $T = 1$，触发器翻转。其状态转换图如图 7.3.1(c)所示。由于触发器逻辑功能转换不改变触发方式，因此，由传输延时型 JK 触发器构成的 T 触发器同样具有传输延时型触发器的触发特点。

表 7.3.2　T 触发器的状态表

CP	T	Q^n	Q^{n+1}	功能
↓	0	0	0	保持
↓	0	1	1	保持
↓	1	0	1	翻转
↓	1	1	0	翻转

2. T′触发器

在 T 触发器的基础上，如果 $T = 1$(图 7.3.2)，代入式(7.3.1)，则可得触发器的特性方程为

$$Q^{n+1}=T\overline{Q^n}+\overline{T}Q^n=T\oplus Q^n=1\oplus Q^n=\overline{Q^n}\ (\mathrm{CP}\downarrow) \tag{7.3.2}$$

由式(7.3.2)可见，每一个 CP 脉冲触发时刻(下降沿)到来，触发器就翻转一次，即实现了 T′触发器的功能。

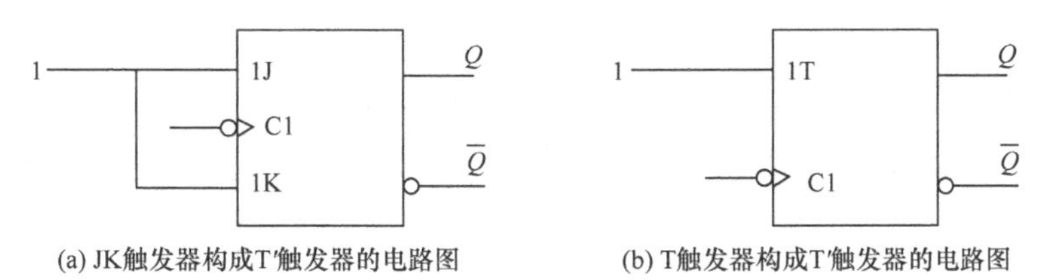

(a) JK触发器构成T′触发器的电路图　　(b) T触发器构成T′触发器的电路图

图 7.3.2　T′触发器

7.3.3　维持阻塞型 D 触发器转换为 T 和 T′触发器

用 1 个维持阻塞型 D 触发器和 1 个异或门同样可以组成维持阻塞 T 触发器，如图 7.3.3 所示，T 是输入信号。

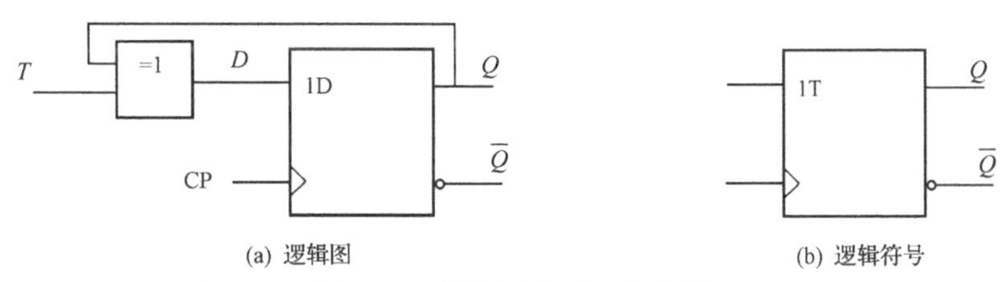

(a) 逻辑图　　(b) 逻辑符号

图 7.3.3　维持阻塞型 T 触发器

当 CP = 0 时，维持阻塞型 D 触发器处于稳态，即现态 Q^n，所以

$$D=T\oplus Q^n$$

当 CP 上升沿到来时，维持阻塞型 D 触发器变化为次态，即

$$Q^{n+1}=D=T\oplus Q^n \tag{7.3.3}$$

在 CP = 1 后，维持阻塞型 D 触发器的状态保持这一次态。

式(7.3.3)得到维持阻塞型 T 触发器的特性方程。图 7.3.3 所示电路仍然是一个维持阻塞型 T 触发器，表 7.3.3 是其状态表，触发器具有保持和翻转功能。

当 $D=\overline{Q^n}$ 时，D 触发器转化为 T′触发器，其特性方程为

$$Q^{n+1}=D=\overline{Q^n}$$

即该触发器仅具有翻转功能。图 7.3.4 是由维持阻塞型 D 触发器转换为 T′触发器的逻辑图。

表 7.3.3　维持阻塞型 T 触发器的状态表

CP	T	Q^n	Q^{n+1}	功能
↑	0	0	0	保持
↑	0	1	1	保持
↑	1	0	1	翻转
↑	1	1	0	翻转

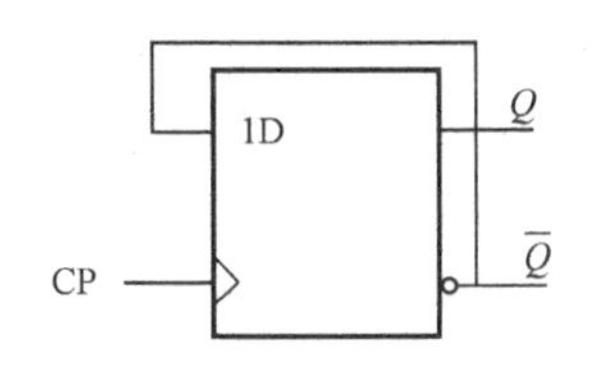

图 7.3.4　维持阻塞型 T′触发器

7.3.4　触发器的逻辑功能转换方法

可用脉冲触发和边沿触发等不同的触发形式分别实现各种功能的触发器，如前述传输延迟 JK 触发器和维持阻塞型 D 触发器均可转换成相应的 T 和 T′触发器。

用维持阻塞型 D 触发器转换为其他逻辑功能触发器的框图如图 7.3.5 所示，它由维持阻塞型 D 触发器和相应的转换逻辑电路组成。借助转换逻辑电路实现触发器特性方程的相互转换，方法是：比较转换前后两种触发器的特性方程，确定转换逻辑并组成逻辑电路。

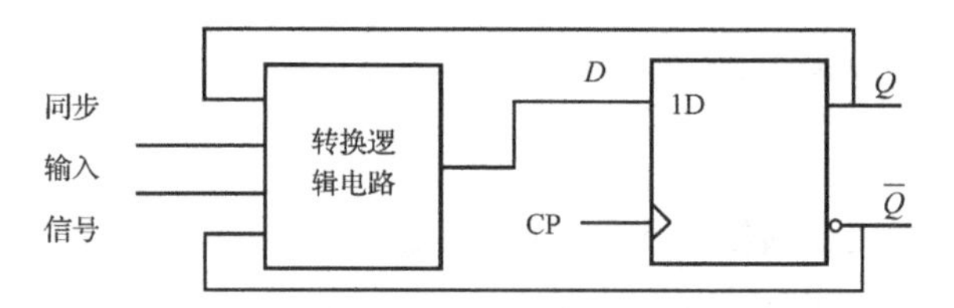

图 7.3.5　维持阻塞型 D 触发器转换为其他逻辑功能触发器的框图

例如，将维持阻塞型 D 触发器转换为维持阻塞型 JK 触发器。首先，比较这两种触发器的特性方程，得转换电路的逻辑方程为

$$D = J\overline{Q^n} + \overline{K}Q^n \tag{7.3.4}$$

实现维持阻塞型 JK 触发器的逻辑图如图 7.3.6 所示。

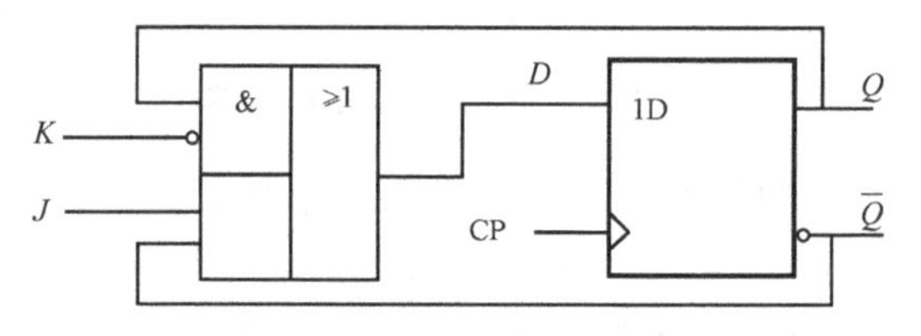

图 7.3.6　维持阻塞型 JK 触发器

JK 触发器具有置 0、置 1、保持和翻转功能，JK 触发器可以转换为其他任意功能的触发器。例如，在图 7.3.6 中，令 $J = S$、$K = R$，并增加约束 $RS = 0$，则 JK 触发器就转换为 RS 触发器。如果 $J = K = T$，则 JK 触发器就转换为 T 触发器，如果 $J = K = T' = 1$，则 JK 触发器就转换为 T′ 触发器。

到此为止，阐述了用维持阻塞触发方式实现所有功能的触发器。推广到一般情况，任何一种触发方式都可以实现每一种功能的触发器。

7.3.5　触发器的动态特性

在前面讨论触发器的时序图时，都未考虑门电路的传输延时，仅反映了逻辑功能。

触发器由门电路组成，每个门都存在传输延时。因此，触发器的输入信号、时钟信号必须在时间顺序上恰当配合，才能保证触发器稳定可靠地实现其逻辑功能。

触发器同步输入信号与时钟信号之间的时间关系称为触发器的动态特性。触发器的动态特性与电路结构有关，即与触发方式有关。下面以图 7.3.7 的维持阻塞型 D 触发器为例介绍触发器的动态特性，图 7.3.7(a)是逻辑图，图 7.3.7(b)是动态特性，设每个与非门的传输时间为 t_{pd}。

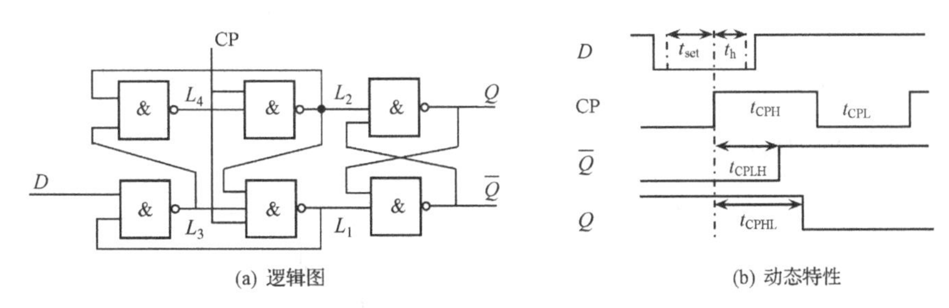

(a) 逻辑图　　(b) 动态特性

图 7.3.7　维持阻塞型 D 触发器的逻辑图及动态特性

(1) 数据建立时间 t_{set}。

t_{set} 是在时钟有效沿前输入信号 D 必须稳定的最短时间。在图 7.3.7(b)中，输入信号 D 必须在时钟上升沿前稳定 2 个与非门的传输时间，以保证 L_3 和 L_4 稳定。因此，$t_{set}=2t_{pd}$。

(2) 数据保持时间 t_h。

t_h 是在时钟有效沿后输入信号必须保持稳定的最短时间。在图 7.3.7(b)中，输入信号 D 必须在时钟上升沿后维持 1 个与非门的传输时间，以保证 L_1 和 L_2 稳定。当 L_1 和 L_2 稳定后，它们的反馈就能自动维持自身的状态，从而维持基本 RS 触发器的输出状态。因此，$t_h = t_{pd}$。

(3) 低电平到高电平的传输时间 t_{CPLH}。

t_{CPLH} 是在时钟有效沿后触发器的输出从低电平变化到高电平的传输时间。在图 7.3.7(b)中，时钟上升沿后，输出从低电平变化到高电平的传输时间为 $2t_{pd}$。

(4) 高电平到低电平的传输时间 t_{CPHL}。

t_{CPHL} 是在时钟的有效沿后触发器的输出从高电平变化到低电平的传输时间。在图 7.3.7(b)中，时钟上升沿后，输出从高电平变化到低电平的传输时间为 $3t_{pd}$。

(5) 触发器传输延迟时间 t_f。

t_f 是在时钟有效沿后输出状态到达稳定需要的时间。

$$t_f = \max\{t_{CPLH}, t_{CPHL}\} \tag{7.3.5}$$

在图 7.3.7 中，触发器传输时间为 $3t_{pd}$。

(6) 时钟的低电平时间 t_{CPL} 和高电平时间 t_{CPH}。

如果触发器的时钟是上升沿有效，则时钟的低电平时间 t_{CPL} 应大于数据建立时间 t_{set}，高电平时间 t_{CPH} 应大于触发器传输延迟时间 t_f。如果触发器的时钟是下降沿有效，则前述命题中 t_{CPL} 与 t_{CPH} 交换。时钟周期为 $T_{CP} = t_{set} + t_f$。

(7) 最大时钟频率 f_{max}。

在连接为 T′触发器的情况下，触发器能正常工作的最高时钟频率，即 $f_{max} = 1/T_{CP}$。

常见的集成锁存器和触发器

除了动态工作特性外，触发器也有静态工作特性，它们的含义和门电路相似，不再赘述。

7.4　555 定时器

数字电路中的触发器工作时需要规则的脉冲做时钟信号(一致的逻辑电平和陡峭的边沿)。获取规则的数字时钟信号通常有两种途径：一是用整形电路把已有的信号整形成数字时钟信号；二是通过多谐振荡电路自激产生脉冲信号。555 定时器不但可以构成整形电路，还可以组成自激振荡电路。本节介绍 555 定时器的工作原理及其应用电路。

7.4.1　555 定时器的功能

555 定时器是一种应用十分广泛的集成组件，有 TTL 和 CMOS 两种，它们的工作原理和功能相似。下面以 CMOS 集成定时器为例介绍 555 定时器的原理和应用。

CH7555 是一种典型的 CMOS 集成定时器，图 7.4.1 是其电路原理图和引脚图。

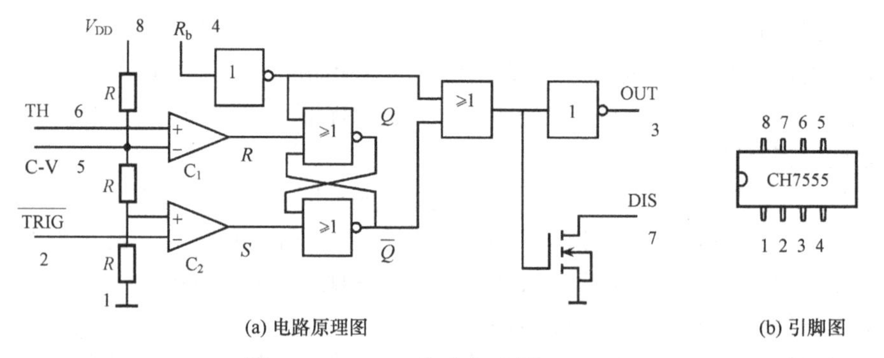

(a) 电路原理图　　(b) 引脚图

图 7.4.1　CMOS 集成定时器(CH7555)

由原理图可知，3 个相等的电阻分压，分别为同相比较器 C_1、反相比较器 C_2 提供参考电压 $2V_{DD}/3$ 和 $V_{DD}/3$。同相比较器 C_1 的输入称为高电位触发端，记为 TH；反相比较器 C_2 的输入称为低电位触发端，记为 $\overline{\text{TRIG}}$；2 个触发端的输入电流近似为零，且可以是模拟输入电压。如果在电压控制端(C-V 端)作用控制电压，则可改变比较器的参考电压。若不使用 C-V 端，通常用一个 0.01μF 的电容接地。

由于使用单电源，比较器 C_1、C_2 的输出低电平为 0V、高电平为 V_{DD}。比较器 C_1、C_2 的输出分别接或非门基本 RS 触发器的置 0 端 R 和置 1 端 S。该触发器的状态经或门和反相器缓冲输出到 OUT 端，并控制 NMOS 管的通断。当 NMOS 管导通时为外电路提供电流通路，所以称 NMOS 管的漏极为放电端，记为 DIS。如果 DIS 端外接上拉电阻，则 DIS 端与 OUT 端的逻辑状态相同。

当直接复位端 R_d 为低电平时，无论 TH、$\overline{\text{TRIG}}$ 为何值，输出端 3 为低电平，NMOS 管导通。

当 R_d 为高电平时，如果 $\text{TH} > 2V_{DD}/3$、$\overline{\text{TRIG}} > V_{DD}/3$，则 RS 触发器为 0 态，输出端 3 为低电平，NMOS 管导通；如果 $\text{TH} < 2V_{DD}/3$、$\overline{\text{TRIG}} > V_{DD}/3$，则 RS 触发器状态保持不变，输出和 NMOS 管的状态亦保持不变；如果 $\overline{\text{TRIG}} < V_{DD}/3$，则无论 TH 为何值，RS 触发器的 $\overline{Q}$ 总为 0 态，输出高电平，NMOS 管截止。

综上所述，CH7555 的功能见表 7.4.1，输出保持是指进入本组输入之前的输出状态，既可为逻辑 0(NMOS 导通)，也可为逻辑 1(NMOS 截止)。

CH7555 电源电压的最小值为 3V，最大值为 18V，最大功耗为 200mW。除 CMOS 集成定时器外，还有双极型集成定时器，如 5G555。5G555 的电路结构和工作原理与 CH7555 没有本质的区别。

表 7.4.1　CH7555 功能表

TH(电位)	$\overline{TRIG}$ (电位)	R_d(逻辑电平)	OUT(逻辑电平)	DIS(NMOS 管)
×	×	低电平	低电平	导通
$>2V_{DD}/3$	$>V_{DD}/3$	高电平	低电平	导通
$<2V_{DD}/3$	$>V_{DD}/3$	高电平	保持	保持
×	$<V_{DD}/3$	高电平	高电平	截止

注：×表示任意电位。

7.4.2　555 定时器组成施密特触发器

施密特触发器类似于门电路，但它与门电路的区别是：

(1) 输入信号从低电平上升时的转换电平与输入信号从高电平下降时的转换电平不同，即传输特性形成滞环。

(2) 电路内部形成正反馈，因而传输特性的转折区很陡直。

在模拟电路中曾经介绍用集成运放构成的施密特触发器(滞环比较器)，本节介绍用 555 定时器 CH7555 组成的施密特触发器及其应用。

1. 施密特触发器

将 CH7555 的高电位触发端 TH 和低电位触发端 $\overline{TRIG}$ 并联即可构成施密特触发器，电路如图 7.4.2 所示，$v_{TH}=v_{\overline{TRIG}}=v_I$。DIS 端外接上拉电阻，则 DIS 端与 OUT 端的逻辑状态相同。施密特触发器的传输特性如图 7.4.2(b)所示。

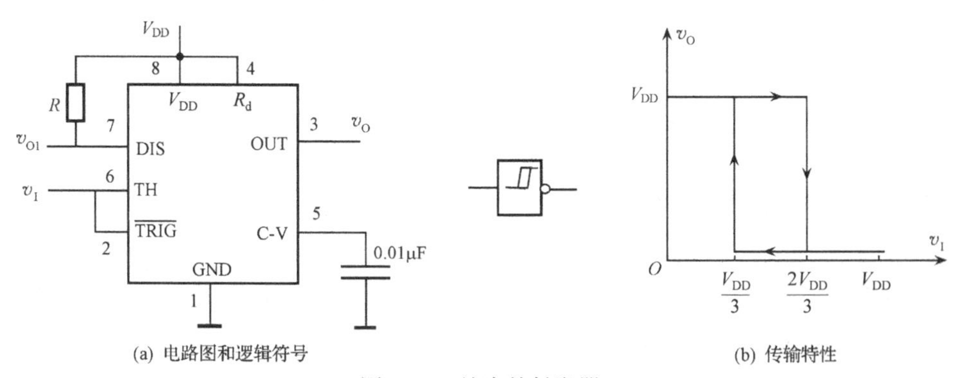

(a) 电路图和逻辑符号　　(b) 传输特性

图 7.4.2　施密特触发器

在输入电压由低电平(0V)上升至高电平(V_{DD})的过程中，如果输入 $v_I<V_{DD}/3$，由功能表 7.4.1 得 $v_O=V_{OH}=V_{DD}$；如果输入 $V_{DD}/3<v_I<2V_{DD}/3$，由功能表 7.4.1 可知，输出保持前述状态，即 $v_O=V_{OH}=V_{DD}$；如果输入 $v_I>2V_{DD}/3$，由功能表 7.4.1 可得 $v_O=V_{OL}=0$。

上限转换电平为

$$V_{T+}=2V_{DD}/3 \tag{7.4.1}$$

在输入电压由高电平(V_{DD})下降至低电平(0V)的过程中，如果输入 $v_I>2V_{DD}/3$，由功能表 7.4.1 得 $v_O=V_{OL}=0$；如果输入 $V_{DD}/3<v_I<2V_{DD}/3$，由功能表 7.4.1 可知，输出保持

前述状态，即 $v_O = V_{OL} = 0$；如果输入 $v_I < V_{DD}/3$，由功能表 7.4.1 可得 $v_O = V_{OH} = V_{DD}$。下限转换电平为

$$V_{T-} = V_{DD}/3 \tag{7.4.2}$$

输入电压上升和下降传输特性形成滞环，回差电压为

$$\Delta V_T = V_{T+} - V_{T-} = V_{DD}/3 \tag{7.4.3}$$

如果在电压控制端(C-V 端)加控制电压 $V_{C\text{-}V}$，则可改变转换电平和回差电压。

2. 施密特触发器的应用

当施密特触发器的输入电压经过转换电平时，输出电压发生跳变。利用这一特性可将缓慢变化的信号整形成幅度规整、边沿陡直的矩形波，如图 7.4.3 所示。将三角波变换成矩形波如图 7.4.4 所示。

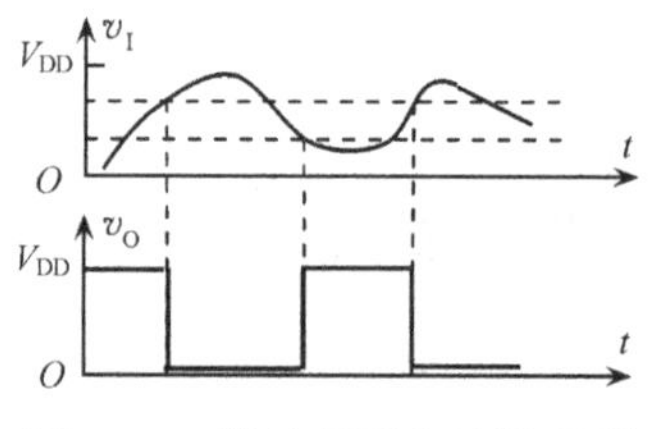

图 7.4.3　脉冲幅度和边沿整形

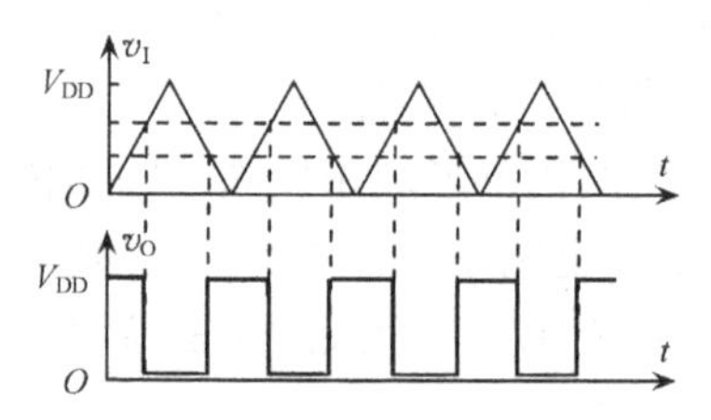

图 7.4.4　三角波变换成矩形波

利用施密特触发器的门限特性还可以鉴别脉冲幅度的大小，如图 7.4.5 所示。

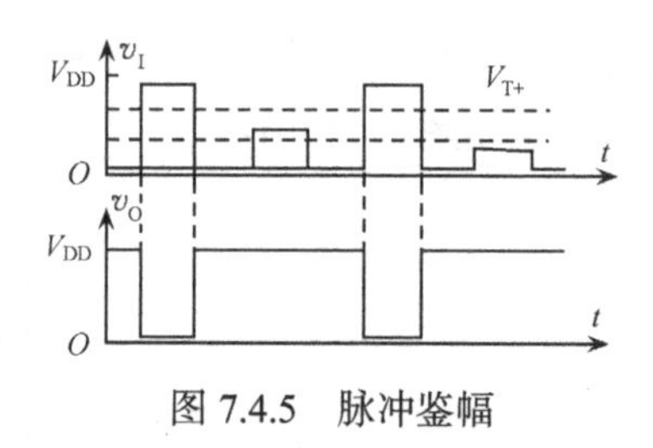

图 7.4.5　脉冲鉴幅

7.4.3　555 定时器组成单稳态触发器

单稳态触发器具有一个稳态和一个暂稳态。当输入信号无触发时，电路处于稳态；当输入信号触发时，电路由稳态翻转至暂稳态，经过一定时间后，电路会自动地返回到稳态。暂稳态的持续时间与输入信号无关，仅取决于电路本身的参数。

1. 单稳态触发器

图 7.4.6(a)是一个单稳态触发器，低电位触发端 $\overline{\text{TRIG}}$ 是触发脉冲输入端，高电位触发端 TH 与放电端 DIS 并联，R、C 是定时元件，OUT 是脉冲输出端。图 7.4.6(b)是单稳态触发器的工作波形图。工作原理如下。

当没有触发脉冲输入时，电路处于稳态，即如果 $v_I = V_{DD}$，则 $v_O = 0,\ v_C = 0$，NMOS 管导通。

输入负跳变窄脉冲触发，电路进入暂稳态，即电路输出高电平 $(v_O = V_{DD})$，NMOS 管截止，R 和 C 组成一阶动态电路。暂稳态时，电容充电，电压 (v_C) 上升。在 $v_C = 2V_{DD}/3$

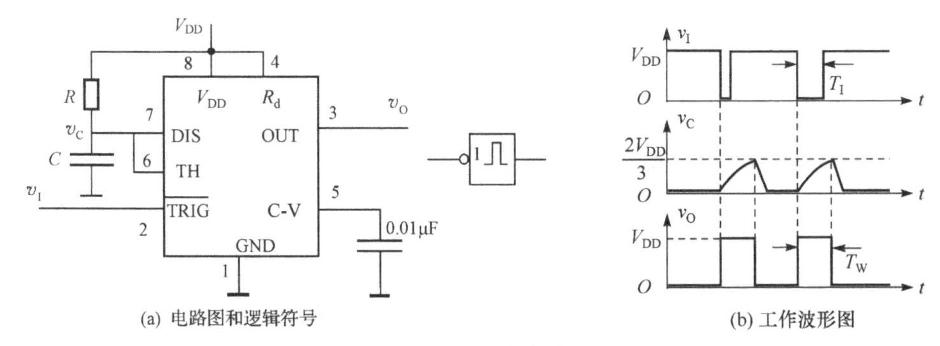

(a) 电路图和逻辑符号 (b) 工作波形图

图 7.4.6 单稳态触发器

之前，输入负窄脉冲消失，即 $v_I = V_{DD}$；在 $v_C > 2V_{DD}/3$ 后，由功能表 7.4.1 可知，电路输出低电平 $(v_O = 0)$，NMOS 管导通，电容向 NMOS 管放电至 0V，暂稳态结束，电路自动返回到稳态($v_O = 0$, $v_C = 0$，MOS 管导通)。必须强调，正常工作时无论什么原因进入暂稳态，电路都会自动返回到稳态。

在暂稳态时，电容的充电时间常数为 RC，初始值为 0，稳态值为 V_{DD}，充电终值为 $2V_{DD}/3$。根据一阶 RC 电路的三要素法，可求出输出脉冲的宽度：

$$T_W = RC\ln\frac{V_{DD} - 0}{V_{DD} - \frac{2}{3}V_{DD}} = 1.1RC \tag{7.4.4}$$

应当指出，这种电路要求输入脉冲宽度 T_I 小于输出脉冲宽度 T_W，否则，电路转化为反相器。

2. 单稳态触发器的应用

单稳态触发器常用于：①脉冲整形，即将脉冲宽度不规则的波形整形为脉冲宽度一定的矩形波；②脉冲延迟，即将脉冲延迟一定时间后输出；③脉冲宽度鉴别；④定时，即输出宽度一定的脉冲，允许执行元件在此脉宽内动作。

单稳态触发器输出脉冲的宽度和幅度是确定的。利用这个性质，可将宽度和幅度不规则的脉冲串整形成宽度和幅度一定的脉冲串，电路如图 7.4.6(a)所示，工作波形如图 7.4.6(b)所示。

利用 2 级单稳态触发器可实现脉冲延迟，电路如图 7.4.7(a)所示，工作波形图如图 7.4.7(b)所示。R、C 是微分电路，对输入的跳变沿产生窄脉冲输出。电路的延迟时间是第一级单稳态触发器的脉冲宽度 T_W。

脉冲宽度鉴别电路如图 7.4.8 所示。输入负脉冲触发单稳态触发器，v_{I1} 端输出宽度为 T_W 的正脉冲。若输入脉冲宽度 T_I 小于 T_W，则在 v_{I1} 端正脉冲后期与非门的两个输入端同时为 1，输出为 $0(v_O = 0)$；否则输出为高电平，输出负脉冲宽度为 $T_O = T_W - T_I$。

7.4.4 555 定时器组成多谐振荡器

多谐振荡器是能产生矩形脉冲波的自激振荡器。在接通电源后，不需外加触发信号，它便能自动产生矩形脉冲波。由于矩形脉冲包含丰富的高次谐波分量，所以产生矩形脉冲波的振荡器称为多谐振荡器。

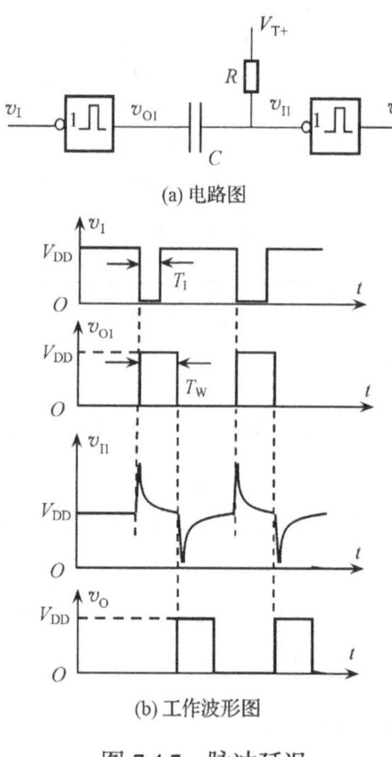

图 7.4.7 脉冲延迟

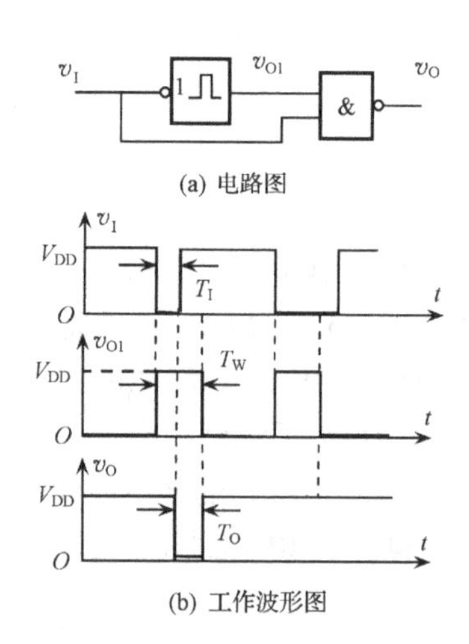

图 7.4.8 脉冲宽度鉴别

在数字系统中，多谐振荡器可由门电路、施密特触发器和 555 定时器构成。用 555 定时器构成的多谐振荡器电路如图 7.4.9(a)所示，低电位触发端 $\overline{\text{TRIG}}$ 与高电位触发端 TH 并联，放电端 DIS 外接上拉电阻 R_1，则 DIS 端与 OUT 端的逻辑状态相同，因此，$\overline{\text{TRIG}}$ 和 DIS 端构成施密特触发器；R_2 和 C 形成施密特触发器的正反馈，产生矩形脉冲，从 OUT 端输出。图 7.4.9(b)是多谐振荡器的工作波形图。工作原理如下。

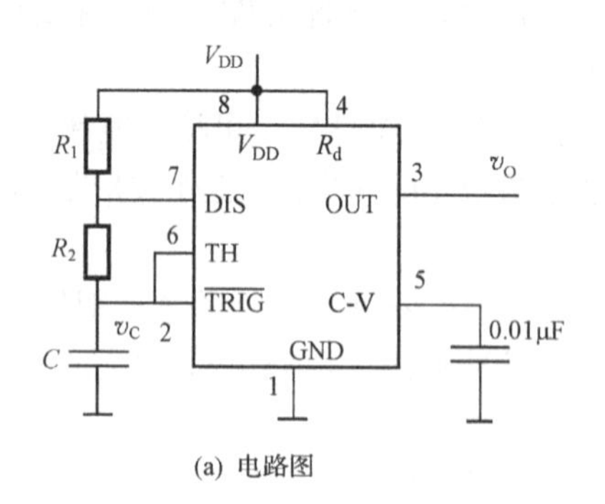

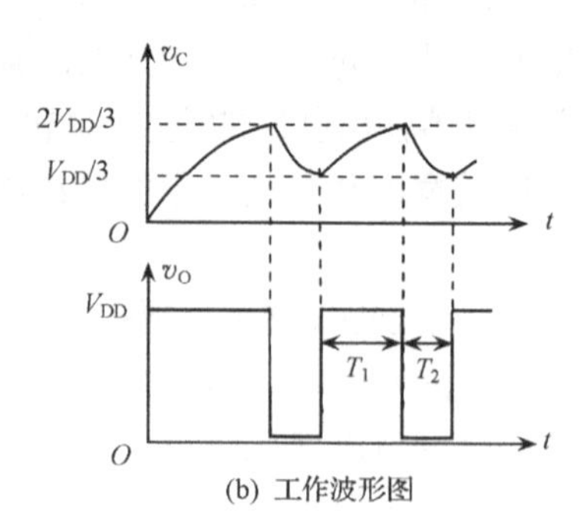

图 7.4.9 多谐振荡器

设接通电源时电容电压 $v_C = 0$，由功能表 7.4.1 可知，输出高电平，NMOS 管截止。因此，R_1、R_2 和 C 组成一阶动态电路。电容充电，时间常数为$(R_1+R_2)C$，电容电压的稳态值为 V_{DD}。随着充电过程的进行，电容电压上升；当 $v_C > 2V_{DD}/3$ 时，由功能表 7.4.1 可知，电路输出低电平，NMOS 管导通，电容充电结束，改为向 NMOS 管放电。

电容从 $2V_{DD}/3$ 开始放电，时间常数为 R_2C，电容电压的稳态值为 0V，电容电压随之下降；当 $v_C < V_{DD}/3$ 时，查功能表 7.4.1 可知，电路输出高电平，NMOS 管截止。之后，

电容开始充电，重复前述充电过程。如此周而复始，电路形成自激振荡，输出矩形脉冲。

输出矩形脉冲的周期等于电容的充电时间和放电时间之和。用一阶 RC 电路的三要素法可求出电容的充电时间和放电时间。充电时间为

$$T_1 = (R_1 + R_2)C\ln\frac{V_{\mathrm{DD}} - \frac{1}{3}V_{\mathrm{DD}}}{V_{\mathrm{DD}} - \frac{2}{3}V_{\mathrm{DD}}} = 0.7(R_1 + R_2)C \tag{7.4.5}$$

放电时间为

$$T_2 = R_2C\ln\frac{0 - \frac{2}{3}V_{\mathrm{DD}}}{0 - \frac{1}{3}V_{\mathrm{DD}}} = 0.7R_2C \tag{7.4.6}$$

因此，振荡周期 T 为

$$T = T_1 + T_2 = 0.7(R_1 + 2R_2)C \tag{7.4.7}$$

图 7.4.10 是占空比可调的多谐振荡器。电路中，当 NMOS 管截止时，电源通过等效电阻 R_1 和二极管 D_1 向电容充电，时间常数为 R_1C，充电时间为 $T_1 = 0.7R_1C$。当 NMOS 管导通时，电容通过等效电阻 R_2 和二极管 D_2 放电，时间常数为 R_2C，放电时间为 $T_2 = 0.7R_2C$。

定义占空比 ρ 为脉冲高电平持续时间与脉冲周期之比，则

$$\rho = \frac{T_1}{T_1 + T_2} = \frac{R_1}{R_1 + R_2} \tag{7.4.8}$$

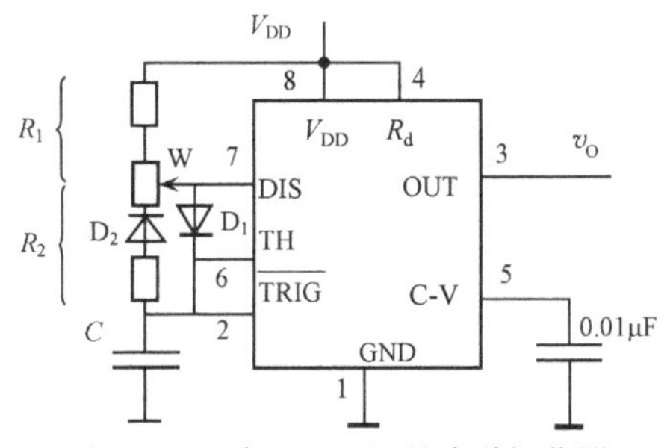

图 7.4.10 占空比可调的多谐振荡器

改变电位器 W 的活动端即可调节占空比，但不改变脉冲周期。

集成单稳态触发器

程序仿真

M7.1 用双 D 触发器 74LS74 构成 4 分频器，设计电路并仿真分析。

解 74LS74 是边沿型双 D 触发器，具有异步置位和复位控制端，其引脚功能如图 M7.1.1 所示。将 D 触发器的 $\bar{Q}$ 端与 D 端相连接，就构成 T′触发器，因此，利用 2 个 D 触发器分别构成 T′触发器，再级联使用可以组成 4 分频器，电路如图 M7.1.2 所示。用 4 踪示波器观察电路功能，输入通道 A 接脉冲信号，B 接 Q_0，C 接 Q_1。开启仿真开关，双击示波器图标，如图 M7.1.3 所示。面板中第一行波形是脉冲信号波形，第二行是 Q_0 端波形，第三行是 Q_1 端波形，由图可知，Q_0 端波形的 1 个周期等于脉冲信号的 2 个周期，Q_1 端波形的 1 个周期等于脉冲信号的 4 个周期。因此 Q_1 端对脉冲信号进行了 4 分频。

M7.2 观察三个 JK 触发器级联构成的计数器电路的输出波形。

采用 74LS112 来搭建仿真电路，74LS112 为双 JK 触发器。第一个 JK 触发器的 J、K 端接高电平，输出的 1Q 接到第二个 JK 触发器的 J、K 端，将 1Q 和 2Q 相与后到第三个 JK 触发器的 J、K 端。三个 JK 触发器的 CLK 端接同一个 100Hz 的时钟信号，如图 M7.2.1 所示。

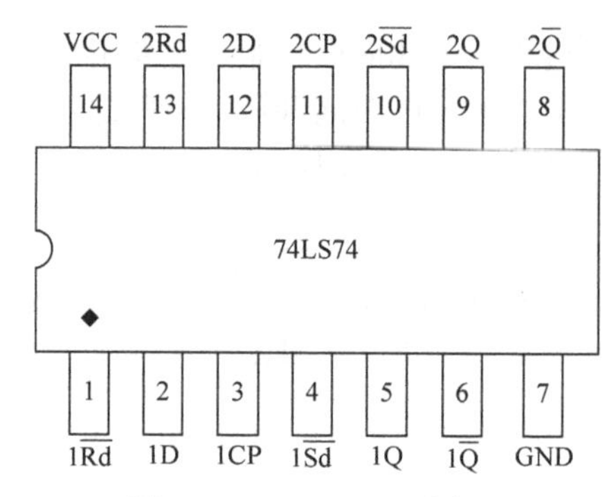

图 M7.1.1　74LS74 引脚图

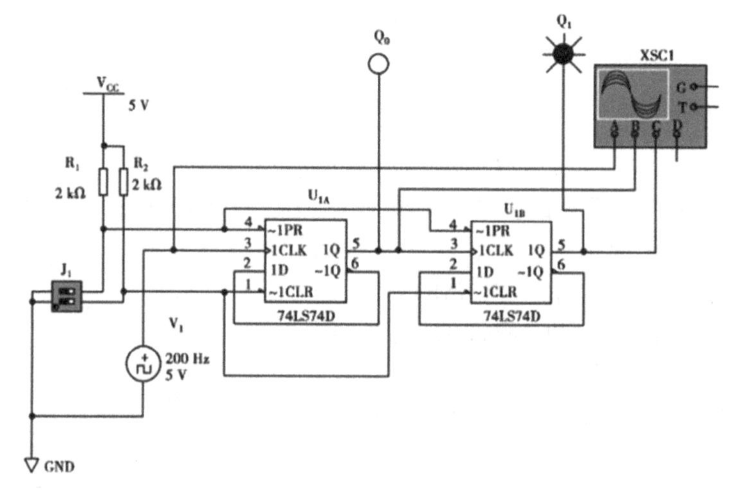

图 M7.1.2　74LS74 构成 4 分频器电路图

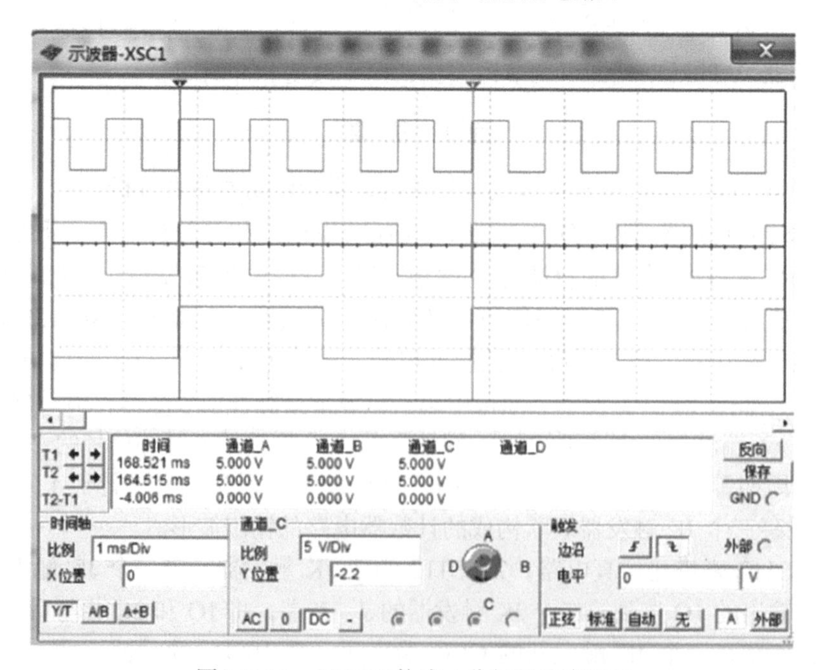

图 M7.1.3　74LS74 构成 4 分频器的波形图

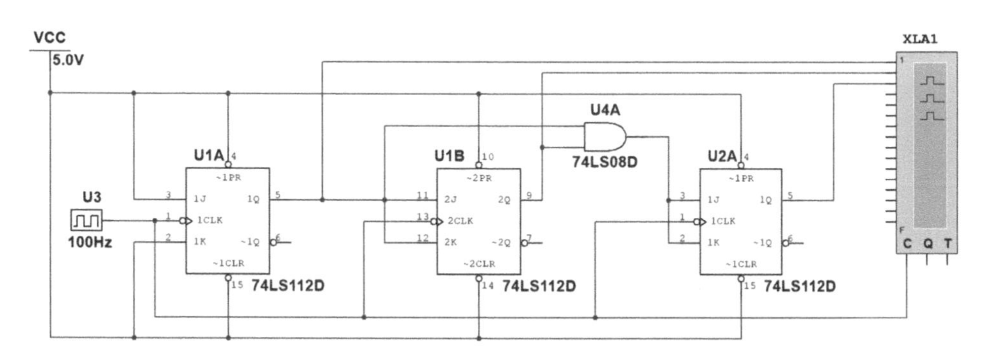

图 M7.2.1　三个 JK 触发器级联构成的 3 位二进制加法计数器

三个 JK 触发器的输出端接到逻辑分析仪上，得到的仿真波形如图 M7.2.2 所示。面板中第一行是 Q_0 的波形，第二行是 Q_1 的波形，第三行是 Q_2 的波形，下面 Clock_Ext 是时钟脉冲信号的波形。由图可知，在每个时钟脉冲的上升沿，JK 触发器的输出状态发生改变，$Q_2Q_1Q_0$ 输出变化规律为 000-001-010-011-100-101-110-111，构成 3 位二进制加法计数器。

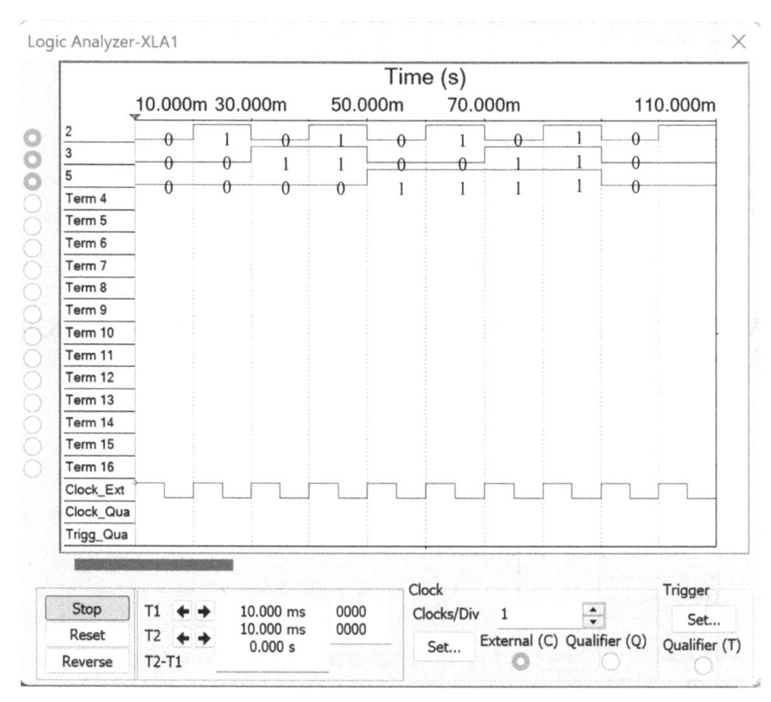

图 M7.2.2　仿真结果

观察图 M7.2.2 可知，Q_0 端波形的 1 个周期等于脉冲信号的 2 个周期，Q_1 端波形的 1 个周期等于脉冲信号的 4 个周期，Q_2 端波形的 1 个周期等于脉冲信号的 8 个周期。因此，触发器 Q_0、Q_1、Q_2 输出端分别具有对脉冲信号 2 分频、4 分频和 8 分频的作用。

M7.3　图 M7.3.1 是用 555 定时器构成的压控振荡器，试分析当 v_I 升高时，振荡频率是升高还是降低，并用 Multisim 进行仿真验证。

(1) $v_I = 1V$ 时，仿真结果如图 M7.3.2 所示。输出波形周期约为 96.774μs，频率约为 10.4kHz。

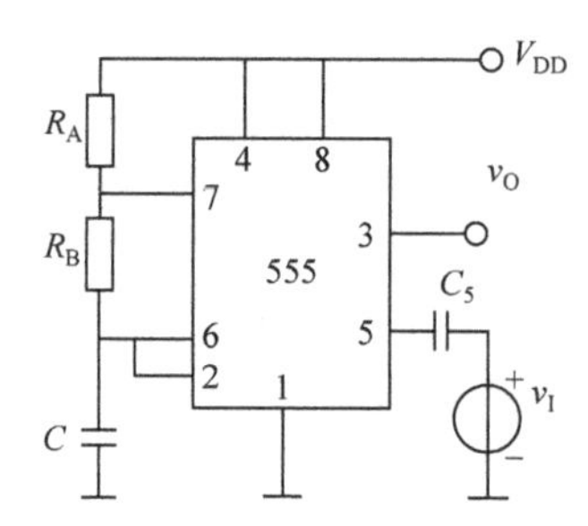

图 M7.3.1　用 555 定时器构成的压控振荡器

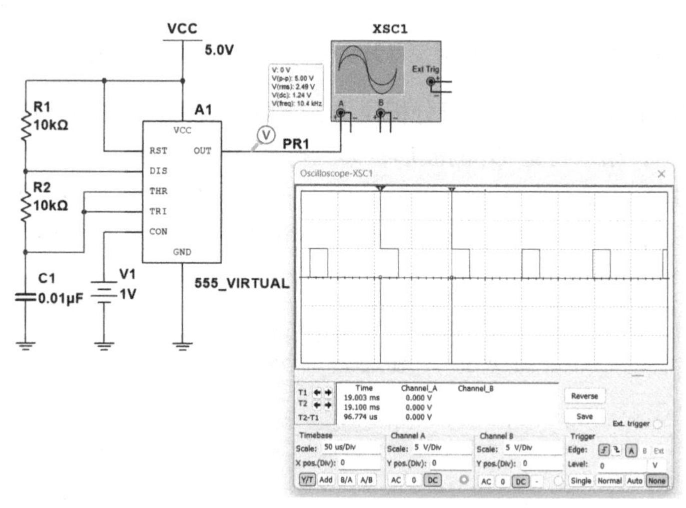

图 M7.3.2　$v_I = 1\text{V}$ 时的仿真结果

(2) $v_I = 2\text{V}$ 时，仿真结果如图 M7.3.3 所示。输出波形周期约为 129.839μs，频率约为 7.73kHz。

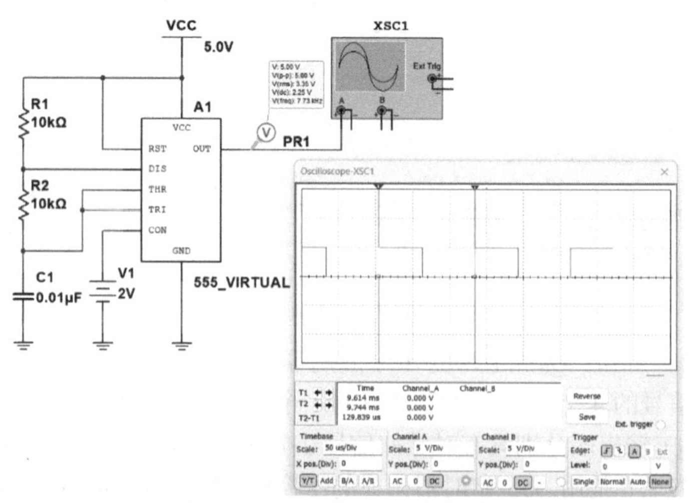

图 M7.3.3　$v_I = 2\text{V}$ 时的仿真结果

(3) $v_I = 3\text{V}$ 时，仿真结果如图 M7.3.4 所示。输出波形周期约为 182.258μs，频率约为 5.49kHz。

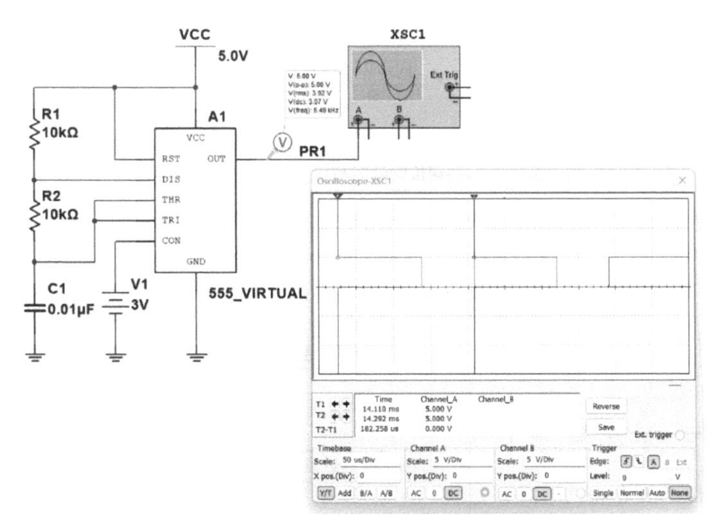

图 M7.3.4　$v_I = 3V$ 时的仿真结果

(4) $v_I = 4V$ 时，仿真结果如图 M7.3.5 所示。输出波形周期约为 291.935μs，频率约为 3.44kHz。

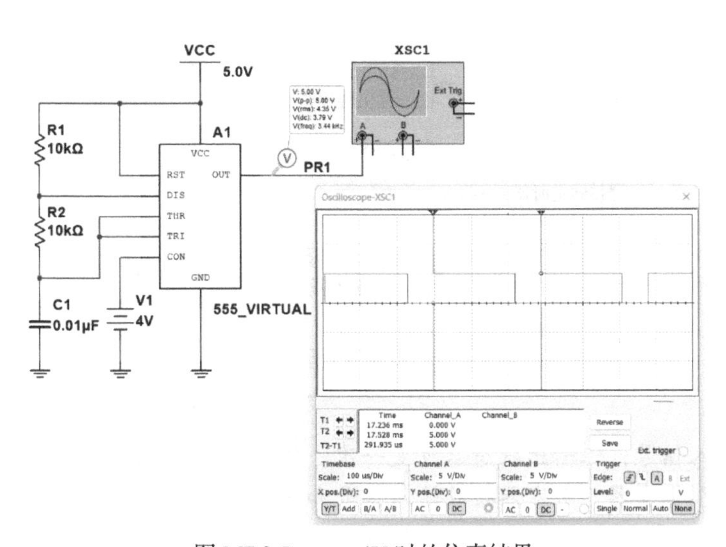

图 M7.3.5　$v_I = 4V$ 时的仿真结果

因此，根据仿真结果可知，当 v_I 升高时，振荡频率会降低。

本章知识小结

*7.1　锁存器和触发器触发方式的区别

锁存器和触发器都可以用来存储信息，但是两者的触发方式不同。锁存器为电平控制方式，只要触发电平满足要求，锁存器的状态就可以发生改变。触发器的触发方式有脉冲触发和边沿触发两类。主从型触发器是脉冲触发方式，其触发特点为：整个 CP 期间触发器分为输入和触发 2 个阶段，输入阶段是指在 CP = 1 期间主锁存器采集输入数据并保留，触发阶段是指在 CP 的下降沿到来时触发器输出次态值；因此，一个 CP 周期中，触发器

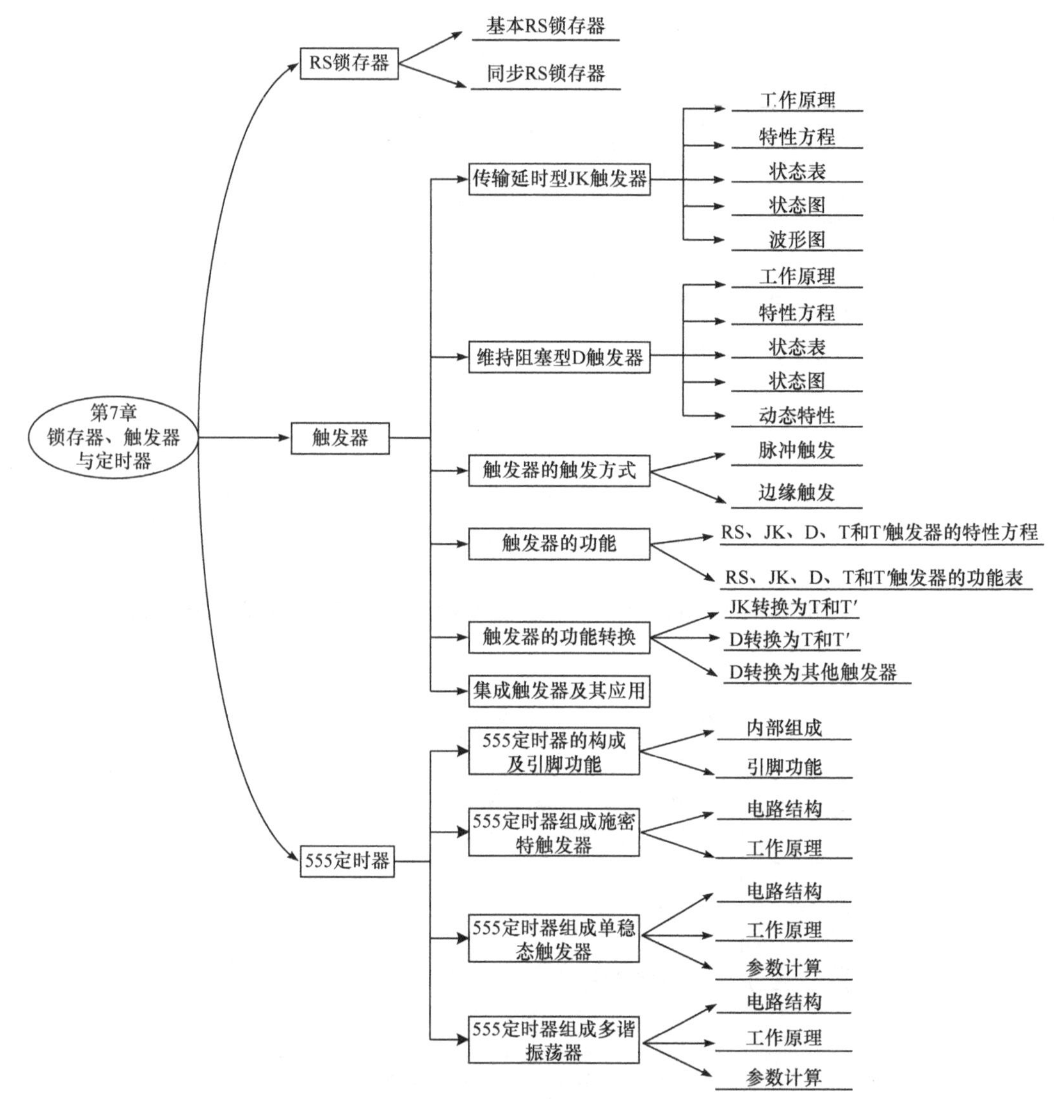

可能多次接收输入信号，但输出状态只改变一次。传输延时型 JK 触发器和维持阻塞型 D 触发器都是边沿型触发器，触发器接收输入信号和状态改变都发生在同一时钟沿(上升沿或下降沿均可)，因此，一个 CP 周期内触发器状态只改变一次，抗干扰性能最好。

***7.2**　不同功能的触发器

常见的触发器有 JK、D、T 和 T′ 触发器，其功能表、特性方程如下表所示。不同功能的触发器可以相互转换。

类型	图形符号	特性方程	功能
JK	1J C1 1K Q $\overline{Q}$	$Q^{n+1}=J\overline{Q^n}+\overline{K}Q^n$ (CP↓)	置 0、置 1、保持、翻转
D	1D Q $\overline{Q}$	$Q^{n+1}=D$(CP↑)	置 0、置 1

续表

类型	图形符号	特性方程	功能
T	1T　Q　$\overline{Q}$	$Q^{n+1}=T\oplus Q^{n}(\mathrm{CP}\uparrow)$	保持、翻转
T′	1　1T　Q　$\overline{Q}$	$Q^{n+1}=\overline{Q^{n}}(\mathrm{CP}\uparrow)$	翻转

*7.3　555 定时器及其应用

555 定时器组成施密特触发器时，主要用于波形整形。

555 定时器组成单稳态触发器时，可用于延时、定时等场合。电路只有一个稳态，其暂态持续时间取决于 RC 充电时间。注意，这种单稳态触发器电路要求输入触发脉冲的宽度 T_{I} 小于输出暂态脉冲的宽度 T_{W}，否则，电路转化为反相器。

555 定时器组成多谐振荡器，用于产生频率一定的矩形脉冲信号，矩形脉冲的周期等于电容的充电时间和放电时间之和；通过改变充电时间和放电时间，可以调节占空比。

小 组 合 作

G7.1　单稳触发器的输出脉宽由哪些因素决定？与触发脉冲的宽度和幅度有无关系？

G7.2　分析图 G7.2.1 所示的电子门铃电路，当按下按钮 S 时可使门铃鸣响。

(1) 说明门铃鸣响时 555 定时器的工作方式。

(2) 改变电路中什么参数能改变铃响持续时间？请用 Multisim 进行仿真分析。

(3) 改变电路中什么参数能改变铃响的音调高低？请用 Multisim 进行仿真分析。

(4) 如果有条件，可自行完成本电路的硬件制作、调试。

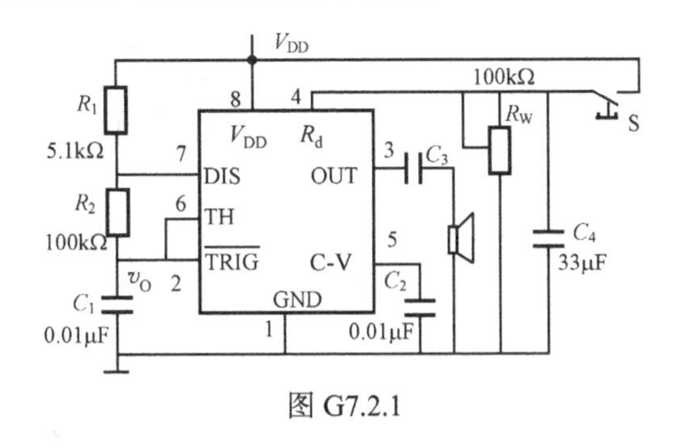

图 G7.2.1

习　　题

7.1　已知由与非门构成的基本 RS 锁存器的输入波形如题图 7.1 所示，画出其 Q 和 $\overline{Q}$ 端波形。

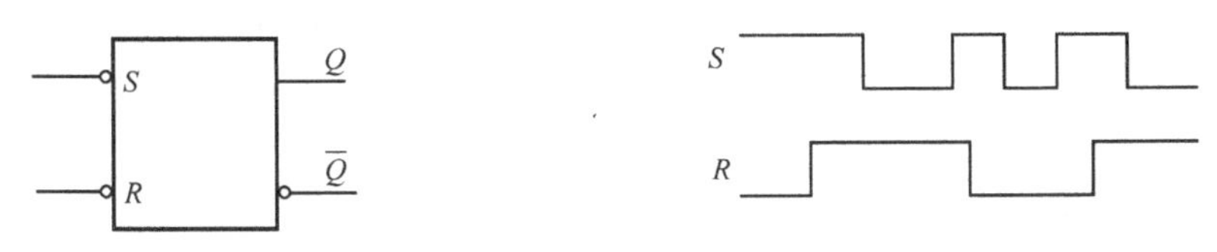

题图 7.1

7.2　在题图 7.2 所示的输入波形下，由或非门构成的基本 RS 锁存器会出现状态不定吗？如果有，请指出状态不定的区域。

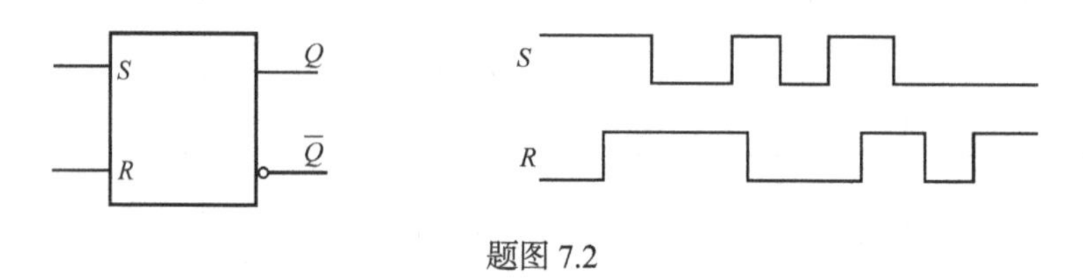

题图 7.2

7.3　同步 RS 锁存器的逻辑符号和输入波形如题图 7.3 所示。设初始状态 $Q=0$，画出 Q 和 $\overline{Q}$ 端的波形。

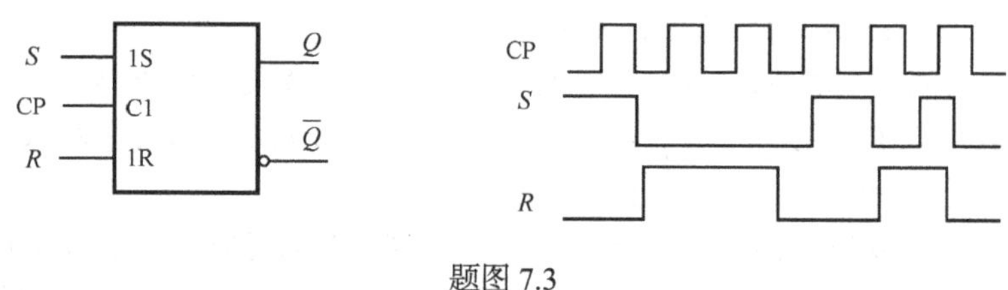

题图 7.3

7.4　由各种 TTL 逻辑门组成的电路如题图 7.4 所示，分析图中各电路是否具有锁存器的功能。

7.5　分析题图 7.5 中电路的逻辑功能，对应 CP、A、B 的波形，画出 Q 和 $\overline{Q}$ 端波形。

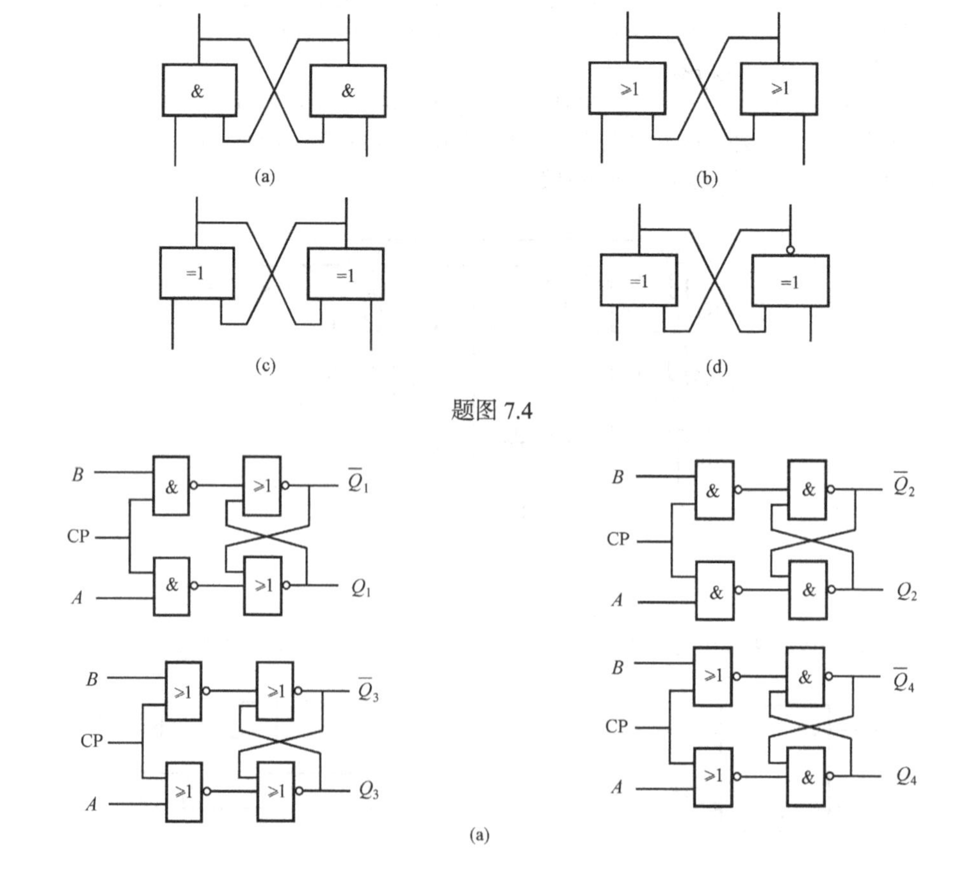

题图 7.4

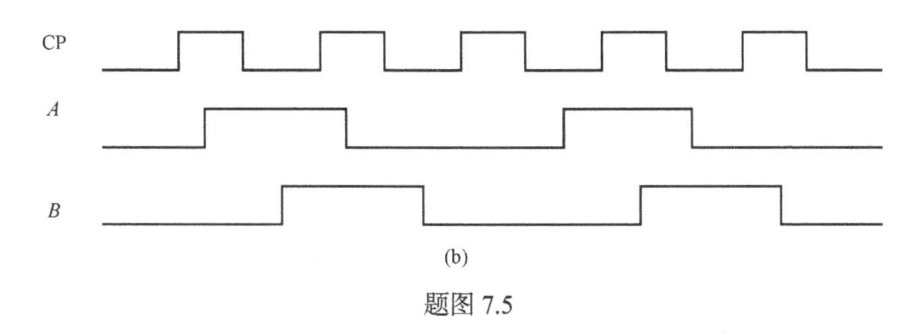

题图 7.5

7.6　编写 Verilog 语句实现一个同步锁存器。

7.7　已知 JK 触发器组成的电路及各输入端波形如题图 7.7 所示，画出 Q 端的电压波形，假设初态 $Q=0$。

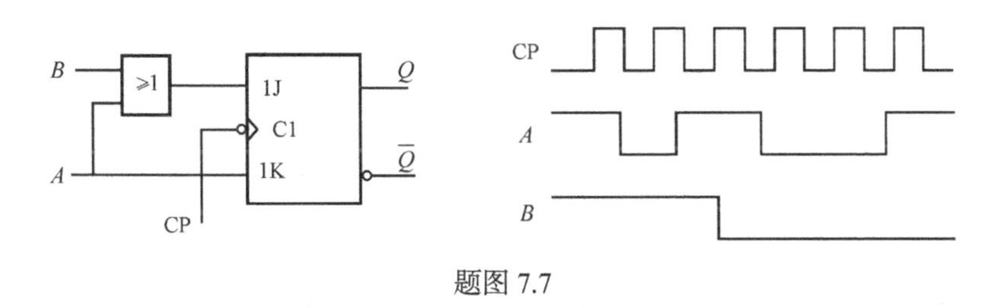

题图 7.7

7.8　逻辑电路图及 A、B、CP 的波形如题图 7.8 所示，试画出 Q 的波形(设 Q 的初始状态为 0)。

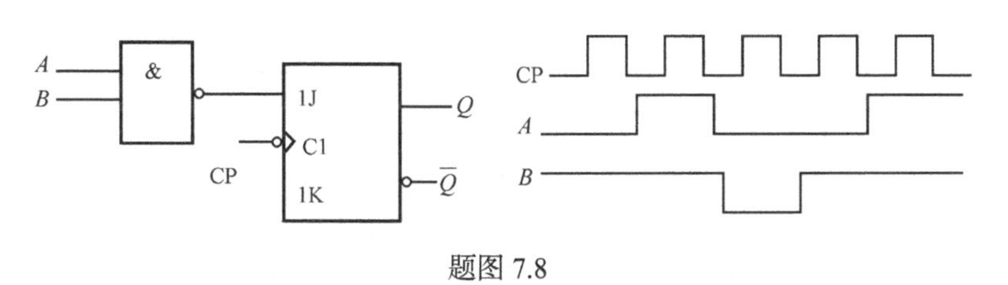

题图 7.8

7.9　JK 触发器的输入端波形如题图 7.9 所示，试画出输出端的波形。

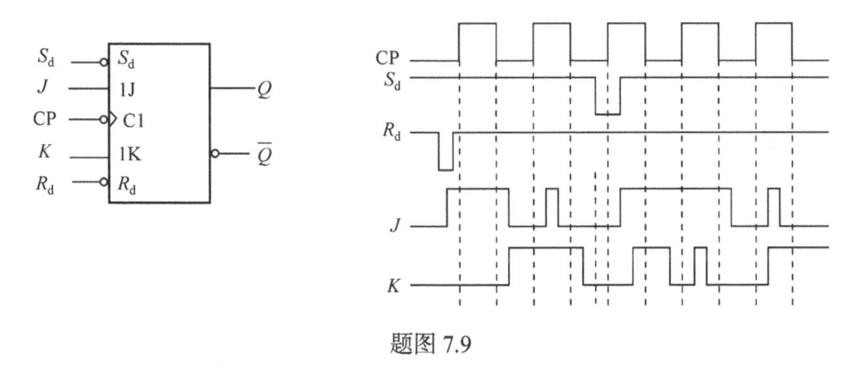

题图 7.9

7.10　电路如题图 7.10(a)所示，若已知 CP 和 J 的波形如题图 7.10 (b)所示，试画出 Q 端的波形图，设触发器的初始状态为 $Q=0$。

7.11　JK 触发器组成的电路如题图 7.11 所示，试画出 Q、$\overline{Q}$ 和 Y_1、Y_2 的波形。设触发器的初始状态为 $Q=0$。

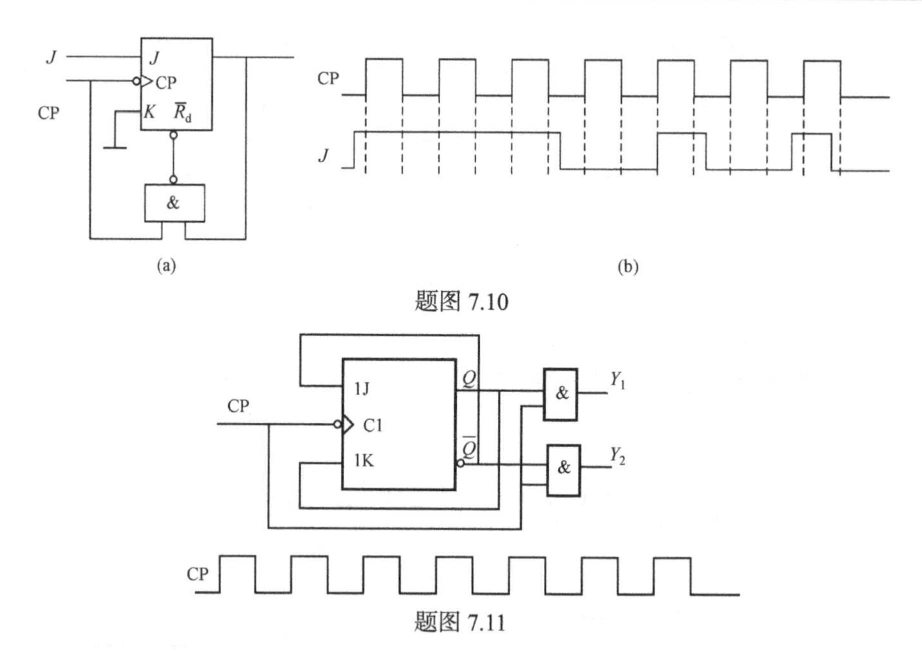

题图 7.10

题图 7.11

7.12　逻辑电路如题图 7.12 所示，当 A = “0”，B = “1” 时，C 的正脉冲来到后，D 触发器(　　)。

A. 具有计数功能　　B. 保持原状态　　C. 置“0”　　D. 置“1”

7.13　已知 CMOS 边沿 D 触发器输入端 D 和时钟信号 CP 的电压波形图如题图 7.13 所示，试画出 Q 和 $\overline{Q}$ 端波形。触发器的初始状态为 $Q = 0$。

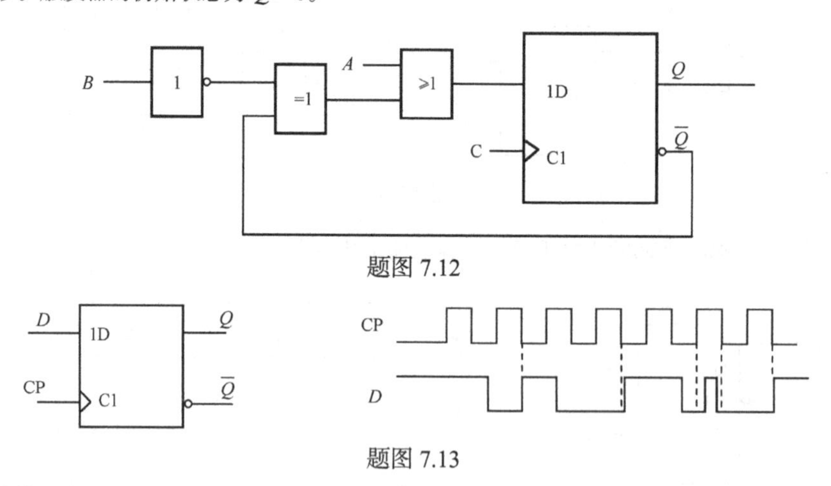

题图 7.12

题图 7.13

7.14　已知维持阻塞型 D 触发器输入端 CP、A、B 的波形如题图 7.14 所示，画出输出端 Q 的波形(设触发器初态为 0)。

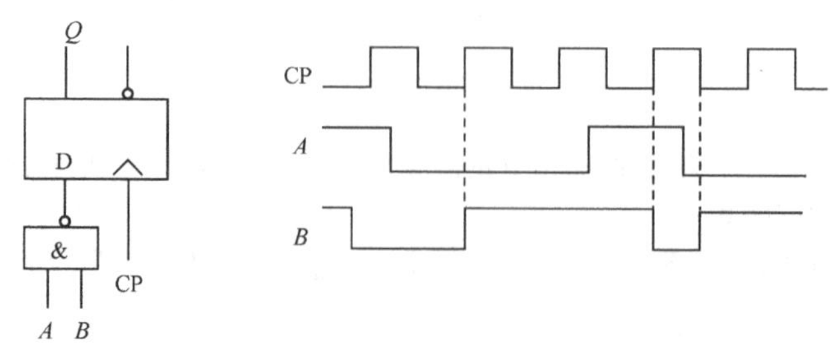

题图 7.14

7.15　题图 7.15 所示各边沿 D 触发的初始状态都为 0，试对应输入 CP 波形画出 Q 端的输出波形。

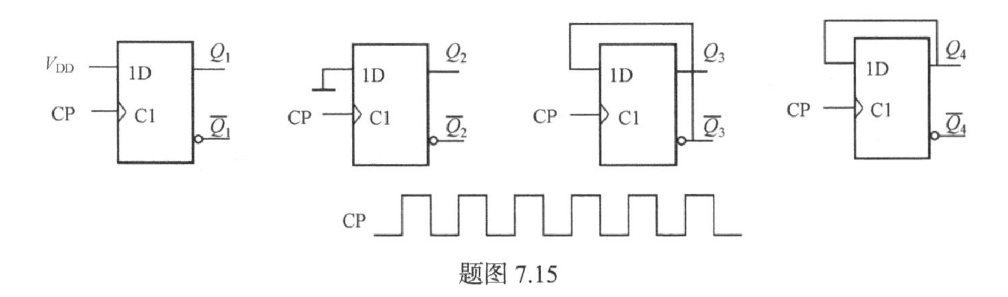

题图 7.15

7.16　建立一个边沿触发器的 Verilog 行为模型。

7.17　电路如题图 7.17 所示，分析电路逻辑功能，画出状态转换图。

7.18　用 T 触发器组成题图 7.18 所示电路。分析电路功能，写出电路的状态方程，并画出状态图。

7.19　在题图 7.19 所示电路中，$Q^{n+1}=\overline{Q^n}+A$ 的电路为(　　)。

7.20　用 RS 触发器和与非门构成 D、T 和 T′触发器。

7.21　用 JK 触发器和或非门构成 D 和 T 触发器。

7.22　用 D 触发器和与或非门构成 JK 和 T 触发器。

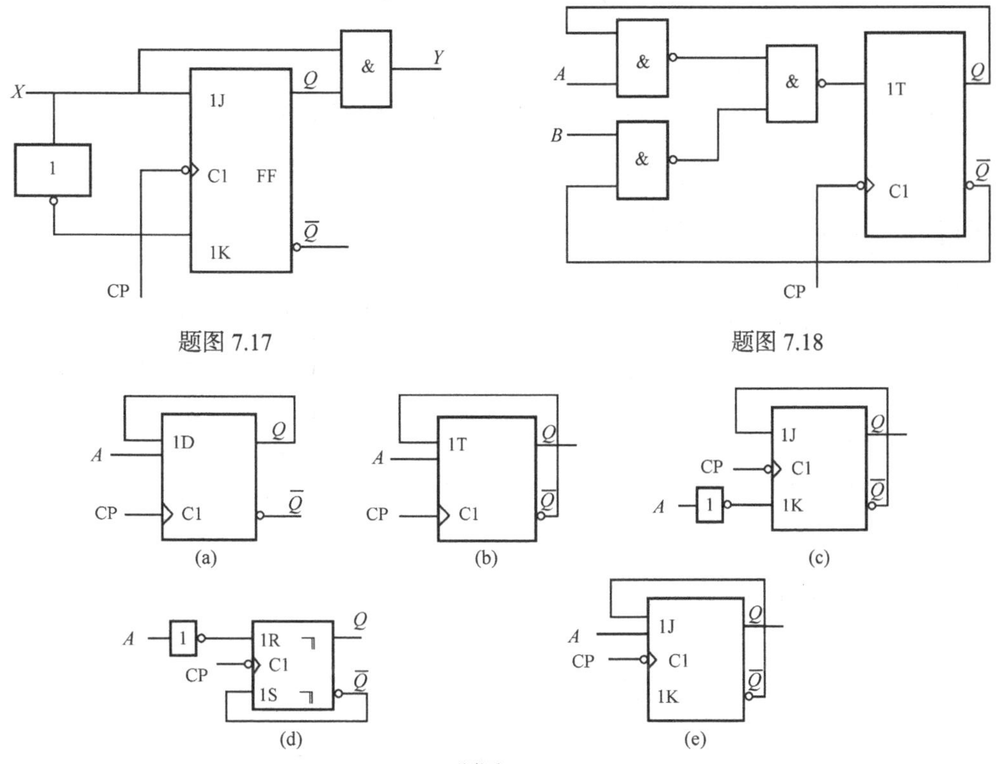

题图 7.17　　题图 7.18

题图 7.19

7.23　用 T 触发器构成 D 和 JK 触发器。

7.24　用 555 集成定时器组成的单稳态触发器如题图 7.24(a)所示。

(1) $R=50\text{k}\Omega$，$C=2.2\mu\text{F}$，计算输出脉冲宽度 T_W。

(2) v_I 波形见题图 7.24(b)，$T_I>T_W$，对应画出 v_C、v_O 的波形。

(3) v_I 的波形见题图 7.24(c)，$T_I>T_W$，对应画出 v_C、v_O 的波形。

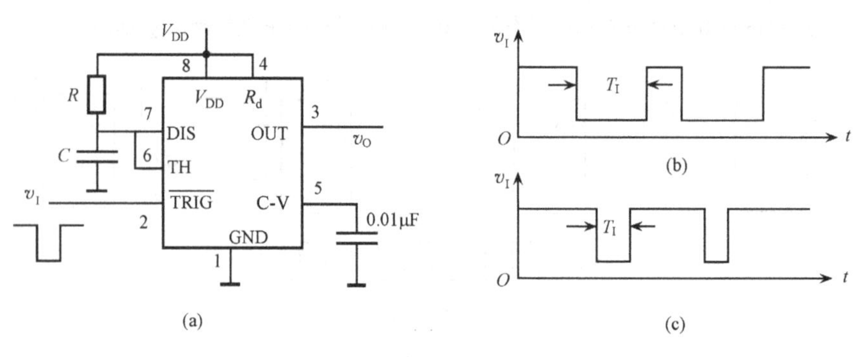

题图 7.24

7.25　题图 7.25 是一个由 555 定时器构成的防盗报警电路，a、b 两端被一细铜丝接通，此铜丝置于认为盗窃者必经之处。当盗窃者闯入室内将铜丝碰断后，扬声器即发出报警声(扬声器电压为 1.2V，通过电流为 40mA)，问：

(1) 555 定时器接成了何种电路？

(2) 说明本报警电路的工作原理。

7.26　题图 7.26 为由 555 定时器和 D 触发器构成的电路，请问：

(1) 555 定时器构成的是哪种脉冲电路？

(2) 画出 v_C 、 v_{O1} 、 v_O 的波形。

(3) 计算 v_{O1} 、 v_O 的频率。

(4) 如果在 555 定时器的第 5 脚接入 4V 的电压源，则 v_{O1} 的频率将变为多少？

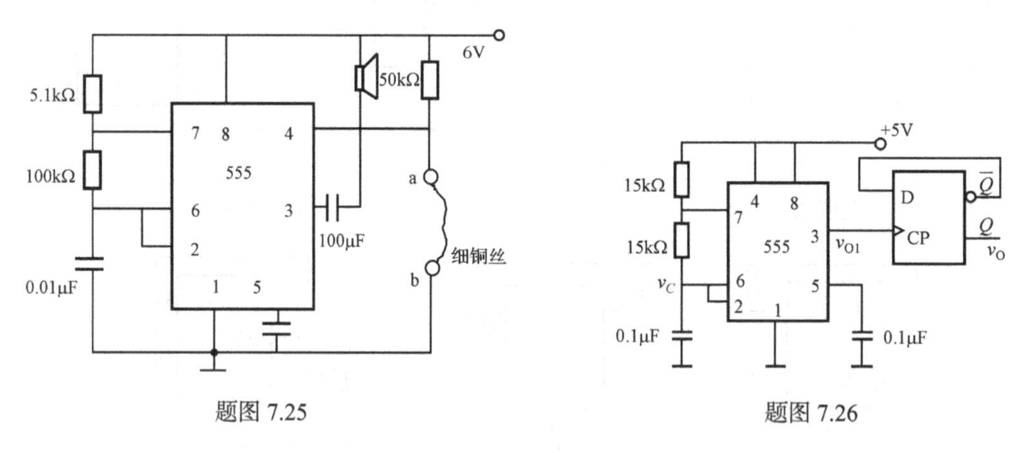

题图 7.25　　　　题图 7.26

7.27　题图 7.27 是救护车扬声器发声电路。在图中给定的电路参数下，设 $V_{CC}=12V$ 时，555 定时器输出

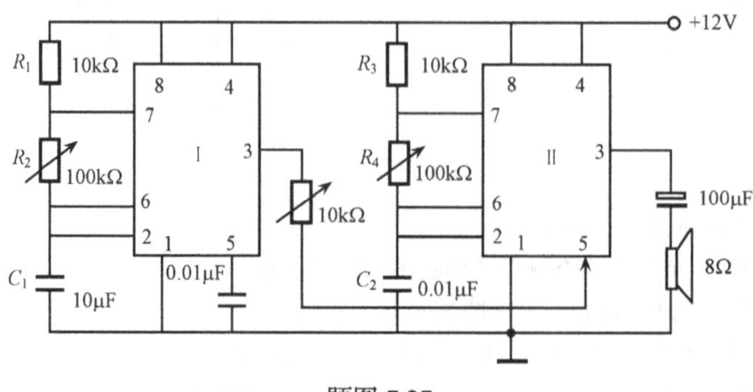

题图 7.27

的高、低电平分别为 11V 和 0.2V，输出电阻小于 100Ω，试分析电路的工作原理，并计算扬声器高、低音的持续时间。请采用 Multisim 软件进行仿真分析。

7.28 试用 555 定时器设计一个单稳态触发器，要求输出脉冲宽度在 1～10s 的范围内连续可调，并采用 Multisim 软件进行仿真验证。

7.29 设计一个用 555 定时器组成的多谐振荡器。输出方波的频率为 5kHz，占空比为 75%，电源电压为 15V，并采用 Multisim 软件进行仿真验证。

第 8 章　时序逻辑电路

本章主要介绍时序逻辑电路的特点、分析方法和设计方法，并简要介绍典型的时序逻辑电路及其集成中规模器件的应用。

8.1　时序逻辑电路的基本概念

8.1.1　时序逻辑电路的特点及分类

由前面章节的内容可知，组合逻辑电路在任一时刻的输出状态仅取决于该时刻各输入状态的组合，而与过去的输入无关，如编码/译码、代码转换、逻辑运算或算术运算等就是典型的组合逻辑电路。但是，当某些操作依赖于前一操作的处理结果时，则需要在组合逻辑电路的基础上增加记忆以前处理结果(即电路状态)的存储电路(如触发器)，从而构成时序逻辑电路，简称时序电路。图 8.1.1 是时序逻辑电路的方框图，图中 $x_1,\cdots,x_n$(记为数组 $\boldsymbol{X}$)为时序逻辑电路的外加输入信号，$z_1,\cdots,z_m$(记为数组 $\boldsymbol{Z}$)为输出信号。$Q_1,\cdots,Q_r$(记为数组 $\boldsymbol{Q}$)为存储电路的状态信号，由存储电路的特性方程及其驱动信号 $Y_1,\cdots,Y_r$(记为数组 $\boldsymbol{Y}$)确定。在图 8.1.1(a)中，t_n 时刻以前的外加输入 x 对电路的影响综合反映在 t_n 时刻的电路状态 $Q_1^n,Q_2^n,\cdots,Q_r^n$ (记为 $\boldsymbol{Q}^n$)中；t_n 时刻存储电路的状态 Q^n 与的外加输入 $\boldsymbol{X}$ 一起共同确定电路的输出 $\boldsymbol{Z}$(式(8.1.1))以及存储电路新的驱动方程 $\boldsymbol{Y}$(式(8.1.2))。

$$z_i = f_{xi}(x_1,x_2,\cdots,x_n;Q_1^n,Q_2^n,\cdots,Q_r^n),\quad i=1,2,\cdots,m \tag{8.1.1}$$

$$Y_i = f_{yi}(x_1,x_2,\cdots,x_n;Q_1^n,Q_2^n,\cdots,Q_r^n),\quad i=1,2,\cdots,r \tag{8.1.2}$$

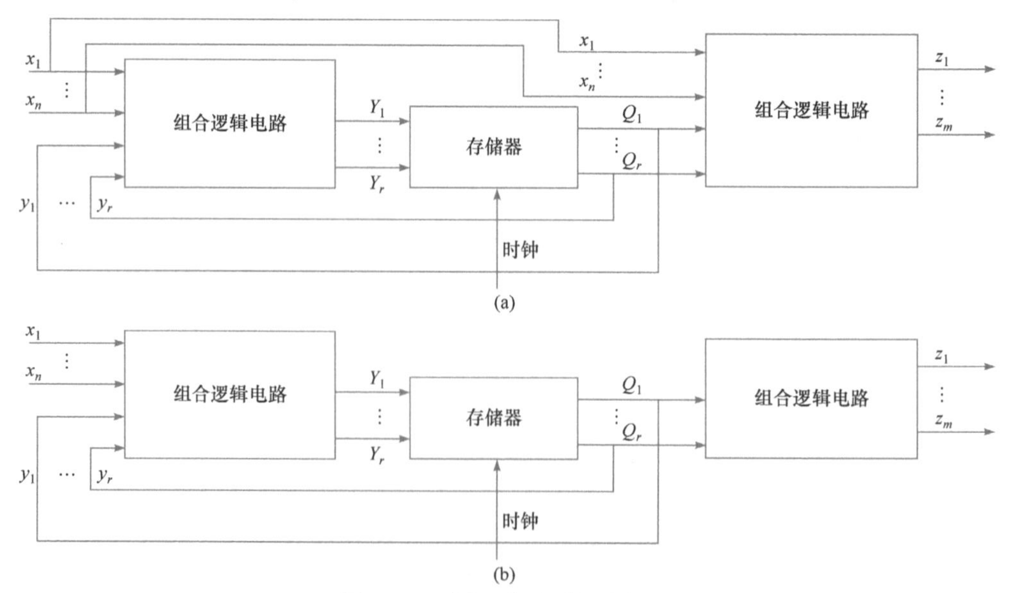

图 8.1.1　时序逻辑电路的方框图

输出方程组(8.1.1)表明：时序逻辑电路在任一时刻的输出状态依赖于该时刻的输入状态和存储电路状态的组合。

存储电路的输入信号方程组(8.1.2)称为存储电路的驱动方程。将其代入存储电路的特性方程组中，可导出电路的状态方程组，即

$$Q_i^{n+1} = g_{qi}(Y_1, Y_2, \cdots, Y_r; Q_1^n, Q_2^n, \cdots, Q_r^n), \quad i = 1, 2, \cdots, r \tag{8.1.3}$$

状态方程组(8.1.3)表明：在 t_n 时刻的驱动 $\boldsymbol{Y}$ 和存储电路的状态 $\boldsymbol{Q}^n$ 共同确定存储电路的次态 $\boldsymbol{Q}^{n+1}$。

综上所述，时序逻辑电路的特点是：

(1) 时序逻辑电路由组合逻辑电路(逻辑门等器件)和存储电路(触发器等器件)组成，电路中至少有一条反馈通路。

(2) 时序逻辑电路任一时刻的输出状态不仅取决于该时刻的输入状态组合，而且与电路状态有关，电路状态综合反映了在该时刻以前的全部输入序列值对电路的影响。

对于用触发器作为存储电路的时序逻辑电路，时钟脉冲驱动触发器状态改变，因此称为脉冲时序逻辑电路。由于触发器的时钟信号是必需的，为了完整地描述时序逻辑电路的特性，除式(8.1.1)、式(8.1.2)和式(8.1.3)外，还必须增加一组时钟方程组：

$$\mathrm{CP}_i = f_{\mathrm{CP}i}(\mathrm{CP}; x_1, x_2, \cdots, x_n; Q_1, Q_2, \cdots, Q_r), \quad i = 1, 2, \cdots, r \tag{8.1.4}$$

式中，CP 是电路的时钟，确定电路状态和输出状态变化的时间顺序。

如果触发器的时钟方程都相同，则触发器几乎在同一时刻改变状态，称为同步时序电路；否则，称为异步时序逻辑电路。

如果时序逻辑电路的输出与电路当前的状态和输入有关，称为米利型时序逻辑电路，如图 8.1.1(a)所示；否则，如图 8.1.1(b)所示，电路的输出仅与电路当前的状态有关，则称为摩尔型时序逻辑电路。米利型时序逻辑电路的输出方程如式(8.1.1)所示，而摩尔型时序逻辑电路的输出方程为

$$z_i = f_{xi}(Q_1^n, Q_2^n, \cdots, Q_r^n), \quad i = 1, 2, \cdots, m \tag{8.1.5}$$

摩尔型时序逻辑电路的状态和输出变量的改变均与时钟同步，因为输出变量 $\boldsymbol{Z}$ 是电路状态 $\boldsymbol{Q}$ 的函数，仅当电路状态改变时，输出才会发生改变。所以，在输入变量 $\boldsymbol{X}$ 变化期间，输出变量保持不变。可见，相比米利型时序逻辑电路，摩尔型时序逻辑电路的输入变化不会引起输出发生不必要的突变，输出表现更稳定。不过，采用米利型电路的主要优势在于其输出变量是输入变量和电路状态的函数，在设计输出表达式和状态转换条件时更灵活，因此相比摩尔型时序逻辑电路，可采用更少的状态来实现同样的功能。

8.1.2　时序逻辑电路的功能表示方法

与触发器一样(见第 7 章)，可以通过列出状态表或画出状态图或时序图了解时序逻辑电路的功能。

状态表是反映时序逻辑电路的输出、次态与电路的输入、现态取值组合对应关系的表格。表的形式可以不同，但所涉及的内容是相同的。

由状态表可以画出状态图，在输入和时钟信号的作用下，电路的状态和输出信号的工

作波形就是时序逻辑电路的时序图。同样，时序图也反映了电路的状态转换顺序及对应的输入和输出取值关系。

状态表/状态图/时序图的获取方法如下：

(1) 按穷举法假设外加输入和电路状态为不同的取值组合；

(2) 假想作用一个时钟脉冲，计算输出方程和状态方程，求输出和次态；

(3) 如果次态和现态相同，则返回第(1)步继续进行；如果不同，则以次态替代现态，并作用外加输入的取值组合，返回第(2)步继续进行；直到外加输入取值组合和电路状态全部都已计算为止。

(4) 按计算顺序列出状态表/画出状态图/画出时序图。

8.2　时序逻辑电路的分析方法

根据给定的时序电路确定其逻辑功能称为时序逻辑电路的分析，分析步骤如图 8.2.1 所示。

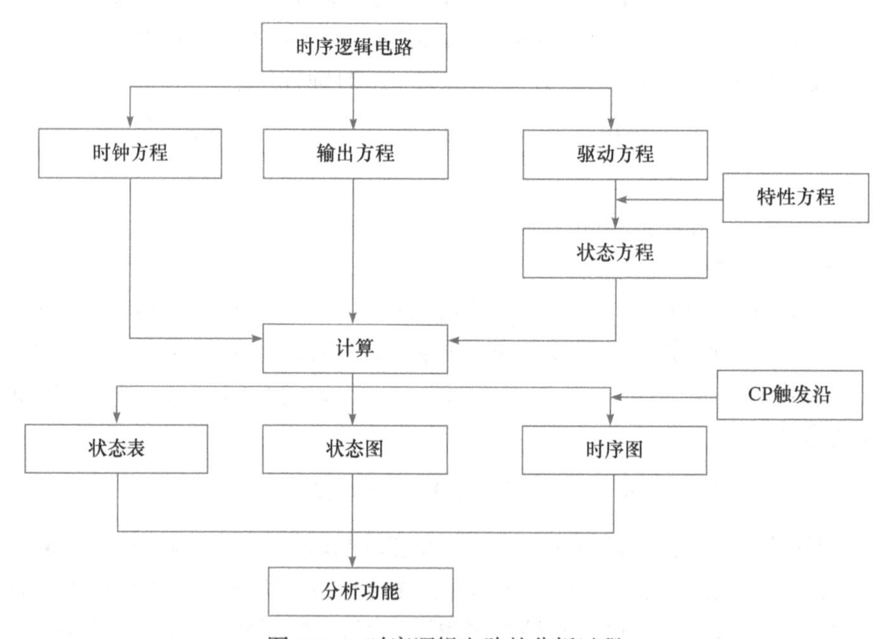

图 8.2.1　时序逻辑电路的分析过程

(1) 根据给定的时序逻辑电路图，写出 3 组方程：时钟方程、输出方程和驱动方程；

(2) 将驱动方程代入触发器的特性方程中，导出电路的状态方程；

(3) 计算输出方程和状态方程，列出状态表或画出状态图或时序图；

(4) 由状态表或状态图或时序图说明电路的功能。

8.2.1　同步时序逻辑电路分析

在同步时序逻辑电路中，各触发器都受同一时钟信号控制，其状态更新发生在同一时刻，是同步工作的。

例 8.2.1　试分析图 8.2.2 所示时序逻辑电路的功能。

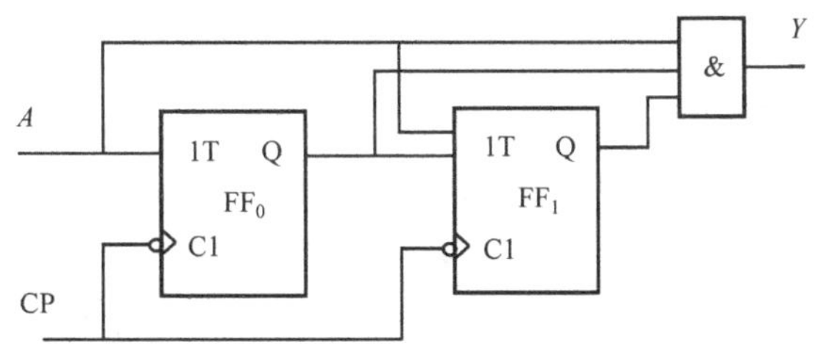

图 8.2.2　例 8.2.1 的电路

解　(1) 写出 3 个方程：时钟方程、输出方程和驱动方程。

$$CP_0 = CP_1 = CP\downarrow \text{——时钟方程}$$

$$Y = AQ_0^n Q_1^n \text{——输出方程}$$

$$\left.\begin{aligned} T_0 &= A \\ T_1 &= AQ_0^n \end{aligned}\right\}\text{——驱动方程}$$

由时钟方程可知，2 个 T 触发器的时钟脉冲相同，其状态都在时钟 CP 的下降沿改变，是同步时序逻辑电路。电路的输出是外加输入和电路状态的逻辑函数，因此是 Mealy 型时序逻辑电路。

(2) 导出状态方程：将驱动方程代入 T 触发器的特性方程 $Q^{n+1} = T \oplus Q^n$ 中，导出电路的状态方程如下：

$$Q_0^{n+1} = A \oplus Q_0^n \quad (CP\downarrow)$$

$$Q_1^{n+1} = (AQ_0^n) \oplus Q_1^n \quad (CP\downarrow)\text{——状态方程}$$

注意，由于每个触发器的驱动方程不同，所以触发器的状态方程也不同，常常用 S_i 定义电路的第 i 个状态，也可用触发器的输出变量组合表示电路的状态，如 $Q_1^n Q_0^n$ 和 $Q_1^{n+1} Q_0^{n+1}$，其下标用于区分不同的触发器，上标用于区分现态和次态。

(3) 列出状态表/画出状态图/画出时序图。

对于同步时序逻辑电路，在每个时钟 CP 有效时，都需要计算全部状态方程的值，从而可以画出状态表。本例的状态表如表 8.2.1 所示。

表 8.2.1　例 8.2.1 电路的状态表

CP	A	Q_1^n	Q_0^n	Q_1^{n+1}	Q_0^{n+1}	Y
1	0	0	0	0	0	0
1	0	0	1	0	1	0
1	0	1	0	1	0	0
1	0	1	1	1	1	0
1	1	0	0	0	1	0
2	1	0	1	1	0	0
3	1	1	0	1	1	0
4	1	1	1	0	0	1

假设输入 $A = 0$ 时：

如果初始状态 $S_0 = Q_1^n Q_0^n = 00$，当下一个 CP↓到来时，根据状态方程计算次态仍为 00，即 $Q_1^{n+1} Q_0^{n+1}$=00 (保持 S_0)，输出 $Y = 0$；如果初始状态为 $S_1 = Q_1^n Q_0^n = 01$，当下一个 CP↓到来时，$Q_1^{n+1} Q_0^{n+1}$=01(保持 S_1)；依次类推，初始状态 $Q_1^n Q_0^n$ 分别为 S_2 = 10 和 S_3 = 11 时，次态依然保持相应的初态 10(S_2)和 11(S_3)，完成状态表的前 4 行。

假设输入 $A = 1$ 时：

如果初始状态 $S_0 = Q_1^n Q_0^n = 00$，当下一个 CP↓到来时，根据状态方程计算次态为

$Q_1^{n+1}Q_0^{n+1}=01$(转换为 S_1)，输出 $Y=0$；当第 2 个 CP↓到来时，把上一个脉冲的次态 01 变为现态，然后根据状态方程计算新的次态 $Q_1^{n+1}Q_0^{n+1}$=10(转换为 S_2)，输出 $Y=0$；同理，在第 3 个 CP↓到来时，把上一个脉冲的次态 10 变为现态，然后根据状态方程计算新的次态 $Q_1^{n+1}Q_0^{n+1}$=11(转换为 S_3)，输出 $Y=0$；在第 4 个 CP↓到来时，把上一个脉冲的次态 11 变为现态，然后根据状态方程计算新的次态 $Q_1^{n+1}Q_0^{n+1}$=00(转换为 S_0)，输出 $Y=1$，得到状态表的后 4 行。由此，画出完整的状态表，如表 8.2.1 所示(输入和状态一共有 8 种取值组合)。

根据状态表可得电路的状态图(图 8.2.3)和时序图(图 8.2.4)。

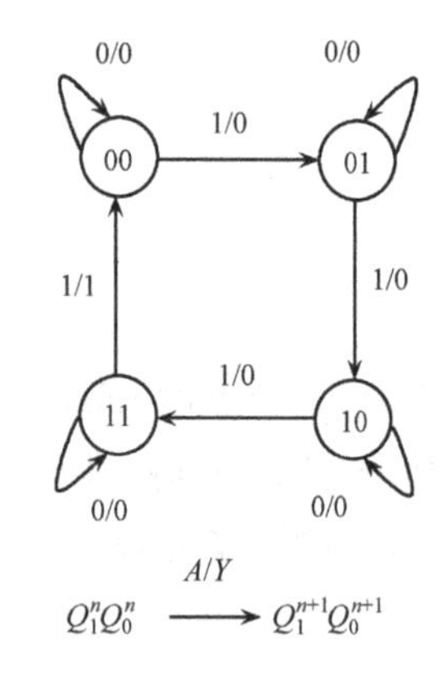

图 8.2.3　图 8.2.2 电路的状态图

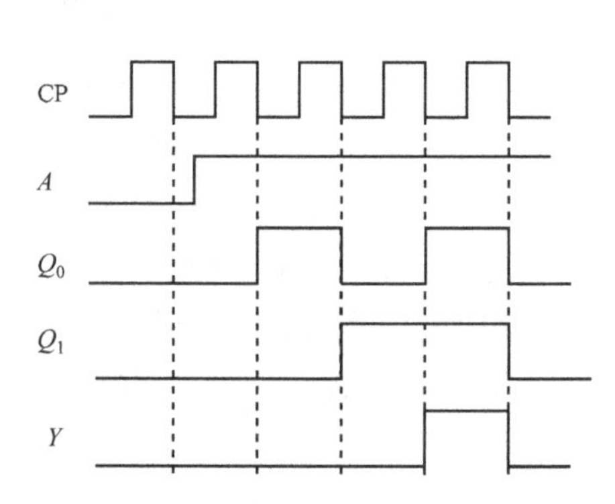

图 8.2.4　图 8.2.2 电路的时序图

(4) 分析功能：由状态表或状态图或时序图说明电路的功能。

状态表、状态图和时序图从不同的角度直观地表达了时序逻辑电路的功能。在分析过程中，只要获得其中任何一种功能表达形式就可以说明电路的功能。例如，由状态图 8.2.3 看出，当 A=0 时，电路状态保持不变，输出为 0。当 $A=1$ 时，次态等于现态加 1，即每一个有效时钟沿使状态值加 1，形成对时钟脉冲进行加 1 计数的 2 位二进制计数器；输出则是计数进位控制(称为进位信号)，即 $Y=1$ 表示再作用一个时钟脉冲，本计数器归 0，并同时产生进位信号，允许高位触发器(第 3 位)加 1。

8.2.2　异步时序逻辑电路分析

同样可以通过画出状态表、状态图或时序图分析异步时序逻辑电路的功能，但是与同步时序逻辑电路不同的是：在异步时序逻辑电路分析中，必须根据时钟方程检验每个触发器的时钟是否有效，当触发器时钟有效时，才计算相应的状态方程，在触发器时钟无效时，触发器保持不变。

例 8.2.2　试分析图 8.2.5 的时序逻辑电路的功能。

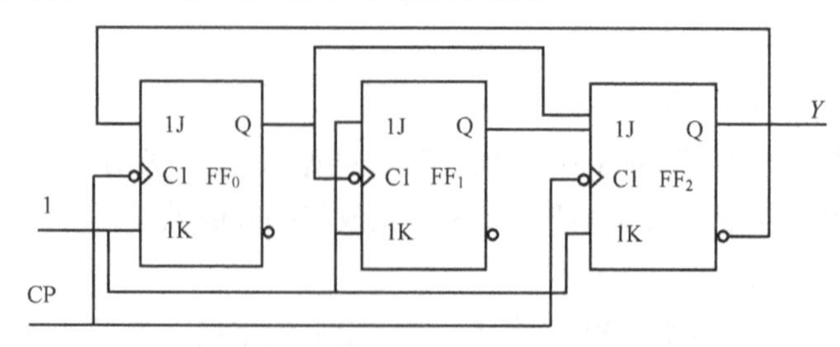

图 8.2.5　例 8.2.2 的时序逻辑电路

解　(1) 写出 3 组方程：时钟方程、输出方程和驱动方程。

$$\mathrm{CP}_0 = \mathrm{CP}\downarrow,\quad \mathrm{CP}_1 = Q_0\downarrow,\quad \mathrm{CP}_2 = \mathrm{CP}\downarrow$$

$$Y = Q_2^n$$

$$\begin{cases} K_0 = 1, & J_0 = \overline{Q}_2^n \\ K_1 = 1, & J_1 = 1 \\ K_2 = 1, & J_2 = Q_0^n Q_1^n \end{cases}$$

由时钟方程组可知，3 个 JK 触发器的时钟方程不同，电路是异步时序逻辑电路。触发器 FF_0 和 FF_2 在时钟 CP 的下降沿触发，而触发器 FF_1 在 Q_0 的下降沿触发，即时钟 CP 通过 Q_0 间接触发 FF_1。由输出方程可知，电路是 Moore 型时序逻辑电路。

(2) 导出状态方程：将驱动方程代入 JK 触发器的特性方程 $Q^{n+1} = J\overline{Q^n} + \overline{K}Q^n$，导出电路的状态方程：

$$Q_0^{n+1} = \overline{Q_2^n}\cdot\overline{Q_0^n}\quad (\mathrm{CP}\downarrow)$$

$$Q_1^{n+1} = \overline{Q_1^n}\quad (Q_0\downarrow)$$

$$Q_2^{n+1} = Q_0^n Q_1^n \overline{Q_2^n}\quad (\mathrm{CP}\downarrow)$$

(3) 画出状态表和状态图。

FF_0 和 FF_2 在 CP 的下降沿触发，即每个 CP 时钟都要计算 FF_0 和 FF_2 的状态方程。而 FF_1 在 Q_0 的下降沿触发，即当 Q_0 由 1 变为 0 时(状态表中 Q_0 对应位置以一个下箭头表示)，才计算 FF_1 状态方程。

按前述原则，假设初态为“000”，计算状态方程和输出方程。

在状态表的第 1 行，当第 1 个 CP 下降沿到来时，FF_0 和 FF_2 时钟有效，计算次态 Q_0^{n+1} 和 Q_2^{n+1} 分别为 1 和 0；观察此时 Q_0 由 0 变为 1，是上升沿，因此，FF_1 时钟无效，Q_1^{n+1} 保持为 0。也就是第 1 个 CP 之后，电路的次态变为“001”。

在状态表第 2 行，把第 1 行的次态“001”作为第 2 行的初态，当第 2 个 CP 下降沿到来时，首先计算 Q_0^{n+1} 和 Q_2^{n+1} 的值均为 0，观察发现此时 Q_0 由 1 变为 0，下降沿出现，以“↓”标识，那么此时 FF_1 时钟有效，计算 FF_1 的次态 Q_1^{n+1} 变为 1。

依次类推，可以计算出状态表的前 5 行，即从初态为“000”，经过 5 个 CP 脉冲后，电路的状态又再次回到了初态“000”，构成了一个循环，即假设电路初态为 000、001、010、011、100 这五个状态中的任意一个，电路都将按这 5 个状态循环更替。那么，如果电路初态是“101”，按同样方法计算状态方程和输出方程，则电路次态变为“010”，下一个 CP 下降沿到来，电路从“010”进入循环。同理，设电路初态为“110”，则电路次态依然为“010”，下一个 CP 下降沿到来时，电路同样从“010”进入循环。当电路初态设为“111”时，电路次态为“000”，则在下一个 CP 下降沿到来时，电路从“000”进入循环。如此，得到状态表的后 3 行。完整的电路状态表如表 8.2.2 所示。

表 8.2.2　例 8.2.2 电路的状态表

CP	Q_2^n	Q_1^n	Q_0^n	Q_2^{n+1}	Q_1^{n+1}	Q_0^{n+1}	Y
↓	0	0	0	0	0	1	0

续表

CP	Q_2^n	Q_1^n	Q_0^n	Q_2^{n+1}	Q_1^{n+1}	Q_0^{n+1}	Y
↓	0	0	**1**	0	1	**0**↓	0
↓	0	1	0	0	1	1	0
↓	0	1	**1**	1	0	**0**↓	0
↓	1	0	0	0	0	0	1
↓	1	0	1	0	1	0	1
↓	1	1	0	0	1	0	1
↓	1	1	1	0	0	0	1

根据状态表画出状态图如图 8.2.6 所示。同样可以画出时序图，这里不再赘述。

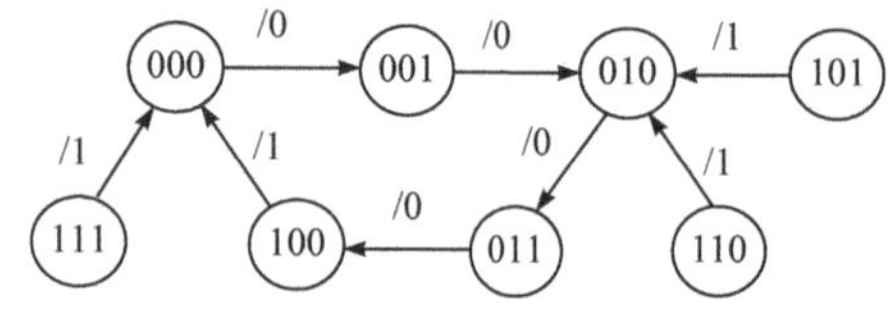

图 8.2.6　图 8.2.5 电路的状态图

(4) 分析功能。

从状态图可见，状态 000、001、010、011、100 构成循环，次态等于现态加 1，即每一个有效时钟沿使状态值加 1，形成对时钟脉冲进行加 1 计数的五进制加法计数器；输出 Y 则是计数进位控制(称为进位信号)，即 $Y=1$ 表示再作用一个时钟脉冲，本计数器归 0，产生进位信号，允许高位计数器加 1。

在本例中，为实现五进制加法计数器而使用的电路状态称为有效状态，未使用的状态则称为无效状态，即 000、001、010、011、100 是有效状态，而 101、110、111 则是无效状态。

通常电路反复地执行一定功能，要求有效状态在状态图中必须形成循环。但是，干扰可能使电路进入无效状态。如果无效状态形成循环，则电路不能进入有效状态，从而不能执行正常的逻辑功能。因此，要求在有限个时钟脉冲 CP 作用下，电路能从无效状态自动地进入有效状态(无效状态不能形成循环)，满足这种要求的时序逻辑电路称为电路能自启动。由状态图 8.2.6 可知，图 8.2.5 的时序逻辑电路是能自启动的。顺便指出，图 8.2.2 的时序逻辑电路也是能自启动的，因为它没有无效状态。

在分析时序逻辑电路的状态表时，要画出完整的状态表(把所有状态取值组合逐一设置为电路初态进行计算)，即不仅要计算所有有效状态的变化规律，同样还要计算所有无效状态的变化，以验证电路是否能够自启动。

综上所述，异步时序逻辑电路的分析过程与同步时序逻辑电路相似，区别是异步时序逻辑电路必须判断触发器有无时钟触发沿。通常，在异步时序逻辑电路中，每个触发器的有效触发沿个数不超过输入时钟 CP 的有效触发沿个数。

8.3　时序逻辑电路的设计方法

时序逻辑电路分析的逆过程，便是时序逻辑电路的设计。即已知逻辑功能，确定实现这一逻辑功能的时序电路。在时序逻辑电路的分析中，首先由电路写出时钟方程、输出方程和驱动方程，然后可获得状态图。反过来，在时序逻辑电路的设计中，则是由状态图求取电路的时钟方程、输出方程和驱动方程，据此画出时序逻辑电路，就像在组合逻辑电路的设计中由逻辑表达式画逻辑图一样。

时序逻辑电路的设计过程如图 8.3.1 所示，说明如下。

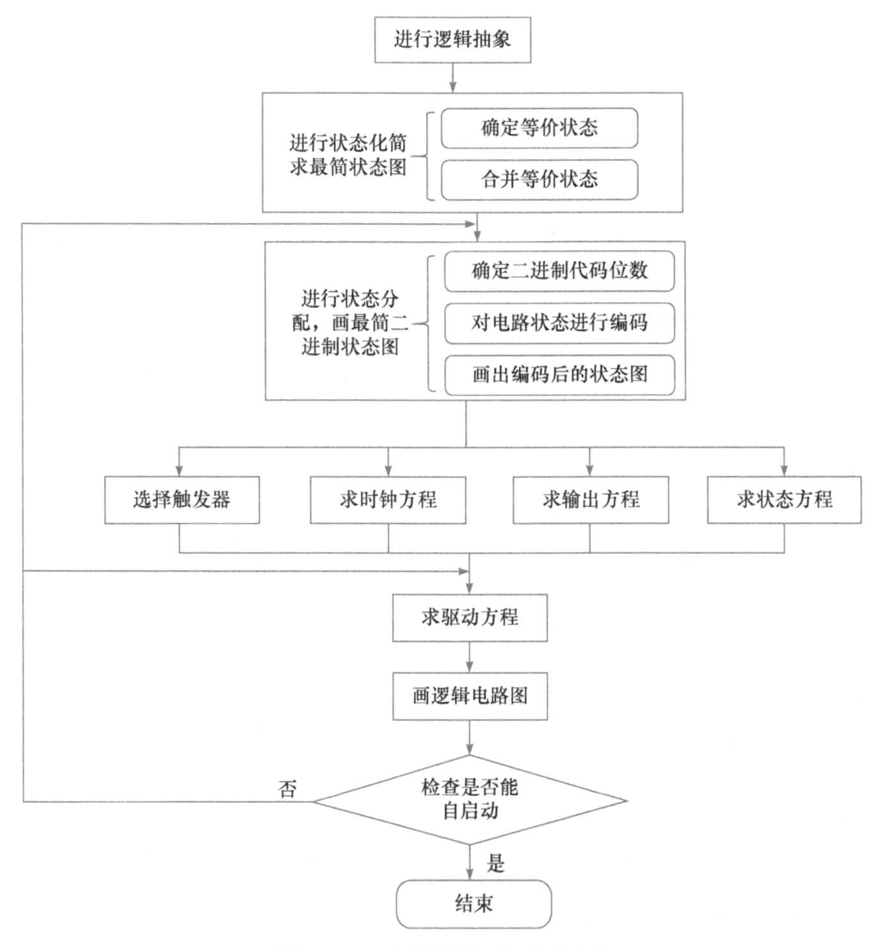

图 8.3.1　时序逻辑电路设计过程

1) 画出原始状态图

根据实际逻辑问题，确定输入逻辑变量和输出逻辑变量，并用逻辑值 0 或 1 表示变量的逻辑状态。定义电路的初始状态 S_0，根据电路的逻辑功能要求，作用输入的取值组合，定义并画出转换到与之相应的次态 S_1, …, S_{n-1}，直到不能定义次态为止，获得用符号表示的原始状态图。在这一步中着眼于实现逻辑功能的正确性，而不必考虑状态图的简繁。

2) 状态化简

在第一步中获得的状态图可能不是最简的。因为状态数越多，时序逻辑电路越复杂。为了设计最简的时序逻辑电路，必须对原始状态图进行化简。化简方法在以后的示例中介绍。

3) 状态编码

可用数字电路实现的状态图必须是二进制代码表示的状态图。因此，必须将简化的状态图编码为二进制代码状态图。设简化状态图的状态数为 N，则需要的二进制代码的位数 n 应满足下列不等式：

$$2^n \geqslant N$$

对于以上不等式中为“>”的情况，则存在多种编码方案。不同的编码方案对电路的复杂程度以及自启动有一定的影响，根据后续设计结果可适当调整编码方案。

由于每一位二进制代码都需要用一个触发器存储，所以，电路实现需要 n 个触发器。通常选择具有相同触发特性和功能的 n 个触发器。

4) 求时钟方程、输出方程、状态方程和驱动方程

由二进制代码状态图和触发器的触发特性及特性方程，可求得时钟方程、输出方程、状态方程和驱动方程，方法在后续的示例中进行介绍。

对于异步时序逻辑电路，必须设计每一个触发器的时钟方程。时钟方程不影响输出方程，但影响触发器的状态方程和驱动方程。

对于同步时序逻辑电路，全部触发器都采用同一个输入时钟 CP，省去了时钟方程的设计。所以，同步时序逻辑电路的设计比异步时序逻辑电路的设计简单，但是，驱动方程即电路更复杂。

同步时序逻辑电路的设计与异步时序的电路设计仅在此步不同。

5) 检查自启动

将无效状态代入状态方程中计算，画出无效状态的状态转换图。如果在有限个时钟脉冲作用下，电路能从无效状态自动地进入有效状态，则电路能自启动。如果无效状态形成循环，则电路不能自启动，需要重新对电路状态进行分配或者对电路的驱动方程进行修正。

6) 画逻辑图

根据时钟方程、输出方程和驱动方程，画出时序逻辑电路。

7) 电路验证

应用计算机辅助设计软件对所设计的时序逻辑电路进行计算机仿真，可实现电路验证。也可以根据逻辑图组装电路进行电路实验验证。在以后的理论设计过程中，将省略电路验证。

8.3.1　同步时序逻辑电路设计实例

例 8.3.1　用 D 触发器设计一个同步串行数据检测电路，当连续输入 3 个或 3 个以上 1 时，电路的输出为 1，其他情况下输出为 0。例如：

输入 A　101100111011110

输出 Y　000000001000110

解　(1) 画出原始状态图。

电路的输入、输出已用逻辑值 0、1 表示。定义电路的初始状态为 S_0，表示还没有输入 1；输入第一个 1 时，状态从 S_0 转换到 S_1，表示其后再连续输入 2 个 1 就检测到 111；当连续输入第二个 1 时，状态从 S_1 转换到 S_2，表示其后再连续输入 1 个 1 就检测到 111；当连续输入第三个 1 时，检测到 111，输出为 1，并且状态从 S_2 转换到 S_3，表示已检测到 111。当连续输入 4 个以上 1 时，因输入序列包含 111，故电路输出仍然为 1，电路状态停留在 S_3，不再定义次态。在状态 S_3 时，如果输入 0，则表示检测到没有输入 1，重新返回到初始状态

S_0。同样，当电路处在 S_0、S_1、S_2 时，如果输入为 0，则均返回到初始状态 S_0。原始状态图如图 8.3.2 所示。

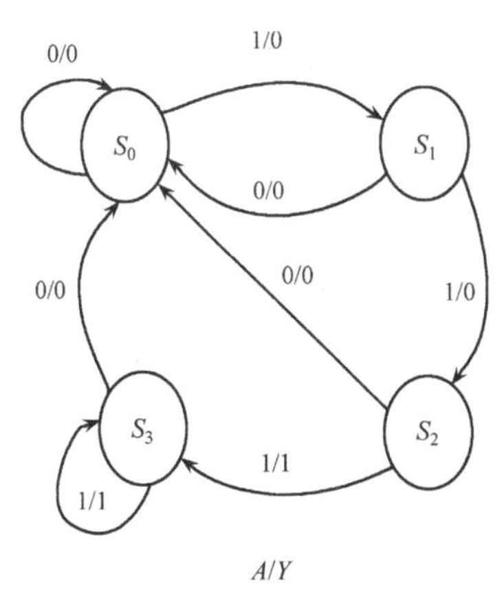

图 8.3.2　例 8.3.1 的原始状态图

归纳起来，S_0 表示初始状态或者最后输入是 0 的电路状态；S_1 表示在 S_0 后已经输入了一个 1 的电路状态；S_2 表示在 S_0 后已经连续输入了两个 1 的电路状态；S_3 表示已经检测到 111 的电路状态。

由于时序逻辑电路的功能多种多样，所以，原始状态图的绘制没有固定形式，必须根据功能要求绘制原始状态图。

根据原始状态图可以画出原始状态表，如表 8.3.1 所示，完整的状态表包含了原始状态和输入的所有取值组合。从表中可见，无论当前状态是 S_0、S_1、S_2、S_3 的哪个状态，只要输入 $A = 0$，则次态必然返回到 S_0，输出 $Y = 0$。只有连续输入 $A = 1$ 时，状态由 $S_0 \to S_1 \to S_2 \to S_3$ 变化，当 S_3 出现时，表示连续检测到 3 个 1 输入，即出现 111，则输出 $Y = 1$。当输入 1 的个数大于 3 个时，依然满足"连续输入 3 个或 3 个以上 1"的条件，所以状态保持为 S_3，并且持续输出 $Y = 1$。

(2) 状态化简。

如果分别从状态 S_i 和 S_j 出发，作用所有可能的输入序列，输出响应序列都相同，则称 S_i 和 S_j 为等价状态，记为(S_i，S_j)。状态的等价关系是可以传递的，即如果(S_i，S_j)和(S_j，S_k)，则(S_i，S_k)。称(S_i，S_j，S_k)为等价状态类。等价状态或等价状态类可合并为一个状态，从而化简原始状态图。

根据等价状态的定义判断 2 个状态的等价关系是非常困难的，因为可能的输入序列是很多的。必须寻找判断等价关系的简便方法。时序逻辑电路的现态综合反映了电路的初始状态和 t_n 时刻以前的所有外加输入，因此，判断 S_i 和 S_j 等价的方法是：分别以 S_i 和 S_j 为现态，如果对应输入的全部取值组合，同时满足 2 个条件，即输出完全相同，次态相同或者交错或者循环，则 S_i 和 S_j 等价。因此，可以用状态表判断 2 个状态 S_i 和 S_j 是否等价。

由状态表 8.3.1 看出，S_2 和 S_3 在输入 $A = 0$ 和 $A = 1$ 两种情况下，其次态和输出都完全相同，满足以上两个条件，S_2 和 S_3 是等价状态。将 S_3 合并为 S_2，得到简化的原始状态图如图 8.3.3 所示。

表 8.3.1　例 8.3.1 的原始状态表

现态	A	次态	Y
S_0	0	S_0	0
S_1	0	S_0	0
S_2	0	S_0	0
S_3	0	S_0	0
S_0	1	S_1	0
S_1	1	S_2	0
S_2	1	S_3	1
S_3	1	S_3	1

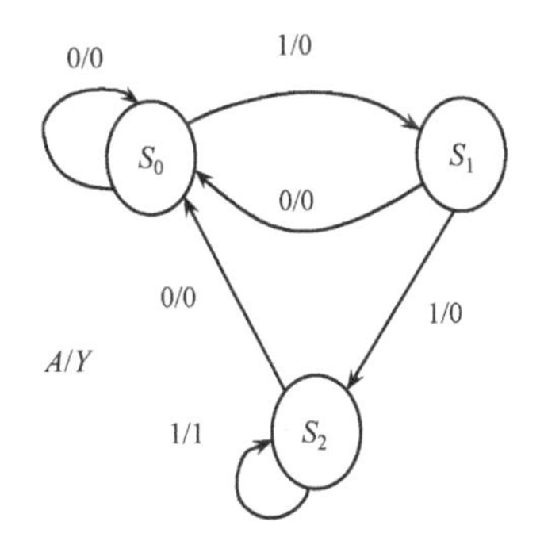

图 8.3.3　例 8.3.1 的最简原始状态图

(3) 状态编码。

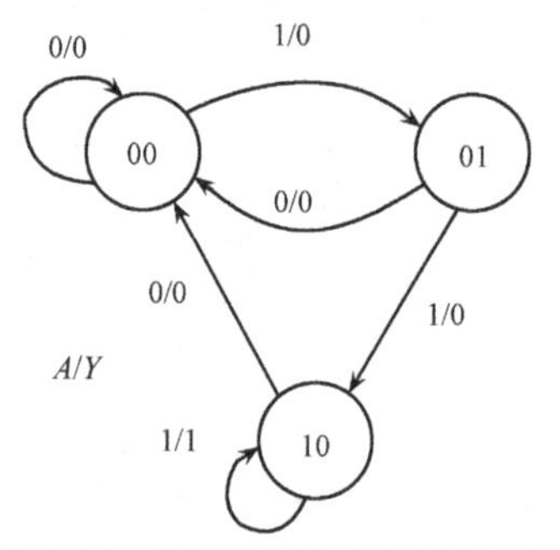

图 8.3.4　例 8.3.1 的二进制状态图

简化原始状态图中只有 3 个状态，用 2 位二进制码对状态进行编码，因此需要 2 个触发器来存储编码($Q_1^nQ_0^n$)。编码的方式有多种，这里选择编码方案为 $S_0=00$，$S_1=01$，$S_2=10$，则得到二进制代码状态图如图 8.3.4 所示。注意状态 $Q_1^nQ_0^n=11$ 未用，是无效状态，在后续的设计过程中作为无关项处理。

(4) 求时钟方程、输出方程、状态方程和驱动方程。

按题意要求，采用同步时序逻辑电路，选择 2 个下降沿触发的 D 触发器来实现电路功能，D 触发器的时钟输入端都与输入时钟相连，即

$$\mathrm{CP}_0=\mathrm{CP}_1=\mathrm{CP}\downarrow$$

由状态图可得到复合卡诺图如图 8.3.5 所示，图中边缘为初态 $Q_1^nQ_0^n$ 和输入 A 的取值组合，每个方格内表示次态和输出的取值($Q_1^{n+1}Q_0^{n+1}/Y$)，未用的编码项($Q_1^nQ_0^n=11$)作为无关项。复合卡诺图可拆分为 3 张卡诺图：输出 Y 的卡诺图为图 8.3.6，次态 Q_1^{n+1} 和 Q_0^{n+1} 的卡诺图分别为图 8.3.7 和图 8.3.8。

A \ $Q_1^nQ_0^n$	00	01	11	10
0	00/0	00/0	×	00/0
1	01/0	10/0	×	10/1

图 8.3.5　复合卡诺图

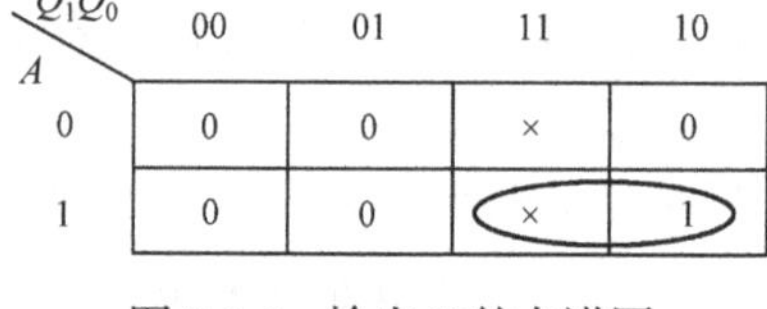

A \ $Q_1^nQ_0^n$	00	01	11	10
0	0	0	×	0
1	0	0	×	1

图 8.3.6　输出 Y 的卡诺图

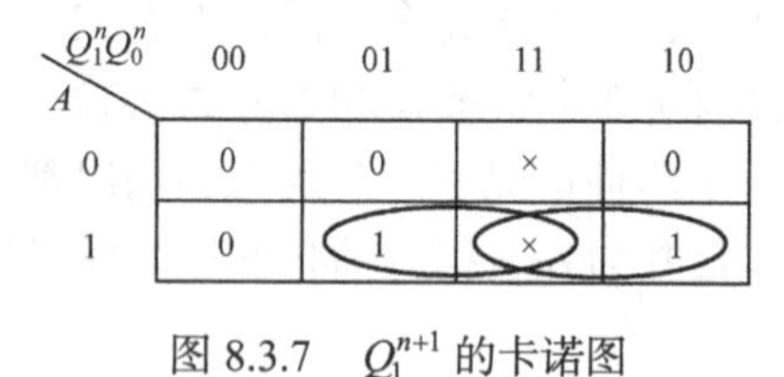

A \ $Q_1^nQ_0^n$	00	01	11	10
0	0	0	×	0
1	0	1	×	1

图 8.3.7　Q_1^{n+1} 的卡诺图

A \ $Q_1^nQ_0^n$	00	01	11	10
0	0	0	×	0
1	1	0	×	0

图 8.3.8　Q_0^{n+1} 的卡诺图

由输出卡诺图，求得输出方程为

$$Y=AQ_1^n$$

由 Q_1^{n+1} 和 Q_0^{n+1} 的卡诺图，求得 2 个触发器的状态方程为

$$Q_1^{n+1}=AQ_0^n+AQ_1^n$$
$$Q_0^{n+1}=A\overline{Q_1^n}\cdot\overline{Q_0^n}$$

D 触发器的特性方程为

$$Q_i^{n+1}=D_i,\quad i=0,1$$

与 D 触发器的特性方程比较，求得 2 个触发器的驱动方程为

$$D_1 = AQ_0^n + AQ_1^n$$
$$D_0 = A\overline{Q_1^n} \cdot \overline{Q_0^n}$$

(5) 检查自启动。

将无效状态 $Q_1^n Q_0^n =$ 11 代入状态方程中计算，绘出无效状态转换图如图 8.3.9 所示。该图表明输入为 0 和 1 时，无效状态 11 分别进入有效状态 00 或 01，设计的电路可以自启动。

(6) 画逻辑图。

根据时钟方程、输出方程和驱动方程，画出时序逻辑电路如图 8.3.10 所示，它是 Mealy 型同步时序逻辑电路。

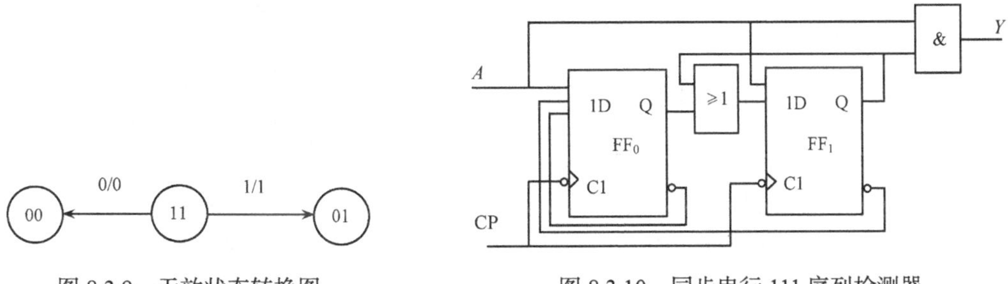

图 8.3.9　无效状态转换图　　图 8.3.10　同步串行 111 序列检测器

例 8.3.2　用 JK 触发器设计一个同步六进制计数器。

解　(1) 画原始状态图。

六进制有 6 个数码 0、1、2、3、4、5，从低位到高位的进位规律是“逢 6 进 1”。本例是设计一位六进制计数器，即用 6 个计数状态 S_0、S_1、S_2、S_3、S_4、S_5 分别表示 6 个数码 0、1、2、3、4、5，另外还有一个进位控制信号 Y 作为输出，原始状态图如图 8.3.11 所示。

(2) 状态化简。

已是最简状态图。

(3) 状态编码。

原始状态图有 6 个状态，需要用 3 位二进制数进行编码。编码方案有 $C_8^6 = 28$ 种，本例采用图 8.3.12 所示的编码方案，并绘出状态图。注意未用的编码是 010 和 101，作为无关项。

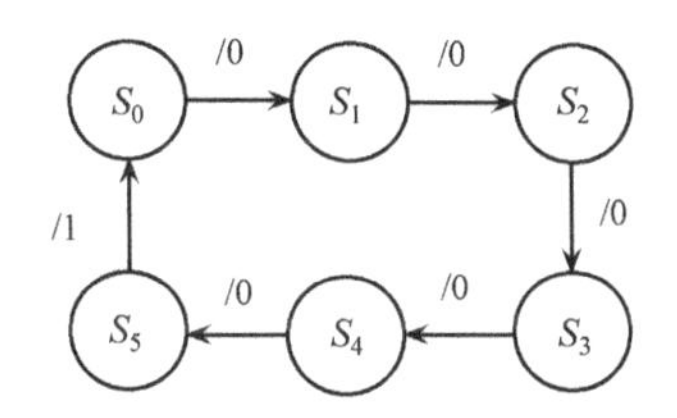

图 8.3.11　例 8.3.2 的原始状态图

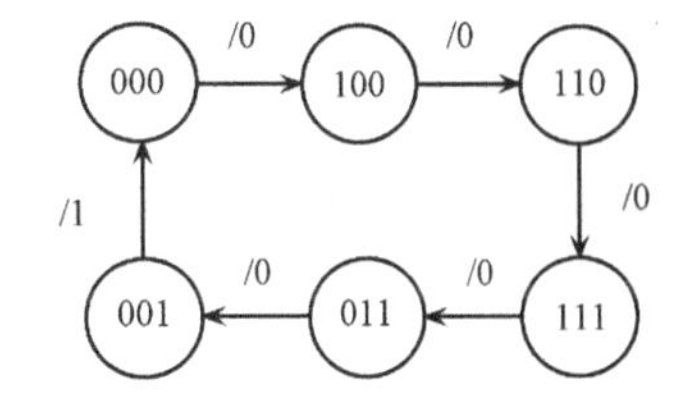

图 8.3.12　例 8.3.2 的二进制状态图

按题目要求，选用 3 个下降沿触发的 JK 触发器来存储 3 位二进制编码。

(4) 求时钟方程、输出方程、状态方程和驱动方程。

按题意采用同步时序逻辑电路，所以 3 个 JK 触发器的时钟输入端都与输入时钟 CP 信号相连。

$$CP_0 = CP_1 = CP_2 = CP\downarrow$$

由状态图 8.3.12 分别绘出输出卡诺图和 3 个触发器的次态卡诺图如图 8.3.13 所示，图中边缘为初态 $Q_2^nQ_1^nQ_0^n$ 的取值组合，每个方格内分别表示输出和 3 个触发器次态的取值(Y、Q_2^{n+1}、Q_1^{n+1}、Q_0^{n+1})，未用的编码项($Q_2^nQ_1^nQ_0^n=010$ 和 101)作为无关项。

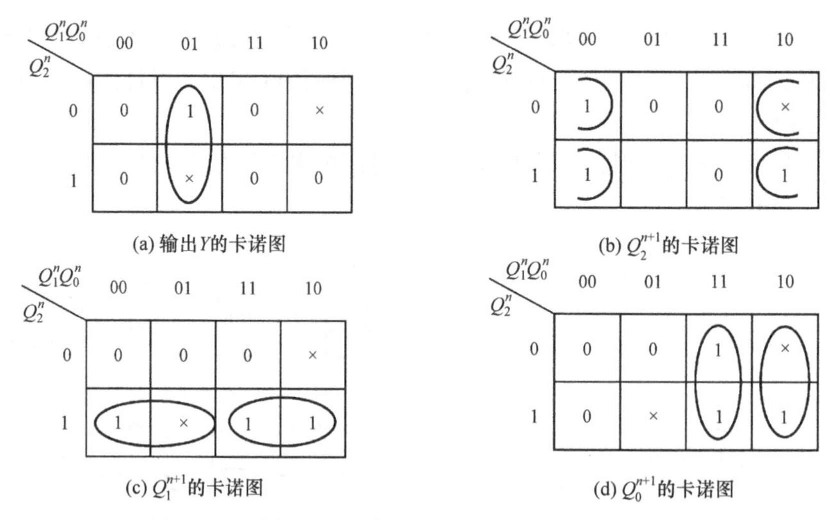

图 8.3.13　例 8.3.2 的输出卡诺图和触发器次态卡诺图

由输出卡诺图 8.3.13(a)求得输出方程为

$$Y=\overline{Q_1^n}Q_0^n$$

由于 JK 触发器的特性方程为

$$Q_i^{n+1}=J_i\overline{Q_i^n}+\bar{K}_iQ_i^n$$

因此，为便于求得驱动方程，把每个触发器的状态方程也相应写成含因子 $\overline{Q_i^n}$ 和 Q_i^n 的项。为此，把 Q_i^{n+1} 的卡诺图分为两部分，即包含 $\overline{Q_i^n}$ 的方格和包含 Q_i^n 的方格，然后分别在两类方格中画卡诺圈，写出相应的状态方程。例如，在 Q_2^{n+1} 的卡诺图中，第一行 4 个方格包含 $\overline{Q_2^n}$，第二行 4 个方格包含 Q_2^n，所以只能分别在第一行或第二行中画卡诺圈(卡诺圈不得交叉跨两行)，得 Q_2^{n+1} 的状态方程为

$$Q_2^{n+1}=\overline{Q_0^n}\,\overline{Q_2^n}+\overline{Q_0^n}Q_2^n$$

比较状态方程和特性方程，可得驱动方程为

$$J_2=\overline{Q_0^n},\quad K_2=Q_0^n$$

同理，在 Q_1^{n+1} 的卡诺图中，左边 4 个方格包含 $\overline{Q_1^n}$，右边 4 个方格包含 Q_1^n，分别画卡诺圈，可得驱动方程为

$$Q_1^{n+1}=Q_2^n\overline{Q_1^n}+Q_2^nQ_1^n$$

因此，$J_1=Q_2^n$，$K_1=\overline{Q_2^n}$。

在 Q_0^{n+1} 的卡诺图中，边缘 4 个方格包含 $\overline{Q_0^n}$，中间 4 个方格包含 Q_0^n，可得驱动方程为

$$Q_0^{n+1} = Q_1^n \overline{Q_0^n} + Q_1^n Q_0^n$$

因此，$J_1 = Q_1^n$，$K_1 = \overline{Q_1^n}$。

(5) 检查自启动。

将无效状态 $Q_2^n Q_1^n Q_0^n = 010$、101 代入状态方程中计算，绘出无效状态转换图如图 8.3.14 所示。该图表明无效状态形成循环，设计的电路不能自启动。

有 2 种解决不能自启动的办法：①重新做状态编码，求取状态方程，直到设计的电路能自启动为止(即重复以上第(3)～(5)步)；②修改无效状态的状态图，切断无效循环，使其转换到有效状态。下面介绍第二种方法。

将无效状态转换图修改为图 8.3.15，即切断无效循环，从无效状态 101 转换为有效状态 110(输出不改变)。对比图 8.3.15 和图 8.3.14 发现，如果按原有驱动 101 的次态为 010，而修改之后 101 的次态变为 110，即 Q_0 和 Q_1 的驱动方程可以不变，但 Q_2 的次态从 0 变为 1，因此，需要修正触发器 Q_2 的驱动方程。重画 Q_2^{n+1} 的卡诺图，如图 8.3.16 所示，图中方格“101”原来为无关项“×”，现修正为“1”，重新画卡诺圈。

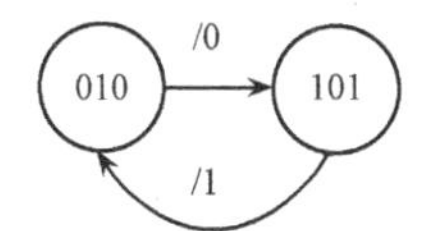

图 8.3.14　例 8.3.2 的无效状态图

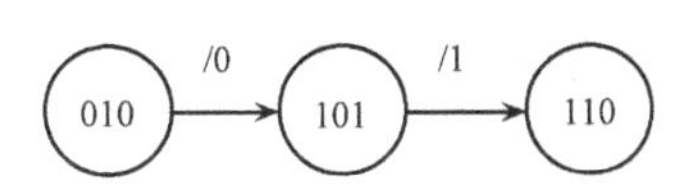

图 8.3.15　例 8.3.2 修正后的无效状态图

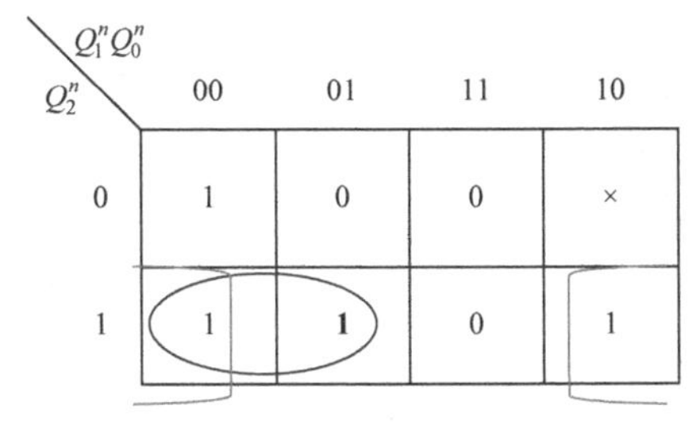

图 8.3.16　修正后 Q_2^{n+1} 的卡诺图

从卡诺图 8.3.16 或直接在 Q_2^{n+1} 的原来的状态方程中增加一项 $Q_2^n \overline{Q_1^n} Q_0^n$，化简可得新的 Q_2^{n+1} 状态方程，即

$$Q_2^{n+1} = \overline{Q_0^n}\,\overline{Q_2^n} + \overline{Q_0^n} Q_2^n + Q_2^n \overline{Q_1^n} Q_0^n = \overline{Q_0^n}\,\overline{Q_2^n} + \overline{Q_0^n Q_1^n} Q_2^n$$

求得修正后的驱动方程为

$$J_2 = \overline{Q_0^n},\quad K_2 = Q_0^n Q_1^n$$

$$J_1 = Q_2^n,\quad K_1 = \overline{Q_2^n}$$

$$J_0 = Q_1^n,\quad K_0 = \overline{Q_1^n}$$

由修正后的状态方程可以得到有效状态转换图(图 8.3.12)和无效状态转换图(图 8.3.15)，设计的电路能自启动。

(6) 画逻辑图。

根据时钟方程、输出方程和驱动方程，画出时序逻辑电路，如图 8.3.17 所示，它是 Moore 型同步时序逻辑电路。

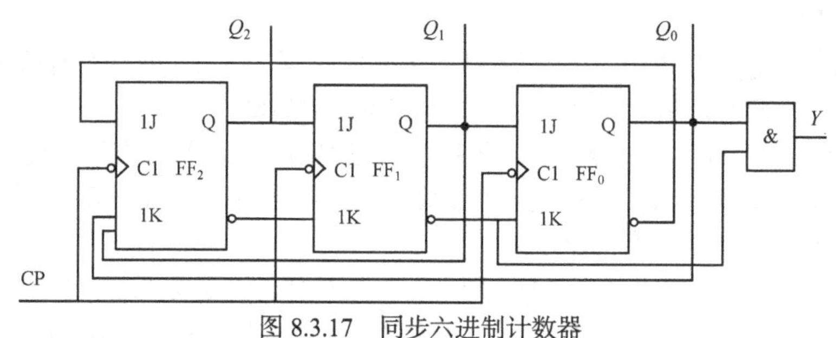

图 8.3.17 同步六进制计数器

8.3.2 异步时序逻辑电路设计实例

例 8.3.3 设计一个异步五进制计数器。

解 画出原始状态图如图 8.3.18 所示。

(1) 状态化简。

原始状态图已是最简的。

(2) 状态编码。

采用自然二进制编码的状态图如图 8.3.19 所示。注意，未用的编码 101、110 和 111 作为无关项。

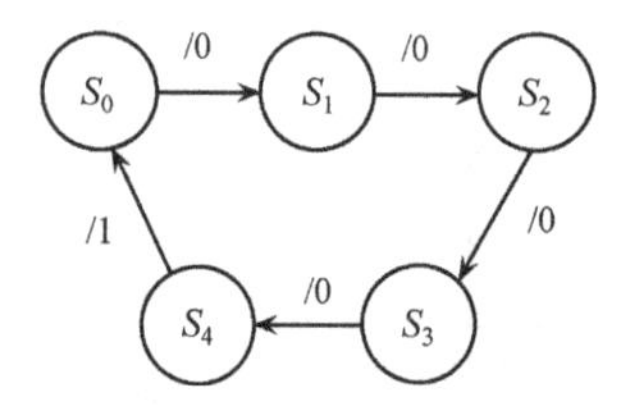

图 8.3.18 例 8.3.3 的原始状态图

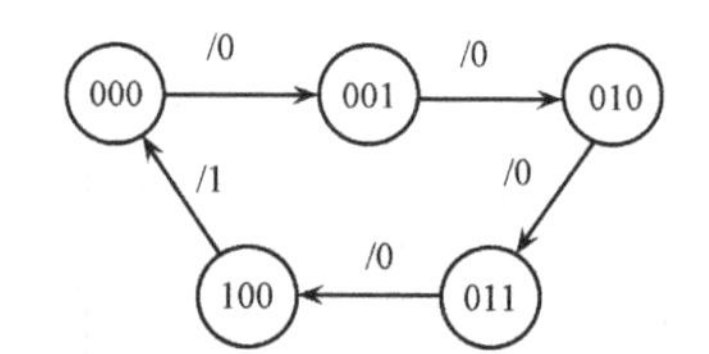

图 8.3.19 例 8.3.3 的二进制状态图

选用 3 个下降沿触发的 JK 触发器来存储 3 个二进制码。

(3) 求时钟方程、输出方程、状态方程和驱动方程。

由选用触发器的触发特性和状态图 8.3.19 可画出一个工作周期内的时序图，如图 8.3.20 所示。根据时序图选择触发器的时钟，原则是：①触发器每一次变化都需要一个时钟脉冲；②为了使驱动方程简单，在满足①的条件下，一个工作周期内的时钟脉冲数越少越好。

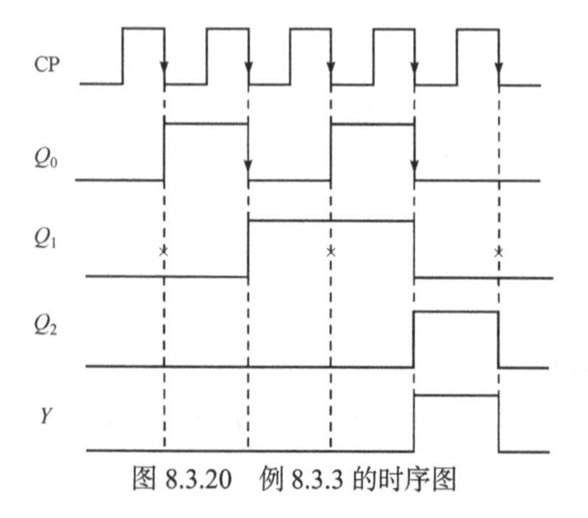

图 8.3.20 例 8.3.3 的时序图

按前述原则选择时钟方程，发现 Q_0 波形的每一次状态改变都需要时钟信号，只有 CP 的下降沿满足要求；同理，Q_2 波形中第 2 次状态变化(1→0)时，只有 CP 的下降沿能为其提供时钟信号，所以 Q_2 的时钟只能为 CP 信号；再观察 Q_1 波形的两次状态变化，发现 CP 的下降沿和 Q_0 的下降沿都可以为其提供时钟信号，根据原则②选 Q_0 作为 Q_1 的时钟信号。综上，各触发器的时钟设置如下：

$$CP_0 = CP\downarrow$$
$$CP_1 = Q_0\downarrow$$
$$CP_2 = CP\downarrow$$

由状态图 8.3.19 填写输出卡诺图和 3 个触发器的次态卡诺图。特别注意，由于触发器 Q_1 的时钟不是 CP，而是 $Q_0\downarrow$，因此，需要根据时钟方程修正 Q_1^{n+1} 的卡诺图。观察时序图 8.3.20 可知，在现态为 000、010 和 100 三种情况下，CP 下降沿到来，但是 Q_0 的下降沿没有到来，所以 Q_1^{n+1} 的次态不受其驱动方程的影响，对应的方格修正为无关项"×"，然后得到最终的卡诺图，如图 8.3.21 所示。由于只有触发器 Q_1 的时钟不是 CP，故只有 Q_1^{n+1} 的卡诺图需要做修正。

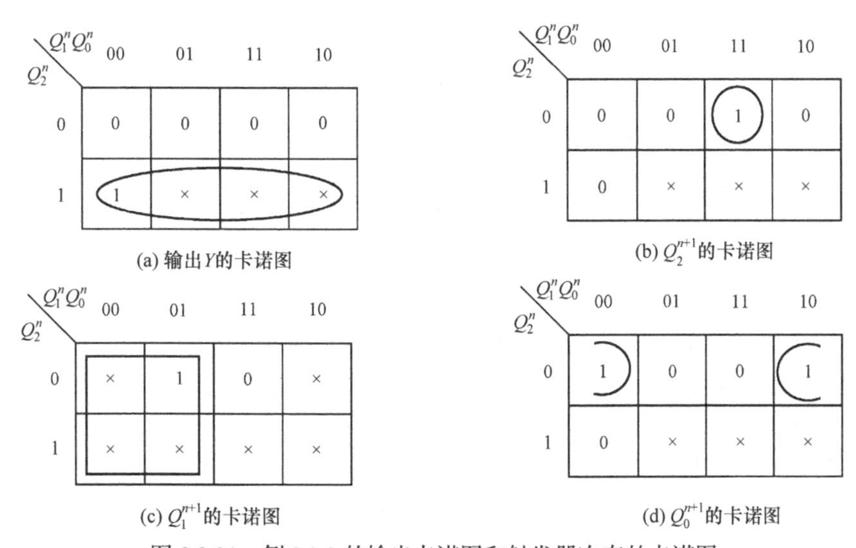

图 8.3.21　例 8.3.3 的输出卡诺图和触发器次态的卡诺图

后续的设计过程与同步电路相同，简述如下。

根据 Y 的卡诺图写出输出方程为

$$Y = Q_2^n$$

根据次态卡诺图写出状态方程为

$$Q_2^{n+1} = \overline{Q_2^n} Q_1^n Q_0^n$$
$$Q_1^{n+1} = \overline{Q_1^n}$$
$$Q_0^{n+1} = \overline{Q_2^n} \cdot \overline{Q_0^n}$$

对比特性方程，由状态方程得驱动方程为

$$J_2 = Q_1^n Q_0^n, \quad K_2 = 1$$
$$J_1 = K_1 = 1$$
$$J_0 = \overline{Q_2^n}, \quad K_0 = 1$$

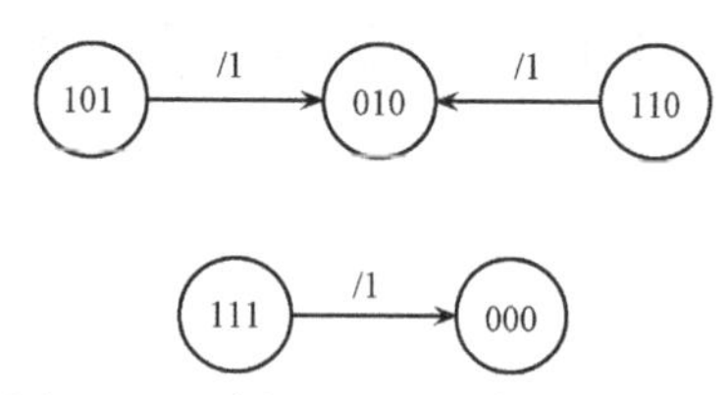

图 8.3.22 例 8.3.3 的无效状态转换图

(4) 检查自启动。

将无效状态 101、110 和 111 代入状态方程计算，画出无效状态转换图如图 8.3.22 所示。无效状态不形成循环，设计的电路能自启动。

(5) 画逻辑图。

根据时钟方程、输出方程和驱动方程，画出时序逻辑电路，如图 8.3.23 所示，它是 Moore 型异步时序逻辑电路。

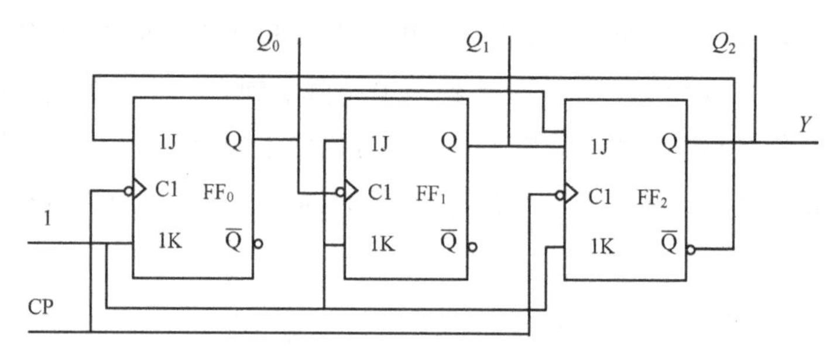

图 8.3.23 异步五进制计数器

在掌握时序逻辑电路的分析和设计方法后，后面几节将重点介绍典型的时序逻辑电路，包括计数器、寄存器、顺序脉冲发生器等。

8.4 计 数 器

实现对输入脉冲计数的时序逻辑电路称为计数器，在计数器中用触发器记忆计数值。计数器的分类如表 8.4.1 所示，分类方式反映了计数器的工作特点。计数器按触发器的状态改变方式，分为同步计数器和异步计数器；按计数值的增减，可分为加法计数器、减法计数器和可逆计数器；按计数体制，分为二进制计数器、十进制计数器和 N 进制计数器。假设计数器有 n 个触发器，用于计数功能的有效状态数为 N(称为计数长度)，如果 $N=2^n$，则又可称为 n 位二进制计数器，其计数值通常采用自然二进制数。如果 $N=10$，则称为十进制计数器，其计数值采用二-十进制编码，即 BCD 码。非二进制和十进制的计数器统称为 N 进制计数器，例如，在实现计时功能时，采用七进制记录一周的天数，采用二十四进制记录每天的小时数，采用六十进制记录分、秒信息等。同样，这些计数体制的数码均采用二进制代码表示。实际上，计数器的名称常常是多种分类方式的组合，反映了计数器的工作特点，例如，同步二进制加法计数器。

表 8.4.1 计数器分类表

分类方式	触发器状态改变方式	计数体制	计数值增减
类别	1. 同步计数器 2. 异步计数器	1. 二进制计数器 2. 十进制(二-十进制)计数器 3. N 进制计数器	1. 加法计数器 2. 减法计数器 3. 可逆计数器

由于计数器种类繁多，下面以计数体制为主线介绍几种典型计数器的结构、工作原理、功能和应用。

8.4.1　二进制计数器

1. 异步二进制加法计数器

1) 电路组成

图 8.4.1 是一个 3 位异步二进制加法计数器。电路由 3 个下降沿触发的 JK 触发器组成，CP 是计数脉冲输入，触发器的输出端组合成 3 位二进制数 $Q_2Q_1Q_0$，记忆 CP 脉冲的计数值。

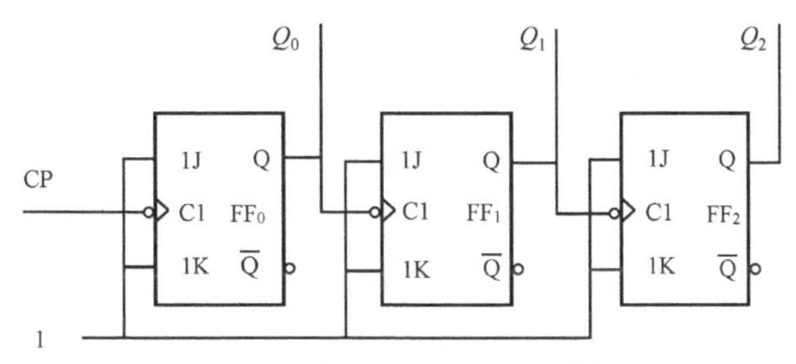

图 8.4.1　3 位异步二进制加法计数器

2) 工作原理分析

根据时序逻辑电路的分析方法，通过"列写三方程→写状态方程→画状态表/状态图/时序图→归纳电路功能"几个步骤，分析电路的功能。

第 1 步：读电路，列写时钟方程、输出方程和驱动方程。

时钟方程：

$$CP_0 = CP, \quad CP_1 = Q_0, \quad CP_2 = Q_1$$

输出方程：触发器输出端组合成 3 位二进制数 $Q_2Q_1Q_0$ 作为计数值直接输出。

驱动方程：

$$J_0 = K_0 = 1$$
$$J_1 = K_1 = 1$$
$$J_2 = K_2 = 1$$

触发器的时钟不相同，故为异步计数器。

第 2 步：将驱动方程代入 JK 触发器的特性方程，得到状态方程。

JK 触发器的特性方程为

$$Q_i^{n+1} = J_i\overline{Q_i^n} + \overline{K_i}Q_i^n, \quad i = 0,1,2$$

$$Q_0^{n+1} = \overline{Q_0^n}, \quad CP\downarrow$$
$$Q_1^{n+1} = \overline{Q_1^n}, \quad Q_0\downarrow$$
$$Q_2^{n+1} = \overline{Q_2^n}, \quad Q_1\downarrow$$

第 3 步：画时序图。

由状态方程和时钟方程可知，每个触发器都等效为 T′ 触发器，每个计数脉冲 CP 的下降沿到来都会使触发器 FF_0 的状态翻转，而 FF_1 在 Q_0 的下降沿到来才翻转，FF_2 在 Q_1 的下降沿到来才翻转。据此并考虑触发器的传输延迟时间 t_f，绘出电路的时序图如图 8.4.2 所示。

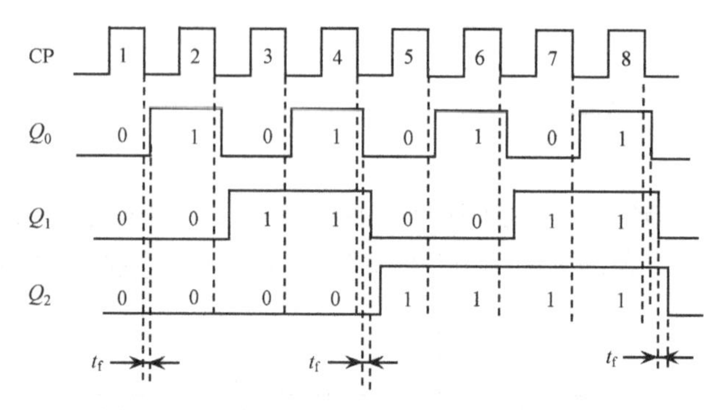

图 8.4.2　3 位异步二进制加法计数器的时序图

第 4 步：分析功能。

由时序图看出，触发器输出端 $Q_2Q_1Q_0$ 组成二进制数，其值正是输入脉冲 CP 作用的脉冲个数，实现了对输入脉冲 CP 的加 1 计数(CP 可以是非周期的脉冲)，因此该电路是 3 位异步二进制加法计数器。

另外，从时序图可见，如果 CP 是周期可变的脉冲，则 Q_0 的频率是 CP 频率的 1/2，Q_1 的频率是 CP 频率的 1/4，Q_2 的频率是 CP 频率的 1/8，即频率逐级减小，称为分频。更进一步，如果 CP 是周期(T_{CP})固定的脉冲，则在初态为 0 的情况下，计数器的数值 M 可以反映从第一个脉冲作用后逝去的时间 T，即 $T=(M-1)T_{\mathrm{CP}}$，这种情况称为定时。所以，计数器主要有计数、分频和定时 3 类应用。

再由时序图看出，由于触发器的传输延时，触发器状态不是同时变化的。例如，在第 4 个 CP 脉冲的下降沿后，Q_0 相对于 CP 延时 t_{f}，Q_1 相对于 Q_0 的下降沿延时 t_{f}，Q_2 相对于 Q_1 的下降沿延时 t_{f}。电路最长的延迟时间为 $3t_{\mathrm{f}}$(纳秒级)，最高工作频率为 $1/(3t_{\mathrm{f}})$(几十兆赫)。当 t_{f} 远小于 CP 脉冲的周期时，可忽略 t_{f}。忽略器件的延迟时间的电路分析(设计)称为功能分析(设计)，如前面章节的组合逻辑电路分析(设计)、时序逻辑电路分析(设计)。

由本例推广到一般，n 位异步二进制加法计数器由 n 个 T′触发器组成，最低位触发器的时钟端与计数脉冲 CP 相连；如果触发器的时钟是下降沿有效，则高位触发器的时钟端与相邻低位触发器的 Q 输出端相连(图 8.4.1)；如果是上升沿有效，则与 $\bar{Q}$ 输出端相连(请读者验证)。n 位异步二进制加法计数器的最高工作频率为 $1/(nt_{\mathrm{f}})$。

2. 异步二进制减法计数器

1) 电路组成

图 8.4.3 是一个 3 位异步二进制减法计数器。电路由 3 个上升沿触发的 D 触发器组成，CP 作为计数脉冲输入，触发器的输出端组合成 3 位二进制数 $Q_2Q_1Q_0$，记忆脉冲计数值。

2) 工作原理分析

第 1 步：读电路，列写时钟方程、输出方程和驱动方程。

时钟方程：

$$\mathrm{CP}_0=\mathrm{CP}\uparrow,\quad \mathrm{CP}_1=Q_0\uparrow,\quad \mathrm{CP}_2=Q_1\uparrow\qquad \text{异步时序逻辑电路}$$

输出方程：触发器输出端组合成 3 位二进制数 $Q_2Q_1Q_0$ 作为计数值直接输出。

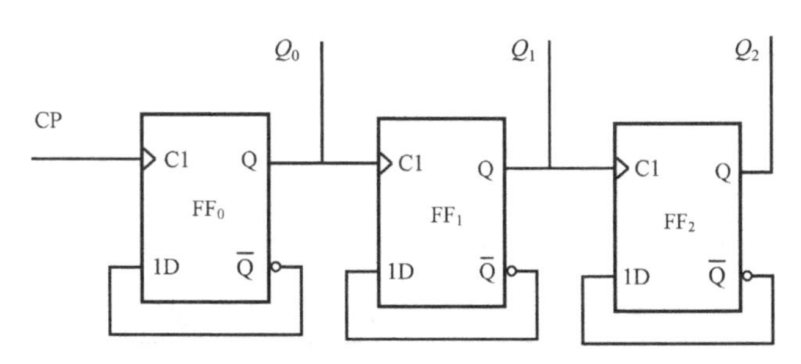

图 8.4.3　3 位异步二进制减法计数器

驱动方程：

$$D_0 = \overline{Q_0^n}$$
$$D_1 = \overline{Q_1^n}$$
$$D_2 = \overline{Q_2^n}$$

第 2 步：导出状态方程。

将驱动方程代入 D 触发器的特性方程中：

$$Q_i^{n+1} = D_i, \quad i = 0,1,2$$

得到状态方程：

$$Q_0^{n+1} = \overline{Q_0^n}, \quad \mathrm{CP}\uparrow$$
$$Q_1^{n+1} = \overline{Q_1^n}, \quad Q_0\uparrow$$
$$Q_2^{n+1} = \overline{Q_2^n}, \quad Q_1\uparrow$$

第 3 步：画时序图。

每个触发器都等效为 T′触发器，由状态方程和时钟方程可知，每个计数脉冲 CP 的上升沿到，使触发器 FF_0 的状态翻转，而 FF_1 在 Q_0 的上升沿到才翻转，FF_2 在 Q_1 的上升沿到才翻转。忽略触发器的传输延迟时间 t_f，据此绘出电路的时序图如图 8.4.4 所示。

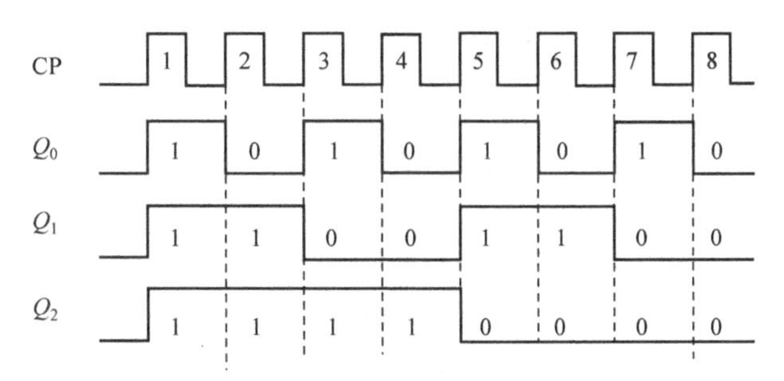

图 8.4.4　3 位异步二进制减法计数器的时序图

第 4 步：分析功能。

由时序图看出，每个输入 CP 作用后，触发器输出端 $Q_2Q_1Q_0$ 组成的二进制数减 1，实现了对输入 CP 的减法计数，因此该电路为 3 位异步二进制减法计数器。由于触发器的传输延时，触发器状态不是同时变化的，电路最大的延迟时间为 $3t_f$，最高工作频率为 $1/(3t_f)$。

由本例推广到一般，n 位异步二进制减法计数器由 n 个 T′触发器组成，最低位触发器的时钟端与计数脉冲 CP 相连；如果触发器的时钟是上升沿有效，则高位触发器的时钟端与相邻低位触发器的 Q 输出端相连(图 8.4.3)；如果是下降沿有效，则与 $\overline{Q}$ 输出端相连(请读者验证)。最高工作频率为 $1/(nt_f)$。

为方便应用，将异步二进制计数器的连接方式归纳为表 8.4.2。

表 8.4.2　异步二进制计数器的连接方式

类型	T′触发器触发方式	
	下降沿触发	上升沿触发
加法计数	$CP_i = Q_{i-1}$	$CP_i = \overline{Q_{i-1}}$
减法计数	$CP_i = \overline{Q_{i-1}}$	$CP_i = Q_{i-1}$

3. 异步二进制可逆计数器

一个计数器电路如图 8.4.5 所示，CP 是计数脉冲输入，$Q_2Q_1Q_0$ 是计数值输出，A 是控制输入信号。

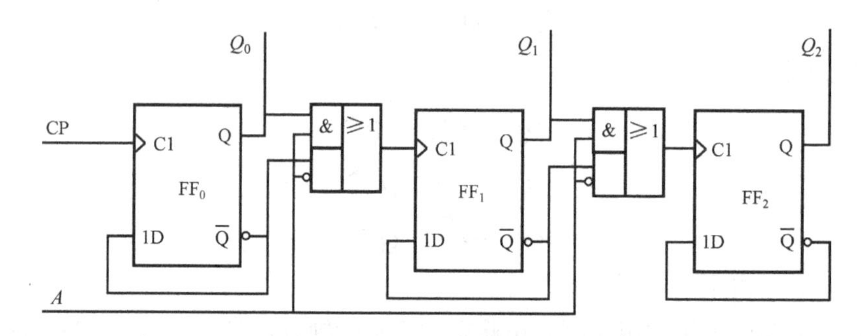

图 8.4.5　3 位异步二进制可逆计数器

由电路，每个上升沿触发的 D 触发器接成 T′触发器，其时钟方程为

$$CP_0 = CP$$
$$CP_1 = AQ_0 + \overline{A} \cdot \overline{Q_0}$$
$$CP_2 = AQ_1 + \overline{A} \cdot \overline{Q_1}$$

当 $A = 0$ 时，有

$$CP_0 = CP$$
$$CP_1 = \overline{Q_0}$$
$$CP_2 = \overline{Q_1}$$

查表 8.4.2 可知，电路是一个 3 位异步二进制加法计数器。

当 $A = 1$ 时，有

$$CP_0 = CP$$
$$CP_1 = Q_0$$
$$CP_2 = Q_1$$

查表 8.4.2 可知，电路是一个 3 位异步二进制减法计数器。

综上，该电路是 3 位异步二进制可逆计数器，A 为加计数/减计数控制输入端。

4. 同步二进制加法计数器

1) 电路组成

电路如图 8.4.6 所示，该电路由 3 个 JK 触发器以及 2 个与门组成，CP 是计数脉冲输入，C_3 为进位控制输出。

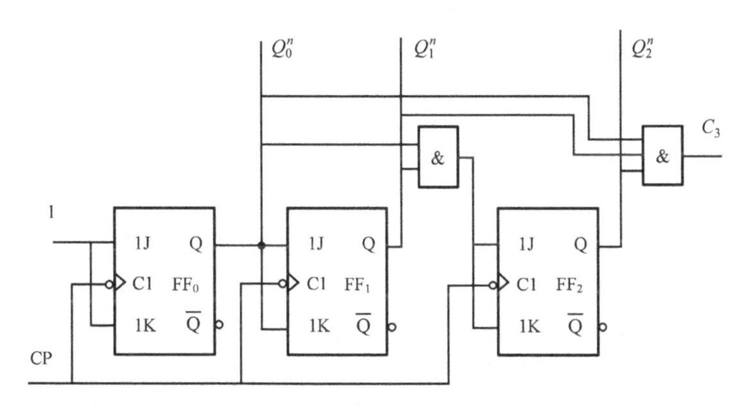

图 8.4.6　3 位同步二进制加法计数器

2) 工作原理分析

第 1 步：列写 3 组方程。

时钟方程：

$$CP_0 = CP_1 = CP_2 = CP\downarrow$$

输出方程：

$$C_3 = Q_2^n Q_1^n Q_0^n$$

驱动方程：

$$J_0 = K_0 = T_0 = 1$$
$$J_1 = K_1 = T_1 = Q_0^n$$
$$J_2 = K_2 = T_2 = Q_1^n Q_0^n$$

全部触发器的时钟相同(计数脉冲 CP)，故为同步计数器。

第 2 步：导出状态方程。

将驱动方程代入 JK 触发器的特性方程中，得到状态方程：

$$Q_0^{n+1} = J_0\overline{Q_0^n} + \overline{K_0}Q_0^n = T_0 \oplus Q_0^n = \overline{Q_0^n},\quad CP\downarrow$$
$$Q_1^{n+1} = T_1 \oplus Q_1^n = Q_0^n \oplus Q_1^n,\quad CP\downarrow$$
$$Q_2^{n+1} = T_2 \oplus Q_2^n = (Q_1^n Q_0^n) \oplus Q_2^n,\quad CP\downarrow$$

第 3 步：画时序图。

由状态方程可知，每个计数脉冲 CP 的下降沿使触发器 FF_0 的状态翻转，而 FF_1 仅当 $Q_0^n = 1$ 和 CP 的下降沿到才翻转，FF_2 仅当 $Q_1^n Q_0^n = 1$ 和 CP 的下降沿到才翻转。据此，考虑

触发器的传输延时 t_f，绘出时序图如图 8.4.7 所示。

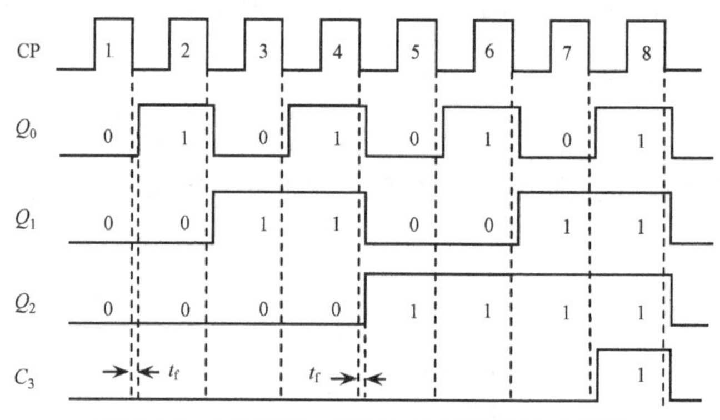

图 8.4.7　3 位同步二进制加法计数器的时序图

第 4 步：功能分析。

由时序图看出，触发器输出端 $Q_2Q_1Q_0$ 组成二进制数，其值正是输入 CP 作用的脉冲个数，实现了对输入 CP 的加计数，该电路是一个 3 位同步二进制加法计数器。输出 C_3 则是进位控制信号，仅当 $Q_2Q_1Q_0 = 1$ 时 C_3 才为 1，允许产生进位信号使高位触发器加 1。

再由时序图看出，全部触发器相对时钟 CP 延时 t_f 同步改变状态，经 1 个与门的传输延时，触发器的驱动信号(J、K)稳定，后续脉冲即可作用。故同步计数器的最高工作频率为 $1/(t_f + t_{pd})$，与触发器的个数无关，高于异步计数器的最高工作频率。

一个 3 位同步二进制计数器的 Verilog HDL 行为模型如图 8.4.8 所示。定义输入 COUNT 和 CLEAR，其中，CLEAR 为清零信号，低电平有效，而 COUNT 为计数脉冲，来一个计数脉冲，计数加 1。

```
// Verilog behavioral model of an N-bit binary counter
//
module NbitBinaryCounter (COUNT, CLEAR, Q);
input COUNT, CLEAR;                              //define input variables
output reg [N-1:0] Q;                            // Q is defined as an N-bit output register
parameter N=3;                                   //Define default value of N=3
always @ (posedge COUNT, negedge CLEAR)          //Detect input variable changes
       if (CLEAR==0) Q <= 0;                     // Q loaded with all 0's on negative edge of CLEAR
              else begin                         // Begin counting
                     if (Q == 2**N - 1)          //Check for maximum count
                            Q <= 0;              //Once Q = all 1's it returns to all 0's
                     else
                            Q <= Q + 1'b1;       //Q is incremented on positive edge of CLOCK
              end
endmodule
```

图 8.4.8　3 位同步二进制加法计数器的 Verilog HDL 模型

由上述分析，增加 1 个触发器和 1 个与门可组成 4 位二进制计数器，如图 8.4.9 所示。图中还标出了低位触发器向高位触发器的进位控制信号。因此，可推广到一般情况：用 T 触发器组成 k 位同步二进制加法计数器，其进位控制信号和驱动方程为

$$C_k = Q_{k-1}^n \cdots Q_0^n = \prod_{j=0}^{k-1} Q_j^n$$

$$T_0 = 1$$

$$T_i = Q_{i-1}^n \cdots Q_0^n = \prod_{j=0}^{i-1} Q_j^n,\quad i = 1,2,\cdots,k-1$$

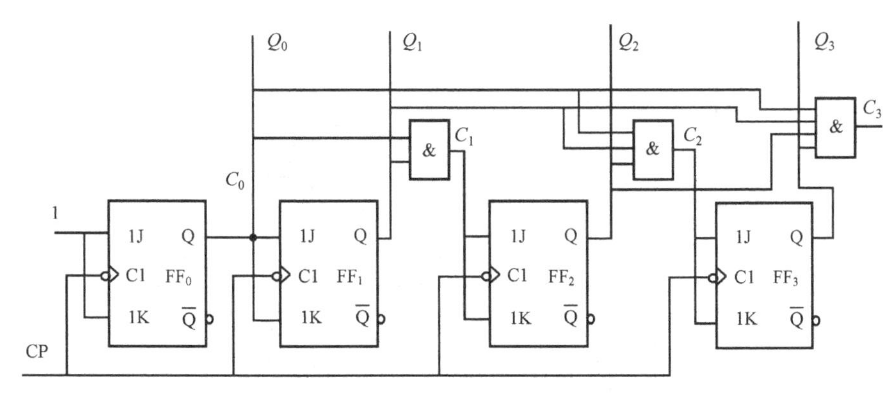

图 8.4.9　4 位同步二进制加法计数器

同样，用 T 触发器可组成 k 位同步二进制减法计数器，其借位控制信号 B_k 和驱动方程为

$$B_k = \overline{Q_{k-1}^n} \cdots \overline{Q_0^n} = \prod_{j=0}^{k-1} \overline{Q_j^n}$$

$$T_0 = 1$$

$$T_i = \overline{Q_{i-1}^n} \cdots \overline{Q_0^n} = \prod_{j=0}^{i-1} \overline{Q_j^n}, \quad i = 1,2,\cdots,k-1$$

5. 集成同步二进制加法计数器

由于计数器应用广泛，集成电路生产厂商开发了许多具有实际应用功能的集成计数器。例如，4 位同步二进制加法计数器 74LS161，单时钟 4 位同步二进制可逆计数器 74LS191，双时钟 4 位同步二进制可逆计数器 74LS193。下面以 74LS161 为例介绍集成计数器的功能和应用。图 8.4.10 是 74LS161 的电路原理图。

1) 74LS161 的功能

(1) 清零功能：由电路可知，无论有无计数脉冲 CP 或其他输入信号为何值，只要 $R = 0$，触发器就全部清零，即 $R = 0$(低电平有效)是异步清零，作用的优先级别最高。在其他功能时，$R = 1$。

(2) 置数功能：由电路得

$$J_i = \overline{\overline{D_i \cdot \overline{\overline{\mathrm{LD}}}} \cdot \overline{\mathrm{LD}} \cdot (T_i + \overline{\mathrm{LD}})} = D_i \cdot \overline{\mathrm{LD}} + T_i \cdot \mathrm{LD},$$

$$K_i = \overline{D_i \cdot \overline{\overline{\mathrm{LD}}}} \cdot (T_i + \overline{\mathrm{LD}}) = \overline{D_i} \cdot \overline{\mathrm{LD}} + T_i \cdot \mathrm{LD}, \qquad i = 0,1,2,3$$

$$Q_i^{n+1} = (D_i \cdot \overline{\mathrm{LD}} + T_i \cdot \mathrm{LD}) \cdot \overline{Q_i^n} + \overline{\overline{D_i} \cdot \overline{\mathrm{LD}} + T_i \cdot \mathrm{LD}} \cdot Q_i^n,$$

当 LD = 0 时，CP 的上升沿使

$$Q_i^{n+1} = D_i, \quad i = 0,1,2,3$$

即在 CP 的上升沿输入数据置入计数器中，称为同步置数功能，LD 低电平有效。

(3) 计数功能和保持功能：当 LD = 1 时，有

$$Q_i^{n+1} = T_i \oplus Q_i^n, \quad i = 0,1,2,3$$

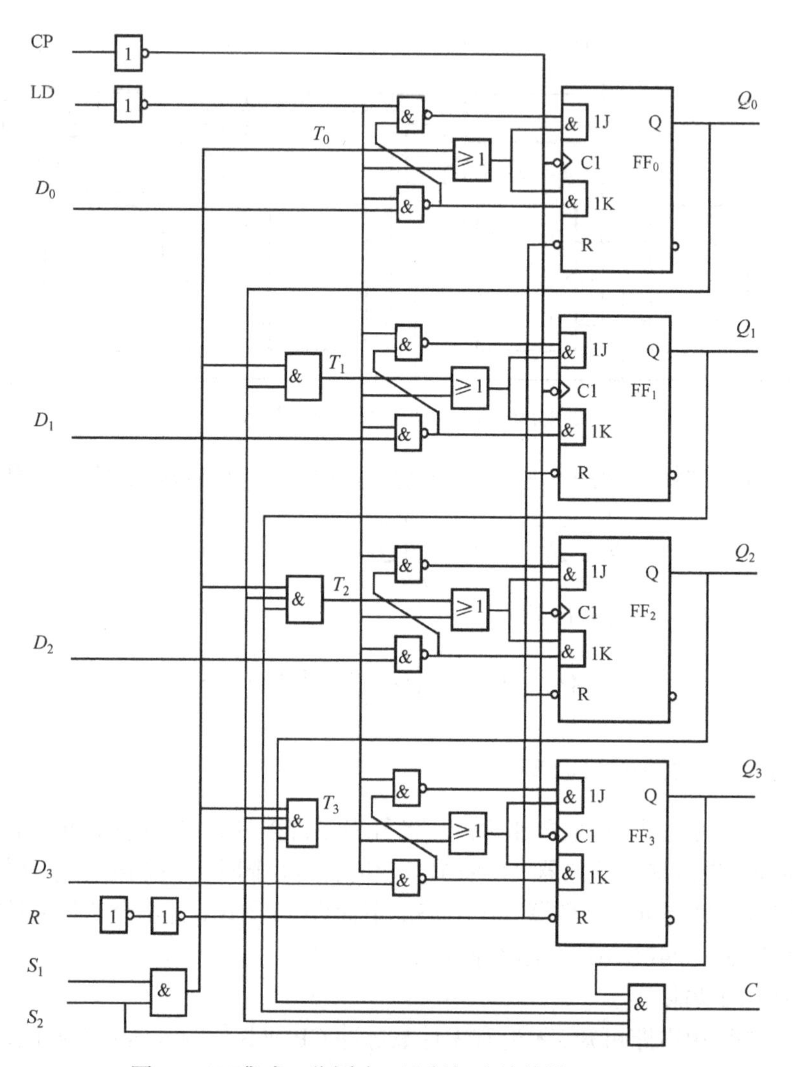

图 8.4.10 集成 4 位同步二进制加法计数器 74LS161

即每个 JK 触发器变换为 T 触发器。又根据电路得

$$T_0 = S_1S_2$$

$$T_i = (S_1S_2)Q_{i-1}^n \cdots Q_0^n, \quad i = 1,2,3$$

$$C = S_2Q_3^nQ_2^nQ_1^nQ_0^n$$

如果 $S_1S_2 = 0$，触发器状态不变，即保持功能。如果 $S_1S_2 = 1$，电路组成 4 位同步二进制加法计数器，对 CP 脉冲做加法计数，实现计数功能。

综上所述，74LS161 的功能如表 8.4.3 所示。R、LD 低电平有效，计数控制 S_1S_2 高电平有效。

表 8.4.3 74LS161 的功能

R	LD	S_1S_2	CP	D_3	D_2	D_1	D_0	Q_3	Q_2	Q_1	Q_0	C	说明
0	×	×	×	×	×	×	×	0	0	0	0	0	清零

续表

R	LD	S_1S_2	CP	D_3	D_2	D_1	D_0	Q_3	Q_2	Q_1	Q_0	C	说明
1	0	×	↑	D_3	D_2	D_1	D_0	D_3	D_2	D_1	D_0	进位	置数
1	1	1	↑	×	×	×	×	4 位同步二进制加法计数					计数
1	1	0	↑	×	×	×	×	Q_3	Q_2	Q_1	Q_0		保持

注：×表示任意值，↑表示 CP 脉冲的上升沿。

2) 74LS161 的位数扩展

任何实用的计数器必须有足够的计数长度，即要求计数器有足够的位数。有 2 种位数扩展方式：并行扩展和串行扩展。图 8.4.11 给出了这 2 种扩展方式。

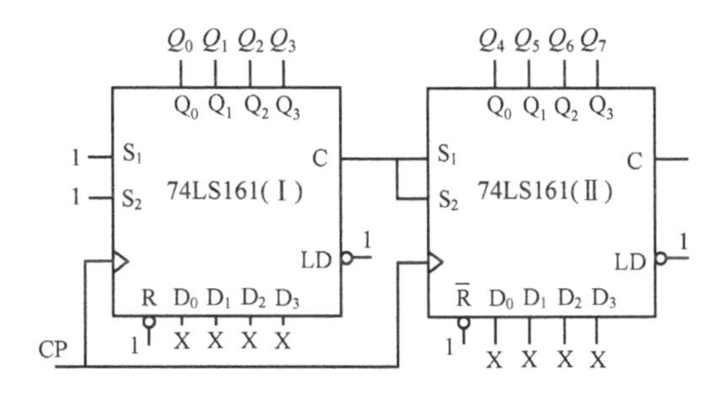

(a) 8位同步二进制计数器

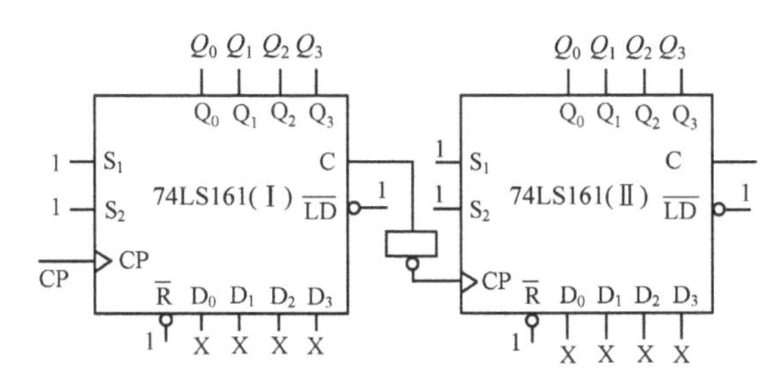

(b) 8位异步二进制计数器

图 8.4.11　集成计数器 74LS161 的位数扩展

图 8.4.11(a)是并行扩展，计数脉冲 CP 同时作用到 2 个 74LS161 的时钟输入端，全部触发器同步变化；利用低 4 位的进位输出 C 控制高 4 位的计数功能，每 16 个计数脉冲，高 4 位计数器加 1，实现 8 位同步二进制计数。

图 8.4.11(b)是串行扩展，计数脉冲 CP 只作用到第一个 74LS161 的时钟输入端，实现低 4 位计数；从 0 开始，在第 15 个计数脉冲到来后，$C = 1$，在第 16 个计数脉冲到来后，C 跳变为 0，产生下降沿，取反后变成上升沿，驱动第二个 74LS161 计数。每 16 个计数脉冲，高 4 位计数器加 1，2 个 74LS161 共同实现 8 位异步二进制计数。

注意：无论是并行扩展还是串行扩展，R、LD 都接高电平 1，使计数器正常工作。

8.4.2　二-十进制计数器

1. 同步二-十进制计数器

十进制计数是人们习惯的计数方式。通常先实现一个十进制位的计数，然后通过十进制位扩展可实现多位十进制计数。实现一个十进制位计数的时序逻辑电路称为二-十进制计数器，简称十进制计数器。图 8.4.12 是一个同步二-十进制加法计数器。图中 CP 是计数脉冲，C 是进位控制信号。

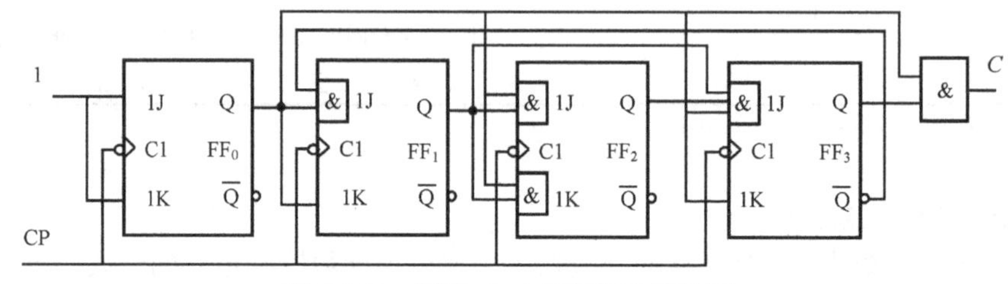

图 8.4.12　同步二-十进制加法计数器

1) 工作原理分析

第 1 步：列写 3 组方程。

时钟方程：

$$CP_0 = CP_1 = CP_2 = CP_3 = CP\downarrow$$

输出方程：

$$C = Q_3^n Q_0^n$$

驱动方程：

$$J_0 = K_0 = 1$$

$$J_1 = Q_0^n \overline{Q_3^n}, \quad K_1 = Q_0^n$$

$$J_2 = K_2 = Q_0^n Q_1^n$$

$$J_3 = Q_0^n Q_1^n Q_2^n, \quad K_3 = Q_0^n$$

第 2 步：导出状态方程。

$$Q_0^{n+1} = \overline{Q_0^n}$$

$$Q_1^{n+1} = Q_0^n \overline{Q_3^n} \cdot \overline{Q_1^n} + \overline{Q_0^n} Q_1^n$$

$$Q_2^{n+1} = (Q_0^n Q_1^n) \oplus Q_2^n$$

$$Q_3^{n+1} = Q_0^n Q_1^n Q_2^n \overline{Q_3^n} + \overline{Q_0^n} Q_3^n$$

第 3 步：画状态图。

从初始状态 $Q_3^n Q_2^n Q_1^n Q_0^n = 0000$ 开始，计算状态方程和输出方程，并画出状态图如图 8.4.13 所示。

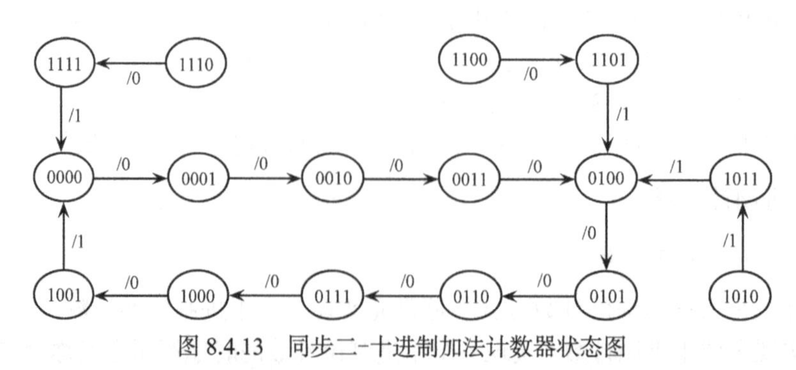

图 8.4.13　同步二-十进制加法计数器状态图

第 4 步：分析功能。

从状态图可见，该电路是一个二-十进制计数器，十进制数码(0, 1, …, 9)的编码是 8421BCD 码，电路能够自启动。

2) Verilog HDL 模型

一个同步二-十进制计数器的 Verilog HDL 模型如图 8.4.14 所示。

```
// Verilog behavioral model of a BCD counter
module BCDCounter (COUNT, CLEAR, Q);
input COUNT, CLEAR;                     //Define input variables
output reg [3:0] Q;                     //Define output Q as an N-bit output register
always @ (posedge COUNT, posedge CLEAR)
      if (CLEAR==1) Q <= 0;             //Q is loaded with 0
      else
            begin                       //Begin counting
                  if (Q == 4'b1001)     //Check for BCD 9
                        Q <= 0;         //Once Q = 1001 it returns to 0
                  else
                        Q <= Q + 1'b1;  //Q is incremented to next value
            end
endmodule
```

图 8.4.14　同步二-十进制加法计数器的 Verilog HDL 模型

2. 集成同步二-十进制计数器

74LS160的结构和工作原理

1) 74LS160 的功能

74LS160 和 74LS190 是集成同步二-十进制计数器，其中 74LS190 为加/减可逆计数器。74LS290 是异步二-五-十进制计数器，在此仅介绍 74LS160。

74LS160 的功能如表 8.4.4 所示。R 为异步清零端，作用的优先级别最高，无论有无计数脉冲 CP 或其他输入为何值，只要 $R=0$，触发器就全部清零。在其他功能时，$R=1$。LD 是同步置数端，低电平有效，即在 CP 的上升沿将输入数据置入计数器中，计数时 LD = 1 时。S_1S_2 为计数控制端，高电平有效。即当 $S_1S_2=0$ 时，保持，当 $S_1S_2=1$ 时，对 CP 脉冲做十进制加法计数，实现计数功能。

表 8.4.4　74LS160 的功能

R	LD	S_1S_2	CP	D_3	D_2	D_1	D_0	Q_3	Q_2	Q_1	Q_0	C	说明
0	×	×	×	×	×	×	×	0	0	0	0	0	清零
1	0	×	↑	D_3	D_2	D_1	D_0	D_3	D_2	D_1	D_0		置数
1	1	1	↑	×	×	×	×	同步二-十进制加法计数				进位	计数
1	1	0	↑	×	×	×	×	Q_3	Q_2	Q_1	Q_0		保持

注：×表示任意值，↑表示 CP 脉冲的上升沿。

2) 74LS160 的位数扩展

74LS160 的位数扩展与 74LS161 相同。图 8.4.15 是 2 位十进制计数器，两个计数器采用并行连接扩展，低位的进位信号 C 做了高位的计数控制信号 S_1S_2。EN 为计数控制输入，接最低位的计数控制端 S_1S_2，当最低位的 S_1S_2 = EN = 1 时，允许计数。74LS160 的计数值可以直接译码显示，计数值符合人们的习惯，广泛应用于计时、计数等场合。

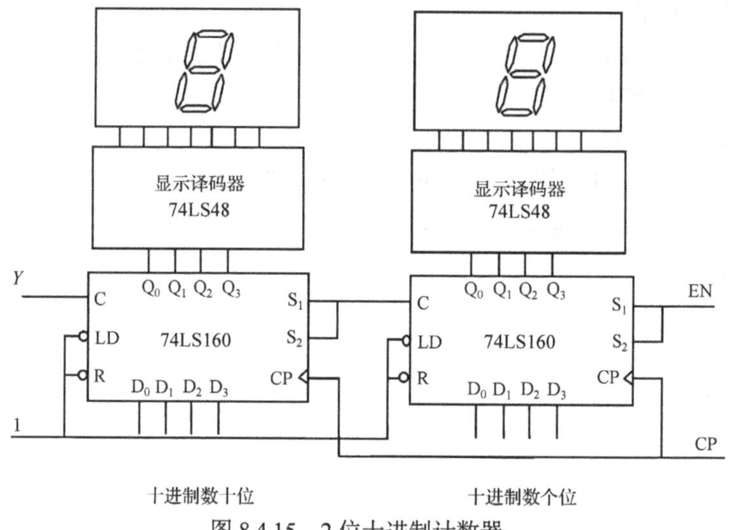

图 8.4.15 2 位十进制计数器

8.4.3 *N* 进制计数器

1. 用集成计数器设计 *N* 进制计数器的原理

设有一个 M 进制计数器，它的 M 个有效状态构成计数循环，如图 8.4.16 的实线所示。如果利用状态 S_{k+N-1} 反馈到 M 进制计数器的某些输入端，强制计数器从状态 S_{k+N-1} 返回到状态 S_k(虚线所示)，则可以形成 N 个有效状态 S_k, …, S_{k+N-1} 的 N 进制计数器。为叙述方便，称 S_{k+N-1} 为反馈状态，S_k 为回归状态。

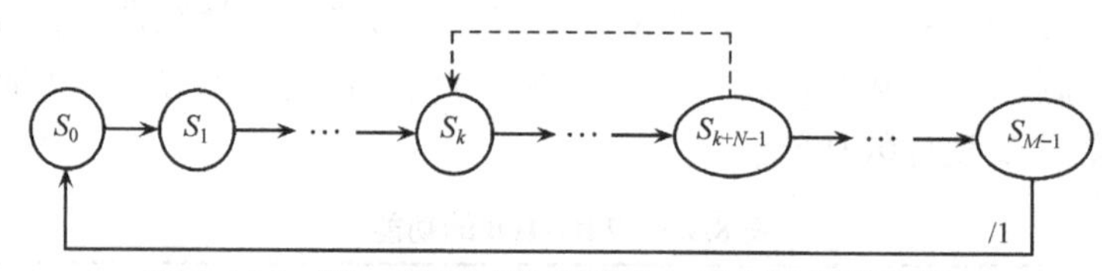

图 8.4.16 用 M 进制计数器设计 N 进制计数器的原理

用这种方案实现 N 进制计数器的条件是：

(1) $M \geqslant N$;

(2) 适当地反馈输入端，当其有效时能强迫计数器不按正常顺序进行状态转换。

下面以 74LS161 为例介绍具体电路的设计。

2. 用置数端 LD 设计 *N* 进制计数器

用置数端 LD 设计 N 进制计数器的思路是：用回归状态的编码值作数据输入($D_3D_2D_1D_0 = S_k$)，用反馈状态(S_{k+N-1})控制置数端 LD；当计数器在反馈状态时，LD = 0(低电平有效)，计数脉冲的有效沿将回归状态(S_k)置入计数器。由图 8.4.16 看出，当 k 选定后，就选择了 N 进制计数器的 N 个有效状态 S_k, …, S_{k+N-1}。因此，用置数端 LD 设计 N 进制计数器十分灵活。下面介绍 $k=0$ 和 $k=M-N$ 两种情况。

$k=0$ 选择前 N 个状态 S_0, …, S_{N-1}。对于不同 N 值的计数器，回归状态相同，即 $S_k = S_0$，但反馈状态(S_{N-1})不同。因此，数据端 $D_3D_2D_1D_0 = S_k = S_0$(相同)，而置数端 LD 的反馈表达式不同(与 S_{N-1} 有关)。导出 $k=0$ 情况下 LD 与计数器状态的关系如表 8.4.5 所示。由表 8.4.5 可求出 LD 的最简表达式。

表 8.4.5　LD 与计数器状态的关系

状态	LD	说明
S_0, …, S_{N-2}	1	计数
S_{N-1}	0	反馈有效
S_N, …, S_{M-1}	×	无关项

$k=M-N$ 选择后 N 个状态 S_{M-N}, …, S_{M-1}。对于不同 N 值的计数器，回归状态($S_k = S_{M-N}$)不同，反馈状态($S_{k+N-1} = S_{M-1}$)相同。在反馈状态(S_{M-1})，M 进制计数器的进位 $C=1$，取反后作为置数端 LD 的反馈信号，将回归状态置入计数器($D_3D_2D_1D_0 = S_k = S_{M-N}$)。

例 8.4.1　试用 74LS161 设计一个十二进制计数器，使用置数端 LD。

解　74LS161 是 4 位二进制加法计数器，$M=16$，它的状态编码采用自然二进制码，即 S_0, S_1, …, S_{M-1} 的状态编码是 0000, 0001, …, 1111，与状态位 ($Q_3^nQ_2^nQ_1^nQ_0^n$) 组成的最小项对应

$$S_k \leftarrow m_k(Q_3^nQ_2^nQ_1^nQ_0^n)$$

解法一：$N=12$，选择 $k=0$，即取前 12 个状态为有效状态，后 4 个状态为无效状态，视为无关项。回归态为 $D_3D_2D_1D_0 = S_0 = 0000$，由表 8.4.4 画出 LD 的卡诺图如图 8.4.17 所示，最简反馈表达式为

$$\text{LD} = \overline{Q_3^nQ_1^nQ_0^n}$$

也可以这样推导反馈表达式：反馈态的编码 $N-1=(11)_{10}=(1011)_2$，写出二进制编码中取值为 1 的状态位的与非表达式，即为 LD 反馈有效的表达式。

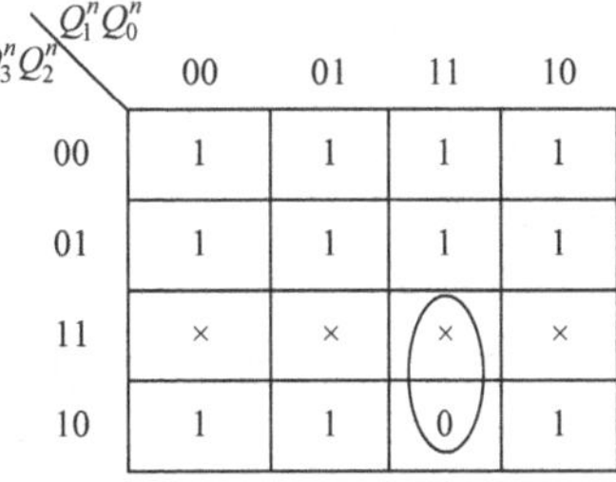

图 8.4.17　置数端 LD 的卡诺图

由 74LS161 构成的十二进制计数器如图 8.4.18 所示。

由本例推广，对于自然二进制编码的集成计数器，在 $k=0$ 情况下，LD 的反馈表达式求取步骤是：

(1) 将 $N-1$ 转换为自然二进制数；

(2) $\text{LD} = S_{N-1}$ 中取值为 1 的状态位的与非表达式。

解法二：选择 $k=M-N=16-12=4$，即取后 12 个状态为有效状态，前 4 个状态为无效状态，视为无关项。回归态是 $D_3D_2D_1D_0 = S_k = S_4 = 0100$，反馈状态是计数器的最后一个状态 $S_{M-1} = S_{15} = 1111$，此时计数器进位信号 $C=1$，因此可将 C 取反作为 LD 的反馈($\text{LD} = \overline{C}$)。

按解法二设计的十二进制计数器如图 8.4.19 所示。请注意图 8.4.18 和图 8.4.19 的区别，虽然它们的功能相同，计数状态却不同，电路结构也有差别。

3. 用复位端 R 设计 N 进制计数器

由于 74LS161 的复位端 R 是异步复位，当 R 为低电平时，立即使计数器复位到初始状

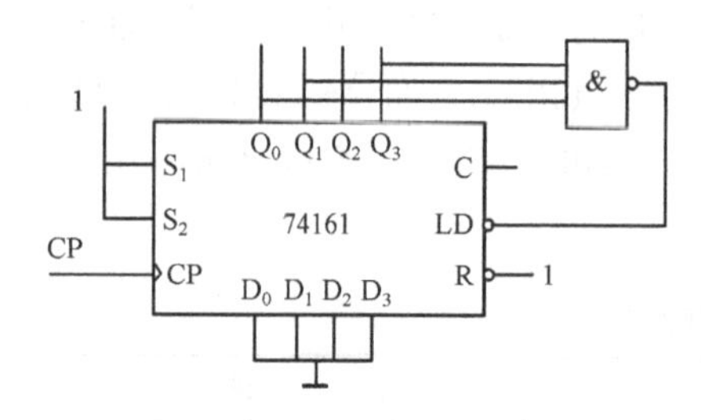

图 8.4.18　十二进制计数器(一)

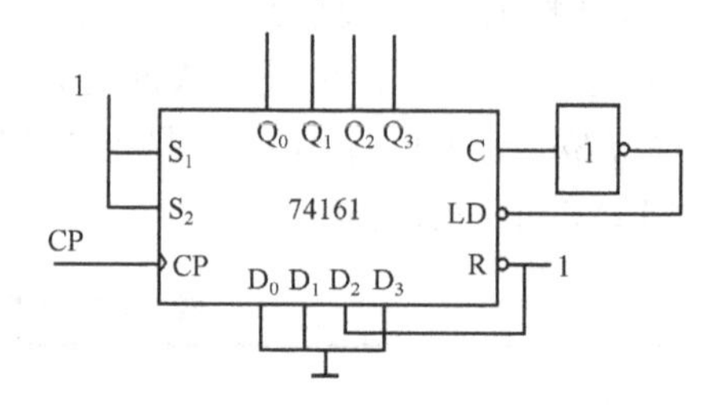

图 8.4.19　十二进制计数器(二)

态 S_0($k = 0$ 的回归状态)，因此，反馈状态 S_{N-1} 和回归状态 S_0 同时出现在一个时钟周期内，使有效状态少一个。以状态 S_N 作为反馈状态，则可解决这一问题。

表 8.4.6　*R* 与计数器状态的关系

状态	R	说明
S_0, …, S_{N-1}	1	计数
S_N	0	反馈有效
S_{N+1}, …, S_{M-1}	×	无关项

由上述分析，结合图 8.4.16，R 与计数器状态的关系如表 8.4.6 所示。由此表，可求出 R 的最简表达式。

例 8.4.2　试用 74LS161 设计一个五进制计数器，使用异步复位端 R。

解　由表 8.4.6 得复位端 R 的卡诺图图 8.4.20，最简反馈表达式为

$$R = \overline{Q_2^n Q_0^n}$$

由于 $N = 5 = 0101$，反馈表达式正好对应于 N 转换为二进制编码后取值为 1 的状态位的与非表达式。

由本例推广，用自然二进制编码的集成计数器构成 N 进制计数器，R 的反馈表达式求取步骤是：

(1) 将 N 转换为自然二进制编码；

(2) $R = (N)_2$ 编码中取值为 1 的状态位的与非表达式。

图 8.4.21 是五进制计数器的逻辑电路图。图中数据端为任意逻辑电平。

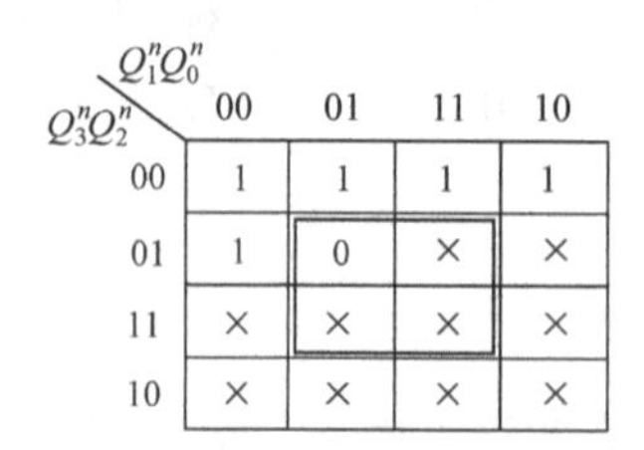

$Q_3^nQ_2^n$ \ $Q_1^nQ_0^n$	00	01	11	10
00	1	1	1	1
01	1	0	×	×
11	×	×	×	×
10	×	×	×	×

图 8.4.20　复位端 R 的卡诺图

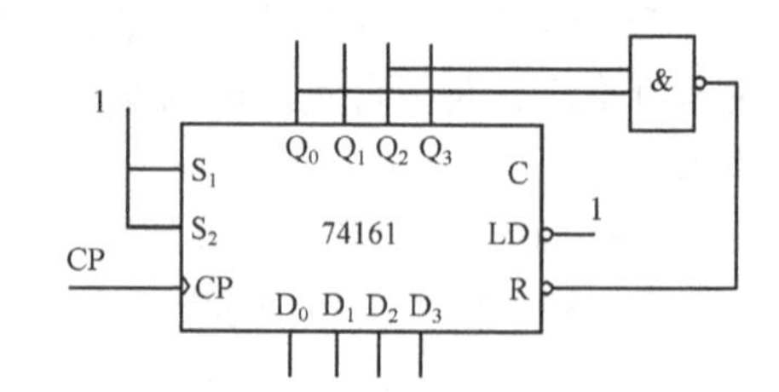

图 8.4.21　五进制计数器

图 8.4.22 是五进制计数器的时序图。从时序图看出，当 $S_N = 0101$ 出现时，异步复位信号 $R = 0$，立即有效(见图中 R 的负脉冲)，然后波形马上复位到 $S_0 = 0000$。波形图中出现了一个时间很短暂的变化状态，由于集成计数器内的触发器对复位信号的传输时间很短(纳秒级)，这个状态称为过渡状态。

当触发器对复位信号的传输时间不一致时，传输时间短的触发器率先复位为“0”，使 R 的复位脉冲消失，传输时间长的触发器则不能可靠复位，可能导致计数出错。由于先进的集

成电路工艺技术，这种情况出现的概率极小。如果出现，可更换器件，或者采用基本 RS 触发器等器件展宽复位脉冲。

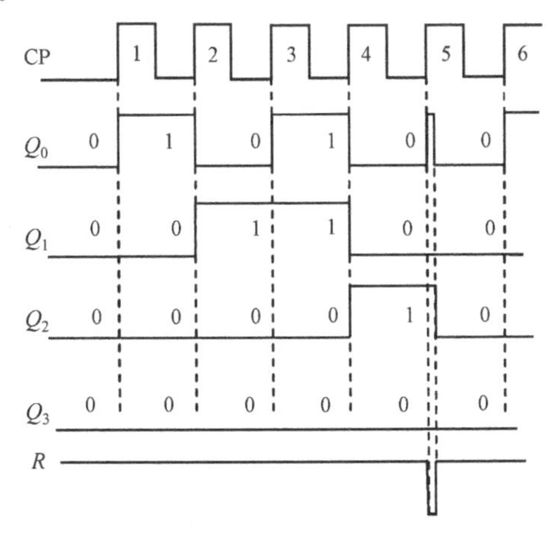

图 8.4.22　五进制计数器的时序图

8.5　寄　存　器

寄存器是数字计算机和其他数字系统中最基本的结构模块，用于存储二进制代码和其他信息。寄存器的主要电路元件是触发器，一个触发器只能存储 1 位二进制代码，存储 n 位二进制代码需要 n 个触发器。n 位二进制代码存入寄存器的方式有并行输入和串行输入。在并行输入中，n 位二进制代码通过 n 条信号线同时存入寄存器。而串行输入则是通过一条信号线分时将 n 位二进制代码存入寄存器。与输入方式对应，输出也有并行方式和串行方式。

8.5.1　并行输入寄存器

图 8.5.1 是集成 4 位并行输入寄存器 74LS175 的电路原理图。在清零端 $R=0$(低电平)时，4 个 D 触发器全部被清零。在时钟 CP 的上升沿，将输入 4 位二进制代码 $D_3D_2D_1D_0$(称为数据输入端)分别存入 4 个 D 触发器中，即

$$Q_i^{n+1}=D_i,\quad i=0,1,2,3$$

数据从触发器的 Q 端并行输出(原码)，也可以从 $\bar{Q}$ 端并行输出(反码)。

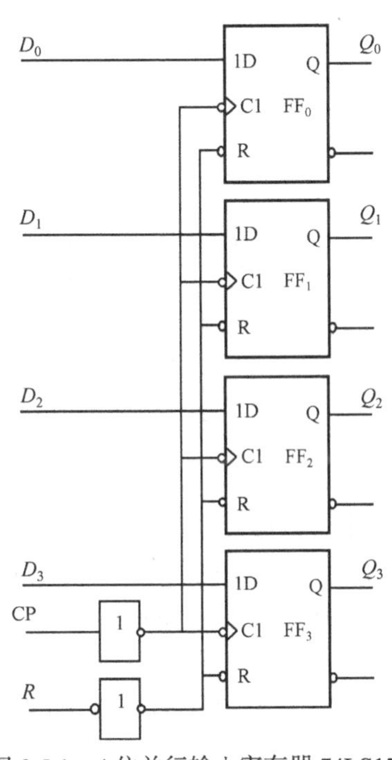

图 8.5.1　4 位并行输入寄存器 74LS175

图 8.5.2 为 n 位寄存器的 Verilog HDL 行为模型语句描述，其中输入 CLR 为清零信号，低电平有效，CLK 为计数脉冲。注意，该模型与 D 触发器的模型基本相同，唯一的差别在于 D 和 Q 是数码数组而不是单个数码。模型中通用参数 N 表示 D 和 Q 的最高

位数。当寄存器在正逻辑系统设计中进行实例化时，不同数组大小的寄存器可以用同样的模型来表示。如果寄存器进行例化时没有定义通用参数 N，则必须指定缺省值为 8。

```
//Verilog Model of an N-bit register with active-low asynchronous clear
module NbitRegisterWclear (D, Q, CLK, CLR);
        input [N:1] D;                                  //declare N-bit data input
        input CLK, CLR;                                 //declare clock and clear inputs
        output reg [N:1] Q;                             //declare N-bit data output
        parameter N = 8;                                //declare default value for N
        always @ (posedge CLK, negedge CLR) begin       //detect change of clock or clear
                if (CLR==1'b0) Q <= 0;                  //register loaded with all 0's
                else if (CLK==1'b1) Q <= D;             //data input values loaded in register
        end
endmodule
```

图 8.5.2　含异步清零输入、上升沿触发的 n 位寄存器的 Verilog HDL 模型

8.5.2　移位寄存器

移位寄存器是由多个触发器构成的时序逻辑电路，用于存储二进制数，并完成数码在寄存器中的左移和右移。移位寄存器在数字计算机中特别常见，实现数字通信系统中的数据接收和串行传递。

1. 移位寄存器的原理

图 8.5.3 是右移移位寄存器的电路原理图。电路由 4 个 D 触发器组成。低位触发器的 Q 端与相邻高位触发器的 D 端相连，最低位触发器的 D 端作为右移输入 D_{SR}，最高位触发器的 Q 端作为输出 D_{OR}。电路的状态方程为

$$Q_0^{n+1} = D_{SR}$$

$$Q_i^{n+1} = Q_{i-1}^n, \quad i = 0,1,2$$

$$D_{OR} = Q_3^n$$

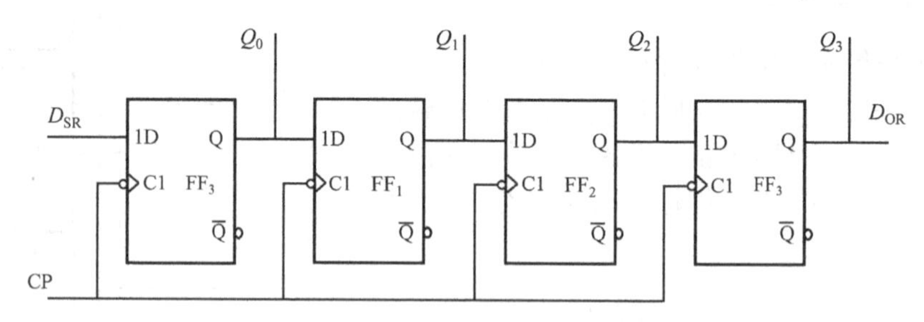

图 8.5.3　右移移位寄存器原理

串行数据传输是以一条信号线(D_{SR})分时传输二进制代码的位。方法是以时钟信号为时间轴，一个单位时间内(时钟的周期)输入 1 位二进制码。图 8.5.4 是右移移位寄存器串行输入二进制代码 1101 的时序图。串行输入二进制代码的时间顺序是高位在前、低位在后。经 4 个脉冲后，数据存入寄存器。寄存的数据可从触发器的 Q 端并行输出。如欲串行输出数据，再作用 4 个时钟脉冲，数据从 D_{OR} 串行输出，输出顺序仍然是高位在前、低位在后。输出后原存储的数据丢失。若希望保留原数据，可将输出反馈到输入，即 D_{OR} 与 D_{SR} 相连，形成循环移位。这样，在串行输出的同时进行串行输入。

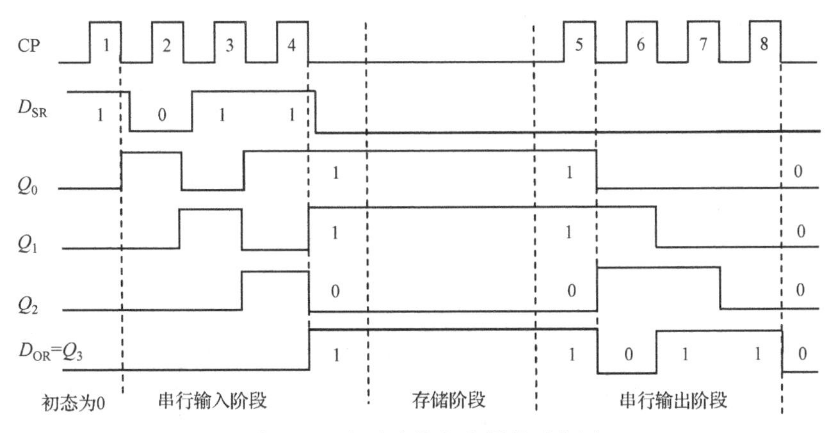

图 8.5.4　右移移位寄存器的时序图

如果将高位 D 触发器的 Q 端与相邻低位的 D 端相连，最高位触发器的 D 端作为左移输入 D_{SL}，最低位触发器的 Q 端作为输出 D_{OL}，可组成左移寄存器(读者可画出电路)。左移寄存器的状态方程为

$$Q_3^{n+1} = D_{SL}$$

$$Q_i^{n+1} = Q_{i+1}^n, \quad i = 1,2,3$$

$$D_{OL} = Q_0^n$$

图 8.5.5 是一个具有使能控制和异步清零端的 8 位移位寄存器 Verilog HDL 模型。当异步清零信号有效(低电平)时，所有寄存器初值为 0；如果清零信号无效，则当时钟的上升沿到来时，根据置数/移位控制信号的高低电平值决定移位寄存器的工作状态。例如，当置数/移位控制信号为 1 时，寄存器并行输入数据，实现寄存器的置数；当置数/移位控制信号为 0 时，各寄存器的数据均右移一次，而串入的外部数据进入最左侧的寄存器。

```
//Verilog Model: N-bit shift register with clock enable and asynchronous clear
module NbitShiftRegister (CLK, CLR, LoadShift, SerialIn, D, Q);
       input CLK, CLR, LoadShift, SerialIn;                   //declare control and
                                                                serial data in
       input [N:1] D;                                         //declare parallel data in
       output reg [N:1] Q;                                    //declare parallel data out
       parameter N=8;                                         //declare default value of N
       integer i;                                             //define for-loop variable
            always @ (posedge CLK, negedge CLR)               //detect positive CLK edge
                                                                or negative CLR edge
            begin
                 if (CLR==1'b0) Q <= 8'b0;                    //load 0's in register if
                                                                CLR is low
                      else if (CLK==1'b1 & LoadShift==1'b1) Q <= D;  //load parallel data if
                                                                LoadShift = 1
                          else if (CLK==1'b1 & LoadShift==1'b0) begin //shift data bits right if
                                                                laodshift = 0
                              for (i = 2; i <= 8; i = i + 1)  //bit shifting loop
                              begin Q[i] <= Q[i-1]; end
                              Q[1] <= SerialIn;               //load serial input line in
                                                                register location Q[1]
                              end
            end
endmodule
```

图 8.5.5　含异步清零和使能控制的 8 位移位寄存器的 Verilog HDL 模型

2. 集成双向移位寄存器

图 8.5.6 是集成 4 位双向移位寄存器 74LS194。它除了具有异步清零功能以外，还有 4 种工作模式。

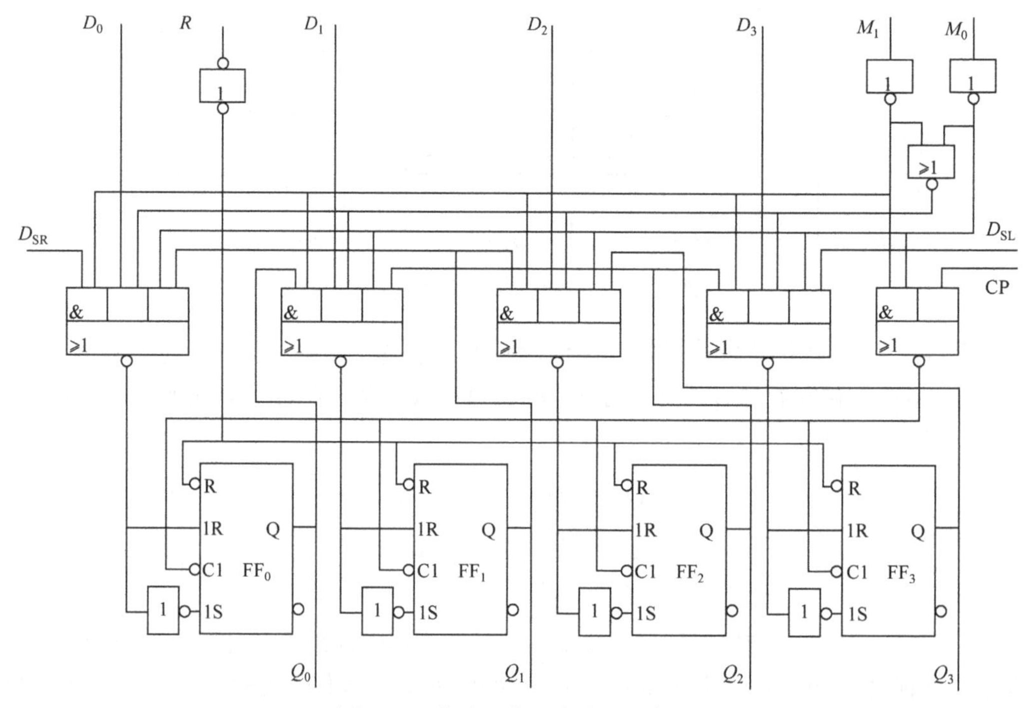

图 8.5.6 集成 4 位双向移位寄存器

1) 清零功能

当清零输入端 $R=0$ 时，4 个带异步清零的同步 RS 触发器被异步清零(不需要时钟脉冲)。

2) 4 种工作模式

当清零输入端无效($R=1$)时，74LS194 有 4 种工作模式。每个同步 RS 触发器和它的输入与或非门组成一个工作单元，4 个单元的工作模式相同。下面以触发器 FF_1 的工作单元为例分析 74LS194 的 4 种工作模式。

由电路得时钟方程和驱动方程为

$$\mathrm{CP}_1=\overline{\mathrm{CP}+\overline{M_1}\cdot\overline{M_0}}$$

$$S_1=\overline{R_1}=Q_0^n\overline{M_1}+D_1M_1M_0+Q_2^n\overline{M_0}$$

将驱动方程代入同步 RS 触发器的特性方程中，得到状态方程为

$$Q_1^{n+1}=S_1+\overline{R_1}Q_1^n=\overline{R_1}=Q_0^n\overline{M_1}+D_1M_1M_0+Q_2^n\overline{M_0}$$

由时钟方程和状态方程可分析 74LS194 的 4 种工作模式。

模式 0：当 $M_1=M_0=0$ 时，$\mathrm{CP}_1=0$，即触发器没有时钟脉冲，保持不变。

模式 1：当 $M_1=0$，$M_0=1$ 时，$\mathrm{CP}_1=\mathrm{CP}$。由状态方程得

$$Q_1^{n+1}=Q_0^n\overline{M_1}+D_1M_1M_0+Q_2^n\overline{M_0}=Q_0^n$$

则寄存器右移，寄存器的右移输入端是 D_{SR}。

模式 2：当 $M_1=1$，$M_0=0$ 时，$CP_1=CP$。由状态方程得

$$Q_1^{n+1}=Q_0^n\overline{M_1}+D_1M_1M_0+Q_2^n\overline{M_0}=Q_2^n$$

则寄存器左移，寄存器的左移输入端是 D_{SL}。

模式 3：当 $M_1=1$，$M_0=1$ 时，$CP_1=CP$。由状态方程得

$$Q_1^{n+1}=Q_0^n\overline{M_1}+D_1M_1M_0+Q_2^n\overline{M_0}=D_1$$

则寄存器并行输入数据 $D_0D_1D_2D_3$，即 $Q_0Q_1Q_2Q_3=D_0D_1D_2D_3$ 是并行输出。

将上述分析归纳如表 8.5.1 所示。

表 8.5.1　74LS194 的功能表

清零输入	时钟	工作模式		串行输入		并行输入				并行输出				说明
R	CP	M_1	M_0	D_{SR}	D_{SL}	D_0	D_1	D_2	D_3	Q_0	Q_1	Q_2	Q_3	
0	×	×	×	×	×	×	×	×	×	0	0	0	0	清零
1	×	0	0	×	×	×	×	×	×	Q_0	Q_1	Q_2	Q_3	保持
1	↑	0	1	D_{SR}	×	×	×	×	×	D_{SR}	Q_0	Q_1	Q_2	右移
1	↑	1	0	×	D_{SL}	×	×	×	×	Q_1	Q_2	Q_3	D_{SL}	左移
1	↑	1	1	×	×	D_0	D_1	D_2	D_3	D_0	D_1	D_2	D_3	并行输入

注：↑表示时钟的上升沿；×表示无关项。

3. 集成移位寄存器的应用

例 8.5.1　74LS194 的引脚图及电路图分别如图 8.5.7(a)和(b)所示，试分析该电路的功能。

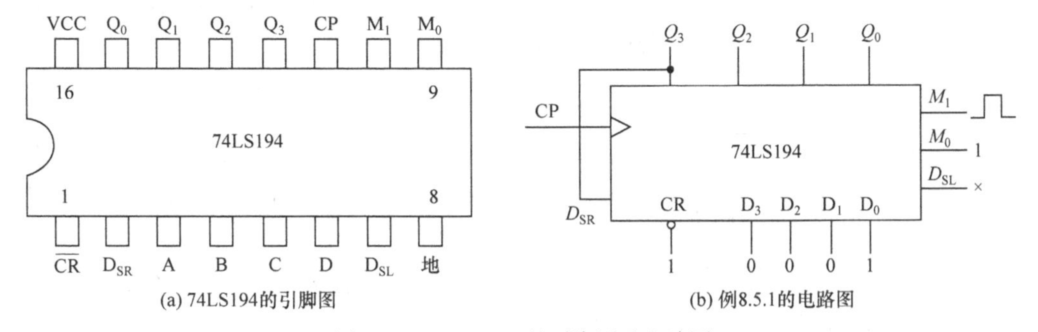

(a) 74LS194的引脚图　　(b) 例8.5.1的电路图

图 8.5.7　74LS194 的引脚图及电路图

解　从 74LS194 构成的电路图 8.5.7(b)可知，清零输入端 $\overline{CR}=1$，高电平无效。根据 M_1 所接脉冲信号，工作过程如下：

首先，当 $M_1=1$，$M_0=1$ 时，CP↑到来，寄存器并行输入数据，$Q_0Q_1Q_2Q_3=D_0D_1D_2D_3$，即此时 $Q_0Q_1Q_2Q_3$ 输出为 1000；

其次，当 $M_1=0$，$M_0=1$ 时，CP↑到来，寄存器右移，且寄存器的右移输入端 $D_{SR}=Q_3$。$Q_3^{n+1}=Q_2^n=0$，$Q_2^{n+1}=Q_1^n=0$，$Q_1^{n+1}=Q_0^n=1$，$Q_0^{n+1}=\ D_{SR}=Q_3=0$，即此时寄存器 $Q_0Q_1Q_2Q_3$ 输出 0100。依次类推，再来一个 CP↑，寄存器继续右移，寄存器 $Q_0Q_1Q_2Q_3$ 输出 0010；再

来一个 CP↑，寄存器继续右移，寄存器 $Q_0Q_1Q_2Q_3$ 输出 0001；再来一个 CP↑，寄存器 $Q_0Q_1Q_2Q_3$ 的输出回归到 1000。

画出电路的状态图如图 8.5.8 所示，状态表如表 8.5.2 所示。

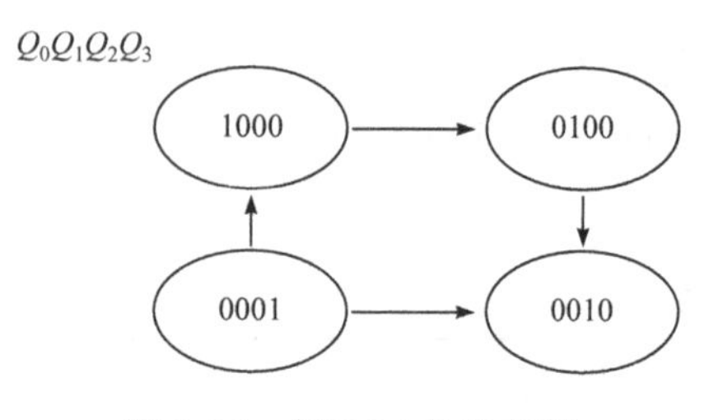

图 8.5.8　例 8.5.1 的状态图

表 8.5.2　例 8.5.1 的状态表

CP	计数器状态			
	Q_0	Q_1	Q_2	Q_3
0	1	0	0	0
1	0	1	0	0
2	0	0	1	0
3	0	0	0	1
4	1	0	0	0

观察电路状态转换关系，该电路实现了 4 位环形计数器功能。

环形计数器是由移位寄存器和反馈电路闭环构成的一种时序逻辑电路，正常工作时所有触发器中只有一个 1(或 0)，因此实现 n 个状态需要 n 个触发器。在本例中，反馈电路的输出 Q_3 接到移位寄存器的串行输入端 D_{SR}，形成反馈，通过初始置数法，使 $Q_0Q_1Q_2Q_3$ 中仅 $Q_0 = 1$，每一个计数脉冲 CP↑到来，“1”的位置右移一位。环形计数器可广泛应用于循环状态的计数等场合，如 8.6 节中的顺序脉冲发生电路。

例 8.5.2　74LS194 构成的电路如图 8.5.9 所示，试分析该电路的功能。

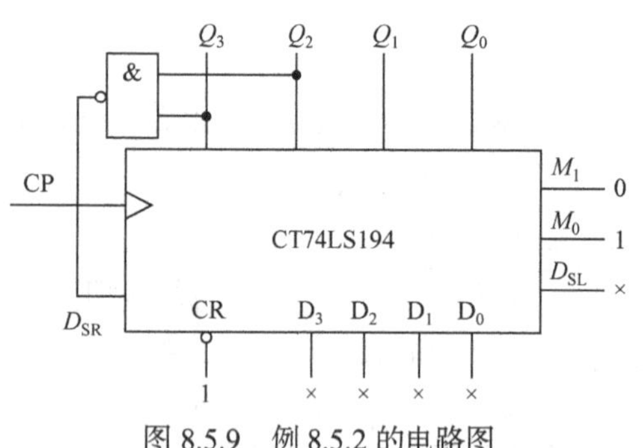

图 8.5.9　例 8.5.2 的电路图

解　从电路图 8.5.9 可知，清零输入端 $\overline{CR}=1$，高电平无效。$M_1 = 0$，$M_0 = 1$，工作过程如下：

当 CP↑到来时，寄存器右移，$Q_3^{n+1} = Q_2^n$，$Q_2^{n+1} = Q_1^n$，$Q_1^{n+1} = Q_0^n$，$Q_0^{n+1} = D_{SR}$，且寄存器的右移输入端 $D_{SR} = \overline{Q_3Q_2}$。假设寄存器初态 $Q_0Q_1Q_2Q_3$ 为 1000，当第 1 个 CP↑到来，寄存器右移，$D_{SR} = \overline{Q_3Q_2} = 1$，则次态为 1100；再来一个 CP↑，寄存器继续右移，$Q_0Q_1Q_2Q_3$ 输出 1110；依次类推，可得该移位寄存器的状态表如表 8.5.3 所示。由状态表画出电路的有效状态图如图 8.5.10 所示。从状态图可见，电路是一个七进制的计数器。

表 8.5.3　例 8.5.2 的状态表

CP	计数器现态				计数器次态			
	Q_0^n	Q_1^n	Q_2^n	Q_3^n	Q_0^{n+1}	Q_1^{n+1}	Q_2^{n+1}	Q_3^{n+1}
0	1	0	0	0	1	1	0	0
1	1	1	0	0	1	1	1	0
2	1	1	1	0	1	1	1	1
3	1	1	1	1	0	1	1	1
4	0	1	1	1	0	0	1	1
5	0	0	1	1	0	0	0	1

续表

CP	计数器现态				计数器次态			
	Q_0^n	Q_1^n	Q_2^n	Q_3^n	Q_0^{n+1}	Q_1^{n+1}	Q_2^{n+1}	Q_3^{n+1}
6	0	0	0	1	1	0	0	0
7	0	0	0	0	1	0	0	0
8	0	1	0	0	1	0	1	0
9	1	0	1	0	1	1	0	1
10	1	1	0	1	1	1	1	0
11	0	1	0	1	1	0	1	0
12	0	0	1	0	1	0	0	1
13	1	0	0	1	1	1	0	0
14	0	1	1	0	1	0	1	1
15	1	0	1	1	1	1	0	1

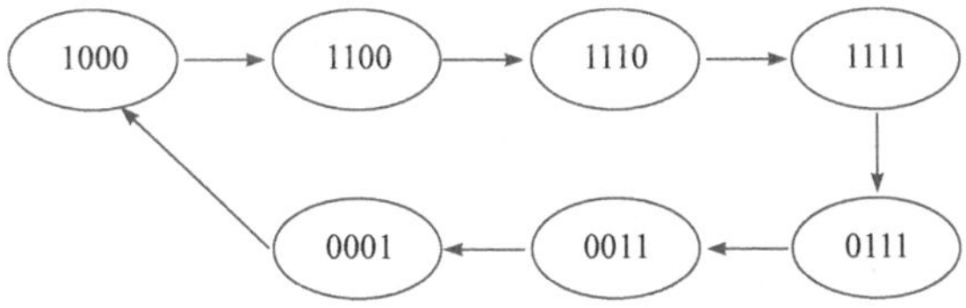

1000　1100　1110　1111
0001　0011　0111

图 8.5.10　例 8.5.2 的有效状态转换图

该电路构成了一个七进制扭环计数器，由状态表 8.5.3 中第 8 列第 15 行的转换关系可知电路能自启动。

扭环计数器又称为 Johnson 计数器，是环形计数器的升级，其目的是提高环形计数器的电路状态利用率。含 n 个触发器的扭环计数器最多可以实现 $2n$ 个状态的计数，且电路在每次状态转换时只有一位触发器的状态发生改变，因而在对电路状态进行译码时，不会产生竞争-冒险现象。

图 8.5.11 为 5 位右移位寄存器($N = 5$)构成的扭环形计数器的状态图。如果右移寄存器具有异步清零功能，且把最高位 Q_{N-1} 取反之后反馈到串行输入端 D_{SR}，则其工作过程可以简要描述如下：首先清零信号有效，使所有寄存器初始赋值为 0，此时串行输入 $D_{SR} = 1$；在每个时钟脉冲沿有效时，“1”逐个从左侧串行移入右侧的寄存器，直到 Q_{N-1} 输出 1 态；接下来的 5 个时钟脉冲，由于 $Q_{N-1} = 1$，串入信号 $D_{SR} = 0$，即将“0”逐个存入寄存器；在 10 个时钟之后，可完整实现图 8.5.11 所示扭环形计数器输出的 10 种状态。类似地，可以建立其 Verilog HDL 行为模型如图 8.5.12 所示，Clear 为清零信号，低电平有效，$Q_0 = \overline{Q_{N-1}}$，形成反馈，时钟上升沿有效时，进行右移操作，得到模 10 的扭环形计数器。

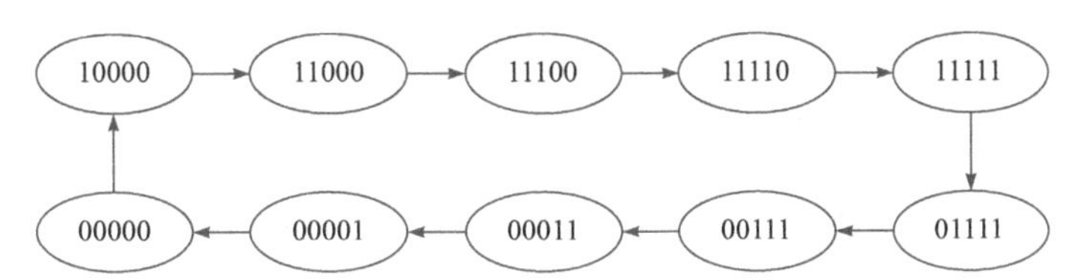

图 8.5.11　模 10 扭环形计数器的有效状态转换图

```
//Verilog model of a 2N-state twisted-ring counter
//
module TwoNStateTwistedRing (Clock, Clear, Q);
input Clock, Clear;                          //define input variables
output reg [N-1:0] Q;                        //define output as an N-bit register
parameter N = 5;                             //specify default value of N
always @(posedge Clock, negedge Clear) begin //check for input changes
       if (Clear==0) Q <= 0;                 //initialize state to all 0's
       else begin                            //begin counting in a Grey code sequence
                 Q[0] <= ~ Q[N-1];
                 Q[N-1:1] <= Q[N-2:0];
            end
end
endmodule
```

图 8.5.12　模 10 扭环形计数器的 Verilog HDL 模型

8.6　其他常见时序逻辑电路

8.6.1　顺序脉冲发生器

按时间顺序依次出现的一组脉冲信号称为顺序脉冲。产生顺序脉冲的电路，称为顺序脉冲发生器，或节拍脉冲发生器。例如，例 8.5.1 所示的 4 位环形计数器的输出就可以产生一组顺序脉冲。通常，顺序脉冲发生器属于数字系统的控制部分。在顺序脉冲控制下，系统的各个功能部件就能按脉冲的顺序操作，实现程序控制。

除了环形计数器之外，顺序脉冲发生器还可采用计数器和译码器组合实现，计数器的状态按一定顺序出现，对计数状态进行译码，就能产生一组顺序脉冲。图 8.6.1 是一个产生 4 个顺序脉冲的顺序脉冲发生器，2 个 JK 触发器组成异步二进制加法计数器，4 个与非门组成输出低电平有效的译码器。在时钟脉冲作用下，译码器把计数器的状态，译成输出线上的顺序负脉冲，如图 8.6.2 所示。

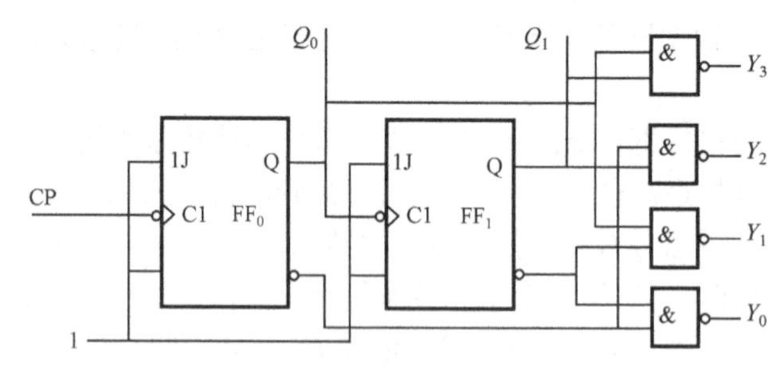

图 8.6.1　顺序脉冲发生器

由于异步计数器在时钟脉冲作用下，各个触发器不能同时翻转，而是依次滞后 t_f(触发器的传输时间)，使译码电路的输入信号出现竞争，产生冒险，例如，在 CP 的第 2 个脉冲后 Y_0 产生的窄脉冲。即使顺序脉冲发生器采用同步计数器，由于各触发器的性能、负载大小以及布线情况不可能完全相同，各触发器也不可能绝对同时翻转，输出仍可能产生窄脉冲。为此，选择具有控制端的译码器，图 8.6.3 是用集成计数器 74LS161 和集成译码器 74LS138 组成的 8 输出顺序脉冲发生器。由图看出，每个 CP 的上升沿使 74LS161 计数，到每个 CP 的下降沿，74LS161 的输出状

时序逻辑电路的竞争冒险

态已经稳定，74LS138 才对 74LS161 的输出状态译码，输出没有窄脉冲的顺序负脉冲。

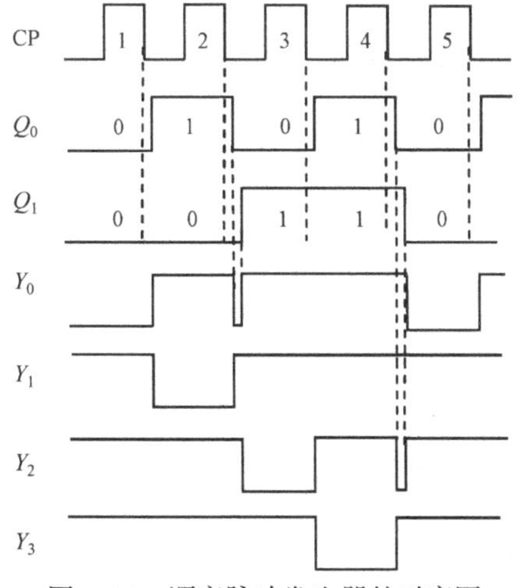

图 8.6.2　顺序脉冲发生器的时序图

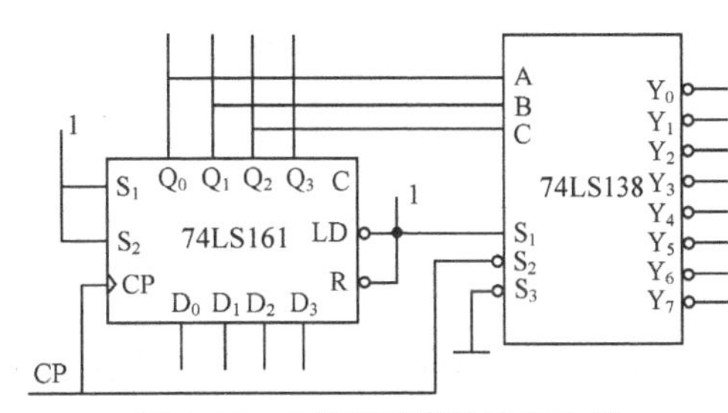

图 8.6.3　8 输出顺序脉冲发生器

8.6.2　序列信号发生器

序列信号是指在时钟脉冲作用下循环产生的一串周期性二进制信号，作为传输有用数据串之前/之后的序列码，便于隔离和识别有用数据串。能产生这种串行数字序列的逻辑电路就称为序列信号发生器。序列信号发生器的设计方法有多种，包括：

(1) 使用环形计数器；

(2) 使用计数器和数据选择器；

(3) 使用移位寄存器和组合逻辑电路(分立门电路、译码器、选择器)。

例 8.6.1　设计一个产生 1100 0100 1110 序列码的发生器。

采用“计数器+组合逻辑电路”进行设计。

第 1 步：根据序列码的长度 S 设计模 S 计数器，状态可自定。

本例中，序列码长度为 12，选用 4 位二进制加法计数器 74LS161，采用同步置数法(LD)设计十二进制计数器，取后 12 个状态为有效状态，即 $Q_DQ_CQ_BQ_A = 0100\sim1111$。前 4 个状态为无效状态，视为无关项。回归态是 S_4，因此预置数 $D_3D_2D_1D_0 = 0100$，反馈状态是 $S_{15} = 1111$，因此将 C 取反作为 LD 的反馈($\mathrm{LD}=\overline{C}$)。详细设计过程如例 8.4.1 所述，可得十二进制计数器如图 8.4.18 所示。

表 8.6.1　例 8.6.1 的真值表

Q_D	Q_C	Q_B	Q_A	Z
0	1	0	0	1
0	1	0	1	1
0	1	1	0	0
0	1	1	1	0
1	0	0	0	0
1	0	0	1	1
1	0	1	0	0
1	0	1	1	0
1	1	0	0	1
1	1	0	1	1
1	1	1	0	1
1	1	1	1	0

第 2 步：采用数据选择器设计组合电路。

以计数器的 4 位二进制数码 $Q_DQ_CQ_BQ_A$ 为输入，序列码 Z 为输出，根据序列码取值 1100 0100 1110 列写真值表，如表 8.6.1 所示。根据真值表画出 Z 的卡诺图如图 8.6.4

所示。

如果采用 8 输入数据选择器 74LS151 实现逻辑函数 Z，则地址变量只有 3 位 $A_2A_1A_0$，令逻辑变量 $A_2A_1A_0D = Q_DQ_CQ_BQ_A$，则等价的卡诺图如图 8.6.5 所示。

$Q_B^nQ_A^n$ \ $Q_D^nQ_C^n$	00	01	11	10
00	×	1	1	0
01	×	1	1	1
11	×	0	0	0
10	×	0	1	0

图 8.6.4　例 8.6.1 中 Z 的卡诺图

A_0D \ A_2A_1	00	01	11	10
00	D_0	D_2	D_6	D_4
01	D_0	D_2	D_6	D_4
11	D_1	D_3	D_7	D_5
10	D_1	D_3	D_7	D_5

图 8.6.5　数据选择器的卡诺图

对照图 8.6.4 和图 8.6.5，可确定相应的数据输入 D_i：

(1) 若对应于数据选择器卡诺图的方格内全为 1，则 $D_i = 1$；反之，若方格内全为 0，则 $D_i = 0$，即 $D_0 = D_1 = D_3 = D_5 = 0$，$D_2 = D_6 = 1$。

(2) 若对应的方格内有 0 也有 1，则 D_i 取值与 Q_A 一致或者取非。例如，观察图 8.6.5 中两个 D_4 方格中取值有 0 也有 1，其取值与 Q_A 是一致的，即 $D_4 = Q_A$；同样，观察两个 D_7 方格中取值有 0 也有 1，其取值与 Q_A 相反，因此，$D_7 = \overline{Q_A}$。

第 3 步：画出完整电路，如图 8.6.6 所示。

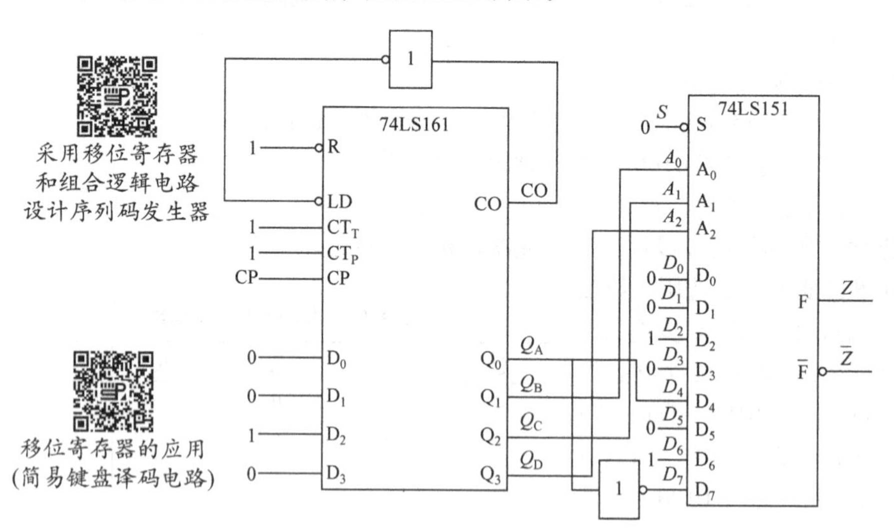

图 8.6.6　例 8.6.1 的序列码发生器电路图

本例还可以采用移位寄存器和组合逻辑电路设计，请读者自行分析。

程 序 仿 真

M8.1　用 74LS191 设计一个按 8421BCD 码计数的 0→⋯→9→⋯→0 循环计数器，用七段显示器显示计数情况。

解　按 0→⋯→9→⋯→0 循环计数的 8421BCD 码计数器的状态图如图 M8.1.1 所示。

74LS191 是四位二进制加/减法计数器，其 $\bar{\text{U}}$/D 引脚为加/减法控制输入端，要想设计 0→9→0 循环计数器，需在 0→9 加法计数时保持 $\bar{\text{U}}$/D 引脚为低电平，在 9→0 减法计数时保持其为高电平。如果仅用组合逻辑电路控制 $\bar{\text{U}}$/D 引脚，很难判断相同计数值时 $\bar{\text{U}}$/D 引脚电平何时为高何时为低，因此引入时序逻辑电路，运用 D 触发器 74LS74 控制该引脚可实现上述锁存功能，电路仿真搭建如图 M8.1.2 所示。

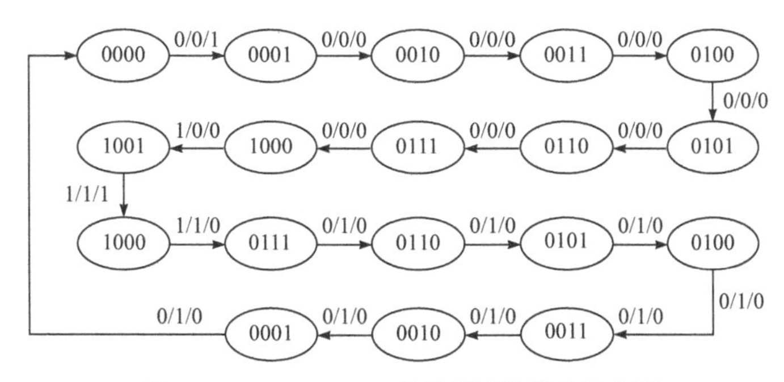

图 M8.1.1　8421BCD 码循环计数器的状态图

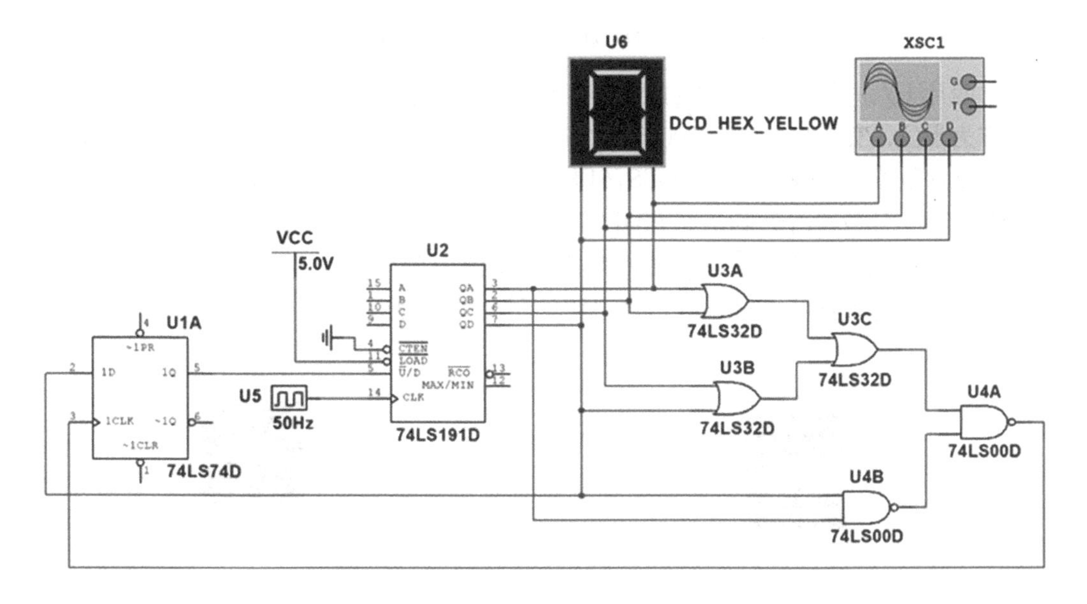

图 M8.1.2　8421BCD 码循环计数器的电路图

D 触发器 74LS74 上升沿触发，由于计数值为 0 和 9 时需要翻转 $\bar{\text{U}}$/D 引脚电平(即 D 触发器输出 Q)，故仅在计数值为 0 和 9 时，D 触发器时钟输入 CLK 为高电平，触发 Q 次态输出电平翻转，其余计数值均为低电平，Q 输出电平被锁存。电路状态转换图如图 M8.1.1 所示，状态变量为计数器 $Q_DQ_CQ_BQ_A$，输出变量为 D 触发器 D、Q 和 CLK。为了验证电路分析的正确性，用 Multisim 仿真软件中的四通道示波器同时观察计数器时钟脉冲输入以及 D 触发器的 D、Q 和 CLK，时序图如图 M8.1.3 所示，可以直观地看到，所测结果和电路设计状态转换图一致。

M8.2　采用两片十六进制计数器 74LS161 级联，实现以自然数计数方式的二十四进制计数器。

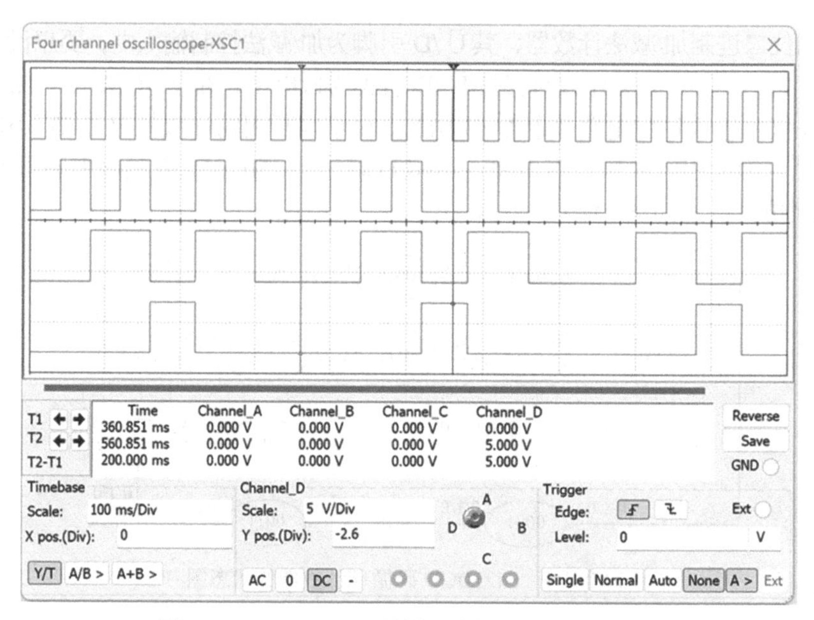

图 M8.1.3　8421BCD 码循环计数器的仿真波形图

解　两片十六进制计数器 74LS161 按照并行方式级联，将其中一片 74LS161 作为个位，另一片作为十位，实现 00(0000 0000)～23(0010 0011)循环计数。首先，将个位上的 74LS161 变成十进制计数器，通过将个位上 74LS161 的输出 Q_D 和 Q_A 与非后接到该计数器的同步置数端 $\overline{LOAD}$ 实现。计数器由全零(S_0 状态)开始计数，当计数到 24 时，立即经与非门将低电平送入两片 74LS161 的清零端 $\overline{CLR}$，使得电路计数输出整体异步清零，实现 00～23 自然计数。

二十四进制计数器的 Multisim 仿真电路如图 M8.2.1 所示。

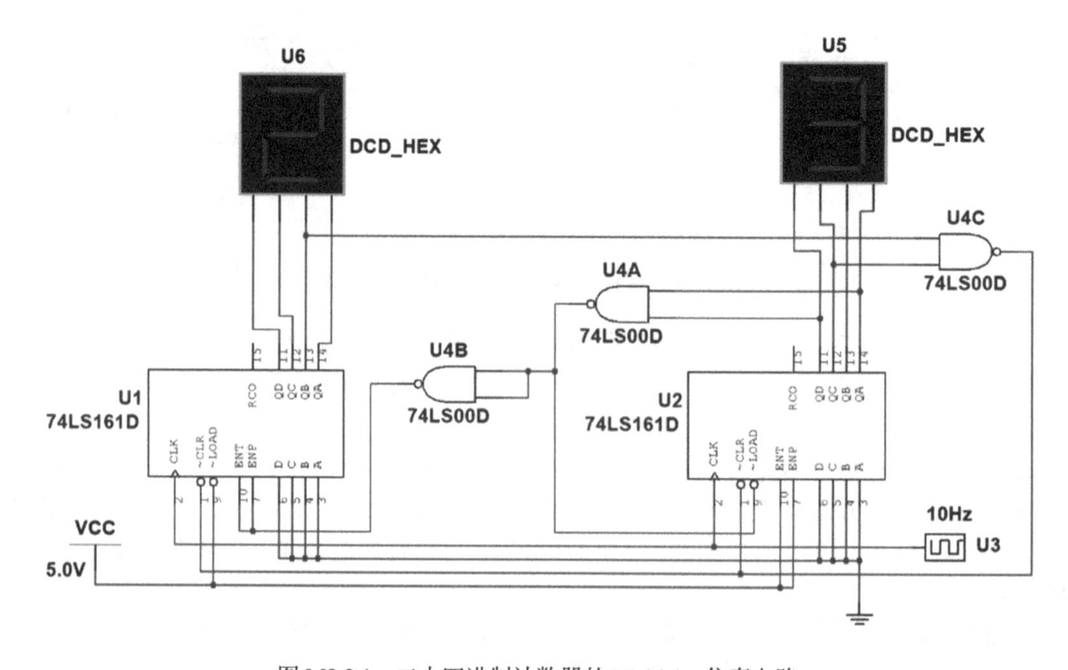

图 M8.2.1　二十四进制计数器的 Multisim 仿真电路

M8.3　采用 Verilog HDL 编程实现 74LS163 的功能。

解　4 位同步二进制加法计数器 74LS163 的逻辑符号和功能表如图 M8.3.1 和表 M8.3.1 所示。

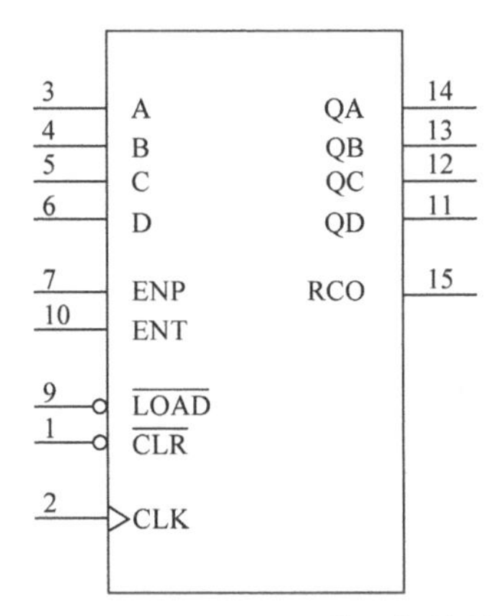

图 M8.3.1　74LS163 的逻辑符号

表 M8.3.1　74LS163 的功能表

输入						输出说明
$\overline{CLR}$	$\overline{LOAD}$	ENP	ENT	CLK	DCBA	
0	×	×	×	↑	××××	同步清零
1	0	×	×	↑		同步置数
1	1	0	×	×		保持
1	1	×	0	×		保持，RCO = 0
1	1	1	1	↑		同步加计数

当清零端 $\overline{CLR}=0$ 且置数端无效时，在 CP 脉冲上升沿的作用下，实现同步清零功能，即计数器输出为 0；当置数端 $\overline{LOAD}=0$ 且清零端无效时，在 CP 脉冲上升沿的作用下，实现同步置数功能，即计数器输出 $Q_DQ_CQ_BQ_A=DCBA$；当 ENP · ENT=0 且 $\overline{CLR}=\overline{LOAD}=1$ 时，计数器停止计数，保持原有输出状态，即为锁存状态；当两个允许输入端 ENP · ENT=1 且 $\overline{CLR}=\overline{LOAD}=1$ 时，计数器在 CP 脉冲上升沿的作用下，执行同步加计数功能，可计数 16 个脉冲；仅当计数控制端 ENT = 1 且 $Q_DQ_CQ_BQ_A=1111$ 时，进位输出 RCO = 1，否则 RCO = 0。

(1) 实现 74LS163 逻辑功能的 Verilog HDL 代码如下。

```
module counter_74ls163 (
    input           clk,        //CLK
    input           clr_n,      //CLR
    input           load_n,     //LOAD
    input           ent,        //ENT
    input           enp,        //ENP
```

```
    input [3:0]          d,
    output reg [3:0]     q_out,          // Q
    output reg           rco             //RCO
);
  always@(posedge clk) begin
      if(clr_n == 1'b0)
          q_out <= 4'd0;
      else if(load_n == 1'b0)
          q_out <= d;
      else if((ent == 1'b1) && (enp == 1'b1))
          q_out <= q_out + 1'b1;
      else
          q_out <= q_out;
  end

  always@(ent or q_out) begin
      if((ent == 1'b1) && (q_out == 4'd15))
          rco = 1'b1;
      else
          rco = 1'b0;
  end
endmodule
```

(2) 仿真代码如下。

```
`timescale 1ns / 1ps
module sim_74ls163();
  reg          clk;
  reg          clr_n;
  reg          load_n;
  reg          ent;
  reg          enp;
  reg [3:0]    d;
  wire [3:0]   q_out;
  wire         rco;

  initial begin
      clk = 1'b0;
      load_n = 1'b1;
      ent = 1'b1;
```

```
        enp = 1'b1;
        d = 4'd0;
        clr_n = 1'b0;
        #20
        clr_n = 1'b1;
    end

    always #10 clk = ～ clk;

    counter_74ls163 u_counter_74ls163(
        .clk(clk),
        .clr_n(clr_n),
        .load_n(load_n),
        .ent(ent),
        .enp(enp),
        .d(d),
        .q_out(q_out),
        .rco(rco)
    );
endmodule
```

(3) 仿真结果如图 M8.3.2 所示。

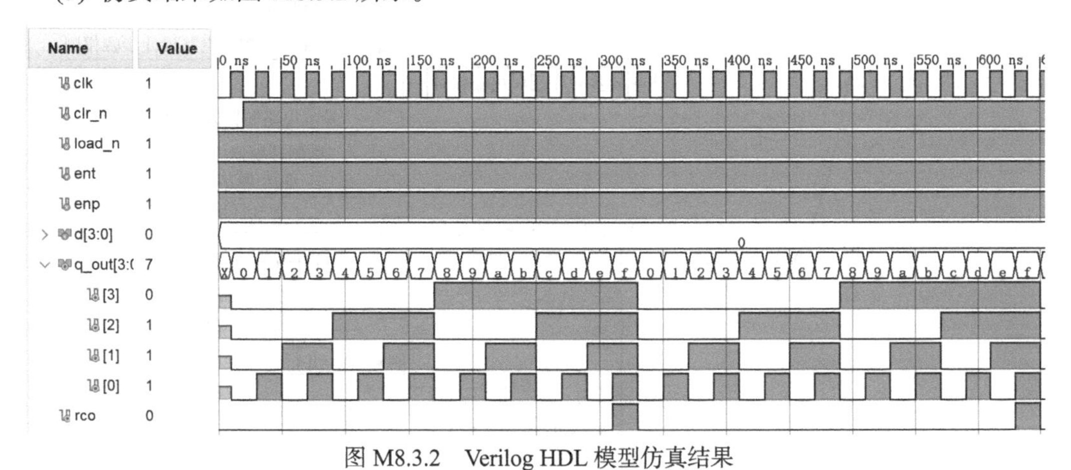

图 M8.3.2　Verilog HDL 模型仿真结果

本章知识小结

***8.1**　时序逻辑电路分类

时序逻辑电路由组合逻辑电路和存储电路组成，其任一时刻的输出不仅取决于该时刻的输入状态组合，而且与电路状态有关。如果时序逻辑电路中所有触发器的时钟方程都相同，则触发器几乎在同一时刻改变状态，称为同步时序逻辑电路，否则，称为异步时序逻辑电路。可以通过列出状态表或画出状态图或时序图了解时序逻辑电路的功能。

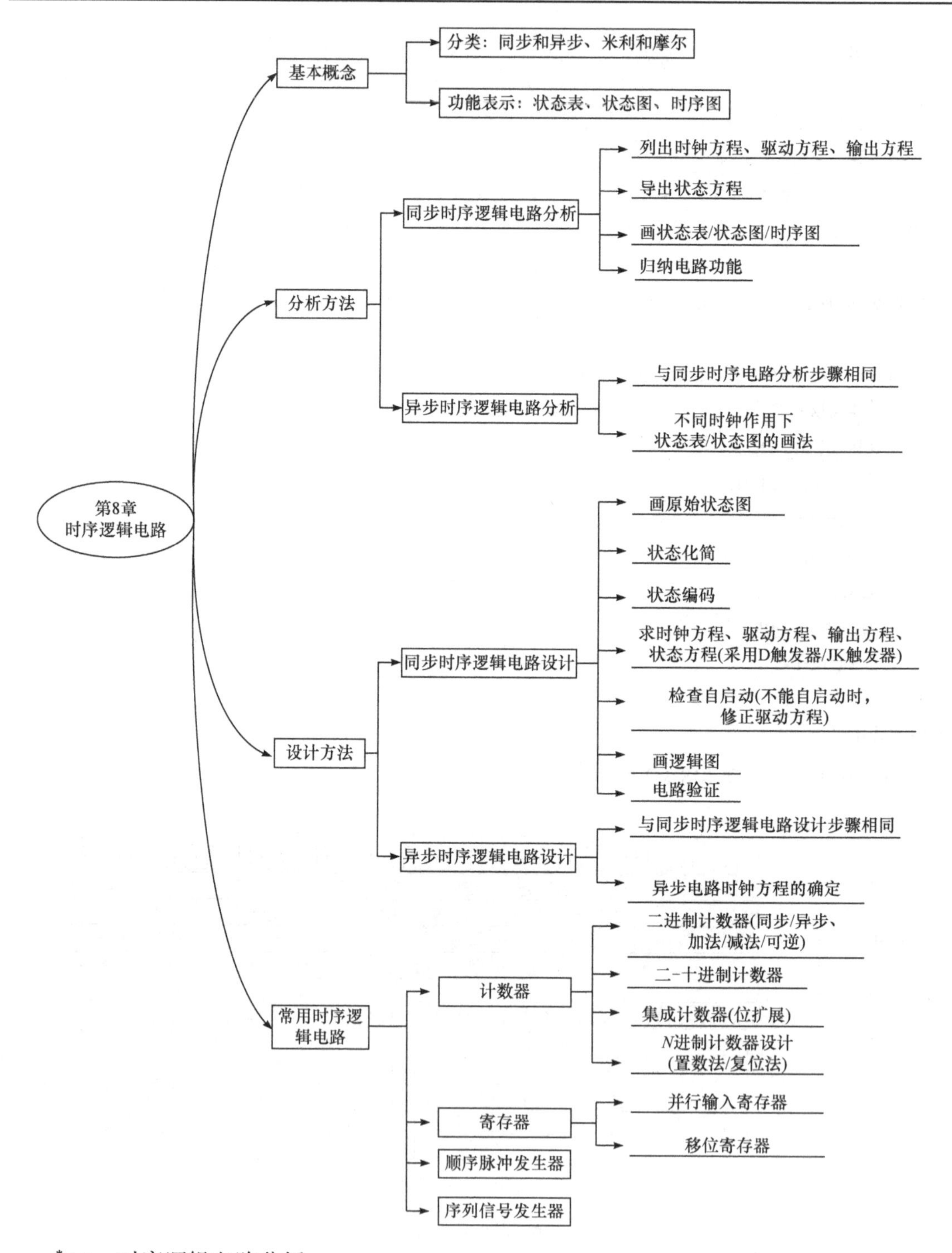

*8.2 时序逻辑电路分析

时序逻辑电路分析是给定时序电路，确定其逻辑功能。时序逻辑电路分析的步骤如下：

(1) 根据给定的电路图，写出3组方程，即时钟方程、输出方程和驱动方程；

(2) 将驱动方程代入触发器的特性方程中，导出电路的状态方程；

(3) 计算输出方程和状态方程，列出状态表或画出状态图或时序图；

(4) 由状态表或状态图或时序图说明电路的功能，检查自启动。

*8.3 常见时序逻辑电路

常见的时序逻辑电路有计数器、寄存器、顺序脉冲发生器和序列信号发生器等；可采用时序逻辑电路的通用分析方法对这些不同功能的时序逻辑电路进行分析。

*8.4 常见集成计数器及其应用

(1) 常见集成计数器：计数器有同步/异步、二进制/十进制等不同种类，常用集成计数器有 74LS161、74LS191、74LS160、74LS190 等。

(2) 集成计数器的扩展应用：可以通过两个计数器串行/并行连接扩展计数的范围，在扩展应用时，注意计数脉冲 CP、进位信号 C 和计数控制信号 S_1、S_2 的连接关系，同时注意 R、LD 的取值必须保证计数器正常工作。

(3) N 进制计数器的设计：常用集成计数器 74LS161 等设计 N 进制计数器(N 小于集成计数器的计数范围)。用置数端 LD 设计 N 进制计数器时：首先 LD 端为同步控制端，所以计数器置数功能受 CP 的控制；用回归状态的编码值作为数据输入($D_3D_2D_1D_0 = S_k$)，用反馈状态(S_{k+N-1})控制置数端 LD；当计数器在反馈状态时，LD = 0(低电平有效)，计数脉冲的有效沿将回归状态(S_k)置入计数器，且 LD 由 S_{k+N-1} 中取值为 1 的状态位通过与非门得到。特殊情况下，如果计数器取后 N 个状态，则反馈状态是计数器的最后一个状态，此时计数器进位信号 $C = 1$，因此可将 C 通过非门后作为 LD 的反馈。 用复位端 R 设计 N 进制计数器时：反馈状态为 S_N，回归状态为 S_0，由 S_N 中取值为 1 的状态位通过与非门得到 R。当异步复位信号 $R = 0$ 时，输出状态立刻复位，从 S_N 回归到状态 S_0，波形图中的 S_N 出现的时间很短暂，这个状态称为过渡状态。

*8.5 寄存器及其应用

寄存器是由多个触发器构成的时序逻辑电路，用于存储二进制数，移位寄存器同时还可完成数码在寄存器中的左移和右移。74LS194 是常用的移位寄存器，具有保持、左移、右移和并行输出 4 种工作模式。用 74LS194 可构成环形计数器和扭环形计数器等应用电路。

*8.6 顺序脉冲发生器和序列信号发生器

产生顺序脉冲的电路称为顺序脉冲发生器，或节拍脉冲发生器；使用计数器和译码电路可设计顺序脉冲发生电路。序列信号是指在时钟脉冲作用下循环产生的一串周期性二进制信号，能产生这种串行数字序列的逻辑电路就称为序列信号发生器；使用计数器和数据选择器或者移位寄存器和组合逻辑电路等不同方法都可设计实现序列信号发生器。

小 组 合 作

G8.1 思考：一个 10 位二进制加法计数器在 0.002s 内选通，假定初始状态为 0，若计数脉冲频率为 250Hz，在选通脉冲终止时，计数器的输出是什么？

G8.2 用集成计数器设计一个 60s 倒计时器，并用 Multisim 进行仿真。如果条件允许，请做出实物装置。该倒计时器具有如下功能：

(1) 复位按钮，按下该按钮，倒计时器恢复初始值 60s。

(2) 预设功能，可以预设倒计时初始值为 60s 以内的任意值。

(3) 采用两位数码管显示计时器剩余时间。

G8.3 采用含异步置位和复位输入(对计数器进行初始赋值)的上升沿触发的 D 触发器设计一个八进制扭环形计数器，它具有异步初始赋值功能。写出 Verilog HDL 行为模型，仿真计数器的运行过程可以证明设计合理。如果条件允许，在硬件上搭建该计数器构成的彩灯控制电路，控制 8 个 LED 灯珠按规律点亮。

习　题

8.1 说明时序逻辑电路和组合逻辑电路在逻辑功能上和电路结构上有何不同？

8.2 指出下列各种类型的触发器中哪些能组成移位寄存器，哪些不能组成移位寄存器。如果能，请在(　)内打√，否则打×：

(1) 基本 RS 触发器(　)　(2) 同步 RS 触发器(　)　(3) 维持阻塞型 D 触发器(　)

8.3 具有下列触发器个数的二进制异步计数器，它们各有多少种状态？

(1) 8 个　(2) 12 个　(3) 16 个

8.4 试画出题图 8.4 所示电路在一系列 CP 信号作用下，Q_1、Q_2、Q_3 的输出电压波形。设各触发器的初始状态为 0。

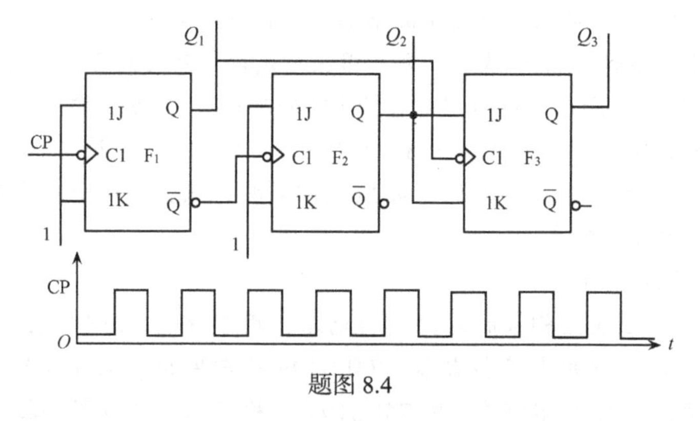

题图 8.4

8.5 分析题图 8.5 所示电路，写出驱动方程、状态方程；画出状态转换图；说明电路的逻辑功能，并判断电路能否自启动。

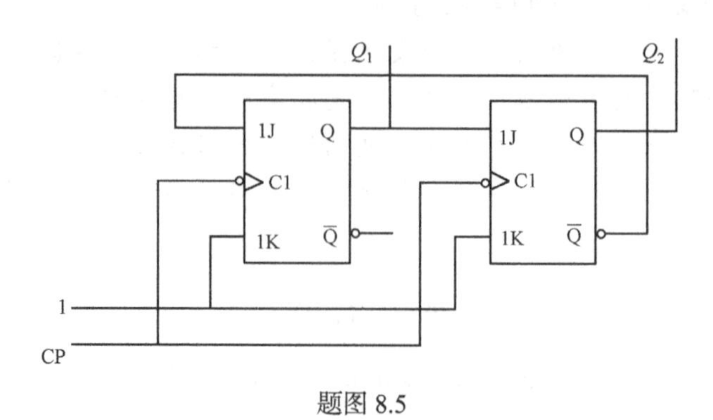

题图 8.5

8.6 分析题图 8.6 所示电路，写出各触发器的驱动方程、状态方程；画出状态转换图；当 $X = 1$ 或 $X = 0$ 时，电路分别完成什么逻辑功能？

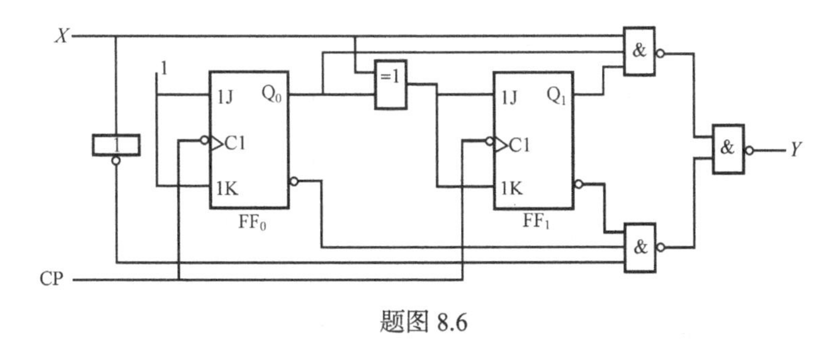

题图 8.6

8.7　分析题图 8.7 所示时序逻辑电路，写出电路的驱动方程和状态方程，画出状态转换图，说明电路的功能。

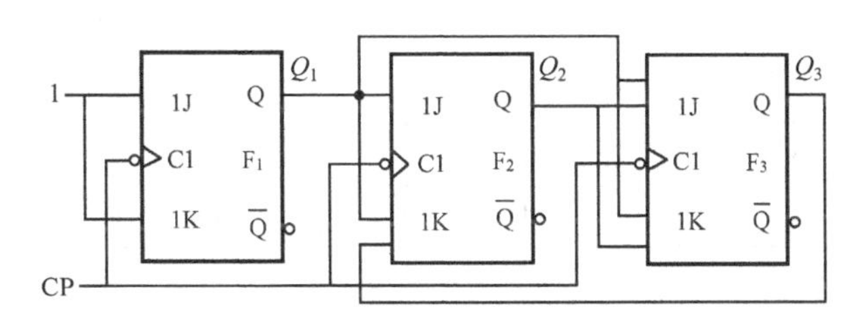

题图 8.7

8.8　试画出题图 8.8 所示电路输出端 Y 的电压波形。已知输入 A 和 CP 脉冲波形，假定各触发器的初始状态为 0。

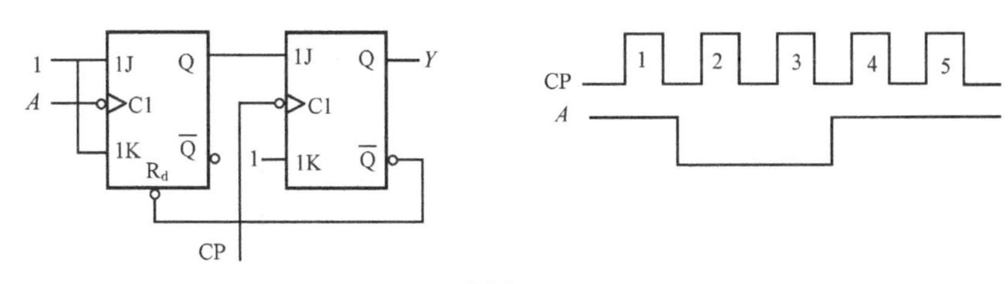

题图 8.8

8.9　分析题图 8.9 所示时序逻辑电路，写出驱动方程、状态方程、输出方程，画出状态转换图，说明电路的逻辑功能，检查能否自启动。

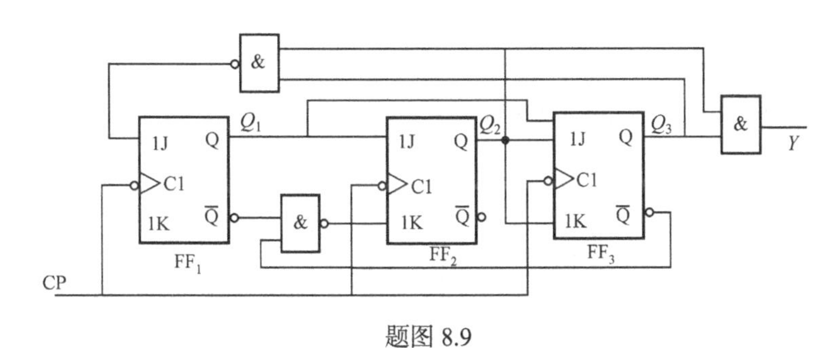

题图 8.9

8.10　已知时序逻辑电路如题图 8.10 所示，假设触发器的初始状态均为 0。

(1) 写出电路的状态方程和输出方程。

(2) 分别列出 $X=0$ 和 $X=1$ 两种情况下的状态转换表，说明其逻辑功能。

(3) 画出 $X=1$ 时，在 CP 脉冲作用下的 Q_1、Q_2 和输出 Y 的波形。

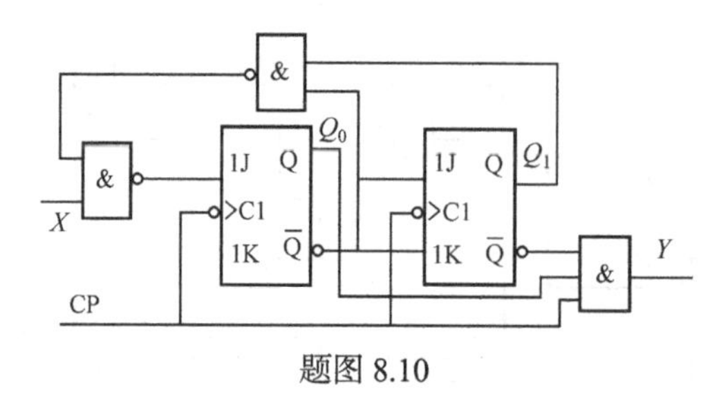

题图 8.10

8.11　分析题图 8.11 所示电路，画出状态图，说明电路的逻辑功能，检查电路能否自启动。

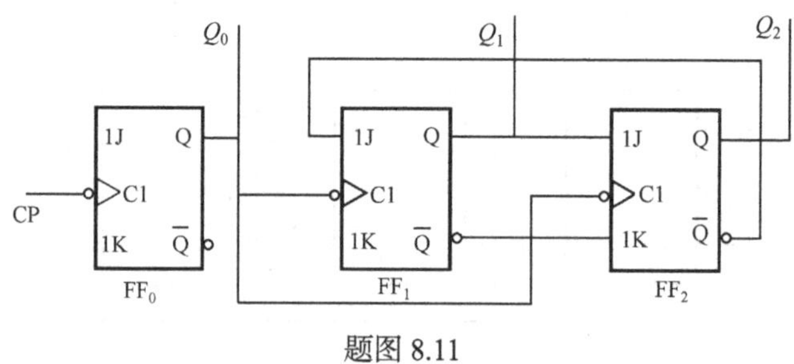

题图 8.11

8.12　分析题图 8.12 所示电路，写出驱动方程、状态方程；画出状态转换图；说明电路的逻辑功能，并判断电路能否自启动。

8.13　分析题图 8.13 所示电路，已知 A、B 的波形，画出输出 Q_1、Q_2 的波形。设触发器的初始状态为 0。

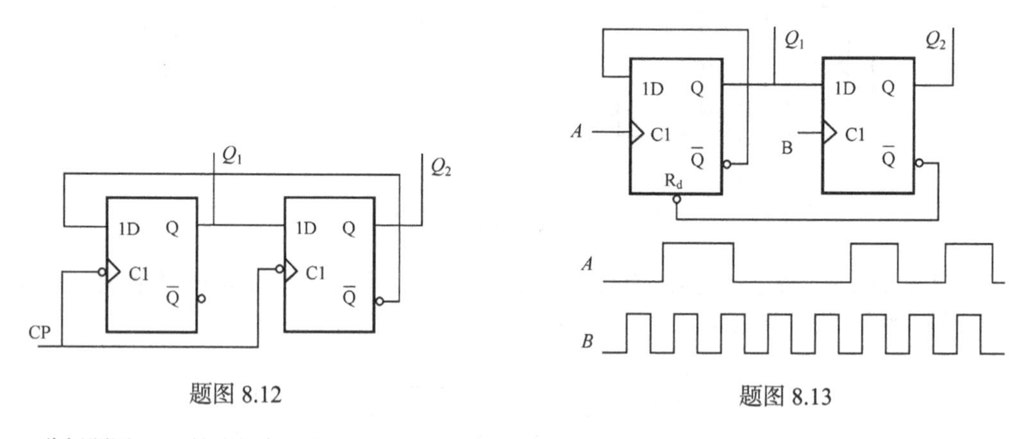

题图 8.12　　题图 8.13

8.14　分析题图 8.14 所示电路，说明电路的逻辑功能。

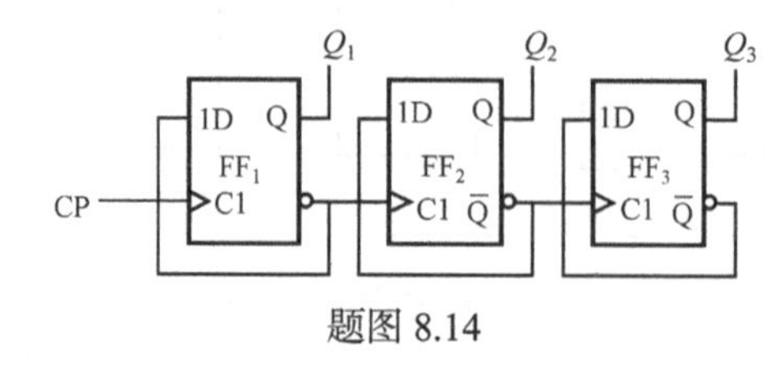

题图 8.14

8.15　电路如题图 8.15 所示。设触发器初态为 0，画出在输入 X 及 CP 脉冲作用下各触发器的 Q 端波形。

8.16　在题图 8.16 所示的电路中，已知输入 v_I 和 CP 脉冲波形，试画出输出电压 v_O 的波形，假定各触发器的初始状态为 0。

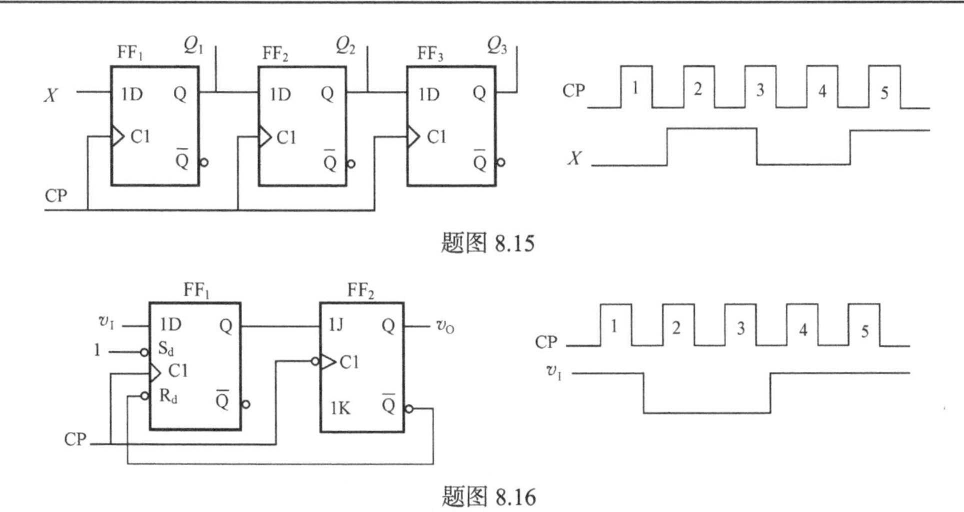

题图 8.15

题图 8.16

8.17　分析题图 8.17 所示的时序电路的逻辑功能，写出电路的驱动方程、状态方程和输出方程，画出电路的状态转换图，并说明该电路是否能自启动。

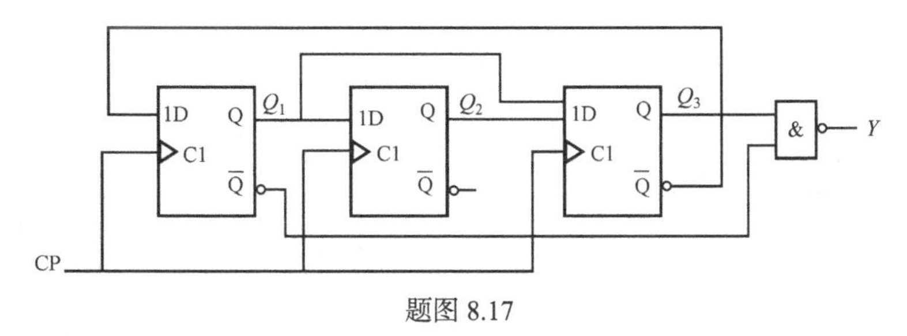

题图 8.17

8.18　分析题图 8.18 所示时序逻辑电路，写出电路的驱动方程和状态方程，画出状态转换图，说明电路的功能。

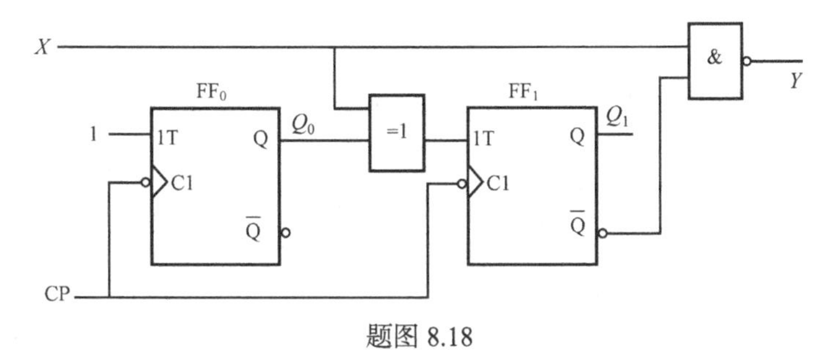

题图 8.18

8.19　用 JK 触发器设计一个同步六进制计数器，并写出 Verilog HDL 行为模型。

8.20　用 D 触发器设计一个同步五进制计数器，并写出 Verilog HDL 行为模型。

8.21　用 D 触发器设计一个异步七进制计数器。

8.22　用 JK 触发器设计一个异步九进制计数器。

8.23　用 Verilog 语句描述一个异步清零十进制计数器的行为模型。

8.24　分析题图 8.24 所示同步计数电路，画出电路的状态转换图。

8.25　分析题图 8.25 所示电路为几进制计数器，画出电路的状态图，并用 Multisim 仿真观察各触发器的输出波形。

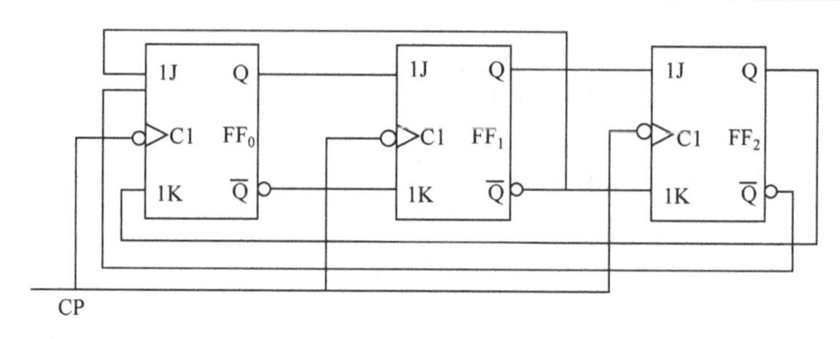

题图 8.24

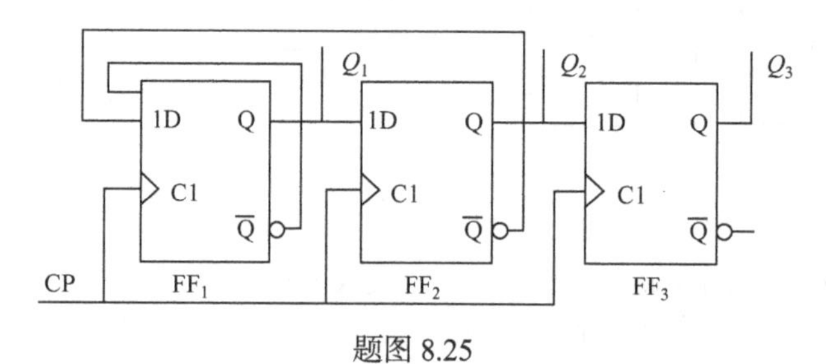

题图 8.25

8.26　用 74160 构成的计数器如题图 8.26(a)和(b)所示，试画出电路的状态图，指出这是几进制计数器。

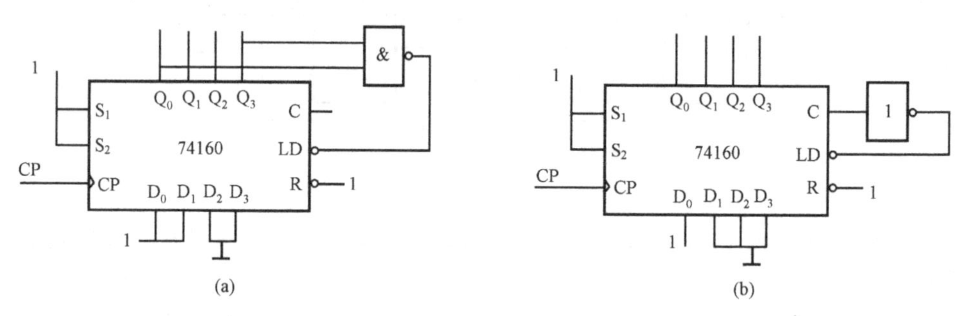

题图 8.26

8.27　用 74161 构成的计数器如题图 8.27(a)和(b)所示，试画出电路的状态图，指出这是几进制计数器。

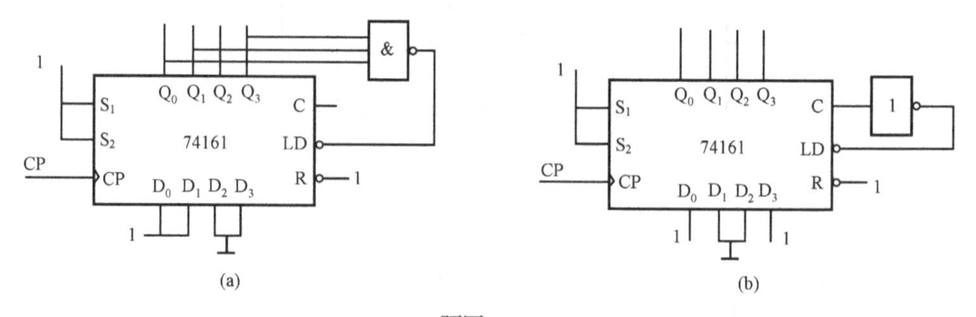

题图 8.27

8.28　试分析题图 8.28(a)和(b)所示电路是几进制计数器，并画出其完整的状态图。说明电路能否自启动。

8.29　试分析题图 8.29(a)和(b)所示电路的计数长度为多少，画出状态转换图。说明电路能否自启动。

8.30　分析题图 8.30 所示电路中 74161(Ⅰ)和 74161(Ⅱ)各自电路的计数长度及整个电路的计数长度；并画出完整的状态转换图。

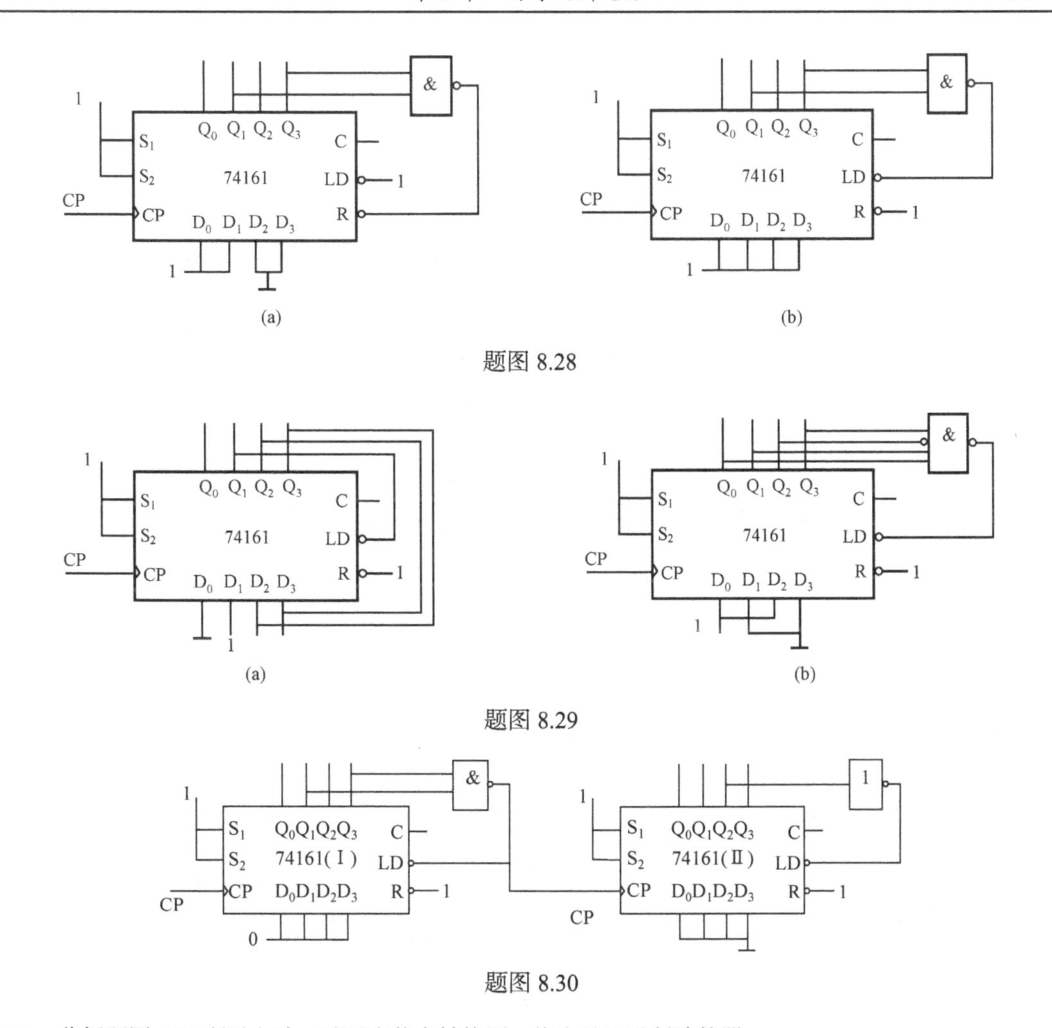

题图 8.28

题图 8.29

题图 8.30

8.31　分析题图 8.31 所示电路，试画出状态转换图，指出是几进制计数器。

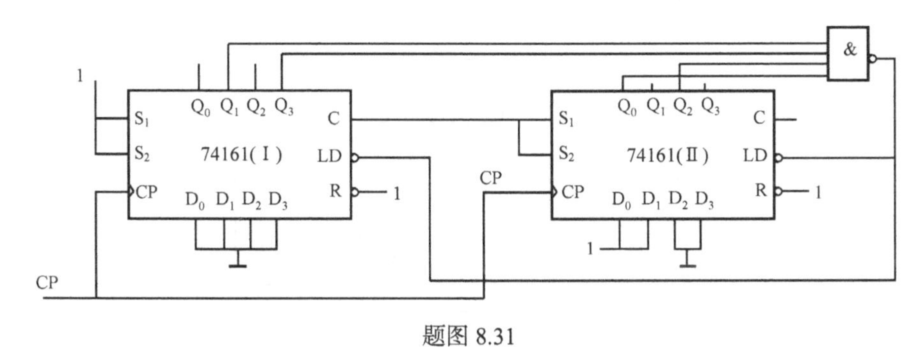

题图 8.31

8.32　题图 8.32 所示为一个可变进制计数器。其中，74LS138 为 3 线-8 线译码器，74LS153 为四选一数据选择器。试问当 M、N 为各种不同输入时，可组成几种不同进制的计数器？分别是几进制？简述理由。

8.33　用 74160 构成有效状态为 0000～1000 的计数器，要求可靠复位。

8.34　用 74160 构成计数器：

(1) 利用 R 端构成九进制计数器；

(2) 利用 LD 端构成六进制计数器。

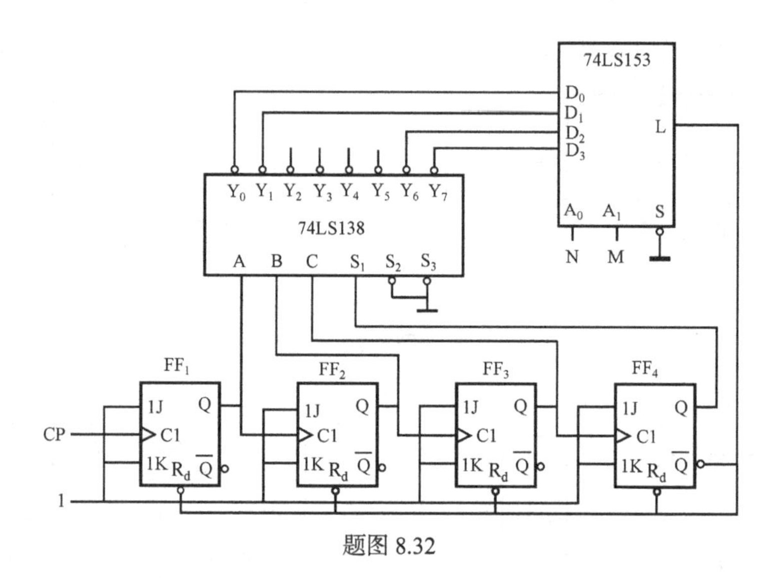

题图 8.32

8.35　用 74161 构成计数器：

(1) 利用 LD 端构成七进制计数器；

(2) 利用 R 端构成十三进制计数器。

8.36　题图 8.36 是用 JK 触发器组成的数码寄存器，试分析电路的工作原理。

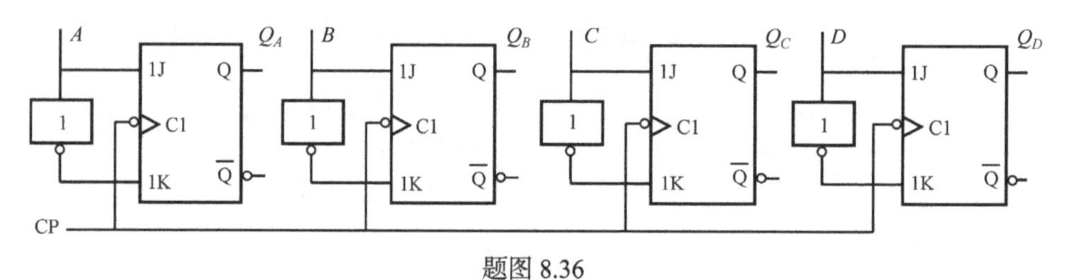

题图 8.36

8.37　最大长度移位寄存器型计数器如题图 8.37 所示，画出电路的状态转换图，计数长度是多少？说明电路能否自启动。

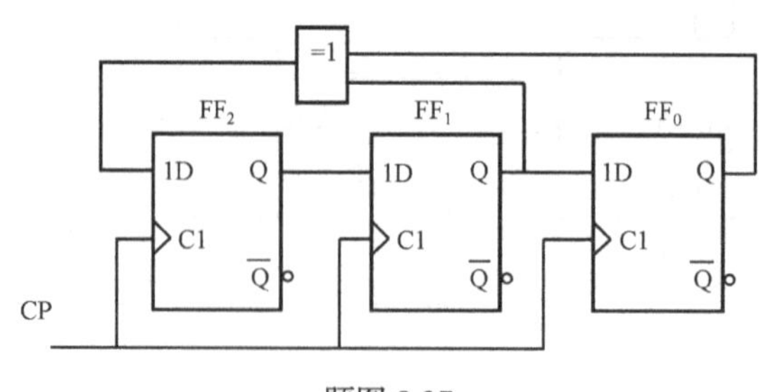

题图 8.37

8.38　在题图 8.38 所示电路中，若两个移位寄存器中的原始数据分别为 $A_3A_2A_1A_0 = 1001$、$B_3B_2B_1B_0 = 0011$，试问经过 4 个 CP 信号作用后两个寄存器中的数据如何？这个电路完成什么功能？

8.39　设计一个串行数据检测器。当输入连续信号 110 时，输出为 1，否则输出为 0。

8.40　试用 74161 和数据选择器设计一个 01110011 序列信号发生器。

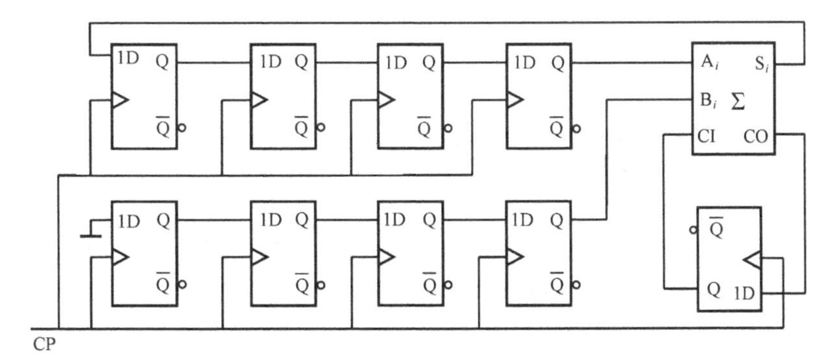

题图 8.38

第 9 章　半导体存储器

半导体存储器(简称存储器)是存储大量二进制数据的逻辑部件。它是数字系统，特别是计算机不可缺少的组成部分。存储器的容量越大，计算机的处理能力越强，工作速度越快。因此，存储器采用先进的大规模集成电路技术来制造，尽可能地提高存储器的容量。

本章首先介绍常用的半导体存储器的结构、分类，然后分别介绍随机存取存储器(RAM)、只读存储器(ROM)及闪存的工作原理，最后介绍存储器的容量扩展方法。

9.1　半导体存储器基础

9.1.1　半导体存储器的结构框图

图 9.1.1 所示为半导体存储器的结构框图。存储器由寻址电路、存储阵列和读写电路组成。

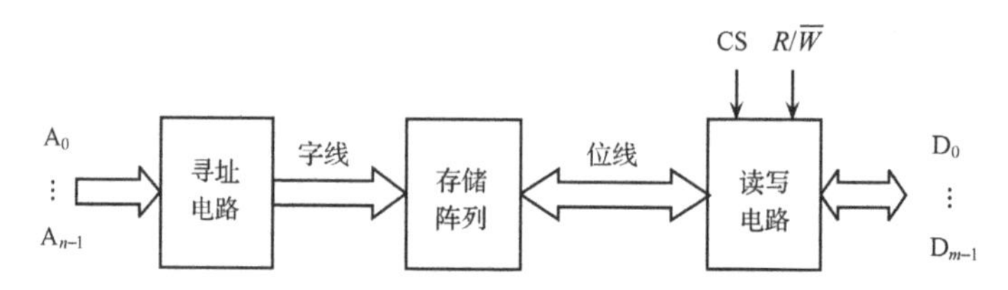

图 9.1.1　半导体存储器结构框图

存储 1 或 0 的电路称为存储单元，存储单元的集合形成存储阵列(通常按行和列排成矩阵)。

二进制数据以信息单位(简称字)存储在存储阵列中，最小的信息单位是 1 位(bit)，8 位二进制信息称为 1 字节(byte，通常简写为 B)，4 位二进制信息则称为半字节(nibble)。为便于对每个信息单位(字)进行必要的操作，存储阵列按字组织成直观的存储结构图。例如，图 9.1.2 所示为一个 64 位存储阵列分别按 8 位、4 位和 1 位字组织的存储结构图和存储的示例数据。每个存储单元的位置由行序号和列序号唯一确定。每个字的位置(行序号)称为它的地址，用二进制码表示($A_{n-1}\cdots A_1A_0$)；列序号表示二进制位在每个字中的位置。例如，按 4 位组织的、地址为 14 的字存储单元的信息是 1110。

存储单元的总数定义为存储器的容量，等于存储器的字数和每字的位数之积。例如，10 位地址码，每字 8 位，则存储容量为 2^{10}B = 1024B = 1KB = 8Kbit。存储器的容量单位还有 1MB = 2^{20}B 或 1GB = 2^{30}B 等。例如，目前手机存储器的主流容量有 8GB 的运行内存(保存临时数据，相当于计算机的内存条)和 256GB 的存储内存(保存数据，相当于计算机的硬盘)，则 8GB 的运行内存的容量为 8×2^{30}B，256GB 的存储内存的容量为 256×2^{30}B。

存储器具有两种基本的操作：写操作和读操作。

写操作(也称存数操作)：输入地址码 $A_{n-1}\cdots A_1A_0$，寻址电路(通常是译码器)将地址转换成字线上的有效电平选中字存储单元。在片选信号 CS 有效(通常是低电平)和读写信号 $R/\overline{W}$

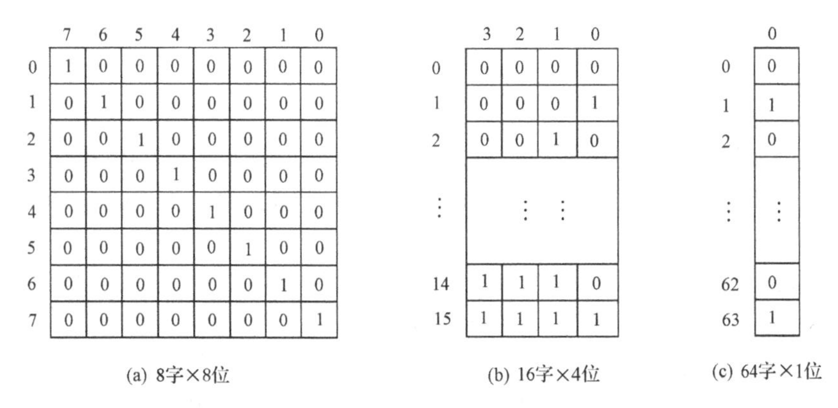

图 9.1.2　64 位存储阵列分别按 8 位、4 位和 1 位字组织的存储结构图

为低电平时，读写电路通过存储阵列的位线将数据总线上的 m 位数据 $D_{m-1}\cdots D_1D_0$ 写入选中的字存储单元中保存(设存储阵列按每字 m 位组织)。

读操作(也称取数操作)：输入地址码 $A_{n-1}\cdots A_1A_0$，寻址电路(通常是译码器)将地址码转换成字线上的有效电平选中字存储单元。在片选信号 CS 有效(通常是低电平)和读写信号 $R/\overline{W}$ 为高电平时，读写电路通过存储阵列的位线，将选中的字存储单元的 m 位数据输出到数据总线 $D_{m-1}\cdots D_1D_0$ 上(设存储阵列按每字 m 位组织)。

在复杂的数字系统(如数字计算机)中，多个功能电路间利用一组公共的信号线(导线或其他传导介质)实现互连，并分时传输信息，这样的一组信号线称为总线。对于存储器，数据总线 $D_{m-1}\cdots D_1D_0$ 是双向总线(输入/输出，常用 I/O_{m-1}，…，I/O_1，I/O_0 表示)，而地址总线 $A_{n-1}\cdots A_1A_0$ 和控制总线(CS，$R/\overline{W}$)则是单向总线(输入)。在存储器内部，属于同一位的存储单元共用位线，阵列中的存储单元通过位线与读写电路交换数据。

9.1.2　半导体存储器的分类

按功能，存储器分为只读存储器(ROM)、随机读写存储器(或称为随机存取存储器，RAM))和闪速存储器(简称闪存)。

工作时只能快速地读取已存储的数据，而不能快速地随时写入新数据的存储器称为只读存储器。即只读存储器的写操作时间(毫秒级)远比读操作时间(纳秒级)长，数据必须在工作前写入存储器，上电工作后只能从存储器中读出数据，才不影响数字系统的工作速度。

随机读写存储器的写操作时间和读操作时间相当(都是纳秒级)，工作时能够随时快速地读出或写入数据，即工作时随机读写存储器具有存入和取出数据两种功能。

闪速存储器工作时可以进行读或写操作，但闪存的每个存储单元写操作时间长，不能随机写入数据，适合对众多存储单元批量地写入数据。

按寻址方式，存储器分为顺序寻址存储器和随机寻址存储器。

顺序寻址存储器是按地址顺序存入或读出数据，其存储阵列的存储单元连接成移位寄存器，包含先进先出(first in first out，FIFO)和先进后出(first in last out，FILO)两种顺序寻址存储器：先进先出是指先存入(写入)存储器的数据先被取出(读出)；先进后出则是指先存入(写入)存储器的数据后被取出(读出)。

可以随时从任何一个指定地址写入或读出数据的存储器称为随机寻址存储器。随机寻址存储器的寻址电路通常采用一、两个译码器(称为地址译码器，见 9.2 节)。

采用随机寻址方式的随机读写存储器也称为随机存取存储器。只读存储器(ROM)和闪存也采用随机寻址方式。

存储器还可分为易失型存储器和非易失型存储器。如果掉电(停电)后数据丢失，则是易失型存储器；否则，是非易失型存储器。RAM 是易失型存储器，而 ROM 和闪存是非易失型存储器。

手机中的运行内存和计算机中的内存条都是随机存取存储器(RAM)，它的速度比手机存储内存和计算机的硬盘快很多，用来保存临时数据。RAM 越大，能够运行的程序就越多，运行程序也越流畅，运行速度也越快。手机中的内部存储(存储内存)使用闪存芯片存储数据，相当于计算机的硬盘。计算机硬盘有机械硬盘(hard disk drive，HDD)和固态硬盘(solid state drive，SSD)两种。机械硬盘是一种利用旋转磁盘和读写头来存储和访问数据的存储设备。固态硬盘是一种使用闪存芯片(通常是 NAND Flash 芯片)来存储数据的高速、低功耗、无噪声、可靠性高的存储设备，与传统机械硬盘相比，固态硬盘不含任何移动部件，因此它具有更快的读写速度、更小的体积、更低的噪声、更低的能耗以及更高的可靠性。计算机的 BIOS 保存在只读存储器(ROM)中。

部分存储器的寻址方式和功能归纳如表 9.1.1 所示。

表 9.1.1　存储器的寻址方式和功能

存储器	功能	寻址方式	掉电后	说明
随机存取存储器(RAM)	读、写	随机寻址	数据丢失	
只读存储器(ROM)	读	随机寻址	数据不丢失	工作前写入数据
闪存	读、写	随机寻址	数据不丢失	
先进先出(FIFO)存储器	读、写	顺序寻址	数据丢失	
先进后出(FILO)存储器	读、写	顺序寻址	数据丢失	

由于随机寻址灵活、方便，电路简单，随机寻址存储器成为存储器的主流产品。限于篇幅，下面仅介绍 RAM、ROM 和闪存。

9.2　随机存取存储器

存储单元是存储器的核心。根据存储单元记忆 0 或 1 的原理，随机存取存储器分为静态随机存取存储器(static RAM，SRAM)和动态随机存取存储器(dynamic RAM，DRAM)。按所用元件的不同，随机存取存储器分为双极型和 MOS 型两种。鉴于 MOS 电路具有功耗低、集成度高的优点，目前大容量的存储器都是 MOS 型存储器。

9.2.1　静态随机存取存储器

1. SRAM 的静态存储单元

SRAM 的存储单元是用基本 RS 触发器记忆 0 或 1 的静态存储单元。图 9.2.1 为六管

CMOS 静态存储单元和读写电路。

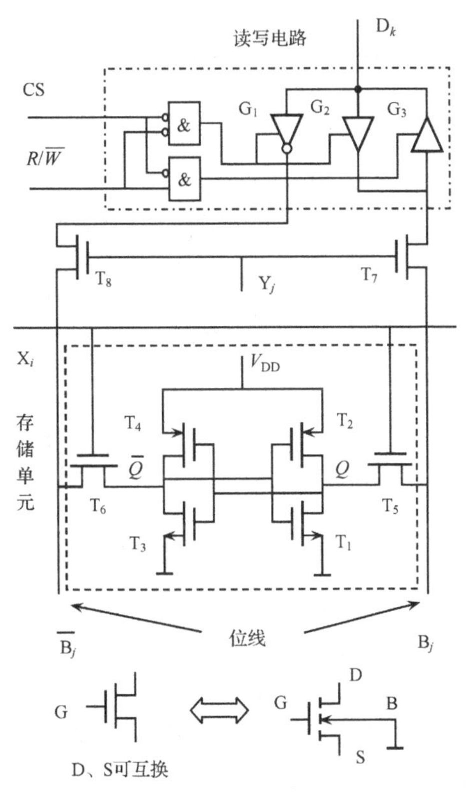

图 9.2.1　六管 CMOS 静态存储单元和读写电路

存储单元由 T_1～T_6 组成。T_1 和 T_2、T_3 和 T_4 分别组成 2 个 CMOS 反相器，2 个反相器交叉反馈形成基本 RS 触发器，存储 0 或 1。存储单元按行列排成方阵，一列的存储单元通过公共位线与读写电路交换信息，故每个存储单元必须具有三态输入/输出能力。T_5 和 T_6 是行字线 X_i 选通控制的基本 RS 触发器的 NMOS 开关管，实现基本 RS 触发器的三态输入/输出，即开关管导通时传递 0 或 1，截止时为高阻态。T_7 和 T_8 则是列字线 Y_j 选通控制的 NMOS 开关管，控制位线与读写电路的连接。所以，T_7、T_8 和读写电路也是一列存储单元共用的部分(如图 9.2.2 所示存储器结构图)。由于 NMOS 开关管 T_5、T_6、T_7 和 T_8 的 P 型衬底接地，它们的源极和漏极可以互换(图 4.4.1)。

当 $X_i = Y_j = 1$ 时，T_5～T_8 导通，将基本 RS 触发器与读/写电路相连。如果 CS = 0，$R/\overline{W}=1$，则三态门缓冲器 G_1 和 G_2 为高阻态，而 G_3 为工作态。基本 RS 触发器的状态输出到数据总线上，即 $D_k = Q$，实现读操作。如果 CS = 0，$R/\overline{W}=0$，则三态门缓冲器 G_1 和 G_2 为工作态，而 G_3 为高阻态。输入电路强制基本 RS 触发器的状态与输入数据 D_k 一致，即 $Q = D_k$，实现写操作。例如，如果 $D_k = 0$，则 G_1 的输出为高电平，G_2 的输出为低电平，强制存储单元的 $Q = 0$，$\overline{Q}=1$，实现 0 的写入操作。

当 CS = 1 时，三态门缓冲器 G_1、G_2 和 G_3 为高阻态，数据总线 D_k 为高阻态。基本 RS 触发器既不能输出，也不能接收数据。

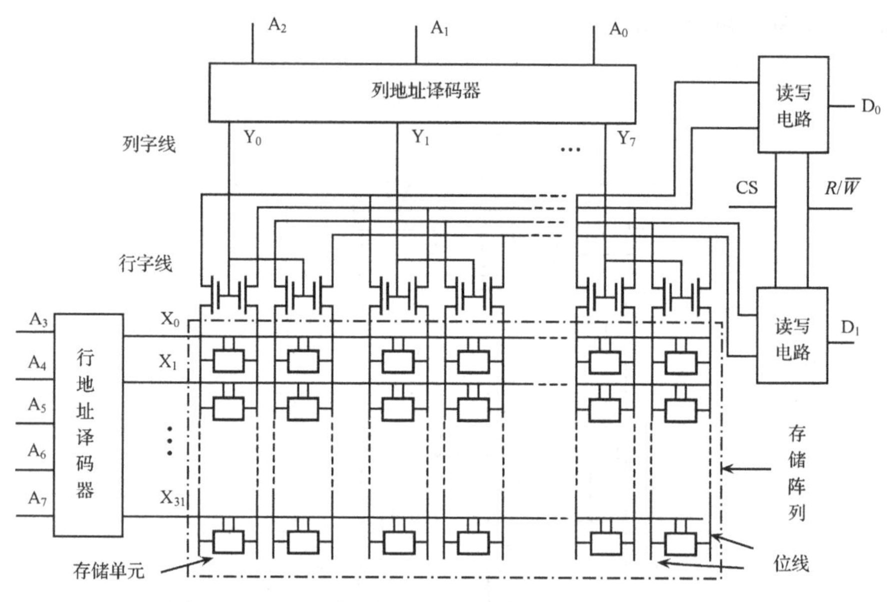

图 9.2.2　双地址译码器 RAM 的结构框图(256 字×2 位)

当 $X_i = 0$ 时，T_5 和 T_6 截止，基本 RS 触发器不能与读/写电路相连，其状态保持不变，存储单元未被选中。本存储单元不影响同列的其他存储单元向位线交换数据。当 $Y_j = 0$ 时，T_7 和 T_8 截止，基本 RS 触发器同样不能与读/写电路相连，其状态保持不变，存储单元同样未被选中。

显然，当掉电时基本 RS 触发器的数据丢失。所以，SRAM 是挥发型存储器。

其他形式的静态存储单元，请参考文献(阎石，1998)。

2. 基本 SRAM 的结构

根据 SRAM 存储单元的工作原理，选中存储单元需要行字线 X_i 和列字线 Y_j 同时为高电平。因此，将地址码 $A_{n-1}\cdots A_1A_0$ 分成两组，分别译码输出行字线 X_i 和列字线 Y_j。图 9.2.2 是双地址译码器 RAM 的结构框图。两个地址译码器分别称为行地址译码器和列地址译码器，输出高电平有效。假设存储单元是图 9.2.1 所示的六管 CMOS 静态存储单元，排列成 32 行×16 列的存储阵列，组成 256 字×2 位的存储结构。

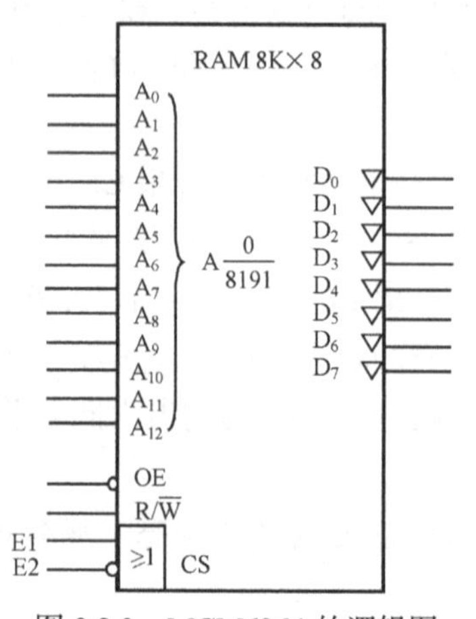

图 9.2.3　MCM6264 的逻辑图

行地址译码器将地址码 $A_7A_6A_5A_4A_3$ 译成行字线 $X_i(i = 0,1,\cdots,31)$的高或低电平，高电平的行字线选中一行的 16 个存储单元，其他行存储单元未被选中；列地址译码器将地址码 $A_2A_1A_0$ 译成列字线 $Y_j(j = 0,1,\cdots,7)$的高或低电平，与列字线为高电平相连的 MOS 管导通，从已选的一行中选出 2 个存储单元，使其位线与读写电路相连，其他未选中的存储单元与读写电路不相连。在片选信号 CS 和读写信号 $R/\overline{W}$ 的作用下，读写电路可以对选中的 2 个存储单元进行读或写操作。

图 9.2.3 是 MOTOROLA 公司生产的静态随机存

取存储器MCM6264的逻辑图。图中，OE是输出使能，低电平有效；片选信号为$CS = E1 + \overline{E2}$，低电平有效。MCM6264 的存储容量是 8KB = 8K × 8bit = 65536bit，其功能如表 9.2.1 所示。

表 9.2.1　MCM6264 的功能

E1	E2	OE	$R/\overline{W}$	$A_{12}\cdots A_0$	$D_7\cdots D_0$	方式
1	×	×	×	×	Z	未选中
×	0	×	×	×	Z	未选中
0	1	1	1	$A_{12}\cdots A_0$	Z	输出禁止
0	1	0	1	$A_{12}\cdots A_0$	O	读
0	1	×	0	$A_{12}\cdots A_0$	I	写

注：Z-高阻态，O-数据输出，I-数据输入。

3. SRAM 的操作定时

为了保证存储器准确无误地工作，作用到存储器的地址、数据和控制信号必须遵守一定的时间顺序，即操作定时。

1) 读周期

读操作要求指定字存储单元的地址、片选信号和输出使能有效，读写信号为高电平$(R/\overline{W}=1)$。信号间的定时关系如图 9.2.4 所示。信号作用顺序是：

(1) 指定字存储单元的地址有效；

(2) 片选信号和输出使能有效，即由高变低；

(3) 经过一定时间后，指定字存储单元的数据输出到数据总线上。

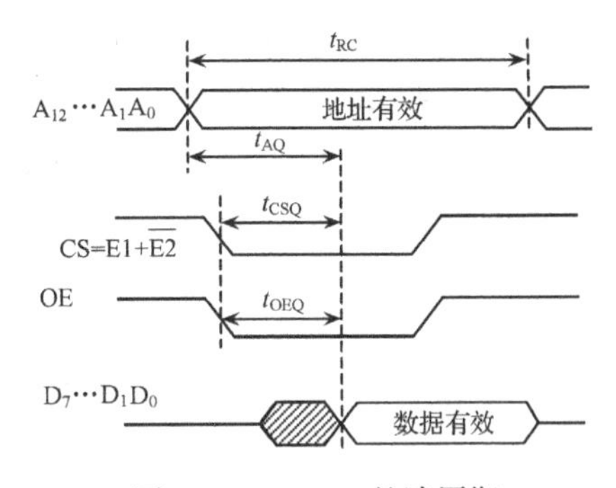

图 9.2.4　SRAM 的读周期

主要的时间参数如下。

(1) 地址存取时间 t_{AQ}：从地址有效开始到输出数据开始有效的时间；

(2) 片选使能时间 t_{CSQ}：从片选有效开始到输出数据开始有效的时间；

(3) 输出使能时间 t_{OEQ}：从输出使能有效开始到输出数据开始有效的时间；

(4) 读周期(read cycle)t_{RC}：相邻 2 次读操作所需的最小时间间隔。

实际工作时间应大于上述时间。

2) 写周期

写操作要求指定字存储单元的地址、片选信号和读写信号$(R/\overline{W})$有效。信号间的定时关系如图 9.2.5 所示。

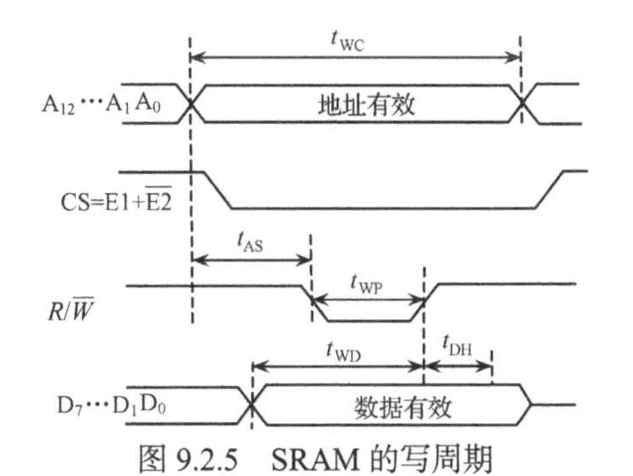

图 9.2.5　SRAM 的写周期

(1) 指定字存储单元的地址有效；

(2) 片选信号有效，即由高变低；

(3) 待写入的数据有效；

(4) 读写信号有效，即由高变低；在 $R/\overline{W}=0$ 期间，数据写入指定的字存储单元。

主要的时间参数如下。

(1) 地址建立时间 t_{AS}：从地址有效开始到读写信号的下降沿的时间；

(2) 写脉冲宽度 t_{WP}：$R/\overline{W}=0$ 的最小持续时间；

(3) 数据建立时间 t_{WD}：从数据有效开始到读写信号的上升沿的时间；

(4) 数据保持时间 t_{DH}：在读写信号的上升沿后数据应保持的时间；

(5) 写周期(write cycle)t_{WC}：相邻 2 次写操作所需的最小时间间隔。

实际工作时间应大于上述时间。

对于大多数的 SRAM，读周期和写周期相近，一般为几十纳秒。

4. 同步 SRAM 和异步 SRAM

在计算机中，SRAM 存储中央处理器(CPU)需要的程序和数据。因为 SRAM 的工作速度远低于 CPU 的速度，二者交换信息时 CPU 必须等待，计算机达不到理想的工作速度。解决的办法是：SRAM 与 CPU 共用系统时钟，CPU 在时钟的有效沿前给出 SRAM 需要的地址、数据、片选、输出使能和读写信号，时钟有效沿到则将它们存于 SRAM 的寄存器中；CPU 不必等待，可以执行其他指令，直到 SRAM 完成 CPU 要求的读或写操作，通知 CPU 做相应的处理。之后，CPU 与 SRAM 又可以进行下一次信息交换。在数字系统中，多个功能部件同时运行(称为并行处理)是提高整个系统工作速度的重要方法。这样，具有信号同步寄存器的 SRAM 称为同步 SRAM，否则，称为异步 SRAM。同步 SRAM 可以帮助 CPU 高速执行指令，即提高计算机的工作速度。

同步 SRAM 框图如图 9.2.6 所示，图中粗实线表示总线，其包含的信号线数由旁边的数字指明。同步 SRAM 的核心是其读写操作在时钟脉冲节拍控制下完成，而异步 SRAM 的读写操作必须精确设计各相关信息的定时时序才能完成；同步 SRAM 与器件外部连接的地址、数据、片选、输出使能和读写信号均在时钟 CP 的上升沿锁存于寄存器中，供 SRAM 完成读或写操作。

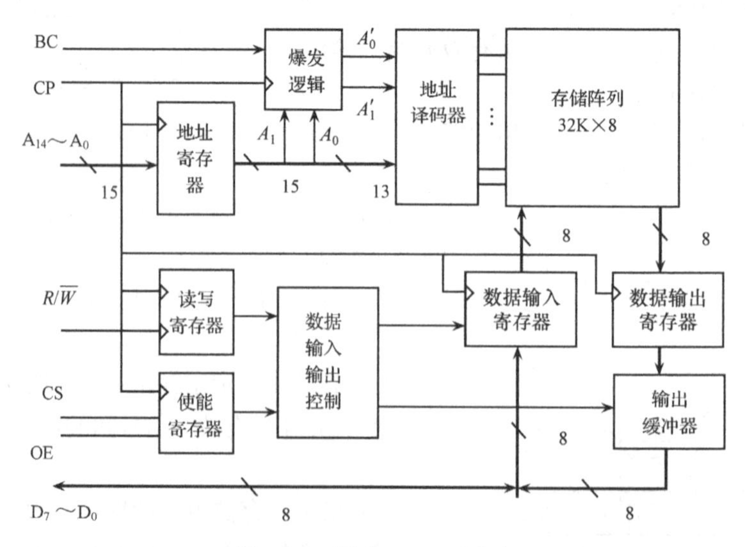

图 9.2.6　同步 SRAM 框图

为了加速 CPU 与 SRAM 的信息交流，同步 SRAM 通常具有地址爆发特征。即输入一个地址码，同步 SRAM 可以读或写相邻的多个地址单元。图 9.2.7 是一个同步 SRAM 的爆发逻辑电路。假设计数器实现 2 位二进制加法计数，初态为 00。在爆发控制(burst control)BC=1 时，爆发逻辑电路的输出如表 9.2.2 所示。因此，可获得 4 个相邻的地址码，供 SRAM 进行读或写操作。

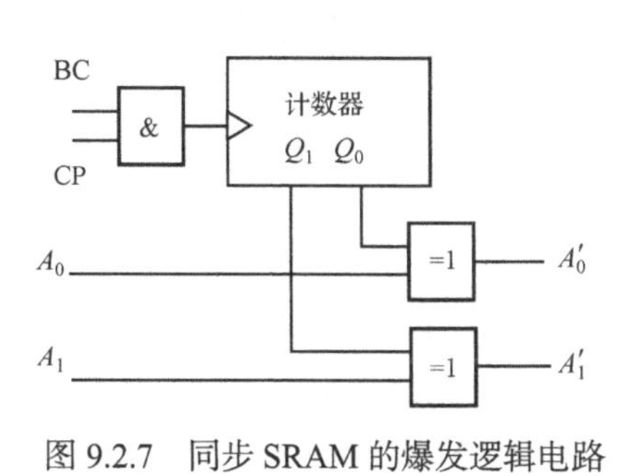

图 9.2.7　同步 SRAM 的爆发逻辑电路

表 9.2.2　爆发逻辑功能表

BC	Q_1	Q_0	A_1'	A_0'
1	0	0	A_1	A_0
1	0	1	A_1	$\overline{A_0}$
1	1	0	$\overline{A_1}$	A_0
1	1	1	$\overline{A_1}$	$\overline{A_0}$

9.2.2　动态随机存取存储器

1. DRAM 的动态 MOS 存储单元

DRAM 的存储单元用电容上有无电荷来记忆 0 或 1 的动态存储单元，单管动态存储单元如图 9.2.8 所示。NMOS 管 T 和存储电容 C_S 组成动态存储单元。当电容存储有足够的电荷时，电容电压为高电平，存储 1；当电容没有存储电荷时，电容电压为低电平，存储 0。与 SRAM 比较，动态存储单元的优点是电路元件少，使 DRAM 的存储容量大，位成本低。缺点是电容不能长期保持其电荷，必须定期(8～16ms)补充电荷(称为刷新操作)，比 SRAM 操作复杂。

在图 9.2.8 中，NMOS 管 T 和存储电容 C_S 组成动态存储单元。而读写和刷新电路是存储阵列的公共电路，C_W 则是位线的分布电容。DRAM 存储容量大，导致位线长，所以分布电容容量远大于存储电容容量。

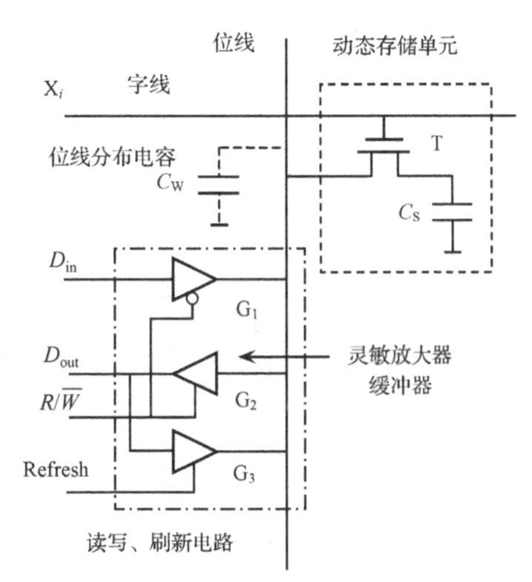

图 9.2.8　单管动态存储单元和读写、刷新电路

单管动态存储单元的工作原理如下。

1) 写操作

当 $X_i = 1$、Refreh = 0 和 $R/\overline{W} = 0$ 时，缓冲器 G_1 处于工作态、灵敏放大缓冲器 G_2 和缓冲器 G_3 处于高阻态，NMOS 管 T 导通。如果 $D_{in} = 1$，则存储电容 C_S 充电，获得足够的电荷，实现写 1 操作；如果 $D_{in} = 0$，则存储电容 C_S 放电，电荷消失，实现写 0 操作。

2) 读操作

在读出数据之前必须将位线分布电容的电压 V_W 预冲到高低逻辑电平的平均值。当 $X_i = 1$、Refreh = 1 和 $R/\overline{W} = 1$ 时，缓冲器 G_1 处于高阻态，灵敏放大缓冲器 G_2 和缓冲器 G_3 处于工作态，NMOS 管 T 导通。如果存储电容 C_S 有电荷，存储电容电压 V_S 等于高电平，则通过 T 向位线的分布电容 C_W 放电，位线电压增加，经灵敏放大缓冲器 G_2 输出 1(D_{out} = 1)，实现读 1 操作；如果存储电容 C_S 没有电荷，存储电容电压 V_S 等于低电平，则位线的分布电容 C_W 向存储电容 C_S 放电，位线电压减小，灵敏放大缓冲器 G_2 输出 0(D_{out} = 0)，实现读 0 操作。

假设 V_W 和 V_S 分别是 NMOS 管 T 导通之前的位线电压和存储电容电压，ΔV_W 是 NMOS 管 T 导通后的位线电压的变化量。由电荷守恒定律，NMOS 管 T 导通前后 2 个电容存储的电荷量相等，得

$$C_S V_S + C_W V_W = (V_W + \Delta V_W)(C_S + C_W)$$

$$\Delta V_W = \frac{C_S}{C_S + C_W}(V_S - V_W)$$

由于分布电容 C_W 远大于存储电容 C_S，位线电压变化量 ΔV_W 很小。

在读出数据之前必须将位线分布电容的电压 V_W 预冲到高低逻辑电平的平均值。如果 C_S 存储 1，则 $V_S > V_W$，ΔV_W 增加；如果 C_S 存储 0(C_S 无电荷)，则 $V_S = 0$，ΔV_W 减少。由于 ΔV_W 很小，故需要高灵敏、高输入电阻的电荷放大器 G_2 将 ΔV_W 放大到逻辑电平。若 ΔV_W 增加，则 G_2 输出高电平，读出 1；若 ΔV_W 减小，则 G_2 输出低电平，读出 0。读出数据后，存储电容电压 V_S 近似等于高低电平的平均值，故破坏了存储数据。因此，必须通过刷新操作恢复存储电容 C_S 的状态。在读操作时，因为 Refreh = 1 使 G_3 工作，读出的数据通过 G_3 又写入存储电容中，实现读出操作的刷新。

3) 刷新操作

由于电容不能长期保持电荷，必须对存储电容定期刷新。如前所述，读操作自动刷新选定的存储单元。但是，读操作是随机的，所以，在 DRAM 中，必须设置刷新定时电路，定时启动刷新周期，如图 9.2.9 所示。在刷新周期中，为了提高刷新速度，通常以行为单位

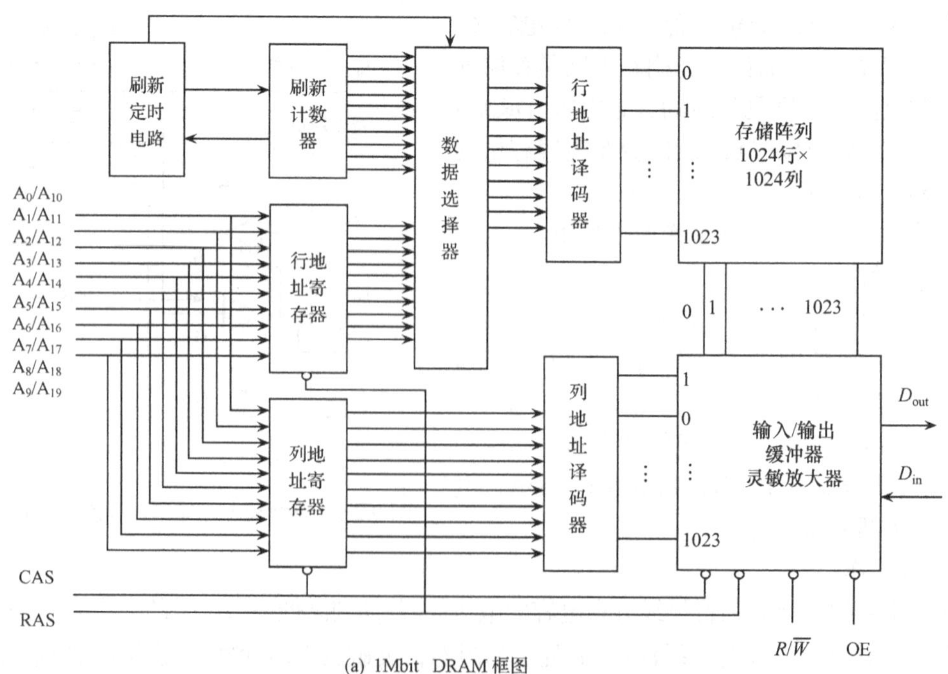

(a) 1Mbit DRAM 框图

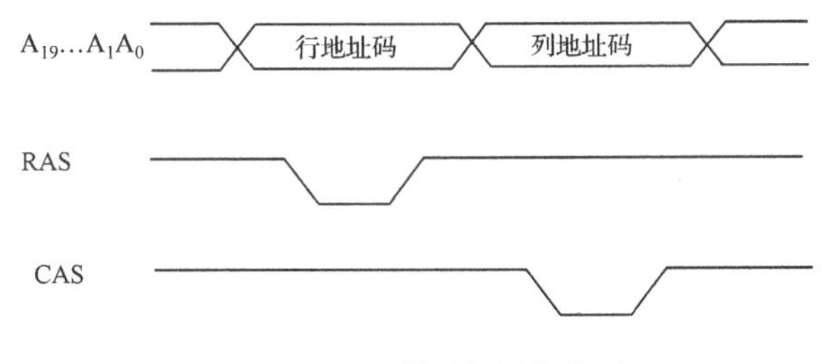

(b) DRAM 的地址时分复用时序

图 9.2.9　1Mbit DRAM 框图和地址时分复用时序

对存储阵列进行不输出数据的读操作，实现刷新。

其他形式的动态存储单元，请参考文献(阎石，1998)。

2. 基本 DRAM 的结构

图 9.2.9(a)所示为 1Mbit 的动态随机存取存储器(DRAM)，其存储单元是图 9.2.8 所示的单管动态存储单元，排列成 1024 行×1024 列的存储阵列。

由于存储容量大(先进的 DRAM 达 10^9 位)，DRAM 的地址位数多，通常采用时分复用输入地址。图 9.2.9(a)中 20 位地址码通过 10 条地址信号线分 2 次输入 DRAM，输入过程如图 9.2.9(b)所示。高 10 位地址码 $A_{19}\cdots A_{10}$ 首先输入 10 条地址信号线上，在行地址选通信号 RAS 由高变低时，高 10 位地址码存入行地址寄存器。在 RAS 无效(由低电平变高电平)后，低 10 位地址码 $A_9\cdots A_0$ 输入 10 条地址信号线上，在列地址选通信号 CAS 由高电平变低电平时，低 10 位地址码存入列地址寄存器，随后 CAS 无效。如此，分 2 次完成 20 位地址码输入 DRAM。

在读周期或写周期中，数据选择器选择行地址码送行地址译码器，选中存储阵列的一行存储单元，通过位线送到输入/输出缓冲及灵敏放大器阵列，列地址译码器选中一组输入/输出缓冲及灵敏放大器对一个存储单元进行读(D_{out} 有效)或写(D_{in} 有效)操作。所以，存储器容量为 $2^{20}\times 1\text{bit}=1\text{Mbit}$。

在刷新周期中，数据选择器选择 10 位刷新计数器的输出送行地址译码器，选择存储阵列的一行存储单元，并通过输入/输出缓冲及灵敏放大器阵列对该行进行刷新。刷新定时电路启动刷新周期，刷新计数器由 0～1023 计数，从而对存储阵列逐行刷新。这种刷新方式称为爆发式刷新，即启动一次刷新周期就连续刷新全部存储单元。缺点是读或写操作必须等待刷新周期结束才能进行，延迟存储器的读写操作。另一种刷新方式是分布式刷新，即在没有读或写操作时，启动一行的刷新，刷新计数器记住当前刷新的行，下一次刷新该行的后一行。这样，读或写操作等待时间短，提高了信息交换效率。

3. 基本 DRAM 的读写周期

与 SRAM 一样，作用到 DRAM 的地址、数据和控制信号必须遵守一定的时间顺序，即操作定时。

从读或写周期开始，RAS 和 CAS 依次变低，将行地址和列地址顺序送入 DRAM 并译码。随后，在读周期中，$R/\overline{W}=1$，有效数据输出到 D_{out}；在写周期中，$R/\overline{W}=0$，输入

数据通过 D_{in} 写入指定单元中保存。读写周期如图 9.2.10 所示。

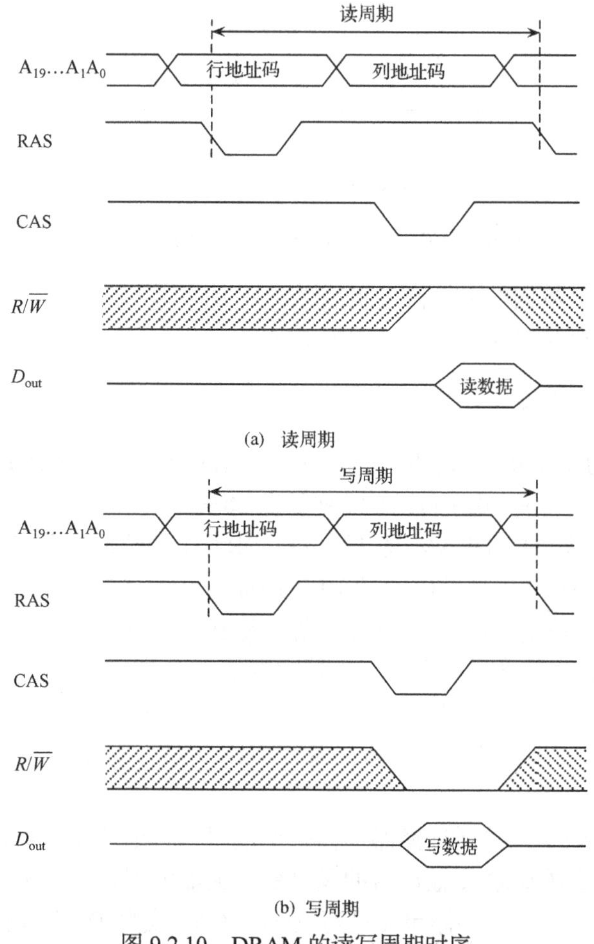

图 9.2.10　DRAM 的读写周期时序

4. DRAM 的类型

除前述的基本 DRAM 外，为了提高 DRAM 的访问速度，出现了快速页模式 DRAM(fast page mode DRAM，FPM DRAM)、扩展数据输出 DRAM(extended data output DRAM，EDO DRAM)、爆发式扩展数据输出 DRAM(burst extended data output DRAM，BEDO DRAM)和同步 DRAM(synchronous DRAM，SDRAM)。

DRAM 的地址由行地址和列地址组成。在基本 DRAM 中，地址输入按行地址、列地址交替模式输入 DRAM。在快速页模式 DRAM(FPM DRAM)中，地址按页模式输入 DRAM。“页”是指由具有相同行地址的全部地址单元组成一页。对于 FPM DRAM，输入一个行地址，其后可输入多个列地址，它们和行地址分别组成全地址，选中字存储单元并进行读或写操作。以读操作为例，操作时序如图 9.2.11 所示。注意，在 FPM DRAM 中，当列地址选通信号 CAS 无效时，没有输出数据，见图 9.2.11 的倒数第二行波形。

在计算机中，由于程序和数据通常是集中存放的，所以，快速页模式可以提高 DRAM 的有效访问速度。

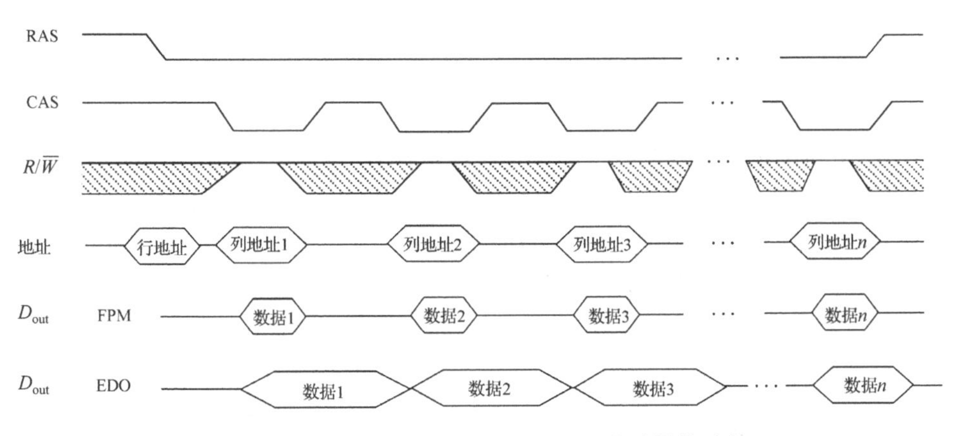

图 9.2.11　FPM DRAM 和 EDO DRAM 的读操作时序

扩展数据输出 DRAM(EDO DRAM)可以扩展输出数据的有效时间，直到 CAS 再次有效为止，见图 9.2.11 的最后一行波形。EDO DRAM 可以提高列地址的输入速度，进而提高 DRAM 的访问速度。

爆发式扩展数据输出 DRAM(BEDO DRAM)则是在 EDO DRAM 的基础上增加地址爆发逻辑，即外部输入一个地址，BEDO DRAM 内部自动产生相邻的数个地址。

与同步 SRAM 一样(见 9.2.1 节)，同步 DRAM (SDRAM)用计算机的系统时钟锁存 SDRAM 需要的地址、数据和控制信息。在获得这些信息后，SDRAM 进行相应的操作，CPU(或其他组件)可以继续执行其他的指令，二者并行工作，从而提高计算机系统的工作速度。

9.3　只读存储器

只读存储器(ROM)存储的数据是通过特殊方式写入的，工作时只能快速地读取已存储的数据，而不能快速地随时写入新数据。ROM 最突出的特征是掉电后数据不丢失，用于存储数字系统中固定不变的数据和程序，例如，计算机的启动程序(BIOS)。

ROM 分为掩模 ROM(mask ROM)和可编程 ROM(programmable ROM，PROM)。掩模 ROM 的数据是在制造过程中写入的，可永久保存，但使用者不能改写。PROM 的数据则是由使用者通过编程工具写入的。

ROM 的寻址方式与 RAM 相同，采用随机寻址，即用地址译码器选择字存储单元。

ROM 可以用双极型或单极型(MOS)元件实现，下面仅介绍 MOS 型 ROM。

9.3.1　掩模只读存储器

1. 掩模只读存储器的存储单元

掩模只读存储器的存储单元用半导体元件的有或无表示 1 或 0，如图 9.3.1 所示。图中虚线框内的 NMOS 管 T 是存储元件，反向输出缓冲器 G 和 NMOS 管 T_W(有源负载)是一列共用的元件。在图 9.3.1(a)中，T 的栅极与字线 X_i 相连。当 $X_i = 1$、OE = 0 时，T 导通，位线为低电平，G 为工作态，$D_{out} = 1$，存储单元记忆 1。在图 9.3.1(b)中，T 的栅极与字线 X_i

不相连。当 $X_i = 1$、$OE = 0$ 时，T 不导通，位线为高电平，G 为工作态，$D_{out} = 0$，存储单元记忆 0。在掩模只读存储器的制造过程中，存储 1 的单元必须制作 NMOS 管，而存储 0 的单元没有制作 NMOS 管。

掩模 ROM 的存储单元用半导体元件的有或无表示 1 或 0，掉电后数据不丢失，是非易失型存储器。有元件表示 1 或是 0，与电路的构成形式有关。例如，将图 9.3.1 中的反相缓冲器 G 改为同相缓冲器，则读出的数据与前述相反。为了叙述一致，在后面的描述中，采用有元件表示存储 1，无元件表示存储 0。

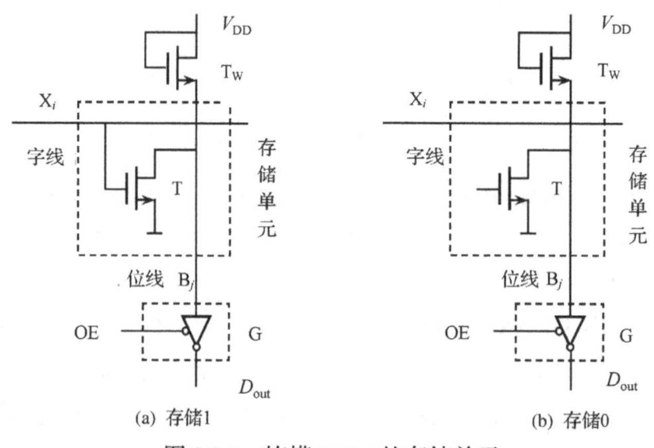

图 9.3.1　掩模 ROM 的存储单元

2. 掩模只读存储器的结构

4×4 掩模 ROM 示例电路如图 9.3.2 所示。图中地址译码器输出高电平有效。在存储阵列中，字线与位线的交叉处是存储单元，有元件为 1，无元件为 0，存储的数据见表 9.3.1。

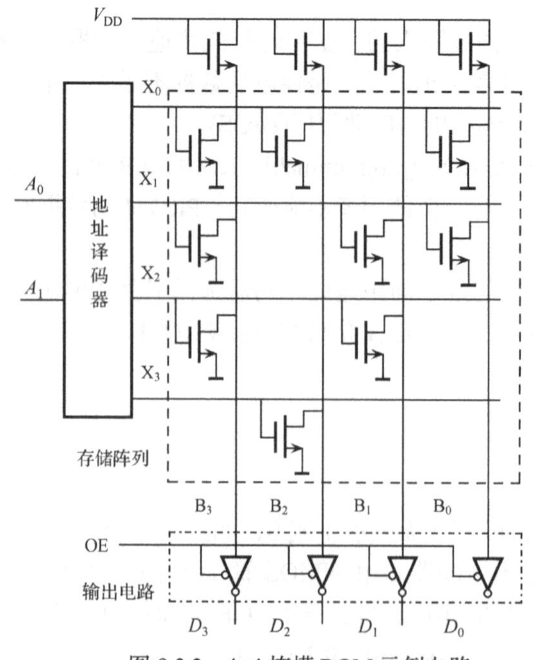

图 9.3.2　4×4 掩模 ROM 示例电路

表 9.3.1　图 9.3.2 存储数据表

A_1	A_0	D_3	D_2	D_1	D_0
0	0	1	1	0	1
0	1	1	0	1	1
1	0	1	0	1	0
1	1	0	1	0	0

由表 9.3.1 得

$$D_3 = \overline{A_1 A_0} = \overline{A}_1\overline{A}_0 + \overline{A}_1 A_0 + A_1\overline{A}_0 = X_0 + X_1 + X_2$$
$$D_2 = \overline{A_1 \oplus A_0} = \overline{A}_1\overline{A}_0 + A_1 A_0 = X_0 + X_3$$
$$D_1 = A_1 \oplus A_0 = \overline{A}_1 A_0 + A_1\overline{A}_0 = X_1 + X_2$$
$$D_0 = \overline{A}_1 = \overline{A}_1\overline{A}_0 + \overline{A}_1 A_0 = X_0 + X_1$$

上述方程组说明：

(1) 存储器的数据变量是地址变量的某种逻辑函数，例如，图 9.3.2 分别实现了与非门、同或门、异或门和反相器。

(2) 存储器的数据输出变量是数据为 1 所对应的地址变量组成的最小项的逻辑和。译码器实现地址变量的最小项，因此，称为与阵列；存储阵列和输出电路实现最小项的逻辑和，因此称为或阵列。

推广到一般情况，无论 ROM 或 RAM，只要存储有确定的数据，存储器可用于实现组合逻辑函数。方法是计算多输出函数的真值表，把函数变量与存储器的地址变量由低位到高位顺序相连，将真值表的数据写入存储器中，数据输出端就是实现的组合逻辑函数。

利用存储器实现逻辑函数是目前广泛使用的可编程逻辑器件(PLD)的设计方法之一(见第 10 章)。

此外，与 RAM 相同，大容量的 ROM 采用双地址译码器，即用行地址译码器选中存储阵列的一行存储单元送输出电路；列地址译码器控制输出电路，从该行中选出若干单元输出，组成一个字。

9.3.2　可编程只读存储器

掩模 ROM 的存储数据由制造商在生产过程中写入，对于已成熟的程序或数据，利用掩模 ROM 存储，成本低、可靠性高。例如，计算机操作系统的基本输入输出系统(BIOS)存储于 BIOS 芯片中，上电时首先执行 BIOS 芯片中的程序，对计算机系统进行初始设置并从硬盘调入操作系统，然后由操作系统管理计算机。

但是，由于掩模 ROM 不能由用户直接写入数据，对系统设计者开发新产品很不方便。因此，出现了由用户写入数据的 PROM。从原理上，PROM 与掩模 ROM 相同，只是存储单元必须可由用户改写。PROM 分为可改写一次的 PROM(沿用 PROM 的名称)和可反复改写的 EPROM(erasable programmable ROM)。改写 EPROM 数据的过程是先擦除数据后写入数据。目前主要有两种方法擦除数据。用紫外线擦除的 EPROM 记为 UV EPROM(ultraviolet EPROM，常简记为 EPROM)，用电方法擦除的 EPROM 记为 EEPROM 或 E^2PROM(electrical EPROM)。

由于可编程只读存储器的原理与掩模 ROM 相同，下面仅介绍 PROM、UV EPROM 和 E^2PROM 的存储单元。PROM、UV EPROM 和 E^2PROM 的存储结构请参考图 9.3.2。

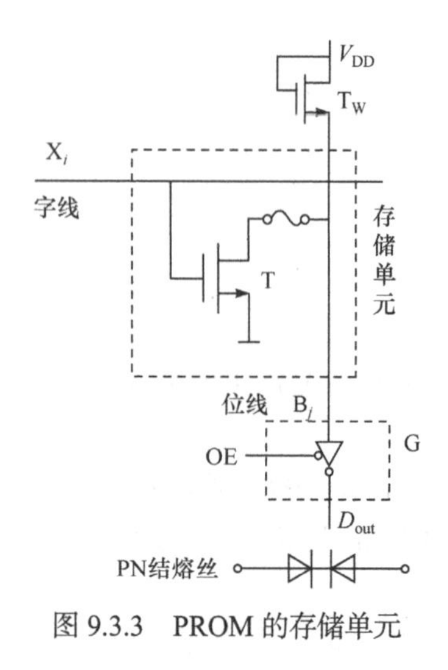

图 9.3.3　PROM 的存储单元

1. PROM 的存储单元

PROM 的存储单元由一个 NMOS 管和一个熔丝组成，如图 9.3.3 所示。在编程过程中，编程器产生足够大的电流注入欲写 0 的单元，烧断熔丝；写 1 的单元则不注入电流。正常工作时，熔丝不会被烧断，因此，保留熔丝的单元存储 1，烧断熔丝的单元存储 0。由于烧断的熔丝不能修复，故 PROM 只能编程一次。

熔丝通常有三种：镍铬铁合金、多晶硅和两个背靠背的 PN 结。镍铬铁合金和多晶硅等效为熔丝型导线，可熔断为开路，这两类 PROM 出厂时全部存储单元为 1。两个背靠背的 PN 结(图 9.3.3)类型的 PROM 出厂时全部存储单元为 0，编程器使承受反向电压的二极管雪崩击穿，造成永久短路，写入 1。

2. UV EPROM 的存储单元

可多次编程的 EPROM 必须采用可修复的元件。UV EPROM 使用的可修复的元件是叠栅雪崩注入 MOS 管(stacked-gate avalanche injection MOS，SIMOS)，也简称叠栅注入 MOS 管，如图 9.3.4 所示。

除了有两个栅极外，SIMOS 与普通的 NMOS 管相同。一个栅极埋置于绝缘材料 SiO_2 中，不引出电极，称为浮栅。另一个叠于浮栅之上引出电极，称为控制栅极。浮栅上未注入负电荷前，SIMOS 管的开启电压低，正常的栅源电压可使 SIMOS 管导通。在浮栅上注入足够的负电荷后，开启电压增加，正常的栅源电压则不能使 SIMOS 管导通。

图 9.3.5 是用 SIMOS 管做存储单元。浮栅上无负电荷时，字线高电平使 SIMOS 导通，等效为存储单元有元件，存储 1；反之，浮栅上有负电荷时，字线高电平不能使 SIMOS 导通，等效为存储单元无元件，存储 0。因此，SIMOS 管是用浮栅上是否有负电荷来存储二值数据的。

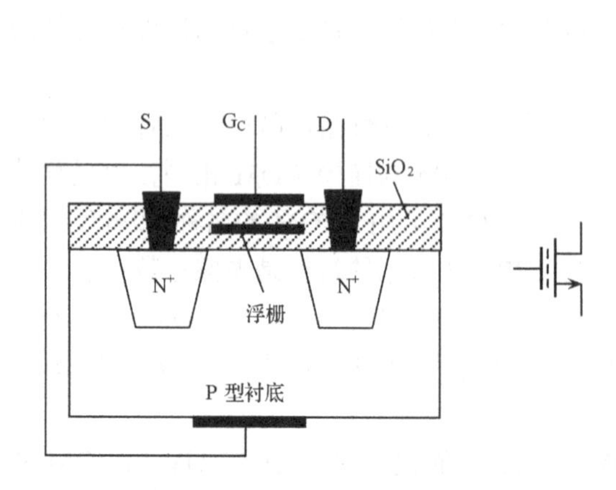

图 9.3.4　叠栅雪崩注入 MOS 管的结构和符号

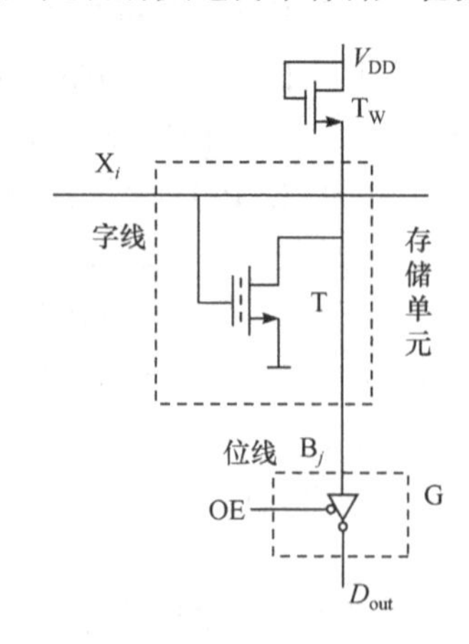

图 9.3.5　UV EPROM 的存储单元

UV EPROM 出厂时，浮栅上无负电荷。为了在浮栅上注入负电荷，控制栅极和漏极对源极同时作用比正常电源电压高许多的电压(约 25V)，漏源电压使漏极与衬底间的 PN 结雪崩击穿，一些高速运动的电子在栅源电压的吸引下穿过 SiO_2 到达浮栅上。电压取消后，电子被绝缘的 SiO_2 困在浮栅上。在没有外部作用的情况下，电子保存时间可达几十年。用专用的编程器，可对指定单元进行电子注入。

上述过程只能将电子注入浮栅，如何驱赶电子脱离浮栅呢？这就是“擦除”。UV EPROM 的封装顶部有一个石英窗，紫外线可透过石英窗直接照射到 SIMOS 管上，照射 15～20min 后，浮栅上的电子获得足够的能量，穿过 SiO_2 回到衬底中。因此，编程后的 UV EPROM 必须用封条封住石英窗。

UV EPROM 的电子注入和擦除是分开进行的，为了存储正确的数据，UV EPROM 的数据改写必须先擦除后注入(写入)电子。因此，UV EPROM 写入新数据的时间长，工作时只能快速读出数据，而不能写入新数据。

3. E^2PROM 的存储单元

E^2PROM 也是利用浮栅上是否有负电荷来存储二值数据的。只是注入和擦除浮栅上的电子的方式不同。E^2PROM 的存储元件是隧道 MOS 管，其结构如图 9.3.6 所示。与 SIMOS 管的区别是，隧道 MOS 管的漏区与浮栅之间有一个极薄的 SiO_2 交叠区，厚度约 8nm。当漏极接地，控制栅极加足够大的电压时，交叠区产生很强的电场，在交叠区的薄层 SiO_2 形成隧道，电子穿过交叠区到达浮栅(注入电子)，这种现象称为隧道效应。隧道效应是双向的，即漏栅间加前述相反的电压，则电子离开浮栅(擦除电子)。所以，隧道 MOS 管的电子注入和擦除是在漏极与控制栅极之间利用隧道机理进行的，这个特点和存储单元的结构决定了 E^2PROM 只能以字为单位改写数据。

隧道 MOS 管的擦除快(毫秒级)，但交叠区易损坏。为保护隧道 MOS 管，用 1 只普通 MOS 管与其串联组成存储单元，如图 9.3.7 所示。工作时，隧道 MOS 管的控制栅接 3V 固定电压。如果浮栅上无负电荷，则隧道 MOS 管导通，将普通 MOS 管的源极接地，存储 1。如果浮栅上有负电荷，则隧道 MOS 管截止，普通 MOS 管源极浮空，普通 MOS 管不能导通，存储 0。

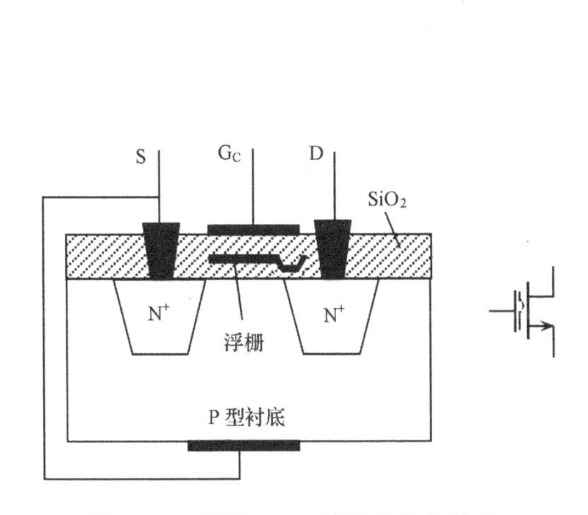

图 9.3.6　隧道 MOS 管的结构和符号

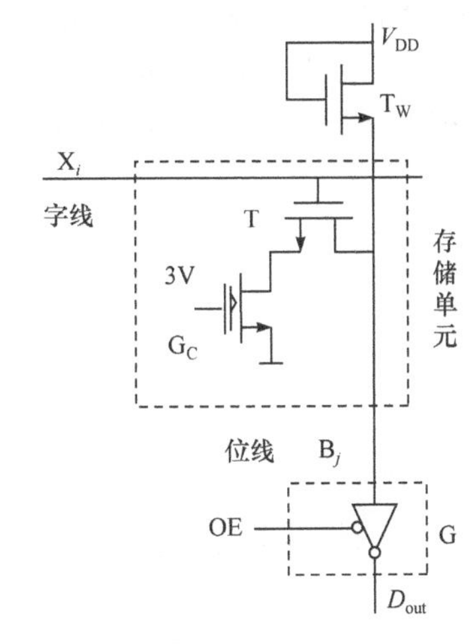

图 9.3.7　E^2PROM 的存储单元

目前，大多数 E^2PROM 芯片内部备有升压电路，作用正常电源电压便可进行读和改写(先擦除后写入)操作。虽然 E^2PROM 的改写是以字为单位进行的(这与 RAM 相似)，但是，改写时间是几十毫秒，比读操作慢很多，故只能用作只读存储器。

计算机组装

BIOS与CMOS

9.4 闪　存

闪存也是利用浮栅上有无负电荷来存储二值数据的，存储器结构也和 ROM 相同，因此，传统上归类于 ROM。但是，闪存具有较强的在系统读写能力(工作时能读写)，其优势是传统 ROM 不可比的。下面介绍闪存的存储单元和特点。

9.4.1　闪存的存储单元

闪存 MOS 管的结构和符号如图 9.4.1 所示。闪存 MOS 管的结构与 SIMOS 相似，但有两点不同：一是浮栅与衬底间的 SiO_2 厚度不同，SIMOS 厚(30～40nm)，闪存 MOS 管薄(10～15nm)；二是闪存 MOS 管的源极和漏极的 N^+区不对称，漏区小，源区大；浮栅与源区交叠，形成比 E^2PROM 的隧道 MOS 管更小的隧道区。因此，浮栅与源极间的电容 C_s 远小于浮栅与控制栅极间的电容 C_g，在源极与控制栅极间加较小的电压，C_s 获得较大的电压，可在交叠区产生隧道效应。

由于上述特点，闪存的擦除和注入电压小。电子注入浮栅的方法与 SIMOS 管相同，即在控制栅极和漏极对源极加电压(约 12V)时，漏极与衬底间的 PN 结雪崩击穿，一些高速电子受控制栅极电压的吸引穿过很薄的 SiO_2 到达浮栅。电压消失后，电子被绝缘的 SiO_2 困在浮栅上。电子注入的时间为微秒级。电子擦除的方法与隧道 MOS 管相同，即在源极(+)与控制栅极(−)加电压(约 12V)，交叠区产生隧道效应，浮栅上的电子被吸引到源区，擦除浮栅上的电子。电子擦除的时间为毫秒级。

由于擦除和注入电压小以及隧道效应发生在源区与栅极的交叠区，闪存 MOS 管的隧道区不易损坏。闪存 MOS 管可以单独构成存储单元，如图 9.4.2 所示，闪存的容量比 E^2PROM 大。浮栅上无负电荷时，字线高电平使闪存 MOS 管导通，等效为存储单元有元件，存储 1；

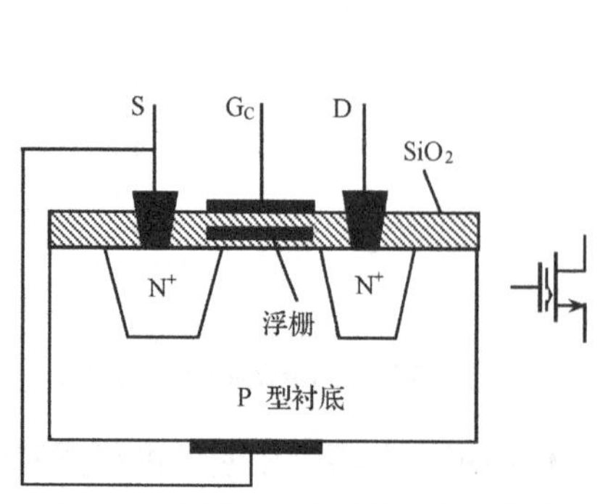

图 9.4.1　闪存 MOS 管的结构和符号

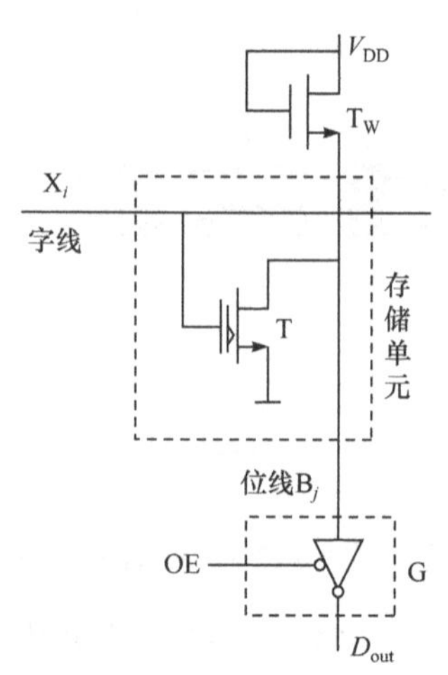

图 9.4.2　闪存的存储单元

反之，浮栅上有负电荷时，字线高电平不能使闪存 MOS 管导通，等效为存储单元无元件，存储 0。

需要注意的是，在闪存中源极受编程电路的控制。读写时源极接地；擦除时源极接较高电压。由于闪存 MOS 管的源极全部连接在一起，利用隧道效应可以实现众多存储单元的批量擦除。闪存的数据改写同样遵循先擦除后写入的原则。通常先批量擦除欲改写的众多存储单元，然后以字为单位写入数据。每个字写入的时间是微秒级。虽然单个存储单元的擦除时间与 E^2PROM 相近(毫秒级)，但批量擦除使每个存储单元的平均擦除时间短。这正是闪存可以在系统读写的原因。

EPROM、E^2PROM 和闪存的编程方式归纳见表 9.4.1。

表 9.4.1　EPROM、E^2PROM 和闪存的编程方式

可编程 PROM	编程元件	电子注入浮栅(存储 0)	电子擦除浮栅(存储 1)
EPROM	叠栅注入 MOS	漏极 PN 结雪崩击穿	紫外线照射
E^2PROM	隧道 MOS	漏极区 SiO_2 隧道效应	漏极区 SiO_2 隧道效应
闪存	闪存 MOS	漏极 PN 结雪崩击穿	源极区 SiO_2 隧道效应

9.4.2　闪存的特点和应用

理想的存储器具有大容量、非易失、在系统读写能力、较高的操作速度和低成本等特点。ROM、PROM、UV EPROM、E^2PROM、SRAM 和 DRAM 在前述的某些方面各具有一定优势，只有闪存综合具有理想存储器的特点，只是在写入速度方面比 SRAM 和 DRAM 差。半导体存储器性能比较见表 9.4.2。

表 9.4.2　半导体存储器性能比较表

存储器	非易失	高密度	单管存储单元	在系统写入	写速度*
闪存	YES	YES	YES	YES	较快
SRAM	NO	NO	NO	YES	最快
DRAM	NO	YES	YES	YES	快
掩模 ROM	YES	YES	YES	NO	
PROM	YES	YES	YES	NO	
UV EPROM	YES	YES	YES	NO	
E^2PROM	YES	NO	NO	YES	最慢

注：*表示的写速度是与 SRAM 比较而得的。

闪存的出现使计算机的软盘寿终正寝，大有取代硬盘之势。此外，闪存在掌上电脑、手机、数字照相机等消费电子设备中应用广泛。在微型计算机的发展初期，BIOS 都存放在 ROM 中，从奔腾时代开始，现代的计算机主板都使用 NOR Flash(闪存的一种结构，此处不再赘述)来作为 BIOS 的存储芯片。除了容量比 E^2PROM 更大外，主要是 NOR Flash 具有写入功能，运行计算机通过软件的方式进行 BIOS 的更新，而无须额外的硬件支持，且写入速度快。

NAND闪存和NOR闪存的区别

USB闪存盘工作原理

9.5　存储器容量的扩展

尽管大规模集成电路技术可以制造大容量的存储器芯片，但仍然不能满足某些应用的要求。必须利用现有芯片进行容量扩展，即用多个存储器芯片扩大存储器的容量。存储器容量的扩展方式有位扩展、字扩展和字位同时扩展。

如前所述，存储器有 3 类总线：数据总线、地址总线和控制总线。对于不同的存储器，数据总线和地址总线功能相同，但控制总线略有不同。例如，RAM 通过读写信号($R/\overline{W}$)控制存储器的读/写，ROM 用输出使能(OE)允许读出数据；大多数的 DRAM 用行选信号 RAS 作为片选信号。由于 RAM 的控制总线(CS 和 $R/\overline{W}$)通常涵盖了其他存储器的功能，下面以 RAM 为例介绍存储器容量的扩展方法，读者可以类推到其他存储器的扩展。

9.5.1　存储器的位扩展

存储器的字数不变、增加每字的位数称为位扩展。位扩展的特点是地址总线位数不变、数据总线的位数增加。连线方法是芯片地址总线和控制总线分别并联，芯片的数据总线独立引出。

例 9.5.1　试用 1024 字×4 位的 RAM 芯片组成 1024 字×8 位的存储器。

解　使用芯片的数目 N 为

$$N=\frac{存储器容量}{芯片容量}=\frac{1024\times 8}{1024\times 4}=2$$

位扩展电路如图 9.5.1(a)所示。芯片地址总线和控制总线分别并联，每个芯片的数据总线独立引出。总线并联是指同名信号线并联，如 U_1 的 A_0 和 U_2 的 A_0，U_1 的 CS 和 U_2 的 CS 并联，U_1 的 $R/\overline{W}$ 和 U_2 的 $R/\overline{W}$ 并联。在片选端 CS=0 时，输入一个地址码，2 个芯片各选中 4 个存储单元，在 $R/\overline{W}$ 的控制下进行读或写操作。由于数据总线和地址总线位数比较多，在绘电路图时常用总线来表示。如图 9.5.1(b)所示，总线用粗实线表示，附注的数字表明总线的信号线数。

9.5.2　存储器的字扩展

存储器的字数增加而每字的位数不变称为字扩展。字扩展的特点是地址总线位数增加，但数据总线的位数不变。由于地址码比每个芯片需要的地址码多，多出的部分是高位地址码。高位地址码用输出低电平有效的译码器控制芯片的片选端。然后，芯片的其他引线分别并联。

例 9.5.2　试用 1024 字×4 位的 RAM 芯片组成 2048 字×4 位的存储器。

解　使用芯片的数目 N 为

$$N=\frac{存储器容量}{芯片容量}=\frac{2048\times 4}{1024\times 4}=2$$

由于地址码仅增加 1 位，高位地址译码器仅用一个非门即可。字扩展电路如图 9.5.2(a)所示，高位地址码 A_{10} 和 $\overline{A_{10}}$ 即高位地址译码器的输出，分别控制 2 个芯片的片选端 CS；

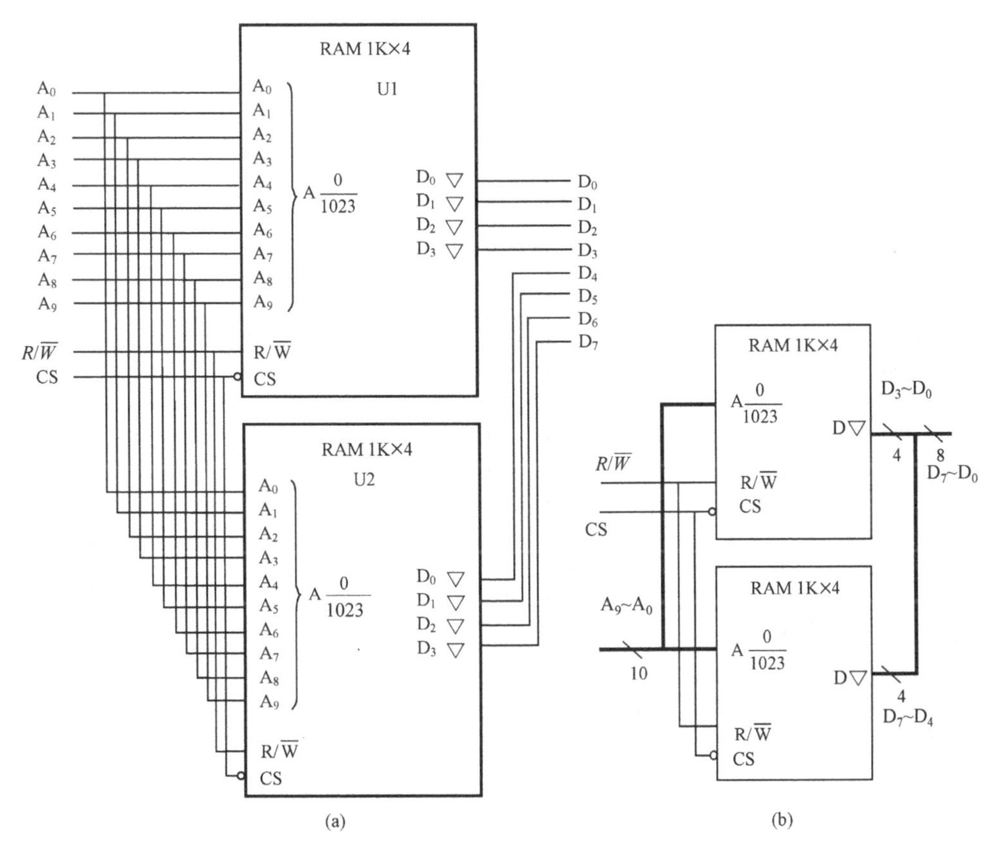

图 9.5.1　存储器的位扩展示例

低位地址码、控制总线和数据总线分别并联。输入一个地址码，当 $A_{10} = 0$ 时，芯片 U_2 未选中，其数据总线为高阻态，芯片 U_1 被选中，可进行读或写操作；当 $A_{10} = 1$ 时，选中芯片 U_2，芯片 U_1 未选中，对芯片 U_2 进行读或写操作。图 9.5.2(b)是用总线的字扩展电路图。

9.5.3　存储器的字位扩展

在需要时也可进行字位同时扩展。方法是：先将需要的芯片分组，每组含位扩展需要的芯片数，对每组进行位扩展，组成位扩展电路，形成大芯片；最后，对大芯片进行字扩展。

例 9.5.3　试用 1024 字×4 位的 RAM 芯片组成 2048 字×8 位的存储器。

解　使用芯片的数目 N 为

$$N = \frac{\text{存储器容量}}{\text{芯片容量}} = \frac{2048 \times 8}{1024 \times 4} = 4$$

位扩展需要的芯片数为 2(=8 位/4 位)，故将 4 个芯片分成 2 组：芯片 U_1 和 U_2 组成一组，芯片 U_3 和 U_4 组成另一组。在组内(虚线框内)做位扩展，组间(虚线框之间)做字扩展，如图 9.5.3 所示。

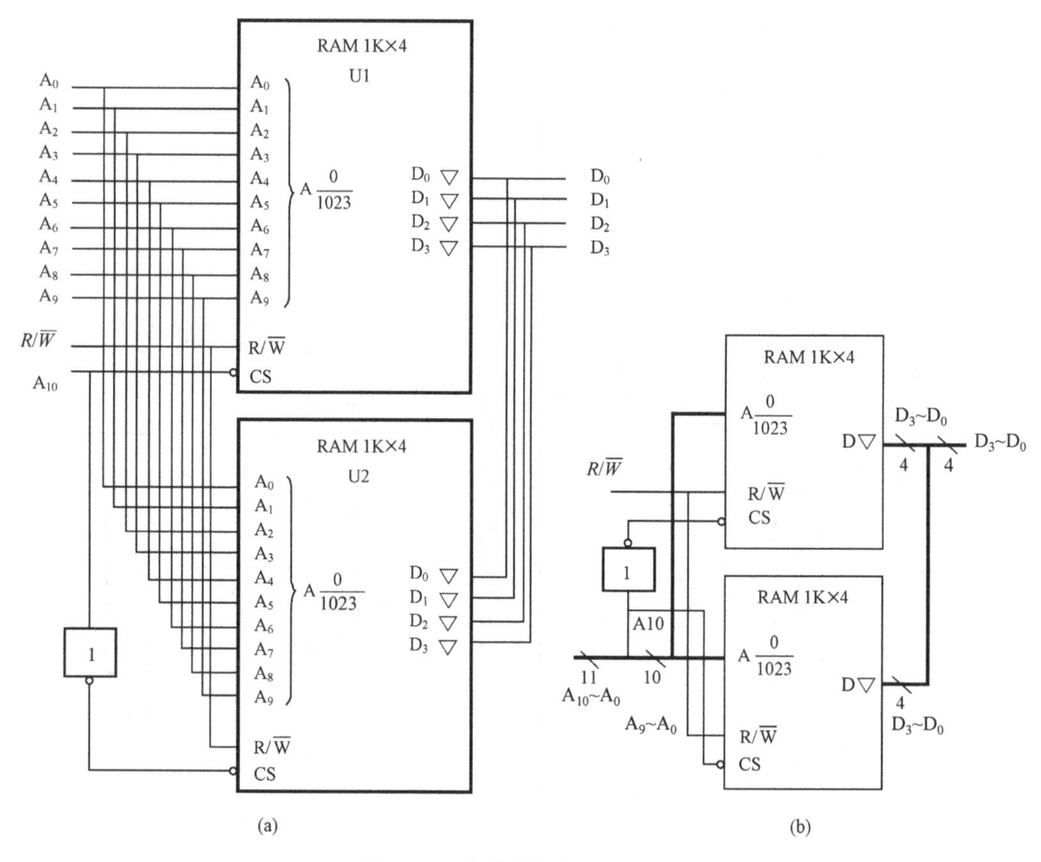

图 9.5.2　存储器的字扩展示例

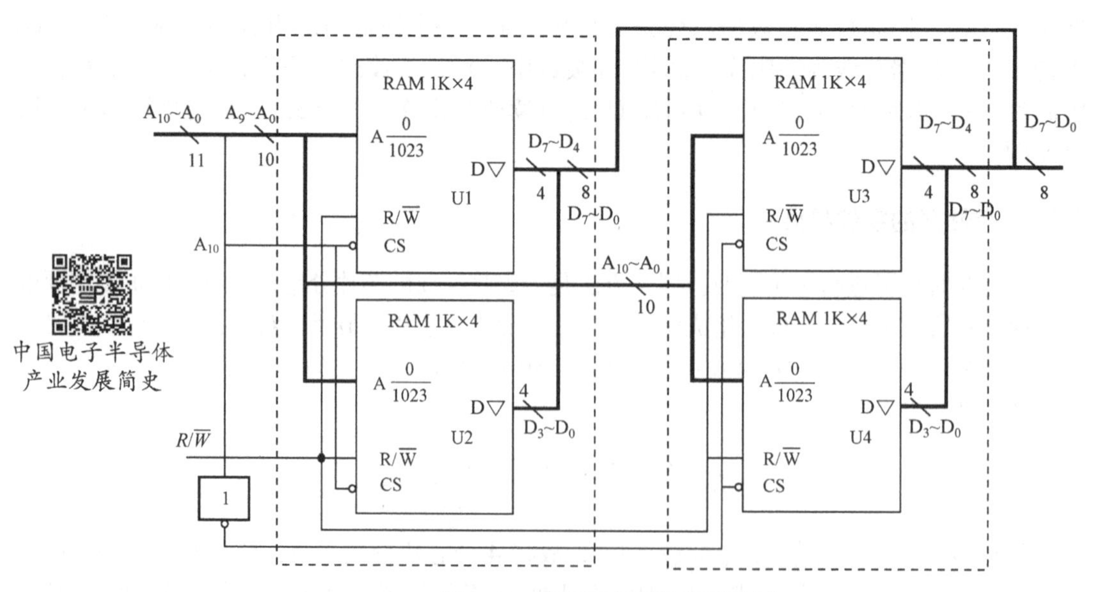

图 9.5.3　存储器的字位扩展示例

程 序 仿 真

M9.1　RAM 接口控制器的程序设计。

单端口 RAM 接口控制器的 Verilog HDL 代码如下：

```
module single_port_ram (
    input                  clk,
    input                  en,
    input                  we,
    input        [9:0]     addr,
    input        [15:0]    data_in,
    output reg [15:0]     data_out
);

//定义一个位宽为 16 位，存储深度为 1024 的 RAM 存储器
reg [15:0] ram [1023:0];

always @(posedge clk) begin
    if (en) begin      //块 RAM 使能
        if (we)        //写使能
ram[addr] <= data_in;
        else
data_out <= ram[addr];
    end
end
endmodule
```

本章知识小结

***9.1**　半导体存储器基础

存储单元：存储 1 或 0 的电路。

存储容量：存储单元的总数，等于存储器的字数和每字的位数之积。

存储器具有两种基本的操作：写操作和读操作。

半导体存储器按功能分类：只读存储器(ROM)、随机存取存储器(RAM)和闪速存储器(闪存)。

半导体存储器的寻址方式有顺序寻址存储器(FIFO、FILO)和随机寻址存储器(ROM、RAM、闪存)。

***9.2**　随机存取存储器

RAM 分为 SRAM(读写速度最快但是价格贵)和 DRAM(保留数据的时间很短，速度也比 SRAM 慢，不过还是比任何的 ROM 都快，价格比 SRAM 要便宜很多)。

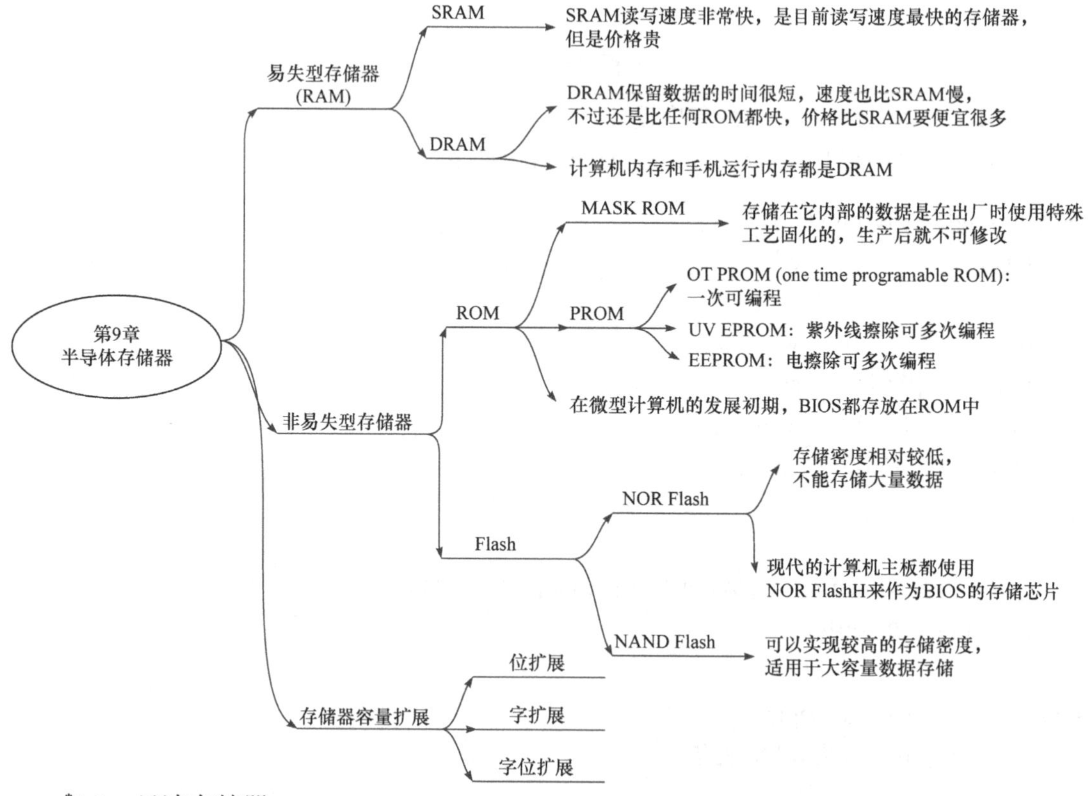

*9.3 只读存储器

ROM 分为掩模 ROM(mask ROM)和可编程 ROM(PROM、UV EPROM、E^2PROM)

RAM 和 ROM 特点比较：RAM 读写速度快，是易失性存储器；ROM 速度比较慢，是非易失性存储器。

*9.4 闪存

闪存：非易失性存储器。闪存按照结构又分为 NAND Flash 和 NOR Flash。

*9.5 存储器容量的扩展

存储器的位扩展：在一片存储器芯片的字数够用而每个字的位数不够用时采用位扩展方法，将多片存储器组合成输出数据位数更多的存储器。

存储器的字扩展：在一片存储器芯片的字数不够用而每个字的位数够用时采用字扩展方法。

存储器的字位扩展：在一片存储器芯片的字数和位数都不够用时采用字位扩展方法。

小 组 合 作

G9.1 用 32K×8 位的 RAM 芯片(M68AF031)组成一个 64K×16 位的存储器，用 Multisim 进行存储器的电路设计和仿真。要求能够对存储空间进行完全访问(所有存储地址都能存储数据)，并能够完成数据的写入和读出，数据采用数码管显示，显示十六进制即可。

G9.2 计算机启动或者运行时，是怎么对存储器进行读写操作的?

G9.3 查找相关资料，比较国内外存储器的现状及国内存储器的不足，说明国家大力发展存储芯片等各种芯片技术的意义。

习　题

9.1　怎么分析存储器的寻址范围？设存储器的起始地址为全 0，试分别写出 2K×1 位和 8K×4 位存储系统的地址范围，用十六进制表示。

9.2　画出 4 字×4 位 RAM 的单地址结构图。

9.3　画出 16 字×1 位 RAM 的双地址结构图。

9.4　二极管 ROM 电路如题图 9.4 所示。已知 A_1A_0 取值为 00、01、10、11 时，地址译码器输出 W_0～W_3 分别出现高电平。根据电路结构，说明内存单元 0～3 中的内容是什么？图中“•”表示如虚线框所示的二极管连接。

9.5　题图 9.5 所示为一个 8×4 位 ROM，$A_2A_1A_0$ 为地址输入，当其取值为 000～111 时，地址译码器输出 W_0～W_7 分别为高电平；$D_3D_2D_1D_0$ 是数据输出。图中“•”表示存储单元有元件。

(1) 试分别写出 D_3、D_2、D_1、D_0 和 A_2、A_1、A_0 之间的逻辑函数式；

(2) 说明内存单元 0～7 中的内容是什么？

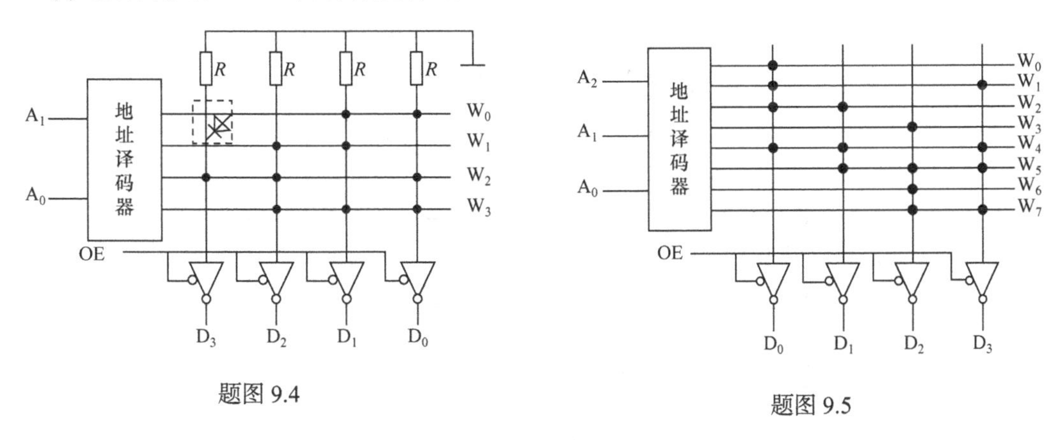

题图 9.4　　题图 9.5

9.6　题图 9.6(a)所示为用 16×4 位 ROM 和同步 4 位二进制加法计数器 74LS161 组成的脉冲分频电路，ROM 的点阵图如题图 9.6(b)所示。设 74LS161 的输出初态为 $Q_3Q_2Q_1Q_0 = 0000$，

(1) 分析 74LS161 电路的功能，说明电路的计数长度 M 为多少？

(2) 写出输出 D_3、D_2、D_1 和 D_0 的逻辑表达式，并画出在 CP 信号连续作用下 D_3、D_2、D_1 和 D_0 的输出电压波形，说明它们和时钟信号 CP 的频率之比。

9.7　画出由 512 字×1 位 RAM 构成的 1024 字×4 位的存储体。

9.8　画出由 512 字×4 位 RAM 构成的 1024 字×8 位的存储体。

9.9　用 3 片 RAM2114(1K×4)组成题图 9.9 所示电路。

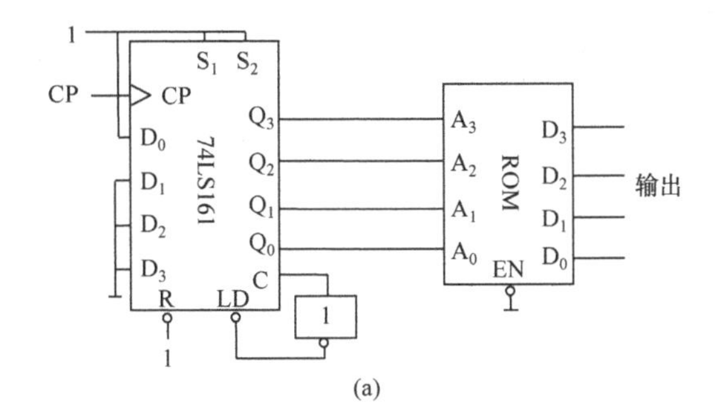

(a)

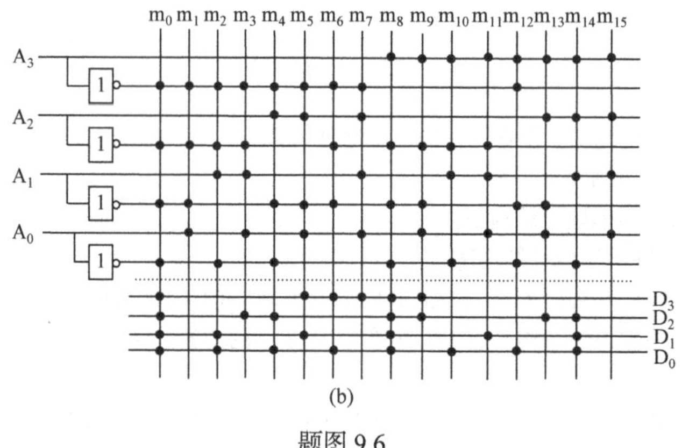

(b)

题图 9.6

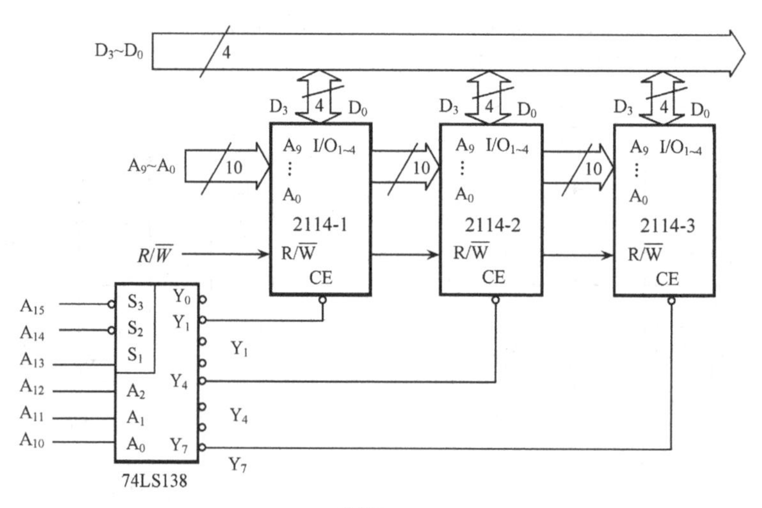

题图 9.9

(1) 分析图示电路存储器的容量是多少？

(2) 写出每一片 RAM 2114 的地址范围(用十六进制表示)；

(3) 图示电路是对 RAM 2114 进行字扩展？还是位扩展？或者是字位同时进行扩展？

(4) 若要实现 2K×8 位的存储器，需要多少片 2114 芯片？

9.10　试回答下列问题。

(1) 将一个包含 32768 个基本存储单元的电路设计成 4096 个字的 RAM。

① 该 RAM 有几根数据线？

② 该 RAM 有几根地址码输入线？

(2) 将一个包含 16384 个基本存储单元的存储电路设计成 4096 个字的 RAM。

① 该 RAM 有多少个地址？

② 该 RAM 有多少根数据读出线？

(3) 有一个容量为 256×4 位的 RAM。

① 该 RAM 有多少个基本存储单元？

② 该 RAM 每次访问几个基本存储单元？

③ 该 RAM 有多少根地址引线？

(4) 容量为 16K×8 的 RAM。

① 该 RAM 有多少个基本存储单元？

② 该 RAM 有多少根数据引线？

③ 该 RAM 有多少根地址引线？

9.11　试用 256×4 位的 RAM 扩展成 1024×8 位存储器。

9.12　试用 4×2 位的 RAM 扩展成 16×2 位存储器。

9.13　用 16×4 位的 PROM 设计一个将两个 2 位二进制数相乘的乘法器电路，列出 PROM 的数据表，画出存储矩阵的点阵图。

9.14　题图 9.14 是用 Multisim 设计一个 2K×8 位的 RAM 存储器(HM6116A120)的读写电路，将数据存入相应的地址并能够在读取模式将数据读取出来，并利用数码管显示读、写的数据。图中，11 位地址码 $A_{10}A_9\cdots A_1A_0$=00000000000(即 000H)，输入数据为 8421BCD 码。要求：

(1) 在地址 001H 保存$(36)_{8421BCD}$，地址 100H 保存$(12)_{8421BCD}$，并比较读取的数据和写入的数据。

(2) 用 8K×8 的 RAM 芯片(HM165642)组成一个 16K×16 位的存储器；存储地址以及写入和读出的数据，均带有数码显示(采用数码管显示，显示十六进制即可)。画出 Multisim 仿真电路，并演示仿真结果。

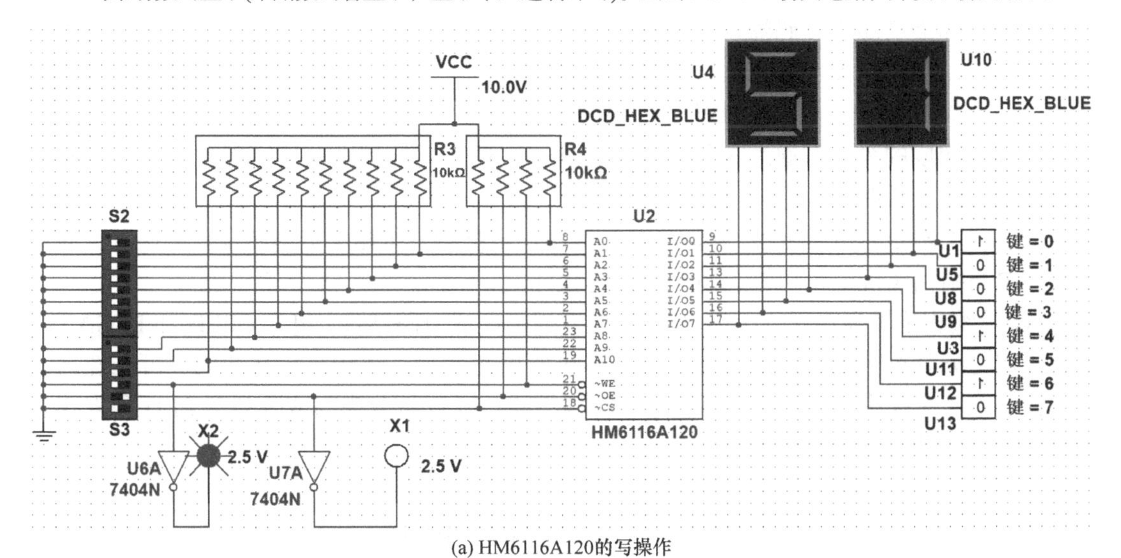

(a) HM6116A120的写操作

(b) HM6116A120的读操作

题图 9.14　HM6116A120 的读写操作

第 10 章　可编程逻辑器件及其应用

本章主要介绍可编程逻辑器件的原理和应用，包括与或阵列型 PLD 的原理、种类和特点，查找表型 PLD 的原理、种类和特点，CPLD 与 FPGA 的特点、主要型号和一般开发流程，以及 FPGA 的主要应用领域等。

数字逻辑器件可分为以下四类。

(1) 标准产品：器件的逻辑功能由制造商来确定，如 TTL、CMOS 等中小规模集成器件。常见的标准产品有译码器、数据选择器、计数器等。采用标准产品构成数字系统需要较多的元件，且体积大、功耗大、成本较高。

(2) 由软件组态的大规模集成器件：如微处理器及其可编程外围器件，如单片机等。采用微处理器构成的系统可通过执行不同的软件以实现不同的逻辑功能。因此，微处理器系统具有很强的灵活性。

(3) 专用集成电路(ASIC)：逻辑功能是由用户定制的，包括半定制和全定制两种，通常是利用电路结构实现逻辑功能，而不是执行软件。

(4) 可编程逻辑器件(PLD)：一种专用的大规模集成电路器件，包含 CPLD 和 FPGA 等。

采用可编程逻辑器件构成的数字系统不仅所用元件少、体积小、功耗低、可靠性高、成本低，而且速度快、使用灵活。按电路结构不同，PLD 可分为与或阵列型 PLD 和查找表型 PLD。本章将介绍它们的结构、工作原理及其设计流程。

10.1　与或阵列型 PLD

10.1.1　与或阵列型 PLD 的原理

由逻辑代数可知，任何逻辑函数都可表示为输入变量的与或表达式。因此，与或阵列型 PLD 是以可编程的与门阵列和或门阵列为核心组成的逻辑功能块，能够实现任意逻辑函数。图 10.1.1 是与或阵列型 PLD 的逻辑功能块原理框图。

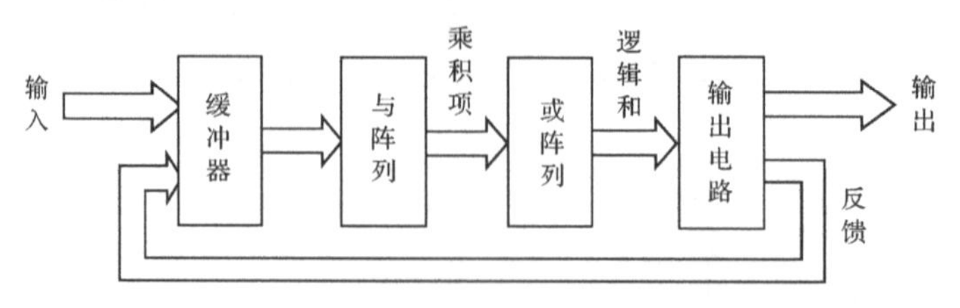

图 10.1.1　与或阵列型 PLD 的逻辑功能块原理框图

图 10.1.1 中，缓冲器通常提供输入变量和反馈变量的原和反；由与阵列产生这些变量的乘积项；由或阵列求乘积项的逻辑和；为了满足不同应用的要求，输出电路可包含 OC

输出、三态输出、寄存器输出等。用户可对两个阵列(或其中之一)和输出电路进行编程，编程元件通常采用第 9 章中介绍的可编程只读存储器(PROM)元件，即熔丝元件、叠栅 MOS 管、隧道 MOS 管和闪存 MOS 管。

与或阵列型 PLD 种类丰富，如可编程只读存储器(PROM)、可编逻辑阵列(programmable logic array，PLA)、可编阵列逻辑(programmable array logic，PAL)、通用阵列逻辑(generic array logic，GAL)和复杂 PLD(complex PLD，CPLD)。CPLD 是由多个逻辑功能块组成的可编程逻辑器件，芯片内部集成 1000 个以上的等效逻辑门，所以称为高密度可编程逻辑器件(high density programmable logic devices，HDPLD)，其他为低密度 PLD。与或阵列型 PLD 的结构特点见表 10.1.1。

表 10.1.1　与或阵列型 PLD 的结构特点

PLD	阵列		输入/输出
	与	或	
PROM	固定	可编程	输出：TS(三态)、OC
PLA	可编程	可编程	输出：TS、OC、H、L
PAL	可编程	固定	输出：TS、OC、寄存器、互补
GAL	可编程	固定	输入/输出：用户定义五种模式
CPLD	可编程	固定	多个逻辑阵列块和可编程 I/O 块

PLD 采用先进的集成电路技术制造，内部结构复杂，包含许多逻辑门、缓冲器、存储器、编程元件等。为了简化逻辑图，常用图 10.1.2 所示的逻辑符号表示逻辑关系。以逻辑与为例，行线与列线的连接方式有不相连、固定连接“•”(用户不可改变)、可编程连接“×”(用熔丝或浮栅管等相连)。“•”和“×”表示相应的输入项是乘积项的因子，不相连的输入项则不是乘积项的因子。

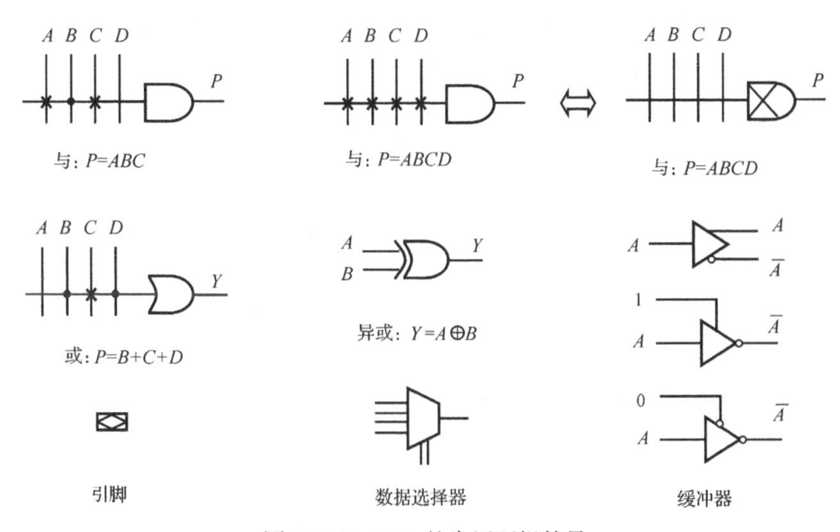

图 10.1.2　PLD 的常用逻辑符号

图 10.1.3(a)是一个 3×3 PROM 的结构示意图。PROM 的与阵列(固定)实现输入变量的最

小项，或阵列(可编程)实现乘积项的逻辑和。图 10.1.3(b)是编程后实现一位全加器。

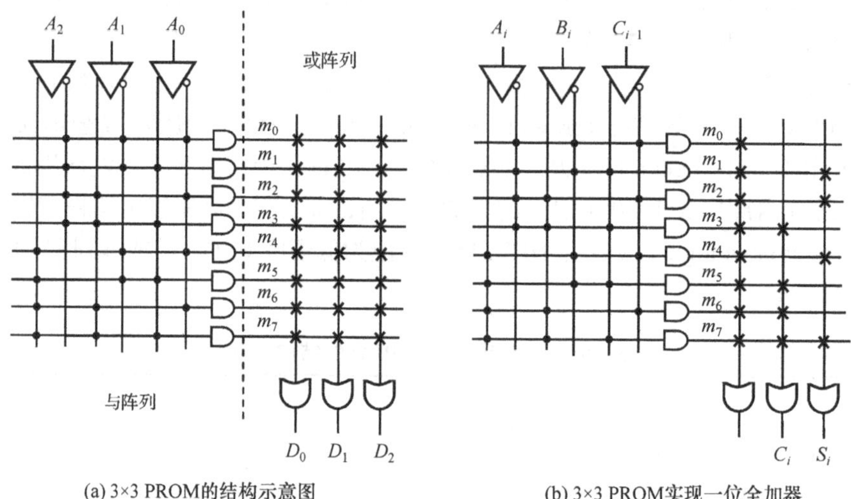

(a) 3×3 PROM的结构示意图　　(b) 3×3 PROM实现一位全加器

图 10.1.3　3×3 PROM 的结构示意图及其实现的一位全加器

$$S_i = m_1 + m_2 + m_4 + m_7 = A_i \oplus B_i \oplus C_{i-1}$$

$$C_i = m_3 + m_5 + m_6 + m_7 = A_iB_i + A_iC_{i-1} + B_iC_{i-1}$$

实际上，逻辑函数可化简为最简与或式，其每个乘积项变量少，并且包含的乘积项数量较少。为了节省资源，与或阵列型 PLD 通常采用与阵列可编程、或阵列固定的 GAL 型。下面介绍通用阵列逻辑器件和复杂可编程逻辑器件。

10.1.2　通用阵列逻辑器件

图 10.1.4 是通用阵列逻辑器件 GAL16V8 的逻辑图。

1) 基本结构

(1) 有 8 个输入缓冲器(第 2～9 引脚)和 8 个反馈缓冲器(分别来自 OLMC 第 12～19 引脚的输出)，它们的原/反变量输出作为与阵列的输入(与阵列的 32 条列线)。

(2) 与阵列有 64 个乘积项输出 PT0～PT63(标有数字的行线)，64 行×32 列=2048 个可编程单元构成与阵列。行号(0～63)和列号(0～31)共同确定一个唯一的编程单元。

(3) 有 8 个输出逻辑宏单元 OLMC(输出对应于第 12～19 引脚)，以引脚编号并分为 2 组：OLMC(12)～1OLMC(15)组和 OLMC(16)～OLMC(19)组。特别指出：OLMC 中有 8 输入或门，作为固定的或阵列。

(4) 1 个时钟输入端(第 1 引脚)和 1 个三态使能输入端 OE(第 11 引脚)，它们也可作为数据输入端。

(5) 5V 电源端(第 20 引脚)和接地端(第 10 引脚)，图中未画出。

2) 结构控制字

GAL16V8 的结构控制字配置其片内资源。结构控制字如图 10.1.5 所示。8 个 OLMC 有 2 个公共的结构控制单元 AC0 和 SYN，每个 OLMC 还各有 2 个可编程的结构控制单元 AC1(n)和 XOR(n)(n = 12～19)。PT0～PT63 位分别控制与阵列的 64 个乘积项是否使用。

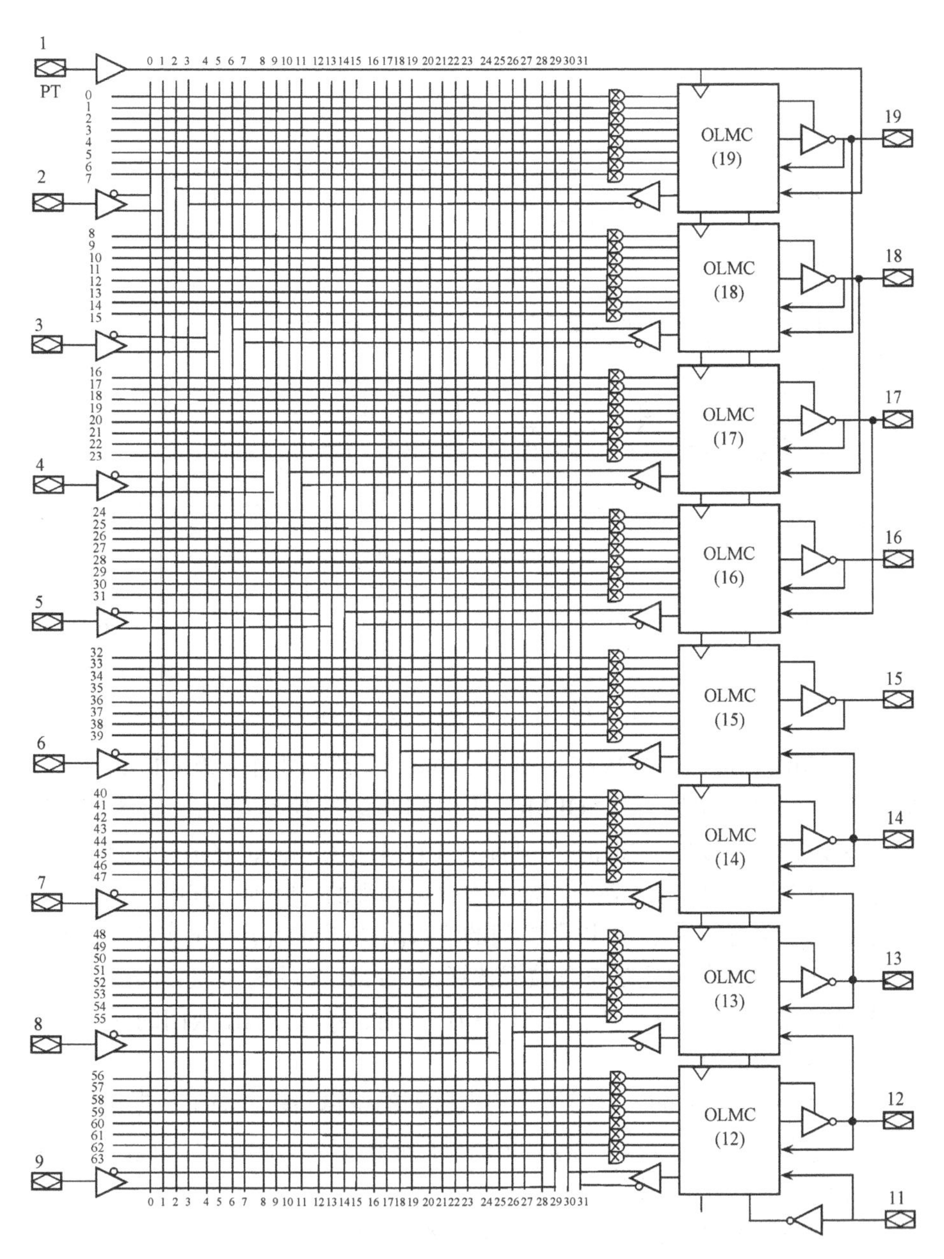

图 10.1.4　通用阵列逻辑

82 位

32 位 乘积项禁止	4 位 XOR(n)	1 位 SYN	8 位 AC1(n)	1 位 AC0	4 位 XOR(n)	32 位 乘积项禁止
PT63~PT32	XOR(12~15)		AC1(12~19)		XOR(16~19)	PT31~PT0

图 10.1.5　GAL16V8 的结构控制字

3) 输出逻辑宏单元(OLMC)及其工作模式

OLMC 的电路如图 10.1.6 所示。

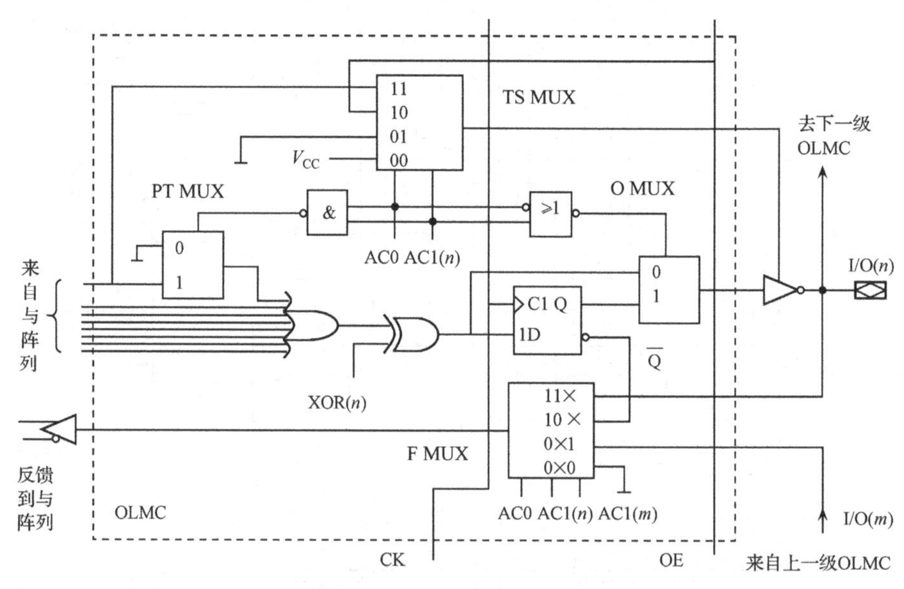

图 10.1.6　输出逻辑宏单元 OLMC

(1) 每个 OLMC(n)(n = 12～19)的引脚 I/O(n)被引到组内相邻下级 OLMC，而 I/O(m)和 AC1(m)则分别来自组内相邻上级 OLMC 的引脚和结构控制单元。对于 OLMC(12)和 OLMC(19)，I/O(m)分别是第 11 引脚和第 1 引脚(图 10.1.4)，AC0 和 AC1(m)分别是 $\overline{\text{SYN}}$ 和 SYN。

(2) 8 输入或门构成固定的或阵列，输入来自可编程的与阵列。其中一个乘积项受乘积项数据选择器 PT MUX 的控制，可以是或门的输入(AC0 · AC1(n) = 0)或者不是或门的输入(AC0 · AC1(n) = 1)。该乘积项还是三态数据选择器 TS MUX 的输入。

(3) 异或门控制或门的输出极性。当 XOR(n) = 1 时，异或门输出或门的反；当 XOR(n) = 0 时，异或门输出或门的原。

(4) D 触发器在时钟 CK 的上升沿寄存与或阵列的逻辑结果。输出数据选择器 O MUX 可选择有无寄存器输出。当 $\overline{\text{AC0}+\text{AC1}(n)}=0$ 时，不通过寄存器输出；当 $\overline{\text{AC0}+\text{AC1}(n)}=1$ 时，通过寄存器输出。

(5) 三态数据选择器 TS MUX 选择输出缓冲器的使能信号：乘积项(AC0 = 1、AC1(n) = 1)、OE 信号(AC0 = 1、AC1(n) = 0)、输出禁止(AC0 = 0、AC1(n) = 1)和输出使能(AC0 = 0、AC1(n) = 0)。

(6) 反馈数据选择器 F MUX 选择回馈到与阵列的反馈项：本级 I/O 端(AC0 = 1、AC1(n) = 1)、D 触发器的 Q 反端(AC0 = 1、AC1(n) = 0)、邻级 I/O 端(AC0 = 0、AC1(m) = 1)和无反馈(AC0 = 0、AC1(m) = 0)。

根据结构控制字中 SYN、AC0、AC1(n)和 XOR(n)的数据，可以将 OLMC 配置成 5 种工作模式，见表 10.1.2。注意：当 SYN = 1 时，用于实现组合逻辑电路，第 1 引脚和第 11 引脚作为数据输入端；当 SYN = 0 时，用于实现时序逻辑电路，第 1 引脚作时钟输入 CK，第 11 引脚作输出使能 OE。与 5 种工作模式对应的电路见图 10.1.7。

表 10.1.2　OLMC 的工作模式

SYN	AC0	AC1(n)	工作模式	备注
1	0	1	专用输入	实现组合逻辑电路 第 1 引脚和第 11 引脚作为数据输入端
1	0	0	专用组合输出	
1	1	1	反馈组合输出	
0	1	1	时序组合输出	实现时序逻辑电路 第 1 引脚和第 11 引脚分别是 CK 和 OE
0	1	0	寄存器输出	

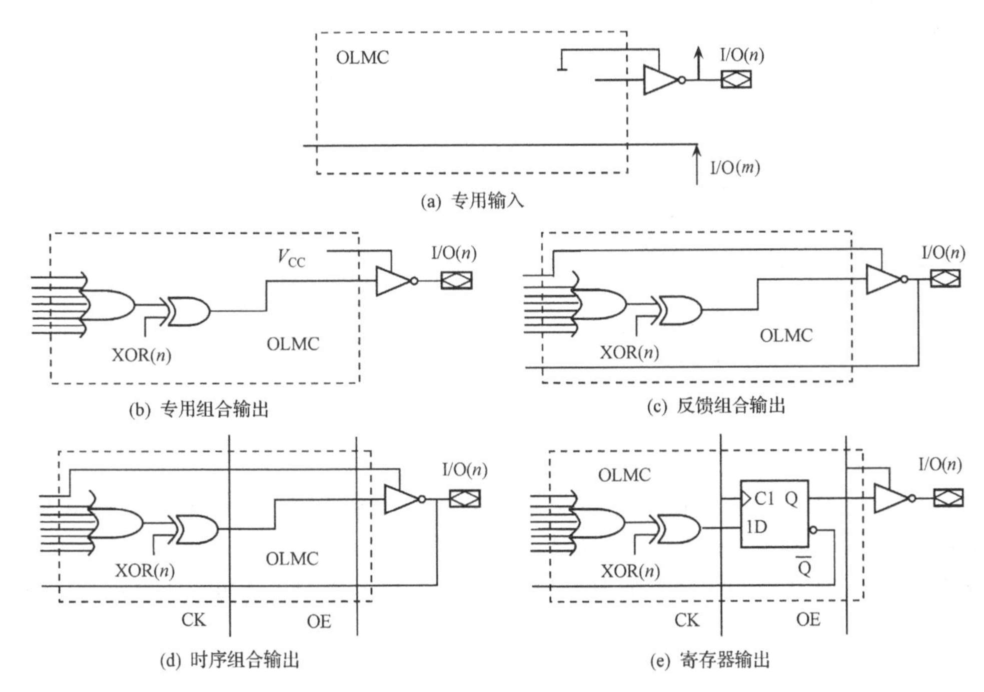

图 10.1.7　OLMC 的 5 种工作模式

GAL 的编程数据(包括与阵列和宏模块的数据)由逻辑设计软件产生，通过专门的编程器写入 GAL，不需要设计者手工设计。所以，GAL 的设计和使用较方便。

10.1.3　复杂可编程逻辑器件

CPLD 器件内部集成了多个比 GAL 功能更完善的通用逻辑块(generic logic block, GLB)，可以实现较复杂的数字系统。图 10.1.8 是 Lattice 公司生产的在系统可编程大规模集成逻辑器件 ispLSI 1016 的功能框图。

器件主要包含 32 个 I/O 单元、16 个 GLB、互连布线区和时钟分配网络。8 个 GLB(A_0～A_7)与 16 个 I/O 单元(I/O 0～I/O 15)组成一个宏模块，余下的组成另一个宏模块。通过输入布线区将 I/O 单元的输入信号引到全局布线区，任何一个 GLB 可从全局布线区选择输入信号作为其输入。输出布线区可将 GLB 的输出灵活地与宏模块内的任何 4 个 I/O 单元相连。I/O 单元则是内部逻辑和器件引脚的互连电路，可设置为输入、输出和双向模式。

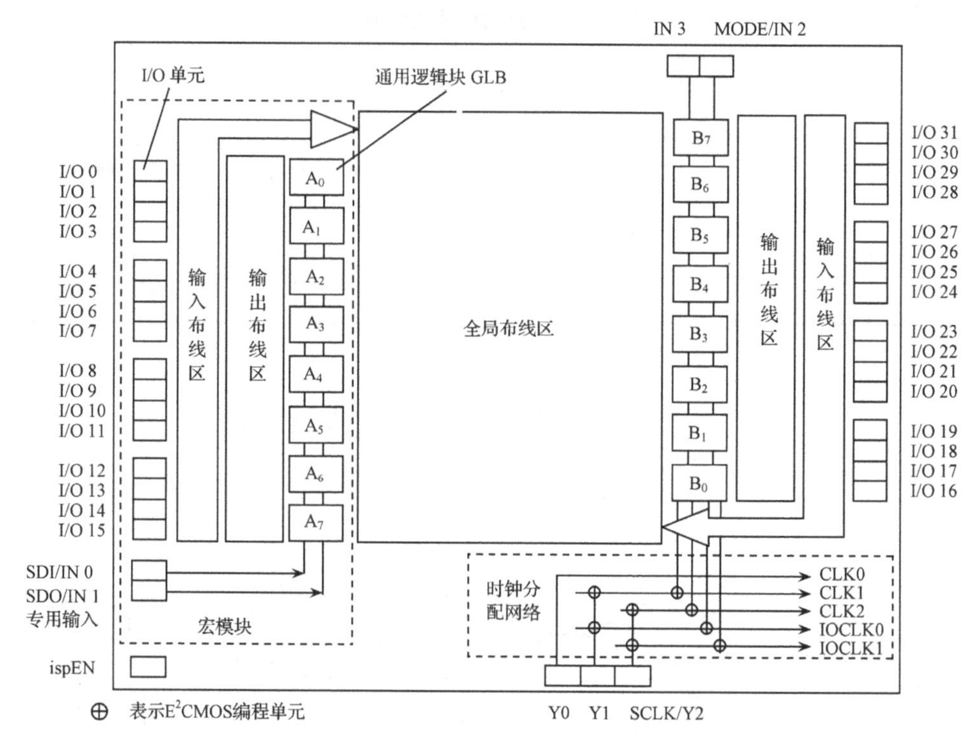

图 10.1.8　ispLSI 1016 功能框图

1) 时钟分配网络

由图 10.1.8 可知，CLK0 是由引脚 Y0 输入的外部时钟。而 CLK1、CLK2、IOCLK0 和 IOCLK1 可由 GLB B_0 产生或者由外部输入(Y1、Y2)。CLK0、CLK1 和 CLK2 用于 GLB 中的触发器，而 IOCLK0 和 IOCLK1 则用于 I/O 单元中的触发器。Y1 还可作为全局复位(global reset)输入，其作用由逻辑设计开发软件确定。

2) 通用逻辑块

图 10.1.9 是 ispLSI 1016 的 GLB。GLB 有 18 个输入，产生 4 个输出(O0～O3)。

来自全局布线区的 16 个信号和 2 个专用输入信号(IN0、IN1 或者 IN2、IN3，见图 10.1.8)作与阵列的输入，产生 20 个乘积项 PT0～PT19。乘积项共享阵列可灵活分配乘积项。例如，按 4、4、5、7 分配给 4 个或门，然后通过共享阵列分配给任何一个触发器，可用的乘积项最多可达 20 个；也可以将共享阵列旁路，直接将或门输出送触发器。可让乘积项 PT12 作触发器的时钟(CLK)/复位(reset)信号，或者让乘积项 PT19 作 I/O 单元的输出允许(OE)/复位信号，参见控制功能框。

可重配置的触发器由 4 个 D 触发器和异或门(图中未画出)组成，可以灵活地配置成可复位的 D、JK 和 T 触发器。异或门还可以配置为对乘积项(PT0、PT4、PT8、PT13)或门输出作异或运算。输出数据选择器 MUX 可以选择 GLB 有无寄存器输出。

GLB 的控制功能电路选择触发器的时钟和复位信号。时钟信号 CLK0、CLK1 和 CLK2 来自时钟分配网络，PT Clock 来自与阵列(PT12)。复位信号可以是乘积项(PT19)或全局复位信号 Y1(低电平有效)。PT OE 来自与阵列(PT19)，送至输出使能数据选择器 OE MUX(图 10.1.10)。

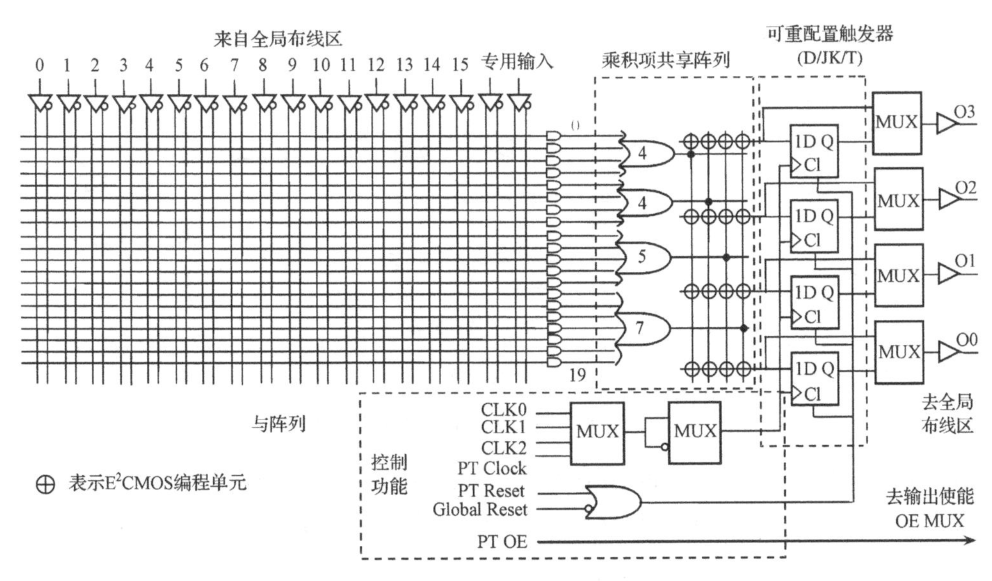

图 10.1.9　ispLSI 1016 的通用逻辑块

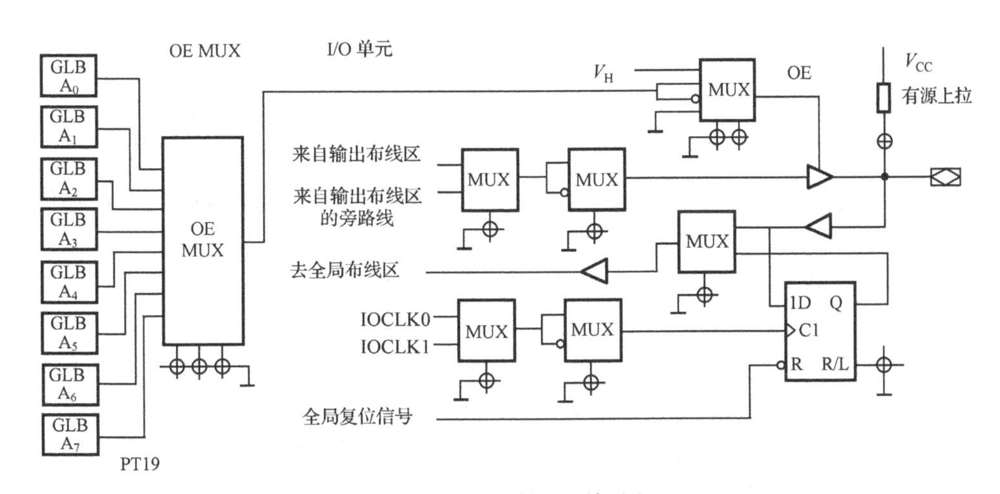

图 10.1.10　ispLSI 1016 的 I/O 单元和 OE MUX

3) I/O 单元和输出使能数据选择器 OE MUX

I/O 单元是内部逻辑和器件引脚的互连电路，主要由 6 个数据选择器 MUX、3 个缓冲器和 1 个触发器组成，如图 10.1.10 所示。当 $R/L=1$ 时，触发器配置为边沿触发；当 $R/L=0$ 时，触发器配置为锁存器。OE MUX 选择来自 8 个 GLB 的乘积项之一，可控制 I/O 单元的输出缓冲器。

为了保证器件使用的灵活性，CPLD 的引脚大多数可配置为输入、输出和双向单元，如图 10.1.11 所示。

输入单元将引脚输入信号传递到输入布线区和全局布线区，全局布线区为 GLB 提供输入信号，引脚信号可以是直接输入、锁存输入或寄存器输入。

输出单元将 GLB 的输出送到引脚上。GLB 的输出可以经过输出布线区并缓冲输出到引

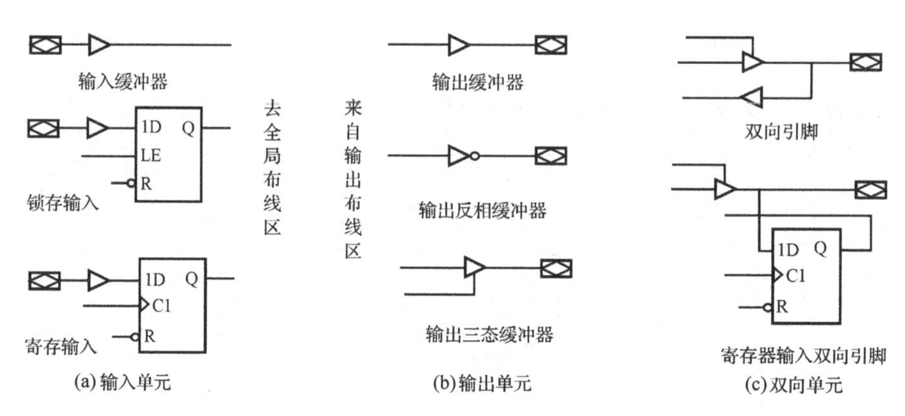

图 10.1.11　ispLSI 1016 的 I/O 单元配置形式

脚上。可编程的输出布线区可以将 GLB 的每个输出送到宏模块的任何 4 个 I/O 单元，增加了使用的灵活性；也可以旁路输出布线区，GLB 的输出直接缓冲输出到引脚上，实现高速输出。

双向单元使引脚具有输入/输出的功能。注意：输入、输出是分时进行的。为了避免信号冲突，必须有输出三态缓冲器。

4) 在系统编程

将设计数据写入 PLD 的可编程单元中称为 PLD 的编程。编程后的 PLD 实现用户设计的逻辑功能。

编程元件(叠栅 MOS 管、隧道 MOS 管和闪存 MOS 管)的擦除和写入需要比器件正常工作电压高的编程电压。早期的 PLD(如 PAL、GAL 等)内部没有编程电压发生器，故必须通过专门的编程器对其进行编程。所以，编程时必须把 PLD 器件从系统中拔出并置于编程器中。

对于在系统编程(in system programmable，ISP)器件，其内部集成了编程电压发生器、编程状态机和接口电路。编程电压发生器由正常的工作电压(5V)产生编程电压(高于 5V)，编程状态机控制数据的输入、输出和编程单元的改写，接口电路实现编程数据的输入和输出。通常，PLD 的全部可编程单元组织成一定的存储结构，设计数据按存储结构组织，通过接口电路输入编程数据。从 PLD 读出的数据用于校验写入数据的正确性。

ispLSI 器件的编程接口信号如图 10.1.12 所示。当 ispEN = 0 时，器件处于编程状态。除编程接口引脚外，PLD 的其余引脚全部为高阻态，对外部元件无影响，故可实现在系统编程。输入信号 MODE、SCLK、SDI 和 SDO 配合，实现数据的串行输入和串行输出。SDI 和 SDO 分别是数据串行输入和输出端，SCLK 是时钟输入端，MODE 是模式输入端。先输入数据，后读出数据。校验正确后，对编程单元进行改写。当 ispEN = 1 时，器件处于正常工作状态，执行用户设计的逻辑功能。

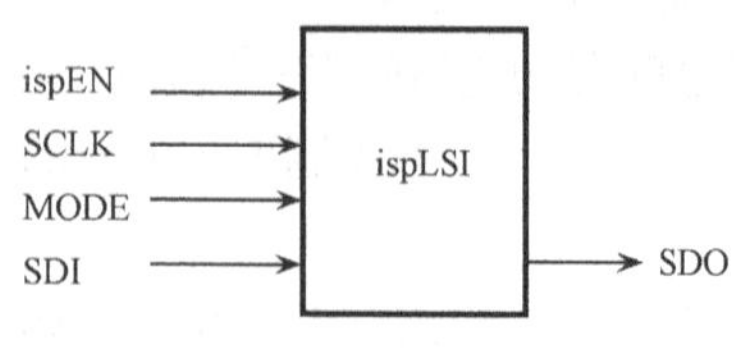

图 10.1.12　ispLSI 的编程接口信号

与 GAL 一样，器件的编程数据由逻辑设计软件产生，通过计算机的并口或专用编程器写入 CPLD。

10.2　查找表型 PLD

10.2.1　查找表型 PLD 的原理

任何一个逻辑函数都可用真值表来表示。因此，将逻辑函数值存储在存储单元中，然后用函数变量作数据选择器的地址变量，选择存储单元中的数据作为输出，就可以实现任意的逻辑函数 $F(A_0,A_1,\cdots,A_{n-1})$，如图 10.2.1 所示。存储单元构成数据查找表(look up table，LUT)，改变数据表的数据则可实现不同的逻辑函数。因此，按这种原理工作的 PLD 称为查找表型 PLD。

图 10.2.2 是实现 2 变量同或逻辑函数的示例。存储单元的数据表为 1、0、0、1，NMOS 开关管和输入缓冲器组成 4 选 1 数据选择器。当 $A_1A_0 = 00$ 时，T_0 和 T_1 同时导通，而其他支路上的 NMOS 管不能同时导通，$F = 1$；当 $A_1A_0 = 01$ 时，T_2 和 T_3 同时导通，而其他支路上的 NMOS 管不能同时导通，$F = 0$；当 $A_1A_0 = 10$ 时，T_4 和 T_5 同时导通，而其他支路上的 NMOS 管不能同时导通，$F = 0$；当 $A_1A_0 = 11$ 时，T_6 和 T_7 同时导通，而其他支路上的 NMOS 管不能同时导通，$F = 1$。所以，$F = A_1 \odot A_0$。如果改变数据表，则可改变输出逻辑函数。

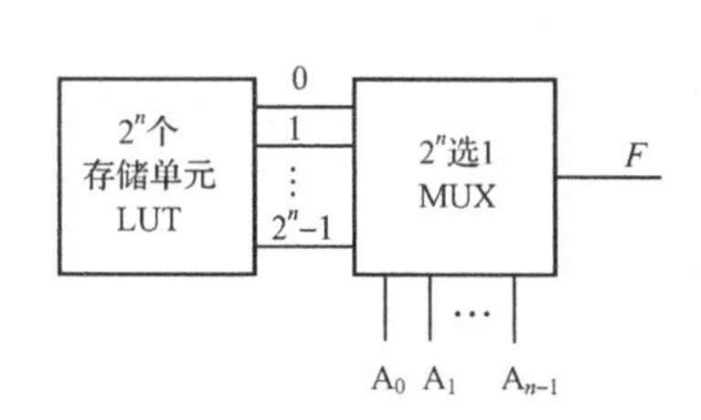

图 10.2.1　查找表型 PLD 的原理框图

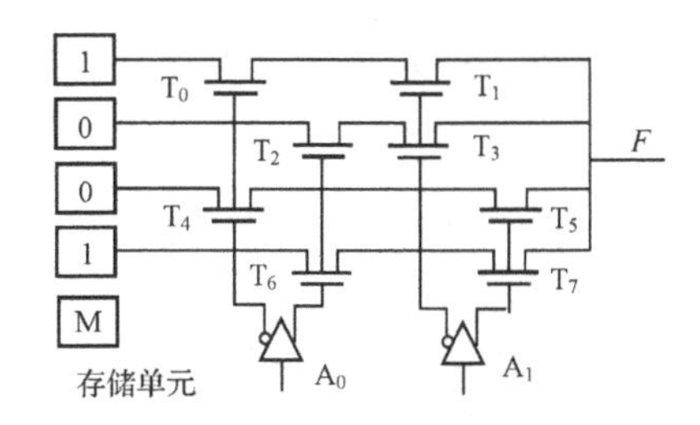

图 10.2.2　查找表实现同或逻辑

存储单元通常采用图 10.2.3 所示的静态存储单元，采用 2 个反相器组成基本 RS 触发器保存配置数据。

在查找表的基础上，增加触发器等元件，可构成实现时序逻辑功能的基本逻辑块。大量的基本逻辑块均匀分布在芯片上，形成类似于门阵列的专用集成电路。所以，以查找表为核心的 PLD 称为现场可编程门阵列(FPGA)。FPGA 通常是高密度可编程逻辑器件(HDPLD)。FPGA 的逻辑块之间有分段互连和快速互连两种互连方式。

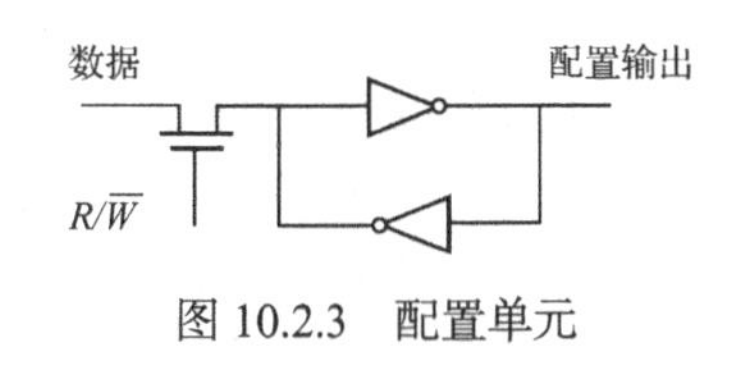

图 10.2.3　配置单元

10.2.2　分段互连 FPGA

图 10.2.4 是 Xilinx 公司生产的 FPGA 的结构示意图，由可配置的逻辑块(configurable logic block，CLB)、输入/输出块(IOB)和可编程的互连资源组成。CLB 实现基本逻辑功能，大量 CLB 通过可编程的互连导线互连，实现复杂的逻辑功能，IOB 则是引脚与芯片内部逻辑的接口电路。

1) 可配置逻辑块(CLB)

图 10.2.5 是 Xilinx 公司 XC2064 的 CLB 的电路原理图，它由 1 个 4 变量 LUT、1 个可异步复位和置位的 D 触发器、6 个数据选择器组成。LUT 可以产生 4 变量逻辑函数(G、F 相同)，也可分别产生 2 个 3 变量逻辑函数(G、F 不同)。通过数据选择器(MUX)，触发器可

以由变量(A)置位或变量(D)复位，也可以由函数(F)置位和函数(G)复位；触发器的时钟可以是变量 C，也可以是时钟 CLK 或函数 G；触发器的 Q 端可以反馈到 LUT。最后，CLB 的 2 个输出 X、Y 可以是 G 或 F 或 Q。CLB 的输入信号 A、B、C 和 D 来自互连导线，此 CLB 的输出信号送至另一些互连导线。

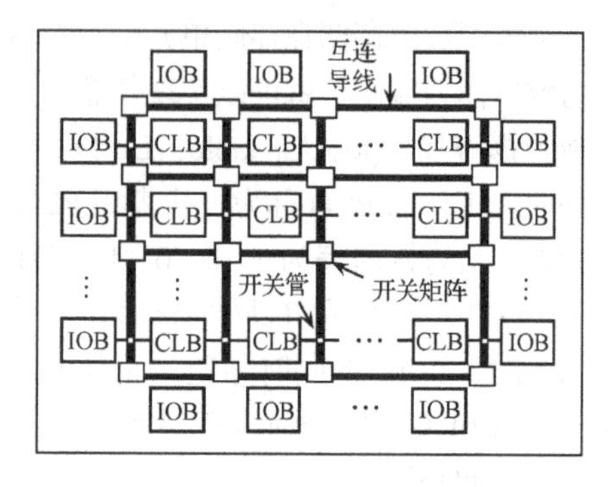

图 10.2.4　Xilinx 公司 FPGA 的结构示意图

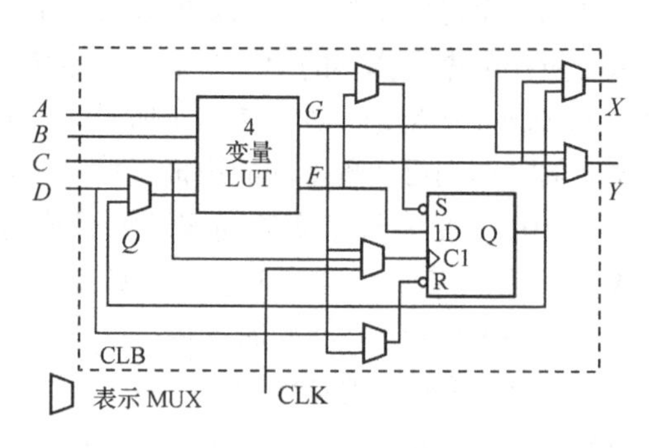

图 10.2.5　Xilinx 公司 XC2064 的 CLB

2) 输入/输出块(IOB)

电路如图 10.2.6 所示。引脚上的输入信号通过输入缓冲器与芯片内部逻辑相连，可以通过 D 触发器输入或直接输入适当的互连导线。全部 IOB 电路共用相同的时钟 I/O CLK。输出三态缓冲器的控制信号可由片内逻辑产生，也可以禁止输出或只作输出。

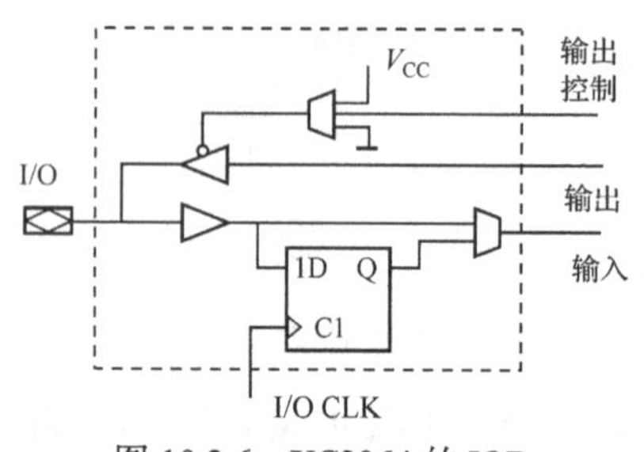

图 10.2.6　XC2064 的 IOB

3) 分段互连资源

参见图 10.2.4，互连资源由开关矩阵、开关管和互连导线组成，可实现不同距离的 CLB、IOB 之间的可编程互连。互连导线分为直接连线、通用连线、长线和全局连线(图中只画出了部分连线)。位于 CLB 或 IOB 之间的短导线称为直接连线，直接连接邻近的 CLB 或 IOB 的输入/输出；位于开关矩阵之间的短导线称为通用导线，通用导线与直接连线的交叉点是可编程的开关管，实现两者之间的编程连接。而开关矩阵等效为可编程的多触点开关，可以实现左、右、上、下通用导线间的连接。因此，通过开关矩阵和通用连线可以实现任意 CLB 或 IOB 间的可编程互连。为了缩短信号传输时间，还设置了跨越开关矩阵的长线，实现长距离和多分支信号的传送。对于时钟、复位等公共信号，设置了贯穿整个芯片的全局连线。CLB 或 IOB 都可与长线和全局连线编程连接。

分段互连的优点是连线灵活，缺点是连线的信号传输延时不易估计。因为即使是同一设计的两次布线结果也不相同，故信号的传输路径不同，传输延时也不同。如果希望估计信号的传输延时，可采用快速互连的 FPGA。

10.2.3　快速互连 FPGA

图 10.2.7 是 Altera 公司的 FLEX10K 的结构示意图。将位置邻近的 8 个逻辑单元(logic element，LE)局部互连，形成较强功能的逻辑阵列块(logic array block，LAB)，然后用贯穿整个芯片的行、列导线编程连接 LAB 和输入/输出单元(input output element，IOE)，实现复

杂的逻辑功能。贯穿整个芯片的行、列可编程导线称为快速互连线。以器件 FLEX10K10 为例，它有 3 个行快速互连带，每个带有 144 条导线；24 个列快速互连带，每个带有 24 条导线；共有 72 个 LAB，576 个 LE；3 个嵌入阵列块(embedded array block，EAB)。

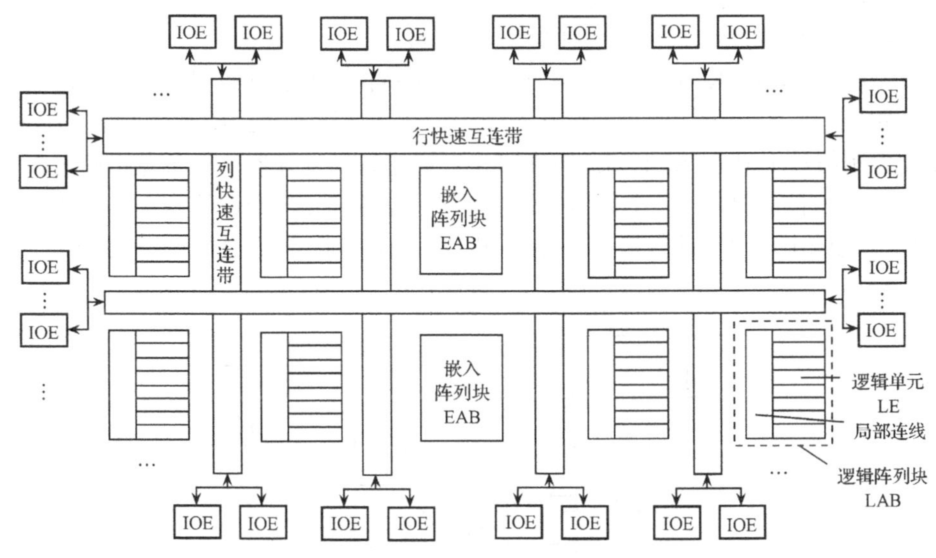

图 10.2.7　FLEX10K 的结构示意图

1) 逻辑单元

FLEX10K 的逻辑单元如图 10.2.8 所示，由查找表、进位链、级联链、触发器、触发器的清除/置位逻辑和时钟选择等组成。

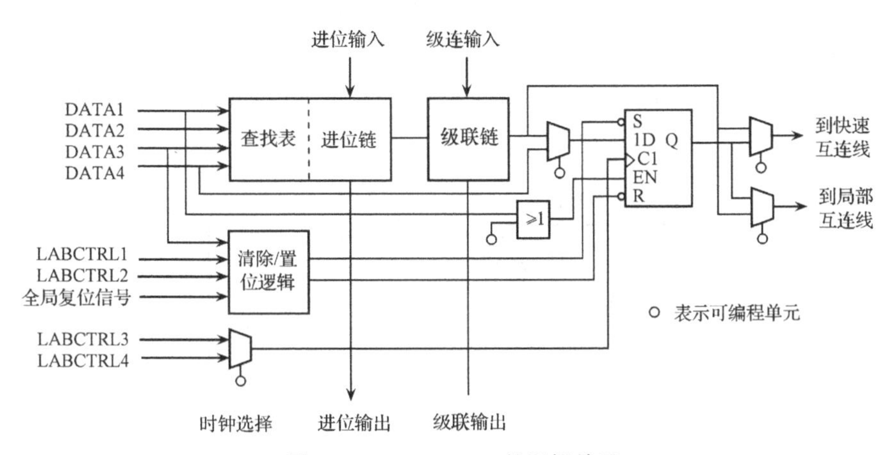

图 10.2.8　FLEX10K 的逻辑单元

LE 可配置成正常模式、运算模式、加/减计数模式和可清除计数模式。

正常模式适合于一般的逻辑应用，如译码等。4 输入查找表产生 4 变量逻辑函数，通过级联链把相邻 LE 的逻辑函数组合成多于 4 个变量的逻辑函数。

在运算模式、加/减计数模式和可清除计数模式中，4 输入查找表被分裂成 2 个 3 输入查找表，一个产生 3 变量逻辑函数，一个生成进位链，用于实现加法和计数器的快速进位。

运算模式适合于加法器、累加器和比较器等功能。其余 2 种模式适合于完成计数功能。

清除/置位逻辑可使触发器异步清除、置位和预加载。

2) 逻辑阵列块

8 个位置邻近的逻辑单元通过局部互连线形成较强功能的逻辑阵列块 LAB，可以实现较复杂的逻辑功能，如 8 位加法器、计数器、比较器等。

图 10.2.9 是 FLEX10K10 的逻辑阵列块。144 条行快速互连线提供 22 条局部互连线，8 个 LE 的输出提供 8 个反馈信号局部互连线。局部互连线为 LE 提供数据信号(DATA1～DATA4)和控制信号(LABCTRL1～LABCTRL4)。通过数据选择器，8 条专用输入和全局信号也可以作为 LE 的控制信号。全局信号是指时钟、复位和输出允许等整个芯片范围内的信号。每个 LE 的输出可以驱动行快速互连线(最多 2 条)和列快速互连线(最多 2 条)。

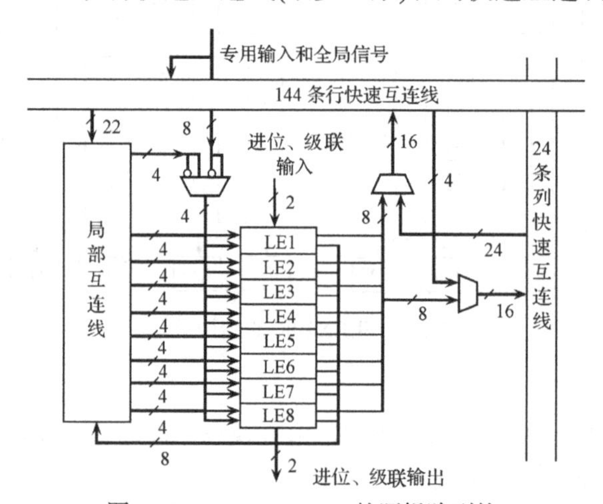

图 10.2.9　FLEX10K10 的逻辑阵列块

3) 输入/输出单元

图 10.2.10 是 FLEX10K 的输入/输出单元，包含一个 I/O 缓冲器、D 触发器(具有异步复位和时钟使能控制)和 8 个数据选择器等。

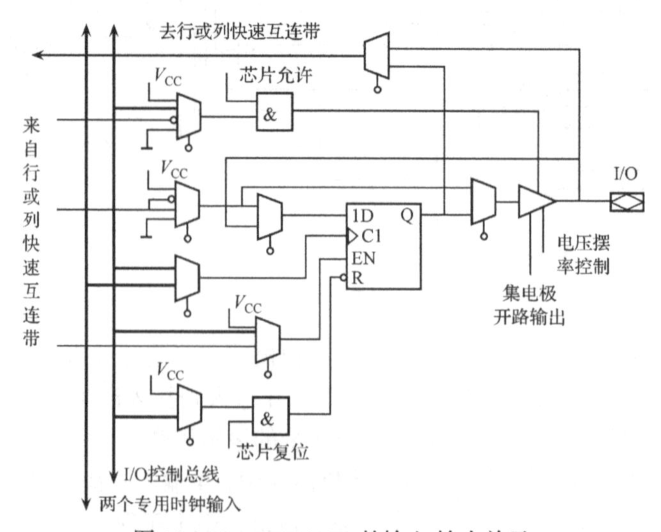

图 10.2.10　FLEX10K 的输入/输出单元

I/O 引脚可以配置成直接输入和寄存器输入，输入信号被传递到行或列快速互连带。I/O 引脚也可以配置成直接输出或寄存器输出，输出缓冲器可以配置成集电极开路输出，还可以调节输出电压上升率。在内部逻辑和 I/O 控制总线的控制下，可实现输入/输出双向信号传递。

I/O 控制信号由芯片内部的 I/O 控制网络产生，提供 8 个输出使能信号、6 个时钟使能信号、2 个时钟信号和 2 个清除信号。

4)嵌入阵列块

嵌入阵列块是一个具有 2048 位、可配置的 RAM，其数据输入、数据输出、地址输入和读写控制都配有寄存器。EAB 可以实现 FIFO、ROM、RAM 和双口 RAM。如果将 EAB 当作 2048 位的查找表，则可用于实现较复杂的逻辑功能，如算术逻辑单元、数字滤波器、微控制器等。

10.3　CPLD 和 FPGA 的特点和开发流程

10.3.1　CPLD 和 FPGA 的特点

CPLD和FPGA
国外产品介绍

CPLD和FPGA
国内产品介绍

如前面所述，目前常见的 PLD 包括 PROM(可编程只读存储器)、PLA(可编程逻辑阵列)、PAL(可编程阵列逻辑)、GAL(通用阵列逻辑)、CPLD(复杂可编程逻辑器件)和 FPGA(现场可编程门阵列)等。这些 PLD 按照规模可以分为简单 PLD 和复杂 PLD;按照基本单元颗粒度可以分为小颗粒度(如门海架构)、中等颗粒度和大颗粒度；按照编程工艺可以分为熔丝/反熔丝编程器件、可擦除的可编程只读存储器编程器件、电信号可擦除的可编程只读存储器(E^2PROM)编程器件和 SRAM 编程器件。

其中，CPLD 采用 E^2PROM(或 Flash)存储技术，可重复编程，且系统掉电后 E^2PROM 中的配置数据不会丢失。FPGA 则采用 SRAM 存储技术，可重复编程，但系统掉电后 SRAM 中的数据会丢失。因此，FPGA 需要外加 E^2PROM(或 Flash)，并将配置数据写入其中，系统每次上电后会自动将配置数据从外部 E^2PROM(或 Flash)加载到 FPGA 中运行。

CPLD 和 FPGA 都是可编程逻辑器件，它们有很多共同特点，但由于两者结构上存在差异，因此具有各自的特点，主要包括：

(1) CPLD 内部构造的基本单元是基于乘积项的与或逻辑阵列，内部触发器资源较少，适用于实现大规模的组合逻辑电路;FPGA 内部构造的基本单元是基于查找表的可配置逻辑块阵列，内部触发器资源丰富，适用于实现时序逻辑电路。

(2) CPLD 的布线方式为连续式布线，即利用具有同样长度的一些金属线实现逻辑单元之间的互连，消除了分段式互连结构在定时上的差异，并能在逻辑单元之间提供快速且具有相同延时的通路，因此 CPLD 的延时是均匀和可预测的；FPGA 的集成度比 CPLD 高，具有更复杂的布线结构和逻辑实现，通常采用非连续布线方式，它在每次编程时实现的逻辑功能一样，但布线的路径不同。因此，FPGA 的延时是无法控制和预测的。

(3) 在使用灵活性方面，CPLD 是通过修改具有固定内连电路的逻辑功能来编程的，灵活性较差；FPGA 则通过改变内部连线的布线来编程，具有更高的灵活性。但是，CPLD 的保密性比 FPGA 要好。

(4) 目前，最新的 CPLD 也采用 SRAM 工艺，在结构上和资源上越来越接近 FPGA，两者的主要差异在于CPLD通过集成在片内的Flash保存配置数据，并实现掉电不丢失数据，而 FPGA 则需要外部 Flash 保存和加载配置数据。

(5) CPLD 和 FPGA 的编程语言是相同的，都是采用 Verilog HDL 或 VHDL 等硬件描述语言进行编程。

10.3.2　CPLD 和 FPGA 的一般开发流程

常用CPLD和FPGA开发工具

CPLD/FPGA 是大规模集成电路，包含千万个可配置逻辑块，将其设计成特定的逻辑功能，只能借助专门的开发软件来实现。开发软件通常是一种集成开发环境，包含设计输入、设计处理、设计校验和器件编程等步骤。通过在计算机上的集成开发环境进行逻辑设计，进一步功能仿真、综合实现和生成 CPLD/FPGA 的配置文件。然后，利用专门的编程器对其进行编程和板级调试。CPLD/FPGA 的一般开发流程如图 10.3.1 所示。

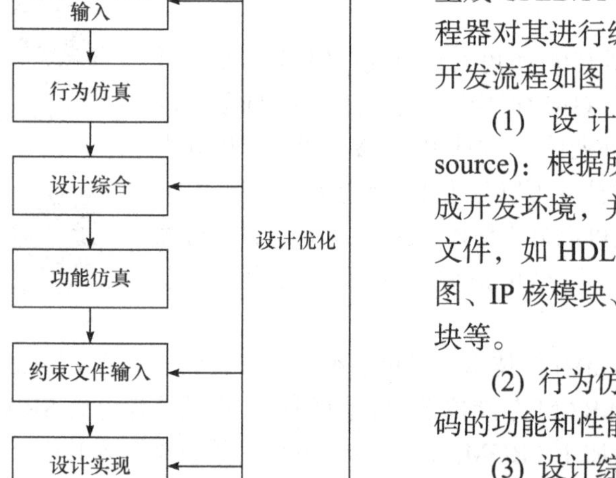

图 10.3.1　CPLD/FPGA 的一般开发流程

(1) 设计/仿真文件输入(design/simulation source)：根据所用的 CPLD/FPGA 芯片选择对应的集成开发环境，并创建工程、添加设计源文件和仿真源文件，如 HDL 文件、EDIF 或 NGC 网表文件、原理图、IP 核模块、嵌入式处理器以及数字信号处理器模块等。

(2) 行为仿真(behavioral simulation)：针对 RTL 代码的功能和性能进行仿真验证。

(3) 设计综合(synthesis)：利用集成开发环境的综合引擎对整个设计进行编译，将 HDL 程序和原理图等设计输入翻译成由与门、或门、非门、LUT、RAM 和触发器等基本逻辑单元组成的逻辑连接，并根据设计目标和要求对逻辑连接进行优化，得到优化后的网表文件。

(4) 功能仿真(functional simulation)：综合后门级功能仿真，根据综合产生的 Verilog HDL 或 VHDL 网表进行仿真，此时通用的逻辑转换为器件相关的原语，综合后功能仿真可以确保综合优化不会影响设计的功能性。

(5) 约束文件输入(constraints)：指定时序、布局布线或者其他的设计要求，如时序约束、I/O 引脚约束和布局布线约束等。

(6) 设计实现(implementation)：将综合输出的网表文件翻译成所选芯片的底层模块和硬件原语，并将设计映射到 CPLD/FPGA 器件结构上，进行布局布线，最后转译为可以下载烧录到目标器件中的特定物理文件格式。

(7) 时序仿真(timing simulation)：使用仿真工具对工程进行功能或时序验证，验证综合后的逻辑功能和综合时序约束是否正确。

(8) 设计优化(optimization)：通过对设计约束、器件资源占用率、实现结果以及功耗等设计性能进行分析，对设计源文件、编译属性或设计约束进行修改，然后重新综合、实现以达到设计最优化。

(9) 板级下载/调试(program/debug)：将生成的比特流等配置文件下载到目标器件中进行板级调试，使用目标器件内部的在线逻辑分析仪可以有效提升板级调试效率。

国产芯片技术发展与现状

10.3.3　CPLD 和 FPGA 的主要应用领域

1. 数字信号处理方面

FPGA 具有的高速并行处理能力使其在数字信号处理领域的应用十分广泛，利用 FPGA 并行架构实现数字信号处理的功能，使其特别适合于完成 FIR 等数字滤波这样重复性的数字信号处理任务。对于高速并行的数字信号处理任务来说，FPGA 的性能远远超过通用 DSP 的串行执行架构。另外，FPGA 的接口电压和驱动能力都是可编程配置的，不像传统的 DSP，需要受到指令集时钟周期的限制而不能处理太高速的信号，对于速率为 Gbit/s 级别的 LVDS 之类的信号就更难涉及。因此，FPGA 在数字信号处理领域的应用前景非常广阔。

2. 数字图像处理方面

随着时代的进步，人们对图像的稳定性、清晰度、亮度和颜色的追求越来越高，像以前的标清(SD)慢慢演变成高清(HD)，到现在人们更是追求蓝光品质的图像。这使得处理芯片需要实时处理的数据量越来越大，并且图像的压缩算法也越来越复杂，单纯地使用 ASSP 或者 DSP 已经满足不了如此大的数据处理量。此时，FPGA 的优势就凸显出来了，它可以更加高效地处理数据和降低开发成本。因此，FPGA 在图像处理领域越来越受到市场的欢迎。

3. 人工智能方面

随着人工智能技术的发展和推广应用，许多场景需要将人工智能算法部署到边缘装置中，这对边缘装置的计算能力和运行速度提出了更高的要求。FPGA 在人工智能边缘装置系统中也得到了广泛的应用，包括系统前端的数据采集和人工智能算法的加速等。例如，在自动驾驶系统中，需要多种传感器对行驶路线、红绿灯、交通标志、路障和行驶速度等各种交通信号进行实时采集和快速识别，利用 FPGA 不仅能够实现传感器的综合驱动，还能对图像识别和目标检测算法进行加速。FPGA 在机器视觉和语音识别等人工智能系统中的应用也越来越广泛。

10.3.4　应用举例

本节通过 FPGA 实现数字图像处理中的彩色图像灰度化处理算法来介绍 FPGA 的应用。数字图像处理中，常用的色彩空间有 RGB、YUV、YCbCr 和 HSV 等。RGB 色彩空间的每个像素由红、绿、蓝三个通道组成，根据每个通道数值对应的二进制位数不同，可构成

RGB565、RGB888 等格式。YUV 和 YCbCr 色彩空间是一种亮度/色度模型，Y 表示亮度，U/V 或 Cb/Cr 表示色度。YUV 主要用于电视广播和视频传输，而 YCbCr 主要用于数字图像和视频处理。

1. 逻辑功能实现

彩色图像灰度化处理算法是将图像从 RGB 色彩空间转到 YCbCr 色彩空间，转换公式为

$$Y = 0.299R + 0.587G + 0.114B \tag{10.3.1}$$

$$\mathrm{Cb} = -0.172R - 0.339G + 0.511B + 128 \tag{10.3.2}$$

$$\mathrm{Cr} = 0.511R - 0.428G - 0.083B + 128 \tag{10.3.3}$$

本例采用 Verilog HDL 来进行建模和设计，由于 Verilog HDL 无法进行浮点运算，因此将上面三个式子等号右边 R、G、B 的系数先乘 256，再右移 8bit，得到转换后的公式为

$$Y = (77R + 150G + 29B) \gg 8 \tag{10.3.4}$$

$$\mathrm{Cb} = ((-43R - 85G + 128B) \gg 8) + 128 \tag{10.3.5}$$

$$\mathrm{Cr} = ((128R - 107G - 21B) \gg 8) + 128 \tag{10.3.6}$$

为了防止运算过程中出现负数，对上述公式进行进一步变换，得到如下公式：

$$Y = (77R + 150G + 29B) \gg 8 \tag{10.3.7}$$

$$\mathrm{Cb} = (-43R - 85G + 128B + 32768) \gg 8 \tag{10.3.8}$$

$$\mathrm{Cr} = (128R - 107G - 21B + 32768) \gg 8 \tag{10.3.9}$$

本例是实现 RGB888 转 YCbCr，根据式(10.3.7)～式(10.3.9)编制 Verilog HDL 程序代码如下，本代码采用三级流水线方式实现。

```
module rgb2ycbcr(
    input               clk,
    input               rst_n,
    input       [7:0]   img_red,      // 输入图像 R 通道数据
    input       [7:0]   img_green,    // 输入图像 G 通道数据
    input       [7:0]   img_blue,     // 输入图像 B 通道数据

    output      [7:0]   img_Y,        // 输出图像 Y 通道数据
    output      [7:0]   img_Cb,       // 输出图像 Cb 通道数据
    output      [7:0]   img_Cr        // 输出图像 Cr 通道数据
    );

reg   [15:0]   img_r_m0, img_r_m1, img_r_m2;
reg   [15:0]   img_g_m0, img_g_m1, img_g_m2;
reg   [15:0]   img_b_m0, img_b_m1, img_b_m2;
reg   [15:0]   img_y0 ;
reg   [15:0]   img_cb0;
reg   [15:0]   img_cr0;
```

```
reg   [ 7:0]    img_y1 ;
reg   [ 7:0]    img_cb1;
reg   [ 7:0]    img_cr1;

assign img_Y = img_y1;
assign img_Cb = img_cb1;
assign img_Cr = img_cr1;

// 第一级流水线，实现公式中的乘法运算
always @(posedge clk or negedge rst_n) begin
    if(!rst_n) begin
        img_r_m0 <= 16'd0;
        img_r_m1 <= 16'd0;
        img_r_m2 <= 16'd0;
        img_g_m0 <= 16'd0;
        img_g_m1 <= 16'd0;
        img_g_m2 <= 16'd0;
        img_b_m0 <= 16'd0;
        img_b_m1 <= 16'd0;
        img_b_m2 <= 16'd0;
    end
    else begin
        img_r_m0 <= img_red * 8'd77 ;
        img_r_m1 <= img_red * 8'd43 ;
        img_r_m2 <= img_red * 8'd128;
        img_g_m0 <= img_green * 8'd150;
        img_g_m1 <= img_green * 8'd85 ;
        img_g_m2 <= img_green * 8'd107;
        img_b_m0 <= img_blue * 8'd29 ;
        img_b_m1 <= img_blue * 8'd128;
        img_b_m2 <= img_blue * 8'd21 ;
    end
end

// 第二级流水线，实现公式中的加法运算
always @(posedge clk or negedge rst_n) begin
    if(!rst_n) begin
        img_y0  <= 16'd0;
        img_cb0 <= 16'd0;
        img_cr0 <= 16'd0;
    end
    else begin
```

```
            img_y0    <= img_r_m0 + img_g_m0 + img_b_m0;
            img_cb0 <= img_b_m1 - img_r_m1 - img_g_m1 + 16'd32768;
            img_cr0 <= img_r_m2 - img_g_m2 - img_b_m2 + 16'd32768;
        end
end

// 第三级流水线，实现公式中的移位运算
always @(posedge clk or negedge rst_n) begin
    if(!rst_n) begin
            img_y1 <= 8'd0;
            img_cb1 <= 8'd0;
            img_cr1 <= 8'd0;
    end
    else begin
            img_y1 <= img_y0 [15:8];
            img_cb1 <= img_cb0[15:8];
            img_cr1 <= img_cr0[15:8];
    end
end
endmodule
```

2. 仿真代码

```
`timescale 1ns / 1ps
module tb_rgb2ycbcr();
reg            clk;
reg            rst_n;
reg [7:0]      img_red;
reg [7:0]      img_green;
reg [7:0]      img_blue;
wire [7:0]     img_Y;
wire [7:0]     img_Cb;
wire [7:0]     img_Cr;

// 计算参考值
wire [7:0] Y_ref = 0.299 * img_red + 0.587 * img_green + 0.114 * img_blue;
wire [7:0] Cb_ref = -0.172 * img_red - 0.339 * img_green + 0.511 * img_blue +128;
wire [7:0] Cr_ref = 0.511 * img_red - 0.428 * img_green - 0.083 * img_blue +128;

initial begin
    clk = 1'b0;
    rst_n = 1'b0;
```

```
    img_red = 8'd0;
    img_green = 8'd0;
    img_blue = 8'd0;
     #5
    rst_n = 1'b1;
    // 随机产生 50 个像素的 RGB 值
    repeat(50) begin
          #20;
          img_red <= $random;
          img_green <= $random;
          img_blue <= $random;
    end
    #100 $stop;
end

always #5 clk = ～clk;

rgb2ycbcr tb_rgb2ycbcr(
     .clk(clk),
     .rst_n(rst_n),
     .img_red(img_red),
     .img_green(img_green),
     .img_blue(img_blue),
     .img_Y(img_Y),
     .img_Cb(img_Cb),
     .img_Cr(img_Cr)
     );
endmodule
```

3. 仿真结果

读者可在 Vivado 中建立工程，并添加设计源文件和仿真源文件，输入上述代码后进行仿真，得到的仿真结果如图 10.3.2 所示。根据图 10.3.2 可知，在第 25ns 时产生了第一组输

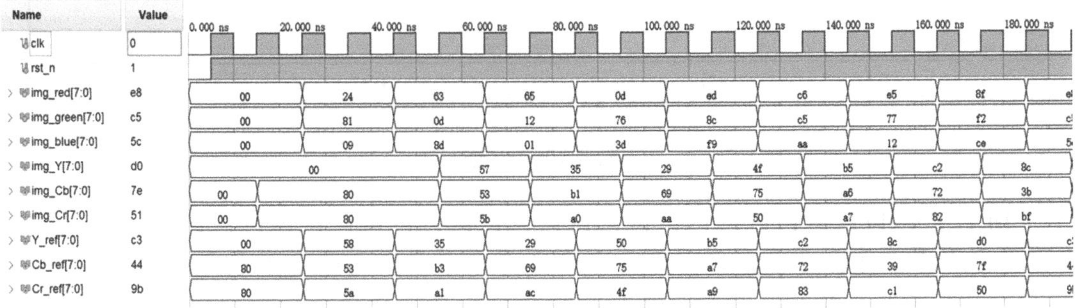

图 10.3.2　RGB 转 YCbCr 仿真结果

入数据，在第 55ns 时才得到第一组输入数据的转换结果，延迟了 3 个时钟周期，这是由于模块内部采用了三级流水线来实现。同时，通过对比输出结果和参考值可发现，输出结果存在一定的误差，这是因为 Verilog HDL 无法进行浮点运算，模块中对转换公式进行了一定的变换来实现。

4. RTL 分析和综合

仿真完成后，继续完成 RTL 分析和综合过程，图 10.3.3 是 RTL 分析得到的 RTL 电路图。

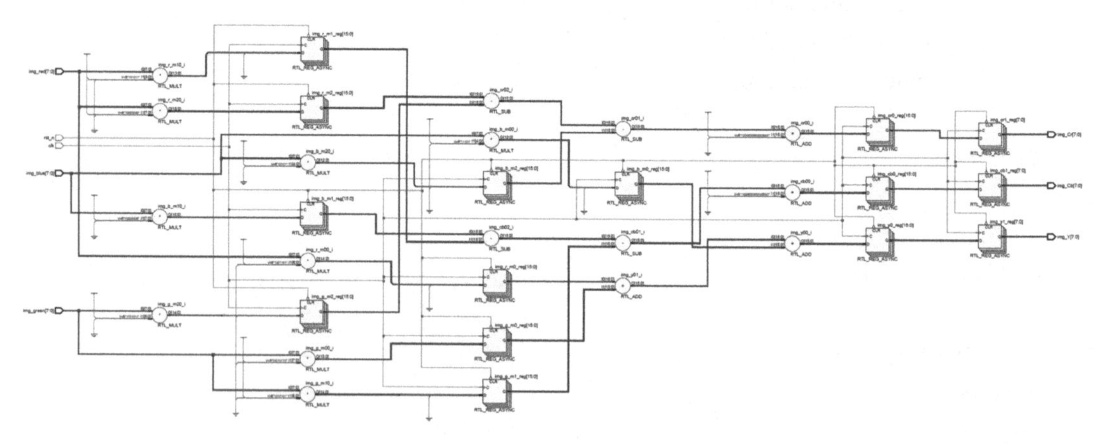

图 10.3.3　RTL 电路图

综合完成后，选择 Vivado 软件左侧 Open Synthesized Design 菜单下的 Report Utilization 选项，并在弹出的窗口中单击 OK 按钮，即可打开资源利用结果窗口，如图 10.3.4 所示。图 10.3.4 中列出了本设计中所用的 FPGA 资源，包括 LUT(查找表)、FF(触发器)和 I/O 的利用率等。

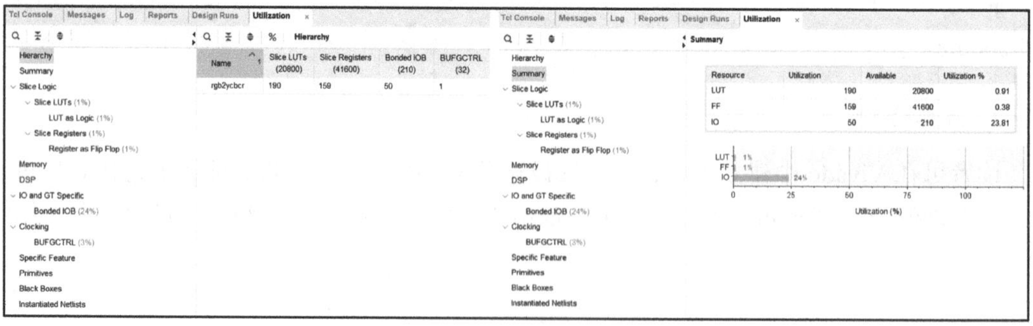

Tcl Console
Messages
Log
Reports
Design Runs
Utilization
Hierarchy
Summary
Slice Logic
Slice LUTs (1%)
LUT as Logic (1%)
Slice Registers (1%)
Register as Flip Flop (1%)
Memory
DSP
IO and GT Specific
Bonded IOB (24%)
Clocking
BUFGCTRL (3%)
Specific Feature
Primitives
Black Boxes
Instantiated Netlists
Name
Slice LUTs (20800)
Slice Registers (41600)
Bonded IOB (210)
BUFGCTRL (32)
rgb2ycbcr 190 159 50 1
Resource
Utilization
Available
Utilization %
LUT 190 20800 0.91
FF 159 41600 0.38
IO 50 210 23.81
Utilization (%)

图 10.3.4　FPGA 资源利用情况表

本章知识小结

***10.1**　与或阵列型 PLD

与或阵列型 PLD 以可编程的与门阵列和或门阵列为核心组成逻辑功能块，实现任意逻

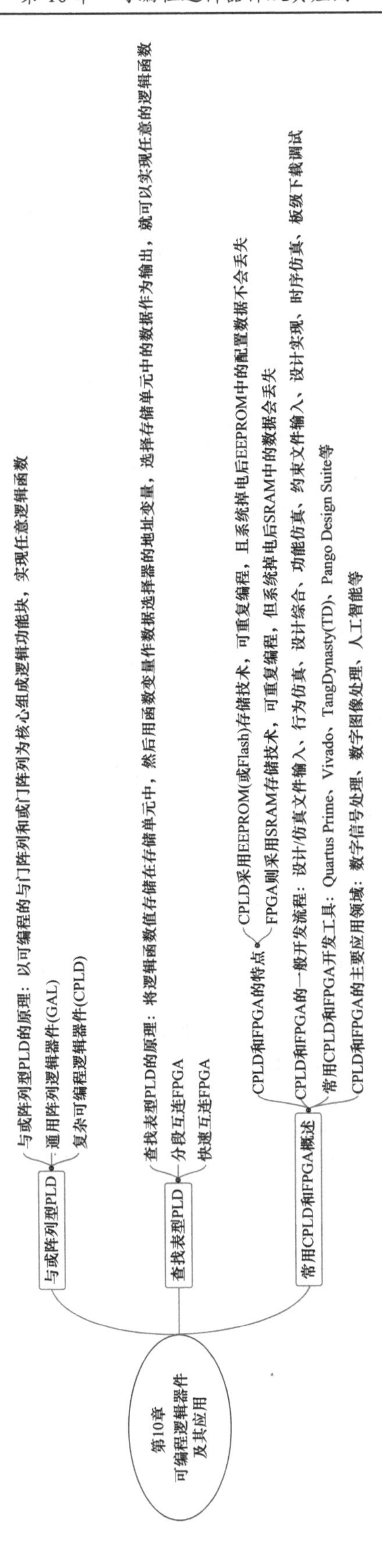

第10章 可编程逻辑器件及其应用
与或阵列型PLD
与或阵列型PLD的原理：以可编程的与门阵列和或门阵列为核心组成逻辑功能块，实现任意逻辑函数
通用阵列逻辑器件(GAL)
复杂可编程逻辑器件(CPLD)
查找表型PLD
查找表型PLD的原理：将逻辑函数值存储在存储单元中，然后用函数变量作数据选择器的地址变量，选择存储单元中的数据作为输出，就可以实现任意的逻辑函数
分段互连FPGA
快速互连FPGA
常用CPLD和FPGA概述
CPLD和FPGA的特点
CPLD采用EEPROM(或Flash)存储技术，可重复编程，且系统掉电后EEPROM中的配置数据不会丢失
FPGA则采用SRAM存储技术，可重复编程，但系统掉电后SRAM中的数据会丢失
CPLD和FPGA的一般开发流程：设计/仿真文件输入、行为仿真、设计综合、功能仿真、约束文件输入、设计实现、时序仿真、板级下载调试
常用CPLD和FPGA开发工具：Quartus Prime、Vivado、TangDynasty(TD)、Pango Design Suite等
CPLD和FPGA的主要应用领域：数字信号处理、数字图像处理、人工智能等

辑函数。与或阵列型 PLD 种类丰富，如可编程只读存储器(PROM)、可编逻辑阵列(PLA)、可编阵列逻辑(PAL)、通用阵列逻辑(GAL)和复杂 PLD(CPLD)。

*10.2 查找表型 PLD

存储单元构成数据查找表 LUT，改变数据表的数据则可实现不同的逻辑函数。

分段互连 FPGA 的互连资源由开关矩阵、开关管和互连导线组成，可实现不同距离的 CLB、IOB 之间的可编程互连。分段互连的优点是连线灵活，缺点是连线的信号传输延时不易估计。

快速互连 FPGA 将位置邻近的 8 个逻辑单元(LE)局部互连，形成较强功能的逻辑阵列块(LAB)，然后用贯穿整个芯片的行、列导线编程连接 LAB 和输入/输出单元(IOE)，实现复杂的逻辑功能。贯穿整个芯片的行、列可编程导线称为快速互连线。

*10.3 常用 CPLD 和 FPGA 概述

CPLD 适用于实现大规模的组合逻辑电路，FPGA 适用于实现时序逻辑电路。CPLD 的延时是均匀和可预测的，FPGA 的延时是无法控制和预测的。CPLD 通过集成在片内的 Flash 保存配置数据，并实现掉电不丢失数据，而 FPGA 则需要外部 Flash 保存和加载配置数据。CPLD 和 FPGA 的编程语言是相同的，都是采用 Verilog HDL 或 VHDL 等硬件描述语言进行编程。

CPLD/FPGA 的集成开发环境包括 Intel(Altera)公司的 Quartus Prime 软件、AMD(Xilinx)公司的 Vivado 软件、安路科技的 TangDynasty(TD)软件和紫光同创的 Pango Design Suite 等。

*10.4 FPGA 的主要应用领域

FPGA 的主要应用领域包括数字信号处理、图像处理和人工智能等方面。利用 FPGA 强大的可编程能力，其在通信领域、高速接口设计领域、视频图像处理领域和 IC 验证领域等都具有广泛的应用前景。

小 组 合 作

G10.1 设计一个组合逻辑乘法器电路，该电路将产生两个 2 位无符号数字的 4 位乘积：$p_3p_2p_1p_0 = a_1a_0 \times b_1b_0$。在以下器件中实现该电路：

(1) 四输入 FPGA 查找表(LUT)(将每个 LUT 函数列为真值表)。

(2) PLA(确定乘积项及和项的数量并列出)。

(3) PROM(确定乘积项及和项的数量并列出和项)。

(4) PAL(确定乘积项及和项的数量并列出)。

G10.2 在 EGO1 FPGA 实验板上设计和实现用于 N 位二进制“并行置数递增/递减计数器”的 HDL 模型，并具有输出 Q，输入 D 和控制输入 CLK、L_Cn 和 U_Dn。D 和 Q 为可变宽度 N 的向量；所有其他信号均为一位。计数器应在 CLK 的下降沿更改如下：

(1) 如果 L_Cn = 1，则将 D 装入计数器。

(2) 如果 L_Cn = 0 和 U_Dn = 1，则递增计数。

(3) 如果 L_Cn = 0 和 U_Dn = 0，则递减计数。

G10.3 采用自顶向下的设计流程，在 EGO1 FPGA 实验板上设计并实现一个对两个无符号整数执行算术除法运算的除法器。除法器的输入为 8 位除数和 16 位被除数。商和余数均为 8 位无符号整数值。除法器算法采用迭代的“不恢复余数除法”算法，如图 G10.3.1 所示。

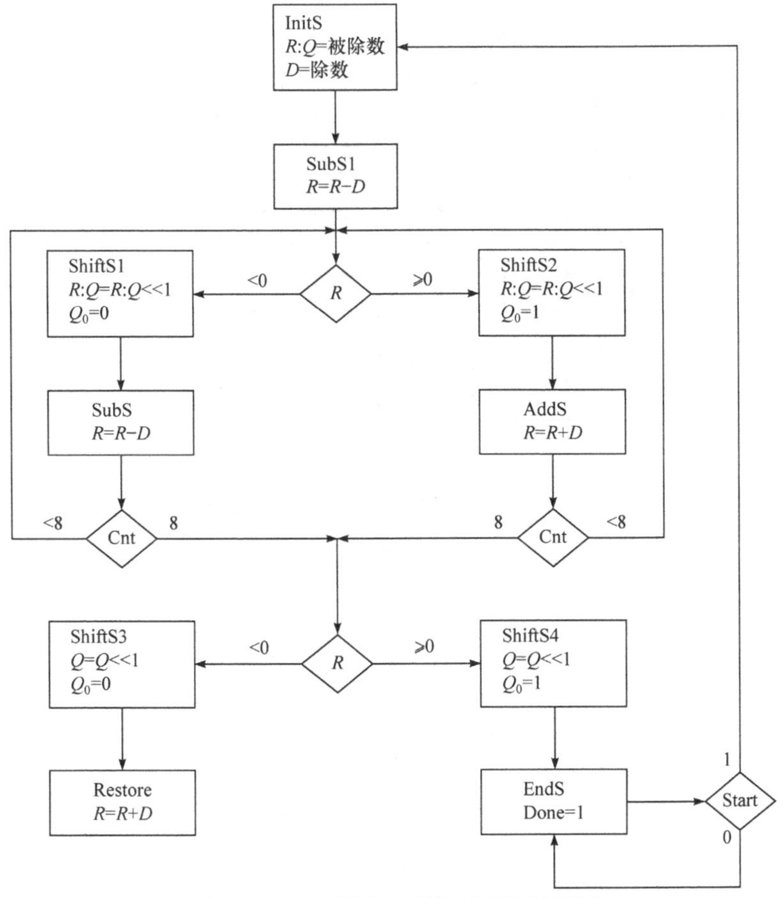

图 G10.3.1　不恢复余数除法算法流程图

习　题

10.1　简述与或阵列型可编逻辑器件的原理、结构特点。

10.2　利用 PROM 器件实现下列逻辑函数，并画出编程阵列图。

(1) $F_1 = \sum m(3,4,6,7,12,14)$　　(2) $F_2 = \sum m(0,2,3,4,7,8,12)$

(3) $F_3 = \sum m(1,3,7,9,11,15)$

10.3　利用 PROM 实现下列逻辑函数：

(1) $F_1 = \overline{AB}C + A\overline{C} + \overline{A}BC$　　(2) $F_2 = \overline{A}BC + AC + BCD + \overline{ABC + BD}$

10.4　试用 PROM 器件设计一个 4 位二进制同步加法计数器。

10.5　试用 PLA(与、或阵列均可编程的可编程逻辑器件)实现如图题 10.5 所示的组合逻辑电路，并分析电路的逻辑功能。

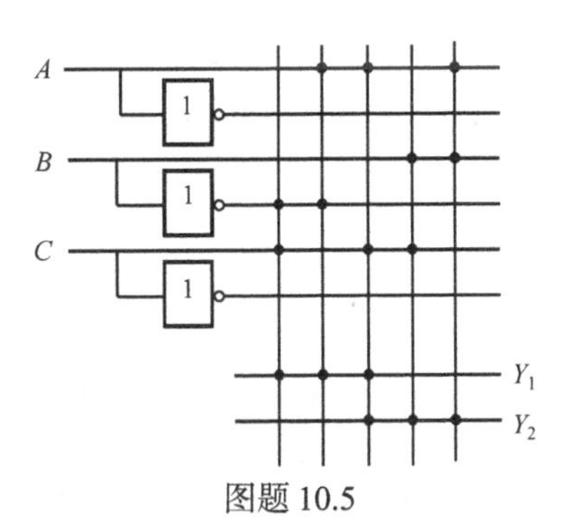

图题 10.5

10.6　试用 PLA(与、或阵列均可编程的可编程逻辑器件)实现如图题 10.6 所示的显示译码电路。

(1) 根据 PLA 结构写出函数 a、b、c、d、e、f、g 的逻辑表达式。

(2) 分析电路功能，说明当输入变量 $ABCD$ 从 0000 变化到 1111 时，abcdefg 后接的七段 LED 数码管显示的相应字形。

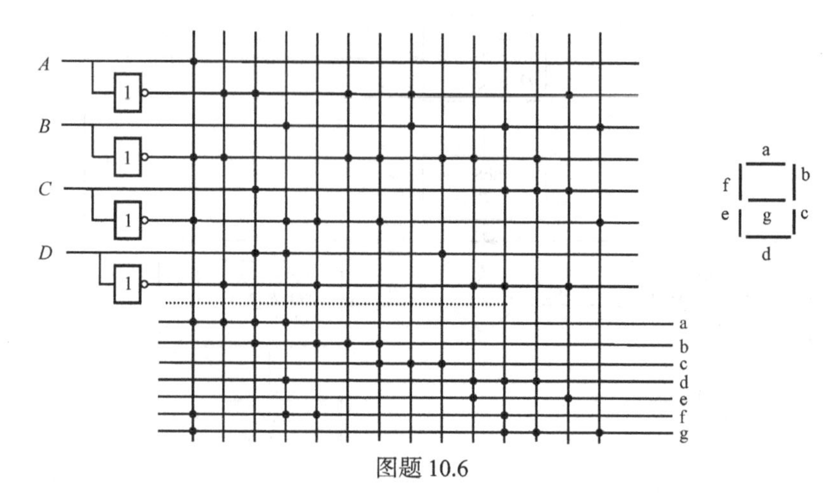

图题 10.6

10.7　推导图题 10.7 中由 PLA 结构实现的函数 $f(A, B, C)$的逻辑表达式和真值表。

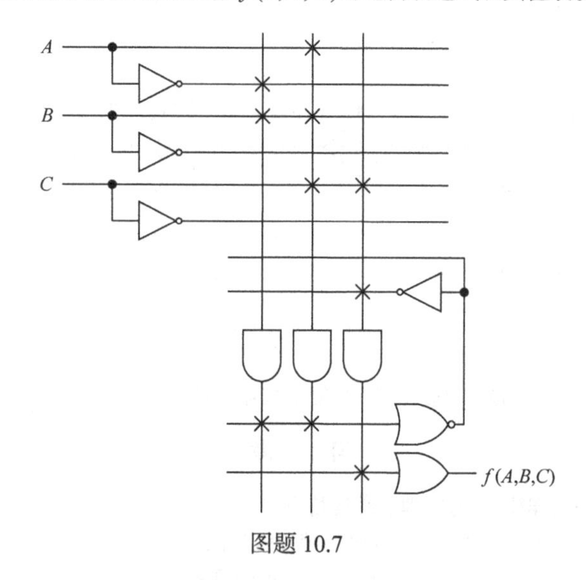

图题 10.7

10.8　试说明 GAL 和 PROM 在电路结构上有何不同。

10.9　比较快速互连 FPGA 和分段互连 FPGA 的特点。

10.10　使用以下方法实现列出的 3 个函数。

(1) 四输入 FPGA 查找表(以真值表的形式列出每项)。

(2) PLA(确定乘积项及和项的数量并列出)。

(3) PROM(确定乘积项及和项的数量并列出)。

(4) PAL(确定乘积项及和项的数量并列出)。

$$f_1(A,B,C,D)=\sum m(0,1,2,3,6,9,11)$$

$$f_2(A,B,C,D)=\sum m(0,1,6,8,9)$$

$$f_3(A,B,C,D)=\sum m(2,3,8,9,11)$$

10.11　使用以下方法实现列出的 3 个函数。

(1) 四输入 FPGA 查找表(以真值表的形式列出每项)。

(2) PLA(确定乘积项及和项的数量并列出)。

(3) PROM(确定乘积项及和项的数量并列出)。

(4) PAL(确定乘积项及和项的数量并列出)。

$$f_1(a,b,c,d) = a\bar{b}c + \bar{b}d + \bar{a}cd$$

$$f_2(a,b,c,d) = (a+\bar{b}+c)(\bar{b}+d)(\bar{a}+c+d)$$

$$f_3(a,b,c,d) = a\bar{b}(\bar{c}+d) + b(\bar{a}d+cd)$$

10.12 仅使用四输入 LUT，设计一个五输入“多数表决器”的 FPGA 实现，输入为 A、B、C、D、E，输出为 V。如果大多数输入为 1，则输出 V 为 1；否则 V 输出为 0。绘制 LUT 及其互连，并以真值表的形式列出每个 LUT 的内容。

10.13 在 PROM、PLA、PAL、GAL、CPLD、FPGA 中，哪些是高密度 PLD？哪些是低密度 PLD？

10.14 分别说明可编程逻辑器件 PROM、PLA、PAL、GAL、CPLD 及 FPGA 各自的特点。

10.15 在下列应用场合，选用哪类 PLD 最为适合？

(1) 小批量定型的产品中的中小规模逻辑电路。

(2) 产品研制过程中需要不断修改的中小规模逻辑电路。

(3) 要求能以遥控方式改变其逻辑功能的逻辑电路。

10.16 简述 CPLD 的工作原理和特点。

10.17 简述 FPGA 的工作原理和特点。

10.18 简述 CPLD 和 FPGA 之间的区别。

10.19 简述 CPLD/FPGA 的一般开发流程。

10.20 列举一个 FPGA 在日常生活中应用的例子。

10.21 在 EGO1 FPGA 实验板上实现例 3.6.5 采用三段式状态机建模的流水灯，完成仿真、RTL 分析、综合、实现和上板验证等步骤。

参 考 文 献

毕克允, 2000. 微电子技术——信息装备的精灵[M]. 北京: 国防工业出版社.

蔡觉平, 李振荣, 何小川, 等, 2016. Verilog HDL 数字集成电路设计原理与应用[M]. 2 版. 西安: 西安电子科技大学出版社.

FLOYD T L, 2000. 数字电子技术[M]. 9 版. 余璆, 改编. 北京: 电子工业出版社.

郭永贞, 龚克西, 许其清, 2003. 数字电子技术[M]. 2 版. 南京: 东南大学出版社.

康华光, 2000. 电子技术基础: 数字部分[M]. 4 版. 北京: 高等教育出版社.

刘军, 阿东, 张洋, 2019. 原子教你玩 FPGA——基于 Intel CycloneⅣ[M]. 北京: 北京航空航天大学出版社.

毛法尧, 1992. 数字逻辑[M]. 2 版. 武汉: 华中理工大学出版社.

唐治德, 2018. 数字电子技术基础[M]. 2 版. 北京: 科学出版社.

THINK · IN · HARDWARE, 2023. Verilog 教程[EB/OL]. [2023-08-10]. https://www.runoob.com/w3cnote/verilog-tutorial.html.

夏宇闻, 韩彬, 2017. Verilog 数字系统设计教程[M]. 4 版. 北京: 北京航空航天大学出版社.

阎石, 1998. 数字电子技术基础[M]. 4 版. 北京: 高等教育出版社.

阎石, 王红, 2016. 数字电子技术基础[M]. 6 版. 北京: 高等教育出版社.

杨聪锟, 2019. 数字电子技术基础[M]. 2 版. 北京：高等教育出版社.

《中国集成电路大全》编写委员会, 1985. 中国集成电路大全: CMOS 集成电路[M]. 北京: 国防工业出版社.

《中国集成电路大全》编写委员会, 1985. 中国集成电路大全: TTL 集成电路[M]. 北京: 国防工业出版社.

NEAMEN D A, 2009. Microelectronics: circuit analysis and design[M]. 4th ed. New York: McGraw-Hill.